地球环境与生物进化研究论文集

DIQIU HUANJING YU SHENGWU JINHUA YANJIU LUNWENJI

徐桂荣　等著

中国地质大学出版社有限责任公司
ZHONGGUO DIZHI DAXUE CHUBANSHE YOUXIAN ZEREN GONGSI

图书在版编目(CIP)数据

地球环境与生物进化研究论文集/徐桂荣等著.—武汉:中国地质大学出版社有限责任公司,2013.12

ISBN 978-7-5625-3119-7

Ⅰ.①地…

Ⅱ.①徐…

Ⅲ.①全球环境-文集②生物-进化-文集

Ⅳ.①X21-53②Q11-53

中国版本图书馆CIP数据核字(2013)第107489号

地球环境与生物进化研究论文集 **徐桂荣 等著**

责任编辑:胡珞兰 王荣 责任校对:张咏梅

出版发行:中国地质大学出版社有限责任公司(武汉市洪山区鲁磨路388号) 邮编:430074

电 话:(027)67883511 传 真:(027)67883580 E-mail:cbb @ cug. edu. cn

经 销:全国新华书店 Http://www. cugp. cug. edu. cn

开本:787毫米×1 092毫米 1/16 字数:600千字 印张:23 插页:1

版次:2013年12月第1版 印次:2013年12月第1次印刷

印刷:武汉珞南印务有限公司 印数:1—500册

ISBN 978-7-5625-3119-7 定价:76.00元

前　言

这本书主要围绕“地球环境与生物进化”的主题选入了40多篇文章。生物进化理论是当今科学研究中的重要课题之一。达尔文冲破了宗教的束缚，提出了生物进化论，开创了科学理解生物进化的新纪元。基因学从根本上掌握了生物进化的“钥匙”，这个钥匙打开了“潘多拉魔盒”，放出了盒中仅存的人类“希望”。

人类走上科学理解世界的康庄大道。事实证明，只有深入研究自然发展的规律才能深刻地理解生物进化。在达尔文进化论和基因学的基础上，创新进化的理论浮出水面，作为生物进化论的重要理论，许多生物学家在实际研究工作中为生物创新进化的理论提供了科学根据。

本书记述了作者及其同事们的多方面研究。对化石的一些门类，包括腕足动物门、腔肠动物门的锥石和六射珊瑚、古植物的绒枝藻等的研究中，深刻体味到生物的结构构造进化，完全受自然规律的控制。环境对生物的控制作用是一个方面；另一方面，在相同环境中不同生物可以有完全不同的发展，相反，在不同环境中，不同生物可以有相同的发展。这是自然规律对生物变化起着作用。

在地质历程中，环境的变化为生物发展提供了进化的基本条件。地球在太阳系中的地位，地壳陆地、海洋的演变，大气的变化，地表温度的变化等基本条件都与生物进化密切相关。本书有关文章讨论了这方面的基本观点。

地球发展和生物进化有基本一致的发展阶段，体现在地质分期与生物兴衰波动自然重合。新兴生物类别的兴起，受地质发展和自然规律的制约。新类别的兴起和生物绝灭灾变间隔发生。当突破某些自然规律的关键点，创新结构，产生新类别。生物不能渡过重大灾难性事件，就会发生大绝灭事件。生物绝灭事件也是自然规律的体现。

研究生物进化的传统手段是比较鉴定法，例如，腕足动物、锥石、六射珊瑚、绒枝藻等的鉴定和描述，及有关分类问题的讨论。

分支系统学是研究生物进化和分类的重要手段之一，分支系统学能清楚地揭示结构特征的发展线索，能证实各类别生物的进化细节。

定量分析，在研究生物进化速度和生物大绝灭的规模以及地层对比等方面十分重要。本书有几篇文章作了系统的介绍。

生物特征变化的定量测定与地层层位结合，定量生物地层学与物种进化序列结合，就能正确进行地层对比。

在此工作的基础上，讨论了生物协同进化的理论。协同进化包含“协同创新进化”和“协同适应进化”两个方面。“协同创新进化”的理论是首次提出。“创新”是大自然发展的产物。“生物协同创新进化”的首要条件是物质基础，同时受自然规律的控制。生物进化中的创新是在自然物质刺激下和在自然规律的诱导下进行的，称为“刺激和诱导”法则。

这些观点及一系列理论问题，在“生物创新进化”文章中有所讨论和详细的论述，其已发表在中国地质大学出版社出版的《生物与环境的协同进化》(2005)和《地球环境与生物创新进化》

(2012)两书中。

生命起源和生物进化中有一系列的协同创新事件。生命形成本身是宇宙中最重要的协同创新事件。细胞的形成、叶绿素分子、眼睛的形成、从单细胞进化到"后生生物"、骨骼机制的形成和有性生殖等都是协同创新进化。有性进化中有多次协同创新进化。基因交流可分为5个发展阶段:自由交流不稳定阶段、保守阶段、稳定发展阶段、同型框组合阶段和被改造阶段。

元古宙后期和寒武纪初期生物辐射大爆发有不同的解释,基因交流从"保守期"进入"稳定发展期"为生物发展开辟了广阔的道路,是大爆发的基本原因。

脊椎骨出现、生物登陆、植物维管束的出现、动物四肢、肺的起源和鸟羽毛的起源等都是创新事件。劳动创造了人类本身,也创造了人脑。文化与基因的"协同进化"是人类进化的一个特殊特征。

我们主张生物"多空间起源",而且地球上生命是"多地方起源"。生命是物质运动形式,这是一元论,宇宙中自然规律的统一性,决定了生物的"多空间起源"和地球上生命是"多地方起源"。

大绝灭只是生物进化漫长历程中的数次插曲,它不改变进化的事实,有时可能延缓了进化,但大都加速了生物的进化。生物主要的创新进化不发生在灾变中,但一般认为,大绝灭为创新进化开辟了空间。

地球在太阳系中的优越地位是生命在地球上起源和创新进化的必要条件。生物圈有自我调整的能力。

本书收入了生物创新进化的有关问题的文章,显示作者们思想的脉络。出版本书仅提供了基础资料,很希望能够吸引有兴趣的学者们对"生物创新进化"理论的批评指正。

本书的出版,必须感谢中国地质大学地球生物系同事们的支持,还要感谢中国地质大学出版社编辑同志们的辛勤工作。

徐桂荣

2013年1月

目　　录

地球的年龄和寿命……………………………………………………………………………………（1）

地核成因思辨………………………………………………………………………………………（4）

全球有多少物种？…………………………………………………………………………………（8）

多少物种正在灭绝？ ………………………………………………………………………………（10）

时间对比与集群绝灭事件 …………………………………………………………………………（12）

古地磁与生物绝灭 …………………………………………………………………………………（24）

生物的创新进化 ……………………………………………………………………………………（27）

协同进化——生物发展的全球观 …………………………………………………………………（33）

人类进化史中的小型人种 …………………………………………………………………………（38）

个体发育规律与呼唤神童 …………………………………………………………………………（41）

“用火熟食”和“文化遗传”在人脑进化中的作用 …………………………………………………（47）

21世纪最危险的挑战——全球变暖 ……………………………………………………………（52）

生物圈对自然环境的调节作用 ……………………………………………………………………（60）

地球大系统——谈谈地球的自我调节作用 ………………………………………………………（63）

Study on Mechanism of Anti - Entropy Enhancement in Geoscience ……………………（66）

古生物学中鉴别物种的方法论 ……………………………………………………………………（69）

湖南晚泥盆世弓石燕（*Cyrtospirifer*）的统计分析 ………………………………………………（79）

无铰纲腕足动物一新属 ……………………………………………………………………………（89）

江西玉山晚奥陶世三分贝类一新属——*Zhuzhaiia* ……………………………………………（94）

青海西部哈尔扎地区晚泥盆世腕足动物群…………………………………………………………（102）

Reef - Dwelling Brachiopods from the Late Permian of the Central Yangtze River Area, China ……………………………………………………………………………………………（109）

贵州关岭扒子场中三叠世绒枝藻植物群的发现……………………………………………………（120）

三叠纪小嘴贝类（Rhynchonellids）的表型一分支系统学 …………………………………………（132）

Phenetic - cladistic Systematics and Geographic Patterns of Triassic Rhynchonellids …（143）

锥石类新属种及其地层意义…………………………………………………………………………（159）

西藏、湖南、贵州锥石的新发现………………………………………………………………………（167）

长江中游地区晚二叠世生物碳酸盐岩岩隆生成机制………………………………………………（172）

黔南中三叠世 Anisic 期的生物礁复合体 …………………………………………………………（182）

第一张地层表…………………………………………………………………………………………（191）

建阶问题的探讨………………………………………………………………………………………（192）

地层系统分类的形成…………………………………………………………………………………（198）

地层分类单位的发展…………………………………………………………………………………（199）

云南泥盆纪地层对比 …… (201)
定量地层学 …… (228)
定量生物地层学与物种进化序列 …… (254)
进化序列系统学——以二叠纪瓦岗珊瑚类为例 …… (264)
二叠系—三叠系界线的事件地层学标志 …… (277)
湖北黄石地区上二叠统和二叠系—三叠系界线事件地层研究 …… (285)
Permo - Triassic Brachiopod Successions and Events in South China …… (292)
Event Stratigraphy at the Permian - Triassic Boundary …… (313)
Stratigraphical Time——Correlation and Mass Extinction Event Near Permian—Triassic Boundary in South China …… (334)
海平面变化与水深变化和沉积速率的关系 …… (348)
用序列优化和测评法探讨生物地层事件的最优分带和对比 …… (352)
太古宙岩石中石油残余的发现说明什么？ …… (361)

地球的年龄和寿命

徐桂荣

万物有生有死，这是自然规律。宇宙和地球也逃不出这个规律，不过我们看不到地球的产生和死亡的过程，因为这个过程的时间很长很长。天文学家在浩渺无垠的星空，看到有的星球新生，有的湮灭，说明各种星球都是有生有死。那么地球的生存期有多长呢？科学家不断地研究这个问题。因为地球的生存期与太阳系的生存期分不开，所以必须根据太阳系内的物质变化来研究。一般分两段，首先研究地球已经历了多少年，即其年龄有多大，然后根据物质发展规律研究地球还能生存多久。

一、地球年龄

按照爱因斯坦质量能量公式，恒星在发展过程中，在元素转化中损失质量而释放能量。如氢形成碳、硫、硅、铁和氧等元素时释放能量，损失质量。科学家通过对太阳系物质的细心分析，从原始由氢和氦组成的星云发展到形成现在的各种元素，估计太阳系经历了约 46 亿年。太阳和行星是同时从宇宙中同一星云凝聚出来的。在太阳系从星云中分化出来后，星云不断旋转，在太阳的引力下，从微小的行星群，逐渐增大，形成各个原行星，集聚过程中释放热量，原行星的温度逐渐增高。虽然辐射会失去少部分热，但热的积聚，仍然使原行星的温度达到熔点。这时在原行星的运行中，会抛出一些小物体，月亮就在那时离开地球成为卫星。在冷却过程中行星物质发生分异，重的向中心集中，轻的留在表面。随行星进一步冷却，体积缩小，表面逐渐凝固，行星逐渐变为球体。

地球形成在太阳之后，估计间隔约 5 000 多万年。过去根据铀蜕变为锶的分析，曾估计地球年龄是(4 570±30)Ma。近来美国哈佛大学与法国里昂环境和生态科学实验室的科学家(Yin et al.,2002)用放射性元素铪作了进一步的研究。放射性元素铪 182(^{182}Hf)的半衰期为 9Ma，衰变的产物是钨 182(^{182}W)。由于钨容易与金属结合，在地球形成早期大部分进入地球的金属核心，而铪 182 保留在硅酸盐地幔中。因此地幔岩石中现存的钨 182 必然是铪 182 衰变的产物。这两种元素的比例可以用来测定太阳系形成后有关行星的年龄。对各种球粒陨石的测定表明，在太阳系起源后的 10～20Ma 中地核形成，月亮形成在 29Ma 后。因此得出结论，类地行星(从火星大小到地球大小)在太阳系起源后花了 10～20Ma，随后还有 80～90Ma 的继续增长和冷凝。德国科学家(Kleine et al.,2002)做了类似的工作，他们测定的结果表明，地核形成在太阳系起源后 30Ma 之内，各个类地行星核心形成所花的时间与行星的直径相关，火星核心形成在太阳系起源后约 15Ma 之内。而地核形成在约 45.8 亿年前，地球完全冷凝约在 45.2 亿年前。

二、地球的寿命

1. 生物圈的寿命

地球与太阳同生，也会与太阳同灭。作为有生命的地球，她的活力主要来自生物圈，生物圈在地球上已经存在将近40亿年，而生物圈的消亡将标志着地球活力的结束。

太阳不断把氢转变为氦，使太阳核部变得更密更热，并且增加热核扩散的速率，这是太阳演变过程。这个过程中太阳光度逐渐增大，地表温度随之升高，地表水逐渐散失。同时地球上的硅酸盐岩风化速率增快，大气圈中的CO_2收缩，最终使CO_2浓度变得很小，以致植物无法进行光合作用。到地表水大部散失，CO_2极度减少后，生物圈也将终结(Caldeira & Kasting, 1992)。这是科学家根据标准太阳模型推测的情景。

2. 没有生物圈的地球

据标准太阳模型公式计算，大约10亿年后地表水将消失，一些微生物可能还能生存，但作为生物圈主要的组成将不复存在，估计在25亿年后地球上所有生物完全消失，地球变成像金星一样，成为光秃和灼热的球体可能还会存在几十亿年。

在这个过程中，现在平均温度较低的火星，由于接受更多的太阳辐射能使温度逐步升高，那时表层下的冰层开始融化，有了适合生物生存的条件，像早期地球那样细菌微生物开始繁衍，CO_2逐渐减少。但与地球不同，地球是在太阳系形成时就获得了优越条件，而火星条件改善时为时已晚。所以好景不长，可能只有10亿～20亿年的时间，不可能像地球上生物圈那样发展，因为那时太阳已进入晚期，温度升高很快，火星也将随后变成金星那样。随着太阳核反应的完结，太阳系也将消亡，不过宇宙还存在，还有其他的“太阳”系。

三、宇宙年龄

科学家对宇宙的年龄有不同的估计。根据不同的宇宙学模型，科学家估计宇宙的年龄是介乎100亿～160亿年之间。最近，科学家利用欧洲天文台的望远镜，观察一颗称为CS31082－001的星球，量度星球上放射性同位素铀238(^{238}U)的光谱，从而计算出该星球的年龄是125亿年，这个估计的误差大约30亿年，亦即是说，宇宙的年龄介于95亿～155亿年之间，这是科学家第一次量度太阳系以外铀含量的研究。

科学家指出，在宇宙开始时，大爆炸会产生氢、氦和锂等元素，而比较重的元素是在星球内部产生的，当星球死亡时，含有重元素的物质会散布到周围的空间，然后和下一代的星球结合；例如，地球上的黄金可能来自爆炸死亡了的星球。天文学家根据星系演化和元素转变速率的研究，尤其是对白矮星冷却速率的分析，推测宇宙大爆炸大约发生在150亿年前。这个估计与铀光谱分析较为接近。

近来有报道，一艘距地球160万千米的宇宙飞船观察到宇宙形成初期的相似景象，精确地测定宇宙年龄为137亿年。我们的宇宙还将走漫长的路，现在还未能科学可信地预测宇宙的生存期，即使我们的宇宙消亡，还有其他的宇宙存在。

四、人类的生存期

地球已经经历了约46亿年，而人类是宇宙和地球发展中最近的几百万年中出现的事件。最近报道(Brunet et al.，2002；Wong，2003)，非洲乍得发现700万年前的头骨，命名为萨何尔猿(*Sahelanthropus*)，浑名叫"杜马伊(Toumal)"，乍得语中是"生命的希望"之意。该化石没有后颅骨，不能确定是否两脚行走。但有像人类的粗眉脊，并且犬齿有趋近人类的特点，被认为是人类最早的祖先。但有些科学家认为该化石只是一头古代雌性大猩猩的头骨。姑且承认萨何尔猿是人科最早的代表，那么人类已生存了700万年，这个数字只有地球历史的1/650。作为智人(*Homo sapiens*)物种只有20多万年历史，人类的文明史更短，不到1万年。

现在人类正处在辉煌时期。一种悲观的估计认为生物圈已经走过了她的辉煌期，因为人类的破坏，使生物圈走下坡路。这个下滑的速度与生物物种绝灭的速度相关联，生物正处在另一次大绝灭的前夜。而这个大绝灭的过程可能是亿万年，大绝灭后的复苏期一般需要5～10Ma(Kirchner & Weilt，2000)。人类是随这次大绝灭一起消亡，还是能制止大绝灭，这取决于全人类的努力。因为可能到来的大绝灭是人类引起的，人类作为整体如能理智地收敛对生物圈的掠夺性破坏，坚持可持续发展，也许能制止可能到来的大绝灭，或者减缓绝灭的速度。

所以作为智人的生存期有几种可能性。第一，人类对生物圈的极度破坏，破坏了自身生存的基础，人类在其他生物的大绝灭中一起消亡，可能还有几万年，甚至更短的生存期；还有更悲观的是人类爆发核战争，自己把自己很快扫出生物圈。第二，人类延缓对生物圈的破坏，使人类取得更长的生存期。第三，人类负起对生物圈保护的责任，完全制止生物的大绝灭，人类将与生物圈同寿，可以生存10亿年之久。甚至可能迁居到火星上再生存几亿年，而后向别的"太阳系"迁移。这后一种是最乐观的估计，人类应该争取这样的前景。

【原载《地球》，2003年5月】

地核成因思辨

徐桂荣

地球，我们生活的星球，从地表向下到球心呈同心层状结构，分为地壳、地幔、外地核和内地核。这是地球物理学家应用地球物理的探测手段获得的信息。虽然我们看不见地核，但日常生活中的种种现象，如重力、地热、地震、地磁场和地球的自转与公转，都或多或少与地核有关。

地核是怎样形成的？18世纪康德和拉普拉斯提出星云说以来，占优势的说法是：星云凝聚不断收缩形成地球，因收缩而温度上升到数千摄氏度，在高温下原始地球中的金属铁、镍及硫化铁熔化，因密度大而流向地球的中心部位，从而形成铁镍地核。打开以前的《普通地质学》，或现在的《地质学概论》，以及有关的书籍都会发现类似的解释。

但这个理论不能解释下面的两个问题。铁、镍等密度大的元素在高温熔化条件下为什么会流向中心呢？地壳和地幔仍然有铁、镍金属为什么没有全部向中心集聚呢？

地球形成在约46亿年前。显然人类不可能直觉这一过程。考察地核的形成，只能依靠“旁证”，根据长期科学资料的累积，作合理的思辨。

唯物辩证法是思辨的强大武器。在实事求是的科学资料基础上，用辩证的思维来判断事物的发展过程常常可以作出正确的与实际相符的结论。

一、铁镍元素来自何方？

第一件需要判断的事情是：铁、镍等金属元素（这里所说的铁、镍元素，包括许多其他质量较大的金属元素）是太阳系形成中的产物还是从外太空的输入？

现在天文学流行且天文观察不断证实的一种模型，告诉我们自宇宙最早大爆炸开始，宇宙拥有的元素是氢和氦。而且所有恒星的主要组成都是氢、氦元素。其他元素包括铁、镍等质量较大的元素都是经过氢、氦元素的一系列核聚变逐渐形成的。尤其在恒星衰亡过程中，超新星爆发时释放出各种元素，包括许多质量较大的元素。

最早的“前太阳系”星云中应以氢、氦元素占大多数。当然也会有一些质量大的元素，包括铁、镍之类，但都是来自外太空超新星爆发，输入到“前太阳系”星云中的。因为，现在还处在青年期的恒星——太阳，核聚变产生质量较大的元素是有限的。何况在太阳形成初期形成这些元素几乎是不可能的。

陨石材料为这个判断提供了有力的证据：1983年飞落在我国陕西宁强燕子砭乡的宁强碳质球粒陨石，经中、美两国科学家的合作研究，在陨石包体中发现含量非常低的硫36（^{36}S）。硫36是氯36（^{36}Cl）衰变的产物。氯36在太阳系形成之初不可能形成。它是经由氢氦的核聚变，经历无数次链式核聚变才能形成。科学家们认为该元素是46亿年前老恒星的超新星爆发的产物，经长途跋涉进入太阳系造访地球的。

学者们在对陨石的长期研究中，通过积累的资料总结出一个观点：大部分碳质球粒陨石都含有铬同位素（^{53}Cr 和 ^{54}Cr），其含量超过地球的克拉克值（Shukolyukov & Lugmair，2001）。多数学者的意见认为，在碳质球粒陨石中的铬同位素是"前太阳系"遗留下来的异常物质。来源于超新星爆发中核聚变的合成。

所以，无论在"前太阳系"或者在太阳恒星形成后，多数铁、镍元素是从外太空输入的。

输入和输出，或者说外来和自生，是一对矛盾。这一对矛盾的关系取决于内部系统和外部条件。在太阳系形成之前或形成之中，在形成之后直到现代，太阳系还处在发展的早中期，太阳系本身的核聚变没有能力产生大量铁、镍等质量较大的元素。只能靠外来的物质才能产生行星。

二、星云中的元素是均匀分布的吗？

第二件需要思辨的情景是：铁、镍等质量较大的元素在星云中是均匀分布的吗？

从行星分布的事实看，小行星带之内的行星多为具铁镍核心的类地行星；小行星带以外的行星是以岩质为核心的类木行星；再向外是以小核心的气团为主的外行星。该事实表明，原太阳系星云物质的分布是不均匀的。

如何解释这个事实呢？最有可能的是两种解释：一种解释是太阳系星云在旋转过程中有离心力，并且中心的太阳时时发出太阳风，这两种力把较轻的物质推离中心越来越远，而较重的物质留在近处；另一种解释是多次超新星爆发，输入的物质在质量、数量和远近是不同的，成为星云内物质分布不均匀的原因。

这两种解释都有可能，都能清楚地说明原太阳系星云物质分布的不均一性。热衷于熵增理论的科学家主张，旋转中星云的物质应该是均匀分布的，至少在其初期。在抗熵增理论（徐桂荣等，2005）的支持下，认为星云团在任何时候都是开放系统，它不断受外界的影响，包括彗星的造访，尤其是超新星爆发的影响。所以星云团内部物质一开始就是不均匀分布的。

三、行星形成时间先后不一

一般认为行星是与太阳同时形成的，但近期的研究说明行星和卫星的形成是分期的，类地行星形成略晚于太阳，类木行星晚于类地行星，更外围的更晚。

美国和法国学者测定各种球粒陨石表明，在太阳起源后的 10～20Ma 中地核形成，月亮形成在 29Ma 后。他们得出结论，类地行星（从火星大小到地球大小）在太阳起源之后 10～20Ma 形成，随后还有 80～90Ma 的继续增长和冷凝（Yin et al.，2002）。德国科学家（Kleine et al.，2002）做了类似的工作。他们的测定表明，各个类地行星核心形成的时间与行星的直径相关。火星核心形成在太阳起源后约 13Ma 之内，地核形成在太阳系起源后 29Ma 之内（Nisbet & Fowler，2004）。

两组不同学者的研究结论不尽一致，但他们认为类地行星形成的时间有先后，虽然相隔时间不很长。

行星的壳岩和矿物残存体可进一步佐证行星形成的时间有先后。已知地球上最古老的壳岩为 44 亿年前（Wilde et al.，2001）。月球上最古老的壳岩也是 44 亿年前。火星上的是 40 亿年前（Day et al.，2009）。

虽然这些研究发表的数据各有不同，但这在一个侧面表明，行星卫星的形成确有先后。

四、为什么行星形成有先后？

天文学还没有满意的理论回答行星形成先后的机制。但从思辨的逻辑分析，似乎与超新星爆发的时间和距离有关。在"前太阳系"星云附近曾发生一系列的超新星爆发，促使太阳系的形成。

一方面，超新星爆发输入的能量使太阳系中的大部分氢、氦元素集聚，所激发出来的强核力吸引，使这些元素紧密结合成太阳恒星。

另一方面，超新星爆发释放出来的多种元素，尤其是质量较大的元素，到达太阳系较晚，分批到来。送来物质的多少不同，到达的终点距太阳的距离有不同。因此，行星形成有先后。

五、核心形成在先，地球整体成形在后

多数学者研究认为类地行星的核心形成在先。

九大行星全都近圆球形，体积庞大，直径都在 2 000km 以上，有几万到十几万千米的直径。要聚集大量星云物质必须有吸引力较大的核心。在星云旋转凝聚过程中已有核心，该核心显然是由质量比较大的元素组成。

各行星都有质量较大的核。金星有铁核；水星也有质量大于外壳的核；火星核心被认为是由铁和硫组成的，且是液态核；木星核是由铁和硅组成的固体核。各行星都有质量较大的核说明行星形成过程中有相同的规律，必须有质量较大的核，才能形成较大的球形。

地球旁为什么会有月球？因为在形成过程中有两个核心。其他行星的卫星也是因为有各自的核心。

超新星输入太阳系的物质群，在到达太阳系有关位置后，其原有的冲力与太阳恒星的拒力和离心力相平衡，固定到确定的旋转轨道上，参与公转和自转。由于星云团中物质分布不均匀，万有引力与质量成正比，铁、镍等质量较大的元素有机会集聚。开始时集聚成小核心。有了质量较大的核心后才能逐步吸纳周围的物质。不断吸纳星云中的各种物质，铁、镍等元素继续向核心集聚，核心进一步扩大，同时较轻的物质附着在外围，使球体逐渐扩大，最终形成地球。

在物质集聚过程中地球温度会有所上升，在有了铁镍强大地核后，那时外围的一些铁、镍物质可能会向中心流动，但这种流动是缓慢而低效的。因而地幔和地壳中仍然保留有铁、镍等金属元素也是理所当然的。

参考文献

徐桂荣，王永标，龚淑云等.生物与环境的协同进化[M].武汉：中国地质大学出版社，2005

Day J M D et al.. Early formation of evolved asteroidal crust[J]. Nature, 2009, 457: 179 - 182

Gnos E et al.. Pinpointing the source of a lunar meteorite: Implications for the evolution of the moon[J]. Science, 2004, 305: 657 - 659

Kleine T, Munker K, Mezger K et al.. Rapid accretion and early core formation on asteroids and the terrestrial planets from Hf - W chronometry[J]. Nature, 2002, 418: 952 - 955

Shukolyukov, Lugmair. Meteoritics & Planet[J]. Sci ence, 2001, 26, A188

Wilde S A et al.. Evidence from detrital zircons for the existence of continental crust and oceans on the Earth 4.4Gyr ago[J]. Nature, 2001, 409: 175 - 178

Yin Q, Jacobsen S B, Yamashita K et al.. A short timescale for terrestrial planet formation from Hf - W chronometry of meteorites[J]. Nature, 2002, 418: 949 - 952

【原载《共和国不会忘记(论文集)》(光大出版社),2010年】

全球有多少物种?

徐桂荣

生态资源是可持续发展的资源,保持全球生物多样性是保护资源可持续利用的首要任务。全球多样性包括基因多样性、物种多样性和生态系多样性。其中物种的多样性是研究全球多样性的基础。

一、为什么要估算物种的数目?

物种是生物界的基本单元,同一物种的个体具有基本一致的形态、生活习性、遗传特性和相同的环境需求。生物在自然界协同发展,为保护环境和为人类提供基本生活用品方面作出了贡献。物种多样性,通俗地说就是物种的丰富程度,物种数目多就是多样性程度高。但是丰富程度是相对的,人们如何来衡量物种的多样性呢?物种多样性的衡量只有通过比较,比较全球或地区现在和过去物种的数目。由于人类活动,自18世纪以来物种的数目急剧减少,近几十年减少的速度更是惊人。如何估计物种数目减少的速度呢?必须知道过去曾有的物种数和现有的物种数。但由于全球物种数目巨大,估算物种数目是一项很复杂的工作。

二、如何估算物种的数目

近来国际自然与自然资源保护同盟(IUCN)、世界资源研究所(WRI)、自然保护国际(CI)等组织公布,生物分类有5个生物界92个门。统计过去每年在"*Zoological Record*"杂志上记载和其他书刊上发表的已描述的动植物物种约为225万种(据世界保护监测中心等国际组织,1992)。显然,这个数目远远低于物种实际存在的数目。科学家设计各种方法来估算物种的数目,一个主要的方法称为经验法,即从已描述的物种按比例外推。全球各地区生物研究程度不同,有的地区的物种几近全部描述,有的地区还是研究的空白。生物各门类的研究程度也差别很大,有的类别(如哺乳类)研究深入,有的类别研究很少。因此,以研究程度较好的地区和门类为根据向外推算。这样的估算虽然不很精确,但合乎科学要求。例如,研究程度较高的不列颠岛的昆虫,记载约有22 000种,其中蝴蝶为67种;而因商业活动和公众爱好等原因,世界上已描述的蝴蝶种数目较为精确,已有17 500种,其真实数字估计不会超过20 000。假设不列颠岛的昆虫和蝴蝶的比例适合全世界,那么世界昆虫的种类应为22 000×17 500/67=5.75百万种。这个数字的可靠性可用其他方法检验。例如估计全球已描述的昆虫为100万种(鞘翅目、双翅目、膜翅目和鳞翅目4个主要目已描述物种的总数为69.5万种),其中60%种昆虫是非热带地区的物种,而描述了的物种只是可能有的物种的40%,即非热带地区的物种可能有150万种(=60万/40%)。由于热带丛林中昆虫数量多但研究较少,尤其是林冠上的众多昆虫很少描述。近来用喷雾器把药品喷向林冠,取得大量标本,研究结果证明热带地区比非热带地区的昆虫多2~3倍(取中值2.7)。因此全球昆虫的虫数目可能为555万种,两种估计的误差为3%~4%,是比较可靠的估算。

三、现代全球物种分布和物种数

在估算全球生物总数时，要考虑生物在地理分布上的不平衡，各类别物种数多少不一，以及各类别的研究程度不同等特点。众所周知，热带雨林中生物多样性最高，在极区生物最少。在类别上，昆虫数目最多，脊椎动物最少；如前所说昆虫近 600 万种，而脊椎动物可能只有 5 万种。陆生生物丰度远高于海生生物。在研究程度上，一般低等的个体小的类别研究差，相反高等的个体大的类别研究较好。如病毒和细菌研究程度最差，已知描述过的病毒为 5 000 种，细菌为 4 000 种；估计可能存在的病毒和细菌种为已描述的病毒和细菌的 10 倍。脊椎动物已描述 4.5 万种，估计 90%的物种已被描述。菌类植物远多于维管束植物，但菌类的研究程度远低于大型植物，全球菌类只记载了 7 万种，而维管束植物记载了 25 万种。根据不列颠岛的研究，菌类物种为 1.2 万种，维管束植物为 2 089 种，两者比例为 6∶1。按这个比例，全球菌类植物至少可能有 150 万种。数字是十分枯燥的，这里不能一一列举。在各生物类别专家估算的基础上，综合全球种类，可能至少有 1 300 万种。

四、地球上曾经生活过多少物种

地球已经历了 46 亿年，科学家一般认为生命出现在 38 亿年前，多细胞的后生生物至少已生活了 8 亿年。生命在地球上出现以来曾产生过多少种呢？根据记载，已描述的化石种约为 25 万种，其中绝大部分是显生宙(即寒武纪以来)的生物。这个数字只有现代生物种数的 2%，肯定远远低于实际存在过的种类。正确估计地质历史时期曾生活在地球上的生物种类，有利于研究生物圈演化的有关问题。

估计地质时期曾存在过的生物总数必须首先确定两个参数：生物在地质历史时期平均经历了多少世代；每世代平均有多少物种。关于物种平均生存期，辛普森(Simpson，1953)曾估计为 275 万年，近来较权威的估计是 400 万年。按后一估计计算，自寒武纪以来显生宙的 6 亿年中，物种经历了 150 世代。作每世代平均物种数的估计，需考虑以下的事实：从化石记录中知道，生物多样性最高的时期是上新世，也可能包括更新世的最早期；后来由于气候变化，主要是人类的介入使生物多样性下降。自寒武纪开始各生物“门”都已存在，但在陆生生物出现以前多样性显然低于陆生生物出现之后；除大灭绝时间生物多样性骤减外，每次新类型的出现，如鱼形类、两栖类、爬行类、鸟类和哺乳类的先后出现，都使生物多样性增加；因为没有材料说明，旧类型因新类型的出现而将确定消失。劳普和斯坦利(Raup & Stanley，1978)曾提出把现代物种数目作为以往各世纪的平均数，但不太合理。一般认为现代物种数显著地大于古生物的物种平均数，也许与中生代物种平均数相当，而低于第三纪后期。同时古生代时间长达近 3.5 亿年以上，第三纪仅经历了几千万年，以现代物种数的 80%作为过去各世纪物种平均数可能较为合理。因此，显生宙地球上曾生存过的物种数为：1 300 万种×80%×150=15.6 亿种。格郎特(Grant，1963)曾估计寒武纪以来物种数为 16 亿，两者估计很接近。如按物种平均生存期为 275 万年计算，地球历史上的物种数为 23 亿。

地质历史上曾存在的众多生物为世界留下了大量化石能源和许多矿产；现代生物多样性为人类提供了生活必需品。人类保护生物多样性就是保护人类的未来，人们认识并保护生物多样性具有重要意义，并为之而奋斗。

【原载《地球》，1998 年 4 月】

多少物种正在灭绝?

徐桂荣

保护全球生物多样性是一项重要任务,许多物种已在近期内灭绝,还有许多物种正处在濒危状态。到底生物灭绝率有多高?其严重程度是多大?会给人类带来多大的影响?这是人们十分关心的问题。

一、异常灭绝率和背景灭绝率

生物灭绝率是单位时间内物种或其他类别消失的百分比。在地质历史上有多次大灭绝事件,确定大灭绝事件主要根据异常高的灭绝率,如二叠纪末90%以上的物种消失;白垩纪末15%的海生生物"科"灭绝,这是由灾变原因引起了异常事件,这种灭绝率称为异常灭绝率。物种生存期是有限的,虽然各物种生存期长短不一,但都将走完它自己的路。在正常时期由于有限生存期而灭绝的灭绝率称为背景灭绝率。物种平均生存期被估计为400万年,即经历400万年大部分物种都将更新,其灭绝率为每百万年25%,即每年约4个种消失。这是背景灭绝率的平均值。

二、引起生物灭绝的原因

生物灭绝的原因不外自然的和人为的两种。自然原因又包括球内和球外等诸多外在因素和生物本身的内在因素。为了保护生物多样性,人们关心自然灾难引起的生物灭绝,同时更为关心近代人类活动引起的生物灭绝,因为许多自然灾难与人类活动有关。自从18世纪工业化以来,生物灭绝率急剧提高,其主要原因有以下几方面:①生物的栖居地遭受破坏,如森林的砍伐、填湖造田、开发耕地、工业和居民占地等等使森林和草原的居住者失去栖息地;②公路、铁路和各种设施把生物的栖居地分割为零星碎块,成为被人类活动"海洋"包围的"小岛",种群大为缩小,基因交流受到限制,因而降低生存能力;③环境污染,包括空气污染、水质恶化和酸雨等,使有些植物、河湖中的鱼类和陆上的动物物种消失;④掠夺性的狩猎兽鸟,灭种性的捕捞鱼虾,广泛使用的杀虫剂等因经济利益驱使直接或间接杀害和毒害生物。促使生物加速灭绝的这些原因,由于20世纪60—70年代人口爆炸而更为加剧,这一趋势现在并没有停止发展,有些地方还越来越烈。

三、惊人的灭绝率

有的科学家估计,现在每分钟有一个物种灭绝,就是说每年有52万多物种消失,按这个速度,不用25年现在世界上生活的所有1 300万旧种就会消失,而新种的产生显然不会很多。生物圈将成为人类以外很少有生物的萧条世界。这种估计可能太夸张、太悲观了。但如果认为生物灭绝率没有急剧增长，也不符合事实。因此正确估计现代的灭绝率，对于制定恰当的对策是十分必要的。

人类5万年前到达澳洲，1.1万年前到达南美和北美，都伴随着生物的大量灭绝。在几万年甚至只几千年内，使这些大陆上原来生活的大型哺乳动物、大型蛇类和其他爬行动物全部或大部消失，有一半以上不能飞翔的大型鸟类灭绝。据估计在人类统治世界以来，哺乳动物每400年消失1种，鸟类每200年灭绝1种。自进入19世纪后生物的灭绝率迅速提高，据1810年到1960年的统计，平均每10年消失哺乳动物2种和鸟类4.5种。自20世纪70年代以来由于工业化进程的加速，森林的大量砍伐，尤其是热带雨林的快速减少，使生物灭绝达到高峰。对近30年来生物的灭绝率，科学家们根据森林的缩小、草原的沙漠化以及物种与面积关系等作出大致相近的估计，认为每10年有2%～3%的生物消失，即每10年消失26万到39万种。每分钟消失0.05种到0.075种，约13～20分钟消失1种。按这个灭绝率发展，再经320～500年后全部旧种将消失，而新种的产生也受到限制。这个灭绝率是惊人的，它是地质历史上背景灭绝率的1万倍。这也大大高于地质历史上任何一次大灭绝。所以人类保护生物多样性已经刻不容缓了。

四、必须迅速采取对策

随着生物大量灭绝，人类赖以生存的资源也将耗尽，受害的是人类本身。现在人类已经把保护全球生物多样性作为全球战略，重要的是需要迅速积极行动。现在各国政府都在努力采取措施，主要有以下方面：①保护生物栖息地，如自然保护区，保护和发展森林、草原；②控制人口，减少因人口增加与生物争夺生存空间的压力；③保护环境，净化空气，提高水质，保持土壤，减少水土流失，防止对海洋的污染；④禁止或抑制狩猎珍贵濒危动物的商业活动。只有有效和迅速采取这些基本措施，才能使人类社会和经济持续发展，保证后代千秋万代繁荣。

【原载《地球》，1998年5月】

时间对比与集群绝灭事件

徐桂荣　童金南[1]

本文应用 Shaw 的方法，探讨华南二叠系—三叠系界线地层的时间对比问题。材料来源于近 10 年来积累的近 40 条剖面，对其中的 362 种化石作分类编录。分 5 个地区：长兴煤山、蒲圻、上寺、华蓥山和安顺，分别作复合标准剖面，然后以长兴煤山为标准，把其他 4 个地区的复合标准进一步计算出 Z 值(复合标准值)。

在这项工作的基础上，对生物带作了定量的划分，有若干订正，并对这些生物带在华南地层对比中的可靠性作了简要讨论。尤其涉及到三叠系最底部的化石带提出了较可靠的依据，并与克什米尔 Guryul Ravine 剖面作了对比，证明两地区地层可以精确对比。

这项工作还表明，大量化石类别，是在界线下约 5cm 的范围内绝灭的，其绝灭时间很短，证明二叠纪末集群绝灭是一次突发性事件。

一、Shaw 方法测试

1. 材料

本文分析中的主要材料来自中国地质大学(武汉)师生近 10 年来工作中积累的剖面资料，另外，我们还综合了盛金章等(1984)和姚兆奇等(1980)的剖面资料。共近 40 条剖面中，用于 Shaw 的方法计算的剖面有 18 条，进行编录的化石种有 362 个，包括头足类、牙形石类、䗴类、非䗴有孔虫、腕足类和双壳类。

2. 方法

Shaw (1964)的方法作者之一已有详细介绍(徐桂荣，1981，1989)，在此仅介绍应用这个方法时的要点，并讨论实际研究中存在的问题。

(1)生物地层学中的事件。对每种化石来说，可分出首次出现和末次出现两个时间，分别以化石所在层位的下层面和上层面的累计厚度表示每种化石的这两个时间。因此，分层的粗细直接影响对比精度。本文所采用的大部分剖面在二叠系—三叠系界线附近一般分层精细，而远离界线的分层有时较粗，在一定程度上影响对比精度。

(2)参加运算的生物地层学事件(以下简称 Event)的取舍。原则上说，每对剖面的所有公有的 Event 都应参加运算，但实际研究工作中可以看到，由于化石受保存条件、岩相条件和古地理位置等影响很大，有些 Event 在各剖面中的摆动幅度也很大。这些摆动幅度很大的Event

① 童金南：中国地质大学地球科学学院(武汉)。

对取得合理的对比方程(以下简称 CF)有很大干扰。为了排除干扰,必须舍去部分Event,目的是为了取得合理的 CF。

确定"标定点"是本文提出的重要原则和方法。标定点是指事先确定的有充分时间对比根据的层位。例如,二叠系—三叠系界线粘土岩层是本文指定的标定点,这个界线黏土层已经证明是有充分时间对比依据的。这个标定点是本文以下讨论的先决条件。

在第一次运算时,要求每对剖面的所有公有 Event 都参加运算(一般有几十个甚至 100 多个 Event 参加运算),取得 CF。这个 CF 所代表的回归线不一定通过标定点。然后,舍去部分明显偏离回归线的 Event,使回归线通过标定点,使标定点对比值的允许误差限于 0.05 左右。在逼近标定点的过程中,应尽量保留标准意义大的 Event。

(3)分区直接复合。形成复合标准剖面可以有两种途径:一种是逐个依次形成过渡的复合标准剖面,最后形成一个复合标准剖面(简称 CSS);另一种是各个剖面直接复合到选定的剖面上,形成 CSS,中间没有过渡的复合标准剖面。后一方法的优点是减少因采用过渡的复合标准而产生的误差。

本文采用后一方法,为便于计算还采用分区复合,进而把各分区的复合标准再直接复合到所选定的剖面上。本文选定长兴煤山剖面作为最后复合的选定剖面。分区复合是为了避免在直接复合时,因剖面间岩相古地理的差别,公有分子较少,使复合误差增加。

本文按照剖面类型分为以长兴煤山、蒲圻观音山、上寺长江沟、华蓥山和安顺桥子山等剖面为代表的 5 个区。各区复合的剖面列述如下(各剖面的分布见杨遵仪等,1987):

①煤山复合标准包括长兴煤山,吴兴黄芝山,煤山的 E、D、C,吴县马石山(盛金章等,1984)等剖面。

②蒲圻复合标准包括蒲圻观音山、黄石沙田、安徽巢县马家山等剖面。

③上寺复合标准包括上寺长江沟、广元明月峡、新店子等剖面。

④华蓥山复合标准包括华蓥山、凉风垭、合川盐井等剖面。

⑤安顺复合标准包括安顺桥子山、晴隆中营等剖面。

(4)生物地层事件的特点。以化石层位为代表的 Event,由于生物生存时的环境因素和化石保存条件等在各地的差异,单个 Event 不能完全代表同时面。因此,在坐标图上每对剖面的 Event 可以呈各种形态的散布。最常见的是阶梯式的散布(图 1)。这种散布的原因,从理论上

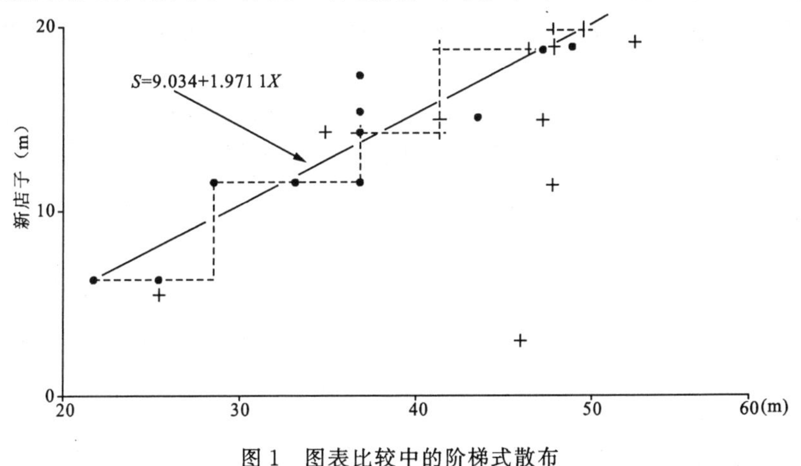

图 1　图表比较中的阶梯式散布

讲由于所有地层剖面中都有各种不同长短的时间小间断(邓巴,罗杰斯,1955),从微观量度上看沉积-时间关系总是成阶梯函数(斯瓦尔扎克,1975)。另一方面,由于岩相对化石保存的影响,在一些岩相中化石保存很多,在另一些岩相中不能保存。同时,不同剖面中的岩相不能完全一一对应,因此必然出现阶梯式散布。

Shaw (1964)曾认为折线式的散布代表沉积间断。实际上,只能说代表时间小间断,而不是地质学上一般理解的沉积间断。除非确有地质资料证明,如缺失生物带,有沉积间断标志等,不能只因折线的图形来确定沉积间断。Sweet (1979,Fig. 5)关于克什米尔 Guryul Ravine 和巴基斯坦 Chhidru 的图表比较,可以看作是阶梯式散布,断言 Chhidru 剖面的沉积间断,似乎证据不足。

另一种是十字交叉式散布(图 2)。十字交叉正好发生在界线点上。这是因为大量种类的绝灭和随后新类型的出现,正好在界线上下交替;又由于化石保存和岩相等原因,在一条剖面中一直延续到二叠系顶界或从三叠系底界就出现的化石,在另一个剖面中没有延续到二叠系顶界或在三叠系底界还未出现。在 Sweet(1978,Fig. 5)中也可看到十字交叉的图形。

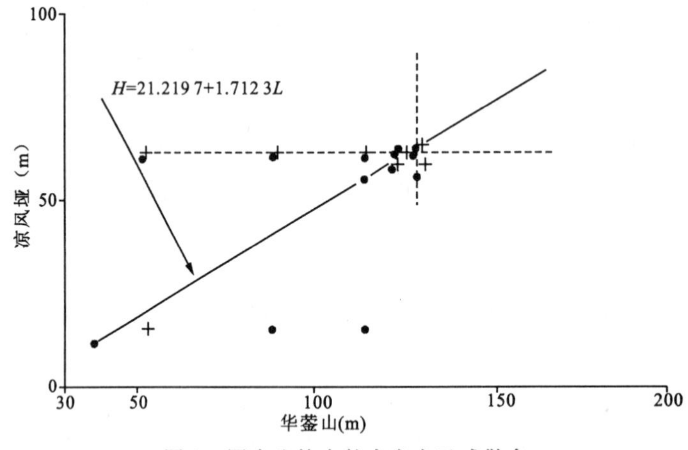

图 2　图表比较中的十字交叉式散布

这些散布形式说明生物地层学事件的特点有随机性,也有确定性,它不同于生物学事件。说它的确定性是因为生物地层学事件总是在生物学事件范围之内;说它有随机性是因为生物地层学事件在生物学事件范围内是随机摆动的。用统计学的方法以大量生物地层学事件可以求得生物学事件,Shaw 的方法是其中之一。

(5)检验。作者之一(徐桂荣,1980,1981,1989)已详细论述过检验的方法,包括相关系数、方差检验和三角闭合等。本文的计算经过严格检验,但检验过程因篇幅而略去。

二、地层对比中若干问题的讨论

图 3 至图 6 表示各区的复合 Event 与长兴区的对比线和对比方程。最后形成的复合标准值(Z value*,表 1),有理由认为是各种生物在华南可靠的时限分布。根据这个结果,提出下述几方面进行讨论。

---

* Z value 代表以标准剖面的尺度为相对时间单位;标准剖面的 1m,抽象的时间单位为 1Z,参看徐桂荣(1980)。

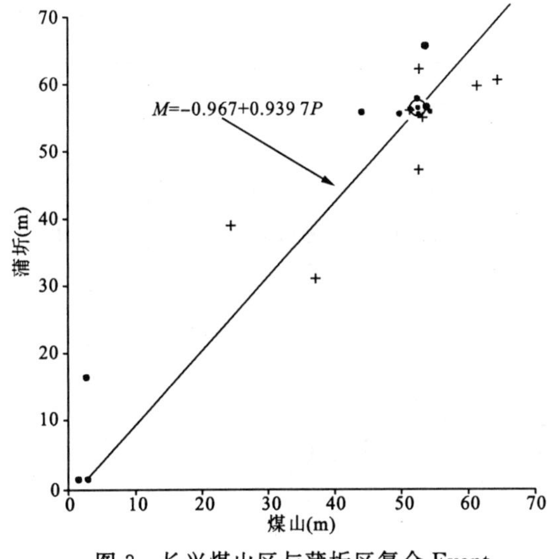

图 3　长兴煤山区与蒲圻区复合 Event 的回归线和对比方程

空心×的交点为界线点

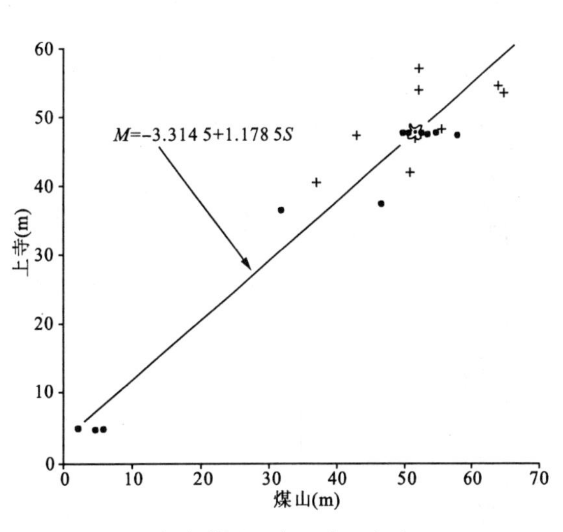

图 4　长兴煤山区与上寺区复合 Event 的回归线和对比方程

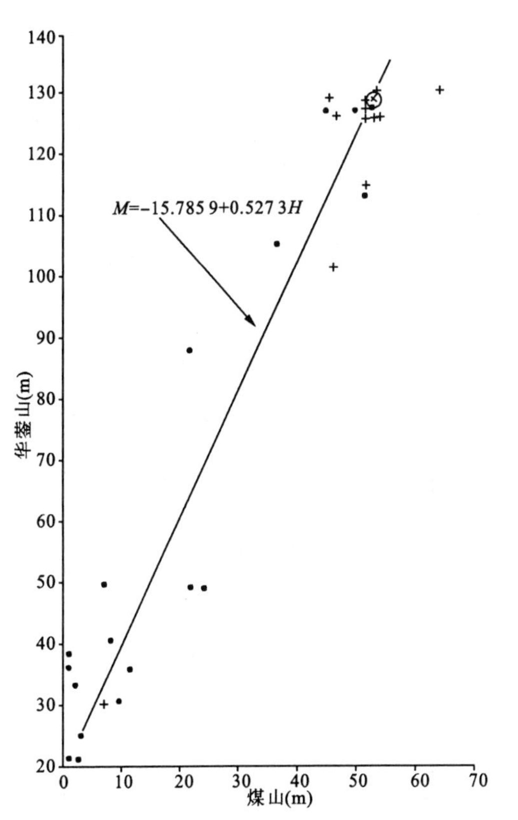

图 5　长兴煤山区与华蓥山区复合 Event 的回归线和对比方程

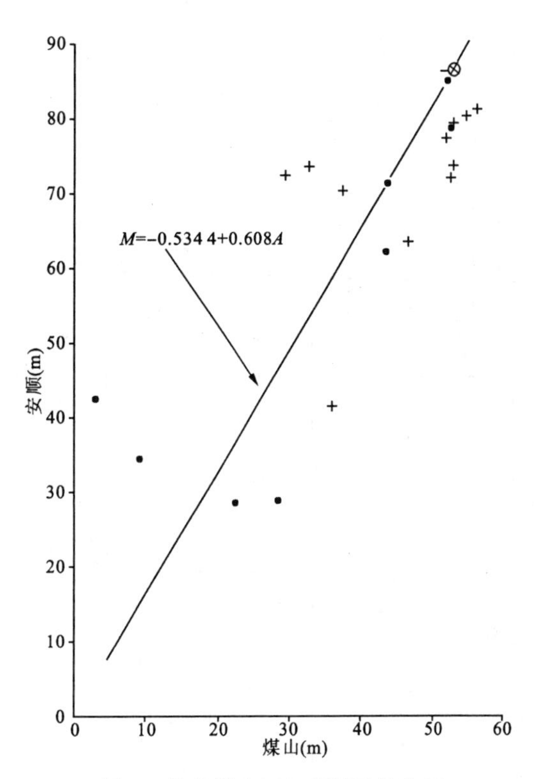

图 6　长兴煤山区与安顺区复合 Event 的回归线和对比方程

表 1　华南晚二叠世—早三叠世化石带对比表

		菊石带和 Z value	牙形石带和 Z value	双壳类带和 Z value	腕足类带和 Z value	䗴带和 Z value
早三叠世	斯帕蒂阶 (140.00)	*Subcolumbites* 141.22～145.31	*Neospathodus homeri* 182.49～355.07 *N. anhuinensis* 178.35～355.07 *N. collinsoni* 154.01～199.37	*Eumorphotis inaequicostata* 52.25…		
	史密斯阶 (80.00)	*Owenites* 105.94～108.95 *Flemingites* 76.92～79.92	*N. waageni* 132.24～141.24	*E. multiformis* −52.38——— *Claraia aurita* −53.75～80.23 *C. stachei* 52.64～141.58		
	第纳尔队 (54.32)	*Prionlobus* 54.32～77.84	*N. cristagalli* 77.91～79.92 *N. dieneri* 77.92～141.24			
	格雷斯巴阶 (52.24)	Ophiceras −52.24～70.36 Lytophiceras 52.24～64.78	*Neogondolella carinata* 2.26～109.88 *Isarcicella isarcica* 52.51～53.41	*Pseudoclaraia wangi* 52.56～66.78		
		Hypophiceras 52.30～52.37 ? *Otoceras* 52.30～52.37	*Anchignathodus parvus* 52.24～120.96	*Towapteria scythicum* 52.38～53.13	*Crurithyris pusilla* −51.01～58.10 *Lingula subcircularis* 52.28～53.92	
晚二叠世	长兴阶 (0.17)	*Rotodiscoceras dushanense* −49.03～52.24 *Pseudotirolites* 25.17～52.24 *Tapashanites* 2.26～47.18	*Neogondolella deflecta* −2.26～52.34 *N. cnangxingensis* 7.91～52.24 *N. subcarinata* −2.26～50.70 *N. wangi* ———52.24	*Hunanopecten exilis* 2.87～49.26	*Waagenites barusiensis* ———52.54 *Crurithyris speciosa* 51.78～52.48 *Peltichia zigzag* −25.17～51.41 *Prelissorhynchia pseudoutah* 10.11～52.37	*Palaeofusulina sinensis* −0.70～52.16 *Reichelina changxingensis* 20.04～51.88 *Palaeofusulina minima* 2.47～49.48 *Nanlingella simplex* ———51.21
	吴家坪阶	*Konglingites* ———44.10	*N. orientalis* ———52.24		*Squamularia grandis* ———44.50 *S. indica*———35.29 *Haydenella wenganensis* ———35.83	*Codonofusiella schubertelloides*———9.84

1. 各类生物的分带

䗴类　在长兴期主要是 *Palaeofusulina* 和 *Reichelina* 两属的多种代表。*Codonofusiella* 只有少数种进入长兴期，而且只限于早期。长兴晚期有 *Palaeofusulina mutabilis*，*P. typica*，*P. wangi*，*P. nana*，*P. fusiformis* 等。

非䗴有孔虫类　在长兴早期的有 *Globivalvulina quadrata*，*Glomospirella irregularis*，*Geinitzina uvalica*，*Pseudoglandulina conica* 等；中期的有 *Cribrogenerella permica*，*Pachyphloia abagensis*，*Nodosaria cubanica*，*N. sagitta*，*Pseudoglandulina tumida*，*Geinitzina pusilla* 等；主要在长兴晚期的有 *Nodosaria mirabilis*，*Pseudoglandulina paraconica*，*Nodosaria longissima*，*Colaniella lepida*，*C. nana*，*C. pulchra*，*Agathamminaovata*，*Endothyranopsis guangxiensis*，*Endothyra permica* 等。

腕足类　限于或只延伸到长兴早期的有 *Haydenella orientalis*，*H. elongata*，*Marginifera typica*，*Paraspiriferina alpheus*，*Oldhamina grandis*，*Edriosteges poyangensis*，*E. tumitus*，*Neochonetes zhongyingensis*，*Tyloplecta yangtzeensis*；限于中期的有 *Martinia huananensis*，*Lunoglossa puqiensis*，*Uncinunellina theobaldi*，*Haydenella wenganensis*，*Perigeyerella costellata*，*Squamularia grandis*，*Oldhamina squamosa* 等；常见于长兴晚期的有 *Neoplicatifera costata*，*Marginifera morrisi*，*Oldhamina decipiens*，*Hustedia indica*，*Neoplicatifera multispinosa*；发现于过渡层的有 *Acosarina indica*，*A. minuta*，*Anidanthus interruptus*，*Araxathyris araxensis*，*A. minuta*，*Cathaysia orbicularia*，*C. sulcatifera*，*C. triquetra*，*Crurithyris flabelliformis*，*C. longa*，*C. pusilla*，*C. specioa*，*Fusichonetes nayongensis*，*F. pigmaea* *Lingula borealis*，*L. fuyuanensis*，*L. subcisrcularis*，*L. subellyptica*，*L. tenuissima*，*Neochonetes convexa*，*Prelissorhynchia pseudoutah*，*Waagenites barusiensis*，*W. soochowensis*，*W. wongiana*。

菊石类　延伸到长兴早期的有 *Mingyuexiaceras changxingensis*，*Parametacoceras*，*Pseudogastrioceras gigantus*，*Pseudostephanites meishanensis*，*Sinoceltites opimus*，*S. Sichuanensis*；限于中晚期的有 *Pseudogastrioceras jiangxiensis*，*Pseudostephanites nodosus*，*Sinoceltites curvatus*，*Tapashanites floriformis*，*T. robustus*，*Changhsingoceras*，*Penglaites*，*Xenodiscus*；主要见于长兴晚期的有 *Pseudotirolites uniformis*，*P. acutus*，*P. asiaticus*，*P. uniformis*，*Hunanoceres*，*Pleuronodoceras guangdeense*，*Chaotianoceras*，*Neotianoceras*，*Rotodiscoceras dushanensis*。*Pseudogastrioceras* 的个别代表延伸到格里斯巴期的最早期。限于格里斯巴早期的有？*Otoceras*，*Hypophiceras*，*Lytophuiceras*，*Glyptophiceras*，*Metaphiceras* 等。

双壳类　限于格里斯巴早期的有 *Peribositra baoqingensis*，*Eumorphotis venetiana*，*E. hinnititra*，*Towapterisscythicum*；格里斯巴晚期有 *Claraia dalpiazi*，*C. decidens*，*C. painkhaniana*，*Posidonia circularis*，*Pseudoclaraia wangi mincr* 等。

牙形石类　限于长兴早期的只有 *Neogondolella antecerocarinata*；始于长兴早期的有 *Prioniodella*，*Xaniognothus*，*Neogondolella changxingensis*，*Ellisonia teicherti* 等；分布到长兴晚期的有 *Hindeodella*，*Hibbardelloides*，*Neogondolella orientalis*；始于格里斯巴早期的有 *Hindeodus parvus*，*Neohindeodella suevica*，*N. triassica* 等。

上述列举的各种生物从时限上分带性比较显著，但遗憾的是其中有些种常常在地理分布上较局限。杨遵仪等(1987)选择的分带生物代表中,有些种时限延伸较长(表 1,图 7),但大体上可以用作划分对比的标准。

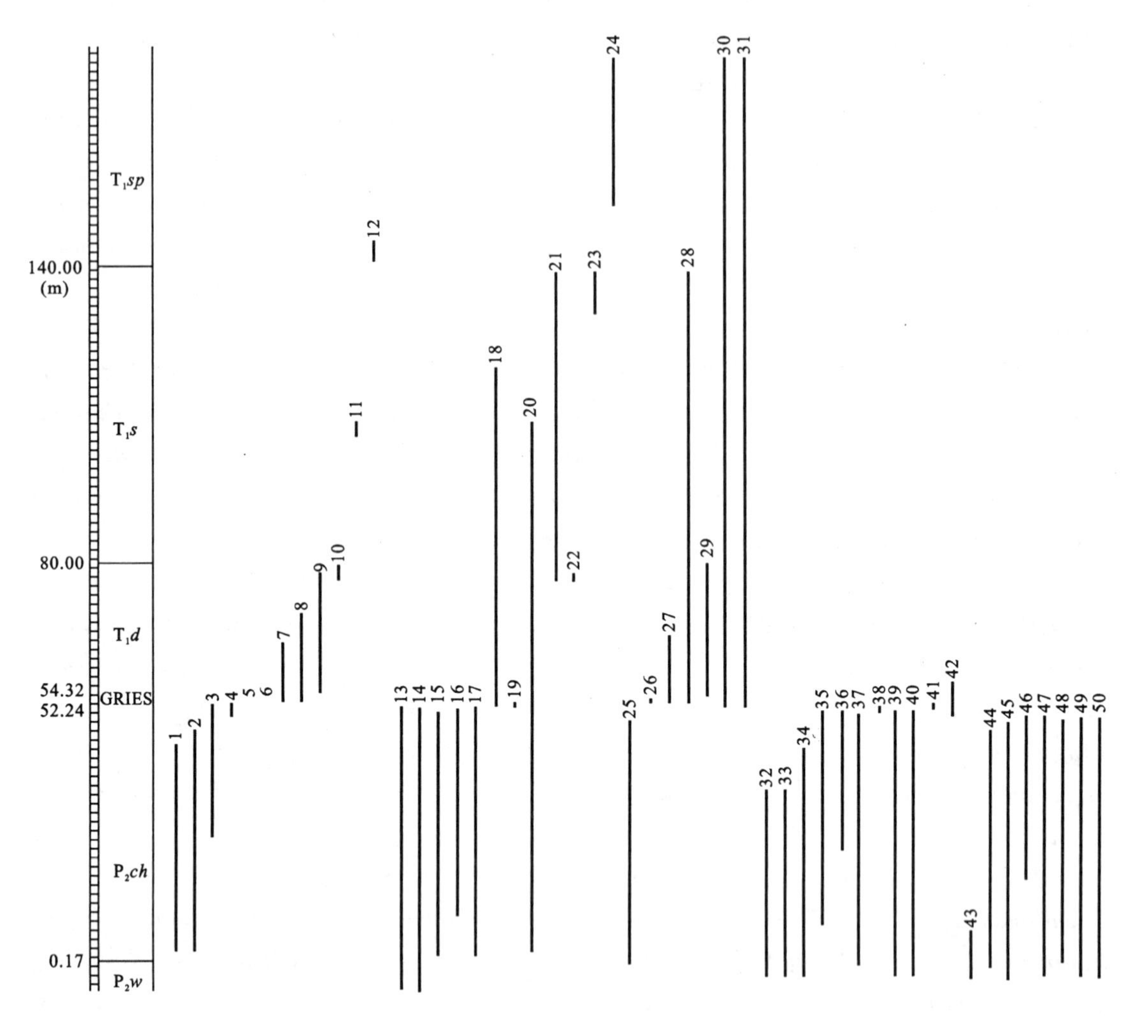

图 7　各类重要化石的时限分布图

(图中数字为化石代号)

1. *Konglingites*; 2. *Tapashanites*; 3. *Pseudotirolites*; 4. *Rotodiscoceras dushanense*; 5. ? *Otoceras*; 6. *Hypophiceras*; 7. *Lytophiceras*; 8. *Ophiceras*; 9. *Prionolobus*; 10. *Flemingites*; 11. *Owenites*; 12. *Subcolumbites*; 13. *Neogondolella orientalis*; 14. *N. wangi*; 15. *N. subcarinata*; 16. *N. changxingensis*; 17. *N. deflecta*; 18. *Anchignthodus parvus*; 19. *Isarcicella isarcica*; 20. *G. carinata*; 21. *Neospathodus dieneri*; 22. *N. cristagalli*; 23. *N. waageni*; 24. *N. collinsoni*; 25. *Hunanpectenexilis*; 26. *Towapteria scythicum*; 27. *Pseudoclaraia wangi*; 28. *Claraia stachei*; 29. *C. aurita*; 30. *Eumorphotis multiformis*; 31. *E. inaequicostata*; 32. *Haydenella wenganensis*; 33. *Squamulariaindica*; 34. *S. grandis*; 35. *Prelissorhynchiapseudoutah*; 36. *Peltichia zigzag*; 37. *Cathaysia chonetoides*; 38. *Crurithyris speciosa*; 39. *Waagenites barusiensis*; 40. *Acosarina minuta*; 41. *Lingulasubcircularis*; 42. *Codonofusiella pusilla*; 43. *C. schubertelloides*; 44. *Palaeofusulinaminima*; 45. *Nanlingella simplex*; 46. *Reichelina changhsingensis*; 47. *Palaeofusulina sinensis*; 48. *Glomospiraregularis*; 49. *Glomospirella*; 50. *Colaniella*

从这些基本资料中可以看到以下事实。

(1)华南三叠系的下界,可以牙形石 *Hindeodus parvus* 或菊石 *Hypophiceras*,? *Otoceras*,*Ophiceras*,*Lytophiceras* 的出现为标志。

(2)菊石类 *Tapashanites*,牙形石类 *Neogondolella subcarinata*,双壳类 *Hunanopecten exilis*,腕足类 *Peltichia zigzag*,鲢类 *Palaeofusulina minima* 都是长兴早期至中期的标准化石;长兴晚期主要标志是菊石类 *Rotodiscoceras* 和 *Pseudotirolites*。

(3)牙形石 *Isarcicella isarcica* 和双壳类 *Pseudoclaraia wangi* 是晚格里斯巴期的代表;另一方面,长兴期残余的腕足类在早格里斯巴期末基本消失。

2. 与克什米尔的 Guryul Ravine 剖面对比

Sweet (1988)列出了 Guryul Ravine 剖面(GRK)的生物地层事件的数据,这些数据及长兴煤山为标准的华南 Z value(表 2)。图 8 表示华南 Z value 与 GRK 对比的结果。华南的 Z value 与 GRK 复合后各生物的分布见图 9 和表 2。从这个结果可以看到:

(1)*Otoceras woodwardi* 和 *Ophiceras* spp. 等的出现在克什米尔 *Guryul Ravine* 剖面是下三叠统下界的重要标志。

(2)牙形石类 *Neospathodus dieneri*,*N. cristagalli*,*N. kummeli* 是第纳尔阶的重要代表。

(3)*Neospathodus pakistanensis*,*N. waageni* 是史密斯阶的标准化石。

(4)*Neospathodus triangularis*,*N. homeri*,*Neogondella milleri*,*N. elongata* 出现在斯帕蒂阶。

从这些事实可以看出克什米尔 Guryul Ravine 剖面的生物地层学事件与华南完全可以对比。

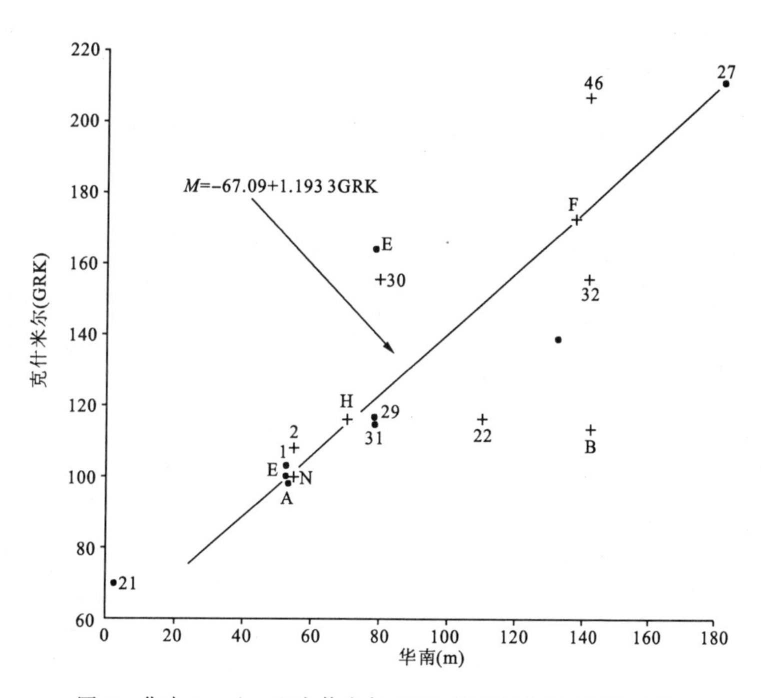

图 8　华南 Z value 和克什米尔 GRK 的回归曲线和对比方程

表 2　煤山剖面与克什米尔 Guryul Ravine 剖面的对比资料和结果

Event	种	煤山 Z 值	GRK	GRK Z 值	煤山－GRK Z 值
1—2	*Isarcicella isarcica* (Huckriede)	52.55～53.41	103～108	55.82～61.79	52.55～61.79
3—4	*Hindeodus typicalis* (Sweet)	—	88～110	37.92～64.17	37.92～64.17
21—22	*Neogondolella carinata* (Clark)	2.26～109.88	90～116	40.31～71.33	2.26～109.88
23—24	*Neogondolella elongata* Sweet	—	206～215	178.73～189.47	178.73～189.47
25—26	*Neogondolella jubata* Sweet	—	208～215	181.12～189.47	181.12～189.47
27—28	*Neospathodus homeri* (Bender)	182.49～355.07	210～237	183.50～215.72	182.49～355.07
29—30	*Neospathodus cristagalli* (Huckriede)	77.91～79.92	116～155	71.33～117.87	71.33～117.87
31—32	*Neospathodus dieneri* Sweet	77.92～141.24	114～155	68.95～117.87	68.95～141.87
33—34	*Neospathodus Kummeli* Sweet	—	114～116	68.95～71.33	68.95～71.33
35—36	*Neospathodus triangularis* (Bender)	145.33～287.59	206～222	178.73～197.82	145.33～287.58
37—38	*Neospathodus pakistanensis* Sweet	—	138～155	97.59～117.87	97.59～117.87
45—46	*Neospathodus waageni* Sweet	132.24～141.24	138～206	97.59～178.73	97.59～178.73
71—72	*Neogondolella milleri* (Mueller)	—	204～206	176.34～178.73	176.34～178.73
89—90	*Platyvillosus costatus* (Staesche)	—	149～155	110.71～117.87	110.71～117.87
A—B	*Claraia* spp.	52.24～141.58	98～113	49.85～67.75	49.85～141.58
C—D	*Cyclolobus walkeri* (Diener)	—	77	24.79	24.79
E—F	*Meekoceras* spp.	77.89～137.68	163～172	127.42～138.16	77.89～138.16
G—H	*Ophiceras* spp.	52.24～70.36	100～116	52.24～71.33	52.24～71.33
K—L	*Otoceras woodwardi* (Griesbach)	—	100～105	52.24～58.21	52.24～58.21
M—N	*Productacean brachiopods*	−53.23	−100	−52.24	−53.23

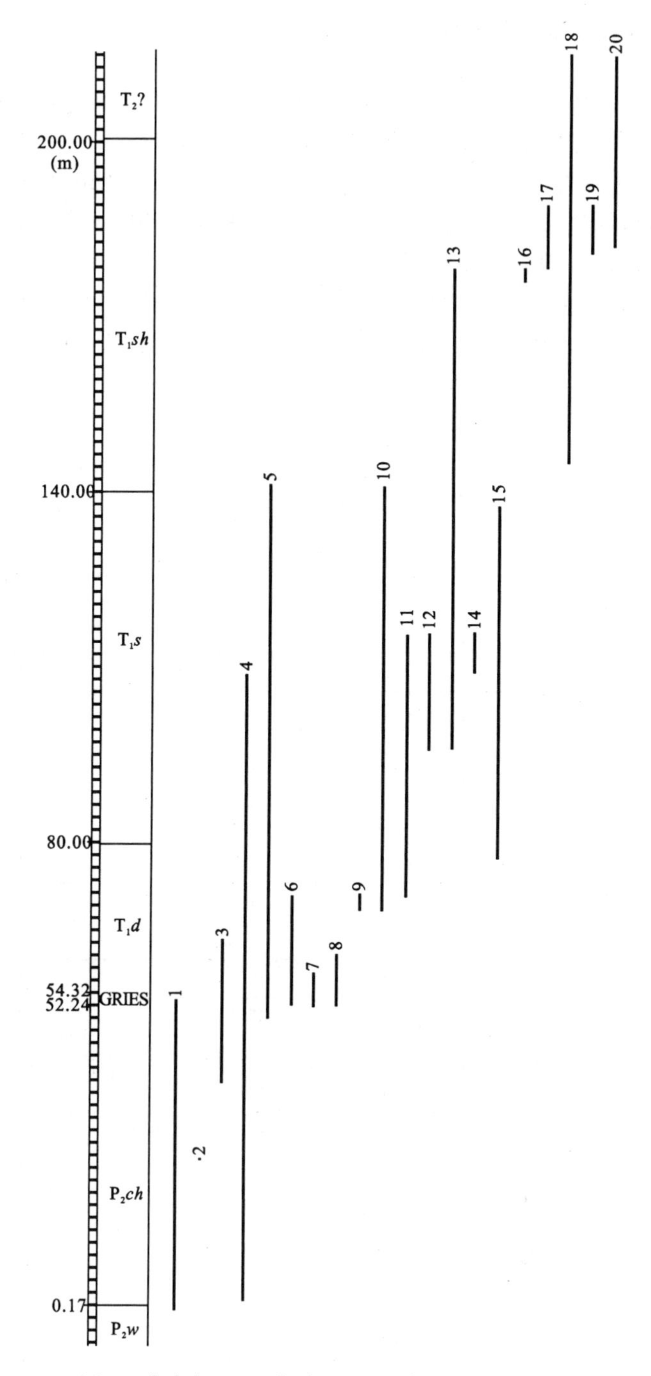

图 9　华南与 GRK 复合后，重要化石的时限分布

1. *Productacean brachiopods*；2. *Cyclolobus walkeri*；3. *Hindeodus typicalis*；4. *Neogondolella carinata*；5. *Claraia* spp.；6. *Ophiceras* spp.；7. *Otoceras woodwardi*；8. *Isarcicella isarcica*；9. *Neospathodus kummeli*；10. *N. dieneri*；11. *N. cristagalli*；12. *N. pakistanensis*；13. *N. waageni*；14. *Platyvillosus costatus*；15. *Meekoceras* spp.；16. *Neogondolella miller*；17. *N. elongata*；18. *Neospathodus triangularis*；19. *Neogondolella jubata*；20. *Neospathodus homeri*

三、二叠纪末的集群绝灭

二叠纪末的集群绝灭有以下特点:①生物死亡的数量多或者说绝灭率高;②遭受绝灭的生物类别等级高;③波及全球;④生态系发生明显变化;⑤短期内成群生物绝灭。这方面的有些特点在有关论文(杨遵仪等,1984;殷鸿福等,1984;殷鸿福等,1988)中已有论述。关于生态系的明显变化,作者(徐桂荣,1988)已有过论述。本文根据用 Shaw 方法进行时间对比得到的结果进一步讨论集群绝灭的突发性问题。

(1)从长兴期到早三叠世,所统计的 362 个种中,有 223 个种在 52.24Z 的界线之下绝灭(表 3);而且在其他 140 多种中,属于从二叠纪延续到早三叠世早期的只有 25 个。说明二叠纪末绝灭的种约占长兴期存在的种(248)的 90%。

表 3　华南二叠系—三叠系界线附近生物绝灭速率

Z 值	绝灭种数	E	Z 值	绝灭种数	E
58.51～60.00	2	1.33	43.51～44.00	1	2.00
58.01～58.50	8	16.00	43.01～43.50	3	6.00
57.51～58.00	1	2.00	41.51～43.00	3	1.20
57.01～57.50	1	2.00	39.51～41.50	6	3.00
56.51～57.00	3	6.00	38.01～39.50	1	0.67
55.51～56.50	2	2.00	37.51～38.00	1	2.00
55.01～55.50	1	2.00	36.01～37.50	1	0.67
54.51～55.00	1	2.00	35.51～36.00	3	6.00
54.01～54.50	2	4.00	32.01～35.50	4	1.14
53.51～54.00	2	4.00	31.01～32.00	1	0.50
53.01～53.50	6	12.00	30.51～31.00	1	2.00
52.51～53.00	17	34.00	25.51～30.50	1	0.20
52.01～52.50	84	168.00	25.01～25.50	2	4.00
51.51～52.00	22	44.00	24.01～25.00	1	1.00
51.01～51.50	32	64.00	16.01～24.00	1	0.13
50.51～51.00	5	10.00	14.51～16.00	1	0.67
50.01～50.50	8	16.00	12.51～14.50	1	0.50
49.51～50.00	1	2.00	11.51～12.50	6	6.00
49.01～49.50	3	6.00	10.51～11.50	2	4.00
48.01～49.00	1	1.00	10.01～10.50	1	2.00
47.51～48.00	1	2.00	8.01～0.00	3	1.50
47.01～47.50	8	16.00	7.01～8.00	6	6.00
46.51～47.00	1	2.00	6.01～7.00	1	1.00
45.51～46.50	4	4.00	5.51～6.00	2	4.00
45.01～45.50	5	10.00	3.51～5.50	1	0.50
44.51～45.00	1	2.00	0.00～3.50	2	0.57
44.01～44.50	4	8.00			

(2)计算相对绝灭率 E=死亡种数÷Z 值。从表 3 可以看到,在区间 52.01～52.50Z 中死亡种数为 84,E 高达 $168Z^{-1}$,而正常的相对绝灭率<$10Z^{-1}$。在这区间中集中在 52.19～52.24 Z 的范围内死亡的占 51 种,E=1 $020Z^{-1}$。52.19～52.24Z 所代表的时间内发生了极高频率的死亡事件。

(3)Z 值转换为绝对年龄值,若估计长兴期为 5Ma,按华南 Z 值计算,1Z=0.096Ma。因此,二叠纪末的集群生物绝灭是发生在不到 10 万年的期间,尤其是集中在二叠纪末的最后 5 000年,即 0.05Z,相当于长兴煤山剖面 5cm 的范围内发生的集群绝灭。包括䗴、三叶虫、二叠型海百合、四射珊瑚、绝大部分长身贝类及扭月贝类腕足动物、二叠型菊石等。无疑这是一次高强度的突发事件。

【原载《华南二叠纪—三叠纪过渡期地质事件》(地质出版社),1991 年】

古地磁与生物绝灭

徐桂荣

一、地磁

磁铁是我们大家所熟悉的，俗名叫吸铁石。磁铁有正、负两极，对含铁物质有吸力；这种吸力有一个范围，并且有一定的方向，科学上称为磁场。地球像一个大磁铁，存在着规模巨大的磁场。地磁极位置与地球南北极位置接近：一个是靠近地理北极的负磁极，一个是靠近地理南极的正磁极。在地球表面随便什么地方，一枚可以自由转动的磁针，在静止时，针的一端总是指向北极，另一端总是指向南极，这是由于受地磁场作用（同性磁极相斥，异性磁极相吸）的结果。

我们的祖先很早就发现了这种规律，创造了指南针。劳动人民在实践中所发现的地磁场的特性和指南针的创造，对人类生活产生了巨大的影响。航海技术的发展，新大陆的发现；认识地球是圆的，打破"诺亚方舟"的宗教枷锁，都离不开指南针这个有力的工具。现在我们的日常工作与地磁场关系十分密切，农业、森林、测量、建筑、航空、航海、找矿、地震预测等，都离不开指南针的应用。

二、古地磁

同位素年龄测定已告诉我们地球至少已有 46 亿年的历史。在这漫长的地球历史中地磁场的情况是怎样的呢？是固定不变，还是不断地变动着？研究人类历史以前的地球磁场的科学就是古地磁学。古地磁的研究，主要通过对沉积岩和火成岩中含铁磁性物质的磁性要素的测定，然后综合归纳各地质时期地磁场的情况。现有的研究明确告诉我们，地磁场是不断变化着的。磁场的变化主要表现在两方面：一是磁极位置的移动；二是磁性方向的变化。同我们这个题目有关系的主要是磁性方向的变化。

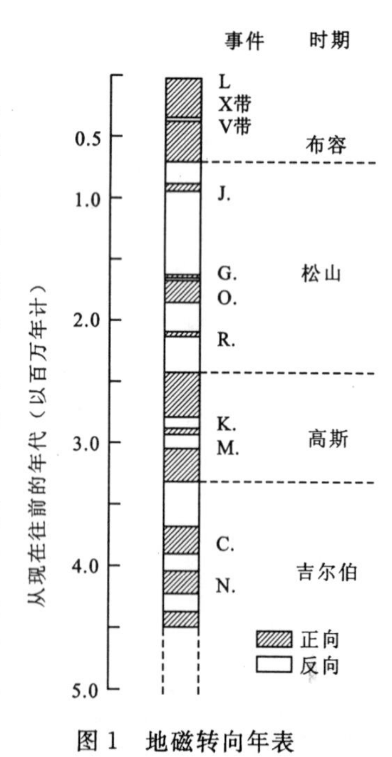

图 1　地磁转向年表

假定以现在的地磁磁性正负极的方向为正向，业已发现在地质历史的许多时期地磁磁性正负极的方向与现在相反，这种时期称为反向时期。在正向时期和反向时期互相变换的过程中，有一个频繁变动的转向期。按地质年代逐层测定地磁场方向的变化，排列成地磁年表，如图 1 所示：距今 0.69Ma，地磁场方向基本没有变化，叫做布容正向时期；从 0.69Ma 到 2.43Ma，地磁场方向基本与现在的相反，叫做松山反向时期；往前到 3.32Ma，地磁场方向又是正的，叫做高斯正向时期；再往前又转过来，叫做吉尔伯反向时期。

在这些时期中还有更短的转向现象，这种较短的转向人们称为事件，例如在松山反向时期中有4次正向事件，高斯正向时期中有两次反向事件。

三、古生物绝灭与地磁场的变化

在20世纪60年代，人们发现上述的地磁场方向的变化与某些古生物绝灭有密切关系。譬如，1964年哈里森等人在研究赤道太平洋海底岩芯中的放射虫时，注意到一些种的绝灭与古地磁极转向几乎是同时的。1969—1970年，黑斯等人对洋底钻孔岩芯中的有孔虫进行了研究，用统计方法证明有孔虫的绝灭与地磁场转向密切相关。1971年，黑斯又系统地研究了各大洋28个海底岩芯，发现放射虫有8个种与磁性转向密切相关。他的研究得出3点结论：①放射虫的每个种在岩芯中都是突然消失，未见逐渐衰落；某些岩芯中种消失之前正是数量最多的时期；②同一种在岩芯中消失的界限，在广大区域中几乎是同时的，似乎与经度、纬度无关；③所有种的最后消失很接近地磁场转向期。这就是说个别种的绝灭与一定的转向期有关。

人们还注意到另一个现象，就是地磁场的迅速、频繁的转向与生物的大量绝灭相关。图2表示各地质年代古地磁变化与生物绝灭之间的关系。统计计算这两条曲线之间的相关系数是0.912（指两曲线非常近似，统计学上比较曲线相似程度以相关系数表示，相关系数为1，则曲线完全相似），人们认为如此近似的两曲线，如果两者没有直接的因果关系是不可理解的。譬如，晚古生代，从晚石炭世到二叠纪大约50Ma保持反向磁场，而二叠纪最晚期和早三叠世出现许多转向。这时期正是生物大量绝灭的时期。二叠纪末期几乎近一半生物的科绝灭，原生动物的䗴目绝灭；菊石仅有3个科保存到三叠纪；腔肠动物门的四射珊瑚目绝灭；腕足动物大量减少；陆生四足动物在晚二叠世有204个属，在早三叠世仅保留下48个属；等等。晚白垩世也有类似的情况。这种大量的绝灭，虽然是在地质历史的一个较长的时间内，而不是突然地一起绝灭，但延续时间不超过几百万年。这一点表明它与地磁变动的关系是很密切的。

应该承认，生物绝灭与地磁场变化有一定的联系，这是客观事实。但对这个客观事实的解释却是各色各样的，有的是灾变论，有的是外因论。当然也应承认，目前对这个问题的研究还

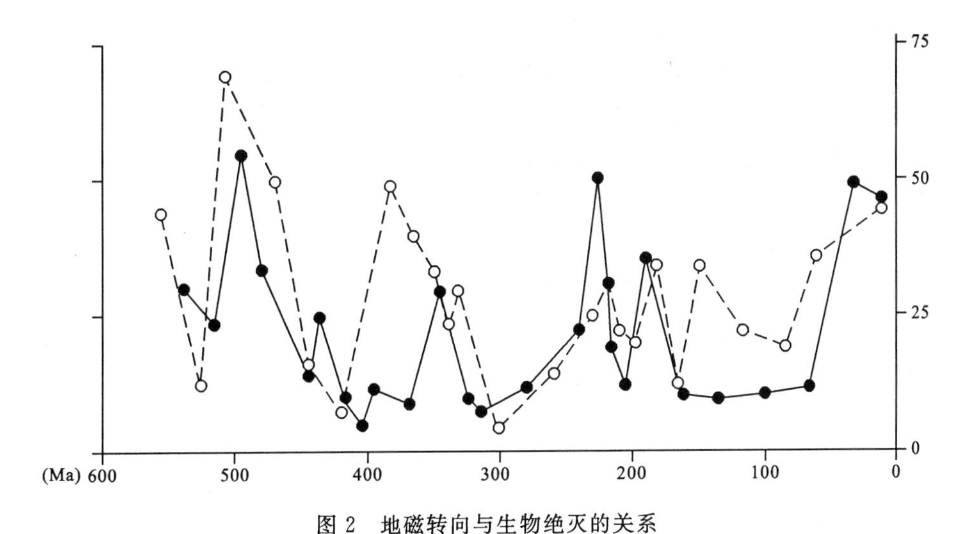

图2 地磁转向与生物绝灭的关系

虚线表示地磁转向的速率（转向次数/时间）；实线表示生物绝灭的科的数目。

横坐标表示地质年代（以百万年为单位），纵坐标表示地磁转向的次数和生物绝灭的科的数目

很粗略，仅是开始，还需继续探索产生上述现象的真正因果关系。

四、各种解释

对于上述现象的解释，概括起来主要有两大类，一类意见认为地磁场的变化间接影响生物的绝灭，另一类意见认为地磁场直接影响生物的存亡。

1963 年，乌文首次提出地磁转向与生物绝灭的关系，他认为地磁转向时，过量的宇宙辐射冲击地球，是引起绝灭的原因。这种观点在许多方面不能解释复杂的生物绝灭问题，它忽视了生物环境条件的多种因素，忽略了生物本身的内在因素，只从单一的因素考虑，当然是极其片面的。

1968 年，哈里森提出地磁转向引起气候的变化，从而影响生物生存的观点。但是科学资料表明，地磁的转向和气候的变化不完全一致。

上述两种观点是从生物外部的间接影响来解释地磁与生物绝灭的关系。也有一些人希望从生物内部寻找直接的关系。由于磁场转向期间，磁场强度明显降低，而且低磁场持续 1 000～13 000 年，不少人相信，长期的低磁场是影响生物生存的直接原因。许多科学家进行了磁场对生物影响的实验。如，细菌在低磁场下 72 个小时，其再生繁殖的能力降低 15 倍；原生类、扁虫类、软体类在低磁场的作用下，运动方式发生变化；鸟在低磁场下飞行能力受到影响；老鼠在低磁场下，体内酶的活动力发生强烈变化，延长低磁场的持续期，寿命明显缩短。

经过实验，有的人认为，由于地磁场的作用，生物分子表现为顺磁的或反磁的排列；也有人认为磁场与生物细胞膜的离子的移动电荷之间有相互的电作用。他们认为有些生物对于磁场的敏感性特强，在长时期的稳定磁场后出现的频繁的转向，首先使这些敏感的生物绝灭，而后又影响依赖这些敏感生物的其他生物。

生物绝灭是一个复杂的问题，在这个问题的研究中，我们必须坚持唯物辩证法。毛主席指出：**“事物发展的根本原因，不是在事物的外部而是在事物的内部，在于事物内部的矛盾性。”**生物绝灭的根本原因是在生物内部的矛盾性，这是为什么各种生物进化速度千差万别，生物的盛衰参差不齐，生物的绝灭前后不一的根本原因。这个指导思想是我们反对庸俗进化论的外因论的有力武器。当然，我们不排除外部的原因，而是要辩证地认识环境条件对生物的影响，环境条件必定通过生物体内部起作用。现在认识到地磁场对生物的生长、绝灭有一定的影响，这是科学研究的一个贡献，但是不能因此认为地磁场的变化决定生物的绝灭，或认为地磁场变化是生物绝灭的唯一因素。生物绝灭的环境条件多种多样，这些条件的变化只有通过生物体内部的矛盾斗争才能起作用。例如，硅藻、大部分植物和有些动物对地磁场变化并不敏感，这些生物在地质历史上绝灭的记录似乎与地磁场的变化关系不大。所以，研究地磁与生物绝灭的关系必须区别对待，而且不能强调到不适当的位置。

【原载《化石》，1975 年 2 月】

生物的创新进化

徐桂荣

生物学中关于生物进化的理论，传统是两种模式：①达尔文的“性状变异和适者生存的自然选择”；②新达尔文主义的“基因突变和自然选择”。本文讨论第三种进化模式——“生物创新进化”。生物创新进化是客观存在的，许多科学家都看到了这个事实，这里作简要的介绍。

一、什么是“生物进化”？

首先需要澄清“生物进化”的概念。“生物进化”是专指也仅限指“地质历史中生物发展的自然过程”。从生命物质到细胞的出现，从单细胞生物发展到灵长类再到人类。在这个过程中生物从简单到复杂、从低级到高级，其中有新生、有灭绝，有前进、有退化，但总的进程是生物圈越来越繁荣。

本文强调“进化”完全是一个自然过程，非自然的任何“智慧设计”是没有的。没有事先“约定”，也没有事先“设计”的方向；唯一可以称之为方向的是发展，与时俱进的发展。在这个有机系统中，主要是前进性的发展，但同时在发展中可以有停顿，可以有延缓，可以有飞跃，可以有局部后退。总之是自然的发展。

二、生物创新进化是自然规律

1. 关于“创新”一词的含义

什么叫“创新”？“创新”或“创造”一词在生物学中常会引起误会，被人误解为“创世篇”的翻版，或带有唯心色彩。但这个词毕竟不是“创世篇”的专利，我们认为物质世界到处存在“创新”，生物界也一样存在“创新”。

这里打个比喻来说明“创新”的含义。根据天文学知识，在宇宙形成初期只有氢原子，在一定条件下，氢原子合成为氦，就像现在太阳中正在进行的那样。氦的产生就是大自然的创新。其他各种元素和各种分子包括有机分子，例如糖类分子、核苷酸、RNA 或 DNA 的第一次出现等都是创新，所有有机大分子不论来自太空或起源于地球，在宇宙形成之初并没有这些有机分子，显然是大自然的创新。本文所说的“创新”一词是在这个意义上使用的。这些元素和分子的产生过程，很难笼统地归之于“自然选择”或“适应环境”。有的学者说，自然界是选择稳定，因为产生的元素有稳定性，所以它们能存在。但是原来稳定的氢后来变为稳定的氦，这个过程是一个创新的过程，不是选择的过程。

2. 生物创新进化遵循的规律

生物创新进化是有条件的，这个条件就是自然规律。生物进化中的创新是在自然物质刺激下和在自然规律的诱导下进行的。自然界各种物理性质和化学物质，如不同的引力，各种元素和分子，各种物性包括光、电、声和各种辐射等，都每时每刻无不在“刺激”着生物。在自然物质不断刺激下生物跨出“创新”的步子，而自然规律的诱导是创新的关键，如叶绿素分子的形成是在光的刺激下同时必须遵循光波的特性和元素组成分子的规律才能完成。这可以称为“刺激和诱导”法则，生物每一次“协同创新进化”都有自身具体的刺激和诱导的内容。

打个不贴切的比喻，家庭对孩子教育的正确方法，往往采用“刺激和诱导”的方法，用“大棒逼迫”的方法是不好的，不能正确引导孩子。要孩子好好学习，必须反复告诉孩子学习的重要性，就是不断“刺激”他的大脑；然后需要循循善诱。如果孩子已经懂得学习的重要性，你还是一味地“刺激”而没有“诱导”的方法，可能会适得其反，使孩子反感。这时最主要的是依照学习知识的规律，引导孩子采取正确的学习方法，给予具体的帮助，可使孩子在学习上有很大的进步。

“刺激和诱导”法则所以能起作用也需要条件，生物本身必须具备一定的物质基础，能对外界的刺激作出反应，如已存在能吸收光波的有机分子，才能向叶绿素分子发展。同时有良好的外部环境，如除光照外有不高不低的温度，这是形成叶绿素分子时必要的外部条件。这就是协同创新遵循的“内外结合”规律，生物的结构和机制与自然物理化学规律控制着生物的创新。

三、生物创新进化的事例

创新进化是生物发展的主轴，生物通过创新才能前进，在生物进化史上，从有机大分子到细胞，从细胞到人脑都是一连串创新事件构成的(徐桂荣等，2005)。在这篇短文中不可能完全罗列，下面简单列举几个事例。

1. 叶绿素的形成

在地球初期，随着大气中二氧化碳和水汽的减少，生命体对光的适应逐渐加强，表现在细胞中叶绿素和感光点的出现。阳光的不断刺激和自然光特性的不断诱导，是叶绿素和其他色素体协同创新的基础。

普通可见光由 7 色组成，这些光波包含不同的能量。可见光中，红光波长最长，包含最少能量；紫色光波长最短，包含最多能量。七色光混合为白色，照射在叶绿素分子上时，分子强烈地吸收红光和紫光；其次吸收橙、黄和蓝光；而绿光几乎完全不吸收，大多被反射，所以叶子是绿色的。而共生的其他色素吸收叶绿素分子能吸收的光波以外的能量，然后把吸收的能量直接转移给叶绿素体。其他色素作为叶绿素分子的补充，扩大了光波吸收的范围。在叶绿素 a 分子协同创新中镁元素是关键，因为镁元素与氮、碳元素的有机分子结合才有上述吸收七色可见光中除绿色光以外的光波的特性。说明自然界是按物质吸收光波的特性诱导叶绿素分子协同创新进化的。叶绿素分子有多种，为什么叶绿素分子 a 最为普遍，这里有自然选择的作用。但叶绿素分子和其他色素的形成是一种协同创新，它完全不同于性状变异和选择。

有学者认为，蓝藻菌在太古宙最早“发明”叶绿素，在整个生物史中只有一次“发明”，后来的低等和高等植物都是蓝藻菌的共生机制和基因传递形成的(Kasting & Siefert，2002)。后来有的叶绿素分子有一些变异，但只是小的修改。

2. 眼睛的协同创新进化

达尔文坦诚地承认他学说中的一些难点，其中之一是关于眼睛的进化很难用自然选择来解释。眼睛作为奇妙的器官，它的进化是一个典型的协同创新事件。

阳光的刺激，激活有关分子的电子使之成游离状态，这是感光分子进化的开始。光具有透射、反射和折射等特点，不同颜色的光有不同波长，这些特点诱导感光分子不断进化。后来感光分子的载体从单细胞生物中的细胞器发展为多细胞生物中的感光细胞。

所谓“自然诱导”而不是“自然选择”，是因为生物的感光分子的形成是按光线的特性创造的，现生生物中有不同等级的眼睛，这反映进化逐渐完善的过程。但自然界没有淘汰那些低水平的眼睛而只保留高水平的眼睛。各种生物的眼睛都有它自己的用处，对每类生物本身已经足够用了。科学家研究发现不同动物分别采用 9 种不同的眼睛光学结构，而且有些结构在历史上曾出现过 40 多次，并独立地进化。这说明眼睛是多地方、多次进化的。

人眼的光学结构十分复杂，眼内分 3 层，最内层是视网膜，由感光的视细胞组成；中间是脉络层，由进出眼睛的血管通过；外层是巩膜纤维层(Weisz & Keogh，1977)。人类每只眼有约 1.3 亿感光细胞。视细胞的感光分子的主要成分是视紫质。每只眼有球形透明晶体构成眼球。每只眼的前边有透明角膜覆盖。眼的有色部分称为彩虹，它围绕着瞳孔，光线通过瞳孔到达眼球。6 条肌肉连接眼球到眼窝骨骼上，可使眼球移动。眼的后面是视神经通向脑。光线进入眼睛经瞳孔到透晶体。眼和透晶体的弯曲表面把光线弯曲，在视网膜上集焦为清晰的映像(Kingfisher，1999)。视网膜的细胞把信息经视神经传递到脑。人眼可辨别 1 000 万种不同的颜色影像。在强光下在彩虹区的肌肉使瞳孔收缩，保护敏感的视网膜。在 2/1 000 秒内脑就能形成光线输入的映像。

眼的进步中“演习和试验”是重要的，要经过千百万次或几十亿次试验。人眼各结构之间的关系，如瞳孔大小和集焦接受映像之间的关系，不是一蹴而就的，要经过不断的试验。如果以变异和自然选择的理论来解释，必须经过无数世代的选择和淘汰，可能没有足够的时日。以人类早期平均寿命 30 年来计算，则自然选择要经过几百万或几亿年的试验，而人类历史只有 5～7Ma，哺乳动物历史还不到两亿年。并且在人类起源的初期已经有了优秀的眼睛，如果没有优秀的眼睛，人类如何能在众多动物之中立于不败之地。而由大分子和基因进行的“演习和试验”可在个体生存期进行，不必要求世世代代遗传选择，可以在短期内获得有效的结果，这是“演习和试验”在协同创新进化中的重要贡献。

3. 形成介壳和骨骼

介壳作为外骨骼首先出现在元古宙晚期。介壳有多方面的作用，首先起支撑作用，使之有稳定的形态，这是主动摄食或捕食所必需的。许多学者认为是食肉者的来临触发或加速骨骼的出现(Signor & Lipps，1992)；其次，保护作用、防御外来攻击、主动捕食和防御几乎是同时形成的功能；最后外壳能起保温作用，延缓热量的散失。

根本的因素是因为无论外骨骼或内骨骼都起到克服重力的作用，这是生物进化中极为重要的方面。骨骼和肌肉一起使生物立体化，一方面形成固定的形态，另一方面使生物软体的各种器官可有自由生长的空间，不必承受太多的压力。埃迪卡拉动物群大都是平坦的辐射对称，因为它们是纯软体生物，不能确立立体的形态。因此内部器官彼此受到压迫，功能受到限制。

现在少数纯软体生物，完全依托水的浮力，如形体像气球的水母，其身体只能随水漂动，没有十分固定的形态。

获取生成骨骼的能力是抗熵增演化的结果(Xu,1998)。生物经过多方面的试验，只有有硬体骨骼支撑才能更为节省能量的消耗，减少内脏间的摩擦力。纯软体动物移动时，所有的组织必须克服重力和摩擦力的作用。骨骼的协同创新进化是在重力作用的刺激下，在减少摩擦力和抗熵机制的自然规律的诱导下，在生物具有分泌钙质的机制后，不断演习和试验的结果。

4. 性别的进化

生命出现后在很长的时间内是无性生殖，有性生殖开始于30亿年前(Myers,1993)，但那时只是细胞内核酸的自由出入，在不同细胞间交流，不是真正意义上的有性生殖。原核细胞的繁殖是靠自身的分裂，真核细胞出现后才有了真正的有性繁殖。

有性生殖的出现是一次创新，同时又是提高创新能力的重要途径。增加生物多样性需要有性生殖(Stanley,1990)。自然条件下的无性繁殖缺乏创新能力，容易退化。有性生殖的基因交流和遗传信息的再结合为性状变化创造较大的幅度。因此对环境的适应宽度增加，使整个种群处在动态稳定状态，不易因环境微小变化而灭亡，而且向各个生态领域辐射的能力加强。所以有性生殖的出现是生存和发展的需要。

有性生殖给生物带来的第二个改变是生殖与营养机制的分化，雌雄之分，雌体负责生殖全过程(除海马外)，雄体只提供精子，母体还为受精卵准备了营养。这是生殖体制的创新，为从卵生向胎生发展，即受精卵在母体内直接接受母体提供的营养，创造了条件。

5. 基因交流的5个创新阶段

无性到有性的进化，从根本上说是基因交流的进化。从生物进化史上可以看到基因创新发展中有以下5个阶段：

(1)自由交流不稳定阶段。在非细胞、先原核细胞和原核细胞时期，DNA分子是自由的，它们可以游出细胞进行交流，因此DNA核苷酸组合和排列顺序多种多样，但是复制的后代因多变而不稳定。

(2)保守阶段。真核细胞形成后，DNA分子被束缚在细胞核内，染色体成为载体，DNA分子不再能无限制地自由活动了。这时的生物有了稳定复制的遗传后代，但限制了基因交流，失去了发展的活力。

(3)稳定发展阶段。后生生物出现后，如埃迪卡拉动物群有明显的有性特征，有性繁殖在这个阶段既有充分的基因交流又能精确复制。由于有充分的基因交流，生物辐射大爆发大都在这一阶段初期完成。

(4)基因同型框组合阶段。基因本身是核苷酸的键接组合，当基因束缚在细胞核上以染色体为载体后，基因作进一步的组合，不同的组合形成不同的生物结构。这种组合不再是键接，基因之间的联系是由“信息吸力”，即基因排列顺序的信息成为基因间的吸力。基因最有效的组合是同型异形框和同型框基因簇，使遗传的功能更为稳定有效。由于生物进化中体制越来越复杂，基因的组合变得十分重要。同型框基因在脊椎动物的进化中尤其重要。

(5)被改造阶段。人类出现后，基因的稳定发展受到了限制。人类在驯养动物和栽培植物中，许多生物的基因逐渐被改造，尤其是转基因和克隆技术的发展使基因随人的意志而变化。

但是基因也随时都在挣脱人类的改造，时有报复。只有人类完全掌握基因变化的规律以后，人类才能安全利用基因改造技术。

这里所说的“创新阶段”不意味着后一阶段的事件出现后，前一阶段事件就消失。发展到现在，这 5 个阶段的事件都还同时存在。每一阶段的进步都提高了创新能力。

四、协同创新进化

生物学中常常强调“适应进化”，指生物是为了适应环境的变化而进化的，因而有“优胜劣汰”的结果。但大量事实说明生物的创新进化是主导，“优胜劣汰”的事实是存在的，但更多的是低级生物与高级生物并存，而且低级生物与高级生物是协同进化的。同时，生物创新进化是在生物之间和生物与环境之间的协同下完成的。所以称为“协同创新进化”。生物协同创新进化包括两个层面：一是生物之间和生物在自身结构发展上的创新；二是生物参与优化自然环境的创新。

1. 生物结构上的创新

在生物进化中，自然界先已接纳了卵生，后来出现卵胎生和胎生，胎生是在生殖系统和营养机制的协同创新下完成的。像自然选择常有的思维方式，胎生比卵生优越，胎生是淘汰了别的生物，优胜劣汰而出现的。其实不然，虽然胎生能较成功地保护新生幼体，但能产出的数量有限；而卵生可大量下卵，在数量上占有优势。自然界中卵生类别总体上还是多数。因此，胎生并不是淘汰了什么而产生的，只是生物进化中的一种结构创新。

2. 生物与环境的协同创新

生物界作为一个系统是一个开放系统，它不能离开环境。生物在进化中对自然环境有很大贡献，生物不仅仅适应环境，而且改造和创造环境。大家知道，大气圈氧含量达到现今水平，现代大气各种成分能保持稳定，很大程度上是生物协同作用的结果，这是“协同创新进化”的第二层含义。如果没有生物圈，大气圈的组成将永远是地球初期充满二氧化碳和甲烷的混沌世界。

参 考 文 献

徐桂荣，王永标，龚淑云等. 生物与环境的协同进化[M]. 武汉：中国地质大学出版社，2005

Kasting J F and Siefert J L. Life and the evolution of earth's atmosphere[J]. Science, 2002,296:1 066－1 068

Kingfisher. Encyclopedia of questions and answers[J]. Animals and Plants, Human Body [M]. Soathwestern, 1999

Myers N. (General Editor). Gaia－An atlas of planet management(Revised and updated edition)[M]. Anchor Book Doubleday, 1993

Signor P W & Lipps J H. Origin and early radiation of the metazoa. In: Lipps J H & Signor P W(eds.), Origin and early evolution of the metazoa[M]. Plenum Press, New York, 1992,2－23

Stanley S M. Adaptive radiation and macroevolution. In: Taylor P D and Larwood G P (eds.), Major Evolution Radiations. The systematics association special volume No. 42[M]. Clarendon Press, Oxford (Proceedings of a symposium held in Durham, UK, September, 1989), 1990, 1 - 15

Weisz P B and Keogh R N. Elements of Biology[M]. McGraw - Hill Book Company, New York, 1977, 591

Xu Guirong. Study on mechanism of Anti - Entropy Enhancement in Geoscience. In: Popular Works by Centuries' World Celebrities - the Volumes: Chinese Science & Culture[M]. World Science Press, 1998, 120 - 122

【原载《共和国不会忘记(论文集)》(光大出版社),2010年】

协同进化

——生物发展的全球观[1]

徐桂荣　王永标　龚淑云[2]

1992年国际上签署了《可持续发展》和《生物多样性公约》等文件;保护全球的生物多样性并保持人类社会和经济的持续发展已成为各国政治家和科学家的共识。随着现代科学迅速发展,地学和生物学在过去几十年里有许多重大的成就,包括板块构造理论、新灾变论和生物分子化学等。同时在生物进化理论中也出现许多新认识,20世纪70年代Eldredge和Gould提出间断平衡论,批评达尔文学说的渐变论(杨遵仪等,1984;殷鸿福等,1988);Bethell于1976年在《Harper》杂志上发表《达尔文学说的错误》,批评达尔文学说的许多方面;许靖华(1997)根据新灾变论对生物演化的影响,提出达尔文学说是否科学的问题。这是一股冲击达尔文学说的思潮,对于重新思考生物进化理论起到了推动作用。同时,为了保护可持续发展的生态资源,正确认识生物界内在的关系是十分必要的。

一、协同进化和优胜劣汰

易善锋和徐道一(1997)根据近年来国际科学的动向,论述了协同进化是生物界的"主导"的观点。他们认为协同进化是普遍性的原理,优胜劣汰是局部性原理。达尔文的进化论可概括为"优胜劣汰",他认为由于每一生物都有不断增殖的倾向,必定发生生存斗争。但他把生物间的斗争、生物与环境的关系、生物间的互惠都不恰当地归之为生存斗争,即把生物间的大量协同关系都归入"优胜劣汰"之列。

生物界的协同在各个层次上都有体现。如蚁蜂社会的分工、企鹅的"托儿所"、猴群中的"放哨者"都是个体间协同的著名例子。蚂蚁和蓝蝶、珊瑚和虫黄藻、啄木鸟和树木、花粉和种子及其传播者等都是物种间的协同。在生态系中食物网是生物界最重要的协同,食肉动物捕食食草动物,食草动物啃食植物,高大植物遮挡了阳光而排斥低矮植物等,如果看作是生物间的斗争,那么生物间的斗争是"剧烈"的。但从整个生物圈的角度看,食物网中生物间的这种关系恰恰体现了自然界的和谐协同。例如,大家知道狼是残暴的食肉动物,它与羊群和野兔等食草动物在野生条件下呈消长关系,它在很大程度上保护了草地被过度啃食。在总体上,狼—野兔—植被形成一个互利的机制。在人类驱逐狼群后,由于过度放牧,草原退化甚至沙漠化的事例屡见不鲜。又如,在未开垦的荒地上,开始生长低矮的灌木,它们对分解岩粒、改善表土起了很大作用,为高大乔木有可能扎根创造了条件;高大乔木生长后遮挡了阳光,抑制了低矮灌

---

① 国家教委博士点基金资助项目(97014001)成果。

② 王永标、龚淑云:中国地质大学地球科学学院(武汉)。

木的发展，甚至被挤出森林，但森林为许多动物提供了栖所和食物，这种关系对生物圈整体是有利的。植物为动物和昆虫提供食物，动物和昆虫为植物传播花粉和种子等，可以看到生物间和谐的依存关系。一种生物遭遇厄运，必然影响许多其他生物。由于推土机破坏了蚁群巢穴引起蚁群的消失，使美丽的蓝蝶在英国绝迹的故事，在许多通俗杂志上已有广泛介绍，蓝蝶消失又可能影响一些植物的生长。美国蒙大拿州一些牧场，由于牧场主大批毒死了郊狼使衣囊鼠猛增，而衣囊鼠到处翻转土地，使蒿草疯长而牧草不能生长，在协同平衡破坏后，使牲畜因饲料减少而减产。

森林的破坏使动植物的栖所丧失，引起大量物种灭绝，进一步影响其他生物甚至人类的生存条件，现已成为社会的共识。在更深的层次上，由于生物发展和增殖的主要限制是环境条件，包括栖居空间、能源和营养、气候变化和生物间相互关系等。生物间通过参与物质的循环，水土保持和空气调节等，在保持必需的环境条件方面达到协同。如生物参与调节水、氧、二氧化碳、氮和各种元素的循环是维持生物圈发展所必需的。动植物和微生物共同组成了层层利用自然提供的能源，共同组成维护环境、对抗环境恶化的抗熵机制。残暴的食肉动物只占生物界的一小部分，处于食物链的顶尖位置。它们是生物界的必要组成部分，在保护环境中起着重要作用。但它们并非是“优胜”者，而恰恰是最脆弱的部分，恶劣的环境变化首先影响它们，使它们面临“劣汰”危机。生物间的协同和斗争是相辅相成的，在特定条件下可发生互相转化；但从全球的观点观察，生物间的协同是主导的，“优胜劣汰”的竞争是从属的。

二、自然选择的中心是生物与环境的关系

关于自然选择的一个著名的例子，即灰色尺蠖随着英国工业的发展而消失，黑色尺蠖由于煤灰掩遮躲避了鸟类的捕食而得以繁盛。两种尺蠖对鸟类来说都是食物，但由于灰色尺蠖在煤灰中明显可见易被鸟捕食。在这里选择的关键是环境变化，而不是鸟类与尺蠖或尺蠖间的斗争。性选择中，雌体选择强壮的雄体，生殖强壮后代，能躲避捕食或善于捕食。这种性选择只是个体间的协同，为了保存物种，这种选择不可能形成新种。生物的食性斗争是生存斗争的主要形式，因食性变化形成新种的例子很多。大约 1 000 年前迁入夏威夷群岛的蠹虫，由原来食棕榈演变出 5 个食香蕉的新种。4 000 年前从维多利亚湖隔离出来的乌干达内布格勃湖，其中的西克拉鱼类演化出几个食性不同的新种（杨遵仪等，1984）。可见进入新地区占领新的小生境或改变食性等是新种形成的基本途径。如果把食性改变，如食肉或食虫，看作生物间的斗争，似乎新种形成起因于生物间的斗争，但实际上环境变化在先，食性变化是由于环境变化而引起的。

自然选择形成的新种，主要不是由于生物间的斗争，那么就不存在优势种族的问题，新种不能说优于旧种，仅仅是适应不同环境。需要抛弃的一个误解是新种的形成必然排斥相关的旧种。获得新食性的新种无需排斥旧种，如食香蕉的蠹虫无需排斥食棕榈的蠹虫。有谁能说何种蠹虫为优势种族呢？它们在适应各自的小生境中都是完善的，但当环境发生变化后，又可能都变得不完善了。

三、生物间的协同为抗熵而斗争

生物是耗散结构，又是具有抗熵机制的自组织结构。抗熵（anti－entropy）一词较早见于

Greenwood 和 Edwards(1989)的著作中。他们解释该词:"是抗衡熵趋势的现象。抗熵过程是通过增加组织性来实现的。此过程在稀散能量的重新浓集中起着重要作用。例如,绿色植物把稀散的太阳能浓集为可高度利用的生物化学能,就是在生态圈中,或许也是在宇宙中最重要的抗熵过程。"徐桂荣等(1997)把抗熵机制解释为:除了可把稀散能量重新浓集起来外,还有能量的吸收、改造和储存等机制。这概念不同于薛定锷和 Schroedinger 于 1944 年的负熵(negative entropy),后者专指从环境中不断地吸入有序(做功能量)。Boltzmann 于 1886 年曾说:"生物界存在的一般斗争,不是为物质原料(生物所需的原料是空气、水和土壤,全都丰富可用)斗争;也不是为能量[能量以热的形式存在于任何物体中(但不幸的是不能转换)]斗争,而是为熵而斗争,熵从热的太阳到冷的地球,能的转换变为可能"(Murphy et al.,1995)。Boltzmann 在达尔文学说问世不久,提出上述观点是超时代的见解。我们认为把"为熵而斗争"修改为"为提高抗熵机制而斗争",更符合生物界的本来面貌。

整个生物界是抗熵的整体,它们把来自太阳和地内的热能最大可能地充分利用,浓集稀散的能量,把能量转化和储存,积集可用的能量不仅为当代使用,而且为子子孙孙使用。生物从简单的异养到营光合作用的自养,从单细胞藻类的低效光合作用发展到高大乔木的高效光合作用。各级动物组成食草—食肉—杂食—食腐—食泥等严密的食物网,把各级趋熵的能量浓集和储存并促进物质的循环。因此,生物界构成了和谐的抗熵协同关系。

生物与环境的关系是多方面的,抗熵是其中一个重要方面。生物界向增强抗熵能力的方向发展,但只要在抗熵中有用的生物,自然界就保留它们。这就回答了生物前进性发展为什么还保留低级生物的问题,因为,细菌和病毒等低级生物在抗熵中都有一定的作用。由于记忆和信息传递的作用,每次灾难后抗熵机制得以保存,并有进一步改善。国际自然和自然资源保护同盟(IUCN)和自然保护国际(CI)等组织公布生物的现行分类包括有 5 界 92 门(麦克尼利等,1991),已描述的种(到 1990 年据不完全的统计)约为 225 万种(WCMC et al.,1992),而物种实际数目远多于已描述的种类,估计至少超过 1 000 万种。

全球丰富多彩的生物类型是生物协同进化的结果。生物多样性是人类赖以持续发展的物质基础。但自从 18 世纪工业化以来,人类已使大量生物灭绝,现在许多生物正处在濒危状态(WCMC et al.,1992)。原先全球生物还要多。一种推测认为,由于人类活动使生物居住环境恶化,从现在起到 21 世纪初生物灭绝率每 10 年是 2%～3%,即每 10 年消失 20 万～30 万物种。这种现象就是促进熵增,破坏抗熵机制;人类在建设物质文明的同时正在破坏自身赖以生存的物质基础。所以,为了子孙后代,为了人类的共同发展,为了地球健康地运转,保护全球生物多样性已成为人类迫切的任务。

四、新灾变论的启示

古生物资料证明地质历史上有多次灾变引起大灭绝。已知大灭绝事件见于前寒武纪末、奥陶纪晚期、泥盆纪晚期、二叠纪末、三叠纪晚期和白垩纪末等。大灭绝事件在生物演化中起着重要的作用,灾难过后生物爆发式地辐射,种属大部分更新。在 20 世纪 60 年代灾变论以崭新的面貌出现,以现代的高科技为背景,尤其是 70 年代末白垩系—第三系界线黏土中铱异常等证据的发现,提出了陨星撞击说来解释公众关心的恐龙绝灭事件。用同位素测年和古地磁反向,研究意大利古比奥等剖面和南非开普盆地等的海底岩芯中生物灭绝事件,估计持续的时间只有 5 万年。在这 5 万年中经历了"陨星或彗星撞击""全球黑暗和高热""全球变冷"和"因温室效应又升温”等一系列灾难，使许多生物灭绝(许靖华，1997)。

新灾变论有两个“难点”，一是灾变原因，二是灾变持续时间。白垩纪末灭绝事件原因和持续时间似乎有了较好的回答(许靖华，1997)，即陨星或彗星撞击事件引起5万年的灾难。撞击事件虽然有许多证据，但尚未定论。笔者曾推算二叠纪末大灭绝事件的持续时间为0.215Ma或0.018Ma(Xu Guirong，1991)。但关于其他几次大灭绝，因研究尚不充分，人们大多含糊地说可能持续几百万年，从地质时期的角度看是很短的。化石物种平均生存期为4Ma，按背景灭绝率计算，一年平均消失4个物种，经历4Ma物种将大部分更新，持续很长时间的事件显然不能称之为灾变。在一场灾变中，许多种属灭绝。按照达尔文的理论，灭绝的必是弱势类别，残存的是优势类别。其实不然，在大灾难中不分弱优都惨遭厄运。残存者仅仅因为幸免，或有避难所保护，或因种子卵子可长期保存，或有坚实的壳体，或有较长的冬眠习性，它们多半是较为低等的、适应能力较广的生物。如腕足动物中一种较原始的类别——海豆芽类，在许多次大灾变后仍然生存至今。因此新灾变论排斥了“优胜劣汰”的理论。一旦灾难过去，残存的种属很快分化，形成爆发式的辐射演化，白垩纪—第三纪之交的大灭绝后，超微生物的新种属迅速增多。哺乳动物的辐射演化似乎晚于超微生物，大多数因为化石体积较大，保存的概率低于超微生物的原因，但化石记录也证明在古新世末哺乳动物已完成了辐射演化。所以生物进化不仅仅依赖于自然选择；在灾变时期，自然选择的作用可能微乎其微；但在辐射演化时期，由于环境变化引起大量的新变异，自然选择又起重要作用。

大灭绝事件的研究也给人类敲响警钟：地球是一个整体，生物圈是地球的一个重要组成部分，生物圈的任何破坏都将给人类带来严重的后果。地球外撞击事件的研究，将引起各国政治家对“核冬天”问题的重视，一次核大战将没有赢家，人类将惨遭毁灭，即使有少数人能在核打击后苟延残喘，仍将经历类似“陨星撞击”后的各种事件的可怕折磨而死去。核战争将使人类自身毁灭，只有和平共处才能使人类共同繁荣。地球是一个“小村”，世界任何地方生态系统失去平衡，都将通过气候变化、洋流变化和物质循环变化等给全球带来灾难。森林的大量砍伐、草原的过度放牧、空气和水质严重污染、工业大量占地和人口极度膨胀等都已影响生物多样性的维持。无论生活在大陆、大岛或小岛上的现代陆生生物，实际上都生活在由于人类活动分割得支离破碎、面积有限的“小岛”上，种群中的个体数越来越少，这就是导致现代生物灭绝率较高的重要原因之一。

人类发展要有持续的经济繁荣，一定要保护全球生物的多样性。保护生物多样性也就是保护人类赖以生存的生态资源，即是保护人类自身千秋万代的发展。

参考文献

麦克尼利 J A，米勒 K R，瑞德 W V. 保护世界的生物多样性[M]. 薛达元，王礼嫱，周泽江等译. 北京：中国环境科学出版社，1991

徐桂荣，罗新民，王永标等. 长江中游晚二叠世生物礁的生成模型[M]. 武汉：中国地质大学出版社，1997

许靖华. 大灭绝：寻找一个消失的年代[M]. 任克译. 北京：三联书店，1997

杨遵仪，徐桂荣. 生物地层学(上册)[M]. 武汉：武汉地质学院出版社，1984

易善锋，徐道一. 从优胜劣汰到协同发展[N]. 科技日报，1997-08-30

殷鸿福，徐道一，吴瑞棠. 地质演化突变观[M]. 武汉：中国地质大学出版社，1988

Greenwood N J, Edwards J M B. 人类环境和自然系统[M]. 刘之光等译. 北京:化学工业出版社,1989

Murphy M P, O'Neill L A J. What is life? The next fifty years: Speculations on the future of biology[M]. Cambridge: Cambridge University Press, 1995

WCMC, NHM of London, IUCN, UNEP, WWF, WRI. Global Biodiversity - Status of the Earths Living Resources[M]. London: Chapman & Hall, 1992

Xu Guirong. Stratigraphical time - correlation and mass extinction event near Permian - Triassic boundary in South China[J]. Journal of China University of Geosciences, 1991, 2(1): 36 - 46

【原载《地质科技情报》,第 17 卷,第 2 期,1998 年 6 月】

人类进化史中的小型人种

徐桂荣

一、现代的小型人种族

现代在中非、刚果、喀麦隆和科特迪瓦等国的非洲热带丛林里，居住着特殊的部落种族——俾格米人。他们身材矮小，一般身高为1.2～1.3m，大都不超过1.4米，偶尔有身高1.5m的男性。但他们身材匀称，不像侏儒症的畸形，完全是正常人。俾格米人是现代生活在非洲中部最原始的种族。他们很少有衣着，男女老少只有少许树叶遮体，完全过着原始社会的生活。体重很轻，一般不到50kg。他们分散居住在热带丛林中，常常是几百人或几千人一个部落。据新华社记者报道，喀麦隆最大的俾格米部族巴卡部落，不足4万人，而马科拉部落和梅德藏部落，分别约有3 700人和近1 000人。总人口不超过20万。部落由酋长领导，男的打猎，女的捕捞采集，生活极为困苦。由于自卫能力弱，经常遭受其他民族的掳掠屠杀，逐渐退隐于非洲中部的雨林。

历史上，在亚洲和大洋洲的赤道地带的雨林中也曾发现小矮人的种群。为什么热带雨林地区的人身高较低矮？一种解释认为，因雨林地区温高湿重，适应这种环境需要调节体内的热量，其有效方法是降低体内产生热量的速率，因此使生长周期中分泌的生长因子水平也降低，身高受到限制。但身体各部分比例匀称，如头颅，脸与脑量的比例保持不变，与其他民族一样。这个种族只是个儿小，其他一切正常，不是病态；不是脑垂体疾病的侏儒症。侏儒症的明显特征是，各部分比例失调，如下肢特别短，而上体较长等。

古典小说《镜花缘》提到小人国，“身长八九寸”或“身长不满一尺，那些儿童只得四寸之长”。童话故事《白雪公主》中的几个善良的小矮人只有白雪公主身高的一半。这些文艺作品中描绘的小人国或小矮人比俾格米人矮得多，像曾经报道过的“袖珍女孩”，身高只有几十厘米。在印度尼西亚的居民中也流传着小型人的民间故事。一般描述为只有常人的一半身高，毛发如猴，前额光亮等。这些描述是艺术的夸大吗？是空穴来风吗？最近人类新种的发现，证明确有这样的小型人。

二、小型人新种——佛罗勒斯人

人类进化史研究中的一个重大发现，是在印度尼西亚发现了小型人新种——佛罗勒斯人(*Homo. floresiensis*)。2003年，印尼和澳大利亚的科学家联合组队，研究人类在印尼佛罗勒斯岛(Flores Island)活动的证据。佛罗勒斯岛位于印尼的中南部，爪哇岛和松巴哇岛以东，龙布陵岛以西。该岛的西部有一个中新世灰岩的洞穴，叫Liang Bua。科学家组织当地工人在这洞穴中发掘人类化石。工作期3个月，在洞底挖了20英尺(约6.1m)深，在晚更新世的地层中发现了许多石器和动物骨骼化石。3个月的挖掘工作即将结束，但没有发现人类化石。幸运降临是在最后几天，那天突然发现一片可能的人类骨片，科学家们喜出望外。坚持发掘，接着发现一头颅顶骨，不久又发现了颌骨、荐骨和连在一起的一组腿骨。发掘出几乎一具整体人骨化石。奇迹就这样发生了。

整个骨架只有 3 英尺(约 91cm)高，只有现代智人(*Homo sapiens*)的一半高，最初研究怀疑是 3 岁的孩子，估计是侏儒或畸形。

进一步深入的研究，据臼齿的特征，证明是大约 20 岁的成人，站立不到 1m 高，估计体重只 55 磅(1 磅=0.454kg)，从腰荐骨判断是女性。她的头颅异常小，头颅大小像葡萄柚，头颅容量 $380cm^3$，只有现代智人的 1/4，比黑猩猩的脑量还小。推测出生时的头颅像柠檬大小，是现代婴儿头颅体积的 15%。前额斜坡状，眉脊弓状。臂长达膝盖，弯曲的大腿股骨和小的骨盆。股骨和盆骨结构说明是直立行走，走路类似于早期人类；手和腕骨纤细，说明不是爬行，没有生活在树上的证据。

这具化石显示原始和进步的各种特征的镶嵌。小的颅内体积和矮的身高，是早期南猿的特征；头颅和牙的一些特征类似于直立人；没有大的后犬齿和突出的颌面，是人属的共同特征；面和齿的比例、后颅骨、下颌骨和咀嚼方式与现代智人接近。脑有明显进步的特征：扩大的前额和颞叶，向后延伸的新月槽。前叶和颞叶发达，说明这种小型人智力较高。

2004 年又发掘出 6 个个体，可以认为是属同一种群中的个体。经 CT 扫描建立三维模型，与猿、直立人和现代智人比较后，确定是接近 20 万年前绝灭的直立人，同时有进步的特征。经特征解剖和生活习性的研究，肯定为独立的种，命名为佛罗勒斯人(新种，*H. floresiensis* sp. nov.).

三、佛罗勒斯人生存的年代和环境

用同位素^{14}C等方法测定化石的年代，确定化石和石器堆积的层位，主要是 3 个时期：9.5 万～7.4 万年最老的文化堆积；3.8 万～1.8 万年的文化堆积，以及 1.3 万～1.2 万年较新的文化堆积。可以确定佛罗勒斯人曾生活在从 9.5 万年到 1.2 万年前。

在佛罗勒斯人化石的几个层位中，发掘出 5 500 件石器，由火山岩和燧石制成，有简单的薄片、双面打击出的刃片、箭头状石器，有的石器上有孔，还有配有柄的钩和枪，以及砾石制作的厚斧状器。还发现烧火痕迹和一些炭骨。

许多石器与剑齿象化石在一起，剑齿象骨上有砍痕。显然佛罗勒斯人能捕猎剑齿象。剑齿象化石在一个地点有 17 个之多，有年轻的和新生的个体，可见佛罗勒斯人以捕猎年轻的剑齿为生。当地的剑齿象是在最后文化堆积约 1.2 万年后消失的。

同时发掘出的动物化石有鱼、蛙、蛇、龟、巨蜥类、鸟类、老鼠和蝙蝠等。其他较大哺乳类化石有猕猴、鹿、猪和豪猪等，其中有的是早期现代智人带入该岛的。动物化石呈现自然堆积，但有许多人为的痕迹，包括烧毁过的炭骨。

在 20 世纪 50—60 年代，一位神父作为业余考古学家，在佛罗勒斯岛的 Soa Basin 地点，在剑齿象化石附近，发现石器、化石的年代大约为 75 万年前。在爪哇曾发现 1.5Ma 前的直立人化石，这位神父因此推测直立人曾到达过佛罗勒斯岛，并认为早更新世 84 万年前有人类活动的痕迹，但没有找到实物化石。

佛罗勒斯人当时生活在孤岛上，生物群落贫乏，同时代的现代智人还没有居住到这个孤岛上。在佛罗勒斯岛上很少有巨型食肉动物，只有巨蜥类，可能是植食为主，对佛罗勒斯人没有大碍；唯一能攻击佛罗勒斯人的是剑齿象，但该岛上的剑齿象只比牛稍大，重约 800 磅。在亚洲大陆的剑齿象比非洲象还大，在该岛则大大缩小。这个岛上的生物都呈现小型个体的特点，这是“孤岛法则”的作用。生物在孤岛上为适应动物群落贫乏、资源有限的环境，采取降低种内竞争、降低能量消耗、保持低卡路里的策略，形成小型个体。只有早期现代智人带入的老鼠个体较大，因为作为杂食者，在该岛没有强大天敌，所以迅速发展。在西西里岛、克里特岛和马尔他岛都有生物个体缩小的现象。佛罗勒斯人的小型个体也许是“孤岛法则”的体现，在生理和心理上都会受到影响。与热带雨林中的小型人一样，说明人类进化是离不开自然条件控制的。

四、佛罗勒斯人与其他人类的关系

从化石的特征科学家推测，佛罗勒斯人可能是 20 万年前直立人的后代。那么直立人是怎样到达这个岛的？目前没有可解释的证据。

早期现代智人早在 7 万年前从亚洲取道菲律宾及印尼迁徙到澳大利亚。在途中可能在印尼等地居留，据说在距今 5.5 万～3.5 万年曾有早期现代智人到达佛罗勒斯岛，带入一些哺乳动物，所以有老鼠、猕猴、鹿、猪和豪猪等化石。但那时的早期现代智人没有留下化石证据，也可能只在该岛短暂停留。早期现代智人与佛罗勒斯人同时生存在地球上，可能有几万年之久，由于地理隔离暂时没有威胁佛罗勒斯人的生存。据研究，1.2 万年前的一次大的火山喷发使佛罗勒斯人濒临灭绝，少数坚持下来，后因现代智人的侵扰而灭绝。

在西亚格鲁吉亚北部，一个小镇特曼尼亚（Dmania）附近，曾发现人类化石，包括 4 个颅骨和 50 多个不同部位的骨骼。其身高矮于直立人，而高于佛罗勒斯人，约 1.4m 高。脑小，两足行走，眉脊直而突出，以及鼻腔形态等类似于直立人。与直立人不同的是颅骨小，颅后角圆，头颅在颞颥处下陷。下颌类似 3.2Ma 前在埃塞俄比亚发现的南猿露西。据玄武岩层的年代测定，确定特曼尼亚人生存的年代为 1.77Ma 前（Morwood et al.，2005）。因此科学家认为这里的人类化石是处于 190 万年前的能人（*Homo habilis*）与后来的直立人（*Homo. erectus*）之间的人种，可能是直立人的祖先。

特曼尼亚人用石器屠杀动物，因北方寒冷，冬季植物少，故以吃肉为主，以捕食较温驯的动物为主，有屠宰和剥皮的痕迹，不是单靠撕咬。大型肉食动物捕食特曼尼亚人，在化石骨骼上有被咬的痕迹。但他们有集体防卫和驱赶大型动物的能力。同时发现的化石有剑齿虎、熊、小型狼、马、鹿和长颈鹿，以及鸵鸟和其他鸟类等。

保存在格鲁吉亚国家博物馆的标本中，有的牙槽是光的，没有牙。没有牙的老年人受到照顾才能生存。说明那时已有照顾老年人和残疾人的风尚。这个风尚一直延续下来，6 万年前欧洲尼安德特人的老人，失去牙，有严重关节炎不能行走的病人，都能得到帮助。如磨碎植物、切割小块肉烧熟等提供给老人和病人。

在佛罗勒斯人生活的时期，在欧洲和西亚生活着尼安德特人，脑容量达 1 450cm^3，尼人大约出现在 50 万年前，消失在 2.8 万年前。在法国的克罗马依山洞中发现 4 万年前的人类化石，称为克罗马依人，他们在欧洲生活在 5 万～2 万年前，属于早期智人。身体比尼安德特人高大，平均身高达 1.8m，脑量达 1 700cm^3，颅骨较薄、较高，颌骨不太突出，前额几乎垂直。克罗马依文化的进步主要表现在法国拉斯科与肖维等地洞穴中的美丽壁画。

佛罗勒斯人的发现说明在地球上人属中曾同时存在几个不同物种，形态多样，起源的地区也不同。在某种程度上证明了人类多地方起源的理论。

【原载《地球》，2006 年 1 月】

个体发育规律与呼唤神童

徐桂荣

提高人口素质和健康水平是关系到国家前途的大事。国与国之间的协同进步是大趋势，同时在各方面又竞争激烈。竞争促进创新，有创新才能民富国强，才有与他人协同发展的资格和本钱。创新靠人才，在人类共同事业的发展中，科技是第一生产力，而人才是科技创新发展的根本。高智商全面发展的人才是人类发展中最宝贵的资源，国家没有优秀人才和良好人口素质，在世界民族之林的竞争中就会落后。

培养人才要从生儿育女开始。孩子是夫妇爱情的结晶。父母都希望生个健康、活泼、可爱和聪颖的孩子。"望子成龙"，希望后代能够成为德智体全面发展的有用人才，是每个家庭关心的中心。这也是家庭推动社会发展最重要的贡献之一。所以"呼唤神童"成为许多家庭乃至社会的关注点。有一时期教育"神童"成为社会的时尚，一时间"胎教""超强班""少年班""快速学习方案"和"神童培养计划"等应时纷纷出马。社会对于这个风气贬褒不一。而幼儿发育规律是正确估计"呼唤神童"各种做法的重要标准。

一、什么是神童?

"神童"是具有超常智力和能力的未成年孩子。所谓超常智力是指理解力、想象力和记忆力特强，耳聪目明，思想敏捷，对外界信息的接受和反应迅速。所谓超常能力是对体育、艺术和某些操作等有很高的天分，能在成年前有出色的表现。例如，3—4 岁就能认识几百上千单字，或能数数计算；5—6 岁能撰文写书，或能计算较复杂的数学；4—5 岁能弹奏动听的钢琴，对音乐有爱好的天分；6—7 岁能作曲谱歌，或能理解诸如交响乐等复杂的演出；10 岁左右能设计发明，或在体育技能上有独到的能力；等等，都是常人办不到的，而这些"神童"能得心应手地做到。

"神童"是罕见的现象。据估计，每个生殖世代不超过 0.5%。由于"文化遗传"(徐桂荣，2004)，人类越来越聪明。据科学家研究，人类的智商每十年提高三分，因此有人认为"神童"的比率也会逐步提高。但事实表明，每世代超常孩子所占的比率波动不大。为什么有这个现象?因为人类智力的普遍提高是属于"文化遗传"，而"神童"的特殊的天分是"文化遗传"加上早熟。两者是有区别的，不完全是同一范畴。

二、培养人才与呼唤神童

我们的时代呼唤各行各业的顶尖人才，期望在各项事业中都有一批出类拔萃的领军人才。这是国家和人民所殷切期待的，是每个家庭努力为之付出而所盼望的。对于全社会来说，培养顶尖人才，要一代一代不懈地努力，要每一代都有众多的能满足国家发展需要的顶尖人才，同时能在国际竞争中站到最前列。这需要全社会的努力，需要有正确的理论指导和有效的方法。

培育人才首先要强调全面发展。党的教育方针十分明确，培养德智体全面发展的人，无论家庭教育、学校教育和社会教育，牢记这一点是十分重要的。培养人才仅仅有智力的发展是远远不够的。只有全面发展，才能培养出对国家、对人类有用的顶尖人才。

各行各业的顶尖人才是否必然来自"神童"？"神童"是否必然会成为顶尖人才？历史事实揭示，有的"神童"后来确实成为顶尖人才，有的则很快被湮没。相反，一些最初不被看好的孩子后来却成为顶尖人才，所谓"大器晚成"。所以"神童"与顶尖人才有一定联系但又不是必然的关系。

"神童"是天资早熟，是一种资源，有必要合理地开发，但要正确对待和用正确方法引导。对于"神童"如果过度期望，过度的压力和负荷，超过孩子生理和心理成熟度承受能力，会使其走向反面，显露的聪颖会在无形中被扼杀。

对于家庭来说，尽心使孩子健康成长是第一位的，从德智体多方面培养孩子，不失偏颇是健康成长的要务，不过高地要求，孩子成熟早或晚都要用心爱护，用适合各个孩子个性的方法教育其成才。只要孩子健康成长，早晚都将成为对社会有用的人才，不要勉强要求"神童"。

爱护教育后代是生物的本能，所谓天下父母心，老虎狮子在玩耍嬉戏中教授幼崽捕食本领。而人类更是期望儿女有各种才能，这是人类发展中的积极因素。家庭应该而且必须对儿女的教育承担责任，培养儿女能自食其力，并对国家、对人类作出贡献。

但是这种期望有时被扭曲、被极端化，便成为消极因素，不利于孩子的发展。所谓父母或老师的极端化期望，表现在以下方面：①超越孩子发育的可能性，过高要求，损害孩子的健康；②忽视孩子的承受能力，尤其是心理承受能力，不适当地催促孩子的成长；③牺牲孩子的童真童趣，埋没天真烂漫的天性和各自爱好的个性，以成人的标准要求未成年人。

我们知道"神童"是罕见的现象，一方面如发现"神童"应正确培养使之成为重要的人才；另一方面不应期望家家出现"神童"，生儿育女要怀平常心，期望生养健康的儿女是最实际的。有人认为有些父母对儿女抱有极端化期望，过早过高地要求儿女，是出于功利心和虚荣心。不可否认，可能有些父母中有这个因素，但对大多数父母来说，主要是他们不懂得儿童发育的规律和教育的方法。

三、了解人类进化的规律

人类进化史告诉我们，从猿到人的进化过程中，人类脱离动物的范畴是从用手制造工具开始的，而人脑的发达是最后完成从猿到人进化的最重要环节。古生物学家发现物种间的进化，新种的出现是协同创新过程(徐桂荣等，2005)，其中有一种现象称为"异时发生"。异时发生是指原有物种的一些器官和系统，通过提早发育或延迟发育，创造出新的特性，从而改变原有物种，走向新种。作为智人(*Homo sapiens*)，其怀孕期和成熟期，都比其他灵长类和猿人延迟，尤其是人脑和神经系统的成熟明显延迟，通过延时发育达到创新进化的结果。

灵长类的妊娠期，大猩猩一般为 34 周；黑猩猩为 37 周；猩猩为 38～39 周。哺乳期如黑猩猩约为 1 年，哺乳期一过，它们很快能自己觅食。除人以外灵长类的成熟期为 5～10 年不等，成熟后就能交配生殖。

人类的妊娠期一般要超过 38 周；幼儿在 4—5 岁前都需细心照顾，一般在 14—15 岁才性成熟。少数女孩 10 岁即有经期，但实际上没有完全成熟；有报道 12—13 岁就做母亲的幼女，这是超前成熟。一般认为脑和神经系统的发育健全需要延时到 18 岁，幼儿的教育期比其他灵长类要长得多。

四、人脑发育需要时间

化石记录明确告诉我们，人类进化过程中脑量是不断增大的。在非洲发掘的能人（*Homo habilis*）化石，年代约为距今 240 万年前，脑量约 600cm^3；直立人（*Homo erectus*），如在非洲发现的距今 153 万年前的匠人（*Homo ergaster*），脑量估计达 900cm^3；50 万年前的北京猿人脑量约为 1 088cm^3。欧洲广泛分布的早期智人，尼安德特人（*Homo neanderthalensis*），自 15 万年前的冰期开始兴旺，而消失在冰盖开始消融的 2.5 万年前，其脑量达 1 450cm^3；现代智人的早期代表，在欧洲生活在 5 万～2 万年前的克罗马依人（*Cro-Magnons*），脑量达 1 700cm^3，比现代人大，现代人平均为 1 400cm^3 左右。相比之下，人类的脑量在灵长类中最大，如现代长臂猿脑量平均在 110cm^3 左右；猩猩和黑猩猩平均脑量 400cm^3 左右；大猩猩脑量 500cm^3 左右。

与脑量增大的同时，脑细胞数目也在增加，脑功能在逐渐完善。现代智人的早期代表脑量远远超过 1 400cm^3，后来又减少，这是因为人类智力的提高，主要依靠脑细胞功能的完善，以及神经系统信息处理和传递能力的提高，而不单纯依赖于细胞数量的增加。

科学研究表明，正常发育的成人脑细胞达到 150 亿个之多，而从妊娠期到出生两岁时脑神经细胞达到 100 亿～140 亿个，可以肯定两岁以前脑细胞在快速增加，同时细胞功能在不断完善。两岁后到成熟之前，脑细胞还在增加，功能还在不断改善。科学家一致强调，人脑和神经系统高度进步，是其他任何生物无法比拟的；人脑发育时间比其他灵长类延长很多时间，脑功能的提高和神经系统的健全需要时间，在成熟之前一直处于发育状态。

五、个体发育过程反映人类进化历程

在娘肚子中的胎儿，受孕开始的头 8 周是主要器官和系统发育形成的时期，初期曾出现像鱼类的鳃，3 周前就消失；这时心脏只有两腔，类似鱼的心脏，相对于躯干头较大，还未显人形；随后心脏变为 3 个腔，像爬行动物的心脏；最后变为 4 个腔，成为哺乳动物的心脏；大约 7～8 周，心脏搏动有力，可以听到清晰的心音。这个发育过程时间不长，但反映动物进化早期的历史。

第 4 周神经系统开始发育，第 6 周可辨别肢体脊柱初显人形，第 8 周后可看出眼、耳、口、鼻，出现大脑皮层，头的大小几乎占整个躯体的一半，肾脏开始形成。在第 5 周后曾出现很短的尾巴，几周后尾巴就消失，12 周后四肢会活动，已长出指（趾）甲，肠管已有蠕动，外生殖器已经开始发育。16 周后生殖器显现可确定胎儿性别，头皮已生出毛发，孕妇可感知胎儿蠕动于母腹之中。20 周左右胎儿全身长出密密的软胎毛，大约怀孕 7 个月后胎毛逐渐消失。这个过程是人类进化的缩影。这时期头变大，脑细胞迅速增多，人体的各个系统已逐渐基本成形，但在出生前还需完善，到 38 周后才能正常出生。

出生的婴儿继续完成在母体内没有完成的发育过程，骨骼需要逐渐坚固；出生后，幼儿的各个系统还很脆弱，尤其是脑和神经系统的发育，需要营养，需要保护。新生婴儿只会哭，眼睛还不能睁开，还需不间断地睡眠；几天后眼睛睁开，这时已有明显的触觉；2 周后对母亲的呼唤会有反应；2 个月后能注视物体，能发出喉音；3 个月后视觉和听觉会协调配合，眼睛会随活动的物体和声音方向而转动，能用手抓握玩具；4个月后会呀呀地与亲人交谈，开始会笑，见到亲人会蹬腿、摆手、微笑表示高兴，见到生人或听到生人声音会被吓哭，反应已很灵敏；5个月会坐，能努力抓拿近处的玩具；6个月开始能发出音节，首先学会叫“妈妈”；8个月会爬；11个月会站立，牵着手学走路；1岁后逐渐会自己走，开始摇摇晃晃走几步；1岁半后能独立稳步。这是脑和神经系统发育的过程。这个过程在不同孩子中有早有晚，不能一概而论，发育早晚快慢无关紧要，只要孩子健康，智力正常。这个过程反映人类进化，从爬行到直立行走，从只会吱呀叫喊到能说话，从手握物品到应用工具，从简单感知到动脑子思维。

六、按发育阶段培养孩子

人类进化阶段在个体发育中反映出来，说明人类个体发育的过程是不可逾越和违反的。对于生育，首先要培养正常的人，培养德智体全面发展的人。在卵子受精以后，合成了一个有无限活力的合子细胞，就开始分裂，分裂是以惊人的速度进行着，但需要时间。单就人类大脑神经细胞的数量来说，与银河恒星数目接近，超过150亿，其他体细胞的数量更是天文数字，难于精确统计。从单个合子细胞发育到如此庞大数量的细胞，在“十月怀胎”中精确无误地复制，可想象其生长的速度之快。生物发育受基因的精确控制，稍有偏差，如果出现几亿亿分之一的误差，也会对人体的发育产生重大影响。

从胎儿发育的规律看，胎儿发育有一个过程，在怀孕期间要保证胎儿的正常发育，千万不要片面追求“加快胎儿”发育。有人认为“加快发育”就能提高胎儿的智力。这是有害的观点，脱离正常发育不适当地“加快胎儿”发育可能会带来伤害。

如果在心脏形成过程中，因某种干预或基因的缺陷而使心室分隔延迟，就会出现先天性心脏病；在胎毛出现阶段，因某种干预或基因的缺陷而停顿，不能退净胎毛，将生出毛孩。人类胚胎期心脏的形成是加速发育(Acceleration)和创新性状产生的过程；胎毛的发育过程是加速发育和退化过程，如果这种加速发育被延迟或停顿会严重影响胎儿的发育。胎儿发育过程完全是基因精确控制，不适当的药物和过分激烈的刺激都会带来不良的后果。

山生后的孩子，从长时间的睡眠、睁眼、能坐能爬，到能站立、能走路，也是自然过程。性急的父母希望孩子早早走路，孩子未经爬行就让他歪歪扭扭的站立走路，超越了发育阶段，对孩子脑力和骨骼的正常发育不利。

在孩子的童真和玩兴还没有充分发挥时，性急的父母以成人的标准要求孩子，他们不知道孩子的玩耍是学习生活、增加才干、促使脑力和神经正常发育的过程。

总之，在自然规律指导下培养正常的孩子是第一要务。

七、正确看待“胎教”

有的学者认为，“胎教”古已有之，能使胎儿充分发育，提高孩子的智力，甚至培养出“神童”。但有的学者强烈反对“胎教”，认为这不是一项科学。本文强调要按胎儿发育规律保护胎儿，毫无根据地加重胎儿压力和负担，都是不科学的。

有科学家指出：胎儿在子宫内对于外界的压力及声音的刺激是处于抵抗排斥的状态。强行给胎儿施加刺激，他的生理节奏会发生变化。“神童”是起因于基因功能的某种早熟，是遗传中的自然现象，不是怀孕后的“胎教”能控制的。

长期历史事实证明，自然生育是最好的“胎教”，孕妇的正常活动，在小心呵护胎儿的前提下，保持正常的工作（特种工种以外）、生活和娱乐比任何人为设计的“胎教”都重要。你喜欢音乐，你可照常多听音乐；你是科学工作者，喜欢研究各种问题，你照常多动脑子；你是体力劳动者，你仍然可做适当的劳动。

如何呵护胎儿，最为重要的是保证孕妇的健康，避免强烈的刺激，避免接触各种辐射和放射性元素等，用药尤其要小心。孕妇保持乐观心情舒畅，保证心理健康，一个小生命将要诞生，夫妻双双要沉浸在欢乐中，梦想孩子到来带给全家的快乐。怀孕初期的反应是正常的，很快会过去，不必担忧。

有一种“世家”现象，音乐世家、体育世家和科学家世家，是社会上常见的，是否是基因的直接遗传呢？科学还没有回答这个问题。基因可能会有一些作用，但这种作用与“胎教”不同，前者是一辈子或几辈子的作用，后者是试图在十月怀胎中起作用。而且这种“世家”主要是后天的言传身教，前辈的潜移默化，从出生后就看在眼里、记在心里，对父母从事的事业特别感兴趣，加上引导得法和其自身后来的努力。一旦后天的努力停止，这种世家也就不再继续。有人提出各种胎教方法，如语言胎教、音乐胎教和美术胎教等。这些方法主要是使孕妇心情舒畅，憧憬在生育孩子的幸福中，母亲的乐观情绪，通过血液可传导给胎儿，使之正常成长。另有人提出光照胎教和抚摸胎教等。用刺激胎儿的所谓“胎教”，要慎之又慎，让胎儿和出生不久的婴儿充分安静地睡眠，是生长发育必需的，外来的干扰引起自然节律的混乱，只会带来害处甚至伤害。孕妇正常的活动中光照和抚摸是经常的，如慢步行走，对胎儿起到了抚摸作用，当母体安静下来时，胎儿也会安静下来。额外的刺激可能会引起不健全神经的焦躁反应，会伤害胎儿。母体不要有激烈的活动，不应受过度的刺激，胎儿静动随母体自然活动，这是对胎儿最好的呵护。

八、少儿教育

一些科学家认为，人脑的大量细胞中，在人的一生中只有一部分脑细胞充分发挥作用，而其他许多脑细胞还有开发的潜能，所以人类智力能一代一代进步。

有人认为开发智力要生下来就开始，越早开发越好，教育越晚越难开发。这种见解只是部分真理，不能绝对化。开发智力要因人而异，孩子何时开窍也因人而异，主要是启发孩子的主观能动性，启发孩子的兴趣，不能强迫也不能用高压，不应牺牲童真和童趣。

有条件进行合理的早期教育对孩子的成长是有益的，但稍晚一点的有效教育也能开发孩子的智力。只要开窍，发挥主观能动作用，何时开始都是宝贵的，古训：“少壮不努力，老大徒悲伤”是真理，但也不要否定成年甚至老年的努力仍然是宝贵的。

幼儿的教育要自觉遵循发育规律。①要从小手能拿玩具、能用工具进食开始，不要忘记用手的劳动是促进智力健康发展的重要手段，使之养成劳动的习惯，做力能胜任的劳动，学会生活本领。②在婴儿能牙牙学语时，就要注重人际关系的教育，语言是在社会生活联系中产生的，教育幼儿尊敬长者，从叫妈妈、爸爸开始，要认真教孩子各种称谓，认识众多的邻里小朋友们，与小伙伴融洽相处，听长辈的话，不要任何不同于其他伙伴的特殊照顾，知道自己是社会普通的一员。③要自觉进行挫折教育，孩子独立行走时会摔跤，只要不会伤害孩子，要让孩子自己爬起来；对孩子的赞美和欣赏有益于孩子的自信，但不能过分，在孩子有错时要及时纠正。挫折教育能促使孩子心理的正常发育。④随着年龄成长，要引导孩子扩展观念，从家庭和幼儿园的小社会扩展建立国家民族观，在3—4岁懂事时要巧妙地灌输国家民族的观念，通过讲故事、看地图等活动和游戏，逐渐使孩子树立国家、民族观，像爱自己的家庭那样，爱自己的国家。有人认为孩子太小，树立国家民族观太早，其实每一个文明国家都懂得在幼小心灵中树立国家民族观的重要性。引导孩子懂得想着他人，不要形成以孩子为中心的环境。要教会孩子除他以外还有其他人的需要，不要养成独占食品和玩具的习惯，食品能与他人分享，玩具能与小朋友一起玩。⑤有意识地提高孩子的观察能力，并引导孩子从具体思维向抽象思维进步，为孩子的创新能力打下基础。

在少儿教育中要处理好全面发展与因材施教的关系。在幼儿教育中一些父母和幼教工作者常常忽略德智体全面发展的重要性，较多地偏向只重视智力的开发而忽略德育的教育。有一些生下来很聪明的孩子，在某一方面早熟，可以称为神童，但由于引导不得法，很快就被湮没了。如有的孩子很聪明，早早地有活跃的抽象思维，5—6岁能写小说，这是很好的苗头，但由于引导不得法，养成孤僻的个性，害怕与人交往，闭门造车，甚至不愿意上学；有的孩子理解力、记忆力很强，上学功课很优秀并能超前完成，进入"超前班"，但生活能力很差，动手能力不够；有的"神童"智力过人，但身体太差或心理脆弱，常常过早夭折。这些事例，说明少儿的全面发展是很重要的。有人认为"神童"不必全面发展，有些怪癖可以理解。但作为教育者不应这样想，孩子的全面发展、融入社会是独立生存的保证，也是使"神童"成为有贡献人才所必需的。处理好"全面发展"与"因材施教"的关系是教育工作的重要一环，对"神童"不应片面强调"因材施教"而忽略"全面发展"。

对少儿的教育中，启发和诱导是一个重要方法，要启发他们对学习的兴趣，把少儿的好奇心，变为自觉学习的行动，并且按照个人特点指导得法地学习，成为开发智力的重要一环。

身教对少儿来说最为重要，父母的一举一动，在幼小的心灵中种下根，潜移默化地影响着孩子。优良的品德、榜样的力量会造福孩子一辈子；恶劣的品行会使孩子受苦一辈子。科学研究表明，父母的暴力行为，对孩子的殴打，在孩子的心灵中种下烦躁、心理脆弱的种子。据调查，我国儿童出现心理障碍的人数有上升的趋势。一些孩子表现出暴躁、嫉妒、任性和狭隘，很强的逆反心理等，许多人认为这与社会上流行的恐怖片、武侠片以及电脑游戏对孩子的影响有关。但同时应反思家庭和学校的教育，有哪些因素造成少儿的心理障碍。例如，从怀孕时父母性情暴躁，不适当的"胎教"，孩子出生后总是看到家庭的矛盾，父母对孩子过分的高压、过分的期望，负担过重等。另一方面，对孩子的过分溺爱，捧为"小皇帝"，纵容放任，娇生惯养，这是教育的大忌。这些都是孩子心理脆弱的根源。

参考文献

徐桂荣."用火熟食"和"文化遗传"在人脑进化中的作用[M].中国科技发展精典文库，第三辑，中国言实出版社，2004

徐桂荣，王永标，龚淑云等.生物与环境的协同进化[M].武汉：中国地质大学出版社，2005

【原载《中国科技发展精典文库》(第四辑)中国言实出版社，2005】

“用火熟食”和“文化遗传”在人脑进化中的作用

徐桂荣

科学地回答“人脑进化”是世界观的一个重要问题，是唯心观与唯物观经常发生冲突的焦点。人与其他动物的区别，概括地说：人是唯一能在抽象思维引导下使用工具劳动的动物。许多动物可以模仿人类的某些行为，如直立行走、使用简单工具，甚至模仿说话唱歌。在人类进化初期唯一动物无法模仿的人类行为是“用火熟食”。人类进入智人后，有许多行为如文字、各种发明创造等“文化遗传”，动物是无法模仿的。这两方面在人脑进化中有十分重要的作用。

一、劳动创造了人类本身

1876 年，恩格斯提出“劳动创造了人类本身”的论断。劳动是从制造工具开始的，许多古人类的石器记录证明了这一点。但类人猿在某种程度上也能使用工具，如黑猩猩能制造某些简单的石器，也有不少记录。

人手的进化是在劳动中逐渐完善的。在制造石器中，在捕猎中，需要用各种姿态握紧工具并把力量传递到工具上，因此使手的握力增大，拇指与其他四指发展得十分灵巧和运用自如。脚专司行走和支撑身体，脚的大拇指变得强有力，与其他四趾并排，脚底平且略作拱形，脚的动作变得敏捷且适于奔跑和负重。因为直立行走，猿人的脊柱和内脏都发生了相应的变化。脑有了发展的空间，手脚与人脑的进化是相辅相成的。这是生长相关律原理的明证。

二、森林火灾迫使古猿下地

传统对猿人直立行走的环境压力是这样解释的：由于气候的变化，森林逐渐减少，草地增多，古猿分化，一部分不离开森林，一部分到地上生活。这个解释不能回答下面的问题：①在中新世—上新世大片森林仍然存在，为什么当时古猿不迁入森林，而要下地呢？②一些下地的类人猿，如现代的猩猩、黑猩猩和大猩猩为什么不能完全直立行走呢？由于较早的南方古猿化石发现于东非，因此东非的古气候变化受到极大的关注。美国耶鲁大学金斯顿考古队对东非的地理、气候作了十分详细的研究。对肯尼亚大裂谷南端的图根山丘的碳化土壤进行了同位素检测，得出结论：自从 15.5Ma 以来，大裂谷地区的雨林和草原的混合与现代完全相同，不存在气候大变化。这在一个方面否定了古猿进化的气候变化理论。

因残枝朽木长期堆压发热常可引起自燃，或因雷电引燃干枝，或因空气中氧的含量过高引起森林火灾。不时发生的森林火灾迫使森林居民四处奔逃，当时的古猿因此纷纷逃下地面，寻找可栖身之处。早期他们习惯于逃回森林，仍然保持栖居森林的习性，后来由于多次的森林火灾，并因为森林火灾给他们留下了强烈的记忆，从此不完全依赖于森林。

三、熟食的刺激和诱导使人脑迅速进化

1. 开始熟食

不时发生的森林大火困扰着猿人社会。迁移成为他们社会群体主要行动之一。他们越来越多生活在地面。林木火灾使他们积累了对烈火燃烧的经验，从惧怕到敢于接近。那时他们的一个重要发现，即熟食，改变了他们的命运。在森林大火后食物匮乏，但烧死的动物随处可见。饥饿引导他们尝试以烧死的动物充饥，在他们的味觉中引入了新的经验。烧死的动物，需刮去外皮才可吃到鲜美的肉食，刮削石器在此时出现。起初是拣取石片用作刮刀，后来经打击打出边刃成为人类第一批制造的工具。刮削石器较早出现，这是因为获取熟食的需要。

2. 熟食提高了营养水平

恩格斯(1876)曾指出："最重要的还是肉类食物对于脑髓的影响；脑髓因此得到了比过去多得多的为本身的营养和发展所必需的材料……。""首先是劳动，然后是语言和劳动一起，成了两个最主要的推动力，在它们的影响下，猿的脑髓就逐渐地变成人的脑髓。"这是很有见地的论述。恩格斯在这儿所说的肉食应理解为烧熟的肉食。

生啖肉食、茹毛饮血并不能促进脑的迅速发达。处于食物链顶端的许多猛兽以食肉为主，它们的脑子仍处于低水平。老虎在捕获猎物饱餐之后，或者大睡，或者懒洋洋。因为血淋淋的生肉需要时间消化。老虎和狮子的头很大，但因为捕食和撕咬生肉的需要，它们的口腔很大，血盆大口占据了很大空间，相对地脑容量较小。生食植物如反刍类动物需要花很长时间反复咀嚼才能消化。烧熟的植物种子容易消化，而且植物种子在经火烤后，焦香诱人，如遇大雨的浇泡成为柔软的美食，更有喷鼻的香气和鲜美的味道。

3. 熟食的诱惑和诱导作用促使人脑进化

在劳动、使用工具、社会活动和语言的综合条件下，熟食的刺激和诱导在人脑进化中的作用，可以归纳为以下几方面：

(1)熟食容易咀嚼也较易消化，因无需大力撕咬，不用强大的犬齿和颚骨，口腔体积逐渐变小。为脑容量的发展腾出空间。

(2)经咀嚼的熟食与唾液混合，津津有味便于下咽，较易吸收，在进食后进入胃肠的血液相对减少，血液在脑部经常保持充盈。脑细胞随时有充分的营养，为脑神经细胞功能的改善和脑细胞的增加创造了条件。人脑是耗费能量很大的器官，现代人的脑子只占体重的约 2%，但是却要耗费 20%的能量。因此，丰富的营养供应是脑发展所必需的。

(3)食物卫生的改善，使寿命延长，有足够的时间累积经验，并传授给后代。为文化遗传创造了条件，所获得的用脑习性和脑功能改善，被遗传下来并一代一代地加强。

(4)追求熟食，使味觉、嗅觉和视觉等全面改善。在熟食中首先得到直接锻炼的是味觉和嗅觉。烧烤香味的条件反射，勾起进食的欲望；熟食的经历使他们的嗅觉高度发展，开始用嗅觉分辨各种不同类型的食物。同时使视觉和听觉得到改善，在寻觅中火焰和烧焦食物的高反差，强烈地刺激视觉，使视力和辨别色泽的能力增加；在集体寻觅中发声联系，找到熟食后的欢欣雀跃，锻炼了听觉和音带。五官的进化促进脑力迅速发展。

四、学会人工生火标志着人脑的飞跃

保存火种是在长期追求熟食后的必然的进步，从拣取自然的烧烤食物到生火制造熟食是脑力发展的结果，标志着人脑的飞跃。这与制造和使用工具有同样重要的意义，而且可以推断，在猿人中制造工具的动力，很大程度上是来自对熟食的欲望。

从保存火种到钻木取火或击石取火是人类进化决定性的一步，完全区别于其他灵长类。火可用于加工食物，增强体质，减少疾病。用火可以取暖，尤其在冰期，为了抵御寒冷，用火取暖成为必要。火可以驱逐猛兽的侵犯，保护自身。学会取火后的人类可从热带和温带迁向寒带，他们的足迹开始到达以前难以涉及的地方。用火取暖还使体毛逐渐退化，变为“裸猿”(Morris，1969)，成为真正意义的人。

猿人从经验中熟知，从树木中可以得到火源，从石器的碰击中见到飞出的火星。熟食的诱惑，使他们千方百计试着生火，这个过程有足够的化石证据，大约经历了 3Ma。大约在 50 万年前(有人认为是 5 万年前，Myers，1993)终于成功学会人工生火。长期经验的积累是增强记忆力的主要途径；使用工具和人工生火的成功，人类学会用脑思考。学会生火是人类摆脱自然支配的开端。生火方法与驯养家畜和栽培作物等方法的传授，累积各方面的知识，用脑成为生存的主要手段。

不断用脑使脑量增大。由于直立姿势，脑量的增加已不再是沉重的负担。在猿人进化过程中，脑容量由小变大。如阿法南方古猿(*A. afarensis*)，距今约 350 万年，脑容量为 $400cm^3$ 左右(Kimbel et al.，1994)；现代人猩猩、黑猩猩和长臂猿的脑容量也为 $400cm^3$ 左右。1857 年，首次发现于德国尼安德特山谷的尼安德特人(*Homo neanderthalensis*)化石，作为早期智人，他们的脑容量为 $1\ 450cm^3$ 左右。同期的克鲁马努人(*Cro-Magnons*)脑量为 $1\ 700cm^3$，比现代人的平均脑容量(约 $1\ 400cm^3$)还大。其实脑的进化程度不仅仅表现在脑容量上，脑容量的增大是脑进化的初期表现。人脑进化主要表现在脑细胞的数量增多和功能的完善。人类大脑神经细胞的数量与银河恒星数目接近，超过 150 亿。人脑的神经细胞对信息的存取、传递和处理速度是任何其他动物所不能比拟的。

五、抽象思维的发展

人与其他动物的根本区别是人脑的抽象思维。人脑的抽象思维起因于人类对劳动成果的追求和对死后的幻想。随着劳动工具的大量使用，对工具使用后成果的思考，在畜牧和栽培劳动以后对劳动成果的憧憬，随着语言的广泛交流，使抽象思维逐渐扩大。同时，在森林火灾中，在物体的燃烧中，烟雾缠绕、缓缓腾空升起。这种景象的千百次的经验，在古人类的脑海中留下深刻影响。这种记忆，与死亡的联想，尤其是在森林火灾中烧死的近亲之间的联想，看到烧死的同类尸体上的余烟，使他们联想到死后“升天”。尼安德特人和克鲁马努人已有葬礼的习俗，可以说明对人死后的最早抽象思维。抽象思维的增加，使脑细胞逐渐分化。

六、文化遗传

什么是文化遗传？社会文化的世代相传是文化继承，这种继承影响遗传基因，通过基因把文化的基本因素留传给后代，这里称为文化遗传。用脑习性的养成和思维能力的提高是文化遗传的主要表现。

直立人脱离了古猿的动物习性，古猿传递给他们的基因已有重大变化，这个变化就是用脑习性和思维能力。人类从直立人进入智人完成了人类进化的根本性的转变，转变为有自觉能动性思维的人。人从出生进入幼年期就接受人类社会文化遗传。人类长期活动的习性和积累的知识，一方面通过基因，另一方面，而且更重要的是从文化（家庭和社会的教育通过语言、文字和榜样）遗传给后代。事实上文化的遗传在基因中留下信息痕迹，可以发掘一系列的实际例子。刚出生的婴幼儿就能“呱呱哭叫”和“牙牙学语”，有规律的充分睡眠等；一岁左右就能学会简单的语言和说话，甚至会认字；从只能翻滚、爬动到学会直立行走只需要几个月；两三岁就可识许多字、可认数和可唱歌学乐器等。凡此种种都是文化遗传的证据。

从智人开始，人类的进步以惊人的加速度前进。随着用脑习性的进步和思维能力的提高，层出不穷的新技术源源不断地被创造出来。新工具大量涌现，如用骨骼、鹿角、象牙等制作的工具，包括骨针、鱼钩、鱼镖、长矛和弓箭等。用兽皮缝制衣服，磨制的骨环作扣子。结绳记事，物物交换，劳动分工和分配猎物等社会性的协同行动，使社会文化高度发展。

作为智人早期代表的克鲁马努人有庄重的葬礼习俗，尸体被染色，双臂交叠，还有随葬品挂饰、项饰、武器或工具等。同时，艺术创造已十分丰富，包括绘画和雕刻等，从他们遗留的图腾和壁画可以看到当时的艺术已达到很高的境界。

这些充分说明了文化在人类进化中的作用，人脑的进化培育出社会文化，文化又反过来促使人脑高度发达。在人类社会文化的熏陶下，人类进入完全智人时代。有人把文化遗传也看作是生命的延续，这是十分正确的。你抚养子女，接受了你的教育，包括言教、身教，在他们幼小心灵中留下深厚感情，同时在他们的基因中也会有痕迹，这就是遗传。有人只重视基因遗传，怨恨不是亲生的，即不是生物学上的儿女或父母，但如果他们懂得人类文化遗传的道理，就会得到心灵的安慰。

人类一代比一代聪明，真所谓“青出于蓝而胜于蓝”，这是大家可以直接感受到的。这是文化影响着人脑功能的进步。据报道，人类的智商每十年提高三分。一些学者认为智商的提高不是遗传，但事实证明，这显然是文化遗传的作用，而且这种文化遗传影响了基因遗传。

七、人脑进化符合自然规律

在生物进化中的“自然选择”、“获得性遗传”和“创新进化”等规律在从猿到人的进化中体现得十分清楚。但人类的进化已超出了生物学的范畴。劳动、熟食和抽象思维是人类区别与其他动物的最明显的标志。

取食和繁殖是动物的本能；而人类的劳动是智能的表现。人类使用工具的初期像一些动物那样是为了取食，但人类不就此止步，人类从制造工具开始就不断养成用脑习性。人类用智能努力创造美好的生活。人类进化初期的种种活动体现了改善抗熵增机制的过程（Xu Guirong，1998），充分利用他们所能取得的能量，制造刮削器、保存火种到生火，在人类进化初期是熟食诱惑下用脑的一系列创造。在追求美好生活和集体共同劳动中创造了语言。智能在追求美好生活的推动下，发展了思维能力和想象能力，因而从具体思维发展到抽象思维。

生理学家相信，脑必须有热血的灌注才能高度活动，因此必须进行有氧呼吸和有足够的营养。思维过程和思维方式是信息传递和处理，这是物质的，是人类进化的结果，是自然规律的体现。思维的产物，包括思想、想象、幻想和理论等都是第二性的。

如果进化理论只限于“自然选择”、“生存斗争”和“适者生存”，那么有一系列问题无法回答。人类有对艺术、音乐、数学和科学的潜心研究都不是“自然选择”、“生存斗争”和“适者生存”的结果，而是文化遗传的作用，是创新进化的结果。

八、人脑思维的特征

人的各种感觉信息由感应神经传入中枢神经，这些信息进入大脑皮层后形成记忆并成为意识。意识的形成是神经系统传入的感觉信息，如视觉、听觉、嗅觉、触觉等，此类意识十分清晰，是直接意识。如听觉和视觉迅速处理传入的声波和光波信息，这种传入有序地进行，使之成为有时间和空间关系的感知。

以直接意识的经验累积和演绎，形成各种概念和逻辑推理，是抽象意识。抽象意识就是思维，思维在远离感觉信息的基础时成为主观的思维。人脑的思维模式只有一种，就是将客观的感知，经演绎加工，按人类积累的经验作逻辑解析推导。人类在生产和思维活动中创造了文化，不同人群的不同生活和劳动的经验，构成不同的文化。人们的思维带有文化的烙印，言语和文字及生活习性和劳动技能是文化烙印的主要体现。

参考文献

恩格斯. 自然辩证法[M]. 北京：人民出版社，1971

Kimbel W H，Donald C，Rak Y. The first skull and other new discoveries of *Australopithecus afarensis* at Hadar，Ethiopia[J]. Nature，1994，368：449 - 451

Morris D. The Naked Ape[M]. Dell Publishing Co. ，New York，1969. 余宁等译. 裸猿. 上海：学林出版社，1988

Myers N. (General Editor). Gaia - An atlas of planet management(Revised and updated edition)[M]. Anchor Book，Doubleday，1993

Xu Guirong. Study on mechanism of Anti - Entropy Enhancement in Geoscience. In：Popular Works by Centuries' World Celebrities - the Volumes：Chinese Science & Culture[M]. World Science Press，1998：120 - 122

【原载《中国科技发展精典文库》(第三辑)中国言实出版社，2004】

21世纪最危险的挑战

——全球变暖

徐桂荣

一、全球变暖的事实不容置疑

越来越明显的事实证明近年来全球变暖已成趋势，不过有的科学家和政治家仍然否认，甚至提出全球变冷的“理论”。雄辩的事实会使这种“理论”暗淡无光。

1. 全球气温同步升高

长期气象统计资料表明，20世纪后期气温迅速上升，近来全球年平均气温比100年前升高0.4～1.5℃，是1 000年来的最高值。中国气候与全球一致，气象学家指出，100年来我国年平均气温上升了0.40～1℃。

高山冰川冰芯样本的同位素证据表明：在低、中纬度区域的高海拔地带，气温已达到了多年来的最高记录。科学家从卫星数据恢复大气温度，表明热带对流层温度上升是表面变暖的1.6倍(Fu et al.,2004)。全球气温的升高引起同温层底部界线有所下降。证明了全球变暖的同步性和加快步伐，是史无前例的(Erickson,2002)。

近年来，冬天温暖的天数增加，连年暖冬。2006—2007年冬天，我国平均气温达几十年来最高，是20世纪80年代以来最明显的暖冬。日本东京都地区整个冬季没有下雪，是100多年来无雪最长的冬天。欧洲各国2007年1月的温度打破了历史纪录。

1994年以来夏季热浪频频。2006年7月高温浪潮席卷北温带地区，西班牙等地最高温度超过40℃；美国东部纽约等地达38℃；美国中西部以往凉爽的科罗拉多州高山地区，也热浪滚滚，丹佛市达到39～40℃；加州持续高温，加州南部有的地区最高时超过44℃。

在我国，2006年夏季，7月广东的最高温度超过50℃；重庆最高温度超过44℃。重庆市35℃以上的高温天数比常年多15天；成都多20天。北京地区6月大半是桑拿天；近年来夏季最高温度达39～40℃，比20世纪70—80年代偏高0.5～2℃。

几年来印度、巴基斯坦夏天的最高温度达55℃。南极洲东海岸自20世纪40年代以来，正以每十年增加约0.5℃的速度变暖。

2. 冰雪覆盖面积缩小

气温的升高使全球冰雪覆盖面积缩小。

近年来我国珠穆朗玛峰地区表面积雪和喜马拉雅山冰川表层融量加速，雪线上移。昆仑山一些高峰雪线也上移。

欧洲阿尔卑斯山的积雪正在逐渐融化;非洲的最高峰乞力马扎罗山的积雪据估计已融化了80%。秘鲁境内的著名冰川帕斯托鲁里雪山冰川面积逐年减少,10年来已缩小了近40%。

高纬度的永冻土地带面积缩小,如阿拉斯加冰冻层温度已上升了4℃(Erickson,2002),西伯利亚永冻土的温度也有所上升,有解冻的迹象。我国北方和高原的冻土面积正在减少。

两极冰盖正趋融化。北冰洋冰层减薄,范围缩小,北极圈内的冰川退缩,向外漂浮的冰山规模减小。科学家估计不久就可以通航,北冰洋可能要改名为北极洋。格陵兰岛的冰盖保持大约世界6%的淡水,估计每年融化500亿吨水(Erickson,2002),最近的研究报告指出,自1997年以来该冰盖以每年90km³的速度在消融。

据估计,南极大陆每年有150多立方千米的冰融化,冰河流量大增。一些冰架开始瓦解。2003年3月,南极洲东海岸附近一块面积为3 250km²的拉森陆缘B冰架,经过35天完全瓦解,分裂成数千个冰山,这是30年来发生的此类事件中规模最大的一次。2005年11月初,总面积接近卢森堡国土的南极大冰山B-15A,发生解体崩裂,一分为三。2007—2008年度我国南极科考队发现很大的冰盖裂缝。

3. 海水升温

历史记载:大西洋的表层海水温度从1901年到1970年的近70年间,其平均温度升高了约0.9℃。

热带对流层温度的上升(Fu et al.,2004),引起大洋暖流增强。这是热带飓风变得凶猛的直接原因。海水温度升高降低了海洋吸收CO_2的能力,使温室效应加剧(Erickson,2002)。

北太平洋底层的水也在变暖,虽然幅度很小,在5 000m以下的水温近年来上升了约0.005℃,而盐度没有变化(Fukasawa et al.,2004)。其他海域也有类似的现象。海水是巨大的热量消减库,海洋深层温度的上升,预示全球变暖的趋势在短期内不可逆转。

4. 生物异动,疾病漫延

全球变暖,生物异动,各个层面影响动植物。

植物的开花期提前,北京地区的桃花和樱花提前发蕾。据统计,英国有350种植物开花期提前。北半球高纬度的落叶树,落叶时期延后,有的树在秋末还迸发新叶。美国北方的云杉逐渐被松林替代(Erickson,2002)。树木年轮宽增窄缩,代表温暖的宽带更宽,代表寒冷的窄带更窄。

2006年夏季,在地中海部分地区,因海表温度增加,引发毒海藻污染浅海水域,释放毒素使人致病。海水表层的浮游生物繁盛,使表层以下水体含氧量下降,引起底层生物死亡。

两极冰盖的融化,企鹅、海豹和鲸鱼动物发生生存危机;同时,以海豹为食物的北极熊,因北冰洋结冰期变短、冰层变薄,难以取得食物,发生同类残杀的现象,导致群落的衰退,成为濒危物种。

有科学家指出,变暖已经使松鼠、鸟类和昆虫的基因发生变化。后代的变异类型急增。全球生态系正发生变化。

温带地区蚊蝇的繁殖提早,本应在夏天才成群侵扰的蚊蝇,在春季就大量滋生,诱发许多疾病。寄生虫和病原体,包括细菌和病毒繁盛,热带的流行病进入温带。如疟疾、登革热、黄热病、脑炎等由蚊蝇传染的疾病向高纬度扩展。

二、人为因素是全球变暖的主因

地表温度上升的原因，在科学界中有两种理论（徐桂荣，2005）。一种认为是自然原因，即由于太阳活动加剧；另一种认为是人为原因，即由于排放温室气体和空气污染形成的温室效应。人类活动应为近年来全球气候变暖负责。

1. 太阳活动性加剧的理论

根据太阳标准模型，太阳辐射随时间而加强，太阳辐射自地球形成初期到现代已增加了25%～30%，在一定程度上引起地表温度的变化。但太阳辐射变化是长期的趋势，不能解释20世纪以来地表温度迅速上升。

太阳黑子代表太阳表面磁通量的强度，可直接追溯太阳的活动性。研究太阳黑子数目的变化对气候的影响，需要长时期的数据。自1610年以来人们开始用望远镜观察太阳黑子数的变化，过去4个世纪的直接观察，没有说明太阳黑子数目变化对气候有直接的影响（Solanki et al.，2004）。

为了研究更长时期太阳黑子的变化，科学家通过测定树木年轮中碳同位素（^{14}C）和冰芯中铍同位素（^{10}Be）来恢复太阳黑子变化的资料。研究表明，太阳活动性与气候变化并没有相关关系（Solanki et al.，2004），可以认为太阳活动性可能对气温有些影响，但不是近年来气温升高的主要原因。

2. 人为因素

1）温室气体二氧化碳等持续增加

二氧化碳、甲烷气体以及其他一些气体会吸收热量，造成温室效应。二氧化碳更是一种典型的温室气体，还能吸收地表的红外辐射，被认为是全球变暖的罪魁祸首。

自从人类对煤、石油和天然气等化石燃料的大量开采利用，打破了大气中二氧化碳的稳定状态，大气中二氧化碳浓度正在不断上升。

根据铁杉针叶气孔频率分析，恢复最近千年大气圈 CO_2 的波动（Kouwenberg et al.，2005），表明：工业化前长期 CO_2 值波动平均为$(280\sim290)\times10^{-6}$，1850年后陡增到$(280\sim370)\times10^{-6}$。柳和栎的气孔分析和南极冰芯研究也取得同样结果，在工业化前大气层二氧化碳浓度平均为280×10^{-6}。

夏威夷冒纳罗亚气象台（Mauna Loa Observatory）自1958年以来测量大气层二氧化碳浓度。冒纳罗亚气象台处在海拔约3 400m的一座停歇的火山顶上。1958年测得二氧化碳平均浓度约为315×10^{-6}，1988年约为350×10^{-6}（Wuebbles，1993），到1997年上升至年平均浓度为约363×10^{-6}。2004年3月冒纳罗亚气象台记录大气中二氧化碳平均浓度达到379×10^{-6}，创下历史新高。

以1958年的315×10^{-6} CO_2 到2004年，每年平均约以0.45%的速度在增长。按这个速率，到2050年二氧化碳浓度会增加到500×10^{-6}。

根据温室气体增加的速率，2007年2月2日，联合国政府间气候变化专门委员会（IPCC）发表了《第四次气候评估报告》。预测：到2100年，全球气温将升高1.8～4℃。

其他温室气体还有甲烷(CH_4)、一氧化二氮(N_2O)、氯氟碳化合物($ClFC_2$ 和 $ClFC_3$ 等)及臭氧(O_3)等,都有不同程度的增加。近年来甲烷每年平均增加 0.6%。一氧化二氮的浓度,每年平均增加 0.25%。核试验、氟氯碳和氟利昂的大量使用,高速喷气机尾气等,使臭氧层出现空洞,太阳紫外线进入地表的强度增加。

太阳白天照射使大气圈上层温度升高,而夜晚热气散发使大气圈上层温度下降。随着大气圈上层温度急剧降低,平流层温度也会下降,因此认为平流层起到对流层和地表冷却作用。而温室气体限制了平流层的冷却作用,限制了地表温度的散发,夜间最低温度不断上升,必然使全球温度上升。

2)大气污染

大气污染,尤其城市产生的浮尘、烟雾夹杂着碳粒、硫酸粒、三氧化硫等各种气态污染物,使空气混浊,整天灰蒙蒙,能见度低,阻碍热量的发散而加剧温室效应。大气里的一些微粒吸水汽成为核心,形成雾滴,因此雾天频发。英国伦敦和我国重庆曾是著名的雾都;现在上海和北京的雾天明显增加,而且雾和霾的浓度加大。城市桑拿天气增加,闷热加剧。城市的热岛效应愈来愈明显。

三、导致各种严重灾害

1. 改变正常大气循环

在正常情况下,东太平洋上空的干燥空气向较冷洋面下沉,并向西回流。但由于全球变暖,气温上升促使海面蒸发加剧,空气中水汽含量大增,削弱甚至改变了正常环流。暖湿空气滞流,引起夏季较长时间较强的湿热气候,改变了雨量的分布。同时南、北之间寒流和暖流的更替发生异常。

大气循环异常诱发灾害性的天气,忽而大风暴雨,忽而雷电冰雹;常年较少出现洪涝的地方洪水横流;常年雨水充沛的地方严重干旱。

两极冰雪消融时需要吸收大量热量,冷、热空气迅速替换,常常产生强对流天气;导致冬季中高纬度地区温暖,而中低纬度地区反而寒流凛冽。

2006 年和 2007 年,夏季我国东南部暴雨不断,北方连续不断的桑拿梅雨天,中西部长期干旱。2007—2008 年冬,南方发生严重的冰冻灾害。风云变幻无常,正是这种气候的反映。

2. 强飓风和强台风频繁

在夏季,海面蒸发增加,水汽上升带动空气流动,加强了季风风速,引起飓风。全世界飓风的次数在逐年增加,20 世纪 70 年代一年中平均 10 次,到 90 年代有的年份增加到 18 次,更重要的是 5 级和 5 级以上的飓风增加。

2005 年,北美地区的大西洋飓风有 27 次,创历史记录,而且多次在 5 级以上。8 月“卡特里娜”飓风造成了极大的灾难,使美国新奥尔良等地遭受百年来最严重的损失,1 000 多人伤亡或失踪,使美国经济遭受严重损失。接着多次热带风暴袭击中美洲,造成人员伤死亡和巨大的损失。

2006 年 5 月到 6 月初,西太平洋强台风“珍珠”中心附近最大风速达到每秒 45m,相当于 14 级的风力,所到之处伴有大雨到暴雨。随后,“艾云尼”“碧利斯”“格美”“派比安”等热带气旋接踵袭击我国东部。8 月初“玛利亚”“桑美”“宝霞”3 个飓风同期连续形成，“桑美”的风力达到 17 级，是近 50 年来最强的超强台风，造成严重损失。

3. 暴雨雷电和洪水

近年来各地暴雨成灾，伴随闪电雷鸣。我国 2006 年 1—7 月被雷电击中而死亡的有近 300 人。2006 年 4 月在大连，雷电瞬时焚毁了 8 间瓦房，雷电引起大兴安岭砍都河森林大火。8 月南京栖霞村一民房被雷击劈出两米长裂缝；山东菏泽因雷击多人死伤。美国和欧洲也频发雷电事故。

2006 年 5 月，连续的高温使新疆阿勒泰发生融雪性洪水。6 月福建因暴雨引发洪水，遭受很大损失，而且不得不推迟高考；浙江、湖南先后因暴雨而发生洪水；黔西南和云南红河地区因暴雨引发山洪暴发。7 月河南大部、山东、浙江和安徽部分地区暴雨成灾；湖南隆回县发生山洪；云南昭通、甘肃张掖和庆阳发生洪灾。

2006 年上半年欧洲多瑙河的水位达到百年来的最高，引起汹涌澎湃的洪水。6 月美国宾夕法尼亚州连日暴雨使萨斯奎汉河猛涨，引发洪水；华盛顿特区遭受 100 多年来罕见的暴风雨。7 月韩国和朝鲜连日暴雨成灾；东南亚发生严重的洪涝灾害；印度西部大洪水。8 月非洲埃塞俄比亚连降暴雨成灾。

4. 大旱

自 2004 年和 2005 年英国大部分地区遭遇两年异常干旱的暖冬，到 2006 年上半年英国东部和南部地区仍然严重旱灾，居民用水受到影响。美国北部地区，明尼苏达州、蒙大拿州、威斯康星州，以及南、北达科他州等地，南方亚利桑纳州、佐治亚州等地，气温高且干旱，河流水位下降，耕地干裂。美国为了积水，在西部建立 Glen Canyon 大坝筑成 Lake Powell，到 2006 年 4 月水位已下降了 140 英尺(1 英尺＝0.305m)，100 平方英里(1 平方英里＝2.59km^2)的峡谷出露。

我国长江流域湖泊面积正在减少，减少的面积达上万平方千米，生态系统遭到不同程度的破坏。每年 7—8 月是长江的汛期，而 2006 年长江上游来水大幅减少，长江中下游干流水位下降，宜昌、枝城、沙市、石首等地突破历史同期最低水位，长江主汛期降到枯水水位。2006 年 8 月，重庆发布特大干旱的一级红色预警，因长江枯水，又加高温强蒸发，几十天的干旱，部分饮水困难，农田燥黄；四川遂宁、南充、达州、巴中等地发生同样的旱情。甘肃会宁连续 3 年大旱，贵州遵义和铜仁等地旱情严重。青海湖水位在降低，面积在缩小。据估计，青海湖平均每年消失掉的面积，相当于一个杭州西湖。

联合国政府间气候变化专门委员会(IPCC)估计，干旱区将扩大，非洲、澳大利亚、中国和南亚等国将受到巨大影响。干旱将使全球 1/3 人口面临饮水困难，大批农田歉收，引发饥荒。

5. 沙尘暴

近年来我国沙尘暴处于活跃期。由于气温偏高，降水少、干旱，加上北方气旋活动频繁，强气流挟带沙漠区和荒化土地的沙尘，引起北部地区沙尘暴。

1993 年发生了强大的“黑风暴”，90 年代每年都有几次强沙尘暴。北京印象最深的沙尘暴发生在 2001 年和 2002 年的春季，黄沙蔽日，过后街上的黄土超过 1mm。2003—2005 年明显好转，大家庆幸治理的功绩。但 2006 年 3—4 月新疆、陕西、甘肃、宁夏、内蒙古和华北北部沙尘滚滚，又出现严重的沙尘暴，虽然没有2002年那样严重，也是一次明显的反复。

2006年春季，北方地区有18次沙尘天气。强沙尘暴5次、沙尘暴5次、扬沙8次，是近年来最严重的沙尘天气年份之一。

6. 沙漠化和荒漠化

全球荒漠化土地为3 600万 km^2 面积，并以每年5万～7万 km^2 的速度扩大。北非摩洛哥和阿尔及利亚因过度放牧和干旱引起严重沙漠化。撒哈拉沙漠不断向南扩展。伊拉克和阿富汗战争使沙漠化日趋严重。澳大利亚中部的沙漠也在迅速扩大。

我国一些地区的沙漠化速度超过治理速度，是沙尘暴控制困难的原因。我国荒漠化的面积现有约264万 km^2。国家林业局2005年发布的第三次全国荒漠化和沙化监测结果表明，全国沙化土地在20世纪90年代末，每年扩展3 436km^2。现有所好转，但仍然每年扩展1 238km^2。

7. 海平面上升

两极冰盖和高山积雪的逐渐融化，导致海平面逐步上升。近年来全球海平面上升了约1.5mm。据联合国有关专业专家的估计，按现在的趋势，21世纪海平面将至少上升19～37cm。

现在世界各地许多沿海地区受到威胁。太平洋岛国图瓦卢，其陆地最高处海拔为4.5m，海平面升高其将首先受到影响。2002年图瓦卢已有1.1万居民迁往新西兰。马尔代夫、塞舌尔等岛也有类似的问题。

全世界约有近半数的居民生活在沿海地区，人口密度比内陆高。海平面上升将造成大量“生态难民”。世界上许多人口密集的大城市位于海边，海拔不足1m，海平面上升或海啸或飓风都有被淹没的危险。2005年“卡特里娜”飓风使新奥尔良大片城区被海水淹没就是眼前的实例。

2004年2月我国公布的《2003年中国海平面公报》表明：我国沿海海平面一直呈波动上升趋势，平均上升速率为每年2.5mm，略高于全球海平面上升速率。沿海一些地区目前靠堤围防护。海平面的上升，将对我国沿海地区构成极大的威胁。

8. 地质灾害

近年来地震和火山活动进入高发期，每年发生的次数高于20世纪的平均值。

2004年12月，印尼苏门答腊附近印度洋海域发生9级地震，引发的海啸波及10多个国家，12万人死亡；2006年7月又发生7.2级地震，引发2m高的海啸，近400人死亡。印度洋发生空前的大面积海啸，使科学家目瞪口呆，引起广泛的关注。

2006年5月，俄罗斯远东堪察加半岛发生8级地震；新西兰马德克群岛附近海域发生7.4级地震；印尼尼亚斯岛发生6.8级地震；汤加发生5.8级地震。

2006年5—6月，印尼中爪哇默拉皮火山活动愈来愈激烈，附近的日惹市发生6.2级地震，超过5 000人死于这次地震，流离失所的人口达20万。1999年和2001年喷发过的菲律宾马荣火山，2006年7—8月又剧烈活动。

2006年4月，我国台湾台东县发生6.4级地震。2006年大陆地区发生5.0级以上地震4次，最大震级为5.6级。吉林乾安县、青海玉树发生5级地震。7月22日发生在云南省昭通市盐津县的5.1级地震，造成22人死亡和很大损失。专家指出，近期青藏地区中强地震活跃，南北地震带活动增强。

滑坡和泥石流，路塌地陷，近年来频频发生，影响面局部但集中，引起的人员伤亡和财产损失不亚于小型地震，瞬间死亡人员可达几百人。滑坡和泥石流常常以大雨、暴雨或者地震和火山活动为直接的触发点。

2006年，广东、广西、浙江、云南、四川、新疆等地发生多起滑坡和泥石流。吐鲁番胜金台至火焰山由于山洪暴发，引起特大泥石流。

2006年2月，在菲律宾南部一山村，发生大滑坡，在3～4min内估计有1 500万～2 000万m^3的岩石和土壤以140km/h的速度猛然冲下坡，全村被淹没(Stone，2006)。2006年8月，巴基斯坦、印尼等地也曾发生多起滑坡和泥石流事故。

四、全人类共同采取对策已刻不容缓

全球气候变暖，人类不能辞其咎，主要是人类活动造成的。面对全球变暖带来不少灾害的事实，世界各国各界人士呼吁共同采取措施，控制进一步迅速变暖的趋势。联合国环境规划署和世界气象组织建立了"政府间气候变化专门委员会(The Intergovernmental Panel on Climate Change)"，联合研究全球变暖的问题。这个委员会曾发表了3个报告，认为在21世纪，全球变暖将比20世纪要严重得多。全球变暖是21世纪最危险的挑战，并将引发更频繁的灾害。

为了控制全球变暖的趋势，1997年世界各国在日本通过了《京都议定书》，各国热烈响应，承诺控制温室气体的排放。但是温室气体排放大国——美国拒绝履行削减温室气体的排放。托辞全球气候变暖的威胁没有严重到必须出台新的控制措施。许多国家和国际组织对这一做法表示了强烈的谴责。

美国大多数民众已认识到气候的变暖，造成很多灾害。2006年4月，美国许多州市，以及美国环保协会、美国自然资源保护委员会和西拉俱乐部，联合起诉联邦环保局，要求联邦环保局对电厂排放的二氧化碳进行控制，因为电厂排放的温室气体占美国温室气体排放总量的40%，对全球变暖产生了严重影响。

据估计，全球40个大城市的温室气体排放量占全球总排放量的15%～20%。各大城市政府有责任控制二氧化碳排放量。2006年8月，包括美国芝加哥、洛杉矶、费城、纽约和世界其他大城市开罗、马德里、伦敦、墨西哥城等集会，签署联合声明，努力消除温室效应。

现在民众普遍赞成履行《京都议定书》，确认减低温室气体排放的必要。各国控制温室气体的排放是当务之急，不能再以任何借口拖延了。全人类的利益要求各国尽快采取有力措施，控制温室气体的排放，抑制全球变暖的趋势。

"环球共此凉热"，地球人必须行动起来抑制全球变暖的趋势，减少灾害。这是全人类的共同责任，无人可以例外。人人都来节约能源和各种资源，减少废气排放，降低环境污染，还地球一个清纯空气和优美环境；让子孙后代有幸福的生存空间。

参考文献

徐桂荣，王永标，龚淑云等.生物与环境的协同进化[M].武汉：中国地质大学出版社，2005

Dietrich W E & Perron J T. The search for a topographic signature of life[J]. Nature,

2006,439:411－419

Erickson J. The Living earth,environmental Geology－facing the challenges of changing earth[J]. Facts On File,Inc. ,2002

Fukasawa M,Freeland H,Perkin R et al.. Bottom water warming in the North Pacific Ocean[J]. Nature,2004,427:825－827

Fu Q,Johanson C M,Warren et al.. Contribution of stratospheric cooling to satellite－inferred tropospheric temperature trends[J]. Nature,2004,429:55－57

Kouwenberg L,Wagner R,Kurschner W et al.. Atmospheric CO_2 fluctuations during the last millennium reconstructed by stomatal frequency analysis of Tsuga heterophylla needles [J]. Geology,2005,33 (1):33－36

Stone Richard. Too Late,earth scans reveal the power of a killer landslide[J]. Science, 2006:1 844－1 845.

【此文在本论文集中首次发表,2013年6月】

生物圈对自然环境的调节作用

徐桂荣

地球外围有气圈、水圈、岩石圈和生物圈，各圈层之间是互相依赖和互相调节的关系。它们是地球健康运行的重要组成。生物圈在各圈层间起着协调和促进各圈层物质的循环等重要作用。

一、什么是生物圈

海洋中从深海底部，陆上从土壤的深部，向上延伸到大气层最上部，可能达100多千米，凡是有生物（包括病毒、细菌、微藻、单细胞和多细胞动植物）的范围构成生物圈。生物圈的存在依赖于大气圈、水圈和岩石圈，因为生物离不开空气、水分、土壤和养料。生物圈又为推动空气、水分和各种元素的循环作出贡献。生物圈是一个整体，它由许多生态系统组成，并以复杂的食物链紧密相连。

二、紧密联系的生态系

生态系是生物与环境联系的有机整体，体现在生物栖居地（穴居、底栖、树栖、浮游等）、生活方式（固着、爬行、行走、游泳等）、取食方式（滤食、吸吮、咀嚼、吞咽等）、与其他生物的联系方式（互惠、互助、竞争、排斥），以及各种环境条件。生物的生态通过食物链取得平衡，例如穴居的蚂蚁以各种植物和动物碎屑为食—食蚁兽以蚂蚁为食—食肉动物以食蚁兽为食。又如著名的草—兔—狼的消长关系等。这些食物链形成动一发牵全身的紧密关系。局部生物种类的变化，会影响生态平衡，例如森林被砍伐，栖居森林的所在生物都将消失；江河湖泊被污染，水生生物会减少或消失，从而影响生物圈的组成，引起整个生物圈的变化。

地质历史上大灭绝事件发生的根本原因是生态平衡被破坏，包括居所空间被占领和食物的短缺等。灾变是短期内生态平衡崩溃，从而引起整个生物圈的变化。

三、生物圈的强大调节作用

生物圈在大气、水和许多化学元素的循环中起着重要作用。据保守的估计，生物圈（主要是植物）现代每年固定碳为$(1\sim1.2)\times10^{14}$kg。因为碳主要来自大气中的二氧化碳，即每年吸收4.4×10^{14}kg的CO_2，释放3.2×10^{14}kg的O_2。大气中CO_2的总质量为2.5×10^{15}kg，植物每年吸收的CO_2为大气中CO_2总质量的17.6%。整个大气圈中的二氧化碳，在6～7年内可全部循环一次。

植物的产品，经过从动物到细菌的食物链，在消化和呼吸中又放出CO_2。许多细菌分化有机物残余，在风化中分解岩石碎屑。生物的这些活动，加上现代社会化石燃料的燃烧，释放大

量的 CO_2，构成 CO_2 循环的总体。试设想，如果没有植物生产碳水化合物，没有动物和细菌的分解作用，CO_2 气体将永远呆滞在地球表面，像在金星上那样。

大气中 O_2 的总量为 1.2×10^{18} kg，每年植物释放的 O_2 为该总量的 0.027%。所有的生物吸取氧而呼出二氧化碳。大约需要 4 000 年，大气圈中的氧可因生物圈内的交换作用而循环一次。火山的喷发、岩石的风化和还原作用也对氧循环起一定的作用，但其作用比生物圈的作用小得多。

同样，在我们熟悉的水循环中，生物也有强大的调节作用。

四、破坏生物圈将影响人类的生存环境

科学家曾估计，白垩纪末在假设的小行星撞击中，因燃烧产生 7.3×10^{14} kg 的 CO_2，耗氧 5.3×10^{14} kg。大气中增加近 30%的 CO_2，并且减少 0.044%的 O_2。如果在一场战争中燃烧了现代生物总量的 20%，就会产生这个同样的后果。在正常生物圈的情况下，破坏到上述程度的大气质量，其恢复至少需要数年。但如果生物圈遭受极大的破坏，它的调节能力受损，大气质量的恢复将经历漫长的岁月。

生物圈一旦遭受破坏，它的恢复需要时间。例如，印尼喀拉喀托火山 1883 年喷发后，全岛覆盖了 30～60m 的火山灰，把岛上原来的动植物几乎全部消灭。这个孤岛与苏门答腊和爪哇都相距约 40km。1886 年在岛周边发现绿藻和羊齿植物 11 种，显花植物 3 种，1897 年找到 50 种显花植物，1906 年岛上植物开始繁茂，椰树有了果实，1921 年已有 573 种动物，1923 年植物已达 259 种，大树成荫，已看不到火山破坏的痕迹，恢复了原来的面貌。在一个小岛上，从火山的破坏到全面恢复经历了整整 40 年。地质历史上每次生物大灭绝到复苏，都经历了很长时期。

生物经过了几十亿年的演化，产生了无数生物种类，现在还在继续演化中。人类是唯一有高级智慧的生物。人类作为最大的消费者，其所依赖的食物、能量，大部分来自生物圈。植物光合作用，利用太阳辐射制造食物。现代最主要的能源：石油、煤和天然气是化石燃料，是生物圈几十亿年来生产的储存。人类生存依赖的氧气是生物圈几十亿年中与大气互相作用的结果。生物圈的破坏意味着大气和水质量降低，可持续性的资源减少，人类将面临恶劣的环境和饥饿。所以，人类不能盲目地破坏生物圈，而应理智地保护生物圈。

五、充分认识和利用抗熵机制

热力学定律证明熵增原理，熵增是热力学的固有特性之一。有些学者认为自然界不存在限制无序增长的机制，主张“热寂论”。然而大量事实说明物质有抗熵的特性。抗熵机制是指物质有自动减缓熵增的倾向，包括能量的转换、保存、不同层次的利用等。

宇宙中星体的形成体现在这种机制，太阳系中从混沌到行星的形成，由于引力使宇宙物质走向有序，是抗熵机制的体现。在太阳系形成后，这种过程变为小天体的碰撞，使太阳系中小天体逐渐减少，使之高度有序化。

在地球形成初期，地内的热能四处散发，火山活动频繁。由于地壳形成并变得坚固，减缓地球内部能量的发散。岩浆活动受到限制，火山活动愈来愈少。在地壳形成后，有关分子的集聚逐渐形成生命团，随后形成生物，是抗熵机制走向高级形式。太阳能被植物转换为碳水化合物，保存在体内，并被生物链的各级生物所利用。

抗熵机制的形式多种，主要表现为两个系列：①有序化和有序的转化，生物的生长是有序化过程，动物的进食是通过一种有序转化为另一种有序。有序的转化与单纯的无序化不是等同的概念。②能量变物质和物质变能量，光合作用过程中以能量变物质为主伴随着物质变能量作用；动物的消化过程以物质变能量为主伴随着能量变物质作用。抗熵机制是物质世界的普遍规律。

能量交换的开放系统是抗熵机制的唯一必要条件。宇宙是无限的开放系统，万物都存在抗熵机制。具体物体都有开始和结束，有人把生命的结束看作熵平衡，但动植物死后它们体内的能量还可以被不同层次生物所利用。实际上抗熵机制的丧失才是一切物体生命结束的标志。

太阳系内，各行星、各生物体、细胞，以及分子和原子都是抗熵结构。原子内，中子、质子和电子等在正常轨道上旋转，保存了巨大的能量。核能开发是原子的解体或聚集，是抗熵机制的利用。如果用于和平目的，是建立另一种抗熵机制，即发电（转化能量并保存），进入工厂和千家万户变为人们生活必需的物质和能源。核爆炸是单纯的破坏抗熵机制的无序化，能量散发在地球上，进而破坏生物圈、大气圈和水圈。

物体对环境变化有一定的适应能力，当变化超出物体适应能力时，抗熵机制就被破坏。地球各圈层也是这样，生物圈、大气圈、水圈和地壳破坏到一定程度将引起地球致命变化。

六、人类社会必须与生物圈协调发展

地球应被看成有生命的抗熵组织，生物圈是地球的主要组成之一，而人类是最有活力的抗熵组织的参加者。人类为了美好的前途，必须保持这个抗熵组织的健康。

人类是抗熵机制的维护者，又是破坏者。人类在几千年的劳动创造中，发展耕种、畜牧和水产等人造生物圈，并且在利用水能、风能、潮汐能、太阳能和核能等方面作出了创造性贡献。同时，对环境的破坏，对其他生物的侵害也十分严重。尤其是 20 世纪下半叶，人口的大膨胀和工业的大发展，对大气、水资源、能源、矿源和生物生存环境的破坏已达到十分危险的程度。

人类应把自然看作合作者，自然会慷慨地为人类提供所需的一切物质和能量。人类有责任爱护和保护自然，包括地球的各个圈层和生物圈中的各类生物。自然是真正的“上帝”，“上帝”创造的一切都有存在的权利，人类对它们的伤害，必然会带来报应和惩罚。

生物圈是一个整体，大气圈是一个整体，水圈也是一个整体，无论何处严重的污染和破坏，都将影响全世界。全球变暖、臭氧层破坏、酸雨、森林减少、沙漠化和物种灭绝等问题，迫使我们注意全球环境的安全。

不能把地球仅仅看作资源而进行无尽地掠取。要把地球看作必须善加抚育的生命体。人类社会必须与生物圈和其他圈层协调发展。

【原载《地球》，2000 年 6 月】

地球大系统

——谈谈地球的自我调节作用

徐桂荣

地球不同于其他行星，主要特点是有生物圈。地球上各圈层的相互作用，赋予地球有特殊的生命力。其中一个重要的作用是"自我调节"作用。

一、主张地球是"活体"的理论

赫屯(Hutton)在18世纪(1788年)曾把地球比拟为超生物，认为它像生物一样也有生理活动。1972年英国大气化学家Lovelock (1972)提出吉娅论(Gaia theory)，希腊语Gaia是地球女神之意(Miller，1991)。吉娅论主张地球是活体(或称生命体)。地球上生物与物质环境，包括大气、海洋和地壳岩石，紧密地联合为一整体，共同演化；这个整体在演化过程中有自组织作用。像生物界和许多无机开放的自组织系统一样，"吉娅"有"创新特性"，表现为整体高于各部分的总和(Lovelock，1972，1989a，1989b；Miller，1991)。这个理论发表后得到林恩·马格丽斯(Lynn Margulis)等的大力支持，但也遭到许多学者的反对(Mann，1991)。

在这个基础上，进而提出地球生理学(Lovelock，1989a)，主张地球各圈层，大气圈、水圈和生物圈相互作用，组成一个巨大的系统；可以自我调节温度、大气和海洋的组成，并优化生物圈的生存条件。

二、地球"自我调节"作用的种种现象

这里就几个主要方面作简单介绍。

1. 地表温度长期稳定

地球历史的40多亿年中，地球表面的温度基本上稳定在生物能够生存的范围之内，而在这期间太阳的辐射量已经增加了25%。一般认为大气圈降低CO_2浓度能减少吸收太阳辐射。而生物圈的固碳作用是主要原因，生物成因的碳酸盐岩和有机岩储存了巨量的碳，使大气圈中CO_2浓度不断减小。雨水也能溶解大气中的CO_2，带入海洋形成化学成因的碳酸盐岩，但这种化学成因的碳酸盐岩比起生物成因的少得多。

浮游植物藻类可产生并渗出硫酸二甲酯丙酸盐和它的酶裂变产物硫酸二甲酯，对全球硫的循环有重要作用(Sunda et al.，2002)。这种化合物释放到大气中后，会转变为硫酸微粒，可成为云凝聚的核心，云挡住阳光，使地表温度降低。因此影响大气成分和温度。

2. 海水盐度的稳定

生物能够调节海洋的盐度，海水盐度长期低于10%，特别是稳定在3.5%上下。因为过饱

和的盐可以通过盐滩析出，有许多细菌靠盐生活，帮助析出盐分。贝壳生物调节着海水中碳酸钙的含量。如果富营养化，铁、镁、磷等元素增加，各种藻类会迅速繁殖，形成赤潮等现象。这些作用控制着海水中的溶解物。

3. 板块消减控制火山活动

构造板块的移动受到地幔和地表各种因素的影响。地球自转和公转以及星际各种引力促使地幔缓慢流动，推动板块移动。从地质历史上看，无论大陆联合或者解体，有一个趋势是不变的，就是在消减带板块俯冲过程中，不断减少活火山，不断限制地热的外泄，使地表温度长期保持在一定范围之内。同时地表的温度也反过来影响板块，当温度下降进入冰期，由于两极过厚冰层的挤压，加上地表岩层的收缩作用，使地幔活跃，洋中脊岩浆上升加速，同时在岩层薄弱地区发生岩浆喷发，或死火山活化。这些作用常常起着调节地表温度的作用。

4. 其他各种调节作用

洋流和大气流，包括厄尔尼诺、台风、寒流和暖流等都起着调节地表温度和降水等作用。潮汐作用引起海平面的波动，使海面过热的温度散发。岩石的风化尤其是生物风化作用，一方面起到物质循环的作用，另一方面对海水溶解物、大气组成和土壤结构等都有一定程度的影响。

三、生物圈是地球"自我调节"作用的关键

上述事实说明，地表各圈层的相互作用，尤其是生物圈与其他各圈层的协同作用，组成地球自我调节作用的整体。地质历史证明，生物在对物质的循环、对气候的影响和使自然环境平衡等方面起着重要的作用。从生物对大气圈的改造和维护作用就可以理解生物圈对地球自我调节的重要性。

1. 地球早期的大气组成

一些学者认为地球没有原生大气圈，理由是地球从微星凝聚而来，而微星的重力太小不能保持原生大气(Berkner & Marshall，1963)。一般相信地球处女期的大气来自火山喷发和地热排气，是次生的大气。现代火山气体的组成，按其体积百分比平均为：90%的水、6%的二氧化碳、1%的氮气、0.3%的氯化氢、1%的硫化氢或二氧化硫、1%的氢和0.5%的一氧化碳。早期火山气体成分可能与现代不同。从火山喷出物和现在木星的大气组成估计，初期大气成分可能是由氢、水、甲烷、氨、氮、一氧化碳、二氧化碳和硫化氢等组成(Warneck，1993)。估计地球形成时和后来释放的水的总量为 940×10^{20} 摩尔，折合 $1.693\,5\times10^{10}$ 亿吨($\times10^{15}$ 吨)；二氧化碳 2.245×10^{9} 亿吨。水汽和二氧化碳充满在地球表面之上的 10km 范围内，两者气体的密度为 220.5kg/m^3。这个密度几乎达到液态水密度的 1/4，可见地质初期的大气层是稠云密雾的混沌世界。

2. "光致离解"的作用

在 46 亿～32 亿年前，估计大气上层温度达 2 000K，低分子量的气体，尤其是氢，逃逸出地

球引力圈外，推算逃逸的速度为 10^7 氢原子/$cm^2 \cdot s^{-1}$。水蒸气在大气上层受到光的分解，即“光致离解”作用，分解成氢和氧，氢逃逸，氧保留。部分活泼的自由氧与甲烷作用形成二氧化碳和水。水在高空又“光致离解”，这样自由氧不断有所增加。但是初期大气中水汽的光致离解提供的自由氧，大部分消耗在火山还原挥发物的氧化和风化中，所以氧累积极其缓慢。

3. 生物光合作用积累氧和减少二氧化碳

自由氧的大量累积，大部是生物成因；生物发展到能在光合作用中释放自由氧，同时固定碳使二氧化碳逐渐减少。早期的原核生物，如蓝藻细菌和形成叠层石的蓝绿藻，已有进行光合作用的能力。太古宙的叠层石复合体，在 27 亿～28 亿年前已有可靠的记录，澳大利亚 35 亿年前的岩层 Pilbara Block 和南非 30 亿年前的岩层 Pongola Group 中报道有叠层石，这标志着能光合作用的生物出现得很早。

我们知道植物吸收二氧化碳，碳被合成有机物而呼出氧。生物的光合作用为大气圈中氧的增多和二氧化碳的减少作出了贡献，也为自身的发展创造了条件。从每年植物的生产量可估计出大气中氧全部更换的时间。所有绿色植物包括藻类和古老的蓝藻细菌，都以相同光合作用过程同化 CO_2，释放自由氧。

在这过程中，每摩尔碳在产出生物量的同时释放 1 摩尔氧。所以生物的光合作用能向大气放出大量氧。早期生物释放的氧和当时大气中的甲烷和氨发生反应，演变为今日氧、氮、二氧化碳和水汽组成的大气。同时生物的固碳作用储存了大量的有机岩和碳酸盐岩。

4. 人类的干扰使地球的“自我调节”能力减弱

从上述大气圈成分变化中可以看到生物的调节作用。在地球的“自我调节”作用中生物圈十分重要，生物圈的一个重要创新能力是对自然环境的改造和维护。除了板块构造活动生物无力影响外，其他各方面都有生物圈的参与。

但是由于工业化以来对森林的大量砍伐，许多生物物种的消失，一系列的环境问题，如各种水域的污染、空气污染、荒漠化等都表明人类破坏环境和伤害生物圈达到了严重程度，使地球的“自我调节”作用大大减弱。如果不抑制这种趋势，在地球失去“自我调节”作用后，人类的生存条件将极度恶化而无法恢复。所以爱护生物圈，使生物圈充分发挥调节作用，这是可持续发展的核心，是保护人类赖以生存的基础。

【原载《地球》，2008 年 1 月】

Study on Mechanism of Anti-Entropy Enhancement in Geoscience

Xu Guirong

Principles of entropy enhancement, one of the intrinsic properties of all the materials in the world, is proved by the 2nd law in thermodynamics and has been accepted in science kingdom. Some believe that there is noany mechanism restricting non-order enhancement. However, it has been approved largely in geoscience, indicating that materials have the properties of anti-entropy enhancement. Mechanism of anti-entropy enhancement implies that materials tend to automatically reduce entropy enhancement, including energy transformation, reservation and utilization at various levels. In biological kingdom, the mechanism is very obvious, such as solar energy is transformed to carbohydrate by plants and reserved in their bodies for being utilized by living beings in the biological chain. Then the question is: "Is there such a mechanism in inorganic substances?" The answer is "Yes". This is the intrinsic mechanism in all matters, conceptually, it is different from self-organization, negative entropy, etc. Self-organization theory stresses on matters self-formation of order textures, while anti-entropy enhancement mechanism stresses on restricting energy dissipation. Negative entropy is the opposite to entropy while anti-entropy enhancement and entropy are complementary. For any objects defined as objects in dissipation textures, in fact, dissipation and anti-entropy enhancement coexists. Just like action & reaction, energy input to an object coexists with anti-entropy mechanism. The friction loss is entropy, however, they are not in the relation of mechanics.

Origin of the Mechanism

Major origin of anti-entropy mechanism is the universal gravitation, conservation of energy and different properties of matters. The formation of planets and the earth is a good example. During the Chaos of the Solar System, under the gravitation from other galaxy, through rotation, different planets were gathered due to the different gravitation of different matters, further Chaos were prevented. In the early stage of earth formation, matters diffrentiated and the surface of the earth was cooled down, earth crust formed so, dissipation of the energy inside the earth was slowed down. After the formation of earth crust, accumulation of some molecule formed life groups other than living substances were formed gradually, implying anti-entropy mechanism is approaching an advanced form. In biological kingdom, there is a trend of jointly improving anti-entropy enhancement. Solar system, planets, living bodies, cells and molecules & atoms are all in anti-entropy textures. Among atoms, neutron, proton, etc., preserve huge amount of energy while rotating on the normal orbit. Phase variations of gases, fluids & solids are one of the forms of anti-entropy enhancement, when thermodissipation reaches a certain level, a coversion of gas-fluid-solid takes place. The order textures of a crystal reduce vibrations & preserve the energy. The heat input promotes vibration of molecules and heat energy is preserved inside the matter.

Various Types of Anti-entropy Mechanism in Geological Events

Intermittence in crustal movement prevents the continuous dissipation of energy inside the earth. Thickening of continental crust could prevent active magma from eruption, thus far more magmatic rock bodies exist under continental crust than in oceanic crust. Orogenesis, rock-folding are forms of continental crust thickening. Formation & activity of a plate are adjusting mechanism, limiting heat energy dissipation. Many volcanos decrease with the decreasing of subduction zones. Formation of atmospheric envelope and ozone layer reduces heat energy dissipation. Heat absorption of the aqueous envelope is more obvious. In surface geological action, river flows in radial without river channel, after a river channel was cut out, it flows surging forward. The orign of ancient ocean, circumferential flow and ocean current is the same in nature. In marine deposition, such as deposition of reef, in certain environment conditions, anti-destruction, accumulated matters (energy) increased rapidly. It has been proved that the growth rate of reef is in direct proportion with the allowable spaces. In case stable rising of sea level the growth rate is expressed as:

$$RG(t)=K[A\times s^{*}(t)+Wd(t)]$$

where A is a constant; $s^{*}(t)$: deposition rate; $Wd(t)$: water depth when deposition occurs; K: coefficient of anti-entropy enhancement when reef was deposited.

During the deposition process of other sediments, though they have no self-growth capability as reef does, still they have abilities of antidestruction & accumulation, so they are comparable with reef.

Control Conditions of Anti-Entropy Enhancement Mechanism and Significance of Study

The only necessary conditon for anti-entropy enhancement mechanism is the open system for energy exchanges. With this condition, objects, larger or smaller, could all have anti-entropy mechanism. In general, the amount of mechanism (ATE) is related to the mass of the object (m), spatial location (L) i. e. related to other objects, and characteristics of the object (F).

$$ATE=K(m+L+F)$$

These are the internal & external conditions for controlling anti-entropy enhancement mechanism. ATE is the ability of absorption, transformation & reservation of energy, meanwhile, ATE= EN(input energy) — H(entropy). The greater the ATE, the smaller the H, K is the coefficient of anti-entropy enhancement varying with substances. Various types of estimation of ATE should be considered. Universe is an infinite open system, generally, nature is an open system, all things have anti-entropy mechanism. Particular objects have beginning & endding. The end of a life is considered as entropy equilibrium, energy in the bodies of died animals & plants could still be utilized by other living beings at different levels. In fact, loss of anti-entropy mechanism is really the end of a life. Variations in properties of an object itself and in spatial relationship result in the changes in anti-entropy enhancement mechanism, causing the emerging of a new object or dying of an old object. An object has certain ability to adapt itself to the changes in circumstances, however, in case, changes beyond the adaptabilityof the object, there would be abrupt changes in its behaviour, even death. Destructive ecosystem causes species to extinct. Vital changes in the earth would be caused by certain destroyments in atmospheric envelope, hydrosphere and earth crust. Although the extinction and death sometimes, have warning indications, usually, occure suddenly. Every chemical element has its own anti-entropy enhancement mechanism. A compound has its own too, differing from those of the individual elements forming the compound. Various types of cells has its own special anti-entropy enhancement mechanism while the advanced living things have the anti-entropy mechanism quite different from those of cells. Individual social & economical organizations have their own anti-entropy enhancement mechanism, for example, economic profit for a factory is an indication of the anti-entropy enhancement mechanism. Theoretically, study on anti-entropy enhancement defeats the heat-fatalism and all other theories for attempting nothing & accomplishing nothing, and has led the way to deep understanding of natures of objects and make full utilization of various types of objects.

【From: In Mah J Z X(ed.). Popular Works by Centuries' World Celebrities. U. S. World Celebrity Book. LLC. 1998】

古生物学中鉴别物种的方法论

徐桂荣　杨伟平[①]

迄今，估计已有记录的化石种约为 250 000 个(Raup & Stanley，1978)，而在 20 年前，据估计描述了 130 000 个已绝灭的动、植物种(Easton，1960；Raup & Stanley，1971)，这说明 20 年中古生物学的种几乎增加了 1 倍。以腕足动物化石来说，在 1884 年 Davidson 发表的“腕足类种的索引”中记述了 68 属；10 年后，Hall 和 Clarke 记述了 323 属；1965 年的统计超过 1 600 属；10 年以后增加到约 2 400 属，平均每年增加 80 个新属。1981 年可靠的统计为 3 432 属(Doescher，1981)。可以看到近 20 年来增长的速率很高(图 1)。如此高速增加有两个原因：一是由于化石处理的技术有了许多新的突破，致使化石新种属不断被发现；二是由于社会的需要，古生物学家的队伍不断扩大。但与此同时出现了许多弊病使古生物学家们感到忧虑，如 Kermack(1956)曾经指出，古生物学中的种是太多了而不是太少了。他举出非洲南部 Karroo 爬行动物的研究为例，由于一心创立新种新属，给古生物学的研究带来了不应有的困难。在这些爬行动物的某些类群中，几乎有多少标本就有多少种(Kermack，1956)。所以，对古生物学中物种鉴定方法的讨论是十分必要的。

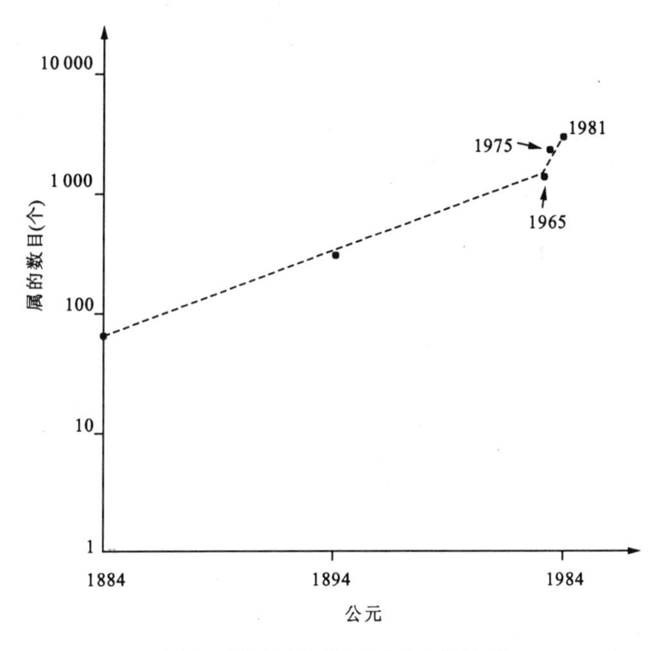

图 1　腕足动物化石属增加的速度

---

① 杨伟平：原武汉地质学院。

一、3 种方法

林奈(Linne,1707—1778)在 1758 年首次提出双命名法命名生物物种,并以模式标本作为被描述种的代表,这是生物学和古生物学中曾普遍流行的方法,被称为林奈种(Linnaean Species)。林奈当时已经预见到,未来的世纪会增加成百万的新学名(Stoll,1961)。不久,随着新学名的增加,科学家们就认识到:"动物学家有必要采用为大家趋于同意的一种法律性法规,来控制动物命名法的发展和使用(Stoll,1961)。"英国科学促进协会在 1842 年制定了 Stricklandian 法规;后来美国制定了 Dall 法规(1877),法国(1881)和德国(1894)的动物学会先后也制定了法则,其中 Dauville 法规为第二届国际地质学会(1881)所通过。1905 年以法、英、德 3 种文字颁布了《动物学命名的国际规则》(*International Rules of Zoological Nomenclature*),随后,又作了一系列补充和修改。1958 年 7 月在伦敦举行的第十五届国际动物学会议,制定了《国际动物命名法规》。植物学和细菌学也都有各自的法规。1950 年在斯德哥尔摩召开"国际植物学大会",会后出版了"斯德哥尔摩法规"(Stockholm Code,1952);1972 年公布了"西雅图法规"(Regnum Vegetabile Vol. 82,p. 394 - 397);1975 年在列宁格勒召开的第十二届国际植物学大会上通过了《国际植物命名法规》(*International Code of Botanical Nomenclature*)。上述各种法规,概括其要点为:①标准型或模式的选择;②优先权的应用;③拉丁文或拉丁化学名的构成(包括双命名法);④描述程序的要求。动物学和植物学的命名法规,其原则和规则,基本上是适用于古生物学的。古生物学(本文主要讨论古动物)的物种命名方法上,大体可分为 3 种不同的做法:第一,以单个标本作为命名物种的标准型或模式;第二,以多个标本作为标准型,并确定物种的变异范围;第三,以种群(Population)为基础确定标准型和变异范围。

从方法论来讲,这是确定古生物物种的 3 种不同方法,从古生物学发展历史上看,可以认为是 3 个不同发展阶段。

对于这 3 种方法的优劣,我们不能一概而论,需要根据古生物学的实际来作出正确的判断,但我们提倡第三种方法。

二、命名模式

"命名法规"(包括动物学的和植物学的)(Stoll,1961;Stafleu et al. ,1978)都规定科或科级以下的单位应确定命名模式。命名模式是指分类单位的名称所永久依附的那个分子;对于古生物种来说就是化石标本。

模式标本有两个显著的作用:一是稳定性,二是真实性。因为文字和画像的描述仅是认识的记录,它对客观实际的反映不一定很全面;另外文字的传递中可能有谬误,这样就会失去命名物种原来的含义,从而引起混乱。当文字记录使古生物学家产生疑问时,保存很好的模式标本,对古生物学家来说显得更为重要,它可以用来进行对比。所以,模式标本的选择和使用,是确定古生物种的关键。

如何选择模式标本,要视条件而论。由于化石保存条件的限制,可能只发现个别化石标本(假定已充分采集),或者发现多个标本。按照某些学者的意见,"命名模式并非必须是某一分类单位的最典型、最具代表性的分子"(Stafleu et al. ,1978)。这就是说,只要标本有价值,不必经过选择,也不必强调标本的多寡。林奈后的早期古生物家们大体上都使用这种模式;直到现代，珍贵化石的发现，最初常常只有单个个体，甚至个体的局部残片（如脊椎动物的牙齿、头颅等）都作为模式标本。但在可能的条件下，尤其是可以采到多个化石标本的无脊椎动物，一般以选择保存最完整、特征最明显、最具代表性的标本作命名模式为好；可以用单个模式标本作为正模（Holotype），也可以用一组模式标本，包括正模和若干副模（Paratype）。为了充分揭示化石标本的构造特征，选用多个模式标本极其重要，而要反映命名物种的变异范围，多个模式标本更是必需的。后一种选择模式标本的方法，为近代理论古生物学家所提倡，因为物种种内个体特征的变异性是一个普遍现象。

三、变异性

Лихарев（1932）在叙述古动物描述程序时，已指出描述变异性的意义。Mayr et al.（1953）提出的物种描述格式中，也强调了变异的描述。对于变异性的描述包括下述内容和方法。

1. 特征测量表

包括个体大小的变化，以及对确定种来说是重要的表现型特征。杨遵仪和徐桂荣（1966），Cooper 和 Grant（1972—1976）等著作中都列述了详细的测量表。从这种表上，可以清楚地看到所采集的标本中个体特征的变化。

2. 坐标图

单个特征的变化常用直方图或曲线图表示，如图 2。两个特征的变化，可用分布坐标图表示，如图 3。多维空间图的表示因为不能一目了然，在化石描述中很少应用。一般来说，古生物标本中的多元特征变化常常可简化为双变量，一方面因为特征之间有相关变化关系；另一方面鉴别近似物种差别的主要特征，常常不很多。在必要时可用因子分析、主元素分析等方法（这些皆是降维法）描述多种变量的关系。

3. 个体发育引起的变异

生物个体在不同的发育阶段，其形态特征可以不同。卢衍豪（1950）研究的三叶虫个体发育史是一个很好的例子，Raup 和 Stanley（1971，1978）详细叙述了古生物学中个体发育研究的方法。个体发育的不同阶段，尤其在蜕壳生物中，其特征的变化有时很大。以 *Redlichia* 为例，在各阶段，其头鞍、眼叶形态及面线的位置等变化很大；有些化石的壳饰完全不同；此外，由于介壳的生长速率从幼年期到成年期十分不同，个体的形状也不同（Saunders，1983）。这些都可能被误认为不同种。

4. 双形现象和性差异

关于古生物学中双形现象和性差异在有孔虫类和介形类中已有卓著的研究，头足类中也有很好的实例（Raup & Stanley，1978）。但在其他化石门类中还未见到很好的例子。

5. 随时间的变异

化石研究中的一个主要特点是可以观察到物种随时间发展的变异。按照“间断平衡论”，物种的表型特征在一定时期内是稳定的。这指的是物种内的变异限于一定范围内。例如，二

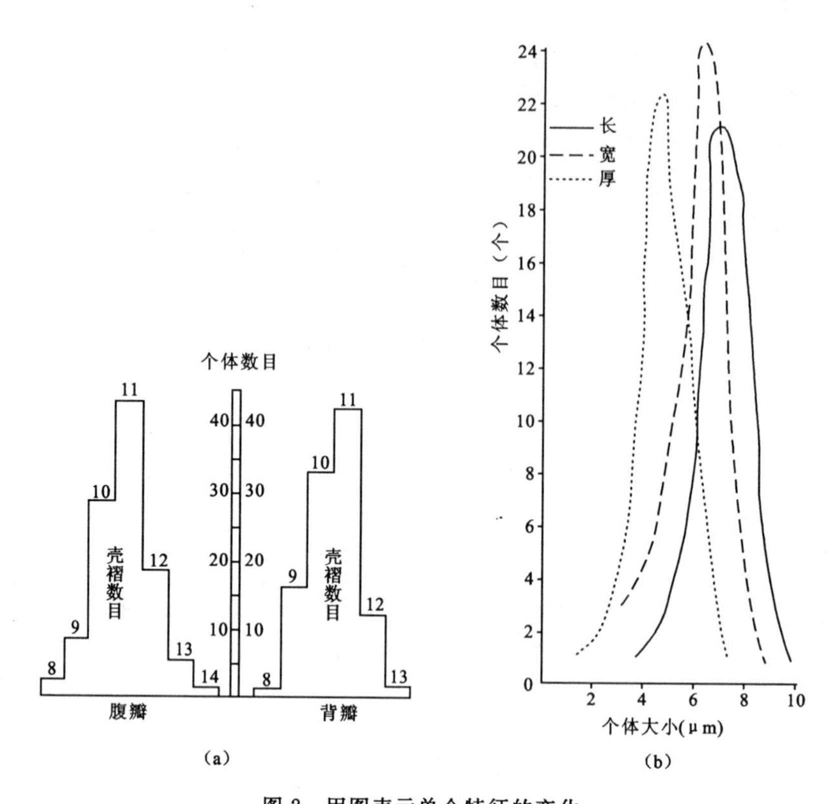

图 2 用图表示单个特征的变化

(a)直方图,表示 *Neoretzia fuchsi*(Koken)壳褶数目的变化;(b)曲线图,表示该种大小的变化(据杨遵仪,徐桂荣,1966)

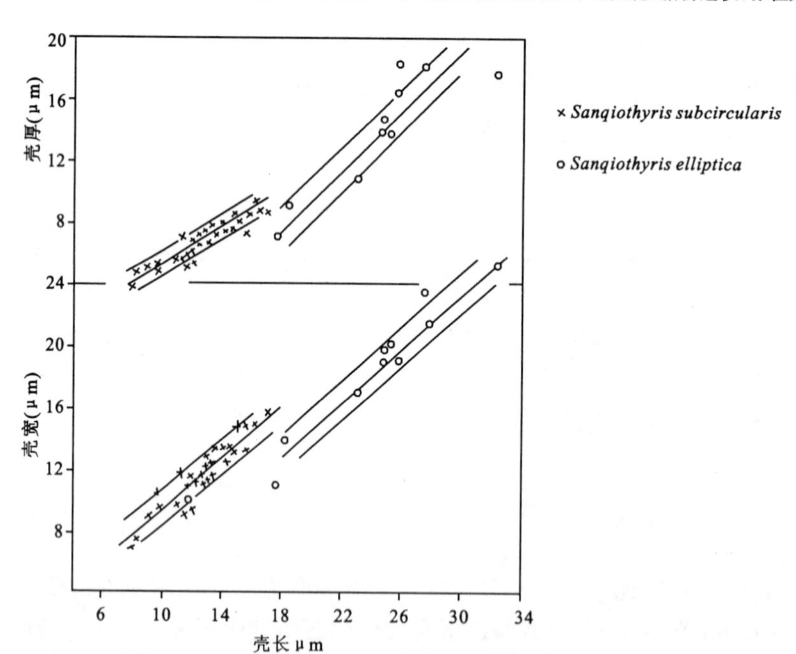

图 3 *Sanqiaothyris subcircularis* Yang et Xu 与 *S. elliptica* Yang et Xu 的个体大小的变化范围及其特征的变化比较

(据杨遵仪,徐桂荣,1966)

叠纪鏟 *Lepidolina multiseptata*(多隔壁鳞鏟)初房直径增大趋势,被认为是种内变异(图 4)。

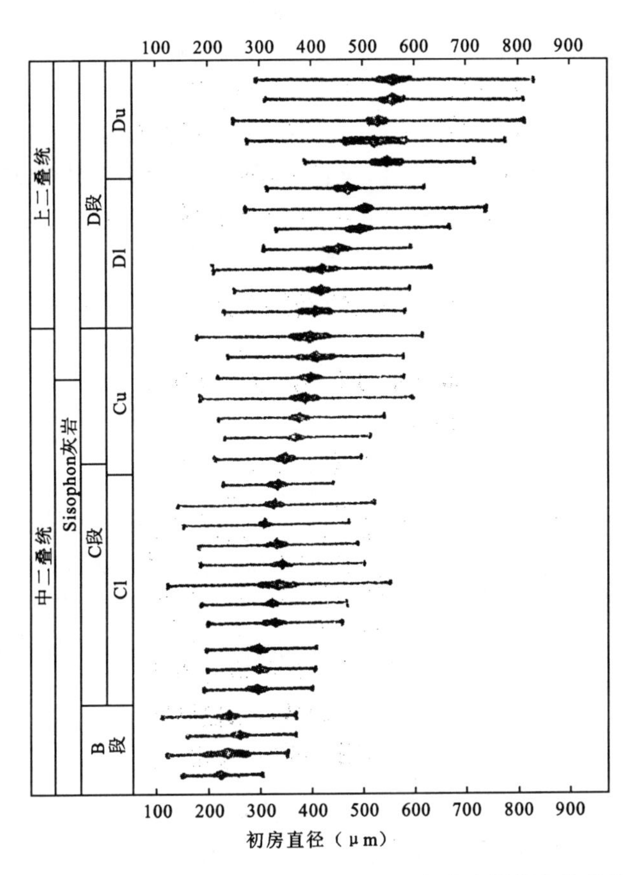

图 4 二叠纪鏟 *Lepidolina multiseptata* 初房直径增大的趋势

每个种群的水平线代表初房直径的范围,黑色垂直线为平均值,粗黑线为 95%置信限

(据 Ozawa,1975,简化)

除了上面这些情况之外,种内个体变异还有像季节变异、世代变异、暂时环境导致的变异(寄主决定的变异、与密度有关的变异、异速生长的变异)、居所的变异、意外的或畸形的变异等(单国祯,1981)。另外还有群体变异,即种群间的变异。这往往是由地理分布或时间推移所引起的。种内个体间和种群间的变异,在达尔文之前已被许多生物学家和古生物学家所认识,但在物种描述中强调变异,并采用一组模式标本的方法是在 20 世纪初。这是物种命名描述方法上的一个重要进展,可以看作第二阶段。

四、以古种群为基础

种群(population)[①]作为物种的基础是近代生物学的重要概念,即种群是物种的存在形

① population 一词有 3 种译名,早期作者一般译成"种群",后来有人改译成"居群",近来有译成"繁群"的。我们认为在古生物学中译作"种群"较好,因为,"繁群"一般适用于生物学,且英文中一般用 local breading population 或 deme,而"居群"的概念有很多限制。

式。古生物学中的物种描述，也正经历着重要的转变，从以化石个体作为物种基础转变为以古种群为基础。这个转变的重要性已为国内外许多古生物学家所强调，这不仅是理论上发展的必然结果，而且是实践上的迫切要求。如生态学中群落的确定和生态地层学的群落对比，若无古种群的研究，很难得出古群落的正确结论。

种群和古种群的概念已有许多著作详细讨论(Raup & Stanley，1978)。这里关心的是在实际工作中如何确定化石种群。一般来说，化石种群可理解为同一层面或同一堆积层(包括生物丘、生物礁等)中特征变异连续的最近似的个体群。除了双形现象和性差异以外，同一种群的特征变异必定是连续的。同时，同一种群应该是同区的而且大体在同一时间间隔内。如图4所示，多隔壁鳞䗴的种内特征变异，就是按上述方法确定的。我们对湖南弓石燕的统计分析，也是采用古种群的这个概念。

五、如何确定物种

如何确定物种是古生物学中最基本的工作，这可以从两个方面来讨论：一是如何确定种内变异，二是如何区别种间变异。确定种内变异的主要原则是特征的连续性，生物学上表现为种内可杂交；古生物学是指表现型特征的连续性。区别种间变异的原则是特征的不连续，动物学上主要是指在自然条件下种间不能杂交(或杂交后产生不育后代)。古生物学上是指形态特征的不连续。形态特征不连续的格式有两类：一类是某特征的有或无；另一类是特征连续变异系列中的空缺或者是明显偏离的趋向。

在生物学中可通过杂交实验来确定种内或种间变异，而古生物学不能利用这种实验，主要可利用的是形态特征连续性和非连续性的各种检验方法。

对于一组个体标本，首要的前提是，看它们是否来自同区和同层位，即采自同一古群落。一般来说，来自同一古群落的化石，其围岩的性质、化石体的壳质和填充物，以及化石的保存状态等都应较为接近。如果亲自参加野外化石采集，这个问题容易解决，但若是别人提供的标本，如葛利普曾从药店买到化石标本用作研究，就不能确定是否属于同一古群落。

对来自同一古群落的近似个体作系统的测量。测量的标本要求是随机采集的，而不是经过特别选择的。若以形态来说，圆形、椭圆形、亚圆形、亚椭圆形等都应采集，不要事先把圆形、长椭圆等分成不同种。在经过全体的测量以后，也许会发现圆形和椭圆形之间有许多连续的过渡形态。

这种测量工作，要求有一定标本数量。从统计学角度来看，采集样本中的化石标本在5～30个，称为小样本，30个化石标本以上称为大样本。所以，化石标本在5个以上就可以用各种方法描述标本特征的变异。

在满足了数量要求、随机性要求和同古群落要求的条件下，可按下述方法进行检验。

1. 图表鉴别

单个或两个特征的变异范围的比较在坐标图上一目了然，如图3所示。图中亚圆三桥贝 *Sanqiothyris subcircularis* Yang et Xu 采自贵阳青岩狮子山中三叠统法朗组KC－278层，10个标本的壳长、宽、厚的坐标点分布有一定的范围，这范围内的变化属于种内变异。椭圆三桥贝 *S. elliptica* Yang et Xu 采自贵阳三桥上三叠统三桥组KK－63层，11个标本，同样有自己的分布范围。在图上可以看到两种形态特征有明显的差别，虽然 *S. elliptica* 的个别小个体接近*S. subcircularis*，但作为两个种群有明显的区别，加上壳体的其他特征的差别，可认为是不同的种。

2. 统计检验

统计检验的方法很多，最基本的方法是比较样本的均值和方差。其中 F 检验比较适用于古种群，因 F 检验对样品大小没有特殊的要求：

$$F=\frac{S_1^2}{S_2^2}$$

对于两个样品来说：S_1^2 和 S_2^2 分别为两样品的方差。若要对多个样品进行比较，则 S_1^2 为样品间的方差，S_2^2 为样品内的方差，求出 F 后，取 0.05 的置信度，查 F 表，当 $F>F_\alpha(\alpha=0.05)$时，说明样品间变异显著，再结合其他特征和因素（性别、年龄、环境影响等）考虑是否可分为不同种；若 $F<F_\alpha$，则变异不显著，如其他特征无不连续差异，应看作种内变异。以 Ozawa(1975)关于二叠纪 *Lepidolina multiseptata* 的资料（见图 4）为例。他所测定的 33 个样品的初房直径变异，其样品内方差 $S_2^2=64\ 758.9$；而样品间的方差 $S_1^2=39\ 552.1$

$$F=\frac{39\ 552.1}{64\ 758.9}=0.61$$

$F_{0.05}=1.46$，$F<F_{0.05}$，故在其他特征无不连续的情况下，这 33 个样品（种群）的初房直径的变异是种内变异。

这里必须讨论的一个问题是：这种方法在理论上有什么根据，与过去古生物学中仅根据个别模式标本确定物种相比较有什么优点？我们知道，近代生物种的概念强调种群乃是物种的存在形式，强调连续的特征变异，特别是生殖的连续性和遗传基因的可交换性。化石物种虽然无法研究生殖和遗传基因，但若注意按古种群的概念采集标本，精心测定各表型特征的变异，并用各种方法作种内变异和种间变异的检验，这样确定的种就向近代生物种的概念接近了一大步。因为现代生物学研究已表明，杂交能育的动物，在表型特征上一般是连续的，尤其是在同一种群内；反之，表型特征上连续而且生活于同一区的动物，一般是可以杂交的。另一方面，单纯根据个别化石形态特征确定的物种，有很大的人为性，而用上述方法确定的物种人为性大大减小。生物学和古生物学的许多例子已经证明，一个种群内的特征测值的变异一般呈正态分布或近正态偏倚分布，因此，在一般情况下，用方差检验来研究物种是较客观的。

概括起来说，古种群，一组模式标本和变异连续性的检验，这个方法体系是科学地确定古生物物种所需要的。为了在方法论上区别于古生物学中的一般形态种，把用这个方法确定的种称为年代种(chronospecies)。

六、几个有关的问题

方法论上的微小变化往往会产生预想不到的后果。上述古生物学中的这个方法体系，提出来的时间虽然还很短，但已有许多科学家在实践中证明它是有生命力的。古生物学家订正、修改和归并已有化石名称的工作已成为一股不小的洪流(Newell 1956；Tasch，1973)，同时已有许多论文探讨有关的理论问题和方法问题。我们感到与本文有关的有以下几个方面。

1. 关于显生宙海生生物物种数量的估计

Valentine(1970)的经验模型，Raup(1971)的偏倚模拟模型及 Raup et al. (1973)的平衡模

型，都企图用来估计在地质时期应有的物种数。这些估计虽然并没有得出一致的意见，但按照Raup和Stanley(1978)的意见，现已描述的化石种只是可能的现生生物种总数的5%。现生生物种估计为4 500 000个。而化石种为250 000个。但是现生种中3/4是昆虫，即约为3 375 000种，而化石中已描述的昆虫约8 000种。所以，除昆虫以外的现生种为1 125 000个，而已描述的非昆虫化石种约为242 000个，后者约占前者的20%。而且，在漫长的600Ma的显生宙中，物种已更替许多次，若用Simpson(1952)或Valentine(1970)关于物种平均寿命估计(Simpson估计为0.5～5Ma；Valentine估计为5～10Ma)的最大限为10Ma，那么可以说至少各类生物已经历了60次以上的成种事件。因此，现在已描述的化石种，只占估计在显生宙存在过的古生物种的0.36%。数量的悬殊，一方面是由于保存因素，另一方面由于采集不足。所以，许多古生物学家相信，化石的新种还会有很多发现。我国有许多空白的地区和研究程度还不够的门类，古生物描述工作在今后的一段时间内还是大有可为的。

这里似乎有一个很大的矛盾，一方面认为古生物学中还会有许多新类型的发现，另一方面又忧虑古生物种的泛滥。我们认为问题的症结在于物种命名方法上的混乱，描述的粗糙、重复等弊病。

2. 一个生态群落中可能有多少种

Bambach(1977)对显生宙海生底栖群落的种的丰富程度作了估计。根据大量资料，对386个化石群落作了研究(表1)，表明群落中物种的数目是有限的，在各个地质时期大体上是一致的。根据这项研究，我们可以估计，在同一古群落中，同一属内的物种数量是不会很多的。已有一些古生物学家指出，在同一层面上记载几个同属物种的古生物文献已屡见不鲜。这在理论上和实践上都会产生混乱。

表1　各地质时期3类环境中种的平均数

种的平均数	高压环境	可变的近岸环境	开放海洋环境
新生代	8.5	39.0	61.5
中生代	7.5	17.0	25.0
晚古生代	8.0	16.0	30.0
中古生代	9.5	19.5	30.5
早古生代	7.0	12.5	19.0

注：据Bambach，1977。

3. 亚种的划分

对于种之下的划分，过去古生物学都用“变种”(varicty)。他们把变种理解为与模式标本有明显差别的化石个体。这个概念已不符合近代生物学的理论。因此，许多作者把原来的“变种”改为“亚种”或提升为独立的种。亚种与种等级的确定原则是什么？澄清这一点很重要。我们知道，亚种是地理隔离的产物，它是同种的不同地理种群，由于长期隔离，在特征上互相偏离。古生物学中的时间隔离也是亚种产生的因素。因此，同种的不同亚种应出现在不同地区或不同时间；不同亚种的种群在总的形态特征上基本上是连续的，但大多数个体之间已有较明显的差别,即均值已互相偏离。Newell(1956)对珊瑚(*Zaphrentis delanouei*)亚种的讨论是阐述年代亚种的一个杰出的例子。Tasch(1973)以及其他许多作者都作过这方面的讨论。Ward和Singor(1983)指出菊石分类工作正趋于成熟,化石类别的数量已不再以指数增加,相反正在减少。近几十年来菊石古生物学家们作了许多分类的修订工作,其中包括许多属、种和亚种的再认识。

4. 地质作用及构造运动引起的化石变形

化石保存过程中经过成岩压实作用、成分的交代、岩石变质作用以及构造运动等,这些都可能使化石变形。Raup和Stanley(1978)认为,化石变形是一个普遍现象。因此,仅根据化石外部形态来鉴别物种时,尤其要谨慎,要设法恢复化石的本来形态才能正确鉴别物种。

七、结语

通常把物种看成是潜在地享有共同基因库的生物群体,基因的交换是由某种性别(sexuality)或准性别(parasexuality)所引起的(Lewin,1984)。这是生物学的物种概念,即从有机体本身来考察物种,不管我们是否能识别种的特性。但在实践中,我们是用我们有限的但在不断扩大的经验和技术(知识)来看种。从形态种到年代种就是这个过程的很好例子。这样确定的种叫分类学种。我们还知道,生物学和古生物学中还有一个物种形式:用一个不一定要和分类学种相当的种名来称呼种——命名种。动物命名法规中讨论的就是命名种。

化石描述工作是古生物学的基础工作,正确鉴定和命名化石种对科学的发展十分重要。化石也是珍品,如何充分利用化石的信息,有赖于对化石种的正确认识。随着我们知识的不断增长,可以期望我们所鉴定命名的种(分类学种)将越来越接近"生物学种"。而我们用来称呼这些种的名称(命名种)也将越来越与之相当。年代种的方法就是朝着这方面努力的一种方法。只有这样,我们才能深入研究化石的形态功能,生态的恢复,以及化石在生物演化和生物地层学中的作用。

参考文献

卢衍豪.莱得利基虫及其新属种[J].地质论评,1950,15(4—6):157-170

单国桢.动物繁群生态学[M].北京:科学出版社,1981

杨遵仪,徐桂荣.贵州中部中上三叠统腕足类[M].北京:中国工业出版社,1966

Bambach R K. Species richness in marine bethic habitats through the Phanerozoic[J]. Paleobiology,1977(3):152-169

Cooper G A and Grant R E. Permian brachiopods of West Texas[J]. Ⅰ—Ⅳ Smithsonian Contrib. Paleobiol,1972—1977. 14,231;15,233-793;19,795-1 921;21,1 925-1 607;24,2 609-3 195;32,3 163-3 370

Doescher R A. Living and fossil brachiopoda genera 1775—1979 lists and bibliography [J]. Smithsonian Contributions Paleobiology,1981

Easton W H. Invertebrate paleontology[M]. Harper,New York,1960

Kermack K A. Species and mutation[M]. In P. C. Sylvester-Bradley(ed.),The Species

Concept in Palaeontology. London,1956:101 - 103

Lu Yeu hao. On the ontogeny and phylogeny of *Redlichia intermedia* Lu[J]. Bull. Geol. Soc. China,1940(20):332 - 341

Moore R C(ed.). Treatise on Invertebrate paleontology[M]. Part H., Brachiopoda, 2 vols. Lawrence,Kansas:Geol. Soc. Amet. and Univ. Kansas Press,1965

Mayr E,Linsley G and Usinger R L. Methods and principles of systematic zoology[M]. McGraw - Hill,New York,1953

Newell N D. Fossil Population[J]. In P. C. Sylvester - Bradley(ed.),the species concept in paleontology. London,1956:63 - 82

Ozawa T. Evolution of *Lepidolina multiseptata* (Permian Foraminifer) in East Asia[J]. Mem. Faculty of Science,Kyushu Univ.,1975(23):117 - 164

Raup D M and Stanley S M. Principles of paleontology[M]. San Fracisco,Freeman and Company,1971(武汉地质学院古生物教研室译,古生物学原理. 北京:地质出版社,1978)

Raup D M and Stanley S M. Principles of Paleontology[M]. 2nd ed. San Fracisco,Freeman and Company,1978

Raup D M,Gould S J,Schopf T J M et al.,Stochastic models of phylogeny and the evolution of diversity[J]. Jour. Geology,1973(81):525 - 542

Saunders W B. Natural rates of growth and longevity of *Nautilus belauensis*[J]. Paleobiology,1983,9(3):280 - 288

Simpson G G. How many species[J]. Evolution,1952(6):342

Stafleu F A et al.(eds.). International code of botanical nomenclature[M]. Adopted by the Twelfth International Botanical Congress, Leningred, July 1975, Bohn. Scheltema & Holkema,Utrecht,1978(赵大洞译,国际植物命名法规. 北京:科学出版社,1984)

Stoll N R et al.(eds.). International code of zoological nomenclature[M]. London,Internat. Trust for Zool. Nomen,1961(朱弘复等译,国际动物命名法规. 北京:科学出版社,1978)

Tasch P. Paleobiology of the invertebrates,data retrieval from the fossil record[M]. Wiley New York,1973

Valentine J W. How many marine invertebrate fossil species[J]. A new approximation. J. Paleontology,1970(44):410 - 415

Ward P D and Singnor P W. Evolutionary tempo in Jurassic and Cretaceous ammonites [J]. Paleobiology,1983,9(2):183 - 198

Лихарев Б К. Правила Палеозоологической Номенклатуры. Москва[M],1932(张兴璟译,古动物命名法规则. 北京:地质出版社,1959)

【原载《古生物学研究的新技术新方法》(科学出版社),1987 年 12 月】

湖南晚泥盆世弓石燕(Cyrtospirifer)的统计分析

徐桂荣

用统计方法分析了湖南邵东地区晚泥盆世 *Cyrtospirifer* 属的 5 个种群。证明腹壳指数的变化是连续的;腹壳基面特征的变化也是连续的,并与壳长成相关变异。中槽内壳线的特征可分为 3 种类型,槽内壳线型式、基面和壳长等特征可作为分种的依据。5 个种群中标本的内部构造没有明显差别,许多外部特征是连续过渡的,所以 *Sinospirifer*、*Tenticospirifer* 和 *Hunanospirifer* 三亚属是 *Cyrtospirifer* 的同义名。作者还修订了该属的若干种。

弓石燕(*Cyrtospirifer*)是原苏联古生物学家纳利夫金(Наливкин)在 1918 年首次提出,在 1930 年作为亚属进行了系统描述。这个亚属以 *Spirifer verneuili* Murchison(1840)作为属型种。同时描述了归入这个亚属的 6 个种。葛利普(Grabau)在 1931 年,描述了新亚属中国石燕(*Sinospirifer*),归入这个亚属的有 20 个种。田奇瑪在 1938 年描述了湖南上泥盆统的中国石燕,并提出两个新亚属——帐幕石燕(*Tenticospirifer*)和湖南石燕(*Hunanospirifer*)。范德尔卡门(Vandercammen,1959)对比利时弗朗斯阶的弓石燕作了统计分析,他把 *Cyrtospirifer* Nalivkin,1930,*Cyrtiopsis* Grabau,1925,*Platyrachella* Fenton C L et M A Fenton,1924,*Sinospirifer* Grabau,1931,*Tenticospirifer* Tien,1938,*Hunanospirifer* Tien,1938 和 *Centrospirifer* Grabau,1931 等属作了分析,并作为同义名处理。王钰等(1964)把中国石燕视为弓石燕的同义名,但仍然保留 *Tenticospirifer* 和 *Hunanospirifer*,并一直沿用至今。

本文根据湖南邵东水东江和清水桥两个晚泥盆世剖面的系统系集,对这两个剖面中的 5 个层位(S7、S4、S2 和 W6、W2)的弓石燕作了统计分析。本文的统计分析以种群概念为出发点,把同地点同层位中形态连续的个体群,看成一个种群。

一、特征分析

湖南上述 5 个层位中的弓石燕族化石,分别称为 S7、S4、S2、W6、W2 种群。对每个种群中个体特征进行了测定,尤其是对葛利普 Grabau(1931)和田奇瑪(1938)强调作为种属划分依据的特征作了系统分析。其结果分述如下。

1. 外形变化

测量各种群中个体长、宽、厚,计算腹壳指数(铰合线长与腹瓣弯曲长度之比),宽长比,厚长比,中槽长度及其前缘宽度之比。以平均值($\overline{X}$)和方差(δ)表示变异的幅度。用平均值误差:

$$d=\frac{\overline{X}_1-\overline{X}_2}{\sqrt{\frac{\delta_1^2}{n_1}+\frac{\delta_2^2}{n_2}}}$$

检验各种群的差异显著性。计算的 d 值大于 1.96(即误差>5%)定为差异显著。

表 1 至表 7 是各种群内个体的形态变化和变异程度的比较。从壳长来看各种群的个体长度有一定的变化范围，每种群之间显示明显的差异(除 S4 和 W6 种群个体长度差别不显著外)。图 1 是各种群的个体壳长分布范围的示意图，所以壳体长度可以作为分种根据之一。

表 1　各种群的形态变化范围

种群代号	个体数 n	壳长		腹壳指数		宽长比		厚长比		中槽长宽比	
		$\overline{X}$	δ	$\overline{X}$	δ	$\overline{X}$	δ	$\overline{X}$	δ	$\overline{X}$	δ
S7	55	8.53	2.70	1.11	0.66	1.25	0.12	0.67	0.15	2.72	0.53
S4	21	21.50	6.80	1.06	0.21	1.45	0.18	0.74	0.14	2.72	0.45
S2	25	11.20	1.74	1.07	0.24	1.19	0.18	0.76	0.09	2.83	0.41
W6	17	19.43	5.61	2.25	0.22	1.47	0.21	0.75	0.14	2.36	0.59
W2	22	13.56	2.59	1.07	0.22	1.40	0.23	0.67	1.12	2.92	0.78

表 2　各种群之间的长度变异度(d)

	S7	S4	S2	W6
S4	8.5			
S2	5.3	6.8		
W6	8.1	1.0	5.7	
W2	7.6	5.0	3.6	3.4

表 3　各种群间腹壳指数的变异度(d)

	S7	S4	S2	W6
S4	0.53			
S2	0.33	0.21		
W6	10.98	16.92	16.44	
W2	0.45	0.20	0.02	16.61

表 4　各种群间长宽比的变异度(d)

	S7	S4	S2	W6
S4	4.55			
S2	1.54	4.73		
W6	4.06	0.29	4.49	
W2	2.92	0.72	3.46	0.35

表 5　各种群间厚长比的变异度(d)

	S7	S4	S2	W6
S4	0.42			
S2	0.24	0.58		
W6	0.15	0.20	0.29	
W2	0.38	0.31	0.40	0.35

表 6　各种群间中槽长宽比的变异度(d)

	S7	S4	S2	W6
S4	0.00			
S2	1.01	0.86		
W6	2.30	2.06	2.83	
W2	1.11	1.04	0.49	2.54

表 7　各种群基面形态变化的百分值

种群代号	个体数 n	下倾型	弱斜倾型	陡斜倾型	直倾型
S7	42	15　36%	21　50%	4　10%	2　4%
S4	23	7　30%	8　35%	5　22%	3　13%
S2	27	19　70%	7　26%	1　4%	0
W6	17	6　35%	3　18%	6　35%	2　12%
W2	23	2　9%	5　22%	16　70%	0

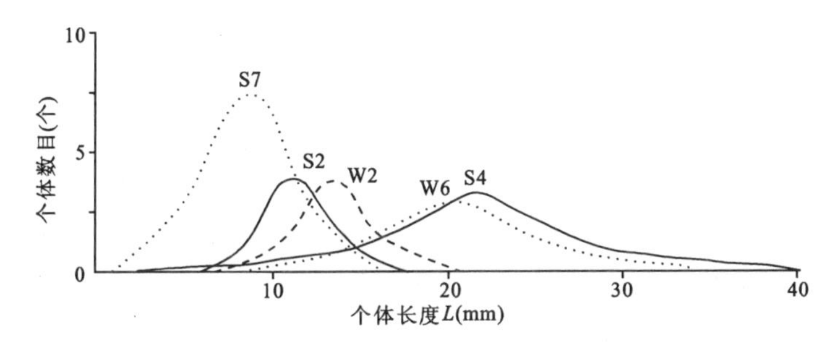

图 1　各种群个体长度分布范围示意

腹壳指数除 W6 种群与 S4、S2、W2 种群有明显差别外，其他每种群之间的差异不显著(见表 3)。葛利普 Grabau(1931)曾强调腹壳指数，如 *sinensis* 与 *subextensus* 之间的区别主要是前者的腹壳指数大于后者。在 W2 种群中，个体特征显示 *sinensis* 与 *subextensus* 的过渡系列，其腹壳指数与葛氏的 *sinensis* 和 *subextensus* 腹壳指数[见 Grabau(1931)；p. 243，Table LⅫ；p. 252，Table LⅩⅥ]比较如表 8。计算各群的 d 值，$d_{ab}=0.96$，$d_{ac}=1.32$，$d_{bc}=2.86$。这说明 W2 种群与葛氏的 *sinensis* 和 *subextensus* 的差异都不显著。葛氏 *sinensis* 和 *subextensus* 之间的差异显著，原因是葛氏的标本大都来自药店，不是自然种群，是经过人为选择的，但葛氏资料中仍显示明显的过渡(图 2)。有意思的是若把葛氏的 *sinensis* 和 *subextensus* 看成一个种，其腹壳指数的变化范围几乎与 W2 种群相等，两群平均值误差 $d=0.21$。由于腹壳指数在 W6 以外的 4 个种群中变异不显著，不能作为分种依据，而 W6 的腹壳指数比其他群高 1 倍，可以作为种的特征之一。

表 8　W2 种群与葛氏的 *sinensis* 和 *subextensus* 腹壳指数比较

类　别	N	X	δ
a—W2 种群	22	1.073	0.277
b—葛氏 *sinensis*	16	1.139	0.143
c—葛氏 *subextensus*	13	0.975	0.162

壳的长宽比(见表 4)，由于在有些种群中宽度与长度变异不一致，在这种情况下壳的长宽比可作为分种根据之一。在有些种群中宽度与长度是相关变异，那末可用宽度作为分种依据之一。

壳的厚长比在各种群间变异都不显著，它们的比例值在 0.7 左右，这说明壳厚与壳长之成相关变异(见表 5)。

中槽的长宽比在各种群变异不大，仅 W6 种群

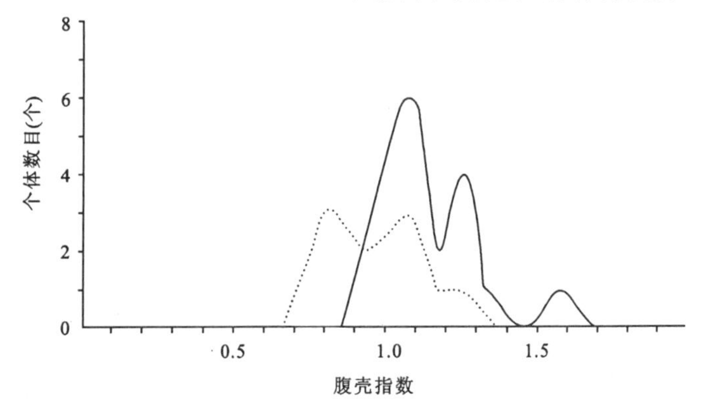

图 2　葛氏的 *sinensis*(实线)和 *subextensus*(点线)的腹壳指数分布

的中槽前缘较宽，与其他种群显著不同(见表6)。

总之，从壳的形态来说，壳长可以作为分种的依据，而其他参数要视情况作不同的处理。有时可能是种内变异，有时可能是种间变异。

2. 基面形态

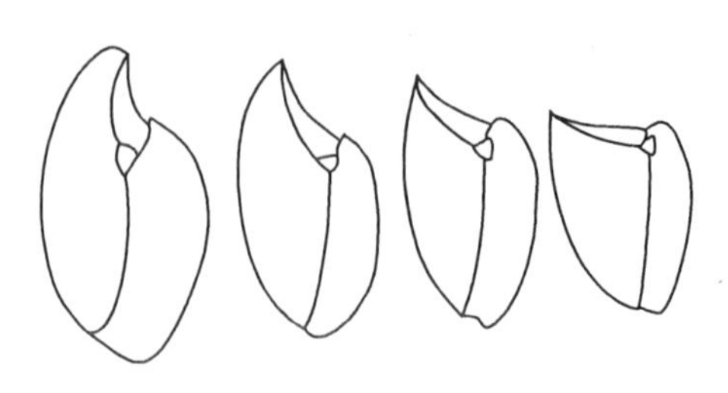

图3 基面位置的过渡系列

湖南各种群的基面形态可以排列为直倾型—斜倾型—下倾型的过渡系列(图3)。在一些种群中基面倾斜的相对位置常与个体大小相关(图4)。有的种群中无显著关系，而有优势的基面形态，如S2种群中基面是下倾型的占70%(见表7)。田奇瑰(1938)把基面形态作为区分亚属的依据。上述分析说明，基面形态并不稳定。作者认为基面形态一方面可能与个体变异有关，另一方面可能与生态条件有关。图5是S4种群中3个个体的保存状态。它们壳的接合面都与水平面保持一定的倾斜角度。这是很有利的生活状态，可以迎着水流摄取食物，也可防止泥沙的堵塞。在肉茎较退化、靠基面楔入泥沙固着的情况下，这种生活状态靠外壳生长来调整，所以基面与接合面的位置可以不同。

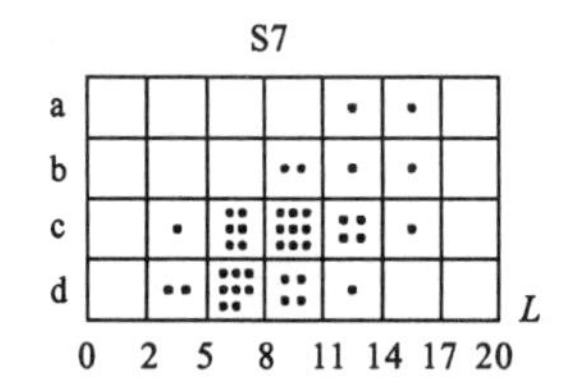

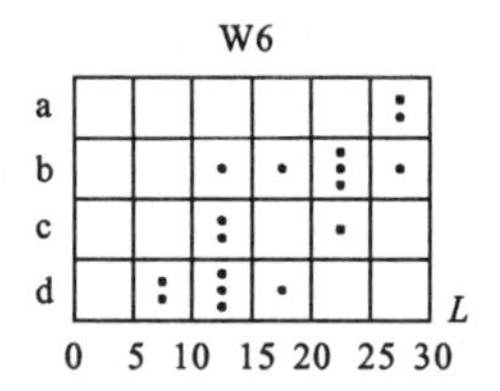

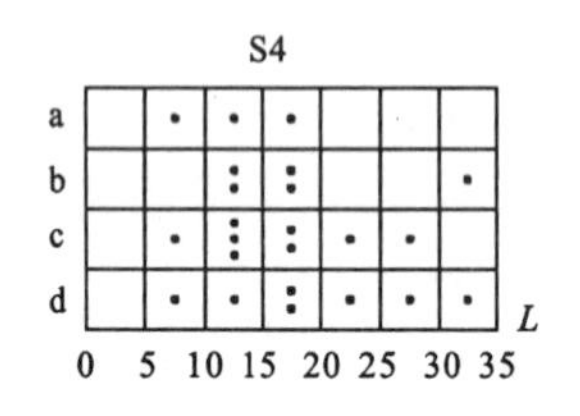

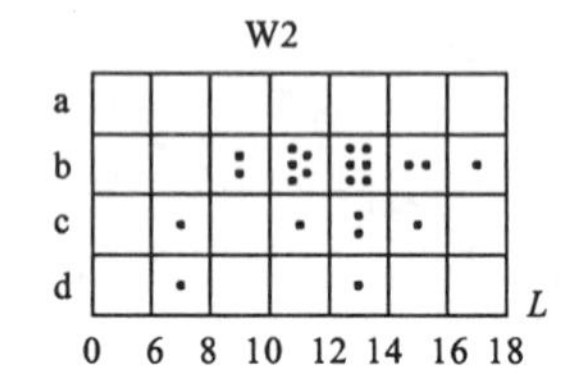

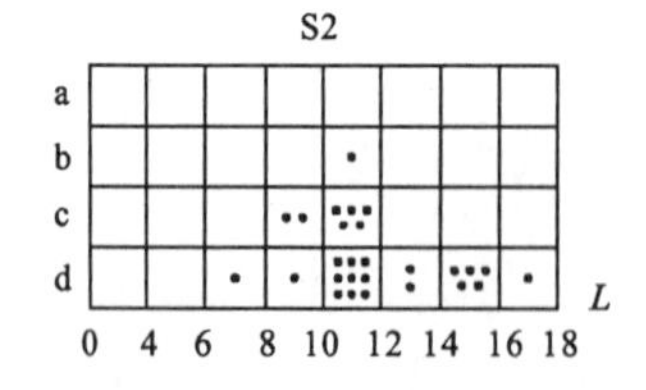

图4 基面与长度的关系

a. 直倾型；b. 陡斜倾型；c. 弱斜倾型；d. 下倾型；L=长度(mm)

图 5　S4 种群的 3 种保存状态

3. 主角的形态

主角形态在各种群中呈过渡变化，不太稳定(图 6)。但各类型的比例在各种群中不同(表 9)。

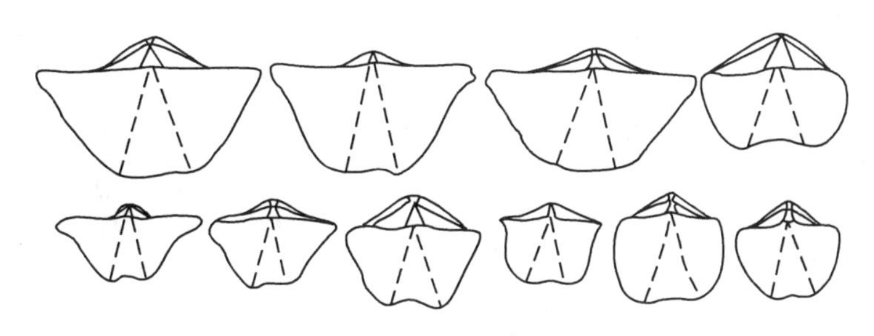

图 6　主角变化系列

表 9　各种群个体外部主要特征及种名

种群代号	壳长（mm）	壳宽（mm）	壳厚（mm）	基面形态	主角	中槽壳线	种名
S7	2～17	6～21	1.5～13	与壳长相关，86%下倾型和微倾型	60%圆形钝角	Y 型	*C. kwangsiensis* (Tien), emend Xu
S4	5～35	7～50	4～26	与壳长无关	64%圆形钝角	IX 型	*C. ninghsiangensis* (Tien), emend Xu
S2	6～18	7～23	4.5～14	70%下倾型	63%直角	Y 型	*C. vilis*(Tien) emend Xu
W6	5～30	15～40	3.7～22.5	与壳长相关	变化大	IX 型	*C. wangleighi* (Grabau), emend Xu
W2	6～25	14～30	4～20	70%直倾型	变化大	IS 型	*C. subextensus* (Grabau), emend Xu

4. 中槽内的放射线组合

葛利普(1931)对中槽内的放射线组合作了详细研究，用作分种依据。但他的划分很难应用。田奇瑪(1938)强调 *Tenticospirifer* 槽内中央区的壳线很弱，这个特征在湖南的 5 个种群的一些个体中都可以找到，并不稳定。归纳中槽放射线组合有以下 3 种类型：

A. 简单型(简称 IS 型)——主壳线不分叉，中槽壳线三分性有时不明显，其他壳线也很少分叉(见表 10、图 7A)。田奇瑪的 *sinensis* 和 *subextensus* 的槽内壳线型式属简单型[见田奇瑪(1938)，p. 114，Table XLI；p115，Fig. 29]。

B. 主壳线分叉型(简称 IX 型)——三分性明显，主壳线常有一条分叉，其他壳线也常分叉。(表 10，图 7B)葛利普的 *martellii* 和 *pekinensis*[见 Grabau(1931)，p326，Fig. 38；p. 331，Fig. 39]属于这一类型。

C. 插入型(简称 Y 型)——中央和侧方有插入增加的壳线，未见分叉或偶见分叉(表 10，图 7C)。田奇瑪的 *vilis* 和 var. *kwangsiensis*[见田奇瑪(1938)，p. 124，Fig. 32]属这个类型。

按这 3 种类型的划分来看，葛氏和田氏的某些种内常可见到两种类型或 3 种类型的混杂。如，田氏的 supervilis 同时见 IX 型和 Y 型[见田奇瑪(1938)，p. 128，Fig. 34]。但在我们的 5 个种群中，槽内壳线类型比较稳定。

表 10　槽内壳线的型式

IS 型	IX 型	Y 型
I+I*	3+IX+1X+I+3	1Y+I+1+1Y+1+I
I+1X+I	2+IX+1X+I+1X+1	1Y+I+2+1Y+2+I+1
I+3+I	1X+I+1+1X+2+IX+1X+1	
I+1+1X+1+I	1X+1+IX+2X+IX+1	
1+I+1+I+1	1+IZ+2X+I+1	
2+I+1+1X+1+I=2		

* 每个槽线组合代表一个不同的个体

X. 分叉壳线；Y. 插入壳线；Z. 微分叉；I. 主壳线

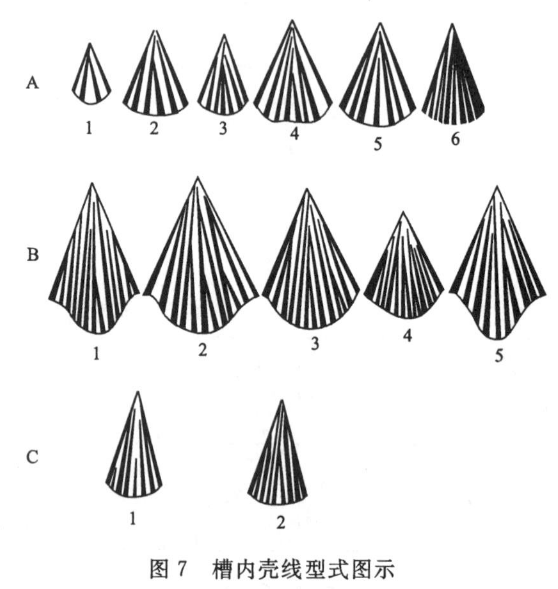

图 7　槽内壳线型式图示

A. IS 型；B. IX 型；C. Y 型

5. 内部构造

对各种群的标本大量磨制切面，无论腹瓣或背瓣都未发现明显的中脊。其中在 S4 种群的标本切面上，在背瓣的喙部略显中脊的痕迹(图 8e)，S4 种群的标本的铰板与田奇瑪的 *ninghsiangensis* 接近(图 8d)。W2 种群个体的铰板较薄，但其性质仍与 S4 种群个体的铰板接近。

范德尔卡门(Vandercammen，1959)对 *Cyrtospirifer* 的内部构造作了细致揭露。腹瓣内的中脊仅在个别种内显现，如在 *C. orbelianus*(Abich)[见 Vandercammen(1959)，p. 54]中大都只存在肌膈脊或窄的中央胝胼，*C. verneuiti*(Murchison)似乎存在中脊[见 Vandercammen

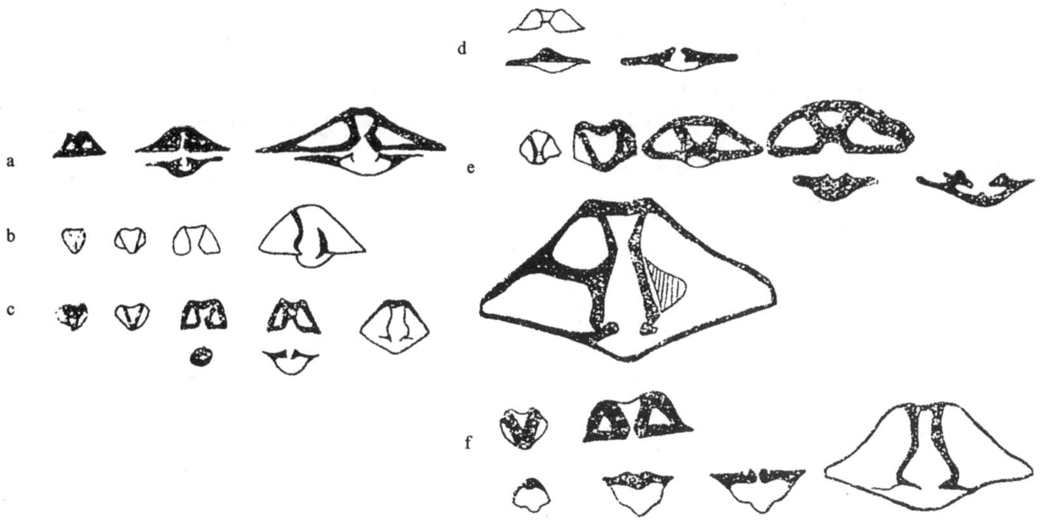

图 8　系列切面图

示内部构造：a. W2 种群；b. S2 种群；c. S7 种群；d、e. S4 种群；f. W6 种群

(1959)，p. 123]。背瓣内在喙区有中空突起物，可能是铰板，背瓣除肌膈脊外未描述中脊。他把腹中脊的明显程度与腹内和背内的肌痕特点作为种间区别的重要依据。青海哈尔扎地区发现的晚泥盆世 *C. pellizzarii*(Grabau)的腹内肌痕，与范德尔卡门(Vandercammen，1959)揭示的十分近似，略可见腹中脊痕迹。作者对田奇瑀所说的中隔板[见田奇瑀(1938)，Plate XVI，Fig. 2，Fig. 3，Fig. 7]尚存疑问。

二、讨论

Cyrtospirifer Nalivkin，1918 的属型是 *Spirifer verneuili* Murchison，1840，莫企逊原来的描述十分简短，种型标本见于葛利普[Grabau(1931)，p. 214，Text - Fig. 16]的转述。纳利夫金[Наливкин(1930)，CTP. 123]对亚属 *Cyrtospirifer* 的描述和确定为 *C. verneuili* Murchison 的标本，与莫企逊的原型有所不同。其描述和图版更接近于田奇瑀[田奇瑀(1938)，p. 113]对亚属 *Tenticospirifer* 的描述及 *T. tenticulum*[田奇瑀(1938)，Plate XVIII，Fig. 1]。田奇瑀划分 *Sinospirifer*，*Tenticospirifer* 和 *Hunanospirifer* 三亚属的主要根据是：①基面形态，*Tenticospirifer* 腹基面高而平(下倾型)；*Sinospirifer* 腹基面低而倾斜(斜倾型)；*Hunanospirifer* 较高较平，但常有倾斜的甚至直立的基面(直倾型)。②背瓣内铰板的性质，*Hunanospirifer* 的铰板"最初是实心的，上面呈显著的弓形，下面是完全平的，向前铰板下部分离成半圆形"[田奇瑀(1938)，p. 113、138，Fig. 39]。但其他两亚属的铰板未详细描述，只指出 *Sinospirifer* 的铰板强大，*Tenticospirifer* 的铰板薄。③中隔脊或中隔板，*Sinospirifer* 的腹瓣喙腔区有中隔脊或中隔板[田奇瑀(1938)，Plate XVI，Fig. 2，Fig. 3，Fig. 7]；*Tenticospirifer* 则在背瓣内有中隔脊[田奇瑀(1938)，p. 119，Fig. 31；p. 129，Fig. 35]；*Hunanospirifer* 在背瓣内有低弱的中隔脊[田奇瑀(1938)，p. 113]。

正如上文已说明的，基面形态常呈连续过渡系列，不能作为分属依据。范德尔卡门(Vandercammen,1959)把基面的形态变化，作为种内变异来处理。铰板的性质，如图8(d、f)表明的，在各种切面中都很近似，只有壳壁厚薄的区分。最多只能作为种间的区别。别兹诺索娃(Безносова F A)的研究指出，*Spirifer tenticuspirifer* Verneuil 的背瓣内无中隔板[见王钰等(1964),461]。湖南的标本中，腹瓣内未见显著的中隔脊。根据上述论点，作者认为 *Sinospirifer*, *Tenticospirifer* 和 *Hunanospirifer* 三亚属应视为 *Cyrtospirifer* 的同义名。

根据前节特征分析和上述讨论。作者鉴定湖南5个种群见表9。

次阔弓石燕 *Cyrtospirifer subextensus*(Martelli),1902,emend Xu

(图版8,图版10)

包括 *C. sinensis*(Grabau),1931. 特征见表9，以湖南W2种群为代表；腹瓣三角孔具内三角板，铰板弓形(图8a)。

产地和层位：湖南邵东县佘田桥组。

王烈弓石燕 *C. wangleighi*(Grabau),1931,emend Xu

(图版9,图版11)

包括 *C. archiaciformis*(Grabau)和 *C. martellii*(Grabau),1931。特征见表9，以湖南W6种群为代表；背瓣内铰板厚(图8f)；背瓣中隆具中凹痕或较平，少数标本无此特征。

产地和层位：湖南邵东县锡矿山组。

中庸弓石燕 *C. vilis*(Grabau),1931,emend Xu

(图版3,图版4)

特征见表9，以湖南S2种群为代表；牙板薄，铰板薄(图8b)。

产地和层位：湖南邵东县佘田桥组。

宁乡弓石燕 *C. ninghsiensis*(Tien),1938,emend Xu

(图版5至图版7)

特征见表9，以湖南S4种群为代表；腹三角孔具内三角板，牙板厚；背瓣内铰板厚，弓形，在喙区有中脊[图8(d～e)]。

产地和层位：湖南邵东县锡矿山组。

广西弓石燕 *C. kwangsiensis*(Tien),1938,emend Xu

(图版1,图版2)

特征见表9，以湖南S7种群为代表；腹三角孔具内三角板，牙板薄；背内铰板薄(图8c)。

产地和层位：湖南邵东县锡矿山组。

参考文献

刘广才，徐桂荣. 青海西部哈尔扎地区晚泥盆世腕足动物群[J]. 地球科学，1984(26):25-32

田奇瑰. 湖南泥盆纪腕足[C]. 中国古生物志新乙种第四号，1938:112-130

王钰，金玉玕，方大卫. 中国的腕足动物化石[M]. 北京：科学出版社，1964

Grabau A W. 中国泥盆纪腕足类化石[C]. 中国古生物志乙种第三号，1931:212-326

Vandercammen A. D'Etude Statistique Des Cyrtospirifer Du Frasnian De La Belgique [J]. Institut Royal Des Sciences Naturelles De Belgique, Memoires N°145, 1959:54-123

Наливкин Д В. Брахиоподы Верхнего и Среднего Девона Туркестана [J]. Comité

Géologique,Mémoires,new series,1930,180:1－221,123

图版说明

1、2. 广西弓石燕 *Cyrtospirifer kwangsiensis*(Tien),1938,emend Xu. 1a,2a,背视;lb,2b,后视;lc,2c,前视。X1.

产地和层位:湖南邵东县锡矿山组。

3、4. 中庸弓石燕 *C. vilis*(Grabau),1931,emend Xu. 3a,4a,背视;3b,后视;4b,腹视;3c,4c,前视。X1.

产地和层位:湖南邵东县佘田桥组。

5～7. 宁乡弓石燕 *C. ninghsiensis*(Tien),1938,emend Xu. 5a,6a,7a,背视,5b,6b,7b,腹视;5c,侧视;5d,后视;5e,前视. X1.

产地和层位:湖南邵东县锡矿山组。

8、10. 次阔弓石燕 *C. subextensus*(Mar、elli),1902,emend Xu. 8a,10a,背视;8b,腹视;8c,侧视;8d,10b,前视。X1.

产地和层位:湖南邵东县佘田桥组。

9、11. 王烈弓石燕 *C. wangleighi*(Grabau),1931,emend Xu. 9a,lla,背视;9b,11b,腹视;11c,前视。X1.

【原载《地质论评》,1988 年 7 月,第 34 卷,第 4 期】

图 版

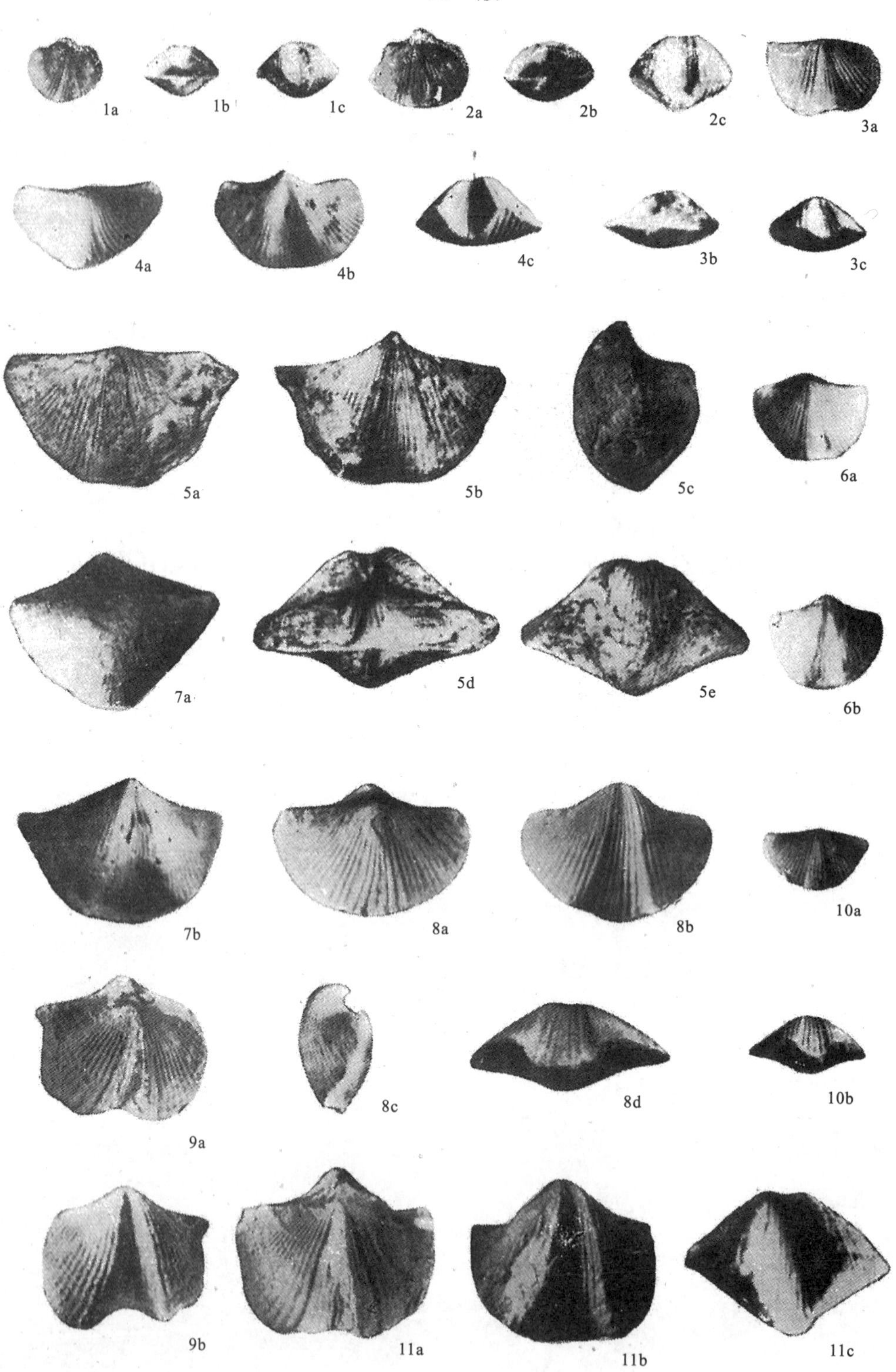
1a
1b
1c
2a
2b
2c
3a
4a
4b
4c
3b
3c
5a
5b
5c
6a
7a
5d
5e
6b
7b
8a
8b
10a
9a
8c
8d
10b
9b
11a
11b
11c

无铰纲腕足动物一新属

徐桂荣　谢建华[①]

本文所述的标本是1982年7月，由武汉地质学院地层古生物专业鄂东南实习队，谢建华等同学在古荣高老师的带领下采集的。标本发现于蒲圻车站附近的剖面大隆组下部，所在地层岩性为硅质岩夹泥岩及含粉砂质泥岩，标本主要保存于含粉砂质泥岩中。共生的腕足类化石有：*Asioproductus bellus* Chan，*Cathaysia chonetoides*（Chao），*Gubleria* sp.，*Derbyia* sp.，*Hustedia grandiscosta*（Davidson），*Perigeyerella costellata* Wang，*Pugnax* sp.，*Spinomarginifera lopingensis*（Kayser），*Squamularia grandis* Chao，*Uncinunellina theobaldi*（Waagen），*Waagenites barusiensis*（Davidson），*W. soochowensis* Chao 等。上述腕足动物面貌属于晚二叠世长兴期早期。

无铰纲 Inarticulata Huxley，1869

舌形贝目 Lingulida Waagen，1885

舌形贝科 Lingulidae Menke，1828

新月舌贝属（新属） *Lunoglossa* gen. nov.

属型　*Lunoglossa puqiensis* gen. et sp. nov.

特征　贝体小，轮廓长卵形。壳双凸，两瓣近等凸，凸度不大，侧貌呈薄透镜形。几丁钙质壳。壳面具细的同心纹，有时呈波状弯曲。腹瓣后缘具假基面，有深凹的茎沟；假基面上有平行于后缘的沟纹；背瓣无假基面。

腹瓣和背瓣内部壳缘四周有平坦的接合边[②]。腹瓣内部有宽低的中脊，脊顶平，中脊自茎沟前端向前延伸达壳的1/2以上。在中脊后半部分连接3对新月形的脊状突起（本属名称由此而来），分隔两对可能是肌痕的新月形凹槽；新月形脊之前有3对微凸的圆三角形的浅坑，也可能是肌痕[图1(a)]。背瓣内部有一中背，位于壳的中部，其长约为壳长的1/3以上，较薄且较高[图1(b)]。

讨论　本属在外部形态上，在假基面和茎沟等特征上接近舌形贝科（Lingulidae Gray，1840）的代表，如 *Lingula*，*Langella* 等。但本属假基面上有沟纹，该特征被视为圆货贝科（Obolidae King，1814）的重要特征。并且本属壳表的细同心纹有时呈波状弯曲，该特征接近魏斯顿贝（*Westonia*）。另外本属具明显的接合边，这特征是巴特贝科（Paterulidae Cooper，1958）的主要特征之一，但是巴特贝科一般都是微小的贝体。可见本属兼有上述3科的某些重要特征。由于体形、茎沟和假基面的特征更为重要且易鉴别，所以把本属作为舌形贝科的新成

---

① 谢建华：原武汉地质学院。

② 接合边（commissural side）指两瓣闭合时贴紧的边缘。该术语从接合面（commissural plane）引申而来，接合面是假想的面；接合边则是两瓣实际接触部分，正处于接合面上。

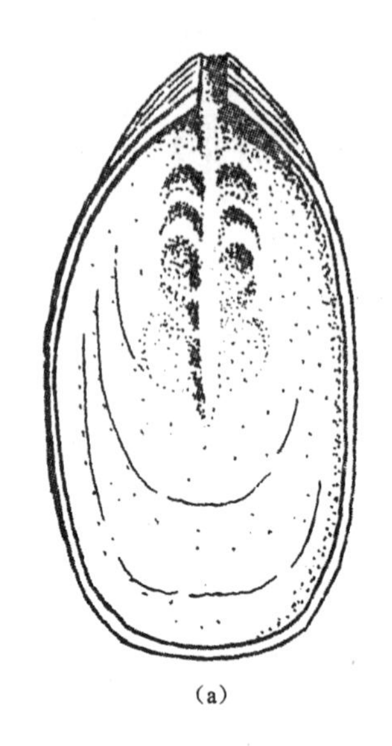

(a)

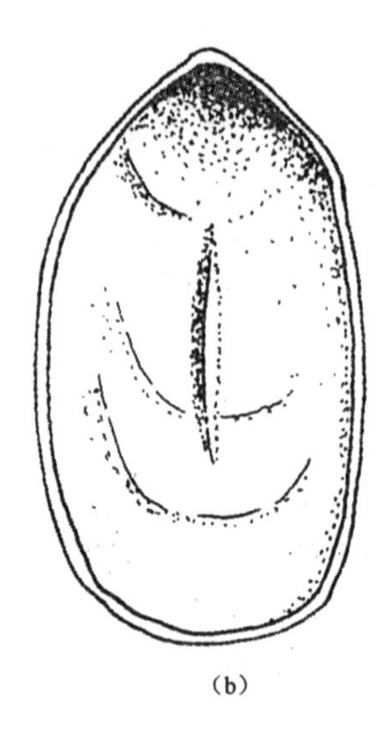

(b)

图 1　*Lunoglossa puqiensis* 的内部构造

(a)腹瓣内部；(b)背瓣内部

员较为恰当。本属腹瓣内部的 3 对新月脊及多对肌痕是十分独特的，难于和其他属对比。二叠纪腕足类化石记录中，无铰纲化石的描述极为贫乏，所以本属的描述有实际意义。

时代及分布　晚二叠世，湖北蒲圻。

蒲圻新月舌贝　*Lunoglossa puqiensis* gen. et sp. nov.

(图版 1～3,5,6,8,9,11)

材料　腹瓣内模 7 块，背瓣内模 6 块，背瓣外模 1 块，两瓣同时保存的 2 块。

描述　贝体小，一般长 7.5～9.0mm，宽 4.0～5.5mm(表 1)；轮廓长卵形，最大宽度近壳中部；前缘舌形，有时近平直；侧缘中部近于平行。壳双凸，两瓣近等凸但背瓣凸度略大，侧貌薄透镜形，最大凸隆位于贝体后部。壳表具细密同心纹，每毫米中有 34～48 条同心纹，侧缘较密，前缘较疏，同心纹规则或微弯曲。

腹瓣后部假基面很发育，中间为深凹的茎沟分隔；假基面上有 4～5 条沟纹，沟纹的前方为微凹的接合边[图 1(a)]。腹瓣和背瓣内部都有接合边，较平坦，宽度为 0.1～0.2mm。

腹瓣内具低宽的中脊，从壳后端向前延伸达壳长的 2/3，后部有 3 对新月脊与中脊相连。肌痕可能有 5 对，在中脊两侧对称排列。背瓣内具短而薄的中脊，位于壳中部，长度为壳长的 1/3～1/2；背中脊在中前部较高。相当于背瓣最大凸隆处，背瓣内部有一凹陷区。

产地及层位　湖北蒲圻火车站，上二叠统大隆组下部。

波纹新月舌贝　*Lunoglossa cymostriata* gen. et sp. nov.

(图版 4,7,10,12)

材料　腹外模 2 块，腹内模 1 块，背内模 2 块。

比较　本种十分接近 *Lunoglossa puqiensis*，但壳的同心细纹有美丽的波纹(本种名称由此而来)；一般成年个体较大，最大个体长度可达 13mm，宽度达 7.5mm(表 2)。本种腹瓣内中脊较窄，中脊两侧除新月脊外，在中部有两细脊作“人”字形向前侧方伸展，有时在腹外模上可见到“人”字形痕迹，但是否由于压裂形成，还须进一步查证。背瓣中脊较长，几乎接近前缘。

产地和层位 湖北蒲圻火车站，上二叠统大隆组下部。

表1 蒲圻新月舌贝标本测量 (mm)

标本编号	长 度	宽 度	保 存 状 况	备 注
WPPB 010	9.35	5.60	腹内模，新月脊清楚	正型
WPPB 008	9.70	6.30	背外模，同心纹清楚	共型
WPPB 028	8.75	5.50	背内模	共型
WPPB 033	8.25	5.05	腹内模	
WPPB 005	6.10	4.05	背内模，接合边清楚	共型
WPPB 004	8.90	4.85	腹内模，见新月脊，茎沟	
WPPB 012	8.15	4.90	腹内模，茎沟及假茎面沟纹	共型
WPPB 009	8.00	5.00	背内模	
WPPB 007	7.45	4.60	背内模	
WPPB 047	4.80	2.75	背内模	
WPPB 047－1	3.15	2.00	背内模	
WPPB 002	7.90	4.40	两瓣同时保存 腹	
WPPB 002	7.70	4.40	背	

表2 波纹新月舌贝测量 (mm)

标本编号	长 度	宽 度	保 存 状 况	备 注
WPPB 001	8.50	4.60	背内模	正型
WPPB 001－1	9.40	5.20	腹外模，同心细纹，波状	正型
WPPB 011	5.40	3.20	腹内模，见新月脊	共型
WPPB 006	10.01	6.85	背内模	
WPPB 006－1	12.75	7.50	背外模，美丽的波状同心细纹	共型

参 考 文 献

湖北省地质科学研究所等. 中南地区古生物图册(一)[M]. 北京：地质出版社，1997

廖卓庭. 贵州西部上二叠统腕足化石[C]. 中国科学院南京地质古生物研究所：黔西滇东晚二叠世含煤地层和古生物群. 北京：科学出版社，1980：241－277

王钰，金玉玕，方大卫. 腕足动物化石[M]. 北京：科学出版社，1966

王钰，金玉玕，方大卫. 中国的腕足动物化石[M]. 北京：科学出版社，1980

武汉地质学院古生物教研室. 古生物学教程[M]. 北京：地质出版社，1980

Doescher R A. Living and fossil Brachiopoda genera 1775—1979 Lists and bibliography [J]. Smithsonian Contributions to Palaeobiology，1981(42)：187－238

Moore R C et al.. Treatise on invertebrate palaeontology[M]. Part H，Brachiopoda. The Geological Society of America，Inc. and The University of Kansas Press. 1965

Горянский В Ю. Класс Inarticulata. Основы палеонтологии, 1960:172 - 182. Госгеолтехиздат

图 版 说 明

标本保存在武汉地质学院古生物教研室。

1～3、5、6、8、9、11. *Lunoglossa puqiensis* gen. et sp. nov.

1. 腹内模，×4；标本号：WPPB 010.
2. 腹内模，×4；标本号：WPPB 004.
3. 腹内模，×4；标本号：WPPB 012.
5. 背内模，×4；标本号：WPPB 009.
6. 背外模，×4；标本号：WPPB 008.
8. 背内及腹内模，×2；标本号：WPPB 005.
9. 背内模，×4；标本号：WPPB 047.
11. 腹内模及背内模，×2；标本号：WPPB 002.

4、7、10、12. *Lunoglossa wavostrata* gen. et sp. nov.

4. 腹内模，×4；标本号：WPPB 011.
7. 背外模，×4；标本号：WPPB 006－1.
10. 背内模，×4；标本号：WPPB 006－2.
12. 腹内模及背内模，×4；标本号：WPPB 001.

【原载《地质论评》，1985 年 9 月，第 31 卷，第 5 期】

图　版

江西玉山晚奥陶世三分贝类一新属

——*Zhuzhaiia*

徐桂荣　李罗照[①]

三分贝类化石在国内已有不少报道(李罗照等,1980;李罗照,1984;曾庆銮,1987;戎嘉余等,1993),化石大多采自浙江省江山地区的黄泥岗组,时代为 Ashgillian 早期(戎嘉余,1984;Cocks & Rong,1988),另外在鄂西宜都的纱帽组(晚 Llandovery)(曾庆銮,1987)、黔东北石阡地区香树园组(早志留世)的中部和上部也有含三分贝类的层位(戎嘉余等,1993)。本文描述的标本发现于江西省玉山县祝宅和马鞍山地区的三衢山(Sanqushan)组中(图 1)。因浙赣交界地区三衢山组覆于黄泥岗组(Ashigillian 早期)之上,该组时代经詹仁斌、傅力浦(1994)详细研究证实,与下镇组和长坞组为同时异相地层,从动物群的性质看应为 Ashigillian 中期(詹仁斌等,1994;詹仁斌等,1994)。关于国内三分贝类研究的状况,戎嘉余和李罗照(1993)已有总结性的论述。本文讨论的标本是较特殊的三分贝类,为三分贝类增加一新成员。

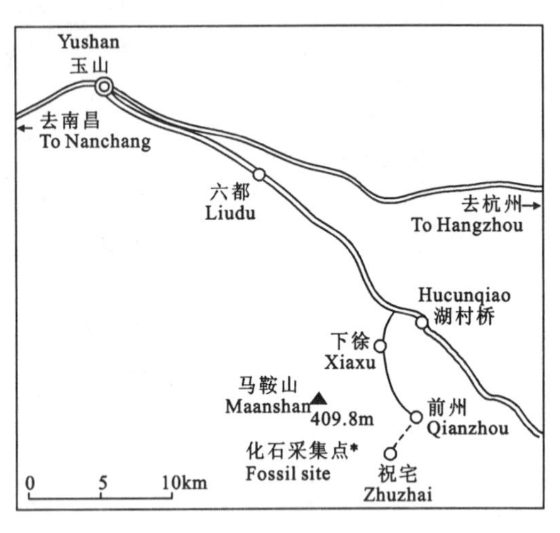

图 1　*Zhuzhaiia transitense* gen. et sp. nov. 标本在江西玉山地区的产出地点
(图件由华东地质学院金玉书教授提供)

一、新属种描述

三分贝超科　Superfamily Trimerelloidea Davidson et King,1872

祝宅贝科(新科)　Zhuzhaiidae fam. nov.

祝宅贝(新属)　*Zhuzhaiia* gen. nov.

特征　贝体大,两壳近等大和近等双凸;光滑,仅少数同心纹。假铰合面大,铰合线长。腹内肌痕台悬空,无中板;背内假铰板联合为肌痕台且悬空,腕腔中部有内向隆起。

描述　贝体大,两壳近等大,背壳略小于腹壳,轮廓亚圆形或长卵形,近等双凸。壳面光

① 李罗照:江汉石油学院地质系。

滑。只有同心纹。壳喙略弯，假铰合面大，两壳都有，三角形，具假三角板，较宽，两侧具窄的三角侧板，三角脊极窄。铰合线长。无中槽和中隆。腹内肌痕台悬空，宽达整个壳宽，向前肌痕台下凹，其中部微隆起分开肌痕；无中板支持。背内假铰板联合为肌痕台且悬空，腕腔中部有内向隆起，把腕腔分为两部分；无支撑构造。铰齿和铰窝简单。

模式种 过渡祝宅贝(新属、新种)*Zhuzhaiia transitense* gen. et sp. nov.

讨论 新属假铰合面的结构类似三分贝类中的大多数属；但假铰合面已相当平坦，壳层不厚，无主琢面等加厚结构。并且内部无中板，肌痕台凹槽明显；有发育较差的铰齿和铰窝，以及悬空的肌痕台等特征与三分贝类其他各属明显区分。如古三分贝(*Palaeotrimerella*, Li et Han, 1980)无明显的中板，但有中隔脊，肌痕台不悬空。又如线三分贝属(*Costitrimerella*, Rong & Li, 1993)缺失台穹构造，壳表有显著的壳纹；它的肌痕台后部附着壳底，与新属明显区别。详见下面关于新科的讨论。

地质时代和地理分布 晚奥陶世(Ashigillian)，中国东南。

过渡祝宅贝(新属、新种) *Zhuzhaiia transitense* gen. et sp. nov.

(图版Ⅰ-1至图Ⅰ-4；图版Ⅱ-1至图版Ⅱ-3；图2，图3)

材料 7个较完整的标本，由李罗照采自江西省玉山县祝宅附近三衢山组(见图1)，壳体部分硅化，保存完好。正模(CUG Zzh L75005)为一较完整的大个体(前部缺失)，腹与背两壳未分离(图版Ⅰ-2)，副模(CUG Zzh L75008)为中等大小，作成切面研究内部构造(图2；图版Ⅱ-2)。副模(CUG Zzh L75004)是腹壳，内部见肌痕台和肌痕(图版Ⅰ-4)。副模(CUG Zzh L75003)为中等大小，腹背两壳同时保存，但前部部分破损(图版Ⅰ-1)。其他标本见表1。标本现存放中国地质大学(武汉)博物馆。

描述 贝体大，两壳近等大，背壳略小于腹壳，轮廓亚圆形或长卵形，长和宽几近相等，最大宽度位于贝体中部；凸度很大，近等双凸，腹壳凸度略大于背壳，最大凸度位于中部偏后；典型个体的长、宽和厚分别为60mm(？—长度不完整)、60mm和70mm。壳面光滑。同心纹发育。壳层较厚，较为均匀，但以喙区和中部稍厚。两壳壳喙都略弯，假铰合面明显，较大，三角形，两壳都有，但背壳的假铰合面略小，铰合线长，为壳宽的2/3以上，具宽的假三角板，三角侧板窄，三角脊微显。无中槽和中隆。腹内肌痕台悬空，宽达整个壳宽，向前肌痕台下凹成凹槽，肌痕台内有7个肌痕，中部微隆起分开肌痕，肌痕台凹槽开始于壳体中部偏后前伸至少达壳长的2/3以上(见图2和图3)；无中板支持。背内假铰板联合为肌痕台且悬空，其宽达壳侧缘，无支撑构造；向前肌痕台逐渐下凹，腕腔中部有内向隆起，把腕腔分为两部分(图2；图版Ⅱ-2)，肌痕不明。背肌痕台下有两个圆形小管伸向后方。铰齿和铰窝简单，铰齿为半圆形突起，铰窝浅(图2；图版Ⅱ-2c、2d)。

测量 表1为新种标本的实测度量，单位为mm。

讨论 新种假铰合面很平坦，壳层不厚，内部无中板和侧板，肌痕台凹槽明显；有发育较差的铰齿和铰窝，以及悬空的肌痕台等特征与三分贝类中各属种明显区分。

产地层位 江西省玉山县祝宅和马鞍山地区，晚奥陶世Ashigillian中期三衢山(Sanqushan)组。

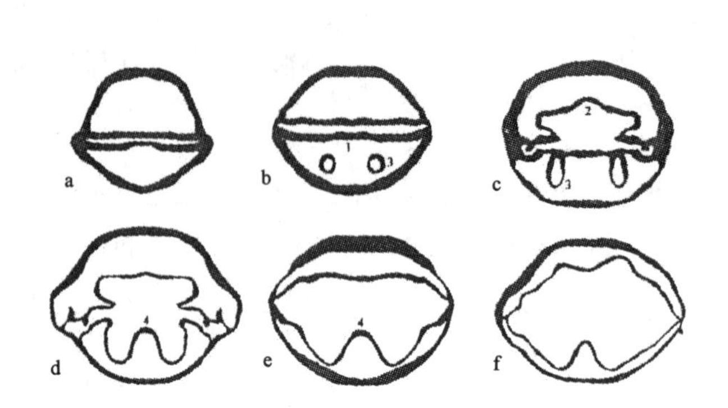

图 2 过渡祝宅贝(新属、新种) *Zhuzhaiia transitense* gen. et sp. nov. 副模(CUG Zzh L75008)标本的系列切片图,根据图版Ⅱ-2恢复,示内部构造

1. 背内假铰板;2. 腹内悬空肌痕台;3. 后伸的圆形小管;4. 腕腔中的内向隆起

说明:图版Ⅱ-2的切面有些切斜,如图版Ⅱ-2a和图版Ⅱ-2b切过假铰合面。根据对称原则对切面作复原处理后得此系列图

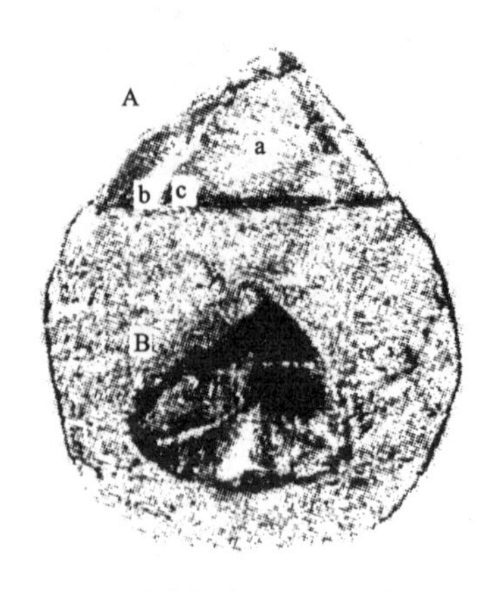

图 3 过渡祝宅贝(新属、新种) *Zhuzhaiia transitense* gen. et sp. nov. 腹壳内部构造的复原示意图

A. 假铰合面(pseudointerarea);a. 假三角板(pseudodeltidium);b. 三角脊(deltidial ridges);c. 三角侧板(deltidial lateral plates);B. 肌痕台,凹槽内可以分辨7个肌痕(muscle platform, with muscle scars in the sub-triangular trough)

表 1 新种化石测量 (mm)

登记号码	壳长	壳弯长		壳宽	壳厚	假铰合面		
		腹	背			腹高	背高	底宽
CUG Zzh L75003	51? *	69?	?	57	72.5	26.5	26.5	48
CUG Zzh L75004	58	/	/	54.8	/	/	/	/
CUG Zzh L75005	53?	73?	71	59.5	75	27	26	47
CUG Zzh L75006	59	68?	/	/	62?	/	/	/
CUG Zzh L75001	53? *	67?	/	60?	/	/	/	/
CUG Zzh L75002	50?	58?	/	58?	/	/	/	/

注:*号表示标本部分被损;?表示测量有较大误差;/号表示无法测量。

二、分类位置讨论

祝宅贝科(新科) Zhuzhaiidae fam. nov.

特征 两壳近等大,假铰合面(或称假基面,又称间面)发育,三角形,假三角板宽,三角侧板窄;腹壳内形成无支持的肌痕台(很像无支持的似匙形台);背壳内假铰板联合也形成无支持的肌痕台(很像无支持的隔板槽);具不发育的铰齿和铰窝;腕腔窄,腕腔内具向内的中央隆起。

模式属 祝宅贝属(新属) *Zhuzhaiia* gen. nov.

讨论 化石特征是形体大,假铰合面具假三角板、三角脊和三角侧板,肌痕台发育等方面可以归入三分贝超科,但与三分贝科中的各属有明显的区别。Schuchert 和 LeVene(1929)最初描述三分贝超科时记述三分贝科(Trimerellidae Davidson et King,1874)包括 4 属:*Dinobolus* Hall,1871;*Trimerella* Billings,1862;*Monomerella* Billings,1871;*Rhynobolus* Hall,1871。除三分贝属以外,个体都比较小,假铰合面很小或者不显著。典型的三分贝属(*Trimerella* Billings,1862),个体大,假铰合面小,壳内有一中板和两侧板。如美国 Smithsonian 自然博物馆馆藏标本(NMNH Acc269337)*Trimerella ohioensis* Meek(产于 Woodville,Ohio 的志留系),个体长达 60mm,中板和侧板明显,但假铰合面小。Billings(1865)最早描述三分贝属(*Trimerella* Billings,1865)时记述了两种:*T. acuminata*,*T. grandis*。它们都具有 3 个纵向隔板,其中中板长;壳体一般为长卵形,最大者长达 3 英寸,宽 2.5 英寸(1 英寸=25.399 5mm),当时认为类似于 *Obolus*。新科没有隔板,并且肌痕台悬空,这是与三分贝科的主要区别。

比较新属与三分贝科其他有关属的特征,假铰合面的结构类似三分贝类中的大多数属;但假铰合面已相当平坦,壳层不厚,无主琢面等加厚结构。并且内部无中板,肌痕台凹槽明显;有发育较差的铰齿和铰窝,以及悬空的肌痕台等特征与三分贝类各属明显区分。李罗照、韩乃仁(1980)和李罗照(1984)描述的三分贝属中,古三分贝(*Palaeotrimerella* Li et Han,1980)无明显的中板,但有中隔脊,肌痕台不悬空。此外,中华三分贝属(*Sinotrimerella*,Li & Han,1980)、剑鞘贝属(*Machaerocolella*,Li & Han,1980)、丰足贝属(*Fengzuella*,Li & Han,1980)、拟恐圆货贝属(*Paradinobolus*,Li and Han,1980)、面具贝属(*Prosoponella*,Li,1984)、圆月贝属(*Selenella*,Li,1984)等属一般肌痕复杂,有或长或短的中板。肌痕台都不悬空,一般具台穹。其他如 *Eodinobolus* Rowell,1963,中板不显著或缺失,有些类似于新属,但它们的肌痕台不发育,更无悬空肌痕台。

戎嘉余、李罗照(1993)建立的线三分贝属(*Costitrimerella*,Rong & Li,1993)缺失台穹构造,壳表有显著的壳纹;它的肌痕台后部附着壳底,与新属明显区别。该属无中隔脊或中板,而且肌痕台前部抬起,脱离壳底,这是有意义的特征,可能代表三分贝科到本新科的过渡性质。

本科在某些方面与五房贝类的一些属可比较。五房贝亚目中弗吉阿尼科(Virgianidae Boucot et Amsden,1963)和五房贝科(Pentameridae M'Coy,1844)中的个别属中具有腹壳匙形台(相当于三分贝类的肌痕台),无支持。但这两科的大部分属的匙形台有支板,背壳内铰板不联合成隔板槽(相当于三分贝类中的背肌痕台)。因为背内腕支持构造和腹匙形台变化被视为分科的主要特征(Amsden & Biermat,1965,1980),所以本科与弗吉阿尼科和五房贝科的大部分属可明确区分。

新属与弗吉阿尼科(Virgianidae Boucot et Amsden,1963)的属 *Holorhynchus* Kiaer,1902,有类似之处,如贝体大,光滑,腹内肌痕台(或匙形台)悬空,无支持。但后者无假铰合面,背内也无悬空肌痕台(或隔板槽)。新属与五房贝科(Pentameridae M'Coy,1844)中的属 *Cymbidium* Kirk,1926 类似,都有悬空肌痕台(或匙形台),并且有明显的假铰合面。区别是后者背内无悬空肌痕台(或隔板槽)。

根据上述讨论可见,新属种部分特征可与三分贝科各属比较,总体上可归入三分贝超科,但与三分贝科有明显区分,建立新科祝宅贝科 Zhuzhaiidae fam. nov. 是合理的。新属与五房贝中的少数属也有一些类似特征,似乎显示三分贝目和五房贝目的过渡特征。为这两类的演化关系研究提供了一定的基础。

地理分布和地质时代 中国东南部,晚奥陶世。

感谢 在化石研究中曾求教于戎嘉余院士,他指出标本是三分贝类化石;我们按这个思路作了进一步研究，确认总体上应是三分贝类。在 Cooper 教授身体还健康时，我们请教他上述化石标本是否可归入五房贝类，他回信说看作五房贝类是可能的，但必须搞清内外部构造。Boucot 教授曾指点我们多作比较。Neuman 教授曾邀请第一作者到华盛顿国家自然博物馆做客，因此有机会查看馆藏标本和资料。金玉书教授提供了采集地点图。中国地质大学地学院地古教研室的老师给予了许多方便。对于上述专家们和同事们的帮助表示衷心的感谢。

参考文献

李罗照，韩乃仁. 浙西奥陶纪三分贝科腕足动物群的发现及其意义[J]. 古生物学报，1980，19(1)：1－21

李罗照. 浙西奥陶系三分贝科腕足动物化石的新材料[J]. 古生物学报，1984，23(6)：775－781

戎嘉余，李罗照. 浙西江山晚奥陶世三分贝族一新属——*Costitrimerella*[J]. 古生物学报，1993，32(2)：129－140

戎嘉余. 上扬子区晚奥陶世海退的生态地层证据与冰川活动影响[J]. 地层学杂志，1984，8(1)：19－29

曾庆銮. 腕足动物[M]. 见汪啸风等. 长江三峡地区生物地层学(2)，早古生代分册. 北京：地质出版社，1987

詹仁斌，傅力浦. 浙赣边区晚奥陶世地层之新见[J]. 地层学杂志，1994，18(4)：267－274

詹仁斌，戎嘉余. 江西玉山下镇晚奥陶世扭月贝族一新属——*Tashnomena*[J]. 古生物学报，1994，33(4)：416－428

Amsden T W，Biermat G. Pentamerida[M]. In：Moore R C. Treatise on Invertebrate Paleontology. Part H，Brachiopoda. The Geological Society of America，Inc. and the University of Kansas Press，1965

Billings E. Palaeozoic Fossils (Volume 1)，Silurian Rocks 1861—1865 [M]. Geological Survey of Canada. Montreal：Dawson Brothers，London，1865

Cocks L R M，Rong Jia yu. A review of the late Ordovician *Foliomena* brachiopod fauna with new data from China，Wales，and Poland. Palaeont[J]. ，1988，31(1)：53－67

Sarycheva T G. Mshanki Brakhiopody[M]. In：Orlov Yu A(ed.). Osnovy Paleontoologii. Moskva：Acadamic Press，1960

Schuchert C，Le Vene C M. Brachiopoda (Generum et Genotyporum Index et Bibliographia[M]. In：Pompeckj J F(ed.)，1929 Fossilium Catalogus，1：Animalia. W. Junk Berlin W. 15，1929

图版说明

标本保存在中国地质大学(武汉)博物馆。

图版 I

1～4. *Zhuzhaiia transitense* gen. et sp. nov.

1～2. 硅化标本，除前部破损外较完整(×1，×1)。1. 副模(paratype)，登记号：CUG Zzh L75003；1a. 侧视；1b. 顶视。2. 正模(holotype)，登记号：CUG Zzh L75005；2a. 侧视；2b. 顶视。

3. 腹假铰合面(×1.2),副模(paratype),登记号:CUG Zzh L75000;3a. 正视;3b. 顶视。4. 腹壳(×1.1),副模(paratype),登记号:CUG Zzh L75004;4a. 腹视;4b. 腹内视。产于江西省玉山县祝宅和马鞍山地区,上奥陶统三衢山组。

图版Ⅱ

1～3. *Zhuzhaiia transitense* gen. et sp. nov.

1. 纵切保存标本(×1),副模(paratype),登记号:CUG Zzh L75006;1a. 左侧视;1b. 右侧视。2. 横切系列切面(×1),间距约为5mm,副模(paratype),登记号:CUG Zzh L75008,示内部构造。3. 部分保存(×1),登记号:CUG Zzh L75001;3a. 内侧视;3b. 侧视。产地和层位同上。

【原载《古生物学报》,2002年7月,第41卷,第3期】

图版Ⅰ

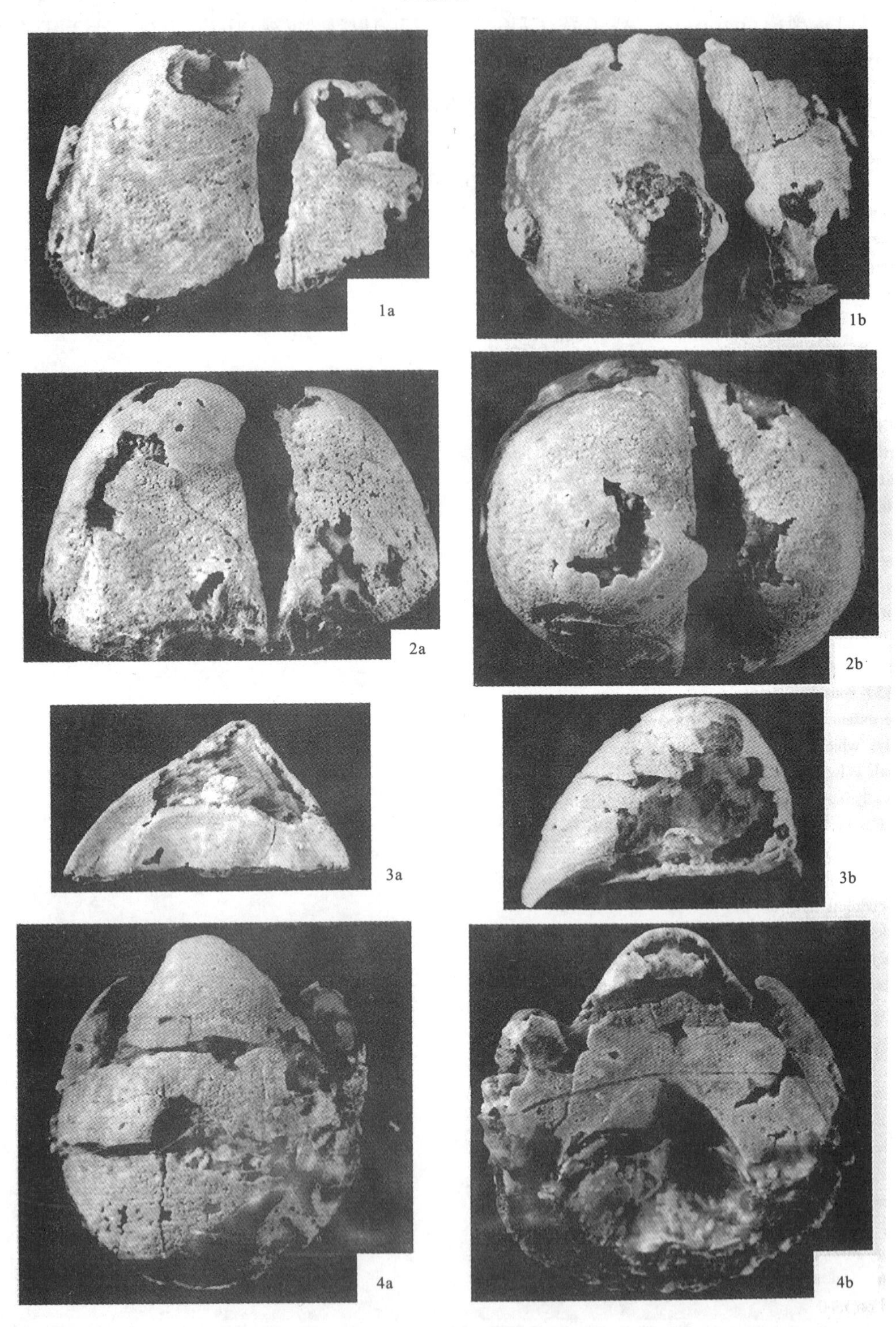

图版Ⅱ

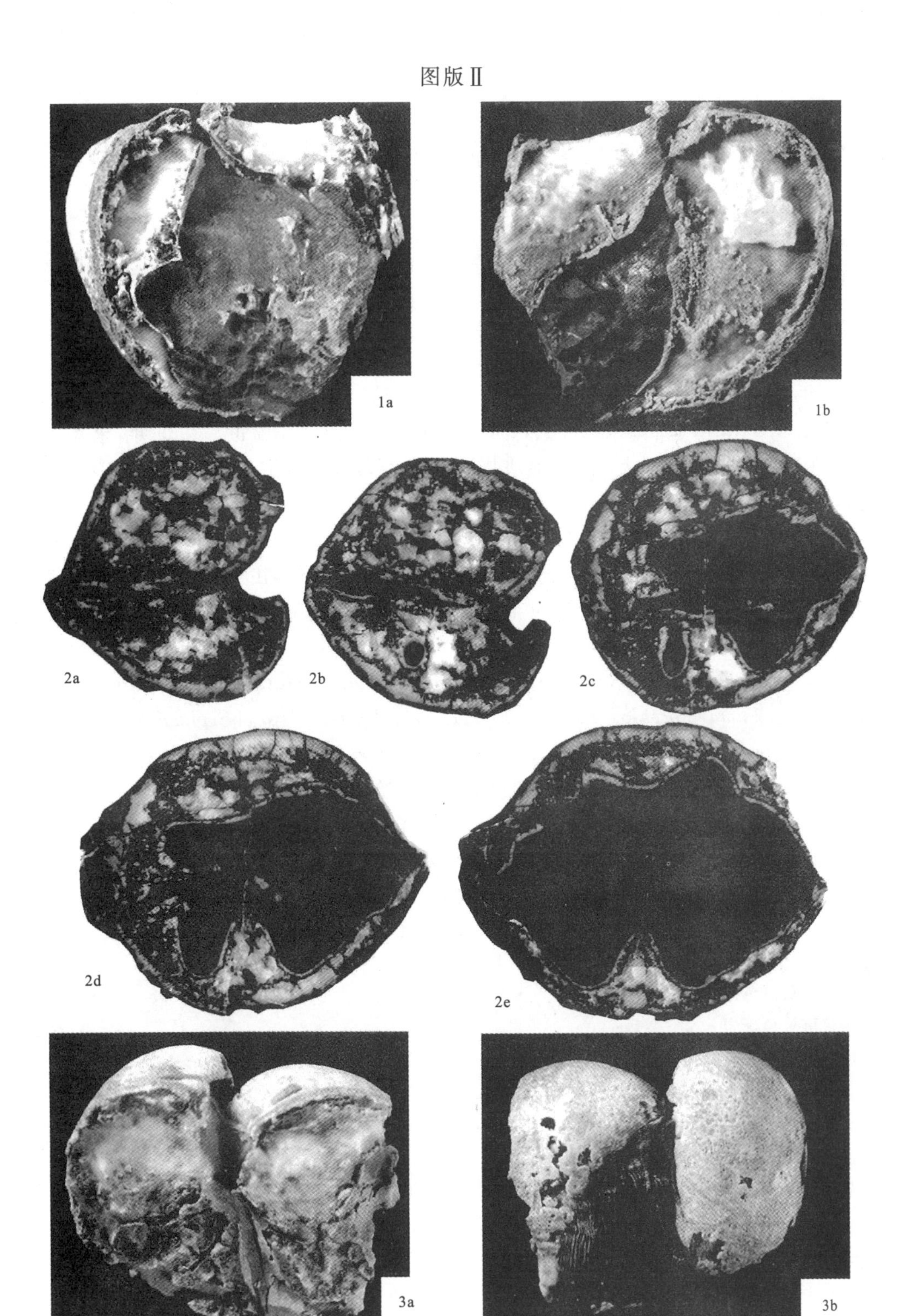

青海西部哈尔扎地区晚泥盆世腕足动物群

刘广才[1]　徐桂荣

哈尔扎位于青海茫崖镇(旧址)西南45km处。属于东昆仑西段祁漫塔格山北麓的低山区。1955年,张文堂等在哈尔扎沟口附近的灰绿色碎屑、灰岩中,首次采获腕足化石:*Cyrtospirifer* sp.,*Productella* sp.及三叶虫:*Proetus* sp.,确定为晚泥盆世。1959年,朱夏将上述地层称之为哈尔扎群。1958年,西北地质局石油普查大队在哈尔扎沟口剖面的中部采得腕足:*Cyrtospirifer sinensis* (Grabau),植物:*Leptophloeum rhombicum* Dawson。1969—1970年,青海地质局第一区调队在哈尔扎东侧山脊于相当层位中采到腕足:*Cyrtospirifer sinensis* (Grabau),*C*,*chaoi*(Grabau),*Tenticospirifer* sp.及瓣鳃。另外,在黑柱山至乱石沟一带(哈尔扎东南约10～15km处)采得较为丰富的腕足:*Cyrtospirifer hcterosius* (Grabau),*C. pellizzariformis*(Grabau),*C. wangleighi* (Grabau),*C. sinensis* (Grabau),*Tenticospirifer tenticulum* (Vcrneuil),*T. hayasakai*(Grabau),*Schizophoria striatula* (Schlotheim),*Hunanospirifer* sp.,*Camarotocchia* sp.;珊瑚:*Tabulophyllum* sp.,*Siphonophrentis*? sp.,*Pexiphyllum*? sp.,*Breviphrcntis* sp.;植物:*Leptophloeum rhombicum* Dawson等,但未见详细描述。1977年,青海地层表编写小组把该地层定为哈尔扎组。

1980年,青海省地质研究所刘广才、周天祯、周光弟、张志恒、陈煊传等赴哈尔扎地区进行晚泥盆世地层工作,获得丰富的化石资料。剖面从上而下简单描述如下:

上覆地层:下石炭统灰色生物碎屑灰岩,底部见底砾岩和古风化壳。灰岩中有腕足:*Gigantoproductus* sp.

~~~~~~~~不整合或假整合~~~~~~~~

上泥盆统　黑山组(D_3hs^2)

7. 灰绿—灰黑色泥质、砂质板岩　　约160m

6. 杂色熔结角砾岩　　约105m

5. 浅灰色钙质粉砂岩、泥质灰岩。有极为富集的腕足化石:*Camarotoechia hsikuangshanensis* Tien,1938,*C. hsikuangshanensis* var. *bifurcata* Tien,1938,*C.* sp.,*Schizophoria heishangensis* sp. nov. *S.* sp.,*Virgiana costatus* Xu et Liu,sp. nov. 以及单体珊瑚化石　　约195m

上泥盆统　哈尔扎组(D_3h^1)

4. 灰绿色钙质、泥质粉砂岩夹灰岩。有丰富的腕足化石:*Cyrtospirifer sinensis*(Grabau),1931,emend. 1964;*C. archiaciformis*(Grabau),1931,emend. 1964;*C. subextensus*(Martelli),1902,emend. 1957;*C*, *subarchiaci* (Martelli),1902,emend. 1964;*C. chaoi* (Grabau) 1931,emend. 1955;*C. pellizzarii*(Gra ba U)1931,afilelld. 1955;*Cyrtiopsis* sp.;*Tenticospirifer tenticulum* (Verneuil),1912,emend. 1955;*T. gortani* (Pellizzari),1913,emend. 1964;*Hunanospirifer* sp.,*Productella* sp.;*Praewaagenoconcha qinghainensis* sp. nov.;*Atrypa* sp.;瓣鳃化石:

---

[1] 刘广才:青海地质研究所。
~~~~~~~~

Parallelodon sp.；植物：*Leptophloeum rhombicum* Dawson 等

3. 杂色底砾岩、硬砂岩、粉砂岩、钙泥质粉砂岩，后者含腕足碎片　　约 80m

～～～～～～～～不整合～～～～～～～～

下伏地层：中下泥盆统(?)

2. 灰绿色蚀变辉绿岩及暗紫包杏仁状安山岩　　约 120m

1. 暗紫—灰绿色蚀变石英安山岩和蚀变英安岩　　约 210m

(未见底)

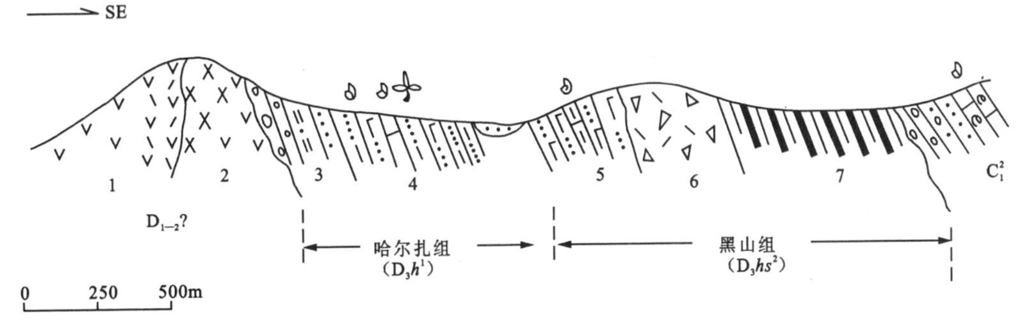

图 1　哈尔扎地区晚泥盆世地层剖面示意图

旧称哈尔扎组包括剖面下部的一套中酸性火山岩，并且顶、底不清，刘广才等(1981)重新厘定了哈尔扎组的含义，仅包括剖面的 3、4 层岩性，其中的腕足称之为 *Cyrtosptrifer sinensis-Praewaagenoconcha qinghainensis* 组合，其时代相当于晚泥盆世早期，可与华南的佘田桥组进行对比。同时提出黑山组[由于刘广才等(1981)所提出的黑山组，上、下岩性相差悬殊，作为一个独立的组尚有问题；本文对黑山组的含义不作讨论，留待来日修改]，其时代相当于晚泥盆世后期，可与湖南锡矿山组、四川茅坝组进行对比。其动物群称为 *Camarotoechia hsikuangshanensis-Schizophoria heishangensis* 组合。

化石描述

具铰纲 Articulata Huxley，1869

正形贝目 Orthida Schuchert & Cooper，1932

正形贝亚目 Orthidina Schuchert & Cooper，1932

全形贝超科 Enteletacea Waagen，1884

裂线贝科 Schizophoriidae Schuchert et Levene，1929

裂线贝属 *Schizophoria* King，1850

典型种 *Conchyliolithus anomites resupinatus* Martin，1809

黑山裂线贝 *Schizophoria heishangensis* Xu et Liu，sp. nov.

[表 1；图版(1a～1d)，图版(2a～2e)]

材料　4 个保存完好的个体，7 个保存不甚好的个体。

描述　贝体小至中等，壳亚圆形或横椭圆形。壳缓双凸，颠倒形不明显。背壳凸度略大于腹壳；背瓣最大凸度位于中部，腹瓣最大凸度位于中后部，向前缓倾展平。壳厚度一般较小。

铰合线直短，主端钝圆，两壳基面均很显著，腹基面为斜倾形，背基面直倾形或略呈斜倾形。一般背喙高于腹喙，喙尖。两壳三角孔洞开。背瓣无明显的中隆，腹瓣前部(约在壳的中部向前)有宽浅的中槽。壳线细密，粗细均匀，间隙略小于壳线，壳线向前二分枝式增加。前缘单褶形。

腹瓣内牙板发育，向前环绕肌痕成低脊状，具低中脊，肌痕倒心形，开肌长月牙形，向前异向分离，为中脊隔开；闭肌痕长三角形；调整肌痕长而细，成相向内弯的弧形，位于开肌痕两侧稍后。背瓣内腕基支板强直，异向伸展，向前略向内弯曲，环绕肌痕，中板向前延伸达壳中部。膜脉痕显著。

表1 黑山裂线贝测量 (mm)

标本编号	长	宽	厚	备注
QDS-01	16.70	19.25	7.80	正型
QDS-03	15.50	16.80	8.40	
QDS-04	14.80	15.20	5.50	
QDS-05	14.00	23.20	9.90	
QDS-06	12.00	18.70	6.35	
QDS-07	14.20	18.20	6.90	
QDS-08	14.10	20.50	7.85	
QDS-10	9.60	13.00	5.25	

比较 本种厚度小，外形横宽，牙板伸延方式都不同于其他各种。本种比较接近条纹裂线贝 *Schizophoria striatula*(Schlotheim)。但后者凸度大，中槽深，中隆明显等与本种相区分。

产地和层位 青海哈尔扎地区，晚泥盆世黑山组(D_3hs^2)

五房贝目 Pentamerida Schuchert & Cooper,1931

五房贝亚目 Pentameridina Schuchert & Cooper,1931

五房贝超科 Pentameracea M'Coy,1844

枝线贝科 Virgianidae Boucot & Amsden,1963

枝线贝属 Virgiana Twenhofel,1914

纹线枝线贝 *Virgiana*? *costatus* Xu et Liu,sp. nov.

[图版(3a～3b)]

材料 1个完整的个体。

描述 贝体小，长卵形；长11.85mm，宽8.45mm，厚5.45mm。铰合线短且略弯，后转面明显，窄而弯曲。主端圆。侧视双凸，腹瓣凸度略大于背瓣；腹瓣最大凸度在后方，背瓣最大凸度在中部。腹瓣具显著中槽，中槽自顶部开始，逐渐向前扩大，槽坡缓斜，呈"V"形槽，向前略呈舌形；背中隆不显著，前缘单褶形。侧缘结合线背向弯凸。壳线低、平圆，比壳线之间间隙宽。线上有细密放射纹，壳线简单分叉式向前增加。

腹瓣内牙板发育，在近喙部形成匙形台；背瓣有中板。其他构造不明。

比较 新种与典型种 *Virgiana barrandi* Billings 明显不同，后者个体一般比新种大，壳褶分布不规则，并且凸度大。由于内部构造不很清楚，暂归入本属。

产地及层位 青海哈尔扎黑山组(D_3hs^2)。

长身贝目 Productida Sarytcheva,1960

长身贝亚目 Productidina waagen,1883

长身贝超科 Productacea Gray,1840

小长身贝科 Productellidae Schuchert et Levene,1929

先瓦刚贝属 *Praewaagenoconcha* Sakolskaja,1948

典型种 *Productus orelianus* Moeller,1871

属征 贝体小,轮廓半圆形,铰合线略短于壳的最大壳宽。腹铰合面极窄。腹壳缓凸,背壳浅凹,体腔狭窄。耳翼小,与其余壳面的界限不显著,但从壳饰的变化上可明确区分。两壳壳面均饰有细壳刺瘤,分布均匀而且密集,向壳的前方或侧方倾斜,排列不很规则。在前缘,刺瘤变细,并放射状分布,似细壳线。

腹瓣内具细小的铰牙;背瓣内主突起明显呈二叶型,具中脊。

分布及时代 我国黑龙江、甘肃、青海和广西等地以及前苏联;中、晚泥盆世至早石炭世。

青海先瓦刚贝 *Praewaagenoconcha qinghainensis* Xu et Liu,sp. nov.

[表2;图版(4a~4b)]

材料 腹瓣8块,背瓣5块,其中腹瓣4个保存完整外部壳饰,6个保存腹内视,背瓣1个为完整外部壳饰,4个为内部构造。

描述 贝体中等大小,轮廓半圆形至横椭圆形。铰合线直,略短于壳的最大宽度,主端钝圆,铰合面极窄呈线状。壳凹凸型,腹壳缓凸,最大凸度在近壳喙处,壳喙呈锥顶状向后倾。背壳浅凹,中央近顶处最凹,斜坡缓倾。耳翼明显,以不同的壳饰而区分,但无明确界线。壳刺瘤细密,排列不很规则,在前缘更细,呈放射状排列,有时连接成放射细线。两壳内面有细密的瘤状突起。耳翼处刺瘤排列呈同心状,有时呈同心线或同心皱。

背瓣内部主突起高耸,主突起冠为二叶状,具背中脊,很细,向前延伸达壳长2/3。有弯月形腕痕。

表2 青海先瓦刚贝测量 (mm)

标本编号	长	宽	保存方式
GDP-11	26.50	27.10	背内
GDP-12	14.00	32.00	背内
GDP-13	19.20	34.00	腹外
GDP-14	20.50	27.40	腹外
GDP-16	27.40	35.20	腹外
GDP-19	25.80		腹外
GDP-20	25.50		腹内
GDP-23	24.90	31.5	背内
GDP-24	16.80	23.7	腹内
GDP-25	17.8	23.4	背外

比较 本种与中华先瓦刚贝 *Praewaagenochocha sinensis* Wang et Ching,1964,主要区别:本种耳翼显著,较大,耳翼上有同心线;本种背瓣内部有中脊;本种刺瘤更密,不作刺状延伸。

产地和层位 青海哈尔扎地区,晚泥盆世哈尔扎组(D_3h^1)。

腕铰纲 Brachiarticulata Xu,1980

小咀贝目 Rhynchonellida Kuhu,1949

小咀贝超科 Rhynchonellacea Gray,1848

穹房贝科 Camarotoechiidae Schuchert et Levene,1929

穹房贝属 *Camarotoechia* Hall et Clarke,1892

典型种 *Atrypa congregata* Conrad,1841

锡矿山穹房贝 *Camarotoechia hsikuangshanensis* Tien,1938

[表 3;图 2;图版(1～6)]

材料 5 个完整个体,10 个不完整个体。

描述 贝体小,横五边形至横椭圆形,壳宽大于壳长,最大宽度位于中部或稍前,侧缘近于圆形。双凸、背壳凸度稍大于腹壳,铰合线弯短,中槽始于壳顶前方,迅速向前增强,形成宽阔而显著的前舌,中隆高,始于喙前方 1/3 处,隆顶前部平坦或缓凸,中隆前缘截切状,前缘单褶型。壳喙尖小,腹喙略高于背喙。背壳中央后部有一条显明的凹沟,向前延伸达壳长 1/3 以上。壳面具 15～17 条棱形壳褶,中槽内有 2～3 条,中隆上有 3～4 条,均较粗强。

表 3 锡矿山穹房贝测量 (mm)

标本编号	长	宽	厚	弯长		壳褶			
				腹	背	槽	隆	左	右
QDC－1	8.70	12.50	5.80	13.00	9.50	3	4	5	6
QDC－3	10.60	10.50	5.05	14.00	10.50	3	4	6	6
QDC－4	7.60	10.80	—	9.50	—	3	—	6	6
QDC－5	7.90	11.50	3.90	—	8.00	—	4	6	6
QDC－7	5.90	7.80	3.80	8.00	7.00	3	4	5	5

腹瓣内有近于平行的牙板,牙板延伸较短。三角孔具双板。背瓣内中板高强,延伸达壳长的 1/2。铰板联合,形成浅的板槽。腕基呈镰刀形。

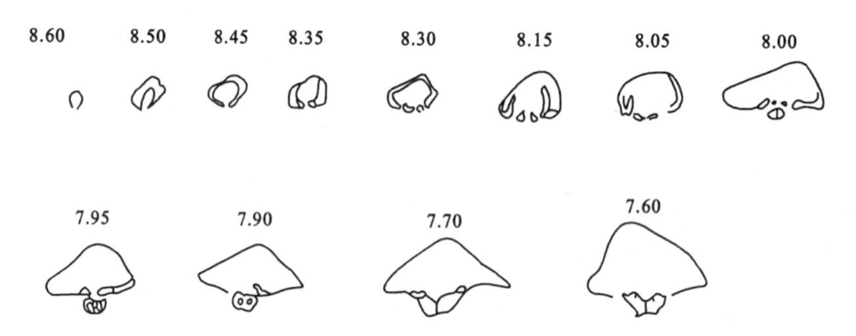

图 2 *Camrotoechia hsikuangshanensis* Tien 内部切面图

产地和层位 青海哈尔扎地区,上泥盆统黑山组(D_3hs^2)。

参考文献

湖北省地质科学研究所等. 中南地区古生物图册(二)晚古生代部分[M]. 北京:地质出版社,1977

青海省地层表编写组. 西北地区区域地层表,青海省分区[M]. 北京:地质出版社,1980

王钰,金玉玕,方大卫. 腕足动物化石[M]. 北京:科学出版社,1966

王钰,金玉玕,方大卫. 中国的腕足动物化石[M]. 北京:科学出版社,1964

中国科学院南京地质古生物研究所，青海地质科学研究所.青海省古生物图册[M].北京：地质出版社，1979

Moose R C et al.. Treatise on Invertebrate Paleontology[M]. Par H, Brachiopoda, The Geological Society of America, Inc. and The University of Kansas Press, 1965

Savage N M, Eberlein G D, Churkin M Jr. Upper Davonian Brachiopods from the part Refugio Formation, Suemez Island, Southeastern Alaska[J]. Jour. Paleontology, 1978, 52(2): 370-393

图版说明

（标本保存在武汉地质学院）

1. 黑山裂线贝 *Schizophoria heishangensis* Xu et Liu, sp. nov. 正型标本。1a，腹视。1b，后视。1c，前视。1d，侧视。均×2。标本编号 QDS-01。青海哈尔扎地区，上泥盆统黑山组（D_3hs^2）。

2. 黑山裂线贝 *Schizophoria heishangensis* Xu et Liu. sp. nov，2a，背视。2b，腹视。2c，后视。2d，前视。2e，侧视。均×2。标本编号 QDS-03。产地及层位同上。

3. 纹线枝线贝 *Virgiana? costatus* Xu et Liu, sp. nov. 正型标本。3a，背视。3b，腹视。均×2。标本编号 QDV-01。产地及层位同上。

4. 青海先瓦刚贝 *Praewaagenoconcha qinghainensis* Xu et Liu, sp. nov. 正型标本。4a，腹视。4b，背视。均×1。标本编号 QDP-11、QDP-14。青海哈尔扎地区，上泥盆统哈尔扎组（D_3h^1）。

5. 锡矿山穹房贝 *Camarotoechia hsikuangshanensis* Tien，5a，背视。5b，腹视。5c，前视。5d，侧视。5e，后视。均×2。标本编号 QDC-9。青海哈尔扎地区，上泥盆统黑山组（D_3hs^2）。

6. 锡矿山穹房贝 *Camarotoechia hsikuangshanensis* Tien，6a，背视。6b，腹视。6c，侧视。6d，前视。6e，后视。均×2。标本编号 QDC-1。产地及层位同上。

7. 毕里查弓石燕 *Cyrtospirifer pellizzarii*（Grabau），7a，背视。7b，腹视，7c，后视。7d，前视。7e，侧视。7f，腹内。均×1。标本编号 QDXC-70。青海哈尔扎地区，上泥盆统哈尔扎组（D_3h^1）。

8. 中华弓石燕 *Cyrtospirifer sinensis*（Grabau），8a，背视。8b，腹视。8c，前视。8d，后视。均×1。产地及层位同上。

9. 斜方薄皮木 *Leptophlocum rhombicum* Dawson，与 *Cyrtospirifer pellizzarii*（Grabau），*Cyrtospirifer sinensis*（Grabau）等共生。×1。产地及层位同上。

【原载《地球科学——武汉地质学院学报》，1984年，第三期（总26期）】

图 版

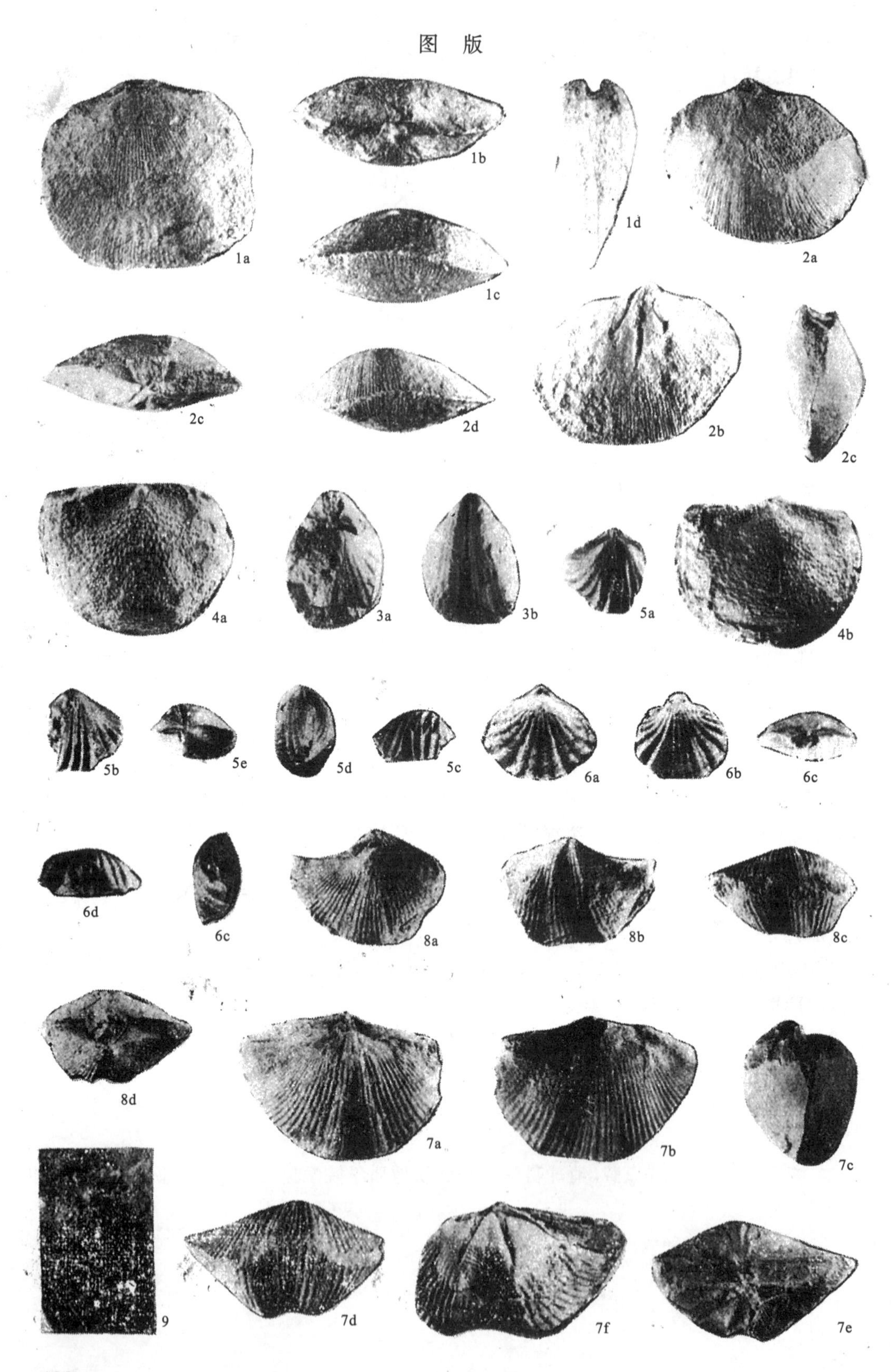
1a
1b
1c
1d
2a
2c
2d
2b
2c
4a
3a
3b
5a
4b
5b
5e
5d
5c
6a
6b
6c
6d
6c
8a
8b
8c
8d
7a
7b
7c
9
7d
7f
7e

Reef-dwelling Brachiopods from the Late Permian of the Central Yangtze River Area, China

Xu Guirong & Grant R E①

Introduction

Several localities exposing Upper Permian carbonate buildups have been found in the central Yangtze area of South China, especially at Gaofeng (Cili County), Daping and Fanjiacun in Chenxi County (Hunan), Qingshuiyuan in Xiushui County (Jiangxi), Jingquanshan, in Puqi County, and Yushan in Chongyang County (Hubei). The area is located in the south of the Yangtze River, where Permian rocks are widespread, especially in the northern and southern parts. An ancient landmass, the Jiangnan Oldland, forms a geanticline in the middle part of this area. The basement of the geanticline is pre-Devonian, and middle Devonian rocks overlie the middle Silurian unconformably in this area. Carboniferous rocks are almost completely eroded in the northern part of Hunan. Two fault zones controlled sedimentation after the basement was formed. One was the Dayong-Cili fault zone, located on the north side of the area, the other the Hongjiang-Xupu fault zone. The Late Permian reef belt was developed along the north side of these two fault zones (Fig. 1).

Carbonate buildups (reefs) in the central Yangtze area incorporate two associations: ①sponge-algal-microbial, ②compound corals. The principal components of the Late Permian sponge-algal-microbial reefs in this area were reef building calcareous sponges, calcareous algae-microbial organisms, hydrozoans, and bryozoans. Coral reefs were characterised by only a few associates. Sponge-algal reefs were found in the lower Daluokeng Formation (lower Changxingian) at Gaofeng, Daping, Fanjiacun, Jingquanshan, and Yushan. Abundant reef-dwelling brachio-pods are associated with the sponge-algal frame builders, but only a few occurred in the coral reef community. The brachiopods in the sponge-algal reefs were difficult to find and collect, because most were imbedded in very hard reef lime-stones (Fig. 2: 3～4). To separate brachiopod specimens from the matrix, the rock was heated, then cooled quickly so as to break up the matrix.

---

① Grant R E: National Museum of Natural History, Smithsonian Institution, Washington D. C. 20560, USA [deceased].

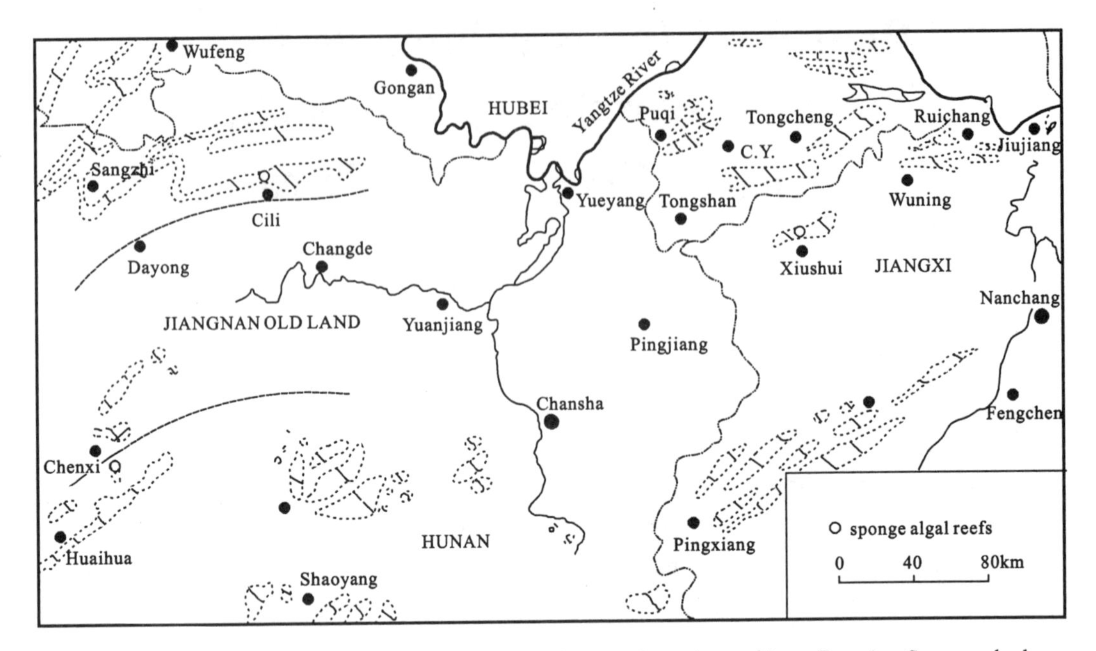

Fig. 1 Map of the Central Yangtze Area, China, Showing Locations of Late Permian Sponge-algal-microbialreefs(circles) and Associated Brachiopod Localities

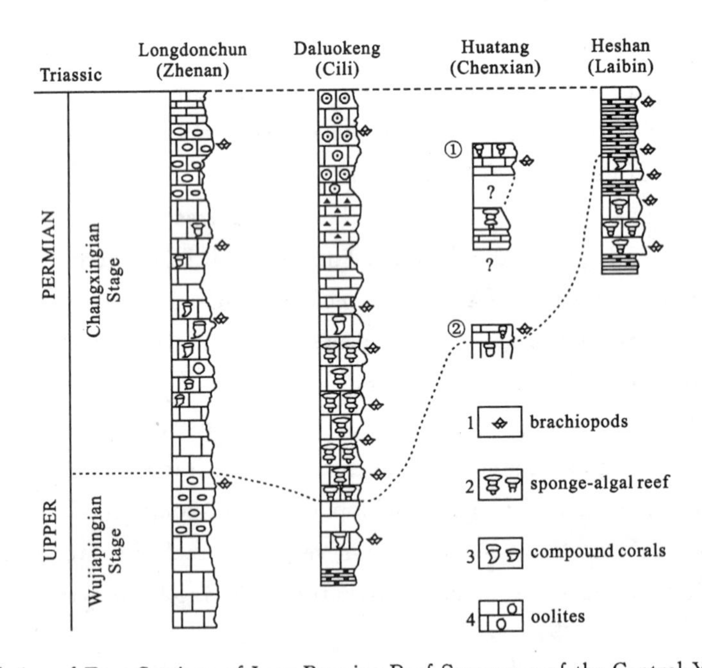

Fig. 2 Correlation of Four Sections of Late Permian Reef Sequences of the Central Yangtze Region

Reglonal Stratigraphy

The Upper Permian sequences in the central Yangtze area are different from those in South China. The following standard Permian sequenceat the Daluokeng section(near Daluokeng, c. 3km S of Gaofeng, Hunan)is described from the top down:

Daluokeng Formation(Upper Permian). Oolitic Limestone Member 3: greyish, medium-very thick bedded oolites, oncolitic dolostones, with crossbedding(middle), limestone breccias (lower), with *Squamularia*. Bioclastic Limestone Member 2: grey-dark grey, thick bedded wackestones-packstones, locally with intraclasts, dolomitization, with foraminifers, gastropods, brachiopods [*Uncinunellina*, *Spirigerella*], bivalves, cephalopods, algae. Sponge-algal Framestone Member 1: greyish white, massive sponge-algal framestone, intercalated, lenticular beds of wackestones, shell beds containing corals, sponges, foraminifers, calcareous algae and the brachiopods *Uncinunellina multicostioidea* Xu & Grant, *Spirigerella ovalioides* Xu & Grant, *Spirigerella shuizhutangensis* (Chan), *Ladoliplica zigzagiformis*, *L. platformia*.

Xiamidong Formation. Member 2: coral framestones, reef breccias, calcirudites, bioclastic wackestones-packstones; upper part light grey, thick bedded bioclastic wackestones-packstones, with foraminifers, echino-derms, brachiopods(*Tyloplecta*, *Uncinunellina*, *Spirigerella guizhouensis* Liao, *Squamularia grandis* Chao). Lower part is a compound coral reef, with corals in life position, some associated with bryozoans, inozoan sponges, interspaces of corallites filled by lime mud, minor foraminifers, interbedded reef breccias. Member 1: chert nodules, bioclastic wackestones, grey-dark grey, thin-medium bedded, bioclastic, cherty wackestones, intercalated chert layers. Sponge-algal reefs show abundant frame-building calcisponges(sphinctozoans, sclerosponges), binding algae; calcisponges preserved in growing position; framestones displaying unbedded or massive fabric, thick accumulations; reef builders mainly calcareous sponges, but calcareous algae, hydrozoans, bryozoans, corals; microfacies ranging from supratidal to marginal rim deposits. Reefs show features similar to those of other Permian reefs in South China, e. g. at Lichuan, a typical sponge-algal reef in northwest Hubei Province(Fan & Zhang, 1985).

Brachiopod Assemblages and Their Distribution

Most reef dwelling brachiopods were found in the sponge-algal reefs of the Daluokeng Formation, but a few were found to occur in coral reefs of the Xiamidong Formation. Three brachiopod assemblages are recognized:

Spirigerella guizhouensis -Squamularia grandis assemblage. This assemblage occurs in the upper part of the Xiamidong Fm. The main components include *Spirigerella guizhouensis* Liao, *Spirigerella shuizhutangensis* (Chan), *Asioproductus bellus* Zhan, *Uncinunellina multicostioidea* Xu & Grant, and *Squamularia grandis* Chao.

Prelissorhynchia triplicatioides - Ladoliplica zigzagiformis assemblage. This assemblage typically occurs in sponge-algal reefs in the lower Daluokeng Fm. ,and also at the Luiwangmiao and Luiwangmiaodong sections, Cili County, Daping section in Chenxi County, and Yushan section, Chongyang County. Other elements include *Uncinumellina multicostioidea* Xu & Grant, *Ladoliplica Platformia*, *L. zigzagiformis*[see below], *Araxathyris subpentagulata* Xu & Grant, *Spirigerella ovalioides* Xu & Grant, *Spirigerella shuizhutangensis* (Chan), *Prelissorhynchia pseudoutah* (Huang), *Rostranteris ptychiventria* Xu & Grant. Spiriferids and athyrids were the dominant reef dwellers in the central Yangtze area, with 7 genera and 19 species. Rhynchonellids make up 2 genera and 5 spp. ,and productoids 2 genera and 2 spp. Orthotetoids, richthofenids, oldhaminids, and terebratulids are represented by only one species each. No chonetids were found in this area(Table 1).

Table 1 Stratigraphic Occurrences of Late Permian Brachiopods in the Middle Yangtze Area

Key: f=fossils intact; v=vv; d=dv.

	DⅢ	DⅡ	DⅠ	XⅡ	XⅠ
Anidanthus sinosus				D(1)	
Araxathyris subpentagulata			D(1)		
Araxathyris sp.			D(1)		
Asioproductus bellus				D(1)	
Crurithyris pusilla			D(4)		
Crurithyris speciosa			D(1)		
Crurithyris sp.			D(4)		
Ladoliplica platformia			D(3)		
Ladoliplica zigzagiformis			D(8v,5d)		
Ladoliplica sp.			D(29v,3d)		
Leptodus sp.		DX(2)	D(f)		
Martinia sp.			D(1)		
Orthothetina sp.	D(f)		D(f)		
Prelissorhynchia pseudoutah			D(1)		
Prelissorhynchia triplicatioides			D(4)		
Rostranteris ptychiventria			D(3)		
Spirigerella discurella		LD(1)	D(1)		
Spirigerella guizhouensis				D(1)	
Spirigerella ovalioides			D(17)		
Spirigerella shuizhutangensis			D(5)		
Spirigerella sp.		X(1)	D(5),Y(f)		
Squamularia elegantuloides			L(1)		X(1),Q(3)
Squamularia formilla			D(1),C(f)		
Squamularia grandis				D(3),Q(f),X(f)	
Squamularia sp.		Dx(1)	D(2)		
Uncinunellina multicostioides			D(2)	D(1)	
Uncinunellina timorensis			Ld(1),C(1)		
Uncinunellina sp.		D(1)	D(2,)Z(1)	D(1)	

SECTIONS

D, Daluokeng
X, Xiamidong
Z, Zhuojiapo
L. Luiwangmiao
Dx, Daxi
Ld, Luiwangmiaodong
C, Daping
Y, Yushan
Q, Qingshuiyuan

Spirigerella discurella assemblage. A very small number of brachiopod fossils in this assemblage from the upper part of the Daluokeng Fm. occur at the type locality in Gaofeng. Representative were found also in the Xiamidong Fm. in the Daluokeng and Xiamidong sections. They are not associated with coral reef builders, but occur above the reef framestone or in the intercalated lenticular bioclastic wackestones. The assemblage is preserved in reefs at the same horizon in the Qingshuiyang section, Xiushui County.

Comparison with Other Reef Dwelling Faunas of South China

A brachiopod assemblage from Late Permian sponge-algal reefs at Huatang (Chenxian Co., S Hunan) described by Liao & Meng (1986) contained 40 genera and 69 brachiopod spp., many of them endemic (Table 2). This brachiopod fauna included the dominant Productida

Table 2 Comparison of Four Late Permian Reef-dwelling Brachiopod Faunas from the Yangtze Area, China

	LDC	DLK	HT	LB		LDC	DLK	HT	LB
ORTHIDA					*Camarophorinella*			2 *	
Acosarina			1	1	*Hybostenoscisma*			1 *	
Enteletes	1		2 *	1	*Prelissorhynchia*		2	1 *	1
Meekella	1		2		*Terebratuloidea*			1	
Orthothetina		1	2	1	*Uncinunellina*		3	2 *	
Orthotichia			1		SPIRIFERIDA				
Peltichia	1		1		*Araxathyris*	2	2	3 *	3
Perigeyerella	1		2	1	*Cartorhium*	1	1		
STROPHOMENIDA					*Crurithyris*		3	1 *	
Aridanthus		1	1		*Eolaballa*			1 *	
Asioproductus		1			*Hustedia*			1	
Chenxianoproductus			2		*Ladoliplica*		3		
Compressoproductus			1		*Martinia*			1 *	
Falafer			1		*Rectambitus*	1			
Gubleria			1		*Semibrachythyrina*			1 *	
Haydenella			1 *		*Speciothyris*			1 *	
Huatangia			1		*Spirigerella*		5 *		
Incisius			1		*Squamularia*	2	4	5 *	
Leptodus	1	1	3 *	2	TEREBRATULIDA				
Richthofenia	1	1	2		*Dielasma*			3 *	2
Spinomarginifera	1		4 *	4	*Hemiptychina*			1 *	1
Strophalosiina			1 *		*Notothyris*			5 *	3
Tchernyschevia			2		*Qinglongia*			2 *	
Tyloplexta			1		*Rostranteria*	1	1		
RHYNCHONELLIDA					TOTAL GENERA	12	15	40	16
Allorhynchus			1 *		TOTAL SPECIES	14	30	69	24

LDC, Longdonchuan, Xikou county; DLK, Daluokeng section, Cili County; HT, Huatang section; LB, Matan section, Heshan Coal Mine; * >10 specimens in one species; 1, 2…, number of species present.

(Oldhaminoidea) with 23 spp. attributed to 14 genera, among which only three species, *Huatangia sulcatifera*, *Rugosomarginifera chengyaoyenensis*, and *Leptodus nobilis*, were represented abundantly. Spiriferids and athyrids included 18 spp. in 11 genera, with abundant *Martinia*, *Squamularia*, *Araxathyris*, common *Semibrachythyrina*, *Phricodithyris*, *Crurithyris*, and lesser *Eliva? depressa* and *Eolaballa pristina*. Rhynchonellids, terebratulids, and dalmanellinids totaled 26 spp. in 15 genera, with *Stenoscismatoidea*, *Dielasma*, *Notothyris* and *Enteletes* represented abundantly. There were no inarticulates, very few Chonetoidea, and only a single shell of *Waagenites*.

Most of the Late Permian brachiopods in the Huatang section were found in beds intercalated with sponge-algal framestones forming coquinas that might indicate formerly in situ brachiopod shell banks. Liao (1987) described a Late Permian silicified brachiopod fauna from Heshan, Laibin County (Guangxi). Some of the brachiopods were associated with sponge reefs, especially in the second member of the Heshan Fm., which yielded 16 genera and 24 spp. (Table 2, Fig. 2). The brachiopod fauna of the Longdonchuan Fm. at Longdonchuan, Xikou County (Shaanxi) was described by Xu & Grant (1994). The brachiopods were associated with compound rugose corals in the upper part of the Longdonchuan Fm., which contains 14 brachiopod spp. in 12 genera (Table 2).

The four Permian brachiopod faunas show several features in common: ①they all inhabited a reef framework, especially between sponges bound by algae or cyanobacteria; ②most of fhe brachiopods were endemic, confined to niches in the reefs with only two genera, *Araxathyris* and *Leptodus*, occur in all four faunas; ③no inarticulates lived in the reefs; ④chonetoids were found only occasionally, ⑤spiriferids, athyrids and rhynchonellids were common in the reef framework, and ⑥productids, richthofenids and oldhaminids formed shell banks in reef settings. To show the relationship between the four faunas, we used binary cluster analysis at the generic level (Fig. 3). The Heshan fauna and the Huatang fauna were most closely related and clustered first. The Daluokeng and Longdonchuan faunas formed a second cluster. This is interpreted as caused by an old highland (the Jiangnan Oldland) being present at that time, but not completely separating the northern from southern central Yangtze Sea (refer to Fig. 1)

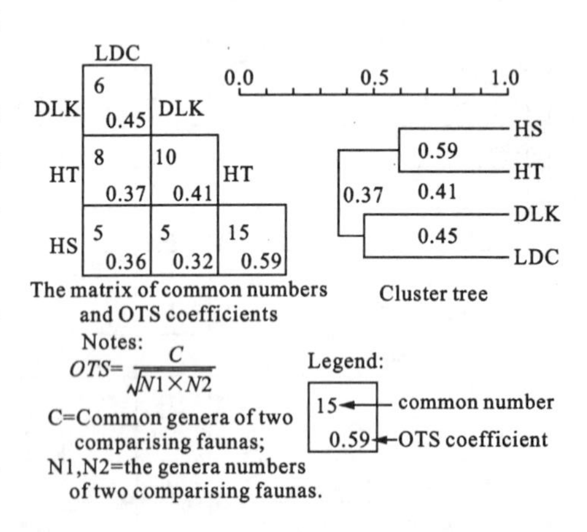

Fig. 3 Cluster Analysis of the Four Brachiopod Faunas from the Late Permian Carbonate Buildups of the Yangtze Region

Endemic genera and species were dominant in each of the four faunas. *Ladoliplica plattormia*, *L. zigzagiformis*, *Spirigerella ovalioides*, and *Spirigerella shuizhutangensis* were abundant the Cili fauna. In the Longdonchuan Fm., *Rostranteria ptychiventria*, *Rectambitus bisulcata*, and *Cartorhium twifurcifer* were more abundant than others. *Notothyris minuta*, *N. depressus*, *Dielasma zhijinense*,

D. nummulum, and *Prelissorhynchia subrotunda* were principal elements associated with sponge beds. In the Huatang fauna, brachiopods were abundant, formed shell mounds, and *Huatangia sulcastigera*, *Chenxianoproductus nitens*, *Hybastenoscisma bambusoides*, and *Eolaballa pristina* were typical endemic elements.

Paleoecology

Reef-dwelling brachiopods were found either within the reef framework, commonly with sponges and other frame builders, or in channels on reef flats. The reefal framework brachiopods showed ①relatively small shells compared with counterparts in non-reef environments; ②a strong pedicle for attachment (Fig. 4:3); ③smooth or simply ornamented shells (e. g. *Prelissorhynchia*, *Crurithyris*, *Spirigerella*); ④ capacity also to inhabit non-reef environments. Channel-dwelling brachiopods lived at the bottom of reef flat channels. The spiriferid *Ladoliplica*, and productid *Richthofenia* were attached to the substrate by a strong pedicle or spines, and had relatively wide cardinal areas to prevent the shells from being swept away by currents (Fig. 4:4). A submarine microerosion surface existed beneath these fossils, indicating that they lived on a soft substrate in the reef environment. In the shell interior, structures of the apically cystose shell was preserved, indicating that the shells were not transported far from their living place before burial.

Reefs or banks were rarely formed by brachiopods alone, but some shell beds were intercalated between sponge framestone. In such shell beds large numbers of transported brachiopod shells accumulated, with few other organisms. These shell beds were formed on a short-lived reef-flat environment after the reef 'partially died' (sic, ed.).

SYSTEMATIC PALEONTOLOGY

Order Spiriferida Waagen 1883

Family Martiniidae Waagen 1883

Ladoliplica n. gen.

Type species. *Ladoliplica zigzagiformis* n. sp. Age and distribution. Wujiapingian, Upper Permian, South China.

Diagnosis. Medium-sized, moderately biconvex, smooth shell, subpentagonal outline, strongly incurved beak, short hingeline, small interarea on both valves; dorsal interior with converging hinge plate at umbonal area; short, small, sometimes bifurcated cardinal process; lateral simple spiralia with only two coils.

Comparison. Some species of *Martinia* have a greatly extended tongue on the anterior fold, e. g. *Martinia rhomboidalis* (Girty, 1909, in Cooper & Grant, 1976), which is rather comparable with *Ladoliplica zigzagiformis*, but the American species has a conspicuously rounded fastigium. *Ladoliplica* is distinguished from *Martinia* in its subpentagonal outline, strongly incurved beak, zigzag lateral commissure, and extended, pointed tongue.

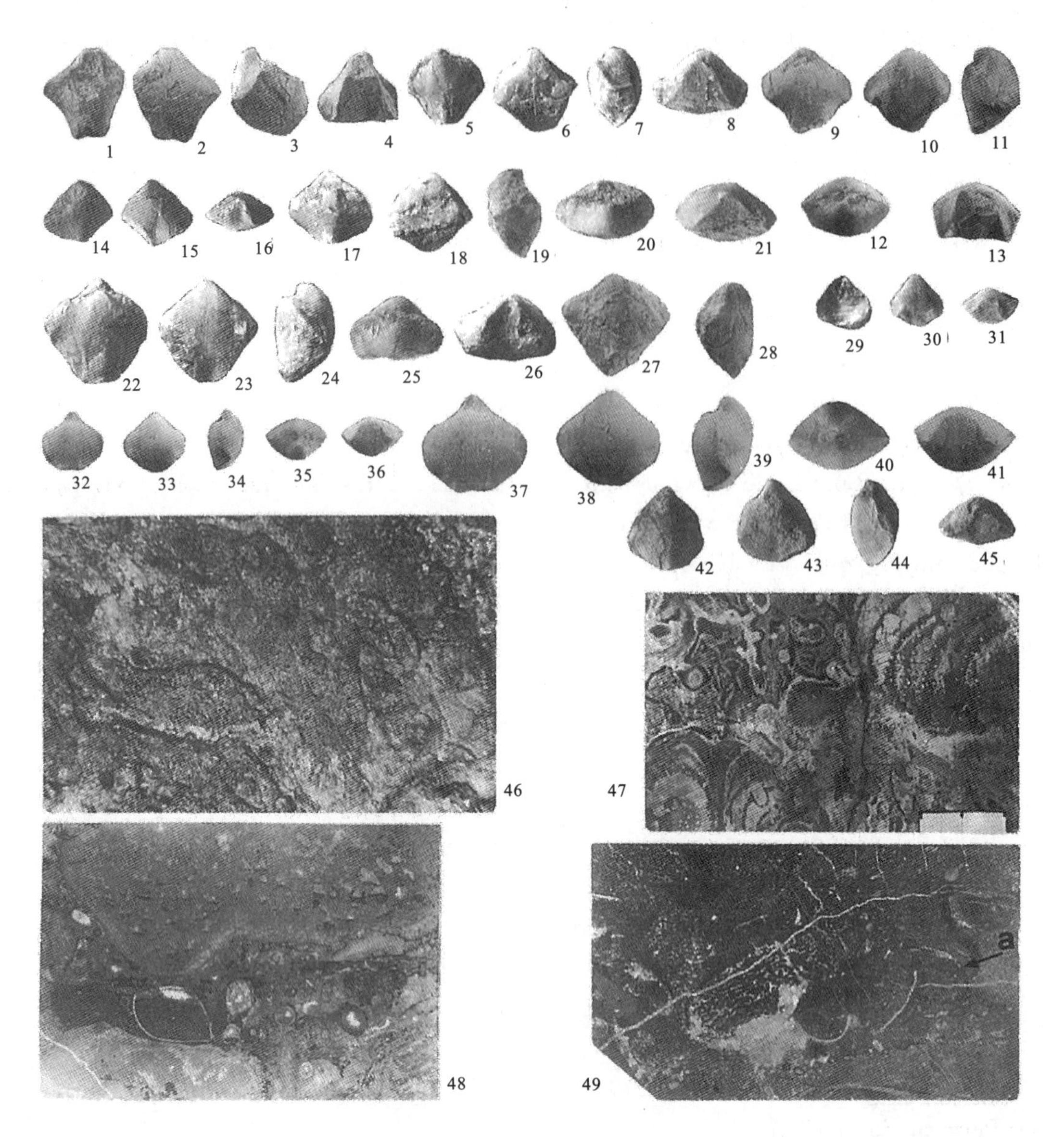

Fig. 4 1—8 and 14—28:*Ladoliplica zigzagiformis* n. gen. ,n. sp. 1—4,holotype S4F020;9—13,29—31 and 32—41:*Ladoliplica platformia* n. sp. ,9—13,holotype S4F024;46:sponge-algal framestone horizon 10;47:polished surface,horizon 12;48:brachiopod in sponge-algal framestone,horizon 6;49:richthofeniid shell,horizon 2,all from Daluokeng section. Shells c. ×0. 75

Ladoliplica zigzagiformis n. sp.

Fig. 4:1～8,14～21,25～31;Fig. 5.

Type locality. Unit D1, Daluokeng Formation, beds 7, 9 and 16, Daluokeng section, Hunan.

Diaqnosis. Medium-sized,lateral commissure zigzag,tongue of pedicle valve long,slightly rounded platform.

Description. Shell equally wide as long, widths 14～19mm, moderately ventribiconvex; beaks strongly incurved, sharp; triangular interareas on both valves, open delthyrium, notothyrium; ventral valve deeper at mid-posterior, greatest swelling in front of umbonal region; dorsal valve less convex, longitudinally forming flat line along fold except umbonally; profile strongly curved posteriorly, flattened at middle, gradually sloping anteriorly; commissure zigzag laterally, uniplicate anteriorly, fold low at mid-length, gradually heightening anteriorly, forming slightly rounded fastigium; sulcus shallow, beginning near or slightly anterior to mid-length, moderately to greatly extended anteriorly, slightly rounded; costae absent, but with fine lines or fibres sparsely spaced on exfoliated or abraded shells, growth lamellae weak, visible only anteriorly.

Ventral interior with strong hinge teeth, triangular in outline, blunt; dental ridges extended toward midline, converging near umbonal region, forming short platform; dental plates absent; median septum umbonally. Dorsal interior with shallow hinge sockets; downward, short plate not reaching valve floor, beneath hinge socket; hinge plates converging umbonally; short, small cardinal process, sometimes bifurcated; spiralia simple, two coils.

Ladoliplica platformia n. sp.

Fig. 4: 9～13, 22～24, 32～41; Fig. 6.

Type locality. Unit D1, Daluokeng Formation, from beds 7、15, Daluokeng section, Hunan.

Diagnosis. Flat, square tongue at anterior ventral valve, lateral commissures angularly zigzag.

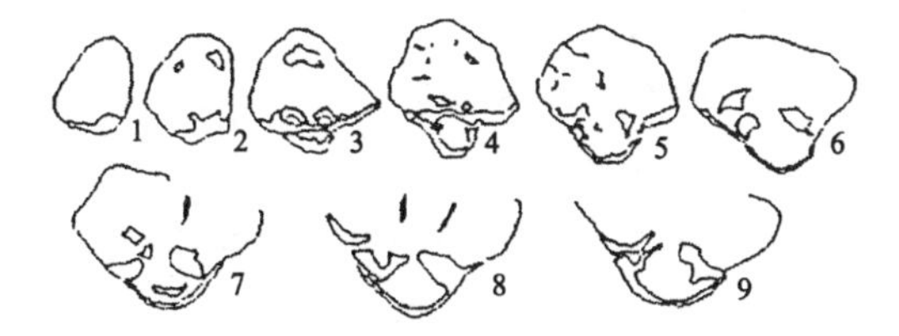

Fig. 5 Serial sections of *Ladoliplica zigzagiformis* n. gen., n. sp., at 0.03mm intervals, ×3

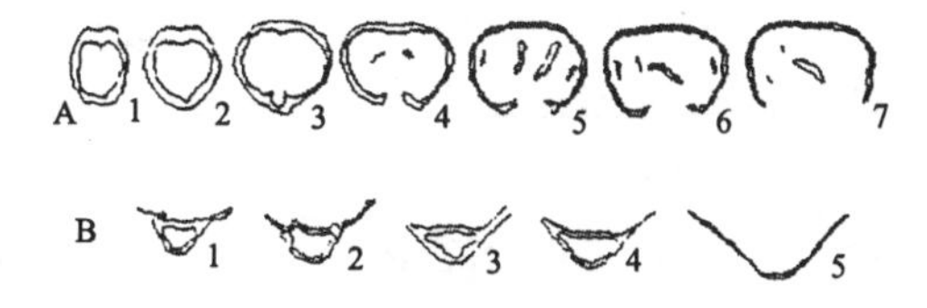

Fig. 6 *Ladoliplica platformia* n. sp.
A: ventral valve, sections at 0.04mm intervals;
B: dorsal valve, sections at 0.05mm intervals, ×2

Description. Lengths 10～16mm, widths 11～17mm, outline regularly subpentagonal in maturity, slightly transverse; moderately biconvex; ventral valve deepest at mid-posteriorly; hinge ends slightly protruding, sharply angled at angular, zigzag lateral commissure; uniplicate anteriorly; fold low at mid-length, gradually becoming very high anteriorly; dorsal valve steeply sloping anterolaterally, forming square tongue; ventral valve generally strongly convex, greatest swelling in front of umbonal region; valve proflie strongly curved at umbonal region, flattened at middle, gradually sloping anteriorly; dorsal profile less convex, forming flat line along fold except in umbonal region; strongly convex transversely; fastigium at fold gradually sloping posteriorly, except for umbonal region, steeply sloped anteriorly.

Comparison. The new species is similar to *Ladoliplica zigzagiformis* in shape, incurved beak, short hinge line, and zigzag lateral commissure, but differs in its generally smaller size, more angular and narrow fold, zigzag lateral commissure, and square, flat anterior commissure, square tongue. The two species co-occur in bed 7 of the type species locality.

Acknowledgments

The publication of this paper is supported by the National Natural Scientific Foundation Committee of China, the China Geology and Mineral Resources Professional Foundation, and the Smithsonian institution(USA). The Natural Sciences and Engineering Research Council of Canada, Ottawa, provided travels and accommodation support to attend the Third International brachiopod Congress. Other workers on the project were Luo Xinmin, Lin Qixiang, Wang Yongbiao, Chen Linzhou, and Xiao Shiyu of the China University of Geosciences. The author also thanks Grant R E(deceased) for his help.

References

Chao Y T. Carboniferous and Permian spiriferids of China[J]. Palaeontologica Sinica, 1929, B11(1): 1 - 133

Chernyshev T N. Die obercarbonischen Brachiopoden des Ural and des Timan[J]. Mémoires Comité Géologique, 1902, 16(2): 1 - 749

Cooper G A Grant R E. Brachiopods in the Permian reef environment of West Texas[J]. Smithsonian Contributions to Paleobiology, 1972, 14: 1 444 - 1 481

Cooper G A, GRANT R E. Permian brachiopods of west Texas, Ⅱ[M]. ibid. 1974. 14: 233 - 793

Cooper G A, GRANT R E. Permian brachiopods of west Texas, Ⅲ[M]. ibid. 1975. 19: 749 - 1 920

Cooper G A, GRANT R E. Permian brachiopods of west Texas, Ⅳ[M]. ibid. 1976a. 21: 1 923 - 2 607

Cooper G A, GRANT R E. Permian brachiopods of west Texas, Ⅴ[M]. ibid. 1976b. 24: 2 609 - 3 159

Cooper G A, GRANT R E. Permian brachiopods of west Texas[J]. Smithsonian Contributions Paleobiology, 1969, 1: 1 - 20

Fan J S, ZHANG W. Sphinctozoans from late Permian reefs of Lichuan, western Hubei, China[J]. Facies, 1985, 13: 1 - 44

Girty G H. The Guadalupian fauna[J]. U. S. Geological Survey Professional Paper, 1909, 58: 1 - 651

Li X J, Chen L Z, Luo X M. The reefs of Changxing Formation in southern Hunan Province[J]. Geologica Sinica, 1993, 28: 317 - 326

Liao Z T, Meng F Y. Late Changxingian brachiopods from Huatang of Chen Xian County, southern Hunan[J]. Memoirs Nanjing Institute Geology Palaeontology, Academia Sinica, 1986, 22: 71 - 94

Liao Z T. Paleoecological characters and stratigraphic significance of silicified brachiopods of the Upper Permian from Heshan, Laibin, Guangxi[M]. In: Stratigraphy and paleontology of systemic boundaries in China, Permian-Triassic Boundary. Beijing: Geological Publishing House, 1987: 81 - 125

Xu G R, Grant R E. Brachiopod faunae near the Permian-Triassic boundary in South China[J]. Smithsonian Contributions Paleobiology, 1994, 76: 1 - 68

Xu G R. Brachiopods[M]. In: Yang Z Y, et al. Permian—Triassic boundary stratigraphy and fauna of South China. Beijing: Geological Publishing House, 1987: 215 - 235

Yang Z Y, Wu S B, Yin H F, et al.. Permo-Triassic events of South China[M]. Beijing: Geological Publishing House, 1991: 183(Chinese)

【From: Paul Copper, Jisuo Jin. Brachiopods. Proceedings of the Third International Brachiopod Congress, 1995: 305 - 311】

贵州关岭扒子场中三叠世绒枝藻植物群的发现

徐桂荣

引言

黔南中三叠统"S"形带状岩隆主要由坡段组和垄头组组成，长期以来吸引着国内外学者的注意。早在20世纪60年代，殷鸿福、杨遵仪、徐桂荣就注意到这是一个壮观的生物建造。经过多年的研究，贺自爱等(1980，1983)认为它是一个"S"形带状的大堤礁，并指出造礁生物皆为红藻类的管孔藻科，但对藻类化石没有进一步研究。此后，许多学者对大堤礁的观点看法不一，有人认为是生物成因，有人则认为是无机成因，众说纷纭。刘宝珺等(1987)认为此带为生物滩，其主要理由之一是"各处仅见少量的保持生长状态的造礁红藻"，或"几乎未见造礁的生物格架"，否认了生物礁的存在。牟传龙(1989)又重申了生物滩的主张，认为"各处很少见有保持生长状态的藻礁，显然应为碳酸盐台地边缘生物滩或碎屑滩沉积"。对于这个复杂建造有不同的看法是不奇怪的，只有通过争论才能使研究深入。作者认为问题的症结之一是对藻类等可能造礁的生物研究不够。上述学者的分歧主要是：有否造礁生物存在，生物在这个建造中的作用等方面。所以作者认为深入研究藻类及其他生物的组成和作用是解决该问题的关键。

一、绒枝藻植物群的组成及其意义

1988年秋，作者曾随范嘉松教授等在黔南对这个带状岩隆进行了全面踏勘；次年我们(童金南、林启祥、王永标、作者和我校学生)在贵阳青岩杨梅堡、花溪垄头和关岭扒子场等地测制了几条系统剖面。在野外和室内的研究中，我们深感这是一个由生物组成的复杂体，生物类别多种多样，其中以藻类最为丰富，此外，还有苔藓虫类、珊瑚类、棘皮类、龙介类、腕足类、腹足类、双壳类和有孔虫类等。藻类有蓝藻、绿藻和红藻等，其中绿藻类的绒枝藻为首次发现。

剖面位于关岭扒子场由郎妹至上红岩的公路两旁，全长约10km，出露良好，剖面完整，从下至上包括下三叠统谷脚组(T_1g)、中三叠统坡段组(T_2p)、垄头组(T_2l)和竹杆坡组(T_2z)，以及上覆不见顶的上三叠统赖石科组(T_3l)，总厚超过1 600m。整个剖面主要由灰色、浅灰色中厚层、厚层或巨厚层及块状生物灰岩或生物碎屑灰岩组成。坡段组以夹有多层白云质灰岩为特征，下部保存有大量处于生长状态的珊瑚类和苔藓虫类，上部产丰富的藻类化石；垄头组以玛瑙纹灰岩和发育栉壳结构为特征，各层均产藻类化石，而以底部和顶部较为丰富；竹杆坡组以中厚层灰岩为主，未见块状灰岩，可见藻类化石。剖面中许多化石保存十分完整，但也有大量生物碎屑。

剖面中的绒枝藻植物群由下至上包含有3个藻化石带和3个亚带。

(1)坡段组上部为扒子场喇叭孔藻带(*Salpingoporella bazichangia* biozone)，其中包括3

个亚带：①三叠（相似种）台特洛孔藻亚带（*Teutloporella* cf. *triasina* subzone）；②多孔强枝藻亚带（*Briarocladella polyporella* subzone）；③直枝圆孔藻亚带（*Strongyltubulla rectoid* subzone）。

(2)垄头组为音叉短孔藻带（*Brachyteporella yinchacladia* biozone）。

(3)竹杆坡组为短枝短孔藻带（*Brachyteporella brachycladia* biozone）。该绒枝藻植物群与欧洲相当层位的藻植物群可以比较。其中最重要的是 *Teutloporella triasina*，该种最早发现于南阿尔卑斯山，Pia[in Diaconu(1969)]认为是安尼阶最上部的产物；后来，在 Garda 湖以东的 Recoaro 地区和卡尼克阿尔卑斯山南界 Pontafel 的相同层位中也发现了该种化石；1969 年，Diaconu 和 Dragastan 在罗马尼亚 Apuseni 山的白色及玫瑰色的 Marmorean 灰岩中也发现了该种，并根据与其共生的生物组合特征，认为产该种的地层的层位应为安尼阶上部或拉丁阶的底部。我们在坡段组上部发现的标本虽与欧洲的标本稍有差别，但总体上看，归入该种没有问题。此外，贵州的新属 *Strongylotubulla* 与 Flügel 和 Flügel-Kahler(1984)描述的产于西班牙南部中三叠世生物礁中的 *Spinaporella* 属有相似之处。这些证据说明绒枝藻化石具有重要的时代意义(图 1)。

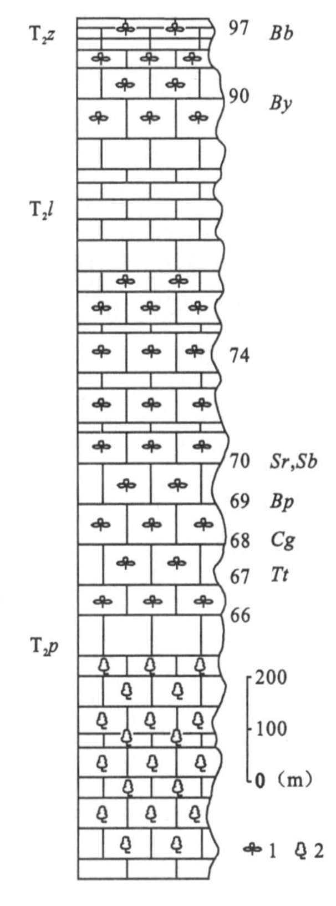

图 1　关岭扒子场剖面地层顺序和绒枝藻化石层位示意图

T_2p. 坡段组；T_2l. 垄头组；T_2z. 竹杆坡组；1. 绒枝藻化石；2. 珊瑚类和苔藓虫类化石；*Bb. Brachyteporella brachycladia*；*By. Brachyteporella yinchacladia*；*Sr. Strongylotubulla rectoid*；*Sb. Salpingoporella bazichangia*；*Bp. Bria-rocladella polyporella*；*Cg. Curvocladia gyrotubulia*；*Tt. Teutlopore lla* cf. *triasina*

图中数字为层号

通常认为，海生的绒枝藻可生活于从潟湖到潮下的各种环境中。Flügel et al. (1984)在讨论 *Spinaporella* 的生存环境时认为，由于藻植体的中央茎和孔隙在沉积期被钙质胶结物充填，首次发生在其中的纤维状胶结物可能与格架结构的形成有关。关岭扒子场中三叠世的沉积特征与西班牙南部中三叠世生物礁有许多类似之处，生物都十分丰富，有一些共同的类别；主要的差别是西班牙南部的生物礁以龙介类为造架生物，而黔南的中三叠世岩隆的造礁生物较多，包括六射珊瑚类、苔藓虫类、龙介类和藻类等。所以不能说没有造架生物存在，目前主要的问题是要弄清这些生物是否起到了造架作用，是否形成了生物礁。有关生物礁的造架生物和礁的成因，笔者将另文探讨。

二、化石描述

绿藻门 Chlorophyta Papenfuss, 1946

绒枝藻目* Dasycladales Paschner, 1931

明月藻科 Seletonellaceae Korde, 1950

---

* 拉丁文 dasy 是多毛、毛绒粗糙而非粗大之意，有些学者把该目译为粗枝藻，不含原意。

台特洛孔藻属 *Teutloporella* Pia,1912

三叠(相似种)台特洛孔藻 *Teutloporella* cf. *triasina* (Schaurith,1859)Pia,1912

(图版Ⅰ-1)

材料 薄片号码为50050,采自贵州省关岭县扒子场剖面坡段组67层。

描述 藻植体中等大小,圆柱状;中央茎留下的轴穴窄。初级枝毛纤状,多且密,直长,断面呈不规则的椭圆形,从中央茎斜向生出。枝成轮环状排列,紧密不规则,数轮出现一个紧缩圈,但不分节。

测量(mm) 藻植体直径 $D=1.62$;中央茎直径 $d=0.64$;$d/D=0.40$;初级枝长 $l=0.61\sim0.65$;枝径 $r=0.03\sim0.04$。

讨论 该标本在外形和枝的分布等方面与Diaconu和Dragastan(1969)(p. 70,pl. I;fs. 1,2)描述的 *Teutloporella triasina* 基本相同,但扒子场标本比罗马尼亚Apuseni山的要小,且后者轮系(verticillate series)明显。

层位和产地 中三叠统安尼阶(Anisic)坡段组,扒子场剖面第67层;贵州省关岭县扒子场。

强枝藻(新属) *Briarocladella* n. gen.

(拉丁文 briar,强壮之意,clad,枝)

代表种 多孔强枝藻 *Briarocladella polyporella* n. gen. et sp.,产于贵州省关岭县扒子场剖面坡段组第67层。

特征 藻植体大,圆柱状或半圆锥状,体直,钙化强;中央茎的直径粗。初级枝自中央茎以小于30°的角度生出,枝成组地呈轮状排列,规则,每轮有3～4排,为复轮生;枝为直管状,直径一致,未见扩大。

比较 新属接近喇叭孔藻 *Salpingoporella*(Pia,1918)Conrad,1969,在外形上尤其接近Conrad(1969)的种 *S. genevensis*(Dragastan,1985)(p. 15,pl. 6,fs. 1～6),但后者一轮仅一排粗壮的枝,而新属有3～4排的枝成群排列,乍看像一个粗壮的枝,实际是几个枝,这些枝均为等粗,不成喇叭状。

时代和分布 中三叠统安尼阶(Anisic),黔南。

多孔强枝藻 *Briarocladella polyporella* n. gen. et sp.

[图版Ⅰ(2a～2d)]

材料 薄片号码为50047,全模,采自贵州省关岭县扒子场剖面坡段组第69层。

描述 藻植体大,圆柱状或半圆锥状,体直,钙化强。中央茎的直径粗,其直径大于藻植体的1/2,留下的轴穴宽,内部常有藻屑充填或被亮晶充填。初级枝自中央茎以小于30°的角度生出,枝为直管状,直径一致,未见扩大,枝成群地呈轮状排列,规则,每轮有2～4排,复轮生;两群枝轮间的间距宽于枝轮宽度。

测量(mm) $D=2.56\sim4.12$;$d=0.88\sim2.08$;$d/D=0.34\sim0.50$;两群枝轮的间距 $wd=0.40\sim0.56$;枝轮宽度 $vw=0.24\sim0.40$。

讨论 图版Ⅰ-(2a～2d)所示的标本出现在同层的同一薄片中,根据特征比较,作者认为应属于同种的不同个体。图版Ⅰ-2a在形态上似乎接近 *Diplopora annulata*(Schafhautl),1863,但该种一般为多毛状的分枝,而本种为复轮生,分枝排列规则。从外形上图版Ⅰ-2可能会被误认为是 *Physoporella pauciforata*(Guembel),1827,该种通常每轮为一粗枝,而本种为数枝排列在一轮。图版Ⅰ-(2c～2d)与 *Macroporella alpina* Pia,1912可比较,但该种分枝不规则。上述3种在阿尔卑斯山的Anisic阶常同时出现,是否应属同种值得探讨。

层位和产地 中三叠统安尼阶(Anisic)坡段组,扒子场剖面69层;贵州省关岭县扒子场。

弯枝藻属 *Curvocladia* n. gen.

(拉丁文curv,弯曲之意)

代表种 圆管弯枝藻 *Curvocladia gyrotubulia* n. gen. et sp.,产于贵州省关岭县扒子场坡段组第68层。

特征 藻植体大,圆柱形;中央茎窄。枝轮生,为正轮生;每轮之间的距离较小。初级枝以锐角从中央茎长出,从中部开始逐渐弯曲直至末端,枝径大小不变,呈圆管状,未见二级分枝。生殖囊成亚球形,位于初生枝的基部。

比较 本属最接近喇叭孔藻属 *Salpingoporella*(Pia,1918)Conrad,1969,它们的中央茎都较窄,只有初级枝,枝轮间距较密,它们的差别是后者的初级枝向外扩大成喇叭状。

时代和分布 中三叠世安尼期(Anisic),黔南。

圆管弯枝藻 *Curvocladia gyrotubulia* n. gen. et sp.

(拉丁文gyr,圆之意)

(图版Ⅱ-2)

材料 薄片号码为50049,全模,采自扒子场剖面坡段组第68层。

描述 藻植体大,圆柱形,但轮廓不很规则;中央茎留下的轴穴较窄,其直径约为藻植体直径的1/3。枝轮生,为正轮生;每轮之间的距离较小。初级枝以锐角从中央茎长出,中部弯曲趋于水平,末端弯曲下倾,枝径大小不变,呈圆管状,未见二级分枝。在初级枝的基部见亚球形的孔,孔径约两倍于枝径,推测为藻植体的生殖囊。

测量(mm) 藻植体长度 $L=9.60$;$D=4.12$;$d=1.36$;$d/D=0.33$;$h=0.36\sim0.44$;初级枝直径 $r=0.12\sim0.16$;生殖囊直径 $R=0.20\sim0.28$。

层位和产地 中三叠统安尼阶(Anisic)坡段组,扒子场剖面第68层;贵州省关岭县扒子场。

绒枝藻科 Dasycladaceae Kützing,1843,orth. muth. Stizenberger,1860

喇叭孔藻属 *Salpingoporella*(Pia,1918)Conrad,1969

扒子场喇叭孔藻 *Salpingoporella bazichangia* n. sp.

[图版Ⅱ-(3a～3c)]

材料 薄片号码为50046、50050、50052等,50052为全模,采自扒子场剖面坡段组第66、第67、第70层。

描述 藻植体小至中等,圆柱体,直或微弯,轮廓因钙化程度不同而变化,常见一个收缩圈位于藻植体的中下部;中央茎留下的轴穴窄,其直径一般只有藻植体直径的1/3。初级枝自中央茎以30°～50°角长出,枝成管状,在始部至中部较直,末部略有弯曲;管径在始部和中部变化较小，然后逐渐扩大。枝轮生，但排列不太规则，轮环紧密，间距小。见一些亚球形生殖囊位于初级枝的始部。

测量(mm)　$L=1.84\sim5.52$；$D=1.28\sim3.52$；$d=0.32\sim0.60$；$d/D=0.25\sim0.39$。

比较　新种与 Dragastan(1989)描述的侏罗纪种 *Salpingoporella enayi* Bernier，1984 (p. 11，pl. 3，fs. 3～6)在藻植体形态、中央茎直径与藻植体直径之比和轮环紧密排列等方面较为接近，但后者初级枝的始端常微弯，其末端呈明显的喇叭状扩大。另一个侏罗纪种 Spygmaea. (Gümbel，1891)Bassoullet et al. ，1979(Dragastan，1989)(p. 12，pl. 3，fs. 7～9)也与新种在体形、中央茎等方面十分接近，这个侏罗纪种的初级枝呈弧形弯曲，枝茎较粗，开口处明显扩大，而且个体较小。上述两侏罗纪种未见生殖囊。据王玉净(1976)报道，在我国珠峰地区古新统发现喇叭孔藻，并将其称为弱小喇叭孔藻(*S. pusilla*)。该种初级枝从中央茎近垂直地长出，直管状。扒子场的种与其明显不同。本种与 *Macroporella alpina* Pia，1912 在外部形态上有些类似，但后者分枝不规则。

层位和产地　中三叠统安尼阶(Anisic)坡段组，扒子场剖面第 66、第 67、第 70 层；贵州省关岭县扒子场。

短孔藻属 *Brachyteporella* n. gen.

(拉丁文 bracht，短之意)

代表种　音叉短孔藻 *Brachyteporella yinchacladia* n. gen. et sp. 产于贵州省关岭县扒子场坡段组和垄头组第 67、第 70、第 74、第 90 层。

特征　藻植体大至中等，圆柱状，直或微弯；中央茎粗。初级枝短，圆锥形或球形，其始端垂直于中央茎，排列规则，为正轮生，两轮间的距离均匀；二级枝一般长于初级枝，管状，到末端稍有扩大，可能一簇为 4 枝；有时见三级枝，极短，略变细。球形初级枝可能是生殖囊。

比较　本属在藻植体外形和中央茎形态等方面接近于属 *Suppiluliumaella* Elliott，1968，但后者无三级枝并且初级枝长，可与本属明显区分。本属以初级枝为圆锥形、短，二级枝长、呈音叉状从初级枝分出和有时具三级枝等为特征，故更接近三枝藻属 *Trinocladus* Raineri，1922，它们之间的主要区别是后者初级枝长，始端为管状，向外扩大呈球状。

时代和分布　中三叠世，黔南。

音叉短孔藻 *Brachyteporella yinchacladia* n. gen. et sp.

(汉语拼音 yincha，音叉之意)

[图版Ⅲ-(1a～1e)]

材料　薄片号码为 50092，为全模标本，其他还有 50018，50050，50046 等，采自扒子场剖面坡段组和垄头组第 67、第 70、第 74、第 90 层。

描述　藻植体大，直的圆柱状，由于钙化程度不同，藻植体的轮廓有变化；中央茎粗，圆柱形，未钙化而保存为空穴，常为亮晶方解石或藻屑所充填，其直径约为藻植体直径的 1/2。初级枝始端垂直于中央茎，短；常为圆锥形，始端宽，向前在分枝前变窄，枝长和始端的直径几乎相等；有时为球形，可能是生殖囊；规则地成轮状排列，两轮间的距离均匀且较短。二级枝对称地呈音叉状从初级枝分出，长，延伸几近藻植体的边缘，为等粗的管状，但在末端略有扩大，在标本上时可见 3 枝在一起(两枝明显，一枝隐约可见)。第三级枝极短，常易被忽略，管状，末端一般不扩大，有时略缩小。

测量(mm) $D=1.56\sim2.08$；$d=0.72\sim1.04$；$d/D=0.46\sim0.50$；两轮之间的间距 $h=0.24\sim0.36$。初级枝长 $l_1=0.08\sim0.16$；二级枝长 $l_2=0.32\sim0.40$；三级枝长 $l_3=0.07\sim0.08$。

层位和产地 中三叠统坡段组和垄头组，扒子场剖面第67、第70、第74、第90层；贵州省关岭县扒子场。

短枝短孔藻 *Brachyteporella brachycladia* n. gen. et sp.

[图版Ⅲ-(2a～2d)]

材料 薄片号码为50004，采自扒子场剖面竹杆坡组第97层，全模。

描述 藻植体大，直的圆柱形，轮环处常见收缩圈；其基部有柄，柄上收缩圈更为明显；中央茎很粗，圆柱状，未钙化而保存为空穴，常被藻屑所充填，其直径远大于藻植体的1/2。初级枝始端垂直于中央茎，短而粗；常为圆锥形，始端宽，向前在分枝前变窄，枝长常小于始端的直径；有时为球形，可能是生殖囊；规则地呈轮状排列，两轮间的距离较长，均匀。二级枝对称地斜向伸出，两枝间的角度为50°～55°，直管状，略长于初级枝，末端二分叉式分出三级枝。三级枝从二级枝斜向伸出，两枝间的角度约为45°，管状，近藻植体边缘略扩大。

测量(mm) $D=1.36\sim4.08$；$d=0.72\sim3.20$；$d/D=0.53\sim0.78$；$h=0.96\sim1.00$；$l_1=0.12\sim0.16$；$l_2=0.24\sim0.32$；$l_3=0.12\sim0.16$。

比较 本种与音叉短孔藻 *Brachyteporella yinchacladia* n. sp. 的区别是：①本种藻植体大，有收缩圈；②中央茎的直径远大于藻枝的总长；③二级和三级枝都为二分叉式分出；④藻植体基部有柄，收缩圈更为明显。

层位和产地 中三叠统拉丁尼克阶(Ladinic)竹杆坡组，扒子场剖面第97层；贵州省关岭县扒子场。

有疑问的藻类 Problematical algae

圆管藻属 *Strongylotubulla* n. gen.

(拉丁文 strongyl，圆形之意)

代表种 直型圆管藻 *Strongylotubulla rectoid* n. gen. et sp.，产于贵州省关岭县扒子场剖面坡段组第67、第68、第69层。

特征 藻植体大，长圆柱状，不分节，钙化很差；中央茎粗，为一极薄的外皮所包围，外皮均匀连续；其内部为髓质，有许多弯曲的管道，在髓部外圈的管道粗，在其内圈的管道细，中央为髓穴，呈不规则的圆柱状，但常偏于一侧。营养枝为毛纤型，密集生长不规则，非轮生；枝从中央茎斜向伸出。生殖枝粗，始部呈圆球状，末端管状，分布不规则。具根状构造。

讨论 本属在某种程度上接近 Flügel 和 Flügel－Kahler(1984)(p. 178～179)所建立的新属 *Spinaporella*，后者在营养阶段因钙化不同可分为三带，本属虽钙化很弱，且常泥晶化，但也可见分带现象，如中央茎的外皮；其外为毛纤枝或生殖枝所显示的孔道分布带，最外围有时可见帽状微胞，推测可能为配子体。本属虽在分带现象方面类似于 *Spinaporella*，但在本质上，两者并不相同。主要的区别是本属中央茎内具有髓部和髓穴，并有根状构造。

时代和分布 中三叠世安尼期(Anisic)，黔南。

直型圆管藻 *Strongylotubulla rectoid* n. gen. et sp.

（拉丁文 rect，直之意）

［图版Ⅰ-(3a～3d)；图版Ⅱ-(1a，1b)］

材料 薄片号码为50097，全模标本，其他有350049、50050，采自贵州省关岭县扒子场剖面坡段组第67、第68、第70层。

描述 见属征。

测量(mm) 藻植体长 $L=6.24\sim8.72$；$D=2.12\sim3.92$；$d=1.40\sim3.28$；$d/D=0.66\sim0.84$；髓穴的直径 $pd=0.92\sim1.28$。

层位和产地 中三叠统安尼阶(Anisic)坡段组；贵州关岭县扒子场。

本文的完成，首先要归功于参加野外测制系统剖面的师生们，其中童金南老师和杨建国等同学付出了辛勤的劳动。范嘉松教授为作者参加中三叠世岩隆研究提供了机会，并带领我们在黔南作了大面积的考察；各个重要剖面的观察是在贺自爱教授的带领下进行的；湖北大学毕列爵教授在藻类化石研究方面给予了热情帮助；罗马尼亚布加勒斯特大学 Dragastan O 教授对化石的鉴定提出了许多宝贵的意见和建议；郝诒纯教授在百忙中审阅了初稿，并提出了宝贵意见，在此一并致谢。

参 考 文 献

贺自爱，杨宏，周经才. 贵州中三叠世生物礁[J]. 地质科学，1980(3)：256－264

贺自爱，杨宏，周经才. 再论贵州中三叠世生物礁及找油意义[J]. 石油地质文集——沉积相，1983，7：31－44

刘宝珺，张锦泉，叶红专. 黔西南中三叠世陆棚-斜坡沉积特征[J]. 沉积学报，1987，5(2)：1－16

刘效曾. 川西北中三叠统隐藻类碳酸盐岩特征及其环境意义[J]. 沉积学报，1983，1(3)：79－87，图版1

牟传龙. 黔南桂西早三叠世碳酸盐台地边缘和斜坡沉积模式及其演化[J]. 岩相古地理，1989，2：1－9

王玉净. 珠穆朗玛峰地区晚白垩世及早第三纪钙藻化石[M]. 见：中国科学院西藏科学考察队编. 珠穆朗玛峰地区科学考察报告(1966—1968). 古生物(第二分册)[M]. 北京：科学出版社，1976

朱浩然，钱凯先，陈树谷. 四川西北部中三叠统藻类化石的初步研究[J]. 南京大学学报(自然科学报)，1982(2)：431－439

Diaconu M，Dragastan O. Triassic calcareous algae from the Apuseni Mountains(Romania)[J]. Review of palaeobotany and palynology，1969，9：63－101

Dragastan O. Calcareous algae(new and revised)，microproblematicae and foraminiferida of Jurassic－Lower Cretaceous deposits from the Carpathian area[J]. Revista espanola de micropaleontologia，1989，21(1)：5－65

Dragastan O. Mesozoic dasycladaceae from Romania：distribution and biostratigraphical importance[J]. Facies，1981，4：165－196

Dragastan O. Review of Tethyan Mesozoic algae of Romania[M]. In:Toomey D F, Nitecki, M H (eds.) Paleoalgology: Contemporary Research and Applications. Berlin, New York: Springer - Verlag, 1985:101 - 161

Elliott G F. Permian to Paleocene calcareous algae (dasycladaceae) of the Middle East [M]. London: The British Museum (Natural History), 1968:1 - 111

Flügel E, Flügel - Kahler E, Martin J M, et al.. Middle Triassic reefs from Southern Spain[J]. Facies, 1984, 11:173 - 218

Flügel E, Mortl J. Mitteltriadische dasycladaeean (kalkalgen) Sowie Permoskyth aus der Bohrung K, sudlich Edling, Bezirk Volkermarkt, Karnten[M]. Carinthia Ⅱ, 1982

Flügel E, Mu X. Upper Triassic dasycladaceae from Eastern Tibet[J]. Facies, 1982, 6: 59 - 74, 8 - 10

Flügel E. Diversity and environments of Permian and Triassic dasycladacean algae[M]. In: Toomey D F, Nitecki M H (eds.). Paleoalgology: Contemporary Research and Applications. Berlin, New York: Springer - Verlag, 1985

Flügel E. Microfacies Analysis of Limestones[M]. Berlin, New York: Springer - Verlag, 1982

图 版 说 明

[化石保存于中国地质大学(武汉)古生物教研室]

图版Ⅰ

1. 三叠(相似种)台特洛孔藻 *Teutloporella* cf. *triasina*(Schaurith, 1859) Pia, 1912。斜切面,透射光,×25。a. 藻植体上部,切面平行初级枝;b. 下部横切初级枝,显示不规则椭圆形细孔。薄片号码:50050,采自贵州省关岭县扒子场剖面坡段组第67层。

2. 多孔强枝藻(新种)*Briarocladella polyporella* n. gen. et sp.。2a、2b为纵切面,单偏光(下同,除注明外都是单偏光),×12.5;2c、2d为弦切面,×12.5。a. 一轮有2~4排初生枝。薄片号码:50047,全模,采自贵州省关岭县扒子场剖面坡段组第69层。

3. 直型圆管藻(新种)*Strongylotubulla rectoid* n. gen. et sp.。3a、3b为纵切面;3c、3d为横切面,×12.5。a. 中央茎外皮;b. 髓部管道;c. 髓穴。薄片号码:50097,为全模,采自贵州省关岭县扒子场剖面坡段组第70层。

图版Ⅱ

1. 直型圆管藻(新种)*Strongylotubulla rectoid* n. gen. et sp.。1a为纵切面,1b为横切面,×12.5。薄片号码:50097,采自贵州省关岭县扒子场剖面坡段组第70层。

2. 圆管弯枝藻(新种)*Curvocladia gyrotubulia* n. gen. et sp.。纵切面,×12.5。a. 亚球形生殖囊。薄片号码:50097,为全模标本,采自贵州省关岭县扒子场剖面坡段组第68层。

3. 扒子场喇叭孔藻(新种)*Salpingoporella bazichangia* n. sp.。3a. ×12.5。3b. ×25,纵切面,箭头指示该藻植体的生殖胞。薄片号码:50052,为全模标本,其他为50050。坡段组第66、第67层。3c. 弦切面,右下方为横切面,×12.5。a. 指示生殖囊所在的位置。薄片号码:

50097，坡段组第 70 层，采自贵州省关岭县扒子场剖面。

图版Ⅲ

1. 音叉短孔藻（新种）*Brachyteporella yinchacladia* n. gen. et sp. 。1a、1b 为横切面；1c、1d 为纵切面；1e 为弦切面，×12.5。1a、1d、1e 的薄片号码：50092，为全模标本，坡段组第 70 层；1b、1c 的薄片号码：50046，垄头组第 74 层。a. 示音叉状分枝；b. 三级枝。采自贵州省关岭县扒子场剖面。

2. 短枝短孔藻（新种）*Brachyteporella brachycladia* n. gen. et sp. 。2a 为弦切面；2b 为纵切面；2c、2d 为横切面；×12.5。a. 示二叉状分枝；b. 三级枝。薄片号码：50004，为全模标本，采自贵州省关岭县扒子场剖面竹杆坡组第 97 层。

【原载《地球科学——中国地质大学学报》，1992 年 9 月，第 17 卷，第 5 期】

图版 I

图版Ⅱ

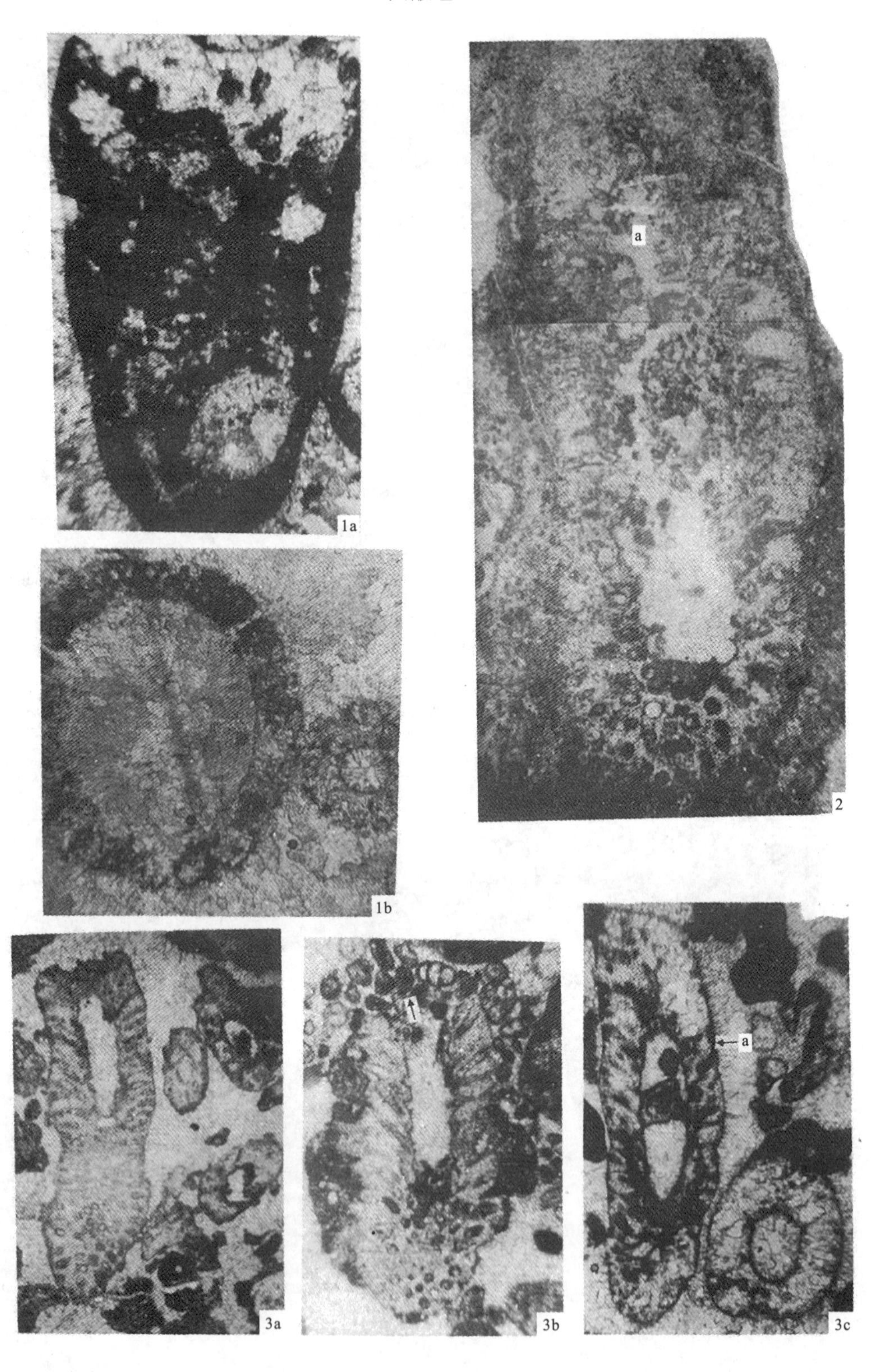

图版Ⅲ

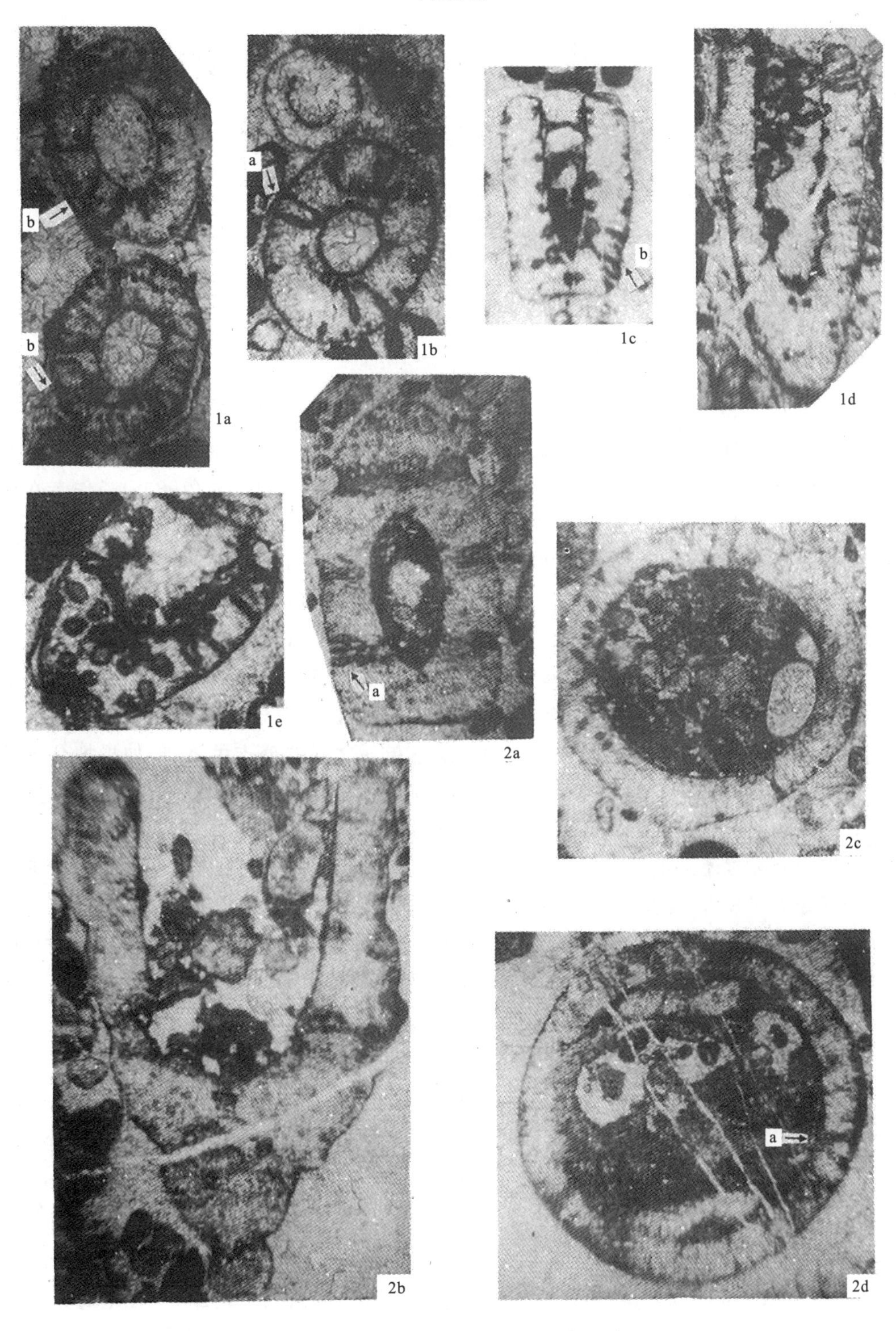

三叠纪小嘴贝类(Rhynchonellids)的表型—分支系统学

徐桂荣

引言

小嘴贝目(Rhynchonellida)的分类问题,自 Moore R C 主编的“Treatise on Invertebrate Palaeontology,part H”(1965)发表以来,已有一系列著作进行论述和修改,其中重要有:Ager 等(1972)、Dagys(1974)、孙东立和叶松龄(1982),以及徐桂荣和刘广才(1983a)。作者在南祁连山和西南地区三叠系化石研究的基础上(徐桂荣等,1983a,1983b),收集和研究了国内外已确立的三叠纪小嘴贝类共 47 属的资料。本文尝试作分类系统的探讨。

关于分类理论目前存在 3 种学说:①表型(数值)系统学(Phenetic or numerical systematics);②分支系统学(Cladistic systematics);③进化系统学(Evolutionary systematics)。进行适当加权的数值分析,能在总体上把握所研究生物各单元之间的性状相似程度,从而为祖征和裔征的探求给出有意义的启示;但如果仅以数值的聚类分析作为分类依据,就不能正确揭示各单元之间的分支关系。分支分析可以成功地归纳各单元之间的分支关系;但如果把分支关系作为分类的唯一关系,如 Hennig(1965)所主张的,而忽略进化等级和演化量的差异,必然会得出一些令人费解的形式分类。许多进化系统学学者(如 Mayr,1974),一方面赞成分支分析,同时强调在进行分类时还必须考虑进化等级问题。这在理论上是合理的;但在方法上缺乏数值分析和分支分析那种有效的步骤。下文讨论的方法是遵循进化系统学的理论,综合应用数值分析和分支分析的主要优点,摒弃它们的缺点。因为主要强调方法上的综合,所以本文采用的方法称为表型—分支系统学,在一些原理上不同于数值系统学和分支系统学。

一、性状分析

小嘴贝目(Rhynchonellida Kuhn,1949)通常归入具铰纲(Articulata Huxley,1869),因为它有铰合构造。作者曾归入腕铰纲(Brachiarticulata Xu,1980),因为它既有完好的铰合构造,还具有明确的纤毛腕支持构造——腕棒。该目还有其他明显的特征:个体较小、铰合线短、腹喙钩曲、茎孔位于喙顶等。除上述列举的小嘴贝目的共有特征外,本文归纳了 11 组性状(表 1)作为探讨进一步分类的出发点。这 11 组性状都有各种变异,根据各性状在分类中的重要性,对它们的变异量(用数字表示变异量,但不代表极向)作适当的规定。在对性状变异量的分析中作适当的“加权”。三叠纪小嘴贝类的性状可分 3 类:①铰板(HP)、隔板槽(ST)、腕基支板(CP)、腹中板(VS)和三角双板(DT)等只有两个变异状态(0 和 1);②背中板(DS)、牙板(DP)、中隆(FO)和腕棒形态(CR)采用了 3 个变异状态(0,1 和 2);③中槽和壳饰有 4 个变异状态(0,1,2

和 3)。这种安排反映一个重要事实:变异状态少的性状是高阶元分类根据;变异状态多的性状是低阶元分类根据。

表 1　三叠纪小嘴贝类的性状及其代号

代号	性状状态
DS	0=背壳无隔板 1=背壳具中脊 2=背壳具中隔板
HP	0=背壳具分离铰板 1=背壳具联合铰板
ST	0=背壳无隔板槽 1=背壳具隔板槽
CP	0=背壳无腕基支板 1=背壳具腕基支板
VS	0=腹壳无隔板 1=腹壳具中隔板
DP	0=腹壳无牙板 1=腹壳具悬空的牙板 2=腹壳具附着壳壁的牙板
SU	0=双壳无中槽　1=腹壳具中槽 2=背壳具中槽　3=两壳都具中槽
FO	0=两壳无中隆 1=背壳具中隆 2=腹壳具中隆
ON	0=壳面完全光滑无饰　1=壳前部具壳褶 2=整个壳面具壳褶　3=整个壳面具壳线
DT	0=三角孔洞开 1=三角孔上被三角双板覆盖
CR	0=腕棒呈钩棒形及其变异 1=腕棒呈镰刀形及其变异 2=腕棒呈三角棱柱形

表 2 表示三叠纪小嘴贝类 47 属的代号及时代分布,各属具有的性状见数值矩阵(表 3 至表 5)。

表 2 三叠纪小嘴贝类的属名及其代号

代号	属　名	时代	地理分布
A1	*Abrekia* Dagys	T_1—T_2	PR,XM,QQ*
A2	*Austriellula* Strand	T_3	EU,KA,TI
A3	*Austrirhynchia* Ager	T_3	EU,KA
C1	*Caucasorhynchia* Dagys	T_3	KA,TI
C2	*Costinorella* Dagys	T_2	PR
C3	*Costirhynchopsis* Dagys	T_2—T_3	EU,KA,QQ,YZ
C4	*Crurirhynchia* Dagys	T_2—T_3	KA,BL,PM,YZ,XM,TI
D1	*Decurtella* Gaetani	T_2—T_3	EU,KA,TI
D2	*Diholkorhynchia* Yang et Xu	T_2—T_3	YZ,QQ,TI
E1	*Eoseptaliphoria* Ching et Sun	T_3	TI
E2	*Euxinella* Moisseiev	T_3	KA,EU,BL,PM,TI
H1	*Hagabirhynchia* Jafferies	T_3	XM,IN
H2	*Halorella* Bittner	T_3	EU,PM,IN,NS,NA
H3	*Halorelloidea* Ager	T_3	EU,PM,IN,TI
H4	*Himalairhynchia* Ching et Sun	T_3	TI,XM
H5	*Holcorhynchella* Dagys	T_2	EU,KA,IN
H6	*Holcorhynchia* Buckman	T_3	TI,XM
L1	*Laevirhynchia* Dagys	T_3	EU
L2	*Lissorhynchia* Yang et Xu	T_1—T_2	KA,QQ,YZ,EU,XM
M1	*Maxillirhynchia* Buckman	T_3—J	NS,KA,EU,TI
M2	*Moisseievia* Dagys	T_3	KA,PM,BL,TI
M3	*Multicorhynchia* Chen	T_2	XM
N1	*Norella* Bittner	T_2—T_3	EU,KA,YZ
N2	*Nucleusorhynchia* Sun et Ye	T_2	T1
N3	*Nudirostralina* Yang et Xu	T_1—T_2	QQ,YZ,TI,XM
O1	*Omolonella* Moisseiev	T_3	NS,TI
P1	*Paranorellina* Dagys	T_1	PR
P2	*Paranudirostralina* Sun et Ye	T_2	TI
P3	*Piarorhynchella* Dagys	T_1—T_2	NA,PR,EU,BL,KA
P4	*Piarorhynchia* Buckman	T_2—J	EU,NS,NA,XM
P5	*Planirhynchia* Sucic—Protic	T_3—J	BL,NS,EU
P6	*Pseudohalorella* Dagys	T_2—T_3	NS. YZ
P7	*Prelissorhynchia* Xu et Grant	T_1	YZ
R2	*Rimirhynchopsis* Dagys	T_3	EU,KA,TI
R3	*Robinsonella* moisseiev	T_3	EU,KA,BL,XM
S1	*Sakawairhynchia* Tokuyama	T_3	IN,NS,PR,TI
S2	*Septaliphorioidea* Yang et Du	T_2	YZ,XM
S3	*Septaliphoria* Leidhold	T_2—T_3	YZ,QQ,TI
S4	*Sinuplicorhynchia* Dagys	T_3	NS,TI
S5	*Sinorhynchia* Yang et Du	T_2	YZ
S6	*Sulcorhynchia* Dagys	T_3	NS,XM,TI
T1	*Timorhynchia* Ager	T_3	IN,TI
T2	*Triasothynchia* Xu et Liu	T_2	QQ
T3	*Trigonirhynchella*(Dagys)	T_3	KA,PM,EU,YZ
U1	*Uniplicatothynchia* Sun et Ye	T_2	QQ
V1	*Veghirhynchia* Dagys	T_3	EU,KA,PR
V2	*Volirhynchia* Dagys	T_2	EU,KA

* 地理名称的代号：EU. 欧洲包括阿尔卑斯山和喀尔巴阡山；KA. 高加索和克里米亚；BL. 巴尔十和第纳拉山；IN. 东南亚尤其是印尼；PM. 帕米尔；PR. 原苏联滨海省；NS. 原苏联东北部；NA. 北美；XM. 喜马拉雅山地区；TI. 西藏北部和青海南部；QQ. 祁连山和秦岭；YZ. 扬子地台。

表 3　早三叠世小嘴贝类的数字矩阵

代号	属					
	A1	L2	N3	P1	P3	P7
DS	2	1	2	2	2	0
HP	1	1	1	1	1	1
ST	1	0	1	1	1	0
CP	0	0	0	0	0	0
VS	0	0	0	0	0	0
DP	2	2	2	2	2	2
SU	1	1	1	2	1	1
FO	1	1	1	2	1	1
ON	1	1	1	0	1	1
DT	1	1	1	1	1	1
CR	1	1	2	0	1	0

表 4　中三叠世小嘴贝类的数字矩阵

代号	属																				
	A1	C2	C3	C4	D1	D2	H5	L2	M3	N1	N2	N3	P2	P3	P6	S2	S3	S5	T2	UI	V2
DS	2	2	2	1	2	2	2	1	2	0	2	2	2	2	2	1	2	1	2	2	2
HP	1	1	1	0	1	1	1	1	1	0	1	1	1	1	1	0	1	0	1	1	1
ST	1	1	1	0	0	1	1	0	1	0	1	1	1	1	1	0	1	0	1	1	1
CP	0	0	0	0	0	0	0	0	0	0	0	0	0	0	0	0	0	0	0	0	0
VS	0	0	0	0	0	0	0	0	0	1	0	0	0	0	0	0	0	0	0	0	0
DP	2	2	2	2	2	2	2	2	0	1	2	2	2	2	2	2	2	0	0	2	2
SU	1	2	1	1	1	3	1	1	1	2	0	1	1	1	3	1	1	1	1	1	1
FO	1	0	1	1	1	1	1	1	1	0	0	1	1	1	0	1	1	1	1	1	1
ON	1	1	2	2	2	1	1	1	2	0	0	1	1	1	2	2	2	1	2	0	1
DT	1	1	0	1	1	1	1	1	1?	0	1	1	0	1	0	1	0	0	1?	0	1
CR	1	1	2	1	1	1	2	1	1?	1	1	2	1	1	1	0	0	1	0	1	2

表 5　晚三叠世小嘴贝类的数字矩阵

代号	属																														
	A2	A3	C1	C3	C4	D1	D2	E1	E2	H1	H2	H3	H4	H6	L1	M1	M2	N1	01	P4	P5	R2	R3	S1	S2	S3	S4	S6	T1	T3	V1
DS	0	2	1	2	1	2	2	2	1	2	0	0	2	2	0	2	0	0	2	2	2	2	2	2	1	2	2	2	2	1	0
HP	0	1	0	1	0	1	1	1	1	0	1	1	1	1	0	1	1	0	1	1	1	1	1	1	0	1	1	1	1	1	0
ST	0	1	0	1	0	0	1	1	0	0	0	0	1	1	0	1	0	0	1	1	1	1	0	1	0	1	1	1	1	0	0
CP	0	0	0	0	0	0	0	0	0	1	0	0	0	0	0	0	0	0	0	0	0	0	0	0	0	0	0	0	0	0	0
VS	0	0	0	0	0	0	0	0	1	0	0	0	0	0	0	0	0	1	1	0	0	0	1	0	0	0	0	0	0	0	0
DP	1	2	2	2	2	2	2	2	2	2	2	2	2	2	0	2	2	1	2	2	2	2	2	2	2	2	2	2	2	2	2
SU	1	1	1	1	1	1	3	1	1	1	3	3	1	2	1	3	1	2	1	1	1	1	1	1	1	1	1	1	1	1	1
FO	0	0	1	1	1	1	1	1	1	1	0	0	1	0	1	1	1	0	1	1	1	1	1	1	1	1	1	1	1	1	1
ON	0	2	2	2	2	2	1	2	2	2	2	0	2	1	0	1	2	0	1	1	1	1	1	1	2	2	1	1	2	1	1
DT	0	1	0	0	1	1	1	1	1	1	0	1	1	1	0	1	1	0	1	1	0	1	1	0	1	0	0	1	0	1	1
CR	1	0	0	2	1	1	1	0	1	1	1	1	2	1	1	0	1	1	0	0	0	1	1	0	0	0	0	0	0	1	1

二、时间因素的作用

许多分支系统学学者认为，在系统发育研究中，时间因素不是一个必需的，甚至不是一个有用的参数(Hennig，1966；Brundin，1966，1968；Kluge，1971)。Schaeffer 等(1972)认为，研究系统发育时的第一步，必须先以形态标志为基础，弄清从原始到衍生的性状状态的"形谱"或"极向"。但同时他们指出，在试图了解生物历史时，不应该忽视时间向度，而是应该将它放到次要的位置。

笔者赞成 Schaeffer 等的意见。无疑，若机械地以化石出现的时间序列作为恢复性状系统发育的顺序，显然是没有根据的。然而，化石记录的时间序列，是唯一可以恢复生物发展历史的事实。无论现代分子遗传学和个体发生的研究都不能恢复生物发展历史中错综复杂的关系。以马从五趾到单蹄的演化为例，形态分析也许会说有两种可能的极向，从五趾到单蹄或从单蹄到五趾，而化石记录恰恰肯定从五趾到单蹄的极向。时间序列有时是研究性状演化关系的关键因素。笔者认为，事先限定时间因素的作用不是科学的方法。重要的是在研究具体资料后，再来探讨各种因素的作用。

本文对三叠纪小嘴贝类的系统分类将分为早三叠世、中三叠世和晚三叠世 3 个时间段来研究，然后归纳到一个统一的分支图上。采取这个步骤的理由是：①生物学的分类研究是以现代这个时间面上的生物为基础的；现代生物虽然不能说是属于同一世代，但可以说世代间隔不是很遥远。这就便于横向比较，能找出真正的姐妹群；世代间隔十分遥远，即使证明有共同祖先，也难以证明是真正的姐妹群。在古生物学的分类中，如果把各时代的化石混合在一起不考虑时间段，就失去横向比较的机会。然而，对于化石记录不可能取很短的时间段，时间段太短没有足够数量的化石记录。②分时间段研究可以获得许多时间序列的信息，便于追溯性状的演变历史。③在方法上更为简便，减少计算量。如在分支分析中，在一个时间段所面对的分支点要比全部时间中的少得多，易于取得成效。

三、数值分析及其给出的信息

在性状分析的基础上进行数值分析的步骤是：①列出三叠纪早、中、晚各世小嘴贝类之属的数据矩阵(见表 3 至表 5)。②计算各属之间的距离差并列出类似性矩阵(矩阵数据从略)；在类似性矩阵中数值越小相似性程度越高。③进行聚类分析，采用非加权的均值法(UPG-MA)，作出表型关系图(图 1)。

进行数值分析的目的是研究各属之间性状的相似程度，并总结对于分支分析有用的信息。表型关系图显示了以下几方面的信息：

(1)确定自体近裔性状(autapomorphy)：如属 H2 和 H3 的差别是壳饰和三角孔的性状状态不同(表 5，图 1)，即这两属各有自体近裔性状。对于每组相近的属群间都可列出各自的自体近裔性状。

(2)确定近裔共性：属 H2 和 H3 的中槽(SU)和背中板(DS)的性状状态相同，可视为近裔共性。同时，性状状态 SU 与另一属(N1)不同，又属于它们的自体近裔性状。所以，近裔共性和自体近裔性状是两个相对的概念，同一性状状态在不同阶元中其地位不同。近裔共性是寻找同源，建立姐妹群并确定自然分类的重要根据之一。

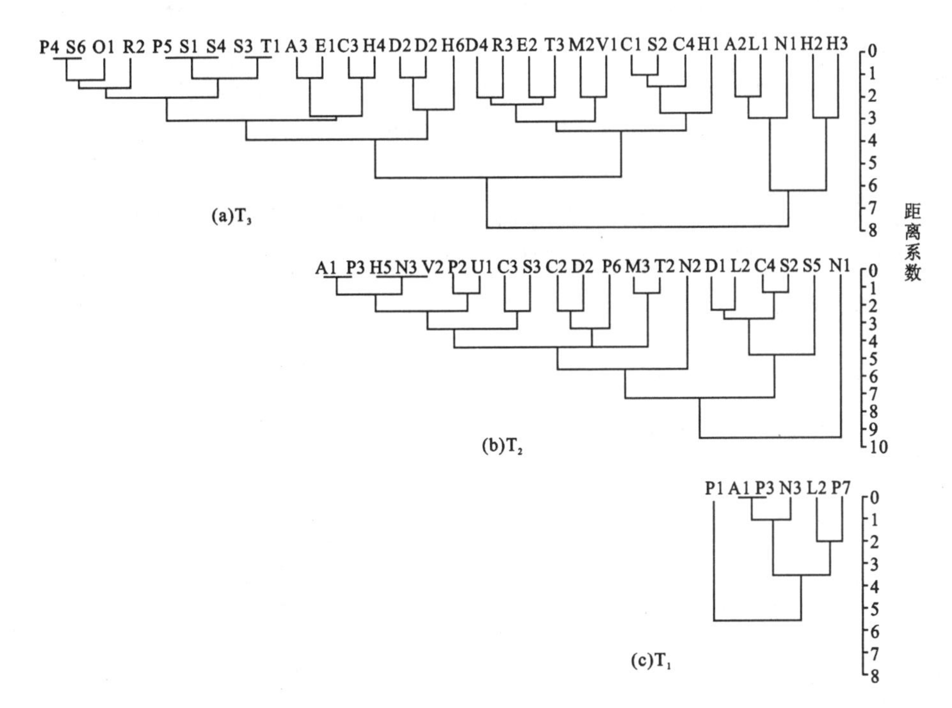

图 1　表型图，表示三叠纪小嘴贝类数值分析的结果

(a)晚三叠世；(b)中三叠世；(c)早三叠世

(3)确定近祖性状：近祖性状与近裔性状也是相对的概念，重要的是研究具有转换系列的性状状态，最终确定性状状态的极向。Hennig(1966)曾指出几项标准用于建立转换系列的极向。其中两条最为重要：①性状分布标准；②地质序列标准。

关于性状分布标准，Nelson(1973)曾指出：如果一个性状分布广泛，那么它很可能是原始的。这就是分支分类学者常用的习见性标准。在小嘴贝目中，铰合构造、腕棒、铰合线弯短和茎孔位于喙顶等广泛存在的性状是近祖性状。作为高阶元的性状，其性状状态的划分与低阶元的不同。如腕棒在低阶元分类中可有多种性状状态，而在高阶元分类中只分有、无两种状态。腕棒这类性状的特点是，虽广布但其状态不专一。这类性状可以作为高阶元(如目)的分类依据，又可根据性状状态不同作为低阶元分类依据。

地质顺序标准被许多分支分类学者所抛弃，这是不明智的。实际上，在研究性状关系时化石的时间序列可以提供有益的信息。例如，在三叠纪小嘴贝类中，中槽、中隆两种性状各状态的转换系列，不可能根据变异量确定，时间序列成为关键性因素。SU1 和 FO1 两状态在早三叠世广泛分布，而 SU2 和 FO2 只见于一个属(P1)中。SU1 和 FO1 在中、晚三叠世同样广布，但出现 SUφ、SU3 和 FOφ 等状态。显然，SU1 和 FO1 是近祖的性状状态，后来分别转换为 SUφ、SU2、SU3 和 FO2、FOφ 等状态。从极向的角度看可以存在几种平行演化的极向：SU1→SU2，SU1→SUφ 和 FO1→FO2，FO1→FOφ。壳饰(ON)的状态转换也有类似的情况。

四、分支分析

数值分析提供了总体相似程度的信息，并从此可进一步考察祖—裔性状等关系。数值分类学者把总体相似程度作为分类的依据;而对我们来说总体相似程度的分析只是一种手段,为分支分析整理出有益的信息。

形态特征相似是古生物学传统分类的主要原则。因为形态特征相似的生物之间确实具有较近的亲缘关系(因为古生物学中难以研究生理功能和行为特征,只以硬体形态特征考察亲缘关系,这是相对意义上的亲缘关系)。然而,单凭这种亲近程度,还不能恢复系统发育的系统,只有通过分支分析对性状状态之间关系的进一步分析才能做到。其步骤如下:

(1)根据从数值分析获得的信息整理性状状态之间的各种关系,包括极向、同源、衍生、平行演化和趋同等关系(表 6)。

表 6 三叠纪小嘴贝类性状状态的各种关系

性状	性状状态的距离	性状状态的极性	祖征	衍生状态	平行演化的状态	趋同状态	反极向
DS	0,1,2	DS1→DS0 DS1→DS2	DS1	DS0,DS2	DS0,DS2 重复出现 1 次	/	1
HP	0,1	HP1----→HP0	HP1	HP0	/	/	/
ST	0,1	/			ST1,ST0	/	/
CP	0,1	CP0----→CP1	CP0	CP1	/	/	/
VS	0,1	VS0----→VS1	VS0	VS1		VS1	/
DF	0,1,2	DP2----→DP0 ? DP1--→DP0	DP2	DP0	/	/	/
SU	0,1,2,3	SUI→SU2 SUI----→SU0 SU3--→SU2	SU1	SU2 SU0	SU2,SU0 重复出现 2 次	/	2
FO	0,1,2	FO1→F00 FO1→F02	FO1	F00 F02	/	/	2
ON	0,1,2,3	ON1→ON0 ON1→ON2	ON1	ON2 ON0	ON2 重复出现 2 次	/	2
LT	0,1	DT1----→DT0	DT1	DT0	/	/	/
CR	0,1,2	CR1----→CR0 CR2--→CR0	CR1	CR0	/	/	/

(2)以近裔共性来确定组内分支关系。按表型图(见图 1)所显示的总体相似程度归并各组,并研究各组内的分支关系。确定分支关系的基本原则是排除近祖共性,仅以近裔共性作为确定分支关系的依据。具体说有下列原则:①以近裔共性考虑类别间的姐妹关系;②近裔共性的性状数目愈多愈亲近;③在首先考虑近裔共性的条件下,衍生性状作为分支中的顶区类型,近祖性状作为分支中的早期类型;④自体近裔性状是远离程度的标志;⑤在近裔共性性状数目相同的情况下,适当考虑特征的重要性。

图 2、图 3 表示以这些原则确定的各组(a~j)分支关系。例如,在图 3i 中 N1 和 A2 有 7 个

近裔共性，最为亲近；L1 与 N1 和 A2 有 5 个近裔共性，亲近程度次之；H2 与 N1 和 A2 有 4 个近裔共性，而 H3 与 N1 和 A2 有 3 个近裔共性，亲近程度更次之。并且，H3 的近祖性状最多应列在远离分支顶区的位置。图 2a 组内无全组共有的近裔共性，说明本组内各分支间的亲缘程度较差。

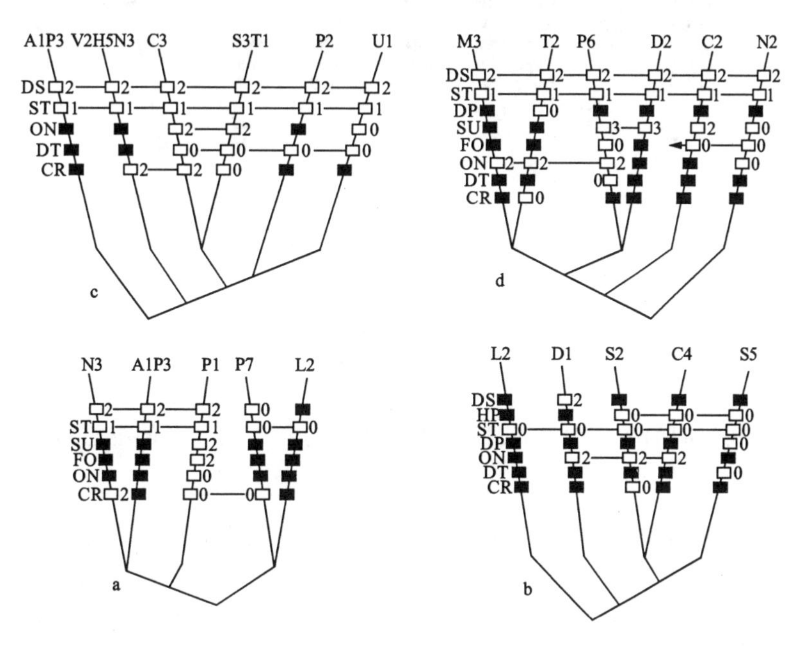

图 2　分支图，表示 a～d 组中各属之间的分支关系

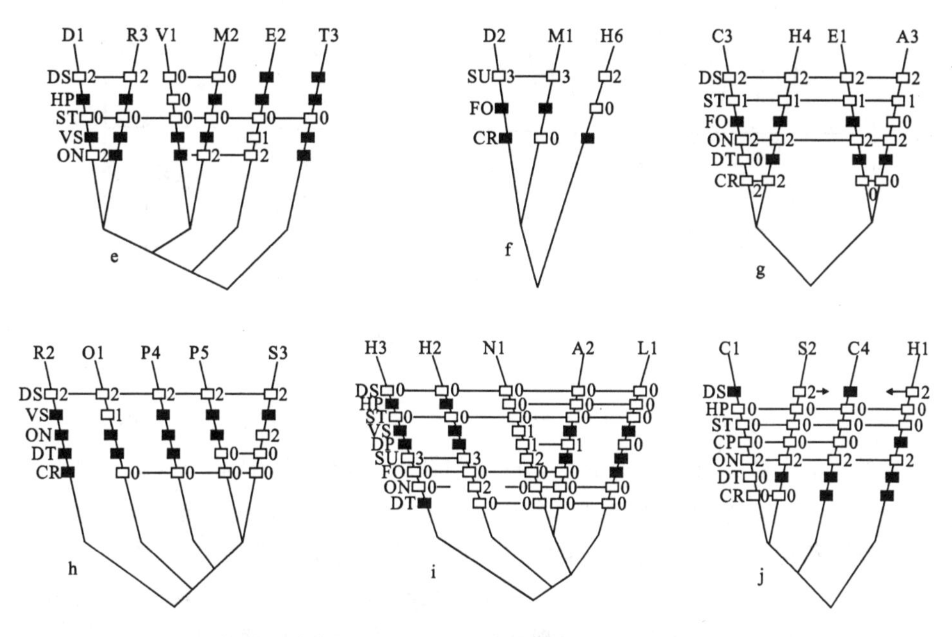

图 3　分支图，表示 e～j 组中各属之间的分支关系

(3)确定组间的关系。仍然以上述原则为依据(图 4)。

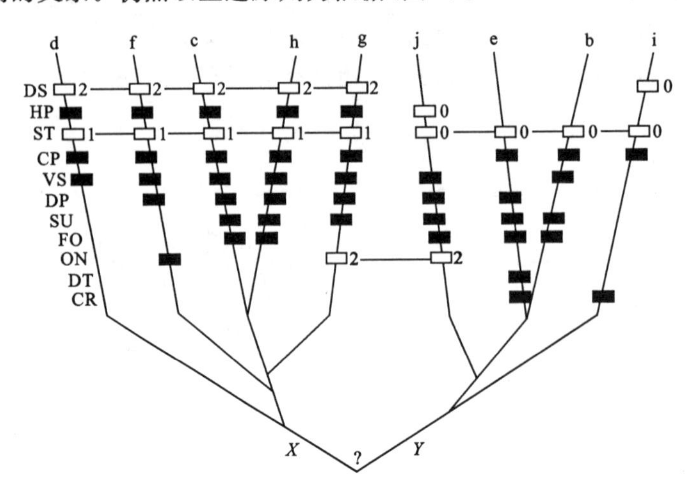

图 4　表示组间分支关系的分支图

(4)总结组内和组间的分支关系,以跨时代的属作为各组间联系的枢纽,形成整体的分支图(图 5)。

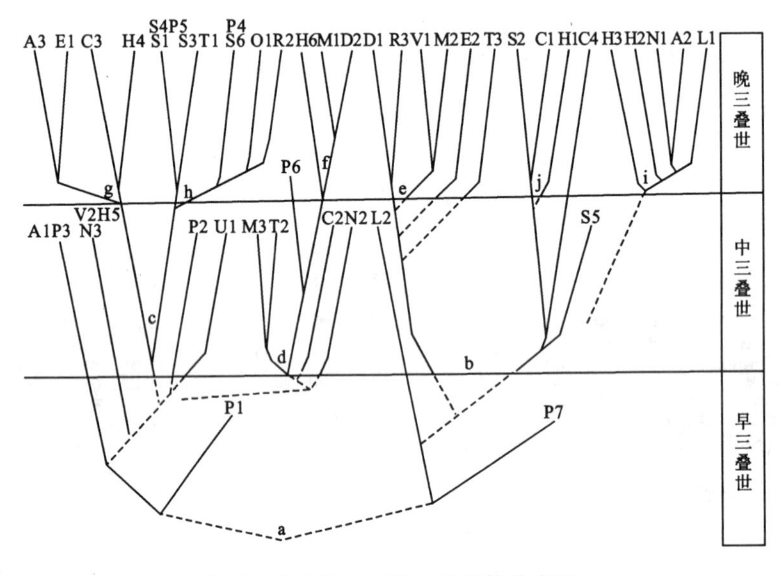

图 5　综合图 2 至图 4 的整体分支图

(5)进行检验。可以从简约性、时代关系和极向等方面作检验。其中反极向、平行演化和趋同等现象发生的次数是最重要的信息。反极向共 7 次,在一个性状中反极向数目最高是 2 次(表 6)。DS 性状状态反极向出现在 E2 和 T3 中,由于这两属与 D1 的关系尚未最后确定,预计中三叠世 b 组中将可能会发现与前两属亲缘关系更密切的新属。SU、FO、ON 等性状是容易变化的性状,出现反极向是可预料的;每个性状状态的反极向只出现两次,说明已经做到了简约性。平行演化的性状状态重复出现次数总共 5 次,一个性状中的状态平行演化重复次数最高是 2 次(表 6),也符合简约性原则。

五、分类

分支系统学者们把分支分析称为系统发育系统学，以分支点作为划分分类单元的界线，并把阶元等级与时间顺序对应起来(Hennig,1966)。这种方法遭到许多学者的批评(Mayr,1974)。作者认为生物分类一方面需要搞清生物单元间的亲缘关系；另一方面还需要研究生物单元间的差异量。如果只以分支点来划分界线，那么单元和阶元将会多不胜数，最后还是一团乱麻，不能达到科学目的。

在以近裔共性确定单元间的姐妹关系之后，还必须以单元间的性状差异量来确定阶元。研究单元间的差异量有多种途径，这里采用距离测值来估计单元间的差异量，并作适当加权。所用公式为：

$$DD = N1 \times N2 \times d \times a$$

其中 N1 和 N2 为两比较单元中的基本单元数(本文的基本单元为属)；d 为自体近裔状态的距离量；a 为加权值。各单元间的差异量见表 7。

由于一些延限长的属分组时有重叠，它们成为不同时代间分支关系的关键属。在分类时需要考虑组内性状状态间的差异量作进一步调整。分类结果见表 8。

表 7 每两比较单元之间的差异量计算

每两组的基本单元数		自体近裔性状状态的距离值 d	加权值 a	差异量 DD	阶 元	备 注
N1	N2					
$X=24$	$Y=20$	DS=2 HP=1 ST=1	4 4 4	704	超科	图 4
$c=6$	$h=5$	0	0	0	—	图 2 至图 4
$c=6$	$f=3$	SU=1.5	2	54	科	图 2
$c=6$	$d=6$	SU=1	2	72	科	图 2
$d=6$	$f=3$	SU=0.17 ON=0.8	2 2	36	科	图 2、图 3
$h=5$	$g=4$	ST=1 ON=0.75	4 2	36	科	图 3
$e=6$	$b=5$	0	0	0	—	图 4
$e=6$	$j=4$	HP=1 CP=0.75 CR=0.5	4 4 2	192	科	图 3
$b=5$	$j=5$	DS=0.4 DP=0.8 SU=0.8 FO=0.8	4 2 2 2	150	科	图 2、图 3
$i=5$	$j=4$	DS=1.5 CP=1 DP=0.8 SU=1.5 FO=0.8 ON=1.5	4 4 2 2 2 2	344	超科	图 4

表 8　三叠纪小嘴贝类的表型-分支系统分类

分类阶元		属的代号	组　别
超　科	科		
Basiliolacea Cooper	Laevirhynchiidae Dagys	L1	i
	Norellidae Ager	A2,N1	
	Halorellidae Ager	H2,H3	
Wellerellacea Xu et Liu	Sinorhynchiidae Xu et Liu	S5	j
	Septaliphorioididae Xu et Liu	H1,C4,S2,C1	e
	Wellerellidae Likharew	M2,V1,T3,E2,R3,D1	
	Lissorhynchiidae Xu	L2,P7	a
Rhynchonellacea Schuchert	Diholkorhynchiidae Xu	H6,D2,M1,C2,P6	f
	Triasorhynchiidae Xu et Liu	M3,T2	d
	Nucleusorhynchiidae Xu	N2	
	Praecyclothyrididae Makridin	A3,E1,H4,C3	g
	Rhynchonellidae Gray	S4, S1, P5, T1, S3, P4, S6, R2,O1,P2,U1,A1,P3,H5, N3,V2	h c

用这种方法取得的分类方案有明显的优点:①反映类别间的亲缘关系,以近裔共性作为判断的准则;②反映类别间进化等级,以近裔性状的差异量来衡量。以前的各种分类的缺点是随意性较大。举例来说,Dagys(1974)把许多属归入 Tetrarhynchiinae 亚科。这些属的差别十分明显;如 *Decurtella* 和 *Abrekia*,前者无隔板槽且整个壳面具壳褶,其差异量很大,应归入不同超科。总之,表型-分支系统学使生物学的分类摆脱随意性,更符合客观性。

参考文献

孙东立,叶松龄.青海省中部托索湖地区中三叠世腕足动物群[J].古生物学报,1982,21(2):153－173

徐桂荣,刘广才.三叠纪腕足类研究中的若干问题.见:杨遵仪等.南祁连山三叠系[M].北京:地质出版社,1983a

徐桂荣,刘广才.腕足类(三叠纪).见:杨遵仪等.南祁连山三叠系[M].北京:地质出版社,1983b

杨遵仪,徐桂荣.贵州中部中上三叠统腕足类[M].北京:中国工业出版社,1966

Ager D V. The Evolution of the Mesozoic Rhynchonellida[J]. Geobios.,1972,5(2～3):157－234

Dagys A S. Triassic Brachiopods(Morphology,Classification,Phylogeny,Stratigraphical Significance and Biogeography)[M]. Novosibirsk: Publishing House "Nauka", Siberian Branch,1974

Hennig W. Phylogenetic Systematics[J]. Annual Review of Entomology,1965,10:97－116

Mayr E. Cladistic Analysis or Cladistic Classification[J]? Zeitschrift Fuer Zoologische Systematik und Evolutionsforschung,1974,12(2):94－128

Schaeffer B,Hecht M K,Eldredge N. Phylogeny and Paleontology[J]. Evolutionary Biology,1972,6:31－46

【原载《现代地质》,1991年9月,第5卷,第3期】

Phenetic-cladistic systematics and geographic patterns of Triassic rhynchonellids

Xu Guirong

Introduction

Since the publication of Treatise on Invertebrate Paleontology Part H(Moore R C,1965) taxonomy within the Order Rhynchonellida has been discussed and emended in a series of important papers by authors including Ager D V,Childs A,and Pearson D A B(1972),Dagys A S(1974),Sun Dongli and Ye Songling(1982),and Xu Guirong and Lui Guangcai(1983).

Three methodologies are available for classification. ①phenetic or numerical sustematics;② cladistic systematics; ③ evolutionary systematics. Triassic rhynchonellid classification follows the main theories of evolutionary systematics and synthesizes principal merits and dismisses demerits of phenetic and cladistic systematics.

Analysis of Characters

Order Rhynchonellida Kuhn, 1949, is commonly assigned to Class Articulata Huxley, 1869,on the basis of articulation. It has been put in the Class Brachiarticulata Xu,1980,because of the combination of articulation and crura. Other characters including short and curved hinge line,incurved beak,and mesothyridid pedicle foramen are used among members of the order. Class Articulata Huxley is considered as a holophyletic taxon by Rowell and Grant(1987). It is assumed that all members of the class are derived from a common ancestor,perhaps Class Inarticulata. Order Rhynchonellida is not holophyletic,but is possibly monophyletic in the traditional sense of Mayr(1974). Synapomorphies unite all members of the order. Triassic(Table 1)rhynchonellids in 47 genera were derived from Permian rhynchonellids but are themselves not a monophyletic group.

Eleven characters are used in Triassic rhynchonellid classification(Table 2),and a number of variable states are distinguished for each character. Every character state is given a numerical code. There are two states(0,1)in the first kind of character,such as HP,ST,CP,VS and DT,present or absent;and these characters are fundamental in superfamilies erected by some workers(Dagys,1974;Xu and Liu,1983). A second group of characters has three states (0,1,2),such as DS,DP,FO and CR. CR had been used as a family character(Cooper,1959) or superfamily character (Makridin , 1964) . Eighteen crural forms have been described : Ager

Table 1 Triassic Rhynchonellid Genera

Code	Genus	Geological epoch	Geographical distribution
A1	*Abrekia* Dagys	T_1—T_2	PR,XM,QQ
A2	*Austriellula* Strand	T_3	EU,KA,TI
A3	*Austrirhynchia* Ager	T_3	EU,KA
C1	*Caucasorhynchia* Dagys	T_3	KA,TI
C2	*Costinorella* Dagys	T_2	PR
C3	*Costirhynchopsis* Dagys	T_2—T_3	EU,KA,QQ,YZ
C4	*Crurirhynchia* Dagys	T_2—T_3	KA,BL,PM,YZ,XM,TI
D1	*Decurtella* Gaetani	T_2—T_3	EU,KA,TI
D2	*Diholkorhynchia* Yang et Xu	T_2—T_3	YZ,QQ,TI
E1	*Eoseptaliphoria* Ching et Sun	T_3	TI
E2	*Euxinella* Moisseiev	T_3	KA,EU,BL,PM,TI
H1	*Hagabirhynchia* Jefferies	T_3	XM,IN
H2	*Halorella* Bittner	T_3	EU,PM,IN,NS,NA
H3	*Halorelloidea* Ager	T_3	EU,PM,IN,TI
H4	*Himalairhynchia* Ching et Sun	T_3	TI,XM
H5	*Holcorhynchella* Dagys	T_2	EU,KA,IN
H6	*Holcorhynchia* Buckman	T_3	TI,XM
L1	*Laevirhynchia* Dagys	T_3	EU
L2	*Lissorhynchia* Yang et Xu	T_1—T_2	KA,QQ,YZ,EU,XM
M1	*Maxillirhynchia* Buckman	T_3—J	NS,KA,EU,TI
M2	*Moisseievia* Dagys	T_3	KA,PM,BL,TI
M3	*Multicorhynchia* Chen	T_2	XM
N1	*Norella* Bittner	T_2—T_3	EU,KA,YZ
N2	*Nucleusorhynchia* Sun et Ye	T_2	T1
N3	*Nudirostralina* Yang et Xu	T_1—T_2	QQ,YZ,TI,XM
O1	*Omolonella* Moisseiev	T_3	NS,TI
P1	*Paranorellina* Dagys	T_1	PR
P2	*Paranudirostralina* Sun et Ye	T_2	TI
P3	*Piarorhynchella* Dagys	T_1—T_2	NA,PR,EU,BL,KA
P4	*Piarorhynchia* Buckman	T_2—J	EU,NS,NA,XM
P5	*Planirhynchia* Sucic - Protic	T_3—J	BL,NS,EU
P6	*Pseudohalorella* Dagys	T_2—T_3	NS,YZ
P7	*Prelissorhynchia* Xu et Grant	T_1	YZ
R2	*Rimirhynchopsis* Dagys	T_3	EU,KA,TI
R3	*Robinsonella* Moisseiev	T_3	EU,KA,BL,XM
S1	*Sakawairhynchia* Tokuyama	T_3	IN,NS,PR,TI
S2	*Septaliphorioidea* Yang et Xu	T_2	YZ,XM
S3	*Septaliphoria* Leidhold	T_2—T_3	YZ,QQ,TI
S4	*Sinuplicorhynchia* Dagys	T_3	NS,TI
S5	*Sinorhynchia* Yang et Xu	T_2	YZ
S6	*Sulcorhynchia* Dagys	T_3	NS,XM,TI
T1	*Timorhynchia* Ager	T_3	IN,TI
T2	*Triasorhynchia* Xu et Liu	T_2	QQ
T3	*Trigonirhynchella* Dagys	T_3	KA,PM,EU,YZ
U1	*Uniplicatorhynchia* Sun et Ye	T_2	QQ
V1	*Veghjirhynchia* Dagys	T_3	EU,KA,PR
V2	*Volirhynchia* Dagys	T_2	EU,KA

Table 2 List of Characters of Triassic Rhynchonellids

Code	Character
DS	0=Dorsal valve without septum 1=Dorsal valve with median ridge 2=Dorsal valve with median septum
HP	0=Dorsal valve with discrete hinge plates 1=Dorsal valve with convergent hinge plate
ST	0=Dorsal valve without septalium 1=Dorsal valve with septalium
CP	0=Dorsal valve without crural plates 1=Dorsal valve with crural plates
VS	0=Ventral valve without septum 1=Ventral valve with median septum
DP	0=Ventral valve without dental plates 1=Ventral valve with dental plates but free 2=Ventral valve with dental plates attached to shell wall
SU	0=Shell without sulcus 1=Ventral valve with sulcus 2=Dorsal valve with sulcus 3=Both valves with sulci
FO	0=Shell without fold 1=Dorsal valve with fold 2=Ventrel valve with fold
ON	0=Shell surface wholly smooth 1=Shell with plicae anteriorly 2=Shell with plicae wholly 3=Shell with costae wholly
DT	0=Delthyrium open 1=Delthyrium covered by deltidial plates
CR	0=Radulifer crura or its variations 1=Falcifer crura or its variations 2=Crura triangular in shape

(1965) distinguished eleven crural forms, and Dagys (1963, 1974) added four forms in the Order Rhynchonellida, and later advanced another four. Crural forms are difficult to use in classification; therefore Xu (1983) suggested that crural forms should be considered along with cardinalia as a unit in classification. Based on this assertion only three principal forms are adopted. The last kind of characters, such as SU and ON, are determined with four states (0, 1, 2, 3), which are usually employed in lower categorical rank.

* Abbreviations of geographical names as the following:

EU	Europe including Alps and Carpathians
KA	Caucasus and Crimea
BL	Balkans and Dinara Mt.
IN	South-East Asia especially Indonesia
PM	Pamir
PR	Primorskiy, USSR
NS	North-East USSR
NA	North America
XM	Ximalayashan (the Himalaya Mts.)
TI	North Xizang (Tibet) and South Qinghai
QQ	Qilian and Qinling Mts.
YZ	Yangtze platform

The Functions of Time as a Parameter

Several cladistic systematists maintain that the time factor is not a necessary or useful parameter in studying phylogenetic classification (Hennig, 1966; Brundin, 1966, 1968). Schaefer et al. (1972) emphasised that phylogeny must start from studying the morphotype, and determine morphocline or polarity of character states from plesiomorphy to apomorphy; however, at the same time they pointed out that one should not neglect the time vector.

Early, Middle, and Late Triassic rhynchonellid groupings are used in the study of phylogenetic relationships and in classification for the following reasons:

(1) Biologists classify by comparing organisms living now for which sister groups are readily identified. It is difficult to prove the affinity of sister groups for fossil organisms.

(2) Ancient organisms are analysed according to age.

(3) The number of fossils in one epoch is small and numerical computation and cladistic analysis are simple.

In discussing kinships among organisms Hennig (1965) pointed out that two taxa possessing a common ancestor are closer to each other than they are to a third taxon. The relative recency of common ancestry is important. Forey (1983) claimed that Hennig's definition on kinships contains a time criterion. Consequently, cladistic analysis can not exclude the time parameter.

Information Got by Numerical Analysis

The first step of numerical analysis here is to order three data matrices of rhynchonellid genera(Tables 3, 4, and 5) by their characters. Following this, similarity matrices(Tables 6, 7, and 8) are shown after counting distance differences (absolute values) between each possible pair of genera. Lower values in similarity matrices indicate closer relationships than higher ones. Cluster analysis, the third step, are accomplished using the method of UPGMA, and three phenograms(Fig. 1) are drawn after cluster analyses.

The object of numerical analysis is to understand the degrees of relationships between genera as follows:

(1) Autapomorphic character states may be affirmed to distinguish various groups; for example, differences between genera H2 and H3 are different states of characters ON and DT(see Table 5 and Fig. 1).

Table 3 Data Matrix of the Lower Triassic Rhynchonellids

Code	Genus					
	A1	L2	N3	P1	P3	P7
DS	2	1	2	2	2	0
HP	1	1	1	1	1	1
ST	1	0	1	1	1	0
CP	0	0	0	0	0	0
VS	0	0	0	0	0	0
DP	2	2	2	2	2	2
SU	1	1	1	2	1	1
FO	1	1	1	2	1	1
ON	1	1	1	0	1	1
DT	1	1	1	1	1	1
CR	1	1	2	0	1	0

Table 4 Data Matrix of the Middle Triassic Rhynchonellids

Code	Genus																				
	A1	C2	C3	C4	D1	D2	H5	L2	M3	N1	N2	N3	P2	P3	P6	S2	S3	S5	T2	UI	V2
DS	2	2	2	1	2	2	2	1	2	0	2	2	2	2	2	1	2	1	2	2	2
HP	1	1	1	0	1	1	1	1	1	0	1	1	1	1	1	0	1	0	1	1	1
ST	1	1	1	0	0	1	1	0	1	0	1	1	1	1	1	0	1	0	1	1	1
CP	0	0	0	0	0	0	0	0	0	0	0	0	0	0	0	0	0	0	0	0	0
VS	0	0	0	0	0	0	0	0	0	1	0	0	0	0	0	0	0	0	0	0	0
DP	2	2	2	2	2	2	2	2	0	1	2	2	2	2	2	2	2	0	0	2	2
SU	1	2	1	1	1	3	1	1	1	2	0	1	1	1	3	1	1	1	1	1	1
FO	1	0	1	1	1	1	1	1	1	0	0	1	1	1	0	1	1	1	1	1	1
ON	1	1	2	2	2	1	1	1	2	0	0	1	1	1	2	2	2	1	2	0	1
DT	1	1	0	1	1	1	1	1	1?	0	1	1	0	1	0	1	0	0	1?	0	1
CR	1	1	2	1	1	1	2	1	1?	1	1	2	1	1	1	0	0	1	0	1	2

Table 5 Data Matrix of the Upper Triassic Rhynchonellids

Code	Genus																													
		A3	C1	C3	C4	D1	D2	E1	E2	H1	H2	H3	H4	H6	L1	M1	M2	N1	O1	P4	P5	R2	R3	S1	S2	S3	S4	S6	T1	T3	V1
DS	0	2	1	2	1	2	2	2	1	2	0	0	2	2	0	2	0	0	2	2	2	2	2	2	1	2	2	2	2	1	0
HP	0	1	0	1	0	1	1	1	1	0	1	1	1	1	0	1	1	0	1	1	1	1	1	1	0	1	1	1	1	1	0
ST	0	1	0	1	0	0	1	1	0	0	0	0	1	1	0	1	0	0	1	1	1	1	0	1	0	1	1	1	1	0	0
CP	0	0	0	0	0	0	0	0	0	1	0	0	0	0	0	0	0	0	0	0	0	0	0	0	0	0	0	0	0	0	0
VS	0	0	0	0	0	0	0	0	1	0	0	0	0	0	0	0	0	1	1	0	0	0	1	0	0	0	0	0	0	0	0
DP	1	2	2	2	2	2	2	2	2	2	2	2	2	2	0	2	2	1	2	2	2	2	2	2	2	2	2	2	2	2	2
SU	1	1	1	1	1	1	3	1	1	1	3	3	1	2	1	3	1	2	1	1	1	1	1	1	1	1	1	1	1	1	1
FO	0	0	1	1	1	1	1	1	1	1	0	0	1	0	1	1	1	0	1	1	1	1	1	1	1	1	1	1	1	1	1
ON	0	2	2	2	2	2	1	2	2	2	2	0	2	1	0	1	2	0	1	1	1	1	1	1	2	2	1	1	2	1	1
DT	0	1	0	0	1	1	1	1	1	1	0	1	1	1	0	1	1	0	1	1	0	1	1	0	1	0	0	1	0	1	1
CR	1	0	0	2	1	1	1	0	1	1	1	1	2	1	1	0	1	1	0	0	0	1	1	0	0	0	0	0	0	1	1

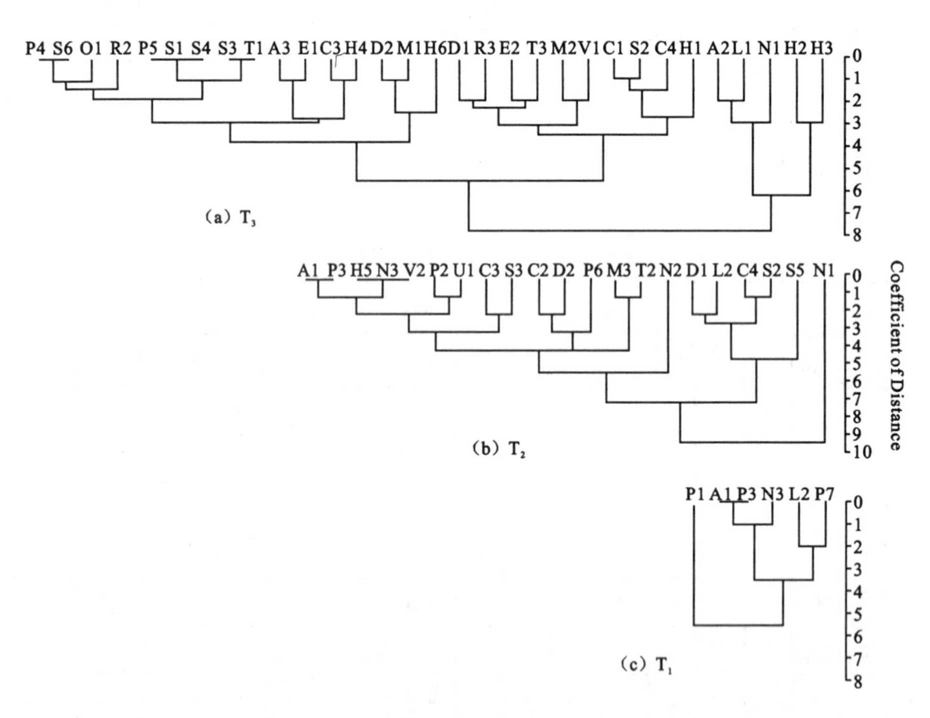

Fig. 1 Phenograms, Showing Results on Phenetic Study of Triassic Rhynchonellids
(a) The Upper Triassic; (b) The Middle Triassic; (c) The Lower Triassic

(2) Synapomorphic character states among similar groups may be found. Genera H2 and H3 possess same states of SU and FO, for example, which are confirmed as synapomorphies. The two concepts, autapomorphy and synapomorphy, are relative sense in different categorical rank. State of SU in group H2—H3 differs from genus N1, for example; therefore, the state SU3 is a synapomorphic state in the former group and it is also an autapomorphic state comparing with genus N1.

Table 6 Similarity Matrix of the Lower Triassic Rhynchonellids

	A11	L2	N3	P1	P3	P7
L2	2					
N3	1	3				
P1	4	6	4			
P3	0	2	1	4		
P7	4	2	5	6	4	

(3) Plesiomorphic character states can be recognised to establish the ancestral-descendant sequences.

Table 7 Similarity Matrix of the Middle Triassic Rhynchonellids

	A1	C2	C3	C4	D1	D2	H5	L2	M3	N1	N2	N3	P2	P3	P6	S2	S3	T2	U1	V2
C2	2																			
C3	3	5																		
C4	4	6	5																	
D1	2	4	3	2																
D2	2	2	5	6	4															
H5	1	3	2	5	3	3														
L2	2	4	5	2	2	4	3													
M3	3	5	4	5	3	5	4	5												
N1	10	8	11	8	10	10	10	8	11											
N2	3	3	6	7	5	5	4	5	6	9										
N3	1	3	2	5	3	3	0	3	4	11	4									
P2	1	3	2	5	3	3	2	3	4	9	4	2								
P3	0	2	3	4	2	2	1	2	3	10	3	1	1							
P6	5	3	4	7	5	3	6	7	6	9	5	6	4	5						
S2	5	7	6	1	3	7	6	3	6	9	8	6	6	5	8					
S3	3	5	2	5	3	5	4	5	4	11	6	4	2	3	4	4				
S5	6	8	7	4	6	8	7	3	5	6	9	7	5	6	9	5	7			
T2	4	5	5	6	4	6	5	6	1	12	7	5	5	4	7	5	3	6		
U1	2	4	3	6	4	4	3	4	5	8	3	3	1	2	5	7	3	6	6	
V2	1	3	2	5	3	3	0	3	4	11	4	0	2	1	6	6	4	7	5	3

Table 8 Similarity Matrix of the Upper Triassic Rhynchonellids

A2	A3	C1	C3	C4	D1	D2	E1	E2	H1	H2	H3	H4	H6	L1	M1	M2	N1	O1	P4	P5	R2	R3	S1	S2	S3	S4	S6	T1	T3	V1
A3	9																													
C1	6	5																												
C3	9	4	5																											
C4	6	5	2	5																										
D1	8	3	4	3	2																									
D2	10	5	8	5	6	4																								
E1	10	1	4	3	4	2	4																							
E2	8	5	4	5	2	2	6	4																						
H1	8	5	4	5	2	2	6	4	4																					
H2	6	7	6	7	6	6	6	8	6	8																				
H3	5	8	9	10	7	7	5	9	7	9	3																			
H4	10	3	6	1	3	2	4	2	4	4	8	9																		
H6	8	3	8	5	6	4	2	3	6	6	6	5	4																	
L1	2	11	6	9	6	8	10	10	8	8	8	7	10	10																
M1	11	4	7	6	7	5	1	4	7	7	7	6	5	3	11															
M2	6	5	4	5	2	2	6	4	2	4	4	5	4	6	6	7														
N1	2	11	8	11	8	10	10	12	8	10	6	6	12	8	4	11	8													
O1	10	3	6	5	6	4	4	2	4	6	10	9	4	4	10	3	6	10												
P4	9	2	5	4	5	3	2	1	5	5	9	8	3	3	9	2	5	11	1											
P5	8	3	5	3	6	4	4	2	6	6	8	9	4	4	8	3	6	10	2	1										
R2	8	3	6	3	4	2	2	2	4	4	8	7	2	2	8	3	3	10	2	1	2									
R3	8	5	6	5	4	2	4	4	2	4	9	7	4	4	8	5	5	9	2	3	4	2								
S1	8	3	3	3	6	4	4	2	6	6	8	9	4	4	8	3	6	11	2	1	0	2	4							
S2	7	4	1	6	1	3	7	3	4	3	7	8	5	7	7	6	4	9	5	4	5	5	5	5						
S3	9	2	3	2	5	3	5	1	5	5	7	9	3	5	9	3	6	12	3	2	1	3	5	1	4					
S4	8	3	4	3	6	4	4	2	6	6	8	9	4	4	8	3	6	10	2	1	0	2	4	0	5	1				
S6	9	2	5	4	5	3	3	1	5	5	9	8	3	3	9	2	5	11	1	0	1	1	3	1	5	2	1			
T1	9	2	3	2	6	3	5	1	5	5	7	10	3	5	9	4	5	11	3	2	1	2	5	1	4	0	1	2		
T3	6	4	4	5	2	2	4	4	2	4	6	5	4	4	6	5	2	8	4	3	4	2	3	4	3	5	4	3	5	
V1	4	7	5	7	2	4	6	6	4	4	6	5	6	6	4	7	2	6	6	5	6	4	4	6	3	7	6	5	7	2

There are two principal criteria, character distribution and geologic sequence, for building up the patristic relationship. Nelson(1973) pointed out that if a character is widespread it might be a plesiomorphy. Some characters, such as articulation, crura, curved hinge line, and mesothyridid foramen, exist in almost all members of the Order Rhynchonellida, and are probably plesiomorphic here. States set in a character of higher categorical rank essentially differ from the same character of lower rank. Crura in lower rank possesses various states, and only two states, present and absent, in superorder-rank of Brachiopoda. Therefore, ancestral-descendant sequence of character states in lower rank is to be different comparing with sequence in higher rank.

As mentioned above, time sequence of fossils can provide useful information for studying patristic relationships. One could not know the transferring direction about character states of, for example, fold(0,1,2) and sulcus(0,1,2,3) in Triassic rhynchonellids without use of time sequence. Both states SU1 and FO1 are widely distributed and SU2 and FO2 only existed in a genus(P1) in the Early Triassic. In the Middle and Late Triassic SU1 and FO1 were still widespread states but at the same time SU0, SU3 and FO0 occurred. Obviously, SU1 and

FO1 are plesiomorphic states, and SU2, SU3, and FO2, FO0 are derivative states.

Cladistic Analysis

The purpose in cladistic analysis is to establish phylogenetic systematics among organisms; therefore, the paper takes the following steps:

(1) Various relationships including polarity, parallel cline and convergence among character states are sorted according to information from numerical analyses (Table 9).

Table 9 Various Relationships Among Character States of Triassic Rhynchonellids

Character	Divergent degree of character state	Polarity of character state	Plesiomorphical state	Apomorphical state	State of parallel cline	Convergent state	Reversed polarity
DS	0,1,2	DS1 →DS0 →DS2	DS1	DS0, DS2	DS0, DS2 reoccur 1	/	1
HP	0,1	HP1 →HP0	HP1	HP0	/	/	/
ST	0,1	/			ST1, ST0	/	/
CP	0,1	CP0 →CP1	CP0	CP1	/	/	/
VS	0,1	VS0 →VS1	VS0	VS1		VS1	/
DF	0,1,2	DP2 →DP0 ? ↘ DP1 →DP0	DP2	DP0	/	/	/
SU	0,1,2,3	SU1 ↘ SU3 ↗ SU2 →SU0 SU3 →SU2	SU1	SU2 SU0	SU2, SU0 reoccur 2 times	/	2
FO	0,1,2	FO1 →FO0 →FO2	FO1	FO0 FO2	/	/	2
ON	0,1,2,3	ON1 →ON0 →ON2	ON1	ON2 ON0	ON2 reoccur 2	/	2
DT	0,1	DT1 →DT0	DT1	DT0	/	/	/
CR	0,1,2	CR1 →CR0 ↘ CR2 →CR0	CR1	CR0	/	/	/

(2) Cladistic relationships within each group which are grouped by overall similarities as shown in Fig. 1 are determined on the basis of the following principles:

(a) Synapomorphic character states in same epoch is fundamental to determining sister groups.

(b) Kinship between A and B is closer than C if the first two genera have more synapomorphic states than C.

(c) Under conditions (a) and (b), a genus with more derivative character states is put at top area and one with more plesiomorphic character states at original area of a cladogram.

(d) The distance between autapomorphic states is regarded as an auxiliary parameter under same cases in terms of conditions (a), (b) and (c).

(e) Under same cases mentioned above the position of a genus in a cladogram is decided by significant degree of its apomorphic characters.

There is close kinship between genera N1 and A2 (Fig. 3i), for example, because of 7 synapomorphic character states——DS0, HP0, ST0, DP1, FO0, ON0, and DT0; secondly closer L1 and N1—A2 are connected by 5 synapomorphic states; still H2 and N1—A2 are by 4. Furthermore, genus H3 is put at a distance position to top area of the cladogram because it has more plesiomorphic states. Cladograms reflecting these principles are shown in Figs. 2 and 3.

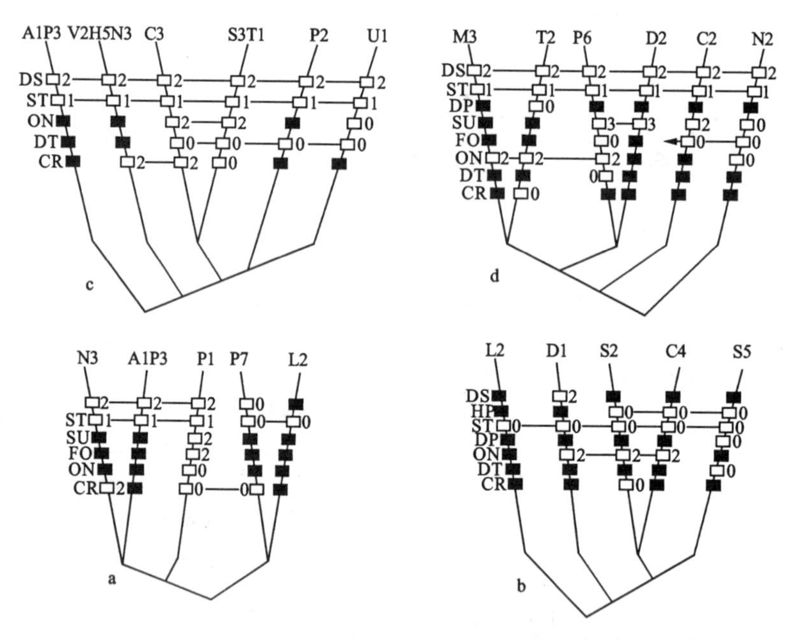

Fig. 2 Cladograms, Showing Cladistic Relationships Among Genera in Each Group

(3) Cladistic relationships among groups are decided in (Fig. 4) light of the same principles as ones within a group.

(4) An integral cladogram (Fig. 5) is built up by synthesizing cladistic relationships within each group and among groups, connected by genera which extend over an epoch.

(5) The integral cladogram is tested based on parsimonious principles; therefore, the numbers of reversed polarity, parallel cline and convergence are counted as shown in Table 9. Reversed polarity of states in character DS occurs in genera E2 and T3 but considering the fact that relationships between genus D1 and these two genera (Fig. 3e) are not confirmed it might be no reversed polarity existed in group "e" if a new genus, which might be a common ancestor of genera E2, T3, and D1, would be found in the Middle Triassic. States of characters, SU, FO, and ON which are a kind of relative unstable phenotypes occur only at two reversed polarites, so they are at a low level conforming to the parsimonious principle.

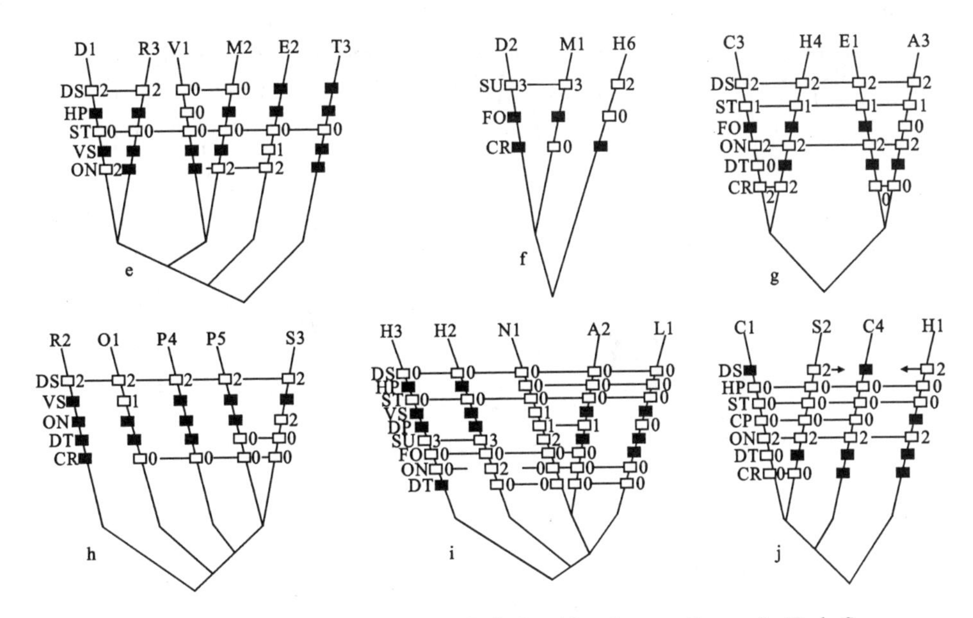

Fig. 3 Cladograms, Showing Cladistic Relationships Among Genera in Each Group

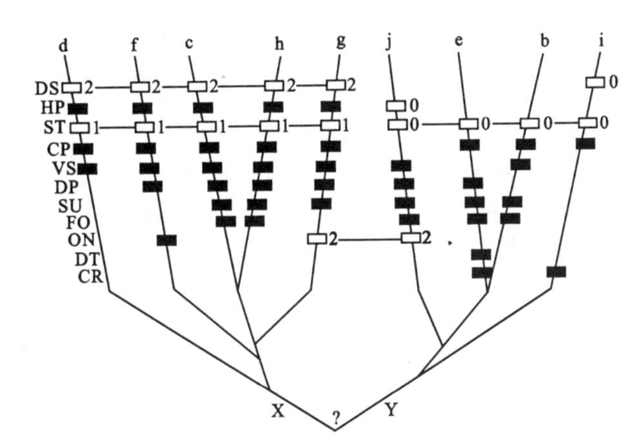

Fig. 4 A Cladogram, Showing Cladistic Relationships Among Groups

Classification

It is necessary to determine categorical ranks for classification using cladistic analysis. The principal criterion is to estimate divergent degrees among groups. This paper uses distance measures to caiculate divergent degree(DD) based on the following formula:

$$DD = N1 \times N2 \times d \times a$$

N1 and N2 are the numbers of essential taxa(genera in the paper)of the two groups under comparison. "d"is the distance measure of autapomorphic character states between the two groups. "a"is a weighted value which is decided by the significance of each character in classification. Divergent degrees between each pair of groups and categorical ranks suggested are shown in Table 10.

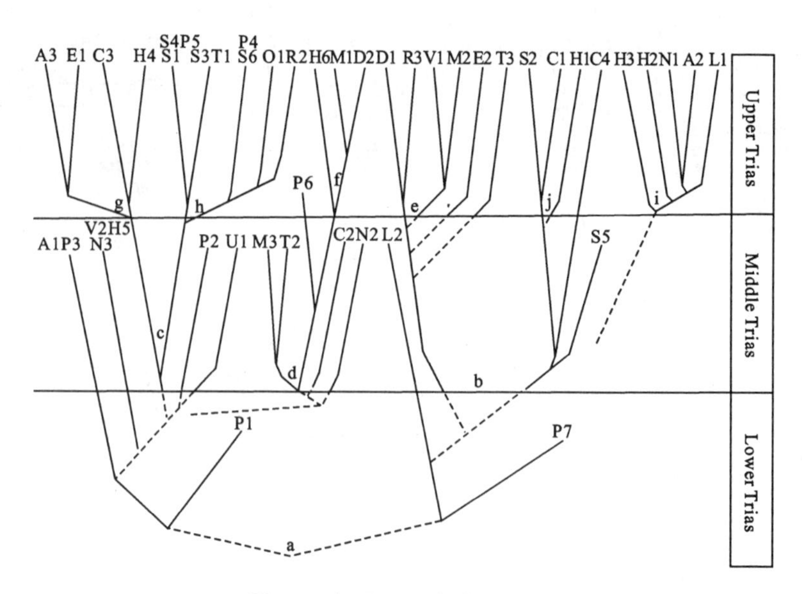

Fig. 5 An Integral Cladogram

Table 10 Calculations of Divergent Degrees Between Each Pair of Groups

Numbers of essential taxa of a pair of groups		Distance measures of autapomorphical character states	Weighted values	Divergent degree	Categorical rank - differentiation	
N1	N2	d	a	DD		
X=24	Y=20	DS=2 HP=1 ST=1	4 4 4	704	superfamily	Fig. 4
c=6	h=5	0	0	0	/	Fig. 2,3,4
c=6	f=3	SU=1.5	2	54	family	Fig. 2
c=6	d=6	SU=1	2	72	family	Fig. 2
d=6	f=3	SU=0.17 ON=0.8	2 2	36	family	Fig. 2,3
h=5	g=4	ST=1 ON=0.75	4 2	36	family	Fig. 3
e=6	b=5	0	0	0	/	Fig. 4
e=6	j=4	HP=1 CP=0.75 CR=0.5	4 4 2	192	family	Fig. 3
b=5	j=5	DS=0.4 DP=0.8 SU=0.8 FO=0.8	4 2 2 2	150	family	Fig. 2,3
i=5	j=4	DS=1.5 CP=1 DP=0.8 SU=1.5 FO=0.8 ON=1.5	4 4 2 2 2 2	344	superfamily	Fig. 4

Based on both cladistic analyses and divergent degrees the paper proposes a system of classification of Triassic rhynchonellids (Table 11).

Table 11 The Phenetic-cladistic Systematics of Triassic Rhynchonellids

Taxa		Codes of genera	Codes of groups
Superfamily	Family		
Basiliolacea Cooper	Laevirhynchiidae Dagys	L1	i
	Norellidae Ager	A2, N1	
	Halorellidae Ager	H2, H3	
Wellerellacea Xu et Liu	Sinorhynohu Xu et Liu	S5	j
	Septaliphorioididae Xu et Liu	H1, C4, S2, C1	e
	Wellerellidae Likharew	M2, V1, T3, E2, R3, D1	
	Lissorhynchiidae Xu	L2, P7	a
Rhynchonellacea Schuchert	Diholkorhynchiidae Xu	H6, D2, M1, C2, P6	f
	Triasorhynchiidae Xu et Liu	M3, T2	d
	Nucleusorhynchiidae Xu	N2	
	Praecyclothyrididae Makridin	A3, E1, H4, C3	g
	Rhynchonellidae Gray	S4, S1, P5, T1, S3, P4, S6, R2, O1	h
		P2, U1, A1, P3, H5, N3, V2	c

Cladistic Analysis of Biogeography

There are obviously changes in biogeographical diversity of Triassic rhynchonellids from the Early to the Middle and Late Triassic. In the Early Triassic two biogeographical provinces can be recognised: the North America-Primorsky province and Sourh China-Caucasus province. The latter province is characterised by the occurrence of the Family Lissorhynchiidae which is absent from the former province(Fig. 6, T1). These two Provinces were located both north and south of the Tethys where Early Triassic rhynchonellids lived. Three bioprovinces are recognised from the Middle to the Late Triassic owing to geographical divergence. ①The Western province, including Europe, Caucasus, and Balkans, is indicated by the Family Wellerellidae in the Middle Triassic and more members of the Family Halorellidae in the Late Triassic. ②Four geographical areas: Ximalayashan, North Xizang, Qilian Mts. , and Yangtze platform which differs from the Western province in existing the Families Diholkorhynchiidae, Praecyclothyrididae, and Lissorhynchiidae in the Middle Triassic and the Families Diholkorhynchiidae and Septaliphorioidae in the Late Triassic. ③The North province, including Primorskiy and North-East of USSR, and North America, display transitional characters between the Western and the Eastern provinces(Fig. 6, T2 and T3).

Biogeographical cladistic analysis from another angle using Triassic rhynchonellid character states(Fig. 7) can provide more information on displacements of character states and, at

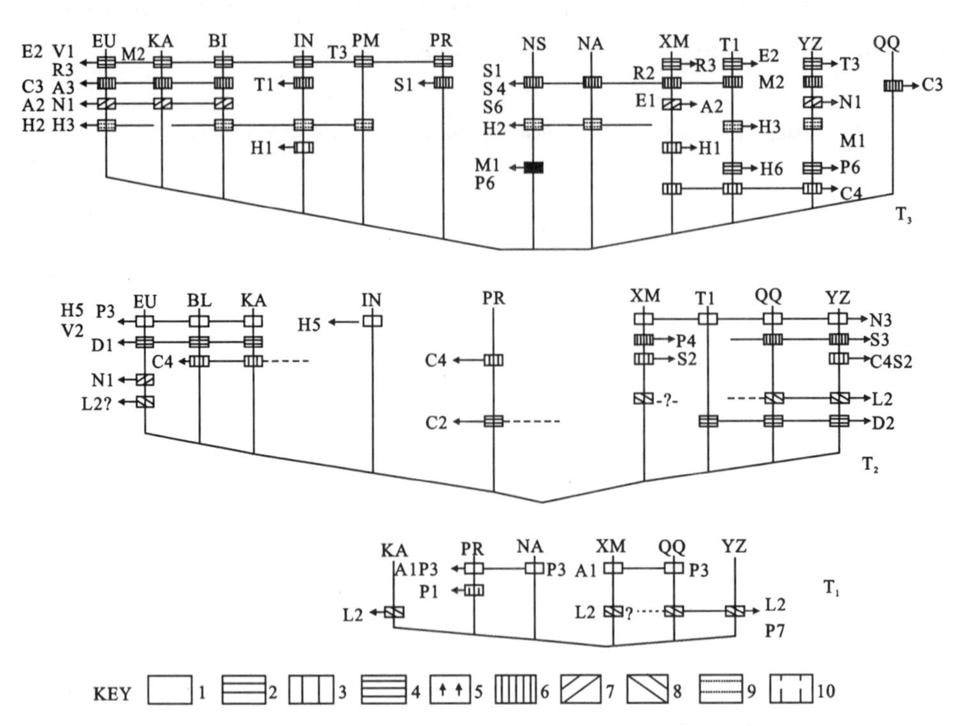

Fig. 6 Geographical Cladograms of Lower, Middle, and Upper Triassic Rhynchonellids

1. Rhynchonellidae; 2. Wellerellidae; 3. Septaliphorioididae; 4. Diholkorhynchiidae; 5. Paranorellinidae; 6. Praecyclothyrididae; 7. Norellidae; 8. Lissorhynchiidae; 9. Halorellidae; 10. Hagabirhynchia

the same time, test viewpoints mentioned above. Character states of South China-Caucasus province in the Early Triassic are mostly plesiomorphical states excepting DS, ST and CR which all possess two apomorphical states but state O predominate over others; however, a number of apomorphical states occurr in the North America-Primorskiy province, especially in Primorskiy area of USSR. In the Middle Triassic derivative states rapidly increased in the European Western province, and the Eastern province has fewer apomorphical states, but developed apomorphical stares SU3 and CR2, than the former province. All apomorphical states occurred in the Late Triassic. European Western province inherited from the Middle Triassic is typical in possessing almost all apomorphical states, and the Yangtze area has well-developed apomorphical states in the East province. The differentiation between both the Western and Eastern provinces is only expressed by different apomorphical states of characters SU and CR.

Four developed tendencies of character states can be recognised from Figs. 6 and 7.

(1) Apomorphical states decreased in PR area from the Early to the Late Triassic; for this fact, it could be explained by Primorskiy of USSR being a prosperous centre in the Tethys in the Early Triassic, declining after the Middle Triassic.

(2) The prosperous centre split and transferred to two areas, Europe and Yangtze platform, where occurred most apomorphical states in the Middle and the Late Triassic.

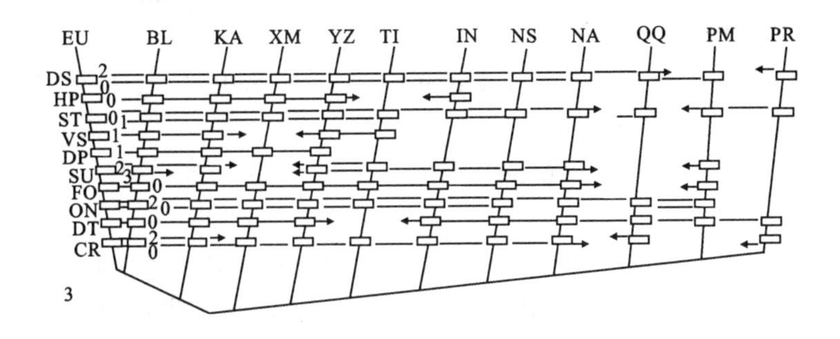

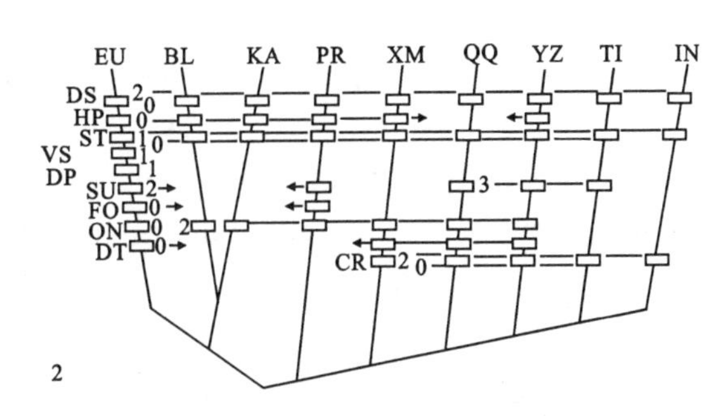

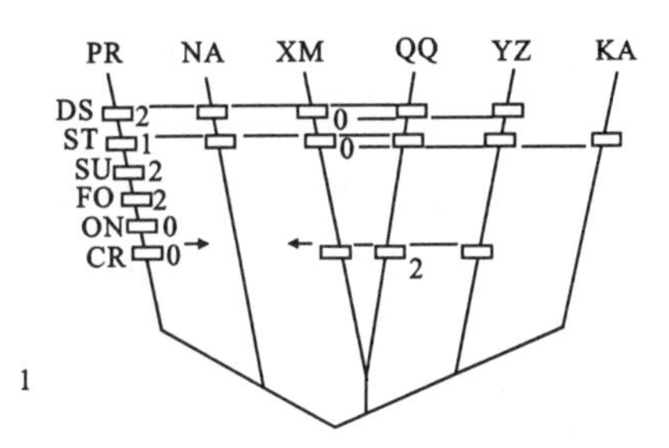

Fig. 7 Geographical Cladograms, Showing Relationships Connected by Character States

(3)Both the numbers of geographic areas with rhynchonellids, and apomorphical character states of each area increased from the Early to the Late Triassic except PR area.

(4)The Family Septaliphorioididae scattered world-wide in the Middle Triassic and then were limited in all bioprovinces in the Late Triassic. These four tendencies result from environmental and geographic changes which are beyond the scope of this paper.

References

Ager D V Mesozoic and Cenozoic Rhynchonellacea[M]. In: Moore R C(edit). Treatise on Invertebrate Paleontology, part H, Brachiopoda, 1965: H597 - H625

Ager D V, Childs A, Pearson D A B. The evolution of the Mesozoic Rhynchonellida[J]. Geobios, 1972, 5(2—3): 157 - 234

Brundin L. Transantarctic relationships and their significance, as evidenced by chironomid midges with a monograph of the subfamilies Podonominae and Aphroteniinae and the austral Heptagyiae[M]. Kung Sven Vetenskap, Hand. 111, 1966

Cooper G A. Genera of Tertiary and Recent rhynchonelloid brachiopods[M]. Smithsonian Miscellaneous Collections, 1959

Dagys A S. Upper Triassic brachiopoda in southern of SSSR[M]. In: Akademiia Nauk SSSR, Moscow. 1963: 248

Dagys A S. Triassic brachiopods (morphology, classification, phylogeny, stratigraphical significance and biogeography)[M]. Publishing House "Nauka", Siberian Branch. 1974: 386

Forey P L. Introduction of cladistics[M]. In: Chow, Minchen et al. (edits). Translated works on cladistic systematics. Science press, 1983: 152 - 195

Hennig W. Phylogeneticl systematics[J]. Annual Review of entomology, 1965, 10: 97 - 116

Hennig W. Phylogenetic systematics[M]. Urbana: University of Illinois Press, 1966

Makridin V P. Brachiopods from the Jurassic sediments of the Russian Platform and some adjoining areas (in Russian) [M]. Gorkii-Kharkov State University Science Research Section, 1964: 395

Mayr E. Cladistic analysis or cladistic classification? [J] Zeitschrift fuer Zoologische Systematik und Evolutionsforschung, 1974: 12, Heft 2: 94 - 128

Nelson G. Classification as an expression of phylogenetic relationship [J]. Systematic Zoolongy, 1973, 22(4): 344 - 359

Schaeffer B, Hecht M K, Eldredge N. Phylogeny and paleontology[J]. Evolutionary Biology, 1972, 6: 31 - 46

Sun Dongli, Ye Songling. Middle Triassic brachiopods from the Tosu Lake area, Central Qinghai[J]. Acta Paleontologica Sinica, 1982, 21(2): 153 - 173, 3 plates

Xu Guirong, Liu Guangcai. Some problems in the research of Triassic brachiopods[M]. In: Yang, Zunyi et al.. Triassic of the South Qilian Mountains. Beijing: Geological Publishing House, 1983: 67 - 833

Xu, Guirong, Liu Guangcai. Triassic brachiopods[M]. In: Yang Zunyi et al.. Triassic of the South Qilian Mountains. Beijing: Geological Publishing House, 1983: 84 - 173, 11 plates

Xu Jinjian. Mesozoic brachiopods[M]. In: Paleontological Atlas of Southwestern China, Sichuan Province. Beijing: Geological Publishing House, 1978: 267 - 314

Yang Zunyi, Xu Guirong. Triassic brachiopods of Central Guizhou (Kueichow) Province, China[M]. Beijing: Industrial Publishing House of China, 1966: 122, 14 plates

【From: In Mackinnon D I, Lee D E, Campbell J D Brachiopods through Time, Proceedings of the Second International brachipod congress, 1991: 67 - 79】

锥石类新属种及其地层意义

徐桂荣　李凤麟①

锥石类化石在我国研究较少。1933年，尹赞勋先生描述过采自甘肃的标本；最近张守信研究珠穆朗玛峰地区的锥石化石，建立中国锥石(*Sinoconularia*)属。国外对锥石类的研究亦很零星，迄今为止，只建立了约30个属。

本文共记述5个属种(其中新属新种4个)。新疆的标本是新疆区调队张凤鸣同志转赠的；浙江的标本是抚州地质学校韩乃仁、李罗照等同志赠给的；其他标本是武汉地质学院杨关秀、杨慕华等同志采集的。笔者特此致谢。

一、锥石类的结构和分类

锥石类外形为锥形，其横切面多呈正方形，亦有长方形和菱形者，少数呈五边形或三角形等。锥石类壳表布满横脊，或有具纵脊者。脊上及脊间常饰有小瘤、纵棒等结构。锥面相交处常形成凹入的纵沟——角沟。锥面中线部位可具面中沟或面中脊，壳内可具4个纵向的中隔壁。通过最近的研究，笔者发现有些类别锥壳的内表面具内横脊(图版1d；图1)。

锥石类的分类系统，1939年由鲍瑟克(Bouček)首先提出，1942年杉山敏郎(Sugiyama)作了修改。1952年辛克拉(Sinclair)重新归纳，提出了目前较通用的分类系统，1956年莫尔和哈林屯(Moore & Harrington)又作了某些补充。1959年楚季诺娃(Чудинова)创立一新科——古锥石科(Palaeoconulariidae)，归入盾壳亚目(Conchopeltina)。

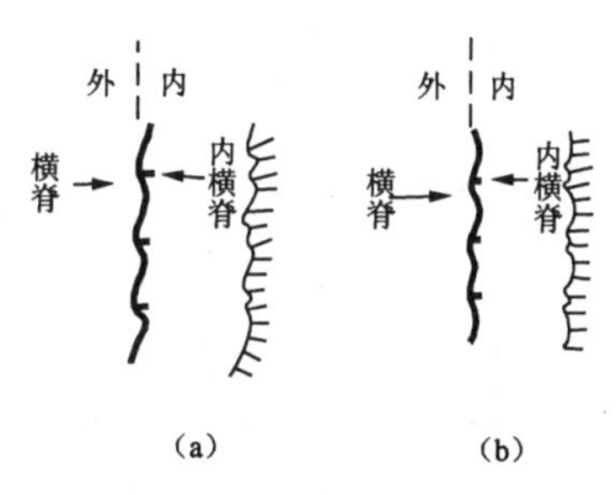

图1　锥壳纵切面，示内横脊
(a)湖南锥石(*Hunanoconularia*)型的内横脊；(b)华夏锥石(*Cathayconularia*)型的内横脊；(右侧为与内横脊相对应的内模上显示出的双脊状切面)

我们根据横脊被角沟截断，并在角沟两侧交替互生的特点，将拟锥石亚科(Paraconulariinae)提升为拟锥石科(Paraconulariidae)，其中除拟锥石亚科(Paraconulariinae)外，还包括新建立的、以具内横脊为特点的湖南锥石亚科(Hunanoconulariinae)。同时，我们认为晚锥石类也很可能是独立于锥石亚目以外的一个新亚目，由于材料不多，尚难最后确立，暂存疑，留待日后讨论(图2)。

二、锥石类的生态及地层意义

锥石类营自由游泳生活，有人推测锥石壳内充满气体，体内隔壁起支持软体和调节气体的

① 李凤麟：中国地质大学北京研究生部。

作用。有些化石的锥顶有附着痕迹，在口部有能开闭的口盖，可能这些锥石是营固着底栖生活的，但其幼虫阶段也是营自由游泳生活的。

锥石类是广海相的生物，可以出现在深海相、浅海相、滨海相的各种环境中。锥石化石曾发现在灰岩、页岩、砂岩等各种沉积岩类中，常与底栖生物共生，但亦见于底栖生物不发育的地层中。

锥石类最先出现于早寒武世，三叠纪后完全绝灭(图 2)。由于研究较少，化石数量较少，其地层意义常不为人们所重视。据辛克拉(1940)对后锥石属(*Metaconularia*)的近 40 个种的分析，该属在北美和欧洲限于中奥陶世到晚志留世，都有一定的对比地层的价值。如美国密苏里州、伊利诺斯州、纽约州产于中奥陶统的相近种，可以用来正确地进行地层对比；在波希米亚，后锥石属限于志留纪，常可与其他类生物一起用作对比地层的可靠依据。

连结锥石(*Conularia continens*)最初发现于纽约州中泥盆统汉密尔顿群。新疆准格尔的标本系李天德同志于巴里坤县考克塞尔盖山的卓木巴斯套组中采集的。该组岩性为厚层块状黄灰色砂岩及灰黄色钙质砂岩，以含丰富的腕足动物化石为特征，并含单体珊瑚、海百合茎等。与该锥石共生的腕足类有 *Atrypa* sp.，*Paraspirifer* sp.，*Acrospirifer* sp.(新疆区测队古生物组鉴定)等。

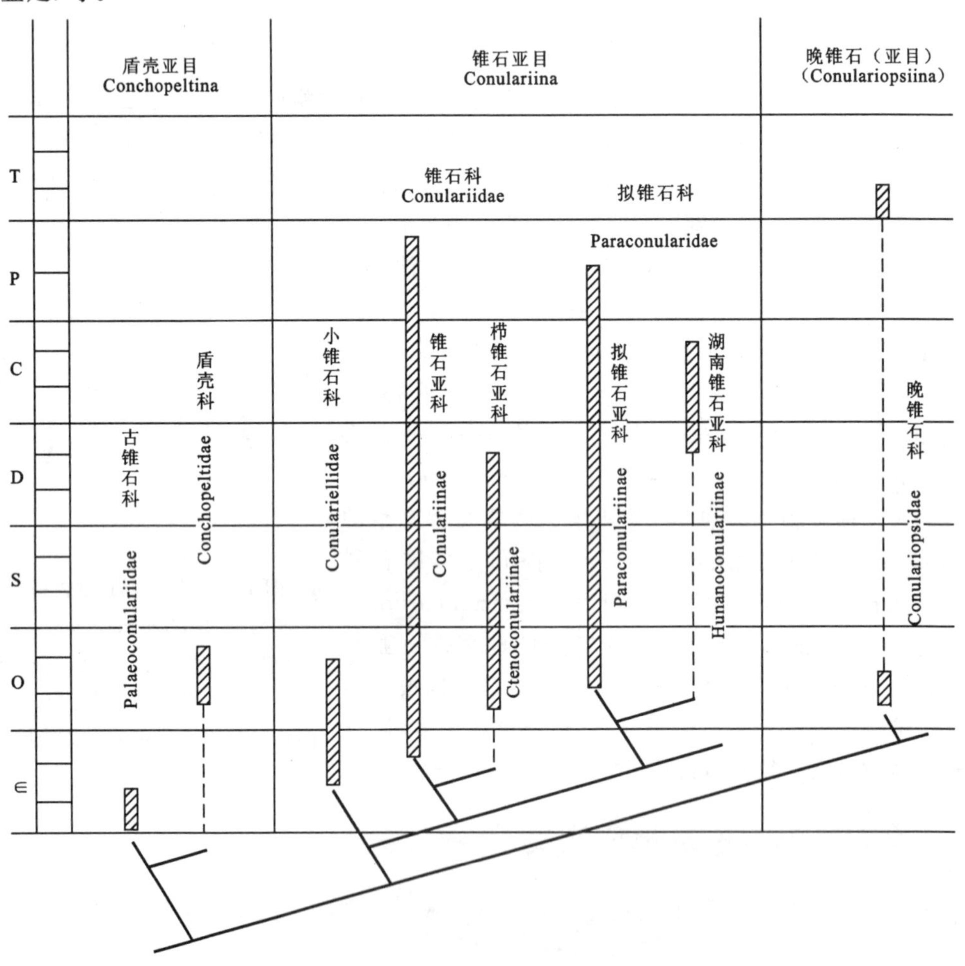

图 2 锥石目系统分类及地史分布

三、化石描述

锥石目 Conulariide Miller & Gurley,1896

锥石亚目 Conulariina Miller & Gurley,1896

锥石科 Conulariidae Walcott,1886

锥石亚科 Conulariinae Walcott,l886

锥石属 *Conularia* Sowerby,1821

属型: *Conularia quadrisulcata* Sowerby,1821

属征: 横脊发育,紧密,具细瘤;脊间具纵棒或纵线;面中线不显沟或脊;角沟发育,横脊通过角沟不被截断,角沟处也无加厚现象。

地质时代: 晚寒武世—二叠纪。

连结锥石 *Conularia continens* Hall,1879

(图版 4)

材料: 一个被压扁的锥石,口部及顶端未保存。一面纹饰特征保存较好,另一面的外模印痕亦大部保存。原编号 730G_2-2226。

描述: 高锥形,壳直,保存壳长为 60mm。横切面保存近椭圆形,口方每边宽 22mm。两角沟延伸之顶角约为 13°。角沟宽而深,横脊穿过角沟而不为角沟所中断。面中沟不显著,仅由横脊的弯折略可显示面中线之位置。横脊紧密,每厘米约有 13～14 条。横脊上有一排小瘤粒,脊间有纵棒,每毫米中有 3 条纵棒。横脊呈浅弓形延伸,弓顶指向口方。

比较: 中国新疆的标本,在大小、形状等特征上,均与美国纽约州所产化石相同。二者亦稍有区别,即中国的标本无显著的面中线,仅局部由于横脊的弯折而略显面中线之位置。

产地和层位: 新疆巴里坤县,中泥盆统下部卓木巴斯套组。

拟锥石科 Paraconulariidae Sinclair,1952

拟锥石亚科 Paraconulariinae Sinclair,1952

北京锥石(新属) *Beijingoconularia* gen. nov.

属型: *Beijingoconularia planarea* gen. et sp. nov.

属征: 横脊发育,具弱的瘤粒;横脊在角沟处中断,向口方弯曲,角沟两旁的横脊交替互生。面中沟发育,细而深,横脊在面中沟处中断。具中隔壁。

比较: 新属与拟锥石(*Paraconularia* Sinclair,1940)接近,主要区别是后者面中线由横脊弯曲形成,面中线处横脊不中断。

地质时代: 中石炭世。

平直北京锥石(新属新种) *Beijingoconularia planarea* gen. et sp. nov.

(图版 3)

材料: 一件被压变形的锥石,近口方部分保存较好。

描述: 壳细长,方锥形,锥面平直,保存壳长 44mm,横切面正方形,口方每边宽 12.8mm。顶角约为 8°。角沟窄;横脊细,脊间稍宽,横脊上偶见小瘤粒,脊间光滑,横脊在近角沟处略加宽，且为角沟所中断，在角沟两侧交替互生。近口方每厘米内有21条横脊，横脊自面中沟部分向两侧斜向直伸，尖端指向口方。面中沟细而深；横脊在面中沟处被隔断。面中沟旁侧有一条突出的纵脊，显系中隔壁在化石被压扁时在壳外引起的反应；从纵脊的形态，可以推知中隔壁窄而直，高度不大。

讨论：虽然标本由于受挤压而大部变形，只在近口方约10mm保存较好，但主要特征均保存完好。与拟锥石属虽较近似，但差异较大，故可肯定为一新属。因化石发现于北京西郊门头沟附近，故名北京锥石。其锥面平直，横脊亦较平直，用以作为种名。

产地和层位：北京门头沟，中石炭统清水涧组。

湖南锥石亚科（新亚科）Hunanoconulariinae subfam. nov.

角沟发育，横脊在角沟处中断，交错互生。锥壳内表面具内横脊（见图1），内横脊与壳表横脊处于相同位置，壳表剥落后的内模上显双脊状的横沟[图版1(c～d)]。

讨论：本亚科据以确立的主要特征是锥壳内面具内横脊。笔者所研究的湖南锥石及华夏锥石均具该特点。在研究过程中，与原武汉地质学院古生物教研室保存的、采集地点及层位不明的拟锥石亚科的标本及前述北京锥石标本进行了比较，该拟锥石亚科标本的锥壳内壁无内横脊，而前人亦未论述这一特征。

目前本亚科只包括湖南锥石及华夏锥石两属。但很可能，前人描述的拟锥石亚科中的一些属将根据这一特征归属于本亚科。

地质时代：晚泥盆世—中石炭世。

湖南锥石（新属）*Hunanoconularia* gen. nov.

属型：*Hunanoconularia hunanensis* gen. et sp. nov.

属征：壳细长，方锥形，截面正方形。角沟窄，面中沟不显著。横脊近弓形，弧顶略平，指向口方；横脊为角沟所截断，在其两侧交替互生，横脊在角沟肩部向口方略弯。具内横脊，外壳剥落后，在内模上可见双脊状横沟，内横脊在近中线处略粗，向两侧变细。锥壳纵切面所显示的特点见图1(a)。锥壳内具宽平而不高的中隔壁。横脊细；脊间宽而浅，光滑无纵棒。

地质时代：晚泥盆世。

湖南湖南锥石（新属、新种）*Hunanoconularia hunanensis* gen. et sp. nov.

[图版1(a～d)；图1(a)]

材料：一保存较完好的个体，顶部有缺失；同一个体剥下的两个锥面的外模（粘附有锥壳的部分内表面）。另一个体近顶端锥壳一小段。

描述：壳细长，方锥形，截面正方形，顶部微弯曲，保存长度39mm，口部每边宽12.1mm；顶角约16°。角沟窄，无面中沟。横脊棱状，呈弓形延伸，弧顶指向口方，顶部较平；近面中线部横脊宽度变小，尤以近口部处明显。脊间宽浅。横脊在角沟处中断，其尖端在角沟肩部略弯向口方，横脊在角沟两侧交替互生。在口部10mm内有15条横脊，顶部在10mm内有18条横脊。脊间光滑无纵棒。具内横脊，内横脊在锥面的近中线部稍宽，向两侧变细。在面中线部具宽平而不高的中隔壁。内横脊与中隔壁互相穿插。锥壳剥落处在内模上显出双脊状横沟，其纵切面特征如图1(a)所示；与中隔壁对应的纵沟不明显，表现出中隔壁极为宽缓低平，近中线处锥壳稍有加厚。

产地和层位:湖南邵东县佘田桥,上泥盆统锡矿山组上部薄层黑色灰岩中。

共生化石有 *Cyrtospirifer* sp. 及 *Productella* sp. 等,数量少,保存亦较差。

华夏锥石(新属)*Cathayconularia* gen. nov.

属型:*Cathayconularia qingshuijianensis* gen. et sp. nov.

属征:壳细长,方锥形,截面正方形;角沟窄而浅,具面中沟;横脊和脊间等宽,横脊被角沟中断,在角沟两侧交替互生,尖端稍弯向口方。脊间具倾斜的纵棒。面中沟细,有时突起成脊;横脊自面中沟向反口方斜伸,呈人字形。锥顶截切状,具附着盘。

比较:本属与湖南锥石(*Hunanoconularia*)接近,其主要区别为:①本属具面中沟,后者无;②本属横脊呈人字形,后者为弓形;③本属脊间具纵棒,后者无;④横脊和内横脊间之组合形式不同(见图 1)。

地质时代:中石炭世。

清水涧华夏锥石(新属、新种)*Cathayconularia qingshuijianensis* gen. et sp. nov.

[图版 2(a～c);图 1(b)]

材料:保存较好的一个个体,稍变形。

描述:壳细长,方锥形,截面正方形,锥面直、长。保存部分长 55mm,口部每边宽 10.5mm;顶角约 12°。角沟窄而浅;面中沟细。横脊自面中沟向反口方斜伸,呈人字形,近口部 10mm 内有 14 条横脊,横脊宽。具内横脊,锥壳剥落处在内模上显双脊状横沟,横脊与内横脊之关系如图 1(b)所示。脊间具倾斜的纵棒,纵棒自面中沟向反口方倾斜(图版 2c)。锥顶截切状,具附着盘。

产地和层位:北京杨家屯灰峪东山梁,中石炭统清水涧组,化石发现于灰色、深灰色钙质粉砂岩中。

共生化石有 *Choristites yanghukouensis* Chao, *Shellwienella crenistria* (Phillips), *Dictyoclostus grue newaladti* (Krotov)等腕足类。

晚锥石科 Conulariopsidae Sugiyama, 1942

小晚锥石(新属)*Conulariopsiella* gen. nov.

属型:*Conulartopstella minima* gen. et sp. nov.

属征:高锥形,截面梯形。锥面交角突出,无角沟;不具面中沟;锥面上有细的纵线,线间较宽。锥面偶见横褶。

比较:新属与晚锥石(Conulariopsis)的主要区别是个体小,截面呈梯形。

地质时代:中奥陶世。

小型小晚锥石 *Conulariopsiella minima* gen. et sp. nov.

(图版 5;图 3)

材料:保存于结核中的一个缺失顶端的个体。

描述:高锥形,保存长 10.5mm,截面梯形;口部宽边的宽度为 6.9mm,口部窄边的宽度为

5.6mm，侧边宽为4.3mm。宽锥面顶角约7°。边角突出，角圆。宽锥面微穹，窄锥面微凹。无面中沟。面上纵线很细，每毫米中有12条细线，线间较宽。锥面偶见横褶。

产地和层位：浙江江山中奥陶统黄泥岗组。

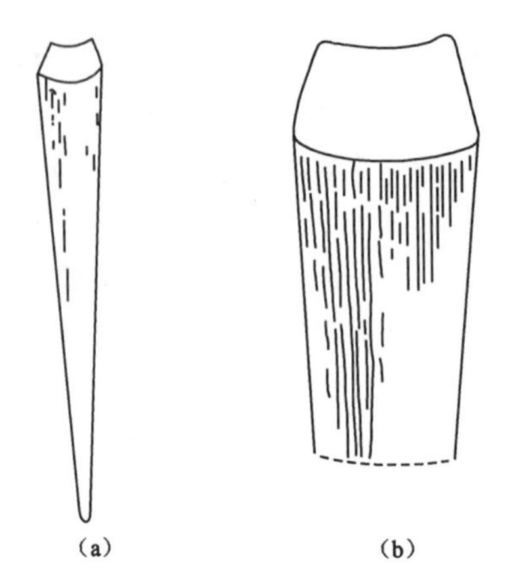

图3 小型小晚锥石

(a)复原图，×1；(b)纵向壳饰及梯形横截面示意图，×3

参考文献

尹赞勋.中国北部本溪系及太原系之头足化石[M].中国古生物志乙种11号3册，1933

张守信.珠穆朗玛峰地区的中国方锥石(新属)[M].珠穆朗玛峰地区科学考察报告(1966—1968)古生物第3分册，1977

Koninck. Faune du Calcaire Carbonifère de La Belgique[M]. Annales du Musée Royald' histoire naturelle de Belgique，1883

Moore R C, Harrington H J. Subclass Conulata [J]. In Moore R C. Treatise on invertebтate palaeontology，F Coelenterata，1956：54－66

Seidel. Fund einer Conularia in Flozführenden des Ruhrgebietes [J]. Gluckauf, 1956, 92(21－22)：608－609

Sinclair G W. A discussion of the genus Metaconularia with description of new species [J]. Roy. Soc. Canada，Trans，1940，34(3)：101－121、1－3

Sinclair G W. A Classification of the Conularida[J]. Fieldiana，Geology，1952，10(13)：135－146

Sinclair G W. Richardson E S. A bibliography of the Conularida [J]. Bull. Amer. Paleont.，1954，34(145)

Sugiyama T. Studies on the japanese Conularida [J]. Jour. Geol. Soc. Japan, 1942, 49(541)：390－399

Thomas G A. *Notoconularia*，a new conularid genus from the Permian of eastern Australia[J]. Gour. Paleontology，1969，43(5)：1 283－1 290

Калашников Н В. Девонская и пермская конулярии северного урала Палеонтологический журнал[J]，1961(4)：153－156

Сысоев В А,Чудинова и И И. Подкласс Conulata[M]. из Основы Палеонтологии,1960
Чудинова И И. О находка Конулярии в нижнем кембрии Западных Саян [J]. Палеонтологический журнал,1959(2):53－55

图版说明

1. 湖南湖南锥石(新属新种)*Hunanoconularia hunanensis* gen. et sp. nov.
   a. 角沟;
   b. 锥面;
   c. 锥壳内表面;
   d. 锥壳内表面,示内横脊。标本号:HS－59800。
2. 清水涧华夏锥石(新属新种)*Cathayconularia qingshuijianensis* gen. et sp. nov.
   a. 锥面;
   b. 角沟;
   c. 内模细部,示内横脊印痕。标本号:CY－103。
3. 平直北京锥石(新属新种)*Beijingconularia planarea* gen. et sp. nov.
   标本号:CP－102。
4. 连结锥石 *Conularia continens* Hall
   标本号:CX－101。
5. 小型小晚锥石(新属新种)*Conulartopsiella minima* gen. et sp. nov.
   标本号:CZ－753。

(图1,5口方向下,图2～4口方向上。)

以上标本保存在原武汉地质学院古生物教研室。

【原载《地质学报》,1979年,第2期】

图　版

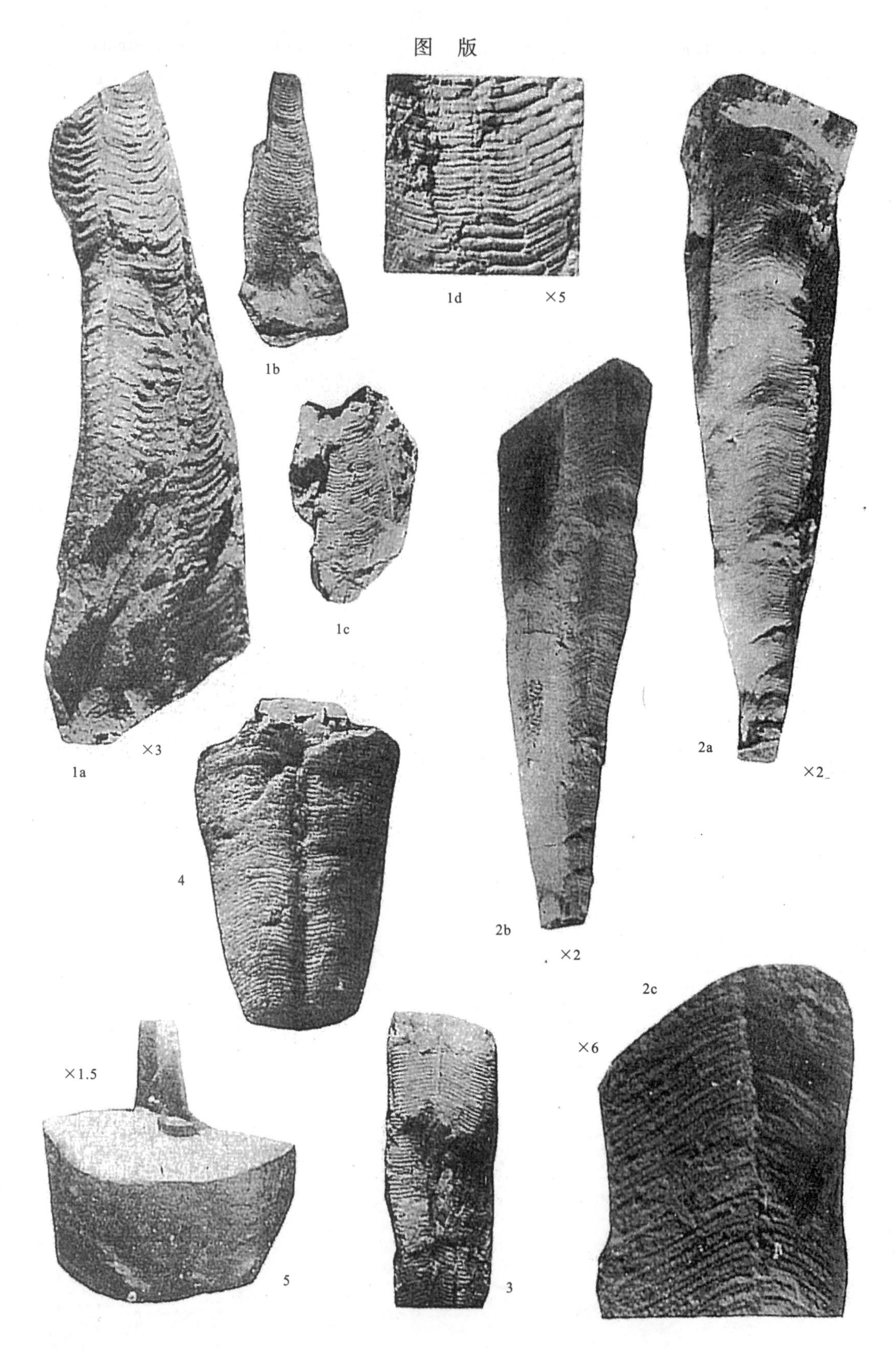

西藏、湖南、贵州锥石的新发现

徐桂荣　李凤麟

本文记述了产于西藏阿里下二叠统的 *Xizangoconularia*(西藏锥石)、采自湖南蓝山上泥盆统的 *Yangoconularia*(杨氏锥石),以及采自贵州下中志留统的 *Striatoconularia*(细纹锥石)和 *Leioconularia*(光锥石)4 个新属。

锥石类化石在我国各地陆续有所发现,先后经尹赞勋(1933)、张守信(1978)、徐桂荣和李凤麟(1979)、刘渭洲(1981)等研究。近年来,又先后得到杨遵仪教授,聂泽同副教授、李志忠副教授、何心一副教授及王波同志等赠送的标本,经研究一并予以报道,并对采集和赠送上述标本的同志表示衷心的感谢。

为庆祝我们的老师杨遵仪教授从事地质及教育工作五十周年,为了表达对杨遵仪教授长期以来的教诲和帮助的感谢,将湖南发现的锥石命名为杨氏锥石(*Yangoconularia*)

锥石目 Conulariida Miller et Gurley,1896

锥石亚 Conulariina Miller et Gurley,1896

目拟锥石科 Paraconulariidae Sinclair,1952

湖南锥石亚科 Hunanoconulariinae Xu et Li,1979

西藏锥石(新属) *Xizangoconularia* gen. nov.

属型: *Xizangoconularia disjuncta* gen. et sp. nov.

属征: 壳方锥形,截面长方形。角沟窄而浅,横脊在角沟内中断,交错互生,向反口方弯曲。面中沟明显,由横脊错断形成。横脊呈宽弧形排列,弧顶指向口方。横脊在中沟处断开,且有时交错排列。横脊间似有纵棒状突起。具内横脊。

比较: 本属接近 *Cathayconularia*(华夏锥石),其主要区别为:①本属横脊宽弓形,后者为人字形;②本属横脊在中沟处错断;③本属横脊较粗;④本属横脊在角沟内向反口方弯曲,而后者向口方弯曲。

讨论: 属型种 *Xizangoconularia disjuncta* 与帕富瑞(Parfrey,1982)描述的 *Paraconularia derwentensis*(Johnston)十分相似。后者个体巨大,顶角稍大,横脊较粗;除此之外,其他特征都一致。不过,根据帕富瑞的图上观察[Parfrey(该文中的图 5 和图 6),1982],新西兰的标本可能存在内横脊。因此,*Paraconularia derwentensis* 可能归入 *Xizangoconularia*。

地质时代:中国西藏早二叠世;澳大利亚塔斯马尼亚(?)早一中二叠世。

间断西藏锥石(新属,新种) *Xizangconularia disjuncta* gen. et sp. nov.

(图版 1 至图版 3)

材料:一立体标本,保存较好,顶部缺失;另一从同一标本上剥落下来的外壳。编号:XC-80-1,XC-80-2。

描述:壳长,方锥形。保存长度4.65cm,推测长度可能达10cm。截面长方形,在近口方截面为1.865cm×1.440cm。顶角小。角沟窄而浅,面中沟细。横脊较粗,近口方的横脊粗达1mm,横脊在锥面呈宽弓形,自锥面中部向反口方缓伸。在角沟内横脊交错互生,且继续向反口方弯曲。在面中沟处,横脊断开,有时可见错生现象。脊间偶见纵棒。具内横脊,为华夏锥石型内横脊。

产地和层位:西藏阿里地区日土县多玛脱塔拉山,曲地组上部,相当于Sakmarian晚期。

同层产出的化石有*Cyrtella nagmagensis*(Bion),*Sabansiria ranganensis* Sahni et Srivastava,*Neospirifer fasciger*(Keyserling),*Licharewia tsavegradsryi* Zee et Gu等(腕足化石均由胡昌铭同志鉴定)。该层的时代讨论见聂泽同、宋志敏(1983),胡昌铭(1983)有关论文。

拟锥石亚科 Paraconulariinae Sinclair,1952

平直北京锥石 *Beijingoconularia planarea* Xu et Li,1979

(图版5、图版6)

新发现的标本由李志忠副教授采自北京门头沟杨家屯中石炭统清水涧组。标本保存比正型标本更好。全长37mm,近口方宽12.5mm,每10mm内有横脊22条。需补充的特征为横脊两侧呈不对称状,向口方一侧呈缓坡状,反口方一侧较陡,中隔壁直。顶角7°~8°。

杨氏锥石(新属) *Yangoconularia* gen. nov.

属型:*Yangoconularia lanshanensis* gen. et sp. nov.

属征:壳方锥形。角沟宽而浅,横脊在角沟内中断,交错互生,在角沟肩部向反口方略弯。横脊窄而低,间横脊较宽。横脊反口方一侧由明显的锯齿状突起组成,横脊上具横脊中沟。面中线不清楚,亦可能不具面中线。

比较:本属以其独特的横脊及横脊中沟明显区别于本亚科的其他各属。

时代:晚泥盆世,中国湖南。

蓝山杨氏锥石(新属,新种) *Yangoconularia lanshanensis* gen. et sp. nov.

(图版4;图1)

材料:一不完整标本,保存了一条角沟及两侧的锥面,略压扁,保存的为锥石的外模。系野外队采集,杨遵仪教授转赠研究。野外编号Ⅳ-5060-1-2,室内编号BDG-LC-01。

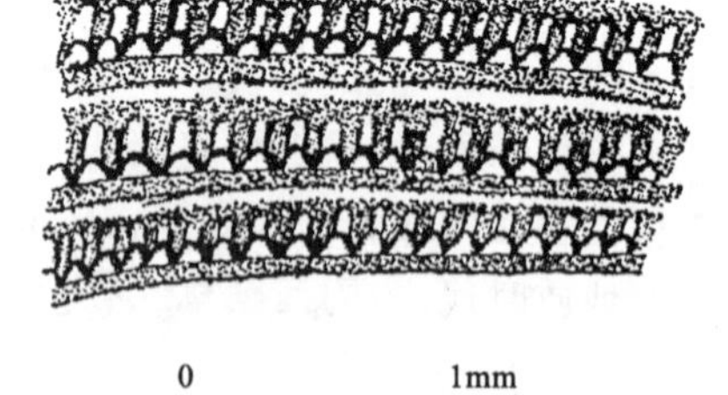

图1 蓝山杨氏锥石 *Yangoconularia lanshanensis* 横脊及横脊中沟构造示意图

描述:壳方锥形,顶角较大。保存最大长度27mm,近口方锥面最大宽度9.5mm。角沟宽而浅。面中沟不清楚,很可能不具面中沟。横脊窄而低,而间横脊较宽,近口方每5mm内有横脊、间横脊各14条。横脊较细,在角沟处中断,交错互生,在角沟肩部向反口方略弯,其伸入角沟部分极短而低平。横脊向口方一侧较平直,向反口方一侧呈锯齿状,且其坡度较口方一侧为缓;其锯齿约可达间横脊的中部。横脊上具明显的横脊中沟，其形状与横脊相适应；横脊的锯齿状突起部的中央有明显的三角形凹坑与贯通横脊的横脊中沟相连。锯齿形凹坑呈不等边三角形，向角沟方向斜伸，其大小及疏密不等，每1mm有7～9个；锯齿状突起尖顶部分较细长，与锯齿状凹坑各边不平行。

产地及层位：湖南蓝山县桐禾岭上泥盆统佘田桥组。

锥石科 Conulariidae Walcott，1886

细纹锥石属（新属）*Striatoconularia* gen. nov.

属型：*Striat oconularia striata* gen. et sp. nov.

特征：壳方锥形，个体小。面中沟明显，角沟不显。壳饰为细微的横纹，横纹在面中沟中断。中沟附近和壳角处横纹弯向反口方，横纹微向口方弯曲成宽弧形。壳面平，显紧缩横皱。

比较：本属与始锥石 *Archaeoconularia* Boucek，1939，十分接近，两者都以细微的横纹为特征。但本属无纵向壳纹，角沟不显，壳面有紧缩的横皱，故两者区分明显。

讨论：本属归入锥石科 Conulariidae Walcott，1886，是权宜之计，锥石科以横脊为特征，本属和始锥石等似乎可另立新科，因材料尚不够充分，待来日讨论。

时代和分布：贵州早—中志留世。

细纹细纹锥石（新属、新种）*Striatoconularia striata* gen. et sp. nov.

（图版7、图版8）

材料：两块标本，保存一个壳面。编号：CKW-28-1、CKW-28-2。

描述：壳小，保存壳长7.0mm(CKW-28-1)、6.9mm(CKW-28-2)、壳宽4.9mm(CKW-28-1)、5.45mm(CKW-28-2)。面中沟发育，较深，有弯曲或断续现象。壳横纹极细，1mm有13条左右，分布均匀，有时微有曲折。横纹微呈宽弧形伸展。在中沟处和面角处横纹微向反口方弯曲。壳面平坦，但有紧缩的横皱，1.5～2.0mm出现一次。角沟不显。无纵向壳饰。

产地和层位：贵州桐梓韩家店下中志留统韩家店组底部。

共生化石：腕足 *Spirigerina sinensis*，*Nucleospira pulchra*；三叶虫 *Scutellum guadratum*，*Etcrinuroides longtouensis*，*Hypaproetus guizhouensis* 等。

科未定 Family incertae sedis

光锥石（新属）*Leioconularia* gen. nov.

属型：*Leioconularia curvocanalis* gen. et sp. nov.

特征：锥形，壳面光滑。中沟断续状曲折，壳面角边亦断续状曲折，角沟不显。壳面无横脊、横纹。

讨论：本属壳面无横饰，中沟和角边断续状曲折。这在锥石类中很特殊，在锥石目中的分类位置尚有疑问。

时代及分布：贵州早志留世。

曲沟光锥石（新属，新种）*Leioconularia curvocanalis* gen. et sp. nov.

（图版9）

材料:一块标本,保存一个锥面。编号:CKW－11。

描述:壳体小,锥形,保存长度 18.30mm,口部宽 6.40mm。壳面光滑。中沟断续状曲折,口部中沟较直,向反口方每 2mm 左右即向左或向右弯曲。壳面边缘亦见断续状曲折,曲折形态大体与中沟类似。

产地和层位:贵州桐梓韩家店下志留统龙马溪组上部。

共生化石有笔石、无铰纲腕足等。

参 考 文 献

刘渭洲. 吉中晚古生代地层中的锥石动物[J]. 地质论评,1981,27(6)

聂泽同,宋志敏. 西藏阿里地区日土县下二叠统曲地组的鋌类[J]. 地球科学,1983(2):

徐桂荣,李凤麟. 锥石类新属种及其地层意义[J]. 地质学报,1979,4(2):196－200

Bischoff G C O. Internal structures of conulariid tests and their functional significance [J]. Sanckenberg. leth. ,1978,59:275－327

Parfrey S M. Palaeozoic Conulariids from Tasmania[J]. Alcheringa, 1982, 6: 69 － 77, ISSN0311－5518

Sherwin L. Silurian conularids from New South Wales[J]. Rec. geo1. Sarv,l969,11:35－41

Waterhouse J B. Permian and Triassic conulariid species from New Zealand[J]. J. R. Soc. N. Z,1979,9,475－489

Заволовсюий Н М. Новые першсце конулярии Северо － восмока С С С Р. Бсб. Новые виды древних расмеьий и беспсзвоногных,1960,С С С Р. Ч. 1СТР:254－256

图 版 说 明

1～3. 间断西藏锥石(新属,新种)*Xizangconularia distuncta* gen. et sp. nov.

1. 锥面示中沟(XC－80－2),2. 外模(XC－80－1),3. XC－80－2 的另一面;早二叠世,西藏日土多玛 .

4. 蓝山杨氏锥石(新属,新种)*Yangoconularia lanshanensis* gen. et sp. nov.
   示角沟:BDG－LC－01;晚泥盆世,湖南蓝山 .

5、6. 平直北京锥石 *Beijingoconularia planarea* Xu et Li,1979

5. 角沟;6. 锥面 BDG－LC－02(L),中石炭世,北京门头沟杨家屯 .

7、8. 细纹锥石(新属,新种)*Striatoconularia striata* gen. et sp. nov.

7. 锥面 CKW－28－1;8. 锥面,CKW－28－2;早—中志留世,贵州桐梓 .

9. 曲沟光锥石(新属,新种)*Leioconularia carvocanalis* gen. et sp. nov.
   锥面,CKW－11,早志留世,贵州桐梓。

【原载:《地球科学——武汉地质学院学报》,1985 年,第 10 卷. 地层古生物专辑(Ⅲ)】

图 版

长江中游地区晚二叠世生物碳酸盐岩岩隆生成机制

徐桂荣　罗新民　黄世骥

王永标　林启祥　陈林洲　肖诗宇①

引言

近年来我们在湖南慈利、辰溪，湖北崇阳、蒲圻、瑞昌，江西修水，安徽宿松、繁昌等地测制了20多条二叠纪生物碳酸盐岩岩隆的地层和地质剖面，局部填绘了生物礁地质图，系统采集了岩石和化石标本，作了鉴定和测试研究。长江中游地区已发现的晚二叠世生物碳酸盐岩岩隆或生物礁，以分布在湖南慈利高峰、辰溪大坪和范家村，湖北崇阳雨山、蒲圻荆泉山，江西修水清水岩的最为重要(图1)。包括海绵-藻礁和珊瑚礁。

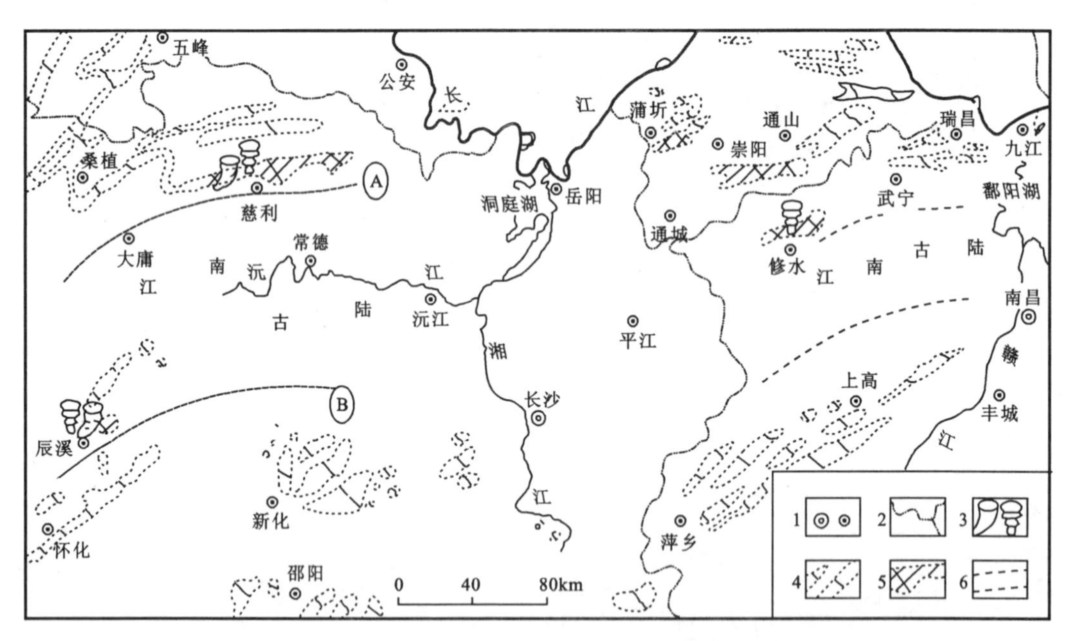

图1　长江中游晚二叠世地层及生物碳酸盐岩岩隆和生物礁分布图

1.城市；2.省界；3.生物礁；4.二叠纪地层；5.生物碳酸盐岩岩隆；6.推测断层和江南古陆的推测边界

---

① 作者均为中国地质大学(武汉)。

一、典型地层剖面、地层时代及对比

高峰大罗坑剖面(位于湖南慈利高峰乡康家坪)是本区的典型代表,其层序如下:

上覆地层:下三叠统大冶群　灰白色、土黄色薄层白云质灰岩

——————————整　合——————————

上二叠统　大罗坑组(P_2d)

3. 鲕灰岩段(第38—45层)上部,灰白中层至巨厚层鲕粒-核形白云质灰岩(图版1),含腕足类:*Orthothetina* sp.;中部,灰红巨厚亮晶灰岩夹白云质灰岩。产头足类:*Qianjiangoceras* cf. *multiseptatun* Zhao,Liang et Zheng,小有孔虫 *Nodosaria* sp.。出现斜层理。下部,灰白、浅红色块状角砾岩,角砾大小不一,成分复杂　120.3m
2. 生物碎屑-有孔虫灰岩段(第30—37层)上部;灰—灰黑色厚层—巨厚层生物碎屑和有孔虫粒泥或泥粒灰岩(图版2),局部有白云石团块;中部为灰色厚层泥晶生物砂屑灰岩和藻鲕-核形石灰岩;下部为灰黑色巨厚层生物屑白云质粒泥灰岩和灰质白云岩。生物以有孔虫类和藻类为主。有较多棘屑和介壳碎屑　53m
1. 海绵-藻骨架岩段(第6b—29层)顶部,灰白色中层生物砂屑灰岩,夹白云质灰岩;有一珊瑚层,珊瑚密集生长形成骨架岩,格架间为灰泥及生物屑充填;上部为灰白色巨厚层或块状海绵-藻骨架岩[图版(6,8)]、黏结岩、障积岩夹生物砂屑-砾屑灰岩和腕足类介壳层。下部为灰白色厚层生物粉屑灰岩,局部为生物砾屑灰岩,夹海绵-藻骨架岩和鲕灰岩　143.2m

——————————整　合——————————

上二叠统虾米洞组(P_2x)(以虾米洞剖面为典型,但大罗坑剖面与虾米洞剖面的层序基本一致)

2. 珊瑚骨架灰岩—礁角砾灰岩—生屑粒泥岩和泥粒岩段(第2—6a层)上部,灰白厚层生物屑粒泥岩和泥粒灰岩。产藻类:*Vermiporella* sp.,*Tubiphytes* sp.;有孔虫:*Pachyphloia paraobusta* Lin,*Nodosaria* cf. *hubeiensis* Lin,*N. yishanensis* Lin;䗴类:*Reichelian* cf. *media* K. M. Maclay,*Codonofusiella* sp.,夹有介壳层。下部,灰白色厚层—块状复体珊瑚骨架岩—生物碎屑灰岩。产四射珊瑚类:*Liangshanophyllum shuanglangense* Xu,sp,nov.;横板珊瑚类:*Pachythecopora planotabulata* Xu,gen. et sp. nov.;苔藓虫类:*Fistulipora* sp.,海绵类:*Peronidella pediculas* Lange,*Intrasporeocoelia* sp. *Tabulozoa* typeⅢ;藻类:*Permomicrocodium ellipsopora*;腕足类:Tyloplecta sp. *Uncinunellinay* sp. *Anidanthus sinosus* (Huang),*Richthofenioid* gen. et sp. undvow;小有孔虫类:*Glomospira regularia* Lipina,*Geinitzina* cf. *caucasica* K. M. Maclay;䗴类:*Codonofusiella* sp.　43.3m
1. 硅质团块生物碎屑粒泥灰岩段(第1层)灰白色中厚层状硅质团块生物粉屑灰岩和海百合茎密集的砂屑灰岩,具苔藓屑和单轴海绵骨针

(未见底)

在大罗坑剖面大罗坑组第三段第42层产出头足类:*Qianjiangoceras* cf. *multiseptatum* Zhao,Liang,et Zheng,这是长兴期的典型代表。在该剖面界线上三叠系最底部未获化石,但在索溪峪牛山剖面,熊家庄黄莲峪剖面相当层位采得三叠系底部典型代表 *Claraia stachei*,*Cl. leiyangensis*,*Ophiceras* sp. 等。大罗坑组第一、第二段产䗴类:*Palaeofusulina minima* Shang et Chang,*Reichelina changhsingensis* Sheng et Chang,*Sphaerulina sphaerulina* Zhu,虾米洞组的䗴类 *Codonofusiella* sp. 和吴家坪期常见的有孔虫类及四射珊瑚类:*Liangshano-*

phyllum sp. 在华南地区吴家坪期最为繁盛。大罗坑组与虾米洞组的界线选择在大罗坑剖面第6层底部的剥蚀风化面上。

在辰溪范家村和大平剖面，大罗坑组的第二、第三段变为以梨形藻 *Permocalculus*(*P. yrulites*) *sinicus* Mu(图版3)为特征的有孔虫-藻灰岩，该处大罗坑组第一段为海绵类和珊瑚类 *Waagenophyllum* sp. 混杂形成格架的生物礁或滩，且厚度变薄。在大平剖面二叠系—三叠系界线上采得 *Ophiceras* sp. 等三叠纪化石。蒲圻荆泉山和崇阳雨山铜钟坪剖面大罗坑组第二、第三段为生物屑砂岩和藻灰岩，以产出梨形藻 *Permocalculus*(*Pyrulites*) *sinicus* Mu 为特征；第一段为海绵和珊瑚形成骨架的点礁，规模很小。修水清水岩剖面第三段为鲕灰岩并具交错层理，厚度很小，有时尖灭；第二段为白云质团块灰岩为主，夹有孔虫灰岩，与高峰地区墨鱼湾剖面的第二段接近；第一段为海绵-藻骨架灰岩，与大罗坑剖面相像(图2)。

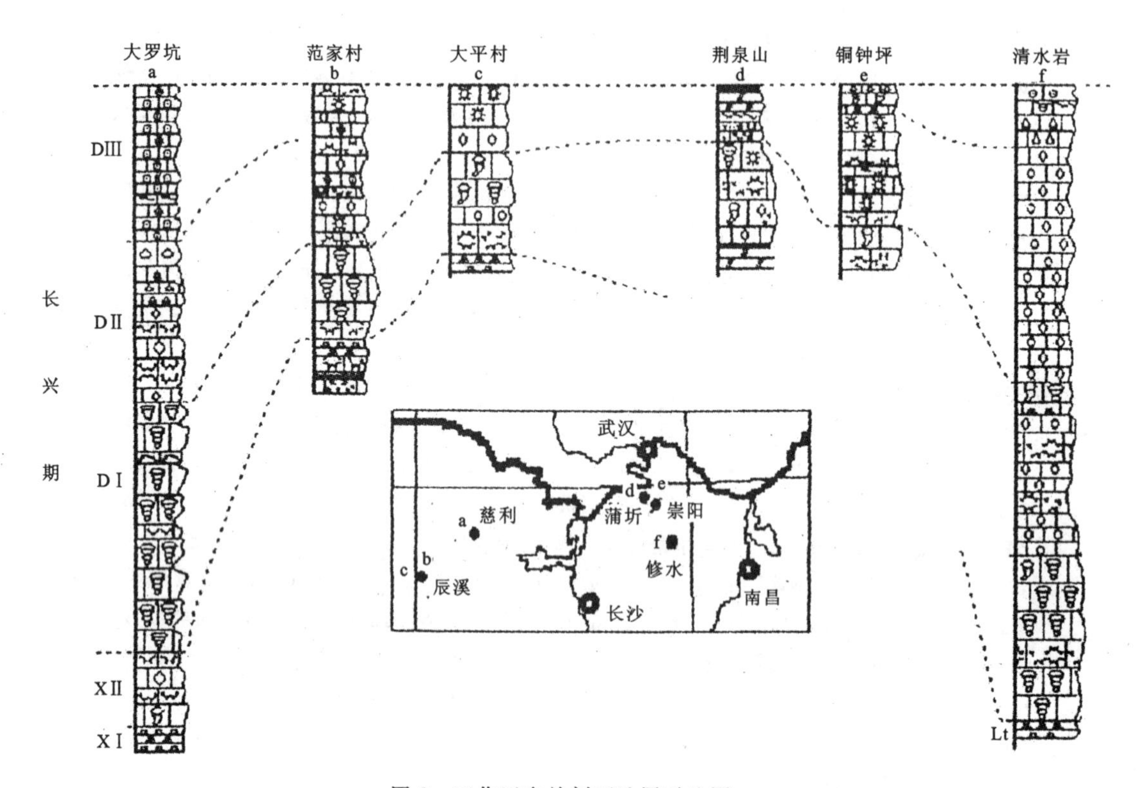

图2　工作区有关剖面地层对比图

二、主要生物-微相类型和沉积体系

生物-微相(bio－microfacies－BMF)分析是研究古环境的一种技术，它基于对生物化石及其碎屑的定性和定量分析，结合沉积微相的研究，恢复生物生活时其所处环境的水动力和沉积条件。生物-微相技术把生物习性及其生态、生物碎屑物及沉积结构、微相结构等相结合，形成自身独特准则。本区与碳酸盐岩岩隆有关的生物-微相十分丰富，主要包括以下类型：①BMF 1：水动力能量低或搬运较远的生物-微相沉积物组合。以泥灰和粉级生物碎屑为特征，完整的化石以远洋型的为主。如：介壳生物粉屑泥粒相；粉—砂屑粒泥相等。②BMF 2：水动力二级，搬运距离中等的生物-微相沉积物组合，以粉级和砂级生物屑为特征，有完整的底栖化石。如，介壳和棘砂屑泥粒相等。③BMF 3：水动力强，但搬运距离不长的生物-微相沉积物组合。以砾级生屑为主，有完整的化石保存，如：海绵类、介壳、海百合茎和藻类砾级生屑粒泥-泥粒相等。④BMF 4：生物和生物屑堆积环境；如：棘屑砂—砾级颗粒、泥粒相；介壳堆积砂—砾级颗粒相等。⑤BMF 5：礁环境。如海绵-藻障积相；海绵和古石孔藻黏结-骨架相等。⑥珊瑚礁及其有关环境，如珊瑚骨架相等。⑦古石孔藻藻滩沉积，如古石孔藻和藻球粒泥相。⑧藻鲕滩沉积，如表鲕相、藻鲕和鲕模相等。⑨蠕虫迹生屑环境，如蠕虫生物砂屑相。

沉积体系的研究是根据生物-微相（BMF）和野外观察，首先确定副层序，然后归纳副层序组，最后确定沉积体系。以大罗坑剖面为代表的沉积层序和沉积体系，分析如下。

1. 虾米洞组副层序组

按副层序的微相向上变浅的顺序归纳为副层序组。虾米洞组有 3 个副层序组：①第 1 层下部出露不全，见生物扰动和生物穴，基底特征代表第一个副层序组。②从第 1 层上部到第 2 层顶为第二个副层序组，第 1 层上部为 BMF1 相，为浪基下较深水沉积；向上在第 2 层下部变为 BMF2 相，代表浪基上的沉积；中部和上部分别为 BMF5、BMF6 相，为礁丘或潮间下部环境，逐渐变浅。③第 3 层到第 6 层底部，第 3 层下部为 BMF2，为潮下环境；第 3 层上部变为 BMF3、BMF4 和 BMF5，BMF4 和 BMF3，为具介壳滩的潮间沉积。到第 6 层底部出现 BMF9、BMF2、BMF3、BMF4 等相，并有冲刷面，表明有短暂的暴露，在这时间处于潮上环境。根据虾米洞组副层序组组成并结合高峰地区横向沉积层分布（图 3），认为虾米洞组代表一个从海侵到海退的旋回。

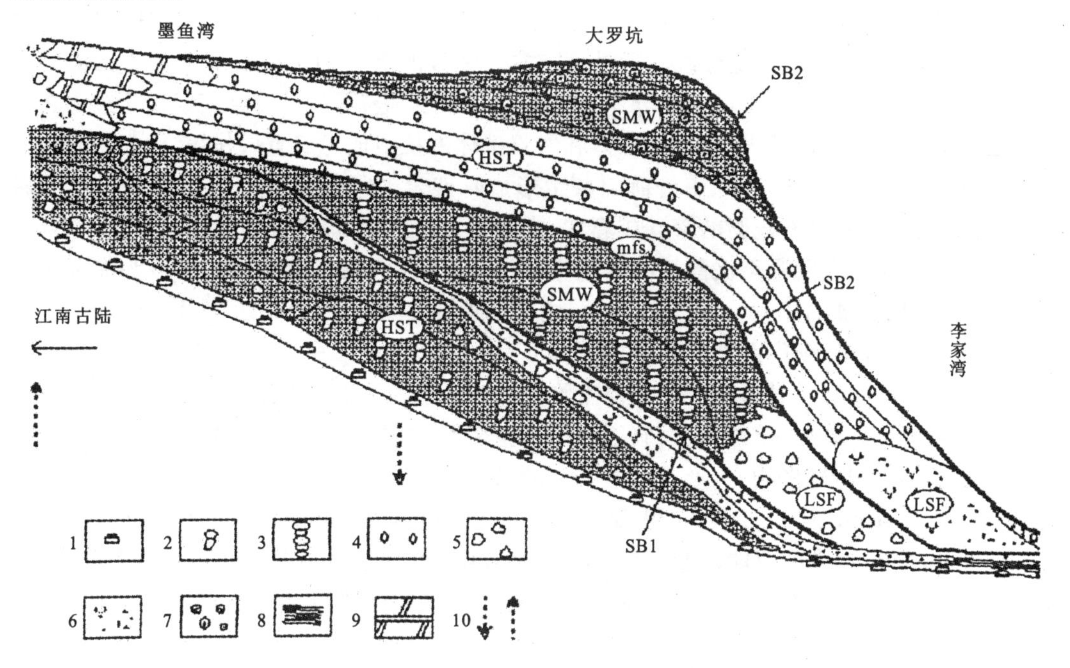

图 3　慈利高峰地区晚二叠世碳酸盐岩岩隆沉积体系模式图

1. 硅质团块岩；2. 珊瑚骨架岩；3. 海绵-藻骨架岩；4. 有孔虫灰岩；5. 角砾灰岩；6. 生物碎屑灰岩；7. 鲕灰岩；8. 硅质岩；9. 白云岩或白云质灰岩；10. 基底相对上升或下降

2. 大罗坑组

大罗坑组第一段有3个副层序组：①第6层下部为BMF1、BMF2相，在第6层中部至第7层顶为BMF2、BMF8、BMF3、BMF5和BMF7等相，显示从浪基下沉积到礁坪沉积，逐渐变浅。②第8—16层下部显示较深细粒生物屑沉积到礁骨架，并有礁坪冲刷沉积结构，逐渐变浅。③从第16层上部至第29层类似于2副层序组。亦组成了一个从海侵到海退的旋回。大罗坑组第二段和第三段各为一个副层序组，第二段的副层序组表现为浅海沉积和潮间沉积的特征，第三段的副层序组表现为浅滩特征，所以第二、第三段各组成了一个从海侵到海退的旋回(见图3)。

虾米洞组的副层序组构成高水位体系域(HST)，其上界面为Ⅰ型界面(SB1)，有冲刷面，珊瑚礁处于陆台边缘。大罗坑组第一段为边缘体系域(SMW)，海绵-藻礁为陆台边缘的主要格架。其上界为Ⅱ型界面(SB2)，为最大海侵所覆盖，沉积广布的有孔虫灰岩。第三段的鲕粒滩构成另一个边缘体系域，其上界面为Ⅱ型界面。在李家湾的盆地沉积与大罗坑的边缘建造之间(以大溪为代表)，有低水位扇(LSF)的沉积(见图3)。

三、造礁生物和造礁作用

1. 海绵-藻礁

该礁的造礁生物主要是钙质海绵和钙藻，其他水螅和苔藓虫等也起着重要的作用。①钙质海绵类：包括串管海绵类和纤维海绵类。串管海绵是最重要的骨架生物，它在礁体中一般约占生物含量的60%，呈直立的、倾斜的和横卧的方式产出(图版7)。纤维海绵在礁体中一般只占生物含量的10%左右。钙质海绵类体壁多孔，一般生活在水深为4～18m的洁净、平静的海域(Fluegel,1982)，以10m至低潮线附近最为丰富。②板海绵类：*Tabulozoa*有两种形态。一种为柱状或分枝状，复体直径可达2.5m左右，长3～8cm不等；另一种为结壳状附生或包覆在其他生物体外。后者数量较多，对加固礁体和增强礁体的抗浪能力起重要作用。③水螅类：其复体多呈板状、块状和柱状，常与串管海绵共生形成骨架岩。④管植藻(*Tubiphytes*)：是一种不断增生的包壳生物，呈不规则的管状或囊状，横断面常呈圆形，纵切面可见两个或多个“同心层”叠生在一起，由暗色隐晶至泥晶质碳酸盐微粒组成，体内中央具模糊的空腔或为亮晶方解石充填，有时可见模糊的小孔。⑤苔藓虫类：主要有两种类型。一种是隐口目的窗格苔藓虫(*Fenestella*)，另一种为泡孔目的笛苔藓虫(*Fistulipora*)。前者多呈细小的碎片，后者个体也很小，但大多保存完整，有时可附生在其他生物硬体的外壁上，以附礁生物形式出现于障积岩中。⑥古石孔藻：由亮层和暗层构成，暗层为泥晶至隐晶方解石，亮层为亮晶方解石。它缠绕在各类生物(主要是造礁生物)上形成厚薄不一的结壳，是障积岩和骨架岩中的主要黏结生物，在黏结岩中含量最高。⑦其他钙藻：包括管孔藻属(*Solenopora*)和拟刺毛藻属(*Parachaetetes*)等，在礁中也能起造架作用。⑧棘皮类：海百合茎及其碎片常构成棘屑灰岩。⑨其他附礁生物：双壳类和腕足类有时形成介壳灰岩，在礁中为附礁生物，并有多种腹足类和少数头足类。

2. 四射珊瑚类礁

二叠纪晚期由四射珊瑚类形成的生物礁在国内外未见正式报道。在慈利高峰虾米洞组的礁中，四射珊瑚类是唯一的造架生物，复体丛状的 *Liangshanophyllum* 和 *Waagenophyllum* 呈生长状态保存，紧密堆积(图版 5)，形成壮观的礁体。从余家湾向东延伸到卓家坡附近，全长约为 13km；出露宽度约为 20～60m。很少有其他附礁生物，但常见棘屑，在双龙泉剖面造礁珊瑚与棘屑局部呈层状交替出现。在辰溪，珊瑚与海绵-藻穿插形成骨架，规模较小。

四、成岩作用的环境意义和孔隙度的变化

本区成岩作用复杂，包括泥晶化、纤晶边胶结、选择溶解、非选择溶解、泥晶套崩塌、互嵌方解石和共轴生长、新生变形、白云岩化、后期埋葬自形方解石、颗粒破裂、鞍状白云石胶结、压溶、等厚片晶胶结、内碎屑的微晶胶结、干裂、渗滤粉砂、硅化等成岩作用。成岩作用一般为①海相环境：(a)海相潜水环境，生物屑的泥晶化广泛分布，为早期石化作用，早期压实作用中成分之间无边缘胶结，厚边胶结形成后，在鲕灰岩中鲕接触处部分溶解，互相嵌入的两鲕带有边缘胶结和微微裂开；(b)海相渗滤环境，渗透白云化作用发生在生物粉屑相，白云石菱形晶散布，由于生物扰动有细到中晶自形白云石集中在生物穴中。②淡水渗滤：(a)非饱和淡水潜水环境，介壳泥晶化壳中充填片状到互嵌的亮晶胶结，小的白云石发生溶解，形成晶模孔隙，出现垂直于层面的互相近于平行的早期裂隙，切过鲕粒，纤维边胶结和示底构造的内部沉积，裂隙中充填方解石；(b)饱和淡水潜水环境，最普遍的是共轴生长与未泥晶化的棘屑合并了其他成分，同时粒间互嵌亮晶充填，裂隙中微晶方解石充填，新生变形广泛发生在腹足化石和藻屑中。③海相和淡水混杂潜水环境：混杂白云岩化和硅质结核形成。④埋葬环境：晚期压实，具厚的未溶解的残余微缝合线，切割所有组成和胶结物，穴充填方解石的部分溶解，在鲕或生物屑间出现次生孔隙。

本区的若干剖面经中国地质大学(武汉)石油地质系实验室作孔隙度和渗透率的分析，可以看到孔隙度在剖面中有一定的分布规律。大罗坑组第三段以鲕粒和核形石灰岩为主，孔隙度平均为 1.81%～2.92%，一些次生孔隙发育的层位，孔隙度可达 5.11%～6.24%，如高垭剖面的第 20 和第 25 层，双龙泉剖面的第 16、第 17、第 18 层等。大罗坑组第三段下部如有角砾岩，孔隙度可高达 9.02%(如大罗坑剖面第 38 层)。大罗坑组第二段孔隙度较低，平均为 0.43%～1.31%。海绵-藻礁段平均为 1.95%，有时大于 4%。海绵-藻礁孔隙充填完全的层位，孔隙度大大减小。虾米洞组中珊瑚礁段孔隙度平均为 1.23%～6.72%，在礁砾屑发育的层位孔隙度高达 10.35%。硅质结核灰岩一般孔隙度较小，小于 1%，但溶孔发育的层位孔隙度也可达 5.9%。

孔隙度与白云岩化似有一定关系，正如江汉石油管理局①所指出的。但这种关系不是必然的(在原生孔隙发育)，如在倒塌角岩中次生孔隙发育，在易遭浅水淋滤的层位，虽然白云岩化程度不高，但孔隙度可能较高(图 4)。

五、原始沉积厚度的恢复及海平面变化和基底沉降的估算

在正常压力下，孔隙度可用下式估算：$\varphi=\varphi_0 e^{-cz}$，Sclater & Christie(1980)提供了 φ 和 c 的数值表，但此式因后期地质条件的不同需要修正。因 $\varphi : \varphi_0 = S : S_0$，从原始孔隙度可大致

---

① 江汉石油管理局内部报告，1990。

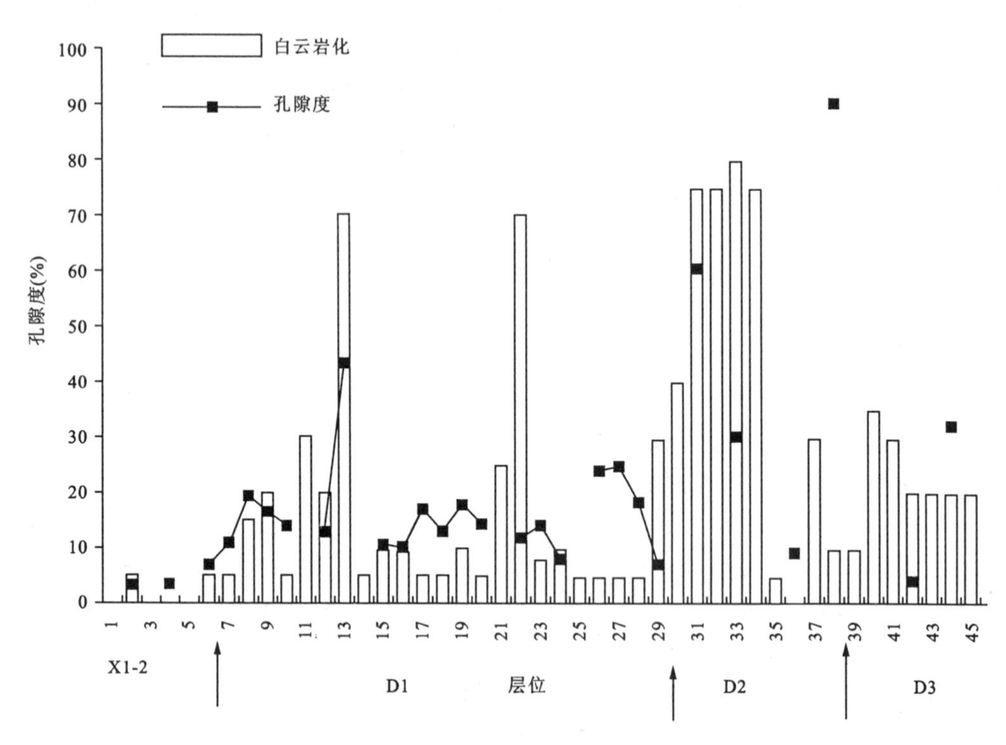

图 4　孔隙度与白云岩化的关系(以大罗坑剖面为例)

(注:孔隙度的百分值放大 10 倍)

估算原始沉积厚度,即

$$S=S+(S^{*}\varphi_0-S^{*}\varphi) \tag{1}$$

关于海平面升降和基底沉降采用公式:

$$Y=S_0(\rho m-\rho s)/(\rho m-\rho w)+Wd-\Delta SL(\rho m)/(\rho m-\rho w) \tag{2}$$

$$\Delta SL=[(\rho m-\rho w)\Delta W+(\rho m-\rho s)\Delta s]/\rho m \tag{3}$$

式(2)(Steckler & Watts,1978;Lerche,1989)和式(3)(Cisne et al.,1984)是以地壳静态平衡为基础的,而且两式之间的内在关系还有待进一步证明,但这里只作相对意义的估计,用以说明海平面升降和基底沉降与岩隆形成的一般关系。以大罗坑剖面(大罗坑组)和双龙泉剖面(虾米洞组)为例,各层估算的原始沉积厚度如表 1 和表 2。

表 1　原始沉积厚度的恢复及海平面变化、基底沉降的估算

层位	S(m)	φ(%)	φ₀(%)	S₀(m)	层位	S(m)	φ(%)	φ₀(%)	S₀(m)
D3-2	83	1.81	30	106.2	D1-3	62.7	1.56	40	86.8
D3-1	37.3	9.02	45	50.7	D1-2	41.1	1.93	40	56.8
D2-3	28.1	0.93	20	33.4	D1-1	23.7	1.23	35	31.7
D2-1	19.3	4.56	25	23.2	D2-2	13.1	1.32	30	16.9
D1-4	15.5	1.31	35	20.7	D2-1	21.5	10.35	40	27.9

表 2 沉积挽回与各参数之间的关系

旋回	S_0(m)	Wd(m)	D_0(m)	t(Ma)	Ra(mm/a)	ΔSL	Y(m)	$\Delta SL/t$	Y/t	$Y+\Delta SL$
3	156.9	5	50～60	4.00	0.039	6.67	74.11	1.67	18.53	75.78
2	66.6	30	100～120	4.00	0.017	−32.64	109.00	−8.16	27.25	76.36
13	107.5	10	60～80	1.33	0.081	−8.79	76.06	−6.61	57.19	67.27
12	56.8	10	60～80	1.33	0.043	−21.08	67.91	−15.85	51.06	46.83
11	31.7	20	80～100	1.33	0.024	−34.13	83.63	−25.66	62.88	49.5
2	16.9	20	80～100	4.00	0.004	−37.72	81.26	−9.43	20.32	43.54

注：S_0 为原始沉积厚度；φ_0 为原始孔隙度；Wd 为沉积后的深度；D_0 为原来深度；Ra 为沉积速率；ΔSL 为海平面变化；Y 为基底沉降。

六、总结

古地理的位置，碳酸盐类的来源，海平面升降和基底沉降是控制生物碳酸盐岩岩隆和生物礁生成和发育的主要因素。①古地理和古构造条件：长江中游晚二叠世生物碳酸盐岩和生物礁正处于江南古陆的两侧，并有与古陆边界大致平行的古断裂伴随。所以当时该区正是古陆边缘的陆表海；由于江南古陆在晚二叠世晚期已剥蚀均夷，几无陆源碎屑向两侧供应。古断裂使地形不断发生差异运动，这种运动是基底相对沉降的必要条件。②生物繁盛是碳酸盐岩沉积的物质来源：已有论文证明长兴期本区处在温暖浅海(杨遵仪等，1987)；由于下部基底岩石主要是碳酸盐岩类，虽然古陆上几无岩屑带入，但溶于水中的碳酸钙是充足的，所以具钙质骨骼或外壳的生物非常繁盛，形成生物碳酸盐岩岩隆和生物礁。③海平面相对变化和基底相对沉降：表 1 说明在晚二叠世基底相对沉降幅度($Y+\Delta SL$)很大，保证了生物碳酸盐岩岩隆和生物礁发育的空间。

参考文献

范家松，齐敬文等. 广西隆林二叠纪生物礁[M]. 北京：地质出版社，1990

杨万容，李迅. 中国南方二叠纪礁类型及成礁的控制因素[J]. 古生物学报，1995，34(1)：67～75

杨遵仪等. 华南二叠系—三叠系界线地层及动物群[M]. 北京：地质出版社，1982

张维，张孝林. 中国南方二叠纪生物礁与古生态[M]. 北京：地质出版社，1992

Cisne J L et al.. Epeiric sedimentation and sea level：Synthetic ecostratigraphy[J]. Lethaia，1984，17：267 - 288

Fluegel E. Microfacies Analysis of Limestones[M]. Springer - verlag Heidelberg，1982

Lerche Ian. Philosopies and strategies of model building[J]. Quantitative Dynamic Stratigraphy. T. A. Cross，ed，Prentice Hall，1989：21 - 44

Sclater J G，Christie PAF. Continental stretching，An explanation of the post-mid Cretaceous subsidence of the central North Sea basin[J]. Journal of Geophysical Research，1980，85：3 711 - 3 739

Xu Guirong, Richard E. Grant. Reef Dwelling Brachiopods from the Late Permian of the Middle Yangtze River Area[M], China. 1995:305 - 311

图版说明

1. 核形石和蜓灰岩，墨鱼湾剖面第 21 层，野外照片，二分镍币直径约为 2cm。

2. 有孔虫灰岩，大罗坑剖面第 36 层，薄片编号 CDD0361×10。

3. 梨形藻 *Permoculculus*(*Pyrulites*) *sinicus* Mu，辰溪大平剖面第 14 层，野外照片，比例尺毫米纸。

4. 藻灰岩，大罗坑剖面第 358 层，薄片编号 CDD351×10。

5. 复体丛状的 *Waagenophyllum* 骨架灰岩，大平剖面第 7 层，野外照片，二分镍币直径约为 2cm。

6. 海绵-藻骨架岩，虾米洞剖面第 15 层，光面照相，比例尺 3cm。

8. 海绵-藻骨架岩，有串管海绵，板海绵和古石孔藻(*Archaeolithoporella*)，后者起包缠作用，比例尺 2cm。

【原载《地球学报》，1996 年 6 月，第 17 卷(增刊)】

图 版

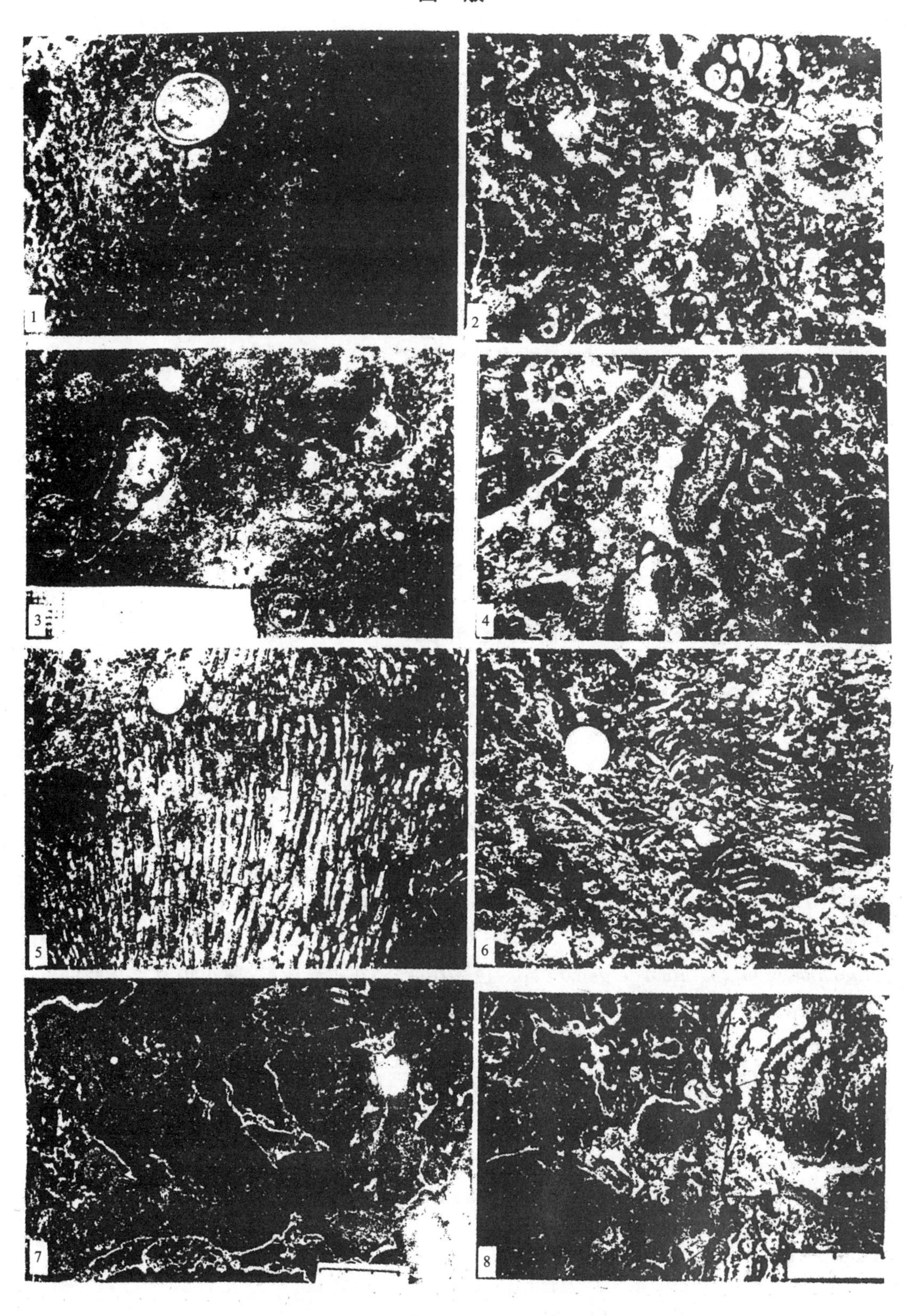

黔南中三叠世 Anisic 期的生物礁复合体[①]

徐桂荣　林启祥　王永标[②]

引言

1977 年，贵州第八普查勘探大队在黔中建立了簸箕山组，它代表中三叠世 Anisic 期的生物礁滩相地层[③]。在此以前该队[④]对黔中和黔西南 Anisic 期的生物礁作了描述，但对造礁生物研究不足。后来有些学者否认该区存在 Anisic 期的生物礁，认为该区"S"形隆起只能称为"台地边缘生物滩"（刘宝珺等，1987），或"碳酸盐岩台地生物滩或碎屑滩沉积"（牟传龙，1989），理由是"几乎未见造礁生物格架"，或"很少见有保持生长状态的藻礁"。这是个值得讨论的问题，因为生物礁的古地理意义和可能赋存的矿产等方面都与生物滩有重大的差别。本文作者基于近年来的研究，发现了多种造架生物，证明黔西南 Anisic 期生物礁的存在。3 个代表性剖面：关岭扒子场、贵阳青岩和三桥是本文作为建立礁群落和礁前、礁后生物群落的资料基础。

一、生物礁的生物组成和群落特征

关岭扒子场剖面的簸箕山组[⑤]共厚 672m，含有丰富的化石。下部为浅灰色块状生物礁灰岩，厚 469m；上部为灰色砾屑藻灰岩，厚 203m。

1. 主要造礁生物

（1）龙介蠕虫类。属于环虫动物门，具有钙质管。簸箕山组有两种龙介蠕虫，一种个体较大，类似于西班牙南部的 *Sarcinella sociailis*（Goldfuss）（Fluegel et al.，1984），称为矮管粗龙介蠕虫（*Trachiserpula nanotubula* n. gen. et sp.，另文描述）；另一种个体很小，成对或成群分布，常被附管藻 *Tubiphytes* 所包围，并常与六射珊瑚和红藻类共生，定名为微小华南龙介蠕虫（*Huananoserpula minima* n. gen. et sp.，描述在后）。在礁形成前，微小华南龙介蠕虫与藻类共同起黏结和障积作用；在礁体中龙介蠕虫附生于造架生物之上，与藻类共同起抗浪作用和保护其他造礁生物。

（2）六射珊瑚类。由于白云岩化和重结晶作用严重，六射珊瑚化石常难以鉴定，但在白云岩化较弱处可显示其结构。六射珊瑚类产于簸箕山组下部，形成格架岩。至少有两种：斯皮茨

---

①本文系博士基金资助项目（4－91－2）成果之一；参加野外和室内工作的还有童金南、张晓红、陈显胜和杨建国等。

②林启祥、王永标：中国地质大学（武汉）。

③贵州第八普查勘探大队。贵州省地质图说明书，1979。

④贵州第八普查勘探大队。贵州中三叠世生物礁及找油意义初步探讨，1975。

⑤剖面描述见童金南，黔中—黔南中三叠世环境地层学：[博士论文]。武汉：中国地质大学，1991。

牌珊瑚 *Pinacophyllum spizzensis*(Tornquist)(邓占球等,1983)和簸箕山牌珊瑚 *Pinacophyllum bojishanensis* n. sp.(描述于文后)。

(3)环口目苔藓虫类。第 54 层产枝状复体苔藓虫化石——分枝原巢孔苔藓虫 *Preceriocava ramosa* n. gen. et sp.,枝体实心,充满虫室,虫管具横隔板,成熟区虫管口孔从枝体壁伸出,枝体壁为多孔状,与侏罗纪的巢孔苔藓虫属相似,但后者的虫管长。分枝原巢孔苔藓虫与六射珊瑚类和海绵类等共同形成格架岩。

2. 珊瑚-藻礁群落特征

簸箕山组生物礁的造礁生物自下而上可分为以下群落(簸箕山组的生物群落简称 CB,图 1、图 2)。

CB1:微小华南龙介蠕虫-附管藻群落,产于簸箕山组底部的棘屑藻灰岩(第 50 层)中,生物化石单调,主要是龙介蠕虫和共生的附管藻。同时产少量的有孔虫类,如 *Nodosaria* cf. *grandis* Lipina,其壳常强泥晶化。泥晶化作用大多发生在水深小于 20m 的浅水区(余素玉,1989)。泥晶化的介壳常处在较为动荡的水区,见于潮汐滩(Wilson,1975)。生物碎屑局部集中,多节海百合茎常完好地定向顺层排列,说明沉积时有基本定向的水流。附管藻常呈泥团状,起支撑作用,微晶胶结,局部显示似窗格组构,此种似窗格组构是由棘屑顺层排列而成,与典型的窗格组构不同。这些特征表明,该群落处于浅水台地环境。

CB2:簸箕山牌珊瑚-微小华南龙介蠕虫群落,在第 51 和第 52 层簸箕山牌珊瑚构成礁格架岩,龙介蠕虫附着在这种珊瑚的外表并有附管藻起包壳作用,牌珊瑚个体因生物侵蚀等形成

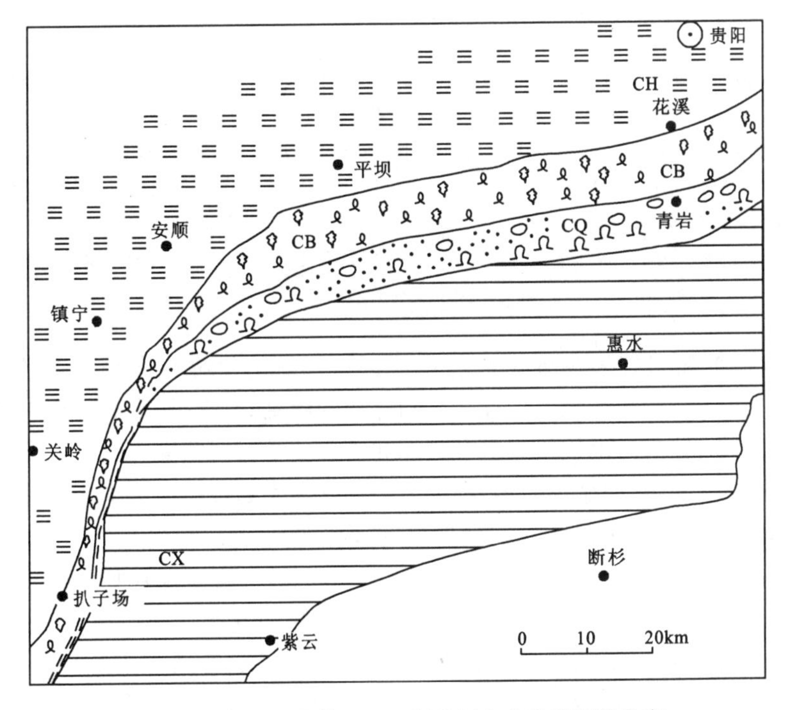

图 1 黔南中三叠世 Anisic 期岩相和生物群落的分布

CH. 花溪组;CB. 簸箕山组;CQ. 青岩组;CX. 新苑组

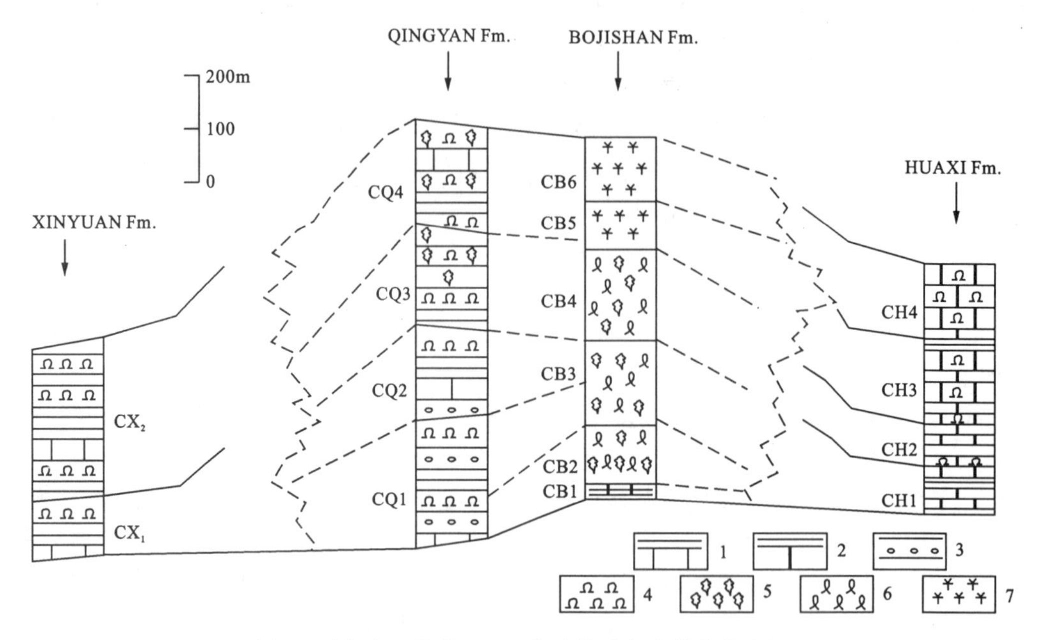

图 2 黔南中三叠世 Anisic 期生物礁复合体的模式图

1. 微晶灰岩和泥屑灰岩；2. 微晶白云岩和白云质泥屑灰岩；3. 砾屑灰岩；4. 介壳类化石；5. 六射珊瑚等造架生物化石；6. 龙介蠕虫类化石；7. 绒枝藻类化石。XINYUAN Fm. 新苑组群落；CX1. 菊石动物 *Balatonites* spp. 和双壳动物 *Posidonia panonica* 群落；CX2. 双壳动物 *Daonella* spp. 顶峰和菊石动物 *Paracrochordiceras* spp. 群落；QINGYAN Fm. 青岩组群落；CQ1. 腕足动物 *Diholkorhynchia sinensis*，双壳动物 *Ornithopecten subarcoidea* 和菊石动物 *Leiophyllites pitamaha* 群落；CQ2. 腕足动物 *Aulacothyris angustaeformis*，双壳动物 *Leptochondria gratiosus* 和菊石动物 *Nicomeditesyohi* 群落；CQ3. 腕足动物 *Lepismatina hsui*，双壳动物 *Cassianella subcislonensis* 和菊石动物 *Paracrochordiceras* sp. 群落以及六射珊瑚 *Procyathophora* aff. *fürstenbergensis*—海绵动物 *Tremadictyonroemeri* 群落；CQ4. 腕足动物 *Rhaetina angustaeformis*，双壳动物 *Posidonia panonica* 和菊石动物 *Paraceratites trinodosus* 群落；BOJISHAN Fm. 簸箕山组群落见正文；HUAXI Fm. 花溪组群落；CH1. 双壳动物 *Bakevellia* sp. —有孔虫 *Glomospira* cf. *sinensis* 群落；CH2. 双壳动物 *Myophoria goldfussi* 群落；CH3. 双壳动物 *Leptochondria illyrica* 群落；CH4. 双壳动物 *Eumorphotis illyrica* 顶峰群落。图中横向比例尺是相对的

的破损，由龙介蠕虫和附管藻起到了修补作用。其他附生生物有微小完整的有孔虫类，如 *Glomospira sp.*，*Nodosaria* sp.，及保存为生物碎屑的腕足、双壳、腹足和棘皮类等。原生格架洞穴发育，其特征是：①洞穴的周围是包裹珊瑚和龙介蠕虫的附管藻。②洞穴的外圈有龙介蠕虫的粪球和生物碎屑充填，由微晶胶结，局部形成粪球和生物碎屑支撑的泥粒岩或微晶支撑的悬浮灰岩。粪球有两种：一种是小球粒，亚球形，由许多微小质点凝聚而成，直径一般为 0.04～0.08mm；另一种较大的球粒，球度较好，直径约为 0.2mm。粪球粒有时充满整个洞穴。③洞穴内部为方解石胶结物充填，一般可见 2～3 个世代。纤维方解石形成的外缘，为早期海底成岩胶结，但后来纤维方解石常部分或全部被溶蚀。洞穴中央是粗等粒方解石结晶，为后期渗滤或潜水形成。珊瑚内部常被重结晶作用破坏。由于珊瑚体外的微晶胶结物很少有重结晶作用，所以珊瑚内部的重结晶作用属于准同生形成的。

CB3：分枝原巢孔苔藓虫-斯皮茨牌珊瑚-微小华南龙介蠕虫群落，在第 54—56 层苔藓虫

与珊瑚一起形成格架岩，这两种造架生物的外壁上都附生着龙介蠕虫和附管藻。其他可能参与造架的生物有红藻类拟刺毛藻属 *Parachaetetes* 和海绵类；附生生物有腹足类 *Protorcula* 和 *Trypanostylus*、菊石类、双壳类、腕足类和有孔虫类等，生物类型增多。格架洞穴的结构和特征类似于群落 CB2，但出现大型洞穴，其中粪粒的堆积有明显的定向性而局部显示粒序。

CB4：斯皮茨牌珊瑚-矮管粗龙介蠕虫-附管藻群落，第 57—60 层主要由斯皮茨牌珊瑚和矮管粗龙介蠕虫造成格架岩。其他共生生物有微小华南龙介蠕虫、红藻类 *Paraortenella* sp.、有孔虫类 *Nodosaria* sp.，还有少量腕足类、双壳类、棘皮类的碎片和介形类等。格架洞穴仍然发育，特征同前。

CB5：台特洛孔藻（*Teutloporella* cf. *triasina*）群落，从第 61—63 层大多为藻凝块泥粒状灰岩或砾屑灰岩。生物完整，个体较少。除绒枝藻（邓占球等，1983）外，还有腹足类 *Taxoconcha brocchii*（Stopabi）、有孔虫类 *Diplochrysalis astrofimbriata* Kristan - Tollmann；有棘屑和介壳碎片。可能有小型珊瑚，因重结晶而不易分辨。

CB6：扒子场喇叭孔藻（*Salpingoporella bazichangia*）群落，从第 64—67 层为簸箕山组的最上部，产出较多的绒枝藻类（徐桂荣，1991）。绒枝藻一般呈悬浮状散布在岩石中，常形态完整，很少遭受破坏，藻体外缘常见泥晶套，为原地埋葬。

二、生物礁附近生物组成和沉积相的变化

1. 礁前生物群落和沉积相

青岩地区 Anisic 期青岩组的生物组成和沉积相具典型的礁前和前沿礁特征。代表介壳滩、礁丘、潮汐沟和陡坡塌积的混成环境。产大量腕足、双壳、腹足、六射珊瑚、菊石和棘皮类等。本文在杨遵仪、徐桂荣（1966）的基础上做了进一步的工作，并参考贵州地矿局（1987）等的资料，将青岩组的古生物划分为 4 个群落（见图 2）。群落 CQ3 中有六射珊瑚 *Procyathophora* aff. *fürstenbergensis* 和 *Neoconophyllia guiyangensis* Deng et Kong，1983，*Pamiroseris* cf. *silesiaca*（Beyrich）等，这些复体枝状珊瑚主要产出在青岩雷打坡。在那里它们形成丘状礁，成为簸箕山组生物礁向前延伸的前沿礁。群落 CQ4 也有珊瑚产出。这 4 个群落在沉积相方面显示共同的特点，都有大量介壳堆积；而且在前沿礁的潮汐沟中沉积骨屑灰砂和灰泥，并且在陡坡处形成塌积和同生砾屑灰岩。砾屑灰岩中的砾石在青岩镇和营上坡一带十分粗大，并有 1～2m 大的巨砾。这些巨砾分布不规则，搬运距离短，向南砾径逐渐变小直至尖灭，显示海底塌积岩的特征（Mountjoy，1987）。在簸箕山组底部局部也出现砾屑灰岩，向南在青岩地区过渡到青岩组的砾屑灰岩。当簸箕山组上部以藻灰岩或藻屑灰岩为主时，青岩组上部包括雷打坡灰岩以上（含群落 CQ3、CQ4）仍发育礁丘相和介壳滩相。

礁前沉积逐渐进入正常浅海相，以新苑组为代表，所含生物化石大体上可分为两个群落（见图 2）：其下部主要是硅质泥岩和钙质泥岩，并夹有条带状灰岩。化石主要是双壳、腹足、菊石类和少量腕足类；上部为钙质页岩夹薄层灰岩，以产大量双壳类的 *Daonella* spp. 为特征。

2. 礁后生物群落和沉积相

礁后为台地碳酸盐岩相，具半封闭的潟湖相性质。以三桥的花溪组为代表，主要是隐藻白云质灰岩或灰质白云岩，也可见微晶白云岩和泥质灰岩。化石以双壳和腹足类为主，可分为 4

个生物群落(见图2)。群落CH1的隐藻有4类:不规则的云朵状藻、似绵层藻、砂粒状泥球或假核形石和平整的藻席。群落CH2的隐藻与群落CH1相同,见窗格结构和鸟眼构造,局部有膏盐化的迹象,有些层位有海绵骨针成堆密集堆积。群落CH3的隐藻类以细砾和粗砂状的藻凝块为主,亦见窗格结构和鸟眼构造,间隔有棘屑堆积。群落CH4亦见藻凝块,但数量减少,有较多的微晶—细晶白云岩和云质灰岩。

三、礁复合体的模式和比较

1. 礁复合体的模式

在早三叠世晚期,黔中一带显示碳酸盐缓坡台地(carbonate ramp)的性质。在黔中发育的安顺组具有近岸白云岩蒸发相的特点,向南逐渐过渡到灰泥发育的紫云组。后者的生物组合显示浅海群落的特点。大约在早三叠世晚期末分化加剧,青岩一带逐渐抬起,中三叠世早期变为镶边台地,出现以生物礁为核心的台地边缘隆起带。

在生物礁复合体形成前,群落CB1的先驱者在边缘浅滩繁殖,为造架生物创造了生态环境。这就是Walker等(1975)所说的生物礁定殖期(stabilization stage),而*Huananoserpula minima*和*Tubiphytes*是先驱者。簸箕山牌珊瑚的进入,形成群落CB2,为拓殖期(colonization stage)。更多的造礁生物和附礁生物大量繁殖形成群落CB3,为泛殖期(diversification stage)。随后形成以斯皮茨牌珊瑚和矮管粗龙介蠕虫占优势的群落CB4,为生物礁的统殖期(domination stage)。与簸箕山组生物礁形成同期,青岩组分布区发育介壳滩、滑塌沉积、礁丘,甚至出现前沿礁。在Anisic晚期,潟湖沉积微向南推进,簸箕山组分布区主要繁殖绒枝藻群落CB4和CB5,但南面仍有礁丘或介壳滩发育。图2表示该区生物礁复合体的演化模式。

2. 与国外同期礁复合体比较

Fluegel等(1984)报道在Gahorros de Monachil剖面上发现龙介蠕虫礁,剖面位于西班牙南部格拉纳达市东南的Monachil村附近的河谷中。剖面自下而上可分为从a到f六个相。其中e相是"礁相",包壳生物*Tubiphytes*和*Archaeolithoporella*与龙介蠕虫共生。该序列的时代只能根据藻类确定为中三叠世,可能包含Anisic期,但没有进一步划分的证据。簸箕山组的群落CB3中矮管粗龙介蠕虫可与Monachil村的*Sarcinella socialis*比较。但Monachil村的剖面中未见珊瑚和红藻等重要造架生物,其剖面岩层厚度仅100m,在生物组合和规模上较黔南大为逊色。

Caetani等(1981)和Blendinger(1986)总结了意大利白云岩区的碳酸盐岩岩隆,该区的生物礁主要发育在Ladinic期。Anisic期的岩隆可分为两个单位:上Seria组和Contrin组。通常Contrin组强烈白云岩化,但在Contrin山谷该组的碳酸盐组分和微相还可辨认。那里的浅灰色块状灰岩至白云质灰岩主要由凝集的生物内碎屑泥粒岩至粒泥岩组成;生物主要是起包裹作用的藻类,有较丰富的绒枝藻,少量串管海绵类如*Olangocoelia* spp.和枝状六射珊瑚类形成格架,证明局部形成点礁。在Contrin组的边缘是Cernera群,该群的顶部是由泥粒岩的内碎屑组成的角砾灰岩。Contrin组的群落特点较接近簸箕山组上部的群落CB5和CB6,而Cernera群沉积相总体上接近青岩组,但意大利白云岩区在Anisic期没有形成有意义的生态礁。

四、结论

(1)簸箕山组中有多种造礁生物，虽然由于白云岩化和重结晶作用，生物结构常被破坏，但从野外普遍观察，结合室内镜下细心鉴定，不难发现大量造礁生物。经过长期成岩作用、潜水渗滤、礁顶部暴露时的雨水淋滤，以及生物侵蚀钻穴等作用后，仍然保存有如此多的造礁生物，证明当时曾有一个宏伟的生物礁存在。

(2)固着的枝状复体六射珊瑚类，复体环口目苔藓虫类和常彼此缠绕或缠绕在别种生物上的龙介蠕虫类都是重要的造架生物。此外还有海绵类和红藻类也起着造架作用。生物礁中有如此众多的造架生物类别在世界上已知化石礁中是不多见的。

(3)格架洞穴是生物礁的主要结构之一，其中粪粒和生物碎屑的充填是礁结构的另一个特点。洞穴中的方解石充填是成岩作用的产物，由于礁顶或礁坪有间歇暴露，在大气中形成淡水方解石是可能的；由于生物礁处于潮汐和波浪的冲击，局部可出现板状交错层理，这些正是生物礁的特点，不能作为否定生物礁存在的证据。

(4)青岩组的礁前和前沿礁的特点是明显的，同样花溪组的礁后潟湖沉积也是有根据的。在总体上，礁复合体各组分之间的关系是明确的。

五、化石描述

环虫动物门 Annelida Lamarck，1809

多毛虫纲 Polychaetia Grube，1850

隐居虫目 Sedentarida Lamarck，1818

龙介蠕虫科 Serpulidae Burmeister，1837

华南龙介蠕虫属 *Huananoserpula* n. gen.

属型种 微小华南龙介蠕虫 *Huananoserpula minima* n. gen. et sp.。

特征 钙质管，微弯曲，两头或多或少变尖，虫管分节，节间收缩。管壁薄，只见一层，为很细的微晶粒组成。常附在珊瑚和苔藓虫类的外壁上，并被藻类包裹。

时代和分布 中三叠世，华南。

微小华南龙介蠕虫 *Huananoserpula minima* n. gen. et sp.

[图版(1、2)]

材料 薄片号：50119、50118、50117、50120、50066 和 50121。黔南关岭扒子场剖面簸箕山组下部。

描述 管状，微弯，个体小，横断面圆形或椭圆形，直径 0.02～0.15mm，长约 0.50～1.40mm；管壁呈波状，显示身体分节，约为 18 节，节间收缩，壳的腹侧具一浅沟。壳壁很薄，只见一层，由很细的微晶粒组成，壁厚约 2～3μm。常附着于六射珊瑚类等个体的外壁上，它本身又常被藻类尤其是 *Tubiphytes* 和 *Archaeolithoporella* 所包裹。

比较 Fluegel 等(1984)记述的西班牙南部中三叠世的 *Sarcinella socialis*(Goldfuss)与本种不同，前者个体大，管径为 0.3～0.9mm，本种分节明显，但未见“背部”突起和“腹部”加厚现象。

层位和产地 黔南簸箕山组下部第 50—60 层。

六射珊瑚亚纲 Hexacorallia Haeokel,1834

石珊瑚目 Scleractinia Bourne,1900

星腔珊瑚科 Astrocoeniidae koby,1890

牌珊瑚亚科 Pinacophyllinae Vaughan et Wells,1943

牌珊瑚属 *Pinacophyllum* Frech,1890

簸箕山牌珊瑚 *Pinacophyllum bojishanensis* n. sp.

［图版(3～5)］

材料 薄片号:50121、50120 和 50118。关岭扒子场簸箕山组第 51 和第 52 层。

描述 丛状分枝复体,萼外出芽繁殖。个体小,细圆柱形;横切面圆形,直径 3.2～4.7mm;外壁发育完好,厚约 0.01mm,隔壁沟清楚。隔壁的级序和数目较少,一般为 27～30 条,近外壁处变厚约为 0.03～0.05mm,向中心逐渐变薄;有 4～6 条原生隔壁达到轴部,但不形成中轴,一级隔壁长,延伸几乎近轴部,约为 12 条,二级隔壁极短,未见三级隔壁;隔壁侧面平滑;因较强的重结晶作用隔壁的微细构造不清,但有时局部显示暗色中线及单羽榍构造。横板平,稀疏,在横切面上一般难以找到,在纵切面上清楚可见。

比较 本种与斯皮茨牌珊瑚 *Pinacophyllum spizzensis*(Tornquist,1899)的特征接近(邓占球等,1983),但本种隔壁数目较少,二级隔壁极短,隔壁沟清楚及横板稀疏等特征可以与后者区分。

产地和层位 黔南簸箕山组下部第 51 和第 52 层。

参 考 文 献

邓占球,孔磊.黔南、滇东一带中三叠世石珊瑚和海绵[J].古生物学报,1983(4):489-504

贵州省地质矿产局.贵州省区域地质志[M].中华人民共和国地质矿产部地质专报,(一)区域地质,第 7 号.北京:地质出版社,1987

刘宝珺,张锦泉,叶红专.黔西南中三叠世陆棚-斜坡沉积特征[J].沉积学报,1987,5(2):1-13

牟传龙.黔南桂西早中三叠世碳酸盐台地边缘和斜坡沉积模式及其演化[J].岩相古地理,1989(2):1-9

徐桂荣.贵州关岭扒子场中三叠世绒枝藻植物群的发现[J].地球科学,1991,17(5)

杨遵仪,徐桂荣.贵州中部中上三叠统腕足类[M].北京:中国工业出版社,1966

余素玉.化石碳酸盐岩微相[M].北京:地质出版社,1989

Blendinger W. Isolated stationary carbonate platforms:The Middle Triassic(Ladinian)of the Marmolada area,Dolomites,Italy[J]. Sedimentology,1986,33:159-183

Caetani M,Fois E,Jadoul F,Nicora A. Nature and Evolution of Middle Triassic Carbonate Buildups in the Dolomites(Italy)[J]. Marine Geology,1981,44:25-57

Fluegel E,Fluegel-Kahier E,Martin J M et al.. Middle Triassic Reefs from Southern Spain[J]. Facies,1984,11(20～30):173-217

Mountjoy E W,Cook H E,Pray L C et al..异地碳酸盐岩屑流是礁组合边缘、滩边缘或

陆棚边缘的世界性标志[J]. 沙庆安，陈景山译. 国外地质，1973(7)：32－41

Walker K R, Alberstadt L P. Ecological succession as an aspect of structure in fossil communities[J]. Palaeobiology, 1975, 1: 238－257

Wilson J L. Carbonate Facies in Geologic History[M]. New York, Heidelberg, Berlin: Springer－Verlag, 1975

图 版 说 明

1. 微小华南龙介蠕虫 *Huananoserpula minima* n. gen et sp. (a)在珊瑚-藻类格架岩中；(b)为遭重结晶的簸箕山牌珊瑚 *Pinacophyllum bojishanensis* n. sp.；(c)为附管藻 *Tubiphytes*。薄片号：50119，透射光(下同)；×16. 关岭扒子场剖面簸箕山组第 52 层，属于生物群落 CB2。

2. 图 1 的微小华南龙介蠕虫 *Huananoserpula minima* n. gen et sp. (a)纵切面放大，×43；(c)为附管藻 *Tubipbytes*。

3、5. 簸箕山牌珊瑚 *Pinacophyllum bojishanensis* n. sp. (b)与 *Tubiphytes*(c)共生，在生物礁中构成格架，格架间充填粪粒和生物碎屑，由微晶胶结，可见方解石充填的格架洞穴(g)。3 为纵切面，薄片号：50120，×3.6；5 为横切面，薄片号：50118，×4.8。关岭扒子场剖面簸箕山组第 52 层，属于生物群落 CB2。

4. 簸箕山珊瑚 *Pinacophyllum bojishanensis* n. sp.，野外露头，关岭扒子场剖面簸箕山组第 52 层。

6. 分枝原巢孔苔藓虫 *Preceriocava ramosa* n. gen. et sp. (d)与 Tubiphytes(c)共生，在生物礁中构成格架，格架间充填粪粒和生物碎屑，由微晶胶结，可见方解石充填的格架洞穴(g)。薄片号：50065，×3.9。关岭扒子场剖面簸箕山组第 54 层，属于生物群落 CB3。

7. 矮管粗龙介蠕虫 *Trachiserpula nanotubula* n. gen. et sp. (e)与 *Tubiphytes*(c)和红藻(f)等共生构成生物礁格架。薄片号：50111，×3.9。关岭扒子场剖面簸箕山组第 57 层，属于生物群落 CB4。

8. 斯皮茨牌珊瑚 *Pinacophyllum spizzensis* (Tornquist) (b)与 *Tubiphytes*(c)共生，在生物礁中构成格架。薄片号：50108，×3.9。关岭扒子场剖面簸箕山组第 57 层，属于生物群落 CB4。

【原载《地球科学——中国地质大学学报》，1992 年 5 月，第 17 卷，第 3 期】

图 版

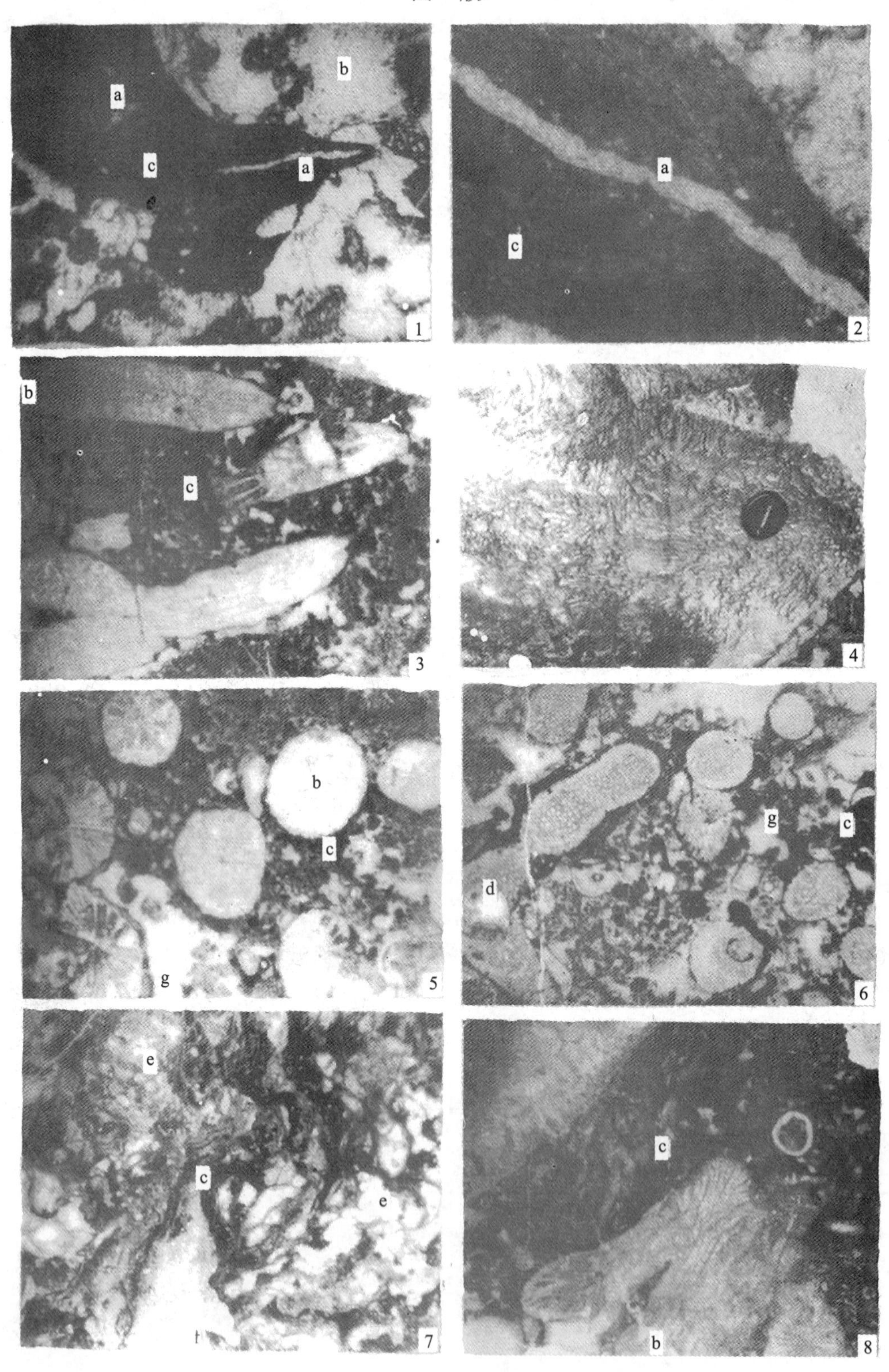

第一张地层表

徐桂荣

随着18世纪欧洲工业革命对矿业要求的迅速增长，促进了地质学的迅速发展。为了研究矿产与岩石的关系，许多学者提出了一些地层划分的原始设想。1756年德国矿物学家莱曼把“山脉”分为3类，认为代表3个不同的沉积时期。1759年意大利地质学家乔·阿都伊诺将岩石归纳成原始山系、第二纪山系、第三纪山系等，较明确地表达出了地层学的第一个基本原理——叠覆原理。这个原理把岩石和时间联系起来，指出在层状岩石中上面的岩层比下面的岩层新。

18世纪后期，德国矿物学教授、所谓“水成学派”的主要代表魏尔纳，应用叠覆原理来研究岩石，他按地层层序把层状岩石划分为4类：原生类、过渡岩石类、层状岩层和最新冲积层或淤积层。并把层状岩层称为“第二系”（相当于现在的泥盆系至白垩系），其上的称“第三系”（相当于现在的新生界）。“第三系”这一术语一直沿用至今。

当时英国有一个普通的丈量员名叫威廉·史密斯，他是一个没有财产和社会地位的人。他在参加开凿运河时，注意研究岩层和生物化石，独立地论述了与魏尔纳等人不谋而合的叠覆原理，并注意到化石在地层划分对比中的重要作用，于1799年编写了《不列颠地层表解》，这就是世界上的第一张地层表。当时这张地层表以手抄的形式传播出去后，立即引起了欧洲许多地质学家的重视。但过了约20年，这第一张有科学根据的地层表才正式出版。

在“表解”问世后，史密斯就致力于绘制英国地质图，他步行了全英国，把观察的结果按地层表的划分填入地形图上，于1815年完成了英国第一幅地质图。这项工作受到许多地质学家的钦佩，从此地层学开始逐渐形成为科学，促进地质学以前所未有的速度发展。

【原载《地质战线》，1979年11月8日】

建阶问题的探讨

徐桂荣

地层工作是地质领域内的基础工作之一，地层问题包括建阶问题只有依靠地层专业人员与群众相结合，才能得到解决。

我们仅对建阶问题提出一些看法，供参考。

一、阶的概念的演变——传统与发展

阶(stage)的概念是由德奥比尼(d'Orbigny)在1842年提出的，他建议把北欧的侏罗系划分为10个阶，每个阶仅以动物群为特征，这种划分使众多的地方岩石单位名称得到统一。在解释阶时，德奥比尼把阶与带(zone)联系起来，提到某某阶是某某化石带。

1881年在波伦那举行的第二次国际地质会议，通过的地层单位分类中，采用了“阶”作为次于统的地层术语。1900年在巴黎召开的第八次国际地质会议上，重新讨论了地层单位，根据奥佩尔(Oppel,1856—1858)提出的带的概念，把“带”列入分类表作为次于阶的地层名词。

从19世纪中叶到20世纪30年代，各国地层学家都以生物特征确定阶，把带作为比阶小的单位，把阶作为带的集合体。总之把阶和带作为同一范畴的概念来考虑。

第一次提出异议的是赫德勃(Hedberg,1937)等人，他们提出阶是“任何地区一个地质期(Age)的沉积物，是由时间划定界线的时间地层单位”(Carter,1974)。同时认为阶与作为生物地层单位的带有明确区分的必要。赫德勃1937年提出的地层分类见表1。

表1　赫德勃1937年提出的地层分类表

时间	时间地层	岩石地层	生物地层
代 纪 世 期	系 统 阶	群 组 段	带

这个方案开始遭到许多美国学者的反对。1941年欣克和缪勒(Schenck & Muller)提出一个方案，把带作为阶的次一级单位，把时间地层单位和生物地层单位合为一体(表2)。这个方案坚持传统的概念。从20世纪40—50年代很多国家的地层规范采用了这个方案。我国1959年11月地层会议通过的《地层规范草案》提出的地层单位类似这个方案。

1960年，哥本哈根的第21届国际地质会议采用了赫德勃提出的方案，哥本哈根会议提出阶的定义，指出“阶是年代地层单位体系中的中间等级，在地质时期的一定间隔中形成的一套均一的岩层。阶是年代地层分类的基本单位，在年代地层表中是适合实际需要，并适合区内年代地层学研究目的的等级……”。并指出“阶应专门命名，确定典型剖面或参考剖面。在典型剖面中它的界线可与其他地层单位如组或生物带一致……，延伸到典型剖面以外是同时性的界面”(Mornibrook，1965)。

表 2　欣克和缪勒 1941 年提出的地层分类表

时间	时间地层 (=生物地层)	岩石地层
代 纪 世 期	系 统 阶 带	群 组 段 层

对于哥本哈根会议通过的地层分类方案反对最强烈的是英国中生代委员会，1963 年卢森堡的侏罗系会议和 1963 年 2 月英国中生代委员会会议和 1964 年 2 月的 26 次会议，坚持“中生代中的阶实际上必须根据动物群带确定”(Hedberg，1965)。

卢森堡会议和哥本哈根会议主要的争论是：卢森堡会议认为阶仅是(生物)带的归并；哥本哈根会议则认为不是所有的生物带能证明同时的界线，由带归并的阶并不是同时性的界面。

1969 年伦敦地质协会的《指南》，接受了哥本哈根方案；1970 年、1971 年国际地层分类小组委员会陆续发表了地层分类术语及用法，基本上是哥本哈根会议的延伸(ISSC，Lethaia，1972)。到目前为止，反对哥本哈根方案的主要是南非与前苏联(作为国家的主要观点)和各国的一些地层学家。如原苏联日阿英达和缅涅尔(Жамойда，Меннер)在《两个不同的地层学分类》一文中，指出了目前国际上对地层分类的主要分歧。国际地层分类小组委员会(ISSC，1972)指出在地层学中存在 11 个方面主要问题的争论。归结起来，(涉及到“阶”的问题的)主要有两个问题：①以什么作为同时性的标志？有些人强调生物带，国际地层分类小组委员会认为层型(Stratotype)是基本的，主张用所有可能利用的方法；②是否要有独立的生物地层单位和年代地层单位？传统的主张认为生物地层单位即年代地层单位，而新方案认为生物地层方法有它的不足之处，需要补充其他方法，生物地层单位不能代替年代地层单位。

这方面的问题需要我国广大地质工作者参加讨论，为修改我国的地层规范提供宝贵意见。我们的态度是吸取传统方法的有用之处，同样也吸取新方案的有用之处，走我们自己的发展道路。

二、阶的时间概念——地质同时性

阶作为地层单位有较严格的时间含义。所有的地层单位都不能脱离时空概念，无论作为岩石地层单位的群、组、段和生物地层的带都有时空概念，都与一定的地区和一定的地质时期相联系，但是这些单位(包括有些生物带)的同一名称在不同地区或同一盆地的不同部位没有严格的同时性，如桂头群、蟒山群、莲花山组、跳马涧组、岳麓山组等都没有证明在不同地点这些单位上下界线的同时性。阶是属于有较严格的同时性意义的时间地层单位。这一点在地层学家中很少有分歧。从德奥比尼提出阶时就企图根据动物群来寻找世界性的灾变期，在绝大多数地质学家批判和抛弃灾变期观念后，历来把阶和地质年代的期(age)联系在一起。1959 年，在我国地层会议提出的规范说明书上曾指出：“在阶的适用范围内，也就是说在一个广大区域内，阶的延续时间大概是确定的。”主要分歧是以什么作为同时性的标准，是只用生物带或生物群呢？还是用层型的概念？为了说明这个问题，有必要讨论一下地质同时性的概念。

地质同时性　所谓对比(correlation)地层主要是指对比地层的同时性。对于地层对比的时间概念，一般来说，阶的平均持续期在 300 万～1 000 万年，阶的界线对比的误差大致在几十万年到几百万年之间。传统方法以生物带作为地质同时性的标准，表 3 粗略计算生物带的平均持续期，说明一般的所谓奥佩尔生物带的平均持续期大都在100万～500万年之间，只有第三纪浮游有孔虫的带在50万年以下。这计算之所以粗略，是以这样的假设为基础的：现在划分的每个生物带没有叠覆，其间也没有缺失。但是这个假设实际上是不存在的，由于地质记录的不完备性，缺失是肯定存在的。有些带到目前还没有发现叠覆，但已发现某些带有不同程度的叠覆。现在假定缺失比叠覆大得多，叠覆可以忽略不计，假定还可以插入1倍的化石带，估计生物带的持续期在50万～200万年之间。这个估计的理论根据还很不足，但是恰与辛普森关于物种平均持续期的估计相符合，辛普森(Simpson，1952)估计物种平均持续期为50万～500万年。

表3　生物带延续年代的粗略估计

地质时期	生物带数目	年代间隔 (Ma)	平均每带的 持续期(万年)
第三纪	21ϕ	6.5	31
白垩纪	40△	70	175
侏罗纪	43△	58	130
三叠纪	19/29□	35	130
二叠纪	5/12□	55	450
石炭纪	8/19△	65	342
泥盆纪	16△	55	340
志留纪	17*/22△	35	160+
奥陶纪	12/15△	60	400～500
寒武纪	26	70	230

由于化石保存和生态的原因，带化石在不同地点的不同剖面中不会在同一层面发现，而是在带所代表的持续期(50万～500万年)中沉积的岩层的不同位置发现。

如图1所示，这1、2、3剖面的同一化石带的对比，中间可相差几十万年到几百万年。但是这个对比，传统地一般认为是同时的沉积。对于2～3Ma的误差，地质学家一般忽略不计，这就是地质同时性的概念。

以生物带作为对比根据的阶，带的可能误差也是阶的可能误差。在阶的对比中，阶的上下界线以生物带为标志，其可能的误差可达2～3Ma。

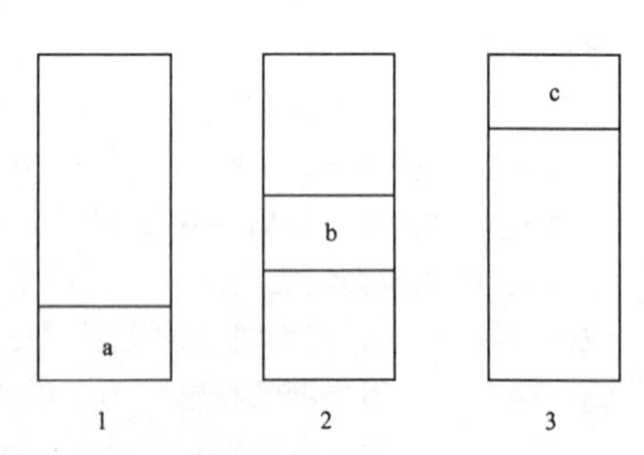

图1　三个剖面中同一带化石保存在a、b、c三个不同位置，表示生物带对比的误差

岩石的特征中有许多可作地区内的同时性标志，如某些标志层：硅质层、粒级层、鲕状层、火山灰、火山岩；层理和层面特征：纹层、泥裂，波痕；岩层结构和生态标志：叠锥、虫穴……；以及电测井和放射性测井的特征等。这些标志的正确应用，在小区地层对比中可达到精确的对比。如浊流形成的粒级层，特别是间歇浊流每次持续的时间很短，而沉积范围和沉积厚度较

大；如火山岩流和火山灰，一次喷发（指许多次小喷发的总和）持续的时间，对地质同时性来说是足够精确的；又如泥裂的形成是短期的。但是以岩石特征作对比有一个困难，因岩性特征在类似的条件下可以重复出现。虽然这种重复不会完全相等，但我们往往不易区别。在对比中，如何证明是同一次间歇浊流的沉积，如何证明是同一次喷发，如何证明是同一次暴晒形成的泥裂，是一个难题，往往要做大量的研究工作。这种对比要特别谨慎。

新生代古地磁转向期的研究，使地层对比达到更为精确的程度，转向期的最短“事件”短于3万年。但在老地层中古地磁的地层对比还不够精确。

放射性元素的同位素年龄测定的精度还没有达到理想的程度，除碳法外，其他铅法、氩法、锶法的误差达5%，如计算2亿年其误差达1 000万年，约相当于三叠纪的一半，相当于寒武纪、奥陶各纪的1/8，约相当于整个新生代。而且年代愈久误差愈大。

总的说来，显生宙的地层对比中，生物带（指标准化石的生物带，而不是生物群带）的对比是比较精确的，是目前技术水平下较为方便的工具。新生代的对比可引入同位素碳法和古地磁转向期测定等方法，而隐生宙则主要依靠同位素年龄测定，但是生物化石的研究也逐渐在发挥作用。

三、建立区域性阶的必要性

在1960年的《地层规范草案说明书》中曾指出：“中国地质工作者面临着一个建阶的问题。……中国离西欧很远，地层学的研究还没有达到很详细的程度，采用西欧的阶往往格格不入。我们的初步意见是：中国地层学家应该先建立自己的阶，用以与西欧和其他地区相对比。”“西欧地层研究较早、较详。那里的阶一般不适用于我国，我们不应该生搬硬套，而需要建立自己的阶，并且应该与西欧的阶进行对比。”

在1962年发表的《全国地层会议学术报告汇编》中提出了一些阶名，如泥盆系分册提出一些阶名；石炭系分册确认了下统划分为岩关阶和大塘阶等。孙云铸1961年提出了寒武系各阶。最近王钰等（1974）、侯鸿飞等（1974）又修改提出泥盆系的一些阶名。这说明地层工作者试图建立自己的阶的努力，虽然有些阶未必完全合乎阶的要求。

我国地层学工作者一般都希望建立我国自己的阶，建立适合我国地层特征的、为广大地质工作者喜闻乐见的阶。我们主张建立自己的阶，既不是因为我国“地层学的研究还没有达到很详细的程度”[《地层规范草案说明书》(1960)]；也不是出于民族主义的情绪（Carter，1974），而是由于地层学科的性质和生产、科研、教学等实践的要求。

我们主张建立自己的阶的理由如下：

(1)对事物的认识总是遵循从个别到一般，从一般到个别的过程，地层学科的发展也不能例外。各地区的地层特征都有其自己的特殊性，有岩相、生物相的差别，有古地理、古气候的差别，有古构造和地壳运动特征的差别。地球是一个统一体，全面和客观地认识它，首先必须搞清各地区的各个方面，才能综合分析、认识地球全体。阶的研究目的是能有一个时间表，表达地质历史，为其他地质学科提供时间概念的依据。一个世界适用的时间表是需要的，同时必须有各地区依据当地地层实体的时间地层表。

生搬硬套西欧的标准，实践证明是不合适的，是不利于地层学科发展的。必须根据本地区的地质历史的本来面貌来建立地层的阶。如纳缪尔阶引入我国后，经过多年实践和讨论证明在我国应用纳缪尔阶名是不合适的。李星学（1974）正确指出，纳缪尔阶在国内的应用是不恰当的。国外也有类似的讨论，有一段时间前苏联也采用纳缪尔阶，后来许多人提出反对。又如，奥陶系常用英国的 6 个阶，虽然我国的笔石带许多可与之对比，但这些阶并不能概括我国奥陶系的特点。

(2)西欧建立的阶比较早这是事实，但同时西欧的阶还不是完美无缺的；研究历史久不等于就可作为世界标准。以层型、连续性、生物各门类演化阶段等原则来衡量，有些阶还不够条件。建阶的问题上优先律的原则可能是不适用的。有一种不正常的现象，有人把西欧的阶都崇为标准。如西欧、比利时、英国、法国有些时代都有各自的地层单位名称，有些人引用时一概称之为阶，不论国外是自称为阶或并不称为阶，不论是否合乎阶的要求。我们认为这不是严格的科学态度。

可以看到西欧建立的一些阶的界线到目前为止还处于浮动状态，以界层型(Boundary - stratotype)来衡量还必须做许多工作。如泥盆系下界长期争论，1968 年列宁格勒会议虽然提出以 Monograptus uniformis 带为底界层型的方案，但对生物发展阶段考虑不足，尚有讨论之处。又如泥盆系中、上统的界线，还没有普遍接受的方案，还在争论之中。1952 年比利时地质会议 108 次会议同意采用表 4 的方案，把 Fromelennes 放入 Frasnian，主要根据有 *Cyrtospirifer* 等与 Frasnian 有亲缘的种属，但亦有报道，在 Fromelennes 发现 Stringoce - phalus，而无 goniatities。最近，根据菊石和牙形刺认为界线应放在 Frasnes 层之下。到目前为止，Frasnian 和 Famennian 的界线还没有好的典型剖面和界层型(McLaren，1970)。

表 4　泥盆系中、上统界线，1952 年比利时地质会议的方案

	Matagnc　层
Frasnian	Frasnes　层(“Hypothyridina cuboides 动物群”)
	Fromelennes 层(无棱菊石)
Givetion	Givet 灰岩和页岩层

(3)由此可见，没有我国自己的阶，不可能有相对稳定的年代地层划分，常常跟在别人的屁股后面转，而不能主动加快前进的步伐。当然地层划分的不断修改、充实是科学发展的正常现象，但我们不能等待别人建立完善的世界时间地层单位，而要作出自己的贡献。

这些理由不等于说我们要完全排斥国外的东西，而是为了“洋为中用”，并且积极担当起对世界地层学发展的共同责任。我们认为建立自己的阶是必要的，在建立自己的阶的过程中，同时与世界各国的地层划分进行对比，密切注意世界各国地层研究的进展。要边建立自己的阶，边与其他各国对比，在建阶过程中对比，在对比中建阶。同时也不排斥在需要和合适的情况下，借用别国别区的个别阶名。

四、建阶的要求——三个基本条件

在 1960 的《地层规范草案说明书》中指出：“阶的建立比创立一个地方性的地层单位更要慎重，不能草率从事。”阶的建立必须有充分的科学根据，必须有较高的时间确定性，这是阶与岩石地层单位和生物地层单位的主要差别。

建阶有些什么要求呢？在《地层规范草案说明书》中指出：“一个阶代表一个大区域中地质

发展的一定阶段。这个区域的这个阶段是由一定的构造、古地理和沉积情况所决定的，而集中表现在生物发展的特定阶段，所以阶的沉积物中含有特有的动物种、亚属，或者在稀有的情况下特有的属。”国际地层小组委员会（ISSC，1972 年）公布的《国际地层分类术语及其用法指南摘要》中强调层型（Stratotype）和界层型（Boundary - stratotype）的确定作为划分和对比阶的依据。我们主张建立阶必须有 3 个基本条件：①对沉积特征有了相当全面的研究，尤其对多门类生物发展阶段的研究；②有明确的界层型，即确定上下界线的同时性的标志；③有连续的典型剖面。

这 3 条是相互依存、互为因果的。建立一个阶首先必须对一个地质期的沉积特征作较全面的研究，总结生物演化发展的阶段，根据沉积特征和生物演化发展阶段划分阶，确定阶的上下界线的位置。阶的上下界线位置的确定必须同时考虑界层型。界层型的概念是近 20 年内提出的，国外的呼声很高，尤其是国际地层分类小组委员会特别加以强调。界层型的概念是下述含义的引申：“在典型剖面中阶的界线可与其他地层单位如组或生物带一致，延伸到典型剖面以外是同时性的界面。”对于显生宙来说，界层型一般选择时限短、分布广的化石带作为标志。这个化石带的选择不能只根据少数剖面任意确定，必须经过古生物地理和生物演化的研究及实践证明是经得起考验的标准化石，才能作为可靠的界层型的标志。当然，在研究程度还不详细时，可提出试用的化石带，以待实践和理论的进一步证明。以化石带选定的标志便于大区间的对比。同时可选择岩性和其他特征的标志便于区内对比。

对于界线的选择有两种不同的主张，一种主张选择“自然界线”，尤其注意沉积间断。孙云铸（1943，1961）指出：“确定划分界、系、统、阶的原则。……特别提出应用综合研究方法，并以生物地层方法为主，同时并依据各期地壳运动和沉积旋回，尤其对各期的升降运动（沉积间断）更加重视。”另一种主张强调在连续沉积中选择界线。国际地层分类小组委员会 1969 年 7 月的简报中介绍说：“界层型总是选择在连续沉积的系列内。年代地层单位的界线决不应放在不整合上。岩性突变或化石内容的突变应怀疑可能指示系列的间断，这有损于年代地层特征的界线的价值，年代地层特征的界线只应确定在有充分证据证明是基本连续的沉积内。”第二种主张目前在国外有许多支持者（McLaren，1970；Mornibrook，1965），他们不否认“自然界线”的存在，但主张必须努力避免可能的不连续。对于选择连续沉积的必要性，麦拉伦（McLaren，1970）举出泥盆系的下界作了有力的说明。

阶的沉积特征、生物的阶段性，界层型和上下界线的连续性体现在典型地区的典型剖面内。典型剖面的选择不是一蹴而就的事情，要经过长期的辛勤劳动。这些工作不是少数专家能完成的，而是要依靠广大地质工作者。选择典型剖面，不能认为谁做得早就是典型剖面，而应强调沉积连续、岩石和化石等特征保存清楚，研究深入且有代表性。

我们认为在建阶的问题上科学性高于优先律，较早建立的阶如果不符合基本条件，应该由新建立的确实能起到阶作用的典型剖面来代替。应该容许推陈出新，淘汰旧的、树立新的；也应该容许使旧的阶获得新生，给予新的含义，只有这样才能不断推动地层学科前进。认为早先立起来的阶神圣不可侵犯的观点是不利于学科的发展的。我们可以用上述 3 个基本条件来衡量一切已建立的阶和创立我们自己的新阶，以严格的科学性来打破一切垄断。

【原载《中南地质科技情报》，1975 年 3 月】

地层系统分类的形成

徐桂荣

19 世纪初叶，英国人史密斯的《不列颠地层表解》作为有科学根据的第一张地层表正式出版后，引起了当时欧洲的许多地质学家以极大的兴趣投人建立地层表的工作。在魏尔纳应用叠覆原理，按地层层序把层状岩层称为第二系，其上称第三系后，1822 年康尼比亚按岩石特征提出了石炭系；同年比利时地质学家把西欧普遍分布的岩石命名为白垩系，这两系完全以岩性命名，后来经化石的研究，地质学家知道岩性特征完全不同的地层可以属于同一时代，而同一岩性的地层都属同一时期的推断是错误的。如石炭纪的地层可以完全不是煤系；白垩系在英国、比利时等地是细粒灰质白垩，在中国可以是红层。为了更能确切地反映叠层原理，科学家对地层改用别的命名方法。1829 年法国地质学家亚·布朗雅尔以瑞士的山名建立了侏罗系；同年，法国人杰努阿依尔从魏尔纳的第三系中分出第四系；1834 年德国采矿工程师丰·亚·阿尔别尔基综合西德南部地层称为三叠系；1835 年威尔士人莫企逊以民族名把英国西部地层命名为志留系；1836 年薛得维克以地名把英国西部最老的层状地层部分划分为寒武系；1839 年薛得维克和莫企逊两人在英国泥盆州调查并建立了泥盆系；1841 年莫企逊在俄国二叠城(现名莫洛托夫城)调查，建立了二叠系。

1841 年英国地质学家菲利浦斯根据地层中的生物面貌，把寒武系至二叠系等 5 个系归纳为古生界；把三叠系至白垩系归纳为中生界；把最新的两系合并为新生界。

在居维叶等人工作的基础上，莱伊尔于 1828 年用古生物属种的百分比法，把第三系划分为 3 个统：始新统、中新统和上新统。

1856 年和 1866 年，莱伊尔又归纳前人的工作，并在他的巨著《地质学纲要》和《地质学原理》第十版中，把地质年代系统和地层系统对照分列为两个序则，第一次公布了地层系统分类。这个地层系统表，除 1879 年拉普华斯补充提出奥陶系外，一直沿用至今。

寒武系以前的古老地层没有统一的名称，我国称之为震旦系、前震旦系，北方将震旦系又称为震旦亚界。20 世纪 50 年代有人提出用“隐生宙”一词来概括寒武纪以前的地层，相对应地把寒武系至新生界称之为“显生宇”。这两个术语恰当地概括了地史中的生物面貌，得到许多科学家的赞同。

【原载《地质战线》，1979 年 11 月 22 日】

地层分类单位的发展

徐桂荣

虽然在19世纪中叶基本上建立了地层系统表，但还没有一套表达地层系统的固定单位，当时用的单位术语十分混乱，如类、地带、顺序、系、组、统、群和层等，而且没有明确的等级。科学地统一术语是科学发展必不可少的条件。因此，1878年在巴黎召开的第一次国际地质会议上组成了国际委员会，专门研究“地质报告中关于术语和图的符号的统一”。1881年在波伦亚举行的第二次国际地质会议上产生了两套术语，即：

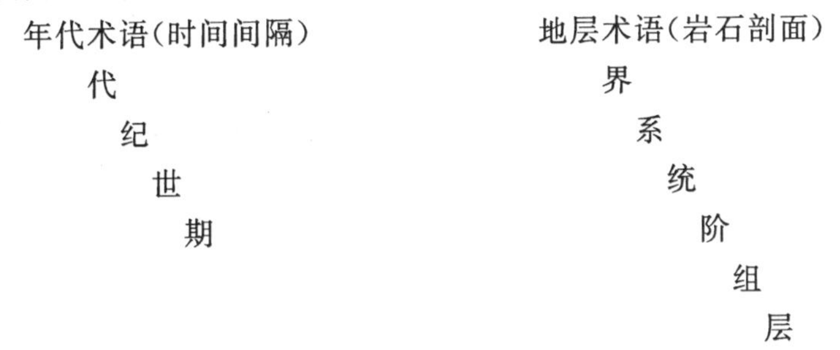

年代术语(时间间隔)	地层术语(岩石剖面)
代	界
纪	系
世	统
期	阶
	组
	层

这些单位术语来源于一些有影响的地质学家，并且基本保留了他们原来应用的含意，只作了必要的修改。“系”是18世纪末期魏尔纳提出的，与系对应的“纪”是乔·阿都伊诺等人最初用于代表“山系”，而后形成为地质年代。“界”是1841年菲利浦斯提出的，与界对应的“代”，第一次正式作为地质年代单位见于莱伊尔的著作。而“统”则早在1762年德国医师乔·克·富西尔将图林根的层状山划分为9个岩石单位时就有了，并且把岩石单位与时间相联系，与“统”对应的时间单位称之为“世代”。莱伊尔在研究第三系时采用“统”作为“系”的次级单位，把与“统”对应的年代单位称为“世”。界、系、统和代、纪、世这三级较大的单位，在第二次国际地质会议通过后，被世界一致接受，未有异议。

“阶”的概念是由德奥比尼在1842年提出的，他把北欧的侏罗系划分为10个阶。第二次国际地质会议接受了“阶”这个术语，并把它作为低于“统”的一级单位。德奥比尼提出“阶”这一术语时，他把阶与化石带密切相联系，因此后来许多地层学家把“阶”作为生物地层单位。

1900年在巴黎召开的第八次国际地质会议上，接受了奥佩尔于1856年提出的“带”的概念。把“带”列入分类表，作为次于“阶”的地层术语。放弃了纯粹以岩石为特征的“组”和“层”等术语。

当时在地层学中有两种不同认识，一种认为岩石单位的界线不会到处是同期的，它不能作为时间单位的根据，因此岩石单位应与时间单位分开。这就是第八次国际地质会议放弃“组”和“层”的缘故。另一种认为每个岩石单位都代表一定的时间。在美国，由于乌尔里克的影响，1933年制定的地层规范中取消了阶和带，代之以组、段、层等岩石单位。

经过反复的争论后，许多学者主张把岩石单位与时间单位分列，并认为生物地层单位“带”

也不能与时间单位混淆。1937年赫德勃提出了地层分类表：

时间	时间地层	岩石地层	生物地层
代			
纪	系	段	
世	统	组	带
期	阶	群	

1972年以赫德勃为主席的国际地层划分分会提出的地层分类单位的方案，就是上述方案的延伸。

我国于1959年第一次全国地层会议制订的地层单位分类表，把岩石地层（地方性的）与时间地层（国际性的）明确分列，并且把“阶”和“带”列为全国性的或大区域性的分类单位，其基本内容同国际上的用法大体一致。

目前在地层分类单位上尚有不一致的认识，还有许多学者认为生物方法是时间地层的主要依据，所以主张不必把生物地层单位与时间地层分列。

【原载《地质战线》，1979年12月6日】

云南泥盆纪地层对比

徐桂荣

本文应用回归分析对云南省 13 个泥盆纪剖面作了系统的数字计算。这个方法是 Shaw (1964)首次系统地应用于地层对比，他主要是通过对化石层位的回归分析求出不同剖面的相对沉积速率，作为地层对比的根据。这种对比被认为近似于时间对比。

因为笔者是首次尝试，感到正确应用这种方法还有许多问题有待解决，但是也看到这种方法比传统方法前进了一步，为我们能科学地作地层对比开创了一个新的途径。

本文所依据的地层资料，大部分是云南地质工作者长期辛勤劳动的结晶，但这些资料原不是为了作数学对比而收集的专门资料，所以不完全符合作数学分析的要求，可以预见分析中会有很大误差。笔者的目的是尝试用前人的资料作数学分析，看能取得多大效果。初步看来效果是明显的。

一、对比方程及其检验

(1)云南广南达莲塘剖面(据中国科学院南京地质古生物研究所，1972 西南区地层小结)——华宁盘溪剖面(据方润森，1963，云南东部泥盆纪地层)——金平马鹿洞剖面(据云南省地质局二区测六分队，1972)的对比：

表 1 至表 3 分别列出了 3 个剖面之间回归计算所建立的对比方程。建立对比方程所依据的化石资料都列于表内。相关系数 R 作为检验对比方程有效性的标志，我们取置信水平 95% 的 $R_{0.5}$ 与之比较。实测数据与计算数据的标准差 $S\hat{H}$ 和 $S\hat{D}$ 作为衡量允许对比误差的参考值。表 4 是 3 个剖面间对比方程的三角闭合检验，检验 3 个剖面对比的可靠性，其允许的闭合误差仍以标准差衡量。

表 1　盘溪(H)和达莲塘(D)剖面的回归分析与层序对比

化石名称	H	D	$\hat{H}$	$\hat{D}$
Calceola sandalina	677 6 *	445	492.8	626.3
Favosites sp. 底	748.1	621	702.2	669.5
顶	1 014.6	863	991.1	832.8
Caliapora sp.	1 240.5	1 015	1 172.4	971.3
Stromatopora sp.	450.7	621	702.6	487.3
Clathrodictyon sp.	632.7	621	702.6	598.8

续表 1

$a=211$	$R=0.855$	方程：
$b=0.612\,9$	$R_{0.5}=0.811$	$\hat{H}=-37.7+1.192\,2D\mid_{445}^{1015}$
$c=-37.7$	$S\hat{H}=135.3$	
$d=1.192\,2$	$S\hat{D}=97.0$	$\hat{D}=211+0.612\,9H\mid_{450}^{1240}$

层　序	H	$\hat{D}$	层　序	D	$\hat{H}$	$H-\hat{H}$	$D-\hat{D}$
在结山组	2 107 * *	1 502.3					
			“榴江群”	1 482	1 729.1		
一打得组	1 848	1 343.6	分水岭组	1 311	1 525.3	−32.6	342.7
			坡折落组	1 156	1 340.5		
曲 靖 组	1 312	1 020.6	达莲塘组	990	1 142.6	169.4	−30.6
			坡 脚 组	760	868.3		
海 口 组	281	382.2	翠峰山组	345	373.6	−92.6	−37.2

* 化石层位的累计厚度，单位：m(下同)；* * 各组顶界的累计厚度，单位：m(下同)。

表 2　达莲塘(D)和马鹿洞(K)剖面的回归分析与层序对比

化石名称	D	K	$\lg D$	$\lg K$	$\lg\hat{D}$	$\lg\hat{K}$
Favosites sp. 底	621	248	2.793 1	2.394 5	2.765 3	2.506 6
顶	1 065	1 608	3.027 4	3.206 2	3.037 9	3.158 3
Styliolina sp.	1 249	1 733	3.096 5	3.238 7	3.048 9	3.350 5
Tryplasma sp.	1 015	1 608	3.006 4	3.206 2	3.037 9	3.099 9
Amphipora sp.	621	377	2.793 1	2.576 3	2.826 4	2.506 6

$a=-5.261\,5$	$R=0.966\,4$	方程：
$b=2.781\,2$	$R_{0.5}=0.878$	$\lg\hat{D}=1.961\,2+0.335\,8\lg K\mid_{248}^{1733}$
$c=1.961\,2$	$\lg S\hat{D}=0.032\,4$	
$d=0.335\,8$	$\lg S\hat{K}=0.093\,3$	$\lg\hat{K}=-5.261\,5+2.781\,2\lg D\mid_{621}^{1249}$

层　序	D	$\hat{K}$	层　序	K	$\hat{D}$	$D-\hat{D}$	$K-\hat{K}$
“榴江群”	1 482	3 608					
分水岭组	1 311	2 565					
坡折落组	1 156	1 808					
			D_3	2 215	1 215	96	−350
达莲塘组	990	1 229	老阱寨组	1 811	1 136	20	3
坡 脚 组	760	563	马鹿洞组	1 705	1 113		
翠岭山组	345	62.6					

从表 1 可见达莲塘剖面的达莲塘组与盘溪剖面曲靖组的顶界较为接近，对比误差 $H-\hat{H}$ 大于标准差 $S\hat{H}=135.3$；但 $D-\hat{D}$小于 $S\hat{D}=97.0$，这是由于对比数值超出了有效数值范围 $D\mid_{445}^{1015}$，$H\mid_{450}^{1240}$ 的上限，两对比方程的剪刀差明显增大的缘故。从表 2 可见，达莲塘剖面的坡折

落组顶界与马鹿洞剖面老阱寨组顶界较为接近。从表 3 可知盘溪剖面曲靖组的顶界与马鹿洞剖面老陆寨组顶界基本一致。

表 4 所示的坡折落组顶界的三角闭合误差 $D-\hat{D}$分别为 19 和 142.7，后者误差较大，但大体上坡折落组顶界与相当层位的对比是可靠的。这个界面是坡折落组顶界—老阱寨组顶界——打得组中下部，可以认为是近似的时间界面。

表 3　盘溪(H)和马鹿洞(K)剖面的回归分析与层序对比

化石名称	H	K	$\hat{H}$	$\hat{K}$
Favosites sp. 底	748.1	248	682.8	458.8
顶	1 014.6	1 005	986.8	1 071.1
Keriophyllum sp.	1 240.5	1 608	1 228.9	1 590.1
Thamnopora sp. 底	748.1	700	864.3	458.8
顶	1 240.5	1 608	1 228.9	1 590.1

$a=-1\ 259.9$	$R=0.961$	方程：
$b=2.297\ 5$	$R_{0.5}=0.878$	$\hat{H}=583.2+0.401\ 5K\ \|_{248}^{1608}$
$c=583.2$	$S\hat{H}=62.3$	$\hat{K}=-1\ 259.9+2.297\ 5H\ \|_{748}^{1240}$
$d=0.401\ 5$	$S\hat{K}=146.7$	

层　序	H	$\hat{K}$	层　序	K	$\hat{H}$	$K-\hat{K}$	$H-\hat{H}$
在结山组	2 107	3 580.9					
一打得组	1 848	2 985.8	D_3	2 215	1 472.7		
曲 靖 组	1 312	1 754.4	老阱寨组	1 811	1 310.4	−770.8	375 3
			马鹿洞组	1 705	1 267.9	56.6	16
海 口 组	281	−614.3					

表 4　达莲塘(D)、盘溪(H)、马鹿洞(K)三剖面的三角闭合检查

层　序	D	$\hat{H}$	$\hat{K}$	$\hat{D}$	$D-\hat{D}$
“榴江群”	1 483	1 729.1	2 712.7	1 301	182.0
分水岭组	1 311	1 525.3	2 244.5	1 220	91.0
坡折落组	1 156	1 340.5	1 819.9	1 137	19.0
达莲塘组	990	1 142.6	1 365.2	1 032	−42.0
坡 脚 组	760	868.3	739.0	840.5	−80.5
翠峰山组	345	373.6	−401.6	12.2	332.8
层　序	**D**	**$\hat{K}$**	**$\hat{H}$**	**$\hat{D}$**	**$D-\hat{D}$**
“榴江群”	1 483	3 608	2 031.8	1 456.3	26.7
分水岭组	1 311	2 565	1 613.0	1 199.6	111.4
坡折落组	1 156	1 808	1 309.1	1 013.3	142.7
达莲塘组	990	1 229	1 076.6	870.8	119.2
坡 脚 组	760	563.1	804.3	703.9	56.1
翠峰山组	345	62.6	608.3	583.8	−238.8

另外，表 1 显示达莲塘剖面的“榴江群”顶界与盘溪剖面的在结山组顶界接近；表 2 可见马鹿洞剖面的“D_3”顶界低于分水岭组的顶界，而表 3 表明马鹿洞剖面的“D_3”顶界低于一打得组的顶界，所以，马鹿洞剖面的“D_3”只与一打得组或分水岭组的一部分相当。由于这个对比已经超出对比方程的有效范围，虽然三角闭合检验说明有一定的可靠性，但我们只作为参考。

(2)广西达莲塘剖面—华宁盘溪剖面—文山古木剖面(据云南省地质局二区测二分队，1972)的对比：

从表 5 的层序对比中可见文山古木剖面的古木组顶界与达莲塘剖面坡脚组顶界大致相当；表 6 说明古木组只能与曲靖组中部对比。但表 7 显示与达莲塘坡脚组相当层位的三角闭合误差偏大，原因是达莲塘与古木剖面所共有化石的时限较短，而且坡脚组的顶界高于表 5 对比方程的上限。所以这个对比只有参考意义。

表 5　文山古木(W)和达莲塘(D)剖面的回归分析与层序对比

化石名称	W	D	$\hat{W}$	$\hat{D}$
Acrospirifer sp.	321	445	317.2	447.3
Dicoelostrophia annamitica	321	445	317.2	447.3
Elytha sp.	904	729	886.4	737.3
Nadiastrophia sp.	321	445	317.2	447.3
Amphipora sp.	640	621	670.0	605.7

		方程：
$a=287.9$	$R=0.997\,7$	
$b=0.496\,6$	$R_{0.5}=0.878$	$\hat{W}=-574.7+2.004\,3D\mid_{445}^{729}$
$c=-574.7$	$S\hat{W}=16$	
$d=2.004\,3$	$S\hat{D}=8$	$\hat{D}=287.9+0.496\,6W\mid_{321}^{904}$

层　序	W	$\hat{D}$	层　序	D	$\hat{W}$	$D-\hat{D}$	$W-\hat{W}$
东岗岭组	2 250.0	1 405.3	“榴江群”	1 482	2 395.9	76.7	−135.9
			分水岭组	1 311	2 053.0		
			坡折落组	1 156	1 742.3		
			达莲塘组	990	1 409.6		
古木组	1 010.7	789.8	坡脚组	760	948.6	−29.8	62.1
边第沟组	590.3	581.0					
坡脚组	414.7	493.8					
翠峰山组	240.9	407.5	翠峰山组	345	1 16.8	−62.5	124.1

表 6　盘溪(H)和古木(W)剖面的回归分析与层序对比

化石名称	H	W	$\lg H$	$\lg W$	$\lg \hat{H}$	$\lg \hat{W}$
Stringocephalus obesus	1 306.5	1 934.4	3.116 0	3.286 6	3.167 7	3.253 1
S. sp.	1 306.5	2 074.6	3.116 0	3.317 0	3.215 5	3.253 1
Stromatopora sp.	450.7	905.0	2.653 9	2.956 6	2.649 0	2.996 0
Temnophyllum sp.	1 816.1	1 934.4	3.259 1	3.286 9	3.168 1	3.332 7
T. waltheri	1 117.4	1 825.4	3.047 9	3.261 4	3.128 0	3.215 2
Stringophyllum sp.	1 240.5	1 732.9	3.095 1	3.238 7	3.092 4	3.241 4
Trupetostroma sp.	1 816.1	1 934.4	3.259 1	3.286 9	3.168 1	3.332 7
Amphipora sp.	2 052.6	2 250.0	3.312 4	3.352 2	3.270 8	3.362 3

$a=1.519\ 3$ $b=0.556\ 4$ $c=-1.998\ 9$ $d=1.572\ 0$	$R=0.935$ $R_{0.5}=0.707$ $\lg S\hat{H}=0.068$ $\lg S\hat{W}=0.041$	方程： $\lg \hat{H}=-1.998\ 9+1.552\ 0\ \lg W \big|_{905}^{2250}$ $\lg \hat{W}=1.519\ 3+0.556\ 4\ \lg H \big|_{451}^{2052}$

层　序	H	$\hat{W}$	层　序	W	$\hat{H}$	$H-\hat{H}$	$W-\hat{W}$
在结山组	2 107	2 335.0					
一打得组	1 848	2 172.0	东岗岭组	2 250.0	1 865.0	−17.0	78.0
曲 靖 组	1 312	1 795.0					
			古 木 组	1 010.7	530.3		
海 口 组	280	760.2	边箐沟组	590.3	227.7	53.3	−169.9
			坡 脚 组	414.7	130.6		
剖面起点	0	33.4	翠峰山组	240.9	55.6		

表 7　达莲塘(D)、古木(W)和盘溪三剖面的闭合检验

层　序	D	$\hat{W}$	$\hat{H}$	$\hat{D}$	$D-\hat{D}$
“榴江群”	1 482	2 395.7	2 058.0	1 472.3	9.7
分水岭组	1 311	2 053.0	1 615.0	1 200.8	110.2
坡折落组	1 156	1 742.3	1 247.0	975.3	180.7
达莲塘组	990	1 403.6	887.6	755.0	235.0
坡 脚 组	760	948.6	479.8	505.1	254.9
翠峰山组	345	116.8	17.8	221.9	123.1

层　序	D	$\hat{H}$	$\hat{W}$	$\hat{D}$	$D-\hat{D}$
“榴江群”	1 483	1 729.1	2 092.0	1 326.8	155.2
分水岭组	1 311	1 525.3	1 952.0	1 257.3	53.7
坡折落组	1 156	1 340.5	1 817.0	1 190.2	−34.2
达莲塘组	990	1 142.6	1 662.0	1 113.2	123.2
坡 脚 组	760	868.3	1 427.0	996.5	236.5
翠峰山组	345	373.6	892.5	731.1	386.1

古木剖面的东岗顶界略低于达莲塘剖面的"榴江群"顶界(表 5),同时表 6 说明东岗岭组顶界与一打得组顶界接近。所以,3 个剖面中"榴江群"——打得组—东岗岭组是一个近似的时间界面。虽然该结论已超出方程有效范围(指表 5 的方程),但三角闭合的误差 $D-\hat{D}=9.7$,在允许的范围内,所以有一定的可靠性。

另外,表 5 表明文山与达莲塘两地翠峰山组的顶界大体可对比。

(3)广南达莲塘剖面—华宁盘溪剖面—元江东立吉剖面(据曹仁关等,1973,云南元江、石屏、建水一带泥盆纪地层初步观察)的对比:

表 8 清楚地表明元江东立吉剖面的东立吉组的顶界与达莲塘剖面坡脚组的顶界接近;其上,古木组的顶界与达莲塘组顶界相当,海口段顶界与坡折落组的顶界相当,曲靖段顶界与分水岭组顶界相当。因此,古木组、清口段和曲靖段分别可与达莲塘组、坡折落组和分水岭组对比。

表 8　元江东立吉(Y)和达莲塘(D)剖面的回归分析与层序对比

化石名称	Y	D	$\hat{Y}$	$\hat{D}$
Acrospirifer tonkinensis	530.8	445	530 8	445
Dicoelostrophia sp.	530.8	445	530.8	445
Xenostrophia sp.	946.2	729	946.2	729

$a=82.1$ $b=0.683\ 6$ $c=-120.1$ $d=1.46$	$R=1.00$ $R_{0.5}=0.997$	方程: $\hat{Y}=-120.1+1.46D\mid_{445}^{729}$ $\hat{D}=82.1+0.683\ 5Y\mid_{531}^{946}$

层　序	Y	$\hat{D}$	层　序	D	$\hat{Y}$	$Y-\hat{Y}$	$D-\hat{D}$
在结山组	2 308.1	1 650.1			2 047.6	136.5	−93.3
一打得组	2 184.1	1 575.3	"榴江群"	1 482	1 797.5	8.3	−15.7
华宁组 曲靖段	1 805.8	1 316.7	分水岭组	1 311			
					1 570.8	13.2	−9.1
华宁组 海口段	1 584.1	1 165.1	坡折落组	1 156	1 328.0	22.6	15.4
古木组	1 305.4	974.6	达莲塘组	990	991.5	−57.3	39.2
东立吉组	934.2	720.8	坡脚组	760			
坡脚组	644.8	522.9	翠峰山组		384.5		
翠峰山组	138.0	176.5		345			

从表 9 可见,元江东立吉剖面的海口段顶界略高于盘溪剖面曲靖段的顶界,东立吉剖面曲靖段顶界低于盘溪剖面的一打得组顶界,故东立吉剖面的曲靖段与盘溪剖面一打得组部分相当。

表 9　盘溪(H)和东立吉(Y)剖面的回归分析与层序对比

化石名称	H	Y	$\hat{H}$	$\hat{Y}$
Cyrtospirifer sp. 底	1 801	1 995	1 889.3	1 843.3
顶	2 053	2 081	2 036.1	1 997.9
Emanuella takwanensis 底	1 178	1 611	1 487.4	1 461.3
顶	1 771	1 691	1 582	1 824.9
Schizophoria sp.	1 801	1 770	1 673	1 843.3
Stringocephalus burtini	1 307	1 402	1 243.4	1 540.4

$a=738.8$	$R=0.846$	方程：
$b=0.6133$	$R_{0.5}=0.811$	$\hat{H}=-393.5+1.1675Y \mid_{1402}^{2081}$
$c=-393.5$	$S\hat{H}=163.3$	
$d=1.1675$	$S\hat{Y}=118.3$	$\hat{Y}=738.8+0.6133H \mid_{1178}^{2053}$

层　序	H	$\hat{Y}$	层　序	Y	$\hat{H}$	$H-\hat{H}$	$Y-\hat{Y}$
			在结山组	2 308.1	2 301.2		
在结山组	2 107	2 031.0	一打得组	2 184.1	2 156.4	−49.4	153.1
一打得组	1 848	1 872.0	华宁组 曲靖段	1 805.8	1 713.9	134.5	−66.2
曲 靖 组	1 312	1 543.4	华宁组 海口段	1 584	1 455.9	−143.9	40.6
			古 木 组	1 305.4	1 130.6		
海 口 组	281	911.2	东立吉组	934.2	697.2	23.0	−416.2
			坡 脚 组	644.8	359.3		
			翠峰山组	138	−232.4		

显然，东立吉剖面曲靖段—盘溪剖面一打得组—达莲塘剖面分水岭组顶界是一个近似的时间界面(表 10)。同时，东立吉剖面海口段—盘溪剖面曲靖段—达莲塘剖面坡折落组顶界也是一个近似的时间界面。

表 10　达莲塘(D)、东立吉(Y)和盘溪(H)剖面的三角闭合检验

层　序	D	$\hat{Y}$	$\hat{H}$	$\hat{D}$	$D-\hat{D}$
“榴江群”	1 482	2 047.5	1 997.0	1 435.1	46.9
分水岭组	1 311	1 797.5	1 705.1	1 256.1	54.9
坡折落组	1 156	1 570.8	1 440.4	1 093.8	62.2
达莲塘组	990	1 328.0	1 156.9	920.1	69.9
坡 脚 组	760	991.5	764.1	679.3	80.7
翠峰山组	345	384.5	55.4	−177.0	522.0
层　序	**D**	**$\hat{H}$**	**$\hat{Y}$**	**$\hat{D}$**	**$D-\hat{D}$**
“榴江群”	1 482	1 729.1	1 799.3	1 311.9	170.1
分水岭组	1 311	1 525.3	1 674.3	1 226.5	84.5
坡折落组	1 156	1 340.5	1 560.9	1 148.9	7.1
达莲塘组	990	1 142.6	1 439.6	1 066.1	−76.1
坡 脚 组	760	868.3	1 271.3	951.0	−191.0
翠峰山组	345	373.6	967.9	743.7	−398.7

(4)广南达莲塘剖面—丽江阿冷初剖面(据张国瑞,1965,云南胴甲类的新发现,古脊椎动物与古人类,9 卷 1 期)—洱源横阱剖面(据高翔,1965,北京大学地质地理系 1965 年毕业论文摘要汇编,3 集)的对比:

从表 11 可见达莲塘剖面坡脚组顶界与阿冷初剖面阿冷初组顶界大体一致;在洱源与这一界线相近的是剖面起点(表 12),三角闭合检验说明较为可靠(表 13)。

分水岭组顶界与班满到地组顶界接近,后者低于前者(表 11),表 12 说明分水岭组顶界比长育村组高,而表 14 又显示班满到地组顶界高于长育村组。这说明班满到地组可能包括达莲塘组、坡折落组和分水岭组的一部分,或者相当于长育村群和部分挖色群地层,而长育村群可能含有坡折落组和分水岭组的地层内容。

表 11　达莲塘(D)和阿冷初(L)剖面的回归分析与层序对比

化石名称		D	L	$\lg L$	$\hat{D}$	$\lg\hat{L}$	$\hat{L}$
Squameofavosites sp.		621	780	2.892 1	780.3	2.827 3	671.9
Favosites sp.		621	654	2.815 6	701.0	2.827 3	671.9
Nowakia zlichovensis	底	795	813	2.910 1	799.0	2.924 9	841.2
	顶	834	851	2.929 9	819.5	2.946 8	884.7
N. barrandei	底	933	902	2.955 2	845.8	3.002 3	1 006.0
	顶	969	1 315	3.118 9	1 015.6	3.022 5	1 053.0
Styliolina sp.		795	851	2.929 9	819.5	2.924 9	841.2
Anetoceras sp.		915	780	2.892 1	780.3	2.993 2	984.5
Teicherticeras sp.		915	851	2.929 9	819.5	2.993 2	984.5
Nowakia cancellata.		1 015	1 365	3.135 1	1 032.4	3.048 3	1 118.0

		方程:
$a=2.479\ 1$	$R=0.762\ 6$	$\hat{D}=-2\ 219.2+1\ 037.1\ \lg L\big\|_{654}^{1365}$
$b=0.000\ 561$	$R_{0.5}=0.632$	
$c=-2\ 219.2$	$S\hat{D}=83.6$	$\lg\hat{L}=2.479\ 1+0.000\ 561\ D\big\|_{621}^{1015}$
$d=1\ 037.1$	$S\hat{L}=1.15$	

层　序	D	$\hat{L}$	层　序	L	$\hat{D}$	$D-\hat{D}$	$L-\hat{L}$
分水岭组	1 311	1 639	班满到地组	1 570	1 095.6	219.6	−69.0
坡折落组	1 156	1 341					
达莲塘组	990	1 082					
坡 脚 组	760	804	阿冷初组	799	791.1	−31.1	−5.1
翠峰山组	345	471					

表 12　达莲塘(D)和洱源横阱(R)剖面的回归分析与层序对比

化石名称	D	R	$\hat{D}$	$\hat{R}$
Nowakia sp.	795	1 132	801.9	1 119.3
Styliolina sp.	969	1 433	985.4	1 439.3
Favosites sp.	621	793	617.8	799.3

续表 12

$a=-342.7$ $b=1.8391$ $c=187.1$ $d=0.5431$	$R=0.999$ $R_{0.5}=0.997$ $S\hat{D}=4.9$ $S\hat{R}=9.0$	方程： $\hat{D}=187.1+0.5431R \mid_{793}^{1433}$ $\hat{R}=-342.7+18391D \mid_{621}^{969}$					
层　序	D	$\hat{R}$	层　序	R	$\hat{D}$	$D-\hat{D}$	$R-\hat{R}$
分水岭组	1 311	2 088.3	长育村群	1 986	1 265.9	45.1	−102.3
坡折落组	1 156	1 783.2					
达莲塘组	990	1 477.9	挖色群	1 377	934.9	55.1	−100.9
坡脚组	760	1 055.0	剖面起点	888	669.4	90.6	−167.0
翠峰山组	345	291.7					

表 13　达莲塘(D)、阿冷初(L)和横阱剖面的三角闭合检验

层　序	D	$\hat{L}$	$\hat{R}$	$\hat{D}$	$D-\hat{D}$
“榴江群”	1 482	2 042.0	2 694.7	1 646.3	−164.3
分水岭组	1 311	1 639.0	2 207.0	1 381.5	−70.5
坡折落组	1 156	1 341.0	1 846.4	1 185.7	−29.7
达莲塘组	990	1 082.0	1 532.9	1 015.5	−25.5
坡脚组	760	804.1	1 196.6	832.9	−72.9
翠峰山组	345	471.1	793.6	614.0	−269.0
层　序	D	$\hat{R}$	$\hat{L}$	$\hat{D}$	$D-\hat{D}$
“榴江群”	1 482	2 382.8	1 660.1	1 120.4	361.6
分水岭组	1 311	2 068.3	1 365.0	1 032.1	278.9
坡折落组	1 156	1 783.2	1 212.0	978.6	177.4
达莲塘组	990	1 478.0	983.9	884.3	105.7
坡脚组	760	1 055.0	660.2	704.9	55.1
翠峰山组	345	291.7	92.4	−180.3	525.3

(5)华宁盘溪剖面—元江东立吉剖面—宁蒗大槽子剖面(据云南地质局一区测四分队，1972)的对比：

表 15 大槽子剖面大麦地段顶界与盘溪剖面曲靖组顶界接近，但表 16 显示大麦地段顶界低于东立吉剖面的海口段顶界。故大麦地段可能与盘溪的曲靖组上部和东立吉的海口段中下部相当。

从表 15 可见，大槽子剖面上毛牛坪组顶界与盘溪剖面一打得组的顶界大体相当，故大槽子剖面上毛牛坪组加上拉古得组的锁砂坡段的时限与盘溪剖面一打得组相当。上毛牛坪组顶界与东立吉剖面曲靖段顶界接近，可能上毛牛坪组和锁砂坡段上部的时限才与东立吉剖面曲靖段相当(表 16)。因此，上毛牛坪组顶界、东立吉剖面曲靖段顶界和盘溪剖面一打得顶界是一个近似的时间界面，三角闭合检验说明相当于盘溪剖面一打得组顶界的时间界面是较可靠的(表 17)。

表 14　阿冷初(L)和横阱(R)剖面的回归分析与层序对比

化石名称	L	R	$\hat{L}$	$\hat{R}$
Nowakia acuaria	795	1 132	725.3	1 142.0
Styliolina sp.	851	1 433	950.2	1 253.3
Pseudochnophyllum pseudohelianthoides	37	345	137.2	26.8
Favosites sp.	654	793	472.0	1 014.9
Heliolites sp.	124	349	140.2	373.5

参数	统计量	方程
$a=223.5$	$R=0.950\ 9$	方程：
$b=1.210\ 2$	$R_{0.5}=0.878$	
$c=-120.6$	$S\hat{L}=104.3$	$\hat{L}=-120.6+0.747\ 3R$
$d=0.747\ 3$	$S\hat{R}=132.8$	$\hat{R}=223.5+1.210\ 2L$

层　序	L	$\hat{R}$	层　序	R	$\hat{L}$	$R-\hat{R}$	$L-\hat{L}$
班满到地组	1 570	2 123.4				−138.4	206.6
			长育村群	1 985	1 363.4		
			挖色群	1 377	908.3	186.6	109 3
阿冷初组	799	1 190.4					

表 15　盘溪(H)和大槽子(N)剖面的回归分析与层序对比

化石名称	H	N	$\lg N$	$\hat{H}$	$\lg\hat{N}$	$\hat{N}$
Atrypa sp.	1 801	1 289	3.110 3	1 785	3.116 7	1 006
Cyriospirifer sp. 底	1 801	1 547	3.189 5	1 916	3.116 7	1 306
顶	2 053	1 858	3.269 1	2 048	3.265 2	1 842
Emanuella takwanensis	1 771	1 289	3.110 3	1 784.8	3.099 0	1 256
Yunnanellina sp.	1 801	1 547	3.189 5	1 916	3.116 7	1 306
Favosites sp.	30	120	2.079 2	75.7	2.073 0	113.8
Thamnopora sp.	1 241	542	2.734 6	1 162	2.786 7	611.9
Actinostroma sp.	1 974	1 289	3.110 3	1 785	3.218 7	1 655

参数	统计量	方程
$a=2.055\ 3$	$R=0.988$	方程：
$b=0.589\ 4$	$R_{0.5}=0.707$	
$c=-3\ 370.7$	$\lg S\hat{N}=0.562\ 1$	$\lg\hat{N}=2.055\ 3+0.000\ 589\ H\Big\vert_{30}^{2053}$
$d=1\ 657.5$	$S\hat{H}=94.3$	$H=-3\ 370.7+1\ 657.5\ \lg N\Big\vert_{120}^{1858}$

层　序	H	$\hat{N}$	层　序	N	$\hat{H}$	$N-\hat{N}$	$H-\hat{H}$
在结山组	2 107	1 982	桑龙潭组	1 973.3	2 091.1	−8.7	15.9
一打得组	1 848	1 394	上毛牛坪组	1 446.7	1 867.8	52.7	−19.8
			拉得古组 锁砂坡段	1 148.7	1 702.2		
曲 靖 组	1 312	673.8	拉得古组 大麦地段	721.0	1 366.4	47.2	−54.4
			大槽子组	502.2	1 106.2		
海 口 组	281	166.3					

表 16　东立吉剖面(Y)和大槽子(N)剖面的回归分析与层序对比

化石名称	Y	N	$\hat{Y}$	$\hat{N}$
Cyrtospirifer sp. 底	1 955	1 547	1 906.0	1 603.9
顶	2 081	1 858	2 090.4	1 807.6
Emanuella takwanensis	1 692	1 289	1 753.3	1 178.8
Xenospirifer cf. *fongi*	946	120	1 056.0	−27.0
Favosites sp.	1 273	251	1 137.6	501.6

$a=-1\ 556.0$	$R=0.978$	方程：
$b=1.616\ 3$	$R_{0.5}=0.878$	$\hat{Y}=988.8+0.592\ 8N\Big\|_{120}^{1858}$
$c=988.8$	$S\hat{Y}=86.6$	$\hat{N}=-1\ 556+1.616\ 3Y\Big\|_{946}^{2081}$
$d=0.592\ 8$	$S\hat{N}=143.0$	

层序	Y	$\hat{N}$	层序	N	$\hat{Y}$	$Y-\hat{Y}$	$N-\hat{N}$
在结山组	2 308.1	2 174.5					
一打得组	2 184.1	1 974.2	桑龙潭组	1 973.3	2 158.7	25.4	−0.9
华宁组 曲靖段	1 805.8	1 362.8	上毛牛坪组	1 446.7	1 846.5	−41.3	83.9
华宁组 海口段	1 584.0	1 004.3	拉得古组 锁砂坡段	1 148.7	1 669.9	−85.9	144.4
			拉得古组 大麦地段	721.0	1 416.3		
古木组	1 305.4	553.3	大槽子组	502.2	1 286.6	18.8	−51.1
东立吉组	934.2	−46.1	剖面起点	0	988.8	46.1	−54.6

表 17　盘溪(H)、东立吉和大槽子剖面的三角闭合检验

层　序	H	$\hat{Y}$	$\hat{N}$	$\hat{H}$	$H-\hat{H}$
在结山组	2 107	2 031.0	1 726.7	1 995.2	111.8
一打得组	1 848	1 872.0	1 469.7	1 873.8	−25.8
曲靖组	1 312	1 543.4	938.6	1 548.1	−236.1
层　序	**H**	**$\hat{N}$**	**$\hat{Y}$**	**$\hat{H}$**	**$H-\hat{H}$**
在结山组	2 107	1 982.0	2 163.9	2 132.9	−24.9
一打得组	1 848	1 394.0	1 815.3	1 725.9	122.1
曲靖组	1 312	673.8	1 388.3	1 227.3	84.7

表 15 还说明大槽子剖面桑龙潭组顶界与盘溪剖面在结山组顶界接近，桑龙潭组顶界又与元江东立吉一打得组顶界一致(表 16)，故桑龙潭组应与盘溪剖面在结山组及东立吉剖面一打得组可以对比。桑龙潭组顶界—盘溪剖面在结山组顶界—东立吉剖面一打得组顶界是一个近似的时间界面，表 17 的三角闭合检验说明比较可靠。

大槽子剖面大槽子组顶界与东立吉剖面古木组顶界接近(表 16)，且两组的时限大体相当。

(6)华宁盘溪剖面—宁蒗大槽子剖面—昭通箐门剖面(据方润森，1963，云南东部泥盆纪地层)的对比：

箐门剖面一打得组顶界与盘溪剖面曲靖组顶界很接近(表 18)，从标准差作为允许对比误差看，两剖面的曲靖组(段)顶界也接近，因为箐门剖面一打得组厚度很小。表 19 说明箐门剖面一打得组顶界与大槽子剖面大麦地段顶界接近。所以，箐门剖面一打得组—大槽子剖面大麦地段—盘溪剖面曲靖段顶界是一个近似的时间界面。

箐门剖面在结山组和盘溪剖面在结山组顶界接近(表 18)，但箐门剖面在结山组顶界与大槽子剖面上毛牛坪组顶界相当(表 19)，而盘溪剖面在结山组顶界则与大槽子剖面桑龙潭组顶界接近(表 15)，故有矛盾。表 20 显示三角闭合检验误差很大，说明不可靠。原因是表 15 对数曲线相关，其桑龙潭组顶界超出方程有效范围，而表 19 的上毛坪组顶界也超出方程有效范围。但表 18 两剖面的在结山组顶界都接近方程有效范围的上限，可能较为可靠。

表 18　盘溪剖面(H)和箐门剖面(Z)的回归分析与层序对比

化石名称	H	Z	$\hat{H}$	$\hat{Z}$
Atrypa desquamata hunanensis	1 307	553	1 255.7	591.6
Meristella sp.	1 307	553	1 255.7	591.6
Productella sp. 底	1 510	596	1 310.9	732.6
顶	1 810	1 176	2 055.4	934.8
Stringocephalus grandis 底	1 241	471	1 150.4	545.8
顶	1 307	553	1 255.7	591.6
S. obesus	1 307	553	1 255.7	591.6
Calceola sandalina	678	176	771.7	154.7
Endophyllum sp. 底	633	176	771.7	123.4
顶	1 160	533	1 255.7	489.5
Pexiphyllum sp.	1 241	596	1 310.9	545.8
Prismatophyllum sp.	1 285	553	1 255.7	576.3
Thamnopora sp.	1 241	553	1 255.7	545.8
Amphipora sp.	2 053	1 063	1 910.4	1 109.8

$a=-316.3$	$R=0.944$	方程：
$b=0.6946$	$R_{0.5}=0.532$	$\hat{H}=545.8+1.2837Z\mid_{176}^{1176}$
$c=545.8$	$S\hat{H}=115.5$	$\hat{Z}=-316.3+0.6946H\mid_{633}^{2053}$
$d=1.2837$	$S\hat{Z}=84.9$	

层　序	H	$\hat{Z}$	层　序	Z	$\hat{H}$	$H-\hat{H}$	$Z-\hat{Z}$
在结山组	2 107	1 147.3	在结山组	1 181.3	2 061.8	45.2	33.0
一打得组	1 848	967.4					
曲 靖 组	1 312	595.1	一打得组	599.3	1 314.7	−2.7	4.2
			华宁组 曲靖段	572.1	1 280.1		
			华宁组 海口段	390.6	1 047.7		
			箐 门 组	290.0	918.5		
			迈箐沟组	232.0	843.6		
			坡 脚 组	192.0	792.2		
海 口 组	281	−121.1	翠峰山组	160.0	751.2		

表 19　箐门剖面(Z)和大槽子剖面(N)的回归分析与层序对比

化石名称	Z	N	$\hat{Z}$	$\hat{N}$
Acrospirifer sp.	207	120	195.1	136.5
Nadiastrophia pettei	176	120	195.1	95.0
Thamnopora sp.	553	542	509.8	556.9
Amphipora sp.	1 063	1 289	1067.0	1 282.6

$a=-140.7$	$R=0.999$	方程：
$b=1.338\ 9$	$R_{0.5}=0.950$	$\hat{Z}=105.6+0.745\ 9N \mid _{120}^{1289}$
$c=105.6$	$S\hat{Z}=12.7$	$\hat{N}=-140.7+1.338\ 9Z \mid _{176}^{1063}$
$d=0.745\ 8$	$S\hat{N}=17.0$	

层序	Z	$\hat{N}$	层序	N	$\hat{Z}$	$Z-\hat{Z}$	$N-\hat{N}$
			桑龙潭组	1 973.3	1 577.5		
在结山组	1 181.3	1 441.0	上毛牛坪组	1 446.7	1 184.7	−3.4	5.6
			拉得古组 锁砂坡段	1 148.7	962.4		
一打得组	599.3	661.8	拉得古组 大麦地段	721.0	643.4	−44.1	59.2
华宁组 曲靖段	572.1	625.3					
			大槽子组	502.2	480.0		
华宁组 海口段	390.6	385.0					
箐门沟组	290	250.3					
边箐沟组	232	170.0					
坡脚组	192	116.4					
翠峰山组	160	76.2	剖面起点	0	−140.7	300.7	−76.2

表 20　盘溪(H)、箐门(Z)和大槽子(N)剖面的三角闭合检验

层序	H	$\hat{Z}$	$\hat{N}$	$\hat{H}$	$H-\hat{H}$
在结山组	2 107	1 147.3	1 395.4	1 891.1	215.9
一打得组	1 848	967.4	1 154.6	1 705.3	142.3
曲靖组	1 312	595.1	656.1	1 298.2	13.8
层序	**H**	**$\hat{N}$**	**$\hat{Z}$**	**$\hat{H}$**	**$H-\hat{H}$**
在结山组	2 107	1 982.0	1 584.0	2 578.2	−471.2
一打得组	1 848	1 394.0	1 145.4	2016.1	−168.1
曲靖组	1 312	673.8	608.2	1 326.5	−14.5
海口组	281	166.3	229.6	840.5	−559.5

(7)华宁盘溪剖面—宁蒗大槽子剖面—永胜禄德剖面(据云南地质局实验室古生物组，1971)的对比：

禄德剖面桑龙潭组顶界与盘溪剖面在结山组和大槽子剖面桑龙潭组顶界接近(表 21、表 22)。从表 15 已知大槽子剖面桑龙潭组顶界与盘溪剖面在结山组顶界接近，故盘溪剖面在结山组顶界—大槽子剖面桑龙潭组顶界—禄德剖面桑龙潭组顶界是一个近似的时间界面，表 23 的检验证明较为可靠。

表 21　盘溪剖面(H)和禄德剖面(U)的回归分析与层序对比

化石名称	H	U	$\hat{H}$	$\hat{U}$
Atrpa sp. 底	1 307	985	1 443.0	937.4
顶	1 801	1 128	1 718.4	1 113.8
Meristella tumidiodes	1 307	910	1 298.6	937.4
Nudirostra sp. 底	1 412	985	1 443.0	974.9
顶	1 801	1 128	1 718.4	1 113.8
Schizophoria sp.	1 801	1 128	1 718.4	1 113.8
Stringocephalus sp.	1 307	875	1 231.2	937.4
Yunnanellina sp.	1 801	1 289	2 028.3	1 113.8
Neospongophyllum tabulatum	1 190	910	1 298.6	895.6
N. sp.	1 160	875	1 231.2	884.9
Pseudomicroplasma flabelliforme	748	516	540.0	737.8
Syringopora sp.	1 296	910	1 298.6	933.5
Temnophyllum sp.	1 816	1 069	1 604.8	1 119.2
Actinostroma sp. 底	633	910	1 298.6	696.7
顶	1 974	1 128	1 718.4	1 175.6
Stachyodes sp.	1 840	1 069	1 604.8	1 127.8

$a=470.7$ $b=0.357\ 1$ $c=-453.5$ $d=1.925\ 4$	$R=0.688$ $R_{0.5}=0.497$ $S\hat{U}=94.2$ $S\hat{H}=218.7$	方程: $\hat{U}=470.7+0.357\ 1H \mid_{633}^{1974}$ $\hat{H}=-453.5+1.925\ 4U \mid_{516}^{1289}$

层序	H	$\hat{U}$	层序	U	$\hat{H}$	$H-\hat{H}$	$U-\hat{U}$
在结山组	2 107	1 223.1	桑龙潭组	1 327.7	2 102.9	4.1	104.0
一打得组	1 848	1 130.6	上毛牛坪组	1 170.6	1 800.4	47.6	40.0
曲靖组	1 312	939.2	拉得古组 锁砂坡段	920.2	1 318.3	−6.3	−19.0
			拉得古组 大麦地段	660.6	818.4		
海口组	281	571.0	大槽子组	445.0	403.3	−122.3	−126.0

表 22　禄德剖面(U)和大槽子剖面(N)的回归分析与层序对比

化石名称	U	N	$\hat{U}$	$\hat{N}$
Atrpa sp.	985	1 289	926.5	1 381.2
Yunnanellina triplicata	1 289	1 858	1 286.3	1 855.4
Y. sp.	1 289	1 858	1 286.3	1 855.4
Actinostroma sp.	910	1 289	926.5	1 264.2
Hexagonaria sp.	458	542	454.0	559.1
Amphipora sp.	875	1 289	926.5	1 209.6

$a=-155.3$ $b=1.559\ 9$ $c=111.1$ $d=0.632\ 5$	$R=0.993$ $R_{0.5}=0.811$ $S\hat{U}=32.6$ $S\hat{N}=51.2$	方程: $\hat{U}=111.1+0.632\ 5N \mid_{542}^{1858}$ $\hat{N}=-155.3+1.559\ 9U \mid_{458}^{1289}$

续表 22

层　序		U	$\hat{N}$	层　序		N	$\hat{U}$	$U-\hat{U}$	$N-\hat{N}$
桑龙潭组		1 327.7	1 915.8	桑龙潭组		1 973.3	1 369.1	−41.4	57.5
上毛牛坪组		1 170.6	1 670.7	上毛牛坪组		1 446.7	1 026.2	144.4	−224.0
拉得古组	锁砂坡段	920.2	1 279.8	拉得古组	锁砂坡段	1 148.7	837.7	82.3	−131.1
	大麦地段	660.6	875.2		大麦地段	721.0	567.2	93.4	−154.2
大槽子组		445.0	538.8	大槽子组		502.2	428.8	16.2	−36.6

表 23　盘溪(H)、禄德(U)和大槽子剖面的三角闭合检验

层　序	H	$\hat{U}$	$\hat{N}$	$\hat{H}$	$H-\hat{H}$
在结山组	2 107	1 223.1	1 752.6	2 005.7	101.3
一打得组	1 848	1 130.6	1 608.3	1 943.9	−95.9
层　序	H	$\hat{N}$	$\hat{U}$	$\hat{H}$	$H-\hat{H}$
在结山组	2 107	1 982	1 364.7	2 174.1	−67.1
一打得组	1 848	1 394	992.8	1 458.0	390.0

盘溪剖面一打得组与禄德剖面上毛牛坪组顶界接近(表 21),且盘溪剖面一打得组顶界与大槽子剖面上毛牛坪组顶界接近(表 15),但表 22 恰显示大槽子和禄德两剖面的上毛牛坪组的顶界不完全相当,其对比误差较大。表 22 的检验也说明 3 个方程之间在一打得组顶界相当的层位对比总误差较大。这是因为 3 个剖面中化石的时限有矛盾,这需要详细的工作才能解决。但从较为不精确的角度考虑,按传统的观点适当调整禄德剖面或大槽子剖面的上毛牛坪组顶界,就可以找到相当于一打得组顶界的近似的时间界面。

表 22 说明大槽子剖面和禄德剖面的大槽子组顶界接近,拉古得组各段都可以对比,但禄德剖面拉古得组各段顶界都高于大槽子剖面的同名段。

盘溪剖面曲靖组顶界与禄德锁砂坡段顶界接近(表 21),但表 15 又显示同大槽子剖面大麦地段顶界接近,矛盾较大。然而我们可以认为曲靖组与拉古得组部分相当,这是毫无疑问的。

(8)华宁盘溪剖面—永胜禄德剖面—四川省渡口市平江大麦地村剖面(据云南地质局实验室古生物组,1971)的对比:

从表 24 可见大麦地村剖面大麦地段顶界与盘溪剖面曲靖组顶界接近,而表 25 说明禄德剖面锁家坡段顶界与大麦地村剖面大麦地段顶界相当,上节已知曲靖组顶界与禄德剖面锁家坡段顶界接近(表 21),故曲靖组顶界—大麦地村剖面大麦地段顶界—禄德剖面锁家坡段顶界是一个近似的时间界面。表 26 的检验说明这个结论较为可靠。

表 24　盘溪(*H*)和大麦地村(*B*)剖面的回归分析与层序对比

化石名称	H	B	$\hat{H}$	$\hat{B}$
Stringocephalus sp. 底	1 178.1	14.6	975.8	44.8
顶	1 306.5	64.5	1 380.7	57.5
S. burtini	1 306.5	64.5	1 380.7	57.5
Indospirifer sp.	1 240.5	64.5	1 380.7	51.0
Atrypa desqumata	1 306.5	64.5	1 380.7	57.5
Amphipora sp.	2 052.6	127.6	1 892.8	131.5

参数	统计量	方程
$a=-72.1$ $b=0.0992$ $c=857.3$ $d=8.1136$	$R=0.805$ $R_{0.5}=0.811$ $S\hat{B}=14.5$ $S\hat{H}=130.8$	方程： $\hat{B}=-72.1+0.0992H\mid_{1178.1}^{2052.6}$ $\hat{H}=857.3+8.1156B\mid_{14.6}^{127.6}$

层　序	H	$\hat{B}$	层　序	B	$\hat{H}$	$B-\hat{B}$	$H-\hat{H}$
在结山组	2 107	136.9					
一打得组	1 848	111.3	拉得古组 锁砂坡段	129.1	1 905.0	17.8	−57.0
曲 靖 组	1 312	58.1	拉得古组 大麦地段	57.5	1 323.9	−0.6	−11.9
海 口 组	281	−44.2					

表 25　禄德(*U*)和大麦地村(*B*)剖面的回归分析与层序对比

化石名称	U	B	$\hat{U}$	$\hat{B}$
Stringocephalus sp. 底	875	14.5	856.6	29.7
顶	910	64.5	957.0	44.8
Neospongophyllum isactis	875	14.6	856.6	29.7
Atrypa sp.	985	64.5	957.0	77.1
Amphipora sp.	1 128	127.6	1 083.9	138.6
Idiostroma sp.	1 069	127.6	1 083.9	113.2
Actinostroma sp.	910	64.5	957.0	44.8

参数	统计量	方程
$a=-346.9$ $b=0.4304$ $c=827.2$ $d=2.0120$	$R=0.931$ $S\hat{U}=33.9$ $S\hat{B}=15.7$	方程： $\hat{U}=827.2+2.0120B\mid_{14.6}^{127.6}$ $\hat{B}=-346.9+0.4304U\mid_{875}^{1128}$

层　序	U	$\hat{B}$	层　序	B	$\hat{U}$	$U-\hat{U}$	$B-\hat{B}$
桑龙潭组	1 327.7	224.3					
上毛牛坪组	1 170.6	157.0	拉得古组 锁砂坡段	129.1	1 087.0	83.6	−17.9
拉得古组 锁砂坡段	920.2	49.2	拉得古组 大麦地段	57.5	942.9	−22.7	8.3
拉得古组 大麦地段	660.6	−62.6	剖面起点	0	827.2	−156.6	62.6
大槽子组	445.0	−155.4					

同样，可看到盘溪剖面一打得组顶界—大麦地村剖面锁砂坡段顶界—禄德剖面上毛牛坪组是一个近似的时间界面(表 21、表 24、表 25)。但三角检验的误差较大(表 26)。然而，可以认为盘溪剖面一打得组、大麦地村剖面锁砂坡段和禄德剖面上毛牛坪组是同时期的产物。

表 26　盘溪(H)、大麦地村(B)和禄德(U)剖面的三角闭合检验

层　序	H	$\hat{B}$	$\hat{U}$	$\hat{H}$	$H-\hat{H}$
在结山组	2 107	136.9	1 102.6	1 669.4	437.6
一打得组	1 848	111.3	1 051.1	1 570.3	278.0
曲 靖 组	1 312	58.1	944.1	1 364.3	−52.3
海 口 组	281	−44.1	738.5	968.4	−687.4
层　序	H	$\hat{U}$	$\hat{B}$	$\hat{H}$	$H-\hat{H}$
在结山组	2 107	1 223.1	179.5	2 314.0	−207.0
一打得组	1 848	1 130.6	139.7	1 991.0	−143.0
曲 靖 组	1 312	939.2	57.3	1 322.3	−10.3
海 口 组	281	571.0	−101.1	36.8	244.2

(9)文山古木剖面—丘北马革剖面(据云南省地质局二区测二分队，1970)—蒙自呆姑剖面(据方润森，1976，云南的泥盆系)的对比：

马革剖面的起点与古木剖面翠峰山组顶界接近(表 27)，同时古木和呆姑两剖面的翠峰山组顶界一致(表 28)。并且，表 30 的闭合检验证明与古木剖面翠峰山组顶界相当的时间对比误差为 5～128m，其误差的下限在允许范围之内，所以有一定的可靠性。

表 27　马革(M)和古木(W)剖面的回归分析与层序对比

化石名称	M	W	$\hat{M}$	$\hat{F}$
Acrospirifer sp.	40	321	82.7	263.4
Nadiastrophia sp.	58	321	82.7	290.7
Dicoelostrophia punctata	86	321	82.7	333.1
Tryplasma sp. 底	392	640	290.4	796.9
顶	440	905	463.0	869.6
Temnophyllum cf. waltheri	1 079	1 825	1 062.2	1 838.0
Stacyodes sp.	971	1 733	1 002.3	1 674.4
$a=203.8$ $b=1.5155$ $c=-126.4$ $d=0.6513$	$R=0.994$ $R_{0.5}=0.755$ $S\hat{M}=45.6$ $S\hat{W}=69.5$	方程： $\hat{M}=-126.4+0.6513W\mid_{321}^{1825}$ $\hat{W}=203.8+1.5155M\mid_{40}^{1079}$		

续表 27

层　序	M	$\hat{W}$	层　序	W	$\hat{M}$	$M-\hat{M}$	$W-\hat{W}$
马革组	1 508	2 488.2					
东岗岭组	1 214	2 042.6	东岗岭组	2 250.0	1 339.0	−125.0	207.4
古木组	556	1 045.4	古木组	1 010.7	545.0	11.0	−34.3
边箐沟组	367	759.0					
坡脚组	278	624.8	边箐沟组	590.3	258.1	19.9	−34.8
			坡脚组	414.7	143.7		
剖面起点	0	202.8	翠峰山组	240.9	30.5	−30.5	38.3

表 28　古木(W)和呆姑(T)剖面的回归分析与层序对比

化石名称	W	T	$\hat{W}$	$\hat{T}$
Protopteridium sp.	20	28	−4.5	95.3
Acrospirifer sp.	321	375	284.9	418.7
Dicoelostrophia punctata	321	506	394.2	418.7
Indospirifer sp.	321	506	394.2	418.7
Tryplasma sp.	640	698	554.3	761.5

$a=72.8$	$R=0.947$	方程：
$b=1.0745$	$R_{0.5}=0.878$	$\hat{W}=-27.9+0.8341T\,\vert_{28}^{698}$
$c=-27.88$	$S\hat{W}=62.2$	$\hat{T}=72.8+1.0745W\,\vert_{20}^{640}$
$d=0.8341$	$S\hat{T}=71.7$	

层　序	W	$\hat{T}$	层　序	T	$\hat{W}$	$W-\hat{W}$	$T-\hat{T}$
东岗岭组	2 250	2 491.5					
古木组	1 010.7	1 159.8					
边箐沟组	590.3	708.1	古木组	704	559.3	31.0	−8.1
			边箐沟组	669	530.1		
坡脚组	414.7	519.4	坡脚组	541	423.4	−8.7	21.6
翠峰山组	240.9	332.7	翠峰山组	300	222.4	18.5	−32.7

马革和古木两剖面的古木组顶界一致(表 27)，这两个剖面的古木组都高于呆姑剖面古木组，呆姑剖面古木组顶界大致与马革和文山古木两剖面的边箐沟组顶界相当(表 28、表 29)，但表 27 显示马革和古木两剖面之间边箐沟组顶界的对比有较大误差，这是一个矛盾，所以我们只能肯定呆姑剖面古木组不完全与其他两剖面的古木组相当。

表 28 还说明古木和呆姑两剖面的坡脚组顶界接近，但它们都低于马革剖面坡脚组的顶界(表 27、表 29)。与文山古木坡脚组顶界相当，这 3 个剖面中的对比是可靠的(表 30)。

表 29 呆姑(T)和马革(M)剖面的回归分析与层序对比

化石名称	T	M	$\lg M$	$\hat{T}$	$\lg \hat{M}$	$\hat{M}$
Acrospirifer sp. 底	222	40	1.602 1	326.4	1.150 9	14.2
顶	654	121	2.082 8	516.9	2.393 3	247.4
Dicoelostrophia punctata	506	86	1.934 5	458.1	2.090 5	123.1
Thamnopora cervicormis	698	392	2.593 3	719.2	2.483 3	304.3
Tryplasma sp. 底	698	392	2.593 3	719.2	2.483 3	304.3
顶	701	440	2.643 5	739.1	2.489 5	308.7

$a=1.055\ 3$	$R=0.90$	方程：
$b=0.002\ 046$	$R_{0.5}=0.811$	$\hat{T}=-308.6+396.41g\ M\mid_{40}^{440}$
$c=-308.6$	$S\hat{T}=75.6$	$\lg\hat{M}=1.055\ 3+0.002\ 046\ T\mid_{222}^{701}$
$d=396.4$	$\lg S\hat{M}=0.171\ 9$	

层 序	T	$\hat{M}$	层 序	M	$\hat{T}$	$T-\hat{T}$	$M-\hat{M}$
			古木组	556	779.4		
古木组	704	313.0	边箐沟组	367	708.0	−4.0	54.0
边箐沟组	669	265.5	坡脚组	278	660.1	8.9	12.5
坡脚组	541	145.5					
翠峰山组	300	46.7					

表 30 古木(W)、马革(M)和呆姑(T)剖面的三角闭合检验

层 序	W	$\hat{M}$	$\hat{T}$	$\hat{W}$	$W-\hat{W}$
边箐沟组	590.3	258.1	556.0	435.8	154.5
坡脚组	414.7	143.7	539.4	422.0	−7.3
翠峰山组	240.9	30.5	167.8	112.1	128
层 序	**W**	**$\hat{T}$**	**$\hat{M}$**	**$\hat{W}$**	**$W-\hat{W}$**
边箐沟组	590.3	708.1	319.3	687.7	−97.4
坡脚组	414.7	519.4	131.2	402.6	12.1
翠峰山组	240.9	332.7	61.1	296.4	−55.5

上述 13 个剖面的对比方程和三角闭合检验为剖面的复合打好了基础，复合顺序的计算又将与本节互相验证。图 1 是以达莲塘剖面为标准，通过对比方程计算的各剖面层序界线的 Z 值(见下节)，其结果除禄德和大槽子剖面的对比(表 22)与图 1 误差较大外，其他都比较一致，说明本节所得的各对比方程基本可用。

二、复合顺序及化石带

Shaw(1964)曾提出"复合标准"的概念。所谓"复合"就是通过对比方程，把所研究剖面的化石资料数据换算为标准剖面相应的时间值。本文以广南达莲塘剖面作为复合的标准剖面，把该剖面的单位厚度(米)作为相对时间尺度，单位为晬(简称 Z 值)。表 31 是 13 个剖面的复

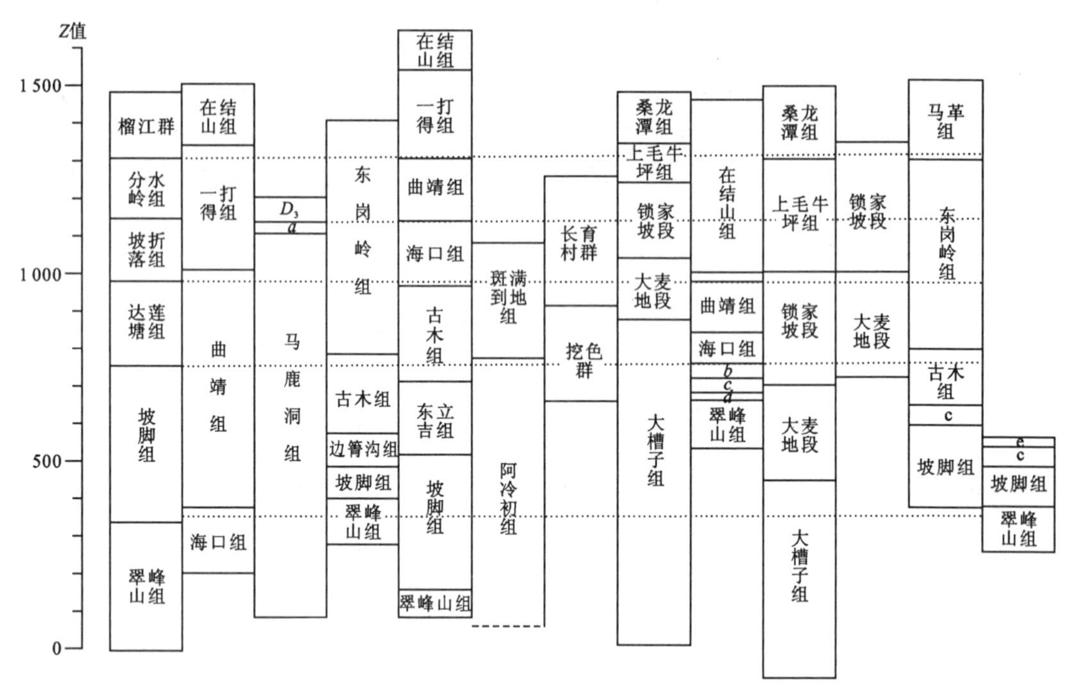

图 1　13 个剖面的对比

各剖面的层序界线都换算为 Z 值。点线为近似的时间对比线。

a. 老阱寨组；b. 箐门组；c. 边箐沟组；d. 坡脚组；e. 古木组

合顺序，复合所依据的方程如下（参看上节）：

1. $\hat{D}=211+0.612\,9H$（符号同上节）

2. $\lg\hat{D}=1.961\,2+0.335\,8\lg K$

3. $\hat{D}=287.9+0.496\,6W$

4. $\hat{D}=82.1+0.683\,5Y$

5. $\hat{D}=-2\,219.2+1\,037.1\lg L$

6. $\hat{D}=187.1+0.543\,1R$

7. $\hat{D}=82.1+0.683\,5(988.8+0.592\,8N)$

8. $\hat{D}=211+0.612\,9(545.8+1.283\,7Z)$

9. $\hat{D}=211+0.612\,9(-453.5+1.925\,4U)$

10. $\hat{D}=211+0.612\,9(857.3+8.115\,6B)$

11. $\hat{D}=287.9+0.496\,6(203.8+1.515\,5M)$

12. $\hat{D}=287.9+0.496\,6(-27.9+0.834\,1T)$

化石资料复合后,可以清晰地看到它们产出的先后次序和每个化石产出的相对时限(见图 2)。

根据这个复合顺序,我们把较重要的化石归纳出化石带(图 2)。大体上,图 2 的化石带的垂直顺序与传统归纳的结论是一致的。如侯鸿飞、刘金荣、白顺良在 1974 年总结广西象州大乐剖面所得的化石带顺序,又如万正权 1974 年据四川龙门山所得的化石层序,以及穆道成(1978)归纳的中国南方竹节石化石带的顺序,都与本文基本一致。回归分析所建立的化石带较之传统方法优越之处是能具体地指出化石带垂直分布的相对时限,并且能沟通不同相之间化石带的对比(详见下节)。

表 31　复合顺序的 Z 值和化石产出的剖面

化石名称	Z 值		产出剖面												
	底	顶	*D*	*H*	*K*	*W*	*Y*	*L*	*R*	*N*	*Z*	*U*	*B*	*M*	*T*
Psedsuochnophyllum pseudohelianthoides	−592.6	−1.4						V	V						
Heliolites sp.	−47.9	7.4						V	V						
Favosites sp.	229.4	1 091.0	V	V	V		V	V	V	V					
Protopteridium sp.	285.7	396.2				V									V
Acrospirifer sp.	366.0	708.4	V			V					V			V	V
Calceola Sandalina	429.4	684.0	V	V							V				V
Nadiastrophia sp.	432.3	447.3	V			V								V	
Acrospirifer tonkinensis	445.0	684.0	V				V				V				V
Dicoelostrophia annamitica	445.0	447.3	V			V									
D. punctata	447.3	483.7				V								V	V
Indospirifer sp.	447.3	1 057.2		V		V	V						V		V
Meristella sp.	453.8	1 183.0		V			V				V		V		
Hexagonaria sp.	473.3	1 057.3								V		V		V	
Stromatopora sp.	487.2	1 399.4	V	V		V				V					
Thamnopora cervicornis	563.2	684.1												V	V
Th. sp.	529.7	980.6		V	V					V	V				
Tryplasma sp.	563.2	1 091.0	V		V	V								V	V
Pseudomicroplasma flabelliforme	564.4	1 006.7		V								V		V	
Clathrodictyon sp.	598.8	1 490.1	V	V											
Actinostroma sp.	599.0	1 420.9		V						V	V	V	V	V	
Endophyllum sp.	599.0	1 147.7		V										V	
Amphipora sp.	605.7	1 469.3	V	V	V	V				V	V	V	V		
Squameofavosites sp.	621.0	803.9	V					V		V				V	
Nadiastrophia pattei	684.0	699.0								V	V				
Keriophyllum sp.	684.1	1 201.2		V	V									V	

续表 31

化石名称	Z值		产出剖面												
	底	顶	*D*	*H*	*K*	*W*	*Y*	*L*	*R*	*N*	*Z*	*U*	*B*	*M*	*T*
Elytha sp.	729.0	737.3	√			√									
Xenospirifer cf. *fongi*	728.7	803.9					√			√					
Xenostrophia sp.	729.0	—	√				√								
Nowakia acuaria	514.9	768.1						√	√						
Anetoceras sp.	780.3	915.0	√					√							
Styliolina sp.	795.0	1 249.0	√		√			√	√						
Nowakia zlichovensis	799.0	819.5	√					√							
Teicherticeras sp.	819.5	915.0	√					√							
Nowakia barrandei	845.8	1 015.6	√					√							
Temnophyllum waltheri	895.9	1 200.7		√		√								√	
Stringocephalus sp.	809.1	1 318.0		√		√						√	√		
S. grandis	916.1	1 012.1		√							√				
Schizophoria sp.	922.0	1 340.8		√			√					√			
Emanuella takwanensis	933.0	1 296.4		√			√			√					
Neospongophyllum tabulatum	940.4	1 006.9		√								√			
Thamnophyllum sp.	965.6	1 324.1		√		√	√					√			
Pexiphyllum sp.	971.6	1 418.3		√			√				√			√	
Caliapora sp.	971.3	1 015.0	√	√											
Stringocephalus burtini	973.1	1 057.2		√			√				√		√		
S. obesus	980.6	1 112.6		√		√					√				
Stringophyllum sp.	969.2	1 148.5		√		√									
Prismatophyllum sp.	980.6	998.6		√							√				
Atrypa desquamata	980.6	1 314.8		√							√		√		
Syringopora sp.	1 005.3	1 006.9		√								√			
Meristella tumidoiodes	1 006.9	1 012.1		√								√			
Atrypa sp.	1 012.1	1 335.0		√						√		√			
Productella sp.	1 014.5	1 470.8		√							√				
Nowakia cancellata	1 015.0	1 032.4	√					√							
Nudirostra sp.	1 076.4	1 314.8		√								√			
Trupetostroma sp.	1 113.2	1 324.1		√		√									
Stachyodes sp.	1 119.4	1 469.2		√			√					√			
Yunnanellina sp.	1 314.8	1 465.9		√						√		√			
Cyrtospirifer sp.	1 314.8	1 504.3		√			√			√					
Yunnanellina triplicata	1 465.2	1 465.9								√		√			

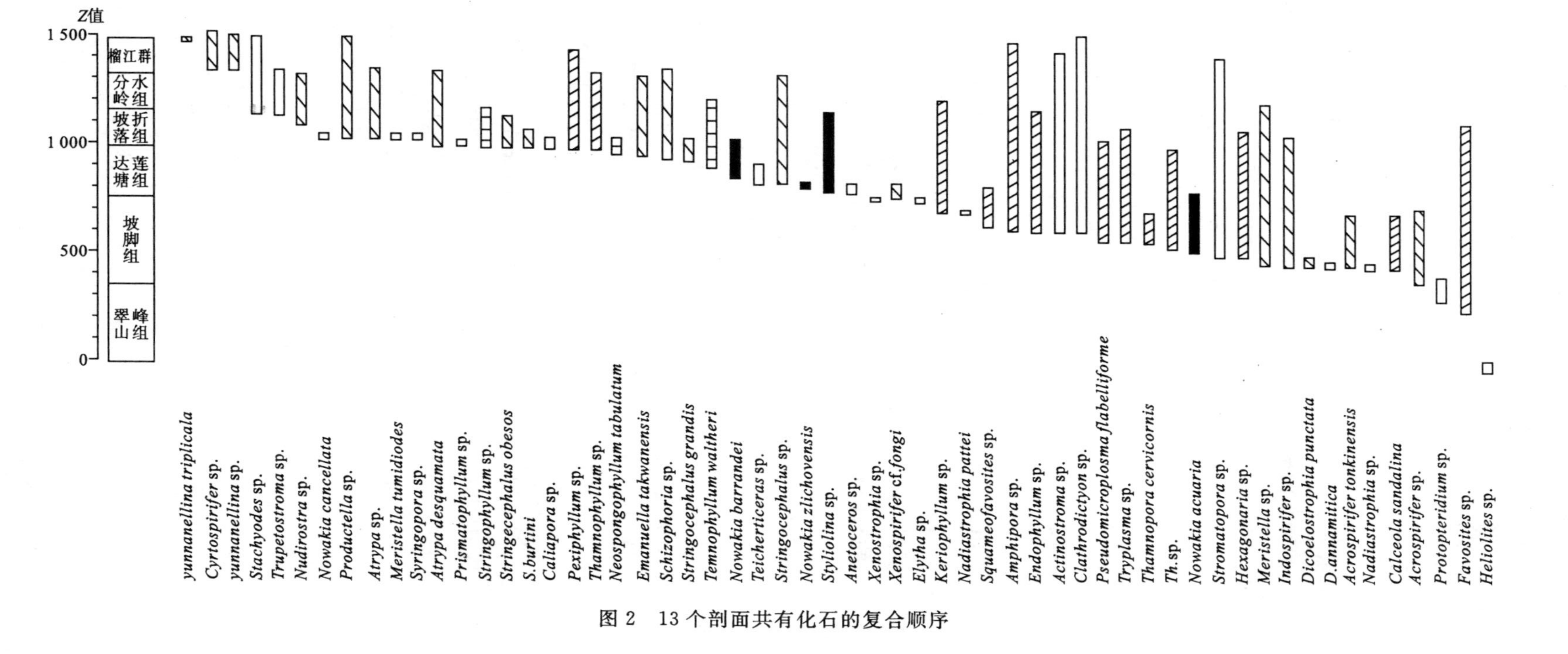

图 2　13 个剖面共有化石的复合顺序

三、界线对比和讨论

图 1 是根据第一节计算的结果绘制的。我们以广南达莲塘剖面为标准，依次讨论其各组界线和其他各剖面的对比。

（1）翠峰山组顶界：滇东南区的翠峰山组顶界基本上是一个近似的时间界面，达莲塘剖面与文山剖面（表 5）、呆姑剖面和文山剖面（表 28）的翠峰山顶界几近一致，其共同特征是含植物或鱼的陆相或滨海相地层，以碎屑岩为主，典型的化石是 *Protopteridium* 或 *Acrospirifer*。昭通箐门剖面翠峰山组顶界高于滇东南区的翠峰山组顶界，它们之间是一个穿时面。东立吉剖面翠峰山组顶界可能应放在曹仁关等同志称为坡脚组的中部（见表 8），这从生物面貌和岩相特点上都符号"组"的含义，剖面第 2 层产出鱼化石 *Asiacanthus* sp.，第 3 层产滨海腕足类 *Lingula*，曹仁关等同志以第 2 层作为顶界有一定的道理，但岩性上石英砂岩、粉砂岩的特点向上没有变化，到第 8 层才出现典型的坡脚生物分子。丽江阿冷初组下部和禄德大槽子组的下部可能存在与翠峰山组同时期的层位（图 1）。

（2）坡脚组的底界：坡脚组底部的典型生物分子有 *Acrospirifer tonkinensis*、*Dicoelostrophia acuminata*、*D. punctata* 和 *Calceola sandalina* 等，这些分子在古木剖面、马革剖面、呆姑剖面及坡脚组典型地点广南都稳定出现，回归分析证明滇东南区这些剖面的坡脚组底界基本上是一致的，可以作为近似的时间界面（图 1）。东立吉剖面第 8 层出现上述典型分子，也可以作为时间对比的依据。昭通坡脚组未见 *Dicoelostrophia acuminata* 等限于广南坡脚组下部的分子，说明昭通坡脚组底界在时代上晚于滇东南区（图 1）有一定的道理。

（3）坡脚组的顶界：坡脚组中上部生物的典型分子有 *Nowakia acuaria*，*Elytha* sp.，*Nadiastrophia pattei* 和 *Thamnopora cervicormis*，其中 *Nowakia acuara* 在典型的坡脚组出露地点无记载，它出现在阿冷初剖面阿冷初组的中上部[①]和横阱剖面的挖色群（层位不详），回归分析证明相当于坡脚组中部到上部，这个结论基本上与穆道成（1978，附表）一致。所以，阿冷初组的顶界与坡脚组顶界是同时性的界面（见表 11，图 1），这一结论是可信的。挖色群的部分层位可与坡脚组对比。

图 1 和表 5、表 27，显示古木剖面和马革剖面的古木组的部分或全部应与坡脚组对比，这一点同许多作者（廖卫华，等，1978；云崖，1978；方润生，1976，未刊）的意见完全不同。

综合文山、邱北和蒙自呆姑等地古木组中的化石，其生物面貌是以床板珊瑚为主，重要的有：*Favosites goldfussi*、*F. placentus*、*Squameofavosites mironovae*、*S. regalis*. *Thamnopora cericornis*、*Alveolites* sp. *Keriophyllum* sp. *Tryplasma devoniana*. *T. hercynica* 等，少数腕足，如 *Elytha transversa* 等。

这个动物群与郁江组的面貌十分接近，其中 *Favosites goldfnssi* 和 *Elytha transversa* 是郁江组的重要分子，曾经作为郁江组置入中泥盆世的依据之一，或者被认为包含较多中泥盆世色彩（王钰等，1974）。在郁江组中上述动物群明确地与 *Calceola sandalina*、*Dicoelostrophia*、*Xenostrophia* 和 *Acrospirifer tonkinensis* 等典型的坡脚组分子共生。

这个动物群的一些分子还见于广西的四排组和北流组的贵塘段下部，及贵州猴儿山组。

---

① 原剖面 Nowakia acuaria 层位较低，这里根据穆道成（1978）附图进行了修正。

叶善德、周希云(1975)曾指出:“四排组的床板珊瑚的主要代表为 *Favosites* 和具有鳞片刺、壁孔很发育的 *Squameofavosites* 等属,*Favosites* 属的复体开始逐渐过渡为树枝状,是典型的早泥盆世床板珊瑚组合特征。”笔者认为这段话也适用于古木组的床板珊瑚面貌。云崖(1978)在论述文山小区古木组时指出:“*Squameofavosites mironovae* 见于昭通箐门边箐沟组、广西隆林德峨四排组,*S. obliqueopinus* 见于广西隆林德峨四排组。”

既然很多人承认古木组的生物面貌接近郁江组和四排组,但为什么又把它与坡折落组和广西的应堂组对比呢? 在坡折落组和应堂组中没有见到古木组的典型化石分子,这是一个矛盾。据云崖(1978)记述:古木组中有广西纳标组产出的竹节石——*Styliolina decurtata*、*Viriatelina irregularis*,有些地区在古木组下部有 *Acrospirifer* cf. *fongi*,因此“无疑地把本组时代定为中泥盆世早期”。关于后一个论据,云崖(1978)的同一文中已经明确记载,在文山古木公社实测剖面的“坡脚组”中有 *Acrospirifer fongi*、*Dicoelostrophia annamitica* 和 *D. punctata* 共生在一个层位中,这帮助我们证明了 *Acrospirifer fongi* 分子可以在坡脚组中出现,这一点与图 2 完全一致,所以不能作为与坡折落组对比的依据。关于两个竹节石的种,从传统观点看是较为有力的证据,但第一,在实测剖面中无记录,不知道这两种化石的确切层位和共生化石;第二,这两种化石的标准性在国内外尚未证明,这是需要进一步工作的问题。另外,床板珊瑚 *Squameofavosites mironovae* 见于库兹涅茨盆地的尚金斯克层(шандинские слои),*Favosites goldfossi* 在西欧、北美见于中泥盆世地层,*Thamnopora cervicornis* 在库兹涅茨盆地见于与吉维特和弗拉斯阶相当的地层中,这些都可以作为理由,把古木组置入中泥盆世。回顾滇桂泥盆系研究的历史,坡脚组、郁江组和四排组都曾经被认为是中泥盆世的地层,目前虽然主张归入下泥盆统的意见占上风,但还未最后统一。本文不讨论时间归属问题,只讨论对比问题,我们认为要搞清古木组的时间归属问题,首先必须解决好与邻区的对比。

回归分析说明昭通的箐门组与滇东南区的古木组对比是正确的,但在时限上只相当于古木组的上部(图 1),同时箐门组也只相当于广南坡脚组的上部。关于箐门组,鲜思远和周希云(1978)指出“与北流组对比尚有疑问”,他们的意见似乎应与四排组对比。四排组中有坡脚组的典型分子 *Calceola sandalina* 和 *Nadiastrophia pattei*,所以我们认为箐门组与坡脚组对比有一定的可靠性。滇东南古木组以下的边箐沟组和昭通箐门组以下的边箐沟组也应属于坡脚组同期产物似无问题,在蒙自呆姑剖面边箐沟组中有坡脚组的典型分子 *Acrospirifer tonkinensis*,加强了与坡脚组对比的论据。

元江剖面的东立吉组有不同的概念,方润生(1976)把东立吉组限于有植物和舌形贝的石英砂岩这个范围,其上含 *Xenospirifer* cf. *fongi* 的白云质灰岩称为古木组,而云崖(1978)则把这两部分统称为东立吉组,与滇东南的古木组对比。回归分析说明方润生的狭义的东立吉组可与滇东南的古木组对比,可能相当于广南坡脚组的上部。

(4)达莲塘组的底界和顶界:广南达莲塘组的生物含义十分明确,以竹节石 *Nowakia zlichovensis*、*N. barrandei* 和菊石 *Anetoceras*、*Teicherticeras* 为特征。丽江的班满到地组可以正确地与之对比,班满到地组上部可能存在与坡折落组同期的地层(图 1,表 11),洱源挖色群上部或长育村群下部可能可与达莲塘组对比。广南达莲塘组中除浮游生物外,可与其他剖面对比的底栖生物很少。复合顺序表明(图 2),达莲塘组底界同期的底栖代表有 *Xenospirifet fongi*(=*Acrospirifer fongi*)、*Stringocephalus* sp. 、*Keriophyllum* sp. 等,达莲塘顶界同期的底栖代表有 *Stringocephalus grandis* 和 *Prismatophyllum* sp. 。

回归分析显示华宁盘溪的曲靖组一部分、昭通的曲靖组、元江的古木组以及文山和邱北的东岗岭组下部，都可能是达莲塘组的同期产物。盘溪和昭通两地的曲靖组无疑可以对比，它们都是以 *Stringocephalus grandis*、*S. burtini*、*S. obesus*、*Meristella tumidiodes* 和 *Prismatophyllum* 为特征；文山和邱北的东岗岭组都以 *Temnophyllum waltheri* 等丰富的珊瑚为特征，亦见有 *Stringocephalus*；在广西东岗岭组中，上述曲靖组的腕足类有较多的发现，所以，曲靖组与东岗岭组对比是合理的。

(5)坡折落组顶界：坡折落组以 *Nowakia cancellata* 为底界，*N. sulcata* 为顶界。复合顺序说明坡折落组顶界正好是 *Stringocephalus obesus*、*S. burtini* 及 *Temnophyllum waltheri* 的最高层位和 *Emanuelle takwanensis* 的下限层位。这条顶界的对比线，大致在盘溪剖面一打得组中下部、元江曲靖组下部、文山和马革东岗岭组中部(图 1)。达莲塘组顶界上下的同期层位内，生物面貌是连续的，无明显差异，大体上与广西的东岗岭组不难对比。

(6)分水岭组顶界或“榴江组”底界：广南分水岭组有 *Nowakia otomeri* 化石带，复合顺序说明分水岭组正好代表 *Stringocephalus* 动物群和 *Cyrtospirifer* 动物群之间的一段地层，以 *Emanuella takwanensis*、*Thamnophyllum*、*Stachyodes* 和 *Trupetostroma* 等化石为特征。盘溪一打得组上部，元江曲靖组上部和一打得组底部，禄德和大槽子剖面的上毛牛坪组，文山和马革的东岗岭组上部，都可视为分水岭组的同期地层。以 *Cyrtospirifer*、*Yunnanellina*、*Yunnanella* 等化石的出现为“榴江组”同期地层的底界。盘溪的在结山组，元江的一打得组，昭通的在结山组上部，永胜和宁蒗的桑龙潭组，邱北的马革组，都是“榴江群”的同期地层(图 1)。

顺便指出，盘溪海口组的含义似乎同昆明标准地点的海口组不同，其中所含的 *Stringocephalus* 动物群显然是曲靖组的特征，而且盘溪曲靖组厚达 1 000m 以上，比滇东其他地方的曲靖组超过几倍。笔者在盘溪测制剖面时曾怀疑是构造关系，可能有些层位重复出现。另外，*Calceola* 和 *Stringocephalus* 在同一层位出现，只见于盘溪一个剖面，虽然，国外和云南邻区都有报道这两种化石可以在同一层位出现，但在云南其他剖面中都未见到，这是一个可疑的问题。根据这种考虑，笔者在作回归分析时未利用盘溪海口组的化石资料。

四、问题和展望

通过上述讨论可见，回归分析的结论与先前许多作者的意见差别较大，如把图 1 与方润生(1976)的对比表比较，这可能被作为怪论。但是，也有一些作者的见解与我们的意见一致，如鲜思远、周志炎(1978)认为昭通的箐门组可能与四排组相当；又如廖卫华等(1978)指出滇东“在结组”的地质时代应属晚泥盆世早期，并指出 *Stringocephalus* 的消亡和 *Cyrtospirifer* 的出现之间有一套过渡地层，有中、晚泥盆世的过渡性质，说明华宁一打得组的对比层位要向下压。笔者在作回归分析时，事先没有任何先入为主的框框，工作后才发现这种不谋而合的共同之处，说明回归分析的客观性。

工作中感到最大的问题是，如何沟通没有或很少有共同分子的不同生物相剖面之间的对比。如广南剖面上部各组与其他剖面，由于相不同，共同化石很少。本文主要根据广南坡脚组的一些标准分子和坡脚组以上的一般分子，来与其他剖面作相关分析，所以坡脚组以上对比的可靠性较缺乏有力的生物依据，主要根据沉积速率的外延推测。

用回归方法作地层对比，要求分层较细，而本文所利用的 13 个剖面在分层的详细程度上还不能完全满足回归分析的要求，所以误差较大。

上述这些问题需要进一步通过实践来检验和改进。本文的目的只是为了使更多的地质工作者注意回归方法，把该方法应用到地层对比工作中。我们设想如每个省内各时代的剖面都能作回归分析，就会发现很多问题，使地层工作逐步深入，并且会对古地理、大地构造等理论问题的探讨有深刻的影响。

参考文献

全国地层会议学术报告汇编. 中国的泥盆系. 北京：科学出版社，1962

中国地质科学院地质矿产研究所. 华南泥盆系会议论文集. 北京：地质出版社，1978

Shaw A B. Time In Stratigraphy[M]. Mc Graw - Hill Book Co, New York, 1964

【原载《地球科学》，1981 年，第 2 期】

定量地层学

徐桂荣　肖义越[1]

定量地层学是近30年来随着计算机科学的迅速发展而兴起的科学。尤其自1976年，国际地质协调计划关于“定量地层对比技术的评价和建立”(IGCP148项)研究项目开展以来，定量地层学受到各国科学家的重视，大约有25个国家200多成员参加该项目。先后在美国锡拉丘兹(1977)、以色列耶路撒冷(1978)、法国巴黎(1980)、加拿大卡尔加里(1981)和瑞士日内瓦(1982)举行过一系列讨论会。1983年底在印度克勒格布尔举行的会议，宣告该项目基本结束，其成果大部分刊出在《定量地层学》(Gradstein et al.,1985)一书中，许多方法和计算机程序也见于“计算机和地球科学”(Computers & Geosciences)这一刊物中。

由于定量地层学的研究内容极其丰富，涉及到地层学的各个方面，方法很多，不可能全面介绍，这里着重介绍常用的一些基本方法。

一、地层学资料的数量化

地层学是一门描述性很强的科学，它的基本资料包括层状岩石的特征、生物化石的类别和地质年代的测定，其中大部分资料是定性的，是非数量值的。因此，把地层学资料数量化是定量地层学的首要任务。

地层学是以叠覆法则为基本理论，各地层单位之间都有先后、老新的关系或同期的对比关系。所以，数量化的方法必须能紧密联系和确切地反映这个地层学的基本事实。其中，层位和年代最易用数量表示，而且最易反映叠覆法则；其他的资料，如岩性特征、矿物成分和化石类别等，都可以纳入层位和年代的地层关系中加以数量化。对于化石类别来说，需要引入下述术语：

(1)生物学事件。地质历史上某类生物的发生、发展和绝灭，称为生物学事件，如某物种的形成事件、某类的绝灭事件等。

(2)生物地层学事件。在研究地区的各剖面中生物类别的最低和最高层位，称为生物地层学事件，如某化石种首次出现事件和末次出现事件等。

(3)生物地层学事件和生物学事件的关系。由于化石埋葬、保存、采集等过程中受许多因素的干扰，又由于生物类别(如物种)在生活时期的地理迁移等问题，使生物地层学事件不能完全精确地代表生物学事件。所以，在某一剖面某化石种的首次出现和末次出现，不能准确地代表该物种的形成事件和绝灭事件，如果把生物学事件看成总体，把在某一剖面的生物地层学事件看成一个样本，生物地层学事件就可以从统计学的角度逼近生物学事件。

(4)生物地层学事件的数量化。若研究某个地区的地层划分和对比，可首先选定一个剖面

---

[1] 肖义越：原中国科学院地质所。

作为标准剖面。选定标准剖面的原则主要是：出露完整，地层资料丰富，研究精度较高。以标准剖面的层序编码，累计厚度或年代指标与某类化石的关系，作为数量化的主要参数。其他岩石、测井、地震等地层资料都可按这种方法进入定量分析。

二、地质事件的顺序分析

生物地层学事件和其他地质事件在某一剖面产出的顺序，往往与同一沉积盆地内的其他剖面并不一致，这是因为化石的保存条件和沉积环境等在同一盆地内的不同地点不完全相同。因此，各种地层学事件在标准剖面或其他剖面中出现和消失的顺序不能完全代表整个盆地内地质事件的顺序。但经过简单的数学处理，就可获得真实反映客观实际的地质事件的顺序。

(一)事件时限图

Edwards(1978)提出了时限图(range - charts)的方法。该方法与其他定量地层学方法一样，是以下列基本假设为基础的：①承认叠覆法则；②化石的鉴定是正确的，是按相同的标准鉴别的；③其他事件的鉴别标准也是一致的；④采集样品的方法符合客观要求，很少或没有参与人为因素；⑤不存在化石的再搬运和再沉积作用。

1. 资料整理

对已取得的各剖面的资料，按各种事件在剖面中出现的层序进行整理归纳。如表 1 所示，假设有 3 个剖面，每个剖面的化石种按层序进行编录。然后，按事件的顺序作归纳，从表 1 的剖面 I 可知有 4 个事件顺序，即①A 种的首次出现；②B 种的首次出现和末次出现；③C 种的首次出现和 A 种的末次出现；④C 种的末次出现。而剖面Ⅱ和剖面Ⅲ都有 6 个事件顺序(表 2)。

表 1 剖面资料的编录

剖面Ⅰ		剖面Ⅱ		剖面Ⅲ	
层序	化石种	层序	化石种	层序	化石种
30	无	30	无	28	C
27	C	28	C	25	C
24	C	25	C	19	C
21	C	23	C	16	A
18	A,C	21	C	13	A,B
15	A	19	C	10	A,B
12	A,B	16	A	4	A
9	A	13	A,B	1	A
6	A	11	A,B		
3	A	8	A		
0	无	6	A		
		3	A		
		0	无		

表 2　各剖面事件的观察顺序和数目

剖面Ⅰ			部面Ⅱ			剖面Ⅲ		
首次出现事件	末次出现事件	事件顺序	首次出现事件	末次出现事件	事件顺序	首次出现事件	末次出现事件	事件顺序
	C[06]	4		C[06]	6		C[06]	6
C[05]	A[02]	3	C[05]		5	C[05]		5
B[03]	B[04]	2		A[02]	4		A[02]	4
A[01]		1		B[04]	3		B[04]	3
			B[03]		2	B[03]		2
			A[01]		1	A[01]		1

注：事件的编码，以奇数表示首次出现事件，以偶数表示末次出现事件。计事件数目时，同层位的事件只计一次。

2. 无空间图

在资料整理后，选择一个剖面的事件顺序作为标准顺序。选择的基本原则是，要求标准剖面中出现的事件最为完整。在上述假设的例子中选择剖面Ⅱ作为标准顺序，作图与其他剖面的观察顺序进行比较。图 1 纵坐标表示假设的标准顺序，横坐标表示剖面Ⅰ的观察顺序。由于这种方法无需按严格的空间坐标作图，只要表示事件的相对顺序，Edwards 称这种图为无空间图（no－space graph）方法。在剖面Ⅰ中有两个事件出现在同一事件顺序中，在横坐标上，把奇数观察事件编号稍偏左记录，偶数观察事件编号稍偏右记录。

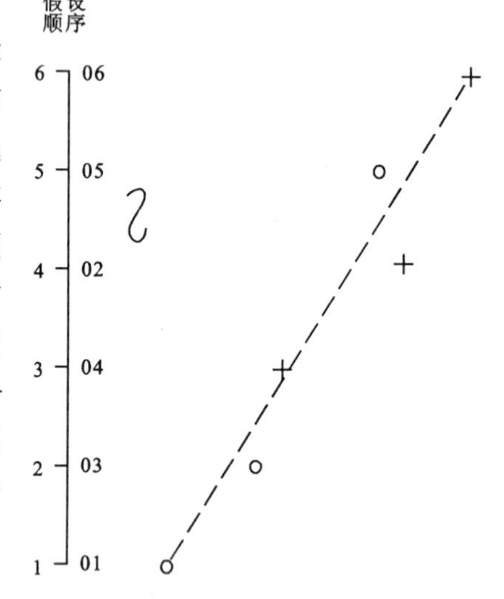

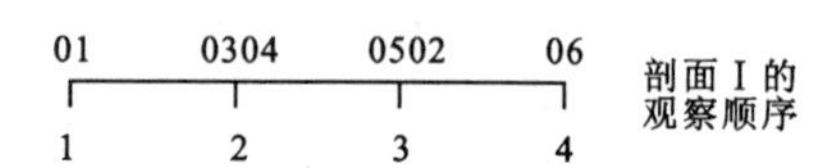

图 1　剖面Ⅰ的观察顺序与假设标准顺序比较的无空间图

○首次出现；＋末次出现；≀表明顺序需修改

3. 顺序的修改

在无空间图中会出现两种情况：①非充分时限——实际观察的某种首次出现和末次出现之间的间隔比假设标准顺序中的间隔要短。即在垂直柱中，实际观察的首次出现事件高于假设标准顺序中的首次出现事件；或实际观察的末次出现事件低于假设标准顺序中的末次出现事件。②需修改时限——实际观察的首次出现比假设标准顺序的首次出现低，或末次出现比假设标准顺序的末次出现高。

在图上作连线连接最低事件和最高事件，按表 3 可判断上述两种情况。如图 1，剖面Ⅰ观察顺序中的 03、04 为非充分时限，05 和 02 为需修改时限。就是说，假设的标准顺序不能概括剖面Ⅰ的观察顺序，因此需要修改。把修改后的顺序再与剖面Ⅰ至剖面Ⅲ的观察顺序比较（图 2），证明修改后的顺序可以作为这 3 个剖面的标准顺序。同时确定了 A、B、C 三种化石种的时限（图 3）。

表 3 顺序修改的判断

	在连线的左上方	在连线的右下方
首次出现事件	需修改时限	非充分时限
末次出现事件	非充分时限	需修改时限

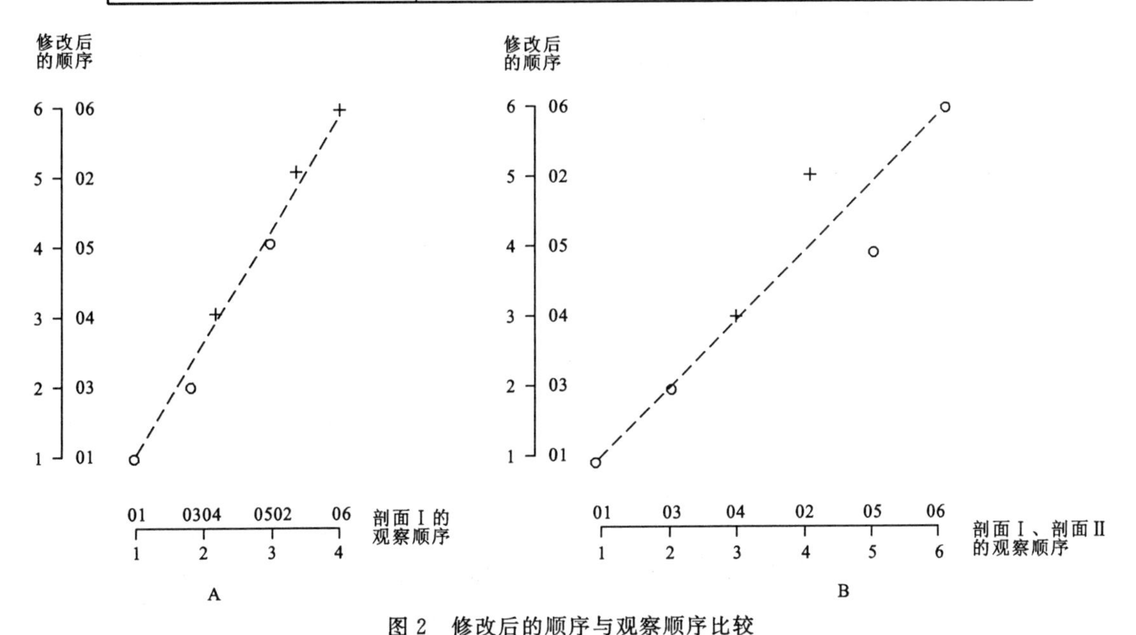

图 2 修改后的顺序与观察顺序比较

A. 剖面Ⅰ的观察顺序再比较；B. 剖面Ⅱ、剖面Ⅲ的观察顺序与修改后的顺序的比较

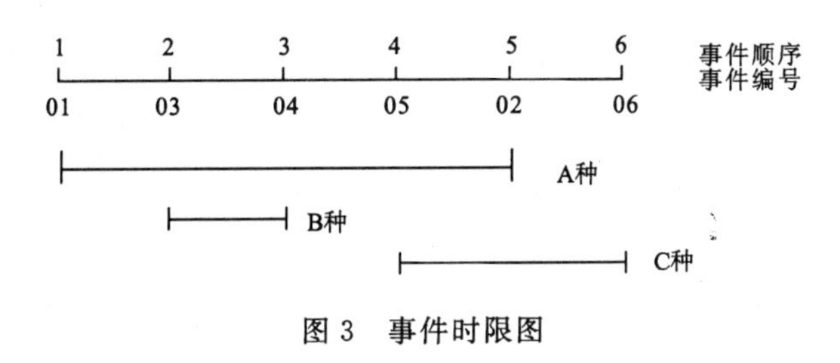

图 3 事件时限图

4. 时限图的用途

时限图提供综合的事件标准顺序和各事件持续的时限范围。能可靠地划分地层单位，如上述 B 种和 C 种在所研究的 3 个剖面范围内都有确切的时限，可以划分为两个生物地层单位。这种生物地层单位，可以作为对比的可靠依据。

(二)地层学顺序的概率估计

在地层层序中，各种沉积学事件和生物地层学事件的先后相继出现是不可逆的。譬如，某物种的形成和该物种的绝灭这两个事件不可能逆转。一般来说，上、下两层的相继关系是已经确定了的，至少在生物地层学事件中是这样，当然在化石保存和采集研究中有许多随机因素。Hay(1972)提出用概率模型二项分布来分析地层上下关系的顺序。假设有两层 A 和 B，它们的上下关系是随机的，A 在 B 之上和 B 在 A 之上的可能性各为 1/2。现研究 N 个剖面，若 B 层出现在 A 层之上有 n 次，则 B 层在 A 层之上的随机概率分布是：

$$P=\frac{N!}{n!\ (N-n)!}\left(\frac{1}{2}\right)^{N} \tag{1}$$

由随机分布引起的观察次数求概率：

$$P=\sum_{r=n}^{N}\frac{N!}{r!(N-r)!}\left(\frac{1}{2}\right)^{N-1} \tag{2}$$

其中 r 为整数。为了强调其随机性采用 $N-1$ 指数。

但是，地层柱中的上下关系是确定模型，$1-P$ 代表在 N 个剖面中顺序非随机的概率，见表 4。

表 4　生物地层学事件顺序的随机概率 P 和非随机概率 $1-P$

N	n	P	$1-P$	N	n	P	$1-P$
2	2	0.500 0	0.500 0	11	11	0.001 0	0.999 0
	1	1.000 0	0.000 0		10	0.011 7	0.988 3
					9	0.065 4	0.934 6
3	3	0.250 0	0.750 0		8	0.226 6	0.773 4
	2	1.000 0	0.000 0		7	0.548 8	0.451 2
					6	1.000 0	0.000 0
4	4	0.125 0	0.875 0				
	3	0.625 0	0.375 0	12	12	0.000 5	0.999 5
					11	0.006 3	0.993 7
5	5	0.062 5	0.937 5		10	0.038 6	0.961 4
	4	0.375 0	0.625 0		9	0.146 0	0.854 0
	3	1.000 0	0.000 0		8	0.387 7	0.612 3
					7	0.774 4	0.225 6
6	6	0.031 2	0.968 8				
	5	0.218 7	0.781 3	13	13	0.000 2	0.999 8
	4	0.687 5	0.312 5		12	0.003 2	0.996 8
					11	0.022 2	0.977 8
7	7	0.015 6	0.984 4		10	0.092 0	0.908 0
	6	0.125 0	0.875 0		9	0.266 6	0.733 4
	5	0.453 1	0.546 9		8	0.580 8	0.419 2
	4	1.000 0	0.000 0		7	1.000 0	0.000 0
8	8	0.007 8	0.992 2	14	14	0.000 1	0.999 9
	7	0.070 3	0.929 7		13	0.001 8	0.998 2
	6	0.289 1	0.710 9		12	0.012 9	0.987 1
	5	0.726 6	0.273 4		11	0.053 7	0.946 3
					10	0.179 6	0.820 4
9	9	0.003 9	0.996 1		9	0.424 0	0.576 0
	8	0.039 1	0.960 9		8	0.790 5	0.209 5
	7	0.179 7	0.820 3				
	6	0.507 8	0.492 2	15	15	0.000 1	0.999 9
	5	1.000 0	0.000 0		14	0.001 0	0.999 0
					13	0.007 4	0.992 8
10	10	0.002 0	0.998 0		12	0.035 2	0.904 8
	9	0.021 5	0.978 5		11	0.118 5	0.881 5
	8	0.109 4	0.890 6		10	0.301 8	0.698 2
	7	0.343 8	0.656 2		9	0.607 2	0.392 8
	6	0.753 9	0.246 1		8	1.000 0	0.000 0

注：N=一对事件有分离的上下关系的剖面总数；n=事件按一定顺序出现的剖面数。

Hay的方法研究地层层序的步骤如下。

1. 整理资料并确定假设顺序

图 4 是 9 个剖面的生物地层学事件的观察顺序。右方的柱子是根据 9 个剖面资料综合的生物地层学事件的假设顺序。

I	II	III	IV	V	VI	VII	VIII	IX
				W				
			Δ	⦸				Δ
			W	⊖	Δ			W
			V	V	W	W		⦸
W		W	δ	⊔	⊔V	ΔV	⊖	⊖
V		<	⊔	⊓	⦶	<⦶δ	W	δ
⊔	W	δ	<	<	⊖δ	⊓⊖	Δ<δ	⊓<
<⦶⊓⊖δ⦸	⦶⊓⊔⊖δ⦸	Δ ⦶	⦶	⦶δ	<⊓	⊔	⊔	⦶

假设顺序（右方柱子，自上而下）：Δ W ⦸ ⦶ δ ⊖ V ⊔ ⊓ <

图 4 加利福尼亚州 9 个剖面的地层资料

(据 Sullivan,1965;Bramlette & Sullivan,1961)

符号说明:δ=*Coccolithites gammation* 的首次出现;⦶*Coccolithus cribellum* 的首次出现;⦸=*Coccolithus solitus* 的首次出现;V=*Discoaster cruciformis* 的首次出现;<=*Discoaster distinctucs* 的首次出现;⊓=*Discoaster germanicus* 的首次出现;⊔=*Discoaster minimus* 的首次出现;W=*Discoaster tribrachiatus* 的末次出现;Δ=*Discolithus distinctus* 的首次出现;⊖=*Rhabdosphaera scabrosa* 的首次出现。图右方的柱子代表假设的生物地层学事件的顺序

按假设顺序列矩阵,表示各剖面中观察的事件顺序关系的数目(图 5)。在左上三角矩阵中的数字若小于 1/2 或右下三角矩阵中的数字若大于 1/2,需要对假设顺序重新估计,如矩阵中 V 和⊖的关系在左上三角矩阵中为 1/4,右下三角矩阵中为 3/4,说明 V 应在⊖之上,需要调整原来的顺序。同理,⊖与 δ 和⦶、V 与 δ 和⊖、<与⦶等关系都需要调整。

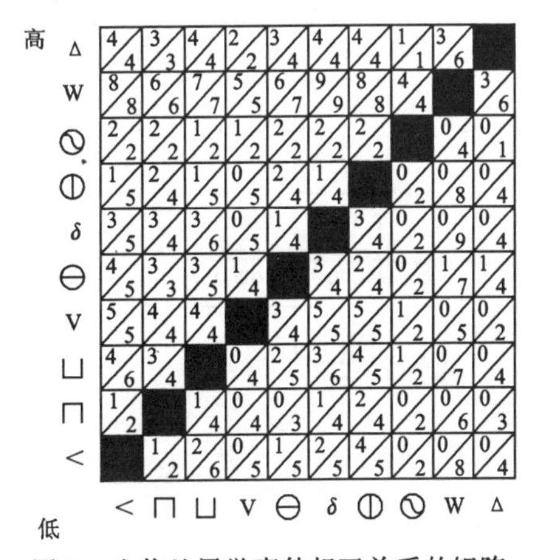

图 5 生物地层学事件相互关系的矩阵

每个小方格中右下方的数字(*N*)代表一对事件有分离的上下关系的剖面数。每个小方格中,左上方的数字(*n*)代表矩阵底部符号的事件出现在矩阵左边符号的事件之下的剖面数。事件顺序按假设顺序排列,底部符号从左到右为自下而上

2. 调整事件顺序和检验其可靠性

调整后的事件顺序为⦶<⊓⊔δ⊖V⊖W△,并按这个顺序列矩阵(图 6)。在这个矩阵中,左上三角中的所有数值都等于或大于 1/2,右下三角中的所有数值都等于或小于 1/2。证明调整后的事件顺序能代表所研究的 9 个剖面的顺序。

这个调整后的顺序的非随机概率值列于图 7。若规定大于 0.9 的值才是可靠的顺序,则 W 在 V、δ、⊓、⊔、<、⦶之上和 V 在 δ、<、⦶之上是确定无疑的。一般规定大于 0.8,对于地层学的通常目的来说已经足够了。

3. 概率方法的意义

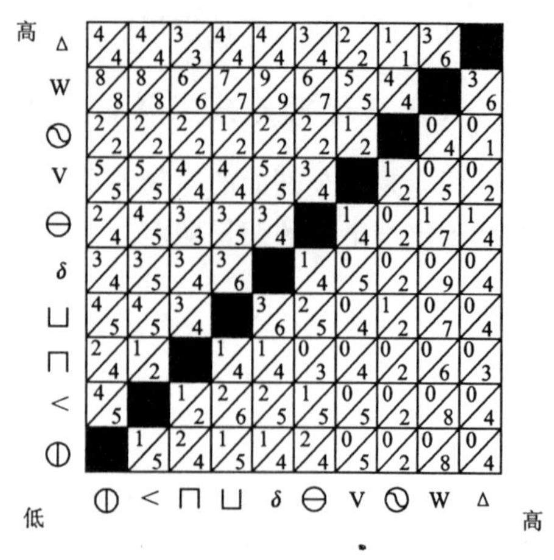

图 6　按调整后的事件顺序列矩阵
左上三角矩阵中每个小方格中的数字都等于或大于 1/2。参看图 5 说明。

由概率方法取得的地层学事件的顺序能够估计事件顺序的可信程度，我们可以选择可靠程度高的事件顺序关系来确定地层单位。如上例 W(＝*Discoaster tribrachiatus* 的末次出现)和 V(＝*Discoaster cruciformis* 的首次出现)可定为生物地层单位，作为对比的依据。

同时，从表 4 中我们可以知道，如果要确定地层事件的顺序，必须有足够数量的剖面工作。两事件在 5 个剖面中都有一定的关系，这个关系就能成立，若只在 4 个剖面中有一定的关系，而在另一剖面中出现相反的关系，这个关系就不可靠。所以，只根据一两个剖面确定的顺序是很不可靠的。

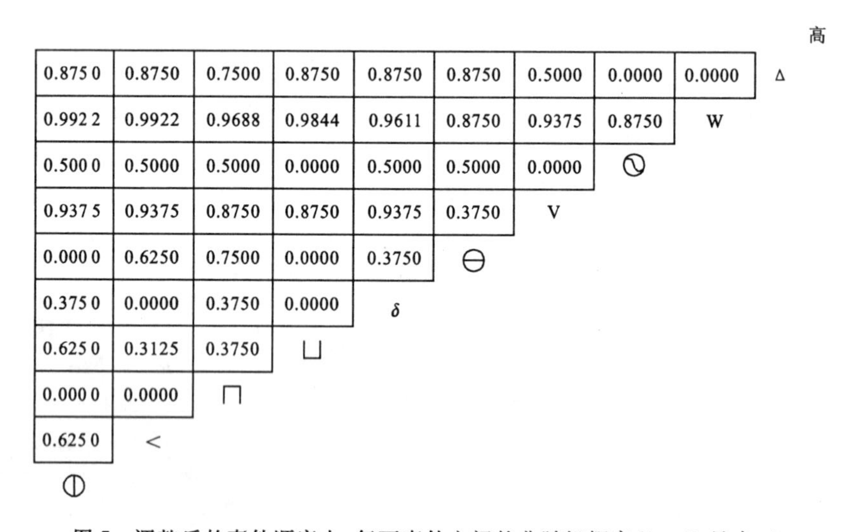

高	⦶	<	⊓	⊔	δ	⊖	V	⊘	W
Δ	0.8750	0.8750	0.7500	0.8750	0.8750	0.8750	0.5000	0.0000	0.0000
W	0.9922	0.9922	0.9688	0.9844	0.9611	0.8750	0.9375	0.8750	
⊘	0.5000	0.5000	0.5000	0.0000	0.5000	0.5000	0.0000		
V	0.9375	0.9375	0.8750	0.8750	0.9375	0.3750			
⊖	0.0000	0.6250	0.7500	0.0000	0.3750				
δ	0.3750	0.0000	0.3750	0.0000					
⊔	0.6250	0.3125	0.3750						
⊓	0.0000	0.0000							
<	0.6250								

图 7　调整后的事件顺序中，每两事件之间的非随机概率(1－P，见表 4)

4. 实例

徐桂荣(1988)按 Hay 的方法，整理了华南二叠系—三叠系界线附近的重要化石产出的顺序，其结果见图 8(资料据杨遵仪、殷鸿福等，1987)。这个顺序的非随机概率值见图 9。

在这个材料中证实下列顺序比较可靠(取非随机概率值 0.8 作为可靠指数)：

1U　*Lingula subcircularis* 末次出现

10U　*Ophiceras* sp. 末次出现

11U　*Lytophiceras* sp. 末次出现

11L　*Lytophiceras* sp. 首次出现

21U *Pseudoclaraia wangi* 末次出现

10L *Ophiceras* sp. 首次出现

25L *Claraia griesbachi* 首次出现

26U *Eumorphotis multiformis* 末次出现

2U *Crurithyris speciosa* 末次出现

32U *Xaniognathus elongatus* 末次出现

12 *Hypophiceras* sp.

13U *Pseudogastrioceras* sp. 末次出现

1L *Lingula subcircularis* 首次出现

3U *Waagenites barusiensis* 末次出现

14U *Pseudotirolites* sp. 末次出现

33U *Gondolella subcarinata changxingensis* 末次出现

34U *Metalonchodina mediocris* 末次出现

4U *Cathaysia chonetoid* 末次出现

15U *Pleuronodoceras* sp. 末次出现

5U *Spinomarginifera kueichowensis* 末次出现

其中,1U 和 10U、21U 和 10L、10L 和 25L、25L 和 26U、26U 和 2U、2U 和 32U、32U 和 12、13U 和 1L、1L 和 3U、3U 和 14U、14U 和 33U、34U 和 4U、4U 和 15U、15U 和 5U 等的上下顺序关系都没有可靠的直接证明、尤其值得注意的是早三叠世的重要化石 *Anchignathodus parvus* 的首次和末次出现和 *Pseudoclaraia wangi* 的首次出现,在上述顺序中没有得到可靠的证明。

三、地层的时间对比

地层学中的时间精确对比问题,近年来受到各国地层学家的重视,并且提出了许多方法。其中 Shaw(1964)的方法和 Miller(1977)在 Shaw 方法的基础上提出的图解对比法,逐渐被人们所接受。

(一)剖面复合对比法

Shaw 的方法的主要出发点是分析相对沉积速率。地层测量中获得的一个重要资料是岩层厚度,假定岩层的厚度代表沉积厚度,对成岩作用中一切改变厚度的因素暂不考虑。显然,沉积厚度与沉积速率和沉积的时间有关,Shaw 用距离公式来表达沉积厚度与时间的关系:

$$D=RT \tag{3}$$

式中:D 代表岩层厚度;R 为沉积速率;T 为沉积过程所经历的时间。D 是容易取得的数据,R 和 T 不易取得。因此,Shaw 提出相对沉积速率的概念。选择一个剖面作标准,假设其沉积速率 $R=1$,则公式(3)变为

$$D=T \tag{4}$$

用标准剖面的厚度作为时间量度的标准,以标准剖面的 1 尺或 1m 岩层作为一个时间"单位",用"晬(zui)"作为"单位"名称,简化符号为 Z。

设与标准剖面对比的 X 剖面，从式(4)知其沉积厚度的方程为：

$$D_x = R_x D \tag{5}$$

$$R_1、R_2、R_3、R_4、R_5、R_6$$

则 X 剖面的沉积速率 $R_x = \frac{D_x}{D}$，其单位用米/啐(m/z)。

化石资料的统计处理可以得到相对沉积速率。在两个对比的剖面图中，已知一个化石种的首次和末次出现，可以求得一个相对沉积速率，不同的种可以求得不同的相对沉积速率。如图 10，化石种 1、2、3、4、5、6 在两个剖面上的历程不完全一致，从每个种求得的相对沉积速率 R_1、R_2、R_3、R_4、R_5、R_6 都不相同。但可用回归分析方法，求出平均的相对沉积速率。其步骤如下。

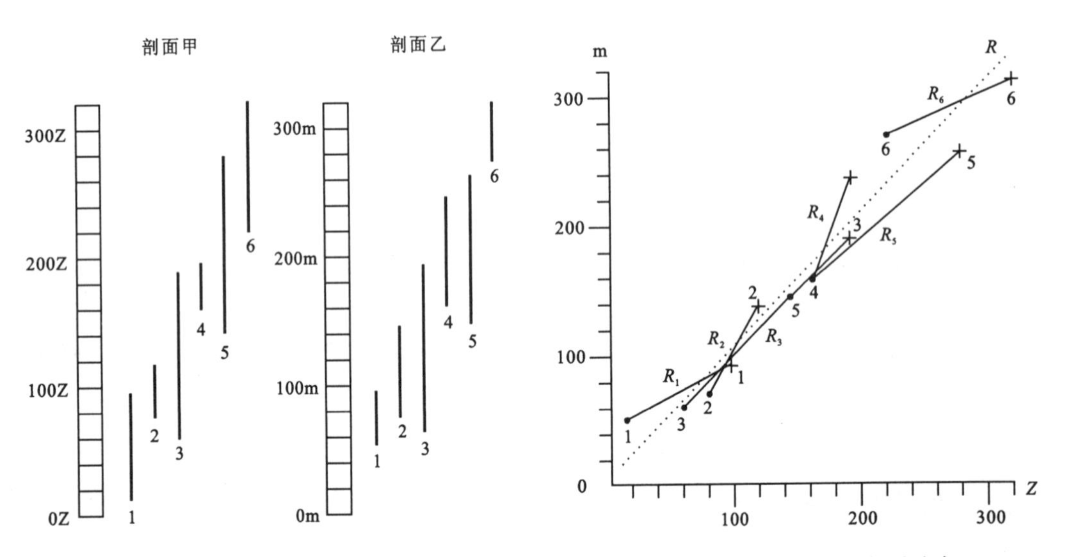

图 10　从多种化石求平均相对沉积速率($\overline{R}$)化石种 1、2、3、4、5、6 分别可求得相对速率

1. 整理剖面资料

把需要对比的两剖面公有的生物地层学事件的层位，按累计厚度记录下来。表 5 为贵州睦化地区两剖面的化石资料。根据表 5 的化石资料作坐标图(图 11)。

2. 选择有用数据

理论上讲所有公有的化石资料都应参加到回归计算中，但事实上由于许多原因，有些化石层位常偏离大多数资料所显现的趋向。这些偏离的分子加入运算，必然会加大对比的误差。从统计意义上讲，要选择反映总趋向的数据，而剔除偏离趋向的分子。

从地层意义上讲，要选择有重要标准意义的化石，同时，对出现次数多的化石也需尽可能保留。

坐标图上的回归线不总是成线性关系，两剖面间的相对沉积速率不总是不变的。因此，常常用对数曲线和指数曲线更能拟合化石资料在坐标图上的总趋向。所以选择数据时，要注意数据反映的是线性趋向还是曲线趋向，尤其不能忽略曲线趋向。

表 5　贵州睦化地区栗木剖面和睦化剖面Ⅱ的泥盆系和石炭系界线附近的化石资料

编号	化石名称	栗木剖面(*L*)		睦化剖面Ⅱ($M_{Ⅱ}$)	
		首次	末次	首次	末次
1	*Siphonodella obsoleta*	3.925*	4.425	6.81	7.66
2	*S. duplicata*(group)	2.245	4.425	4.16	7.26
3	*Pseudo polygnathus triangulus triangulas*	3.925	4.425	4.16	4.36
4	*P. primus*	2.245	4.425	4.86	7.66
5	*P. fusiformis*	3.925	4.425	5.06	7.26
6	*P. dentilineatus*	2.025	4.425	3.81	7.21
7	*Polygnathus inornatus*	1.995	4.425	4.16	7.66
8	*P. purus purus*	2.245	4.425	3.94	7.66
9	*P. purus sub planus*	1.995	4.425	3.87	5.96
10	*Hindeodella subtilis*	1.280	4.425	0.35	7.66
11	*Siphonodella sandbergi*	3.925	4.075	6.44	7.66
12	*S. lobata*	3.925	4.075	5.48	7.66
13	*S. quadru plicata*	3.925	4.075	7.21	7.66
14	*Spathognathodus stabilis*	0.360	4.075	0.35	7.66
15	*Siphonodella coo peri* (group)	3.925	4.055	5.06	7.66
16	*Polygnathus communis communis*	1.950	4.055	1.05	7.66
17	*Elictognathus laceratus*	3.425	4.055	5.21	7.21
18	*E. bialatus*	3.925	4.055	6.44	7.21
19	*Dinodus fragosus*	3.925	4.055	3.94	7.21
20	*D. leptus*	3.925	4.055	3.81	7.26
21	*Ozarkodina regularis*	2.025	4.055	1.13	7.66
22	*Neoprioniodus* spp.	1.020	4.055	1.13	1.23
23	*Siphonodella sulcata*	1.995	3.625	3.81	7.21
24	*S. carinthiaca*	3.425	3.625	5.46	5.96
25	*Bispathodus aculeatus*	2.025	2.845	3.81	5.21
26	*Ligonodina* spp.	0.360	2.025	0.35	4.11
27	*Protognathodus meischnerl*	1.950	1.995	3.40	3.81
28	*Palmatolepis gracilis gracilis*	0.000	1.950	0.00	3.40
29	*P. gracilis expansa*	0.000	1.950	0.00	3.40
30	*P. gracilis sigmoidalis*	0.000	1.950	0.00	3.81
31	*Pseudo polygnathus marburgensis trigonicus*	0.000	1.720	0.00	3.40
32	*Spathognathodus supremus*	1.280	1.950	0.00	3.35
33	*Ozarkodina homoarcuata*	0.000	1.950	0.35	3.40
34	*Lonchodina* spp.	1.280	1.950	0.60	4.11
35	*Drepanodus* sp.	0.000	1.950	0.35	1.13
36	*Siphonodella praesulcata*	1.280	1.720	2.70	4.16
37	*Polygnathus symmetricus*	1.280	1.720	3.20	3.35
38	*Palmatodella delicatula*	0.000	1.720	0.00	3.35
39	*Tripodellus robustus*	0.360	1.720	0.60	3.35
40	*Neoprioniodus pronus*	0.360	1.720	0.75	7.26
41	*A pathognathus varians*	0.000	1.020	0.35	1.13
42	*Prioniodina smithi*	0.000	1.020	0.60	3.40
43	*Palmatole pis gracilis gonioclymeniae*	0.000	0.360	0.10	0.35

* 累计厚度单位:m(化石资料据侯鸿飞、季强等,1985)。

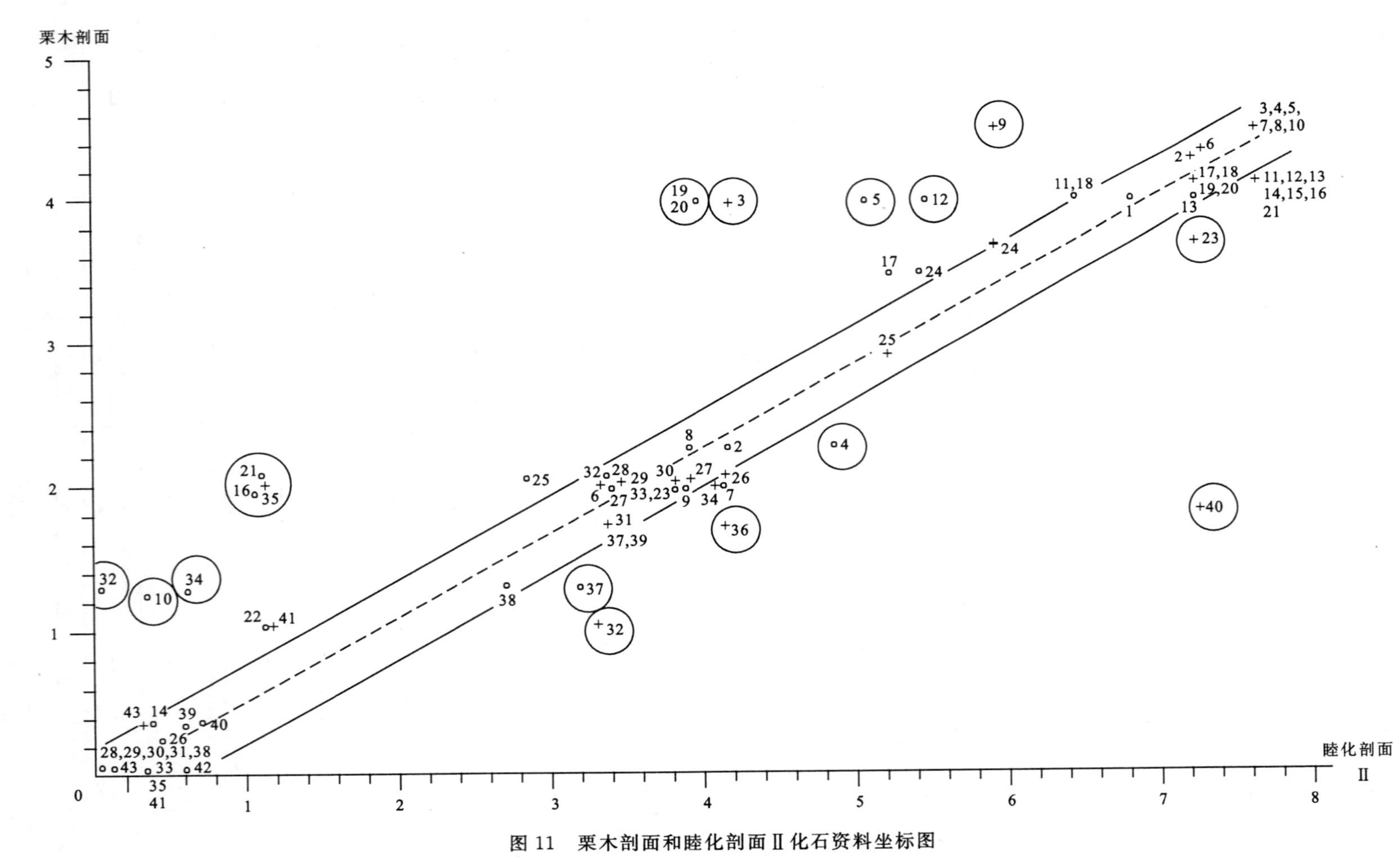

图 11　栗木剖面和睦化剖面Ⅱ化石资料坐标图

○化石首次出现；+化石末次出现。编号见表 5，虚线为平均沉积速率

3. 计算方法

用回归方法求 S_{LL}、$S_{M_{\mathrm{II}}}M_{\mathrm{II}}$、$S_{LM_{\mathrm{II}}}$

$$S_{LL} = \sum L^2 - (\sum_L)^2/n$$

$$S_{M_{\mathrm{II}}}M_{\mathrm{II}} = \sum M_{\mathrm{II}}^2 - (\sum M_{\mathrm{II}})^2/n$$

$$S_{LM_{\mathrm{II}}} = \sum LM_{\mathrm{II}} - \sum L \sum M_{\mathrm{II}}/n$$

其中：L 代表栗木剖面的数据；M_{II} 代表睦化剖面Ⅱ的数据。

求斜率 $b=S_{LM_{\mathrm{II}}}/S_{LL}$ 和常数 $a=\overline{M}_{\mathrm{II}}-b\overline{L}$，得方程：

$$\hat{M}_{\mathrm{II}}=a+bL \tag{6}$$

该方程为以睦化剖面Ⅱ为标准的对比方程。若以栗木剖面为标准可求得另一方程：

$$\hat{L}=c+dM_{\mathrm{II}} \tag{7}$$

这两剖面的实际数据求得的方程见表 6。所求出的对比方程，其应用的有效范围取决于原始资料，一般以原始资料的最小值和最大值为有效范围的界限，在该范围内的内插计算是有效的，超出该范围的外插是无效的。

表 6　求对比方程

$b=S_{LM_{\mathrm{II}}}/S_{LL}=1.712\ 2$
$a=\overline{M}_{\mathrm{II}}-b\overline{L}=0.132\ 6$
$d=S_{LM_{\mathrm{II}}}/S_{M_{\mathrm{II}}}M_{\mathrm{II}}=0.568\ 5$
$c=\overline{L}-d\overline{M}_{\mathrm{II}}=-0.012\ 0$
方程：$\hat{M}_{\mathrm{II}}=0.132\ 6+1.712\ 2L\vert_0^{4.425\,*}$
$\hat{L}=-0.012\ 0+0.568\ 5M_{\mathrm{II}}\vert_0^{7.66}$

* 为方程有效范围。

4. 对比方程的检验

(1)求相关系数 r。检查化石资料与对比方程拟合的程度，化石资料数量是否足够，可先求相关系数

$$r=\sqrt{b\times d} \tag{8}$$

b 和 d 分别代表两剖面的相对沉积速率，它们互为倒数。在地层对比中一般要求 90%～99%的置信水平。根据置信水平和样品数 n 查相关系数临界值表。如上例取 99%的置信水平，样品数 $n=66$，则 $r_\alpha=0.32$，而实际相关系数值为

$$r=\sqrt{1.712\ 2\times 0.568\ 5}=0.987$$

$r>r_\alpha$ 说明对比方程拟合程度高。

(2)对比中的允许误差。计算由对比方程求得的理论值 $\hat{M}_{\mathrm{II}}$ 或 $\hat{L}$ 和化石资料的实际值之间的方差和标准差。

$$S_{M_{\mathrm{II}}}^2 = \sum (M_{\mathrm{II}} - \hat{M}_{\mathrm{II}})^2/n$$

$$S_{\hat{L}}^2 = \sum (L - \hat{L})^2 / n$$

以 $S_{\hat{M}_{\mathrm{II}}}$ 和 $S_{M\hat{L}}$ 的1/2或1/3值作为允许误差，上述例子的 $S_{\hat{M}_{\mathrm{II}}}=0.508$，$S_L=0.283$，因此对比的允许误差分别为0.508/2和0.283/2。

(3)三角封闭法或多角封闭法检验。根据对比方程连续求各剖面层位的理论值，最后回到标准剖面的同一层位。如果理论值和实际值之差在允许误差范围之内，证明对比有效。如，睦化剖面Ⅱ、剖面Ⅲ和栗木剖面，这3个剖面的对比方程系列为

$$\hat{M}_{\mathrm{II}} = 0.1326 + 1.7122\hat{L}\Big|_{0}^{4.425}$$

$$\hat{L} = 1.8748 + 0.7431\hat{M}_{\mathrm{III}}\Big|_{0.03}^{3.70}$$

$$\hat{M}_{\mathrm{III}} = -4.0302 + 1.1817M_{\mathrm{II}}\Big|_{3.81}^{7.66}$$

由这3个方程计算的结果见表7。睦化剖面Ⅱ的格董关层顶界和代化组顶界的闭合误差为−0.13和0.07，小于0.508/2，故对比可靠。而王佑组顶界已超出各方程的有效值范围，闭合误差很大，对比无效(图12)。

表7　三角闭合对比

层　序	M_{II}	$\hat{M}_{\mathrm{III}}$	$\hat{L}$	$\hat{M}_{\mathrm{II}}$	$M_{\mathrm{II}}-\hat{M}_{\mathrm{II}}$
王佑组*	7.21	4.49	5.21	9.06	−1.85
格董关层*	3.81	0.47	2.23	3.94	−0.13
代化组*	3.40	−0.01	1.87	3.33	0.07

*睦化剖面Ⅱ各组顶界。

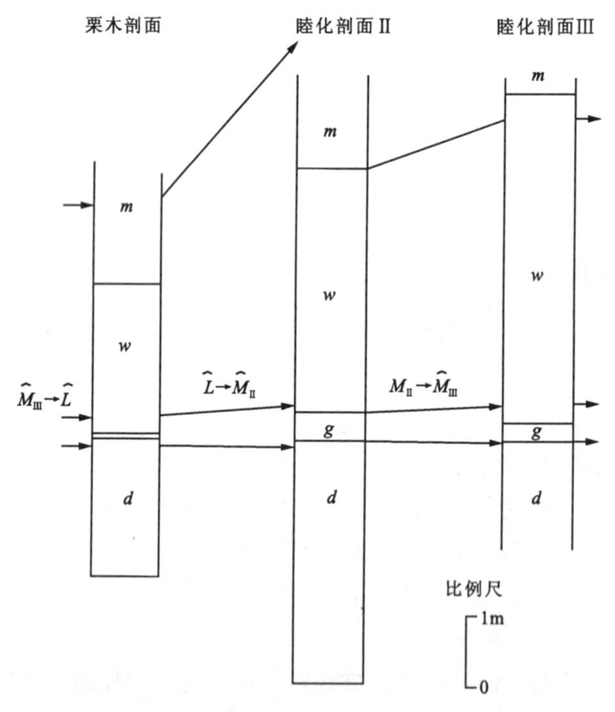

图12　贵州睦化地区3个剖面的三角闭合对比

m=睦化组，w=王佑组，g=格董关层，d=代化组。M_{II}、$\hat{M}_{\mathrm{III}}$、$\hat{L}$、$\hat{M}_{\mathrm{II}}$见对比方程系列

5. 剖面资料的复合

剖面的“复合”是把所研究的剖面资料通过对比方程换算为标准剖面相应的 Z 值，这样把各剖面的化石资料综合在一起，用这种复合的结果作为与其他剖面对比的标准，称为“复合”标准”。

图 13 是贵州睦化地区，栗木、睦化Ⅱ、睦化Ⅲ和格董关 4 个剖面的泥盆系—石炭系界线地层的化石资料复合。

剖面的复合有以下几方面的用处：

(1)可较真实地反映每种化石的时间历程，可较客观地建立生物地层学单位。

(2)不同地区的对比，可先建立各地区的复合标准，弥补因单个孤立剖面的对比带来的缺陷，增加对比的可靠性。

(3)为时间界面的确立和时间对比提供较可靠的资料。

(二)图解对比法

Miller(1977)提出的图解对比法，实际上是 Shaw 方法的简化，其基本方法与上述介绍相同，不同之处是用图解代替计算。如图 14，假设以横坐标的 X 剖面为标准参考剖面，Y 剖面与之对比时可通过回归线作投影。也可以通过投影把 Y 剖面的化石资料复合到标准剖面上，形成复合标准剖面，但是要想正确地确定回归线和复合投影点，必须通过计算。

四、二态聚类方法与地层划分对比

只以有或无表示特征的性质称为二态。二态聚类方法与一般聚类方法相同，但所应用的相似系数和差异系数则不完全相同。

(一)二态(有—无)相似系数

Cheethan 和 Hazel(1969)系统总结了二态的相似和差异系数，列述了 22 种，常用于地层学的有 3 种。

(1)Jac 系数。Jaccard(1908)首次提出，以他的姓命名。

$$\mathrm{Jac}=\frac{C}{N_1+N_2-C} \tag{9}$$

式中：C 为两个比较对象中公有的特征数目，N_1、N_2 分别为两个比较对象各自包含的特征数目。Jac 系数数值区间为 0→1，比值大表示相似程度高。

(2)DC 系数。由 Sokal 和 Sneath(1968)提出，称为 Dice 系数(简称 DC)，而 Peters(1968)称之为 Burt 系数。

$$\mathrm{DC}=\frac{2C}{N_1+N_2} \tag{10}$$

式中符号含义同上。如果两对象特征数目的差别较大，DC 系数能较显著反映。

(3)Otc 系数。Ochiai(1957)称为大塚(Otsuka)系数，Sakal 和 Sneath(1963)称为 Ochiai 系数，Peters(1968)又重新称为大塚系数。

$$\mathrm{Otc}=\frac{C}{\sqrt{N_1N_2}} \tag{11}$$

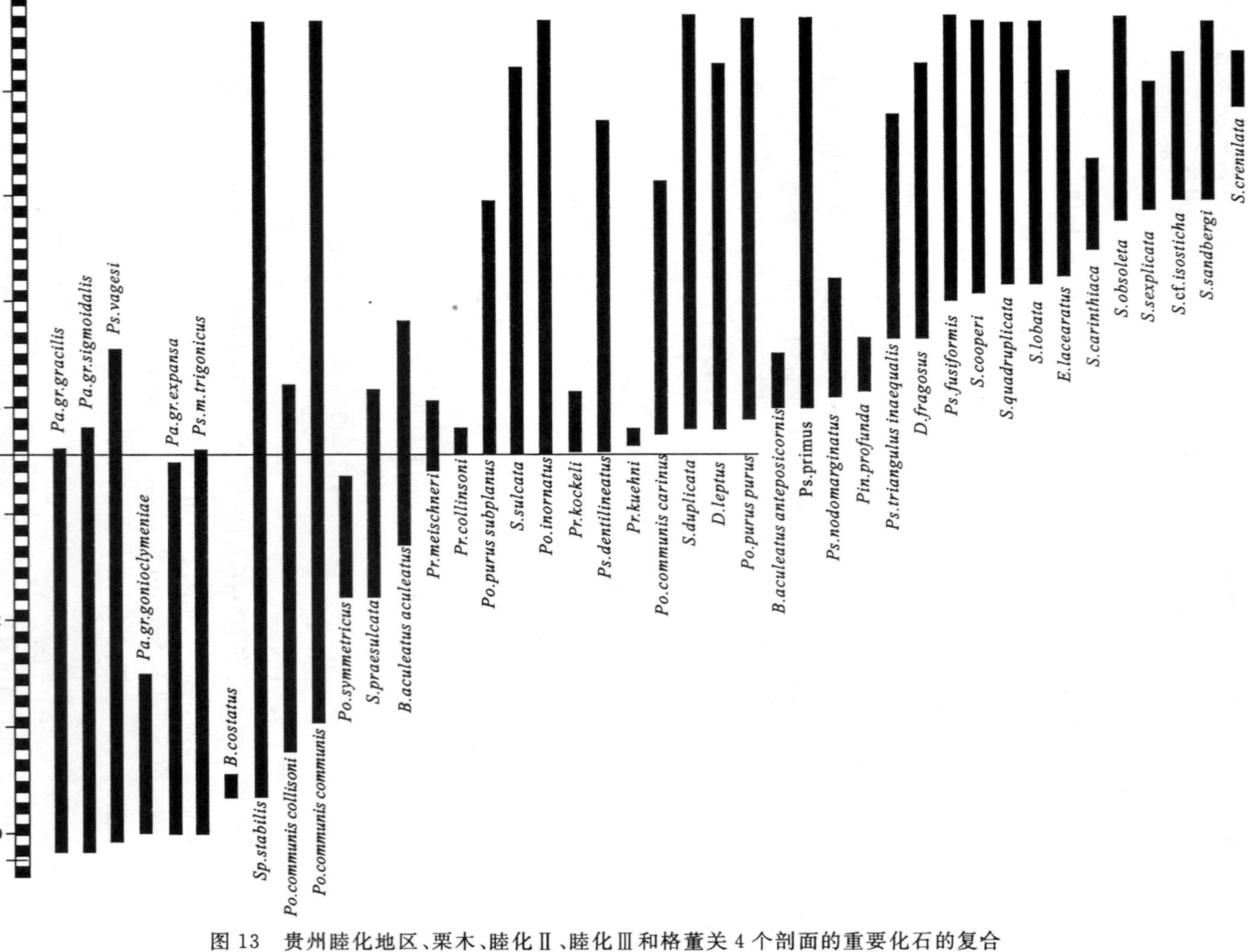

图 13　贵州睦化地区、栗木、睦化Ⅱ、睦化Ⅲ和格董关 4 个剖面的重要化石的复合

（以睦化剖面Ⅱ为标准剖面，资料据侯鸿飞、季强等，1985）

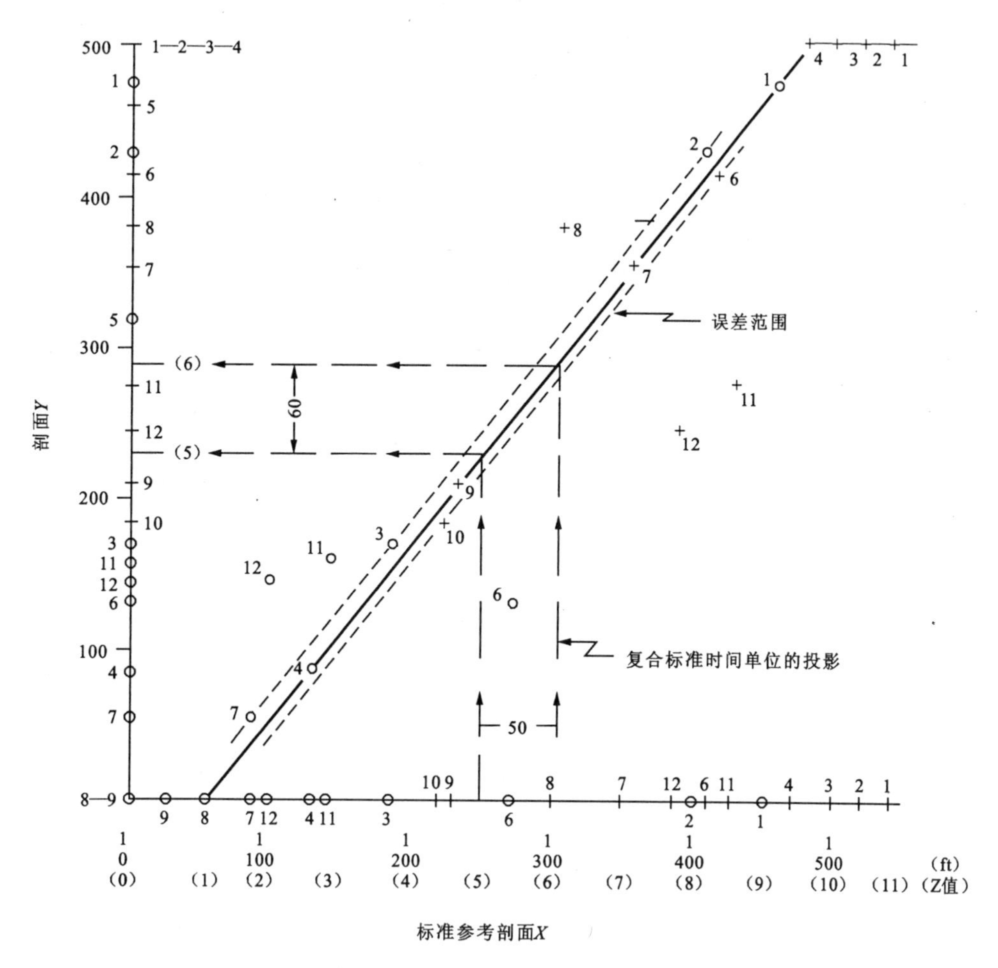

图 14　标准参考剖面 X 和剖面 Y 的图解对比法

（引自 Miller，1977）

式中符号含义同上。Otc 系数是相似系数：

$$\cos\theta_{ip}=\frac{\sum\limits_{j=1}^{\blacktriangledown}(X_{ij})(X_{pj})}{\sqrt{\sum\limits_{j=1}^{\blacktriangledown}(X_{ij})^2\sum\limits_{j=1}^{\blacktriangledown}(X_{pj})^2}} \tag{12}$$

的特殊形式。当 X_{ij}、X_{pj} 只取 0 和 1 时，式(12)成为式(11)。Otc 系数的性质近似于 DC 系数。

（二）用聚类分析划分生物地层单位

Hazel(1977)用二态聚类分析研究美国明尼苏达州东南部 Franconia 砂岩上部（上寒武统）的三叶虫分带。他选用 Otc 系数作 Q 型聚类分析，其结果见图 15 至图 17。

在明尼苏达州东南部作了弗朗康尼亚（Franconia）砂岩上部地层的 7 个剖面，总共有 65 个取样点。这套地层从岩性上分为 3 段：Reno 段、Tomah 段和 Birkmose 段。通过二态聚类分析，得枝状图（图 16）。枝状图明显指示可以分四大群，每一群分别代表一个生物地层单位：

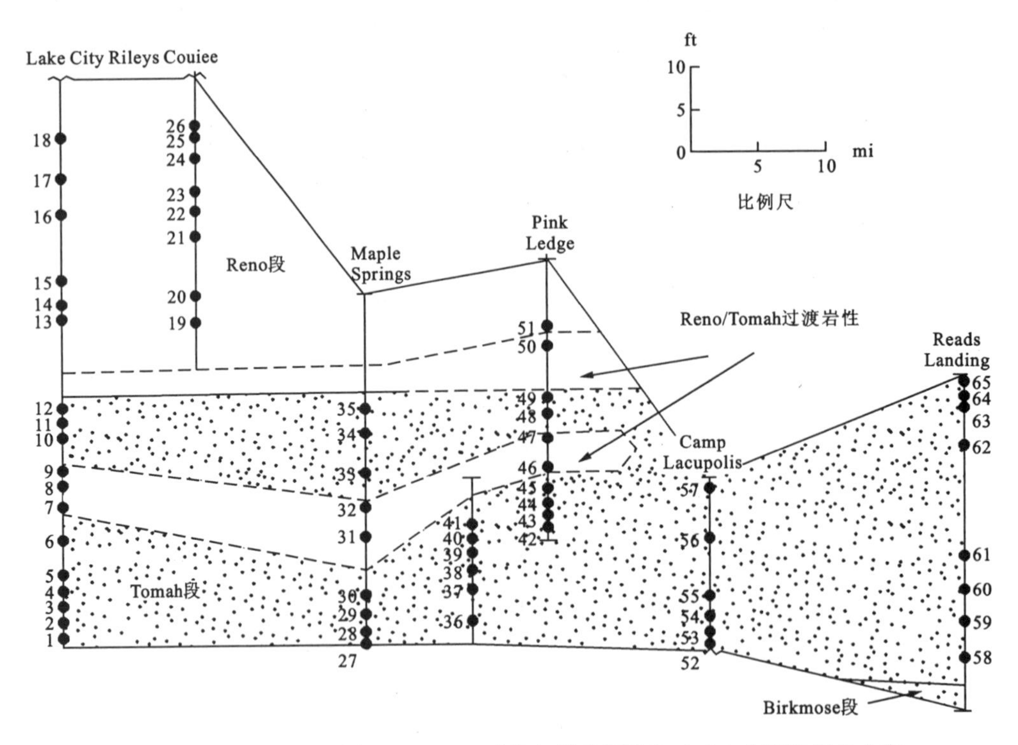

图 15 明尼苏达州东南部 Franconia 砂岩上部的岩性和三叶虫化石取样点分布

(据 Grant,1962)

Prosaukia 亚带、*Ptychospis striata* 小带、*Pt. granullosa* 小带和 *Psalaspis* 小带,各带的具体界线见图 17。

这个例子说明二态聚类分析在地层划分对比上可以取得明显的效果。

(三)地层单位的追溯

Sneath(1975a,1975b)用二态聚类分析方法,设计出侧向追溯地层单位的方法。侧向追溯方法的概念基础是分清地层特征的连续性和不连续性。地层特征纵向连续原则上应归入一个地层单位,横向连续可作为地层追溯的标志;纵向不连续应划分为不同的地层单位,横向不连续说明不能对比。

1. 计算步骤

1)横向从地理上分析连续性

地理上相邻的两地层剖面,计算它们之间的相似系数矩阵。如图 18(A、B)所示,两剖面分别有 4 个和 3 个取样点,列出相似系数矩阵见图 19。根据矩阵中最大相似系数配比相应的样品,样品 2 和样品 6 的相似系数为 0.9;接着样品 4 和样品 7 配比(0.7);样品 1 和样品 5 配比(0.6);样品 3 与图 19 中 B 剖面的各样品相似系数都很小,无法配比(图 19)。

图 20 表示根据横向配比关系进行地层单位之间的对比。然后按该方法建立 B 和 C、C 和 D 以及 D 和 F 各两两剖面之间的对比,这就是横向追溯。

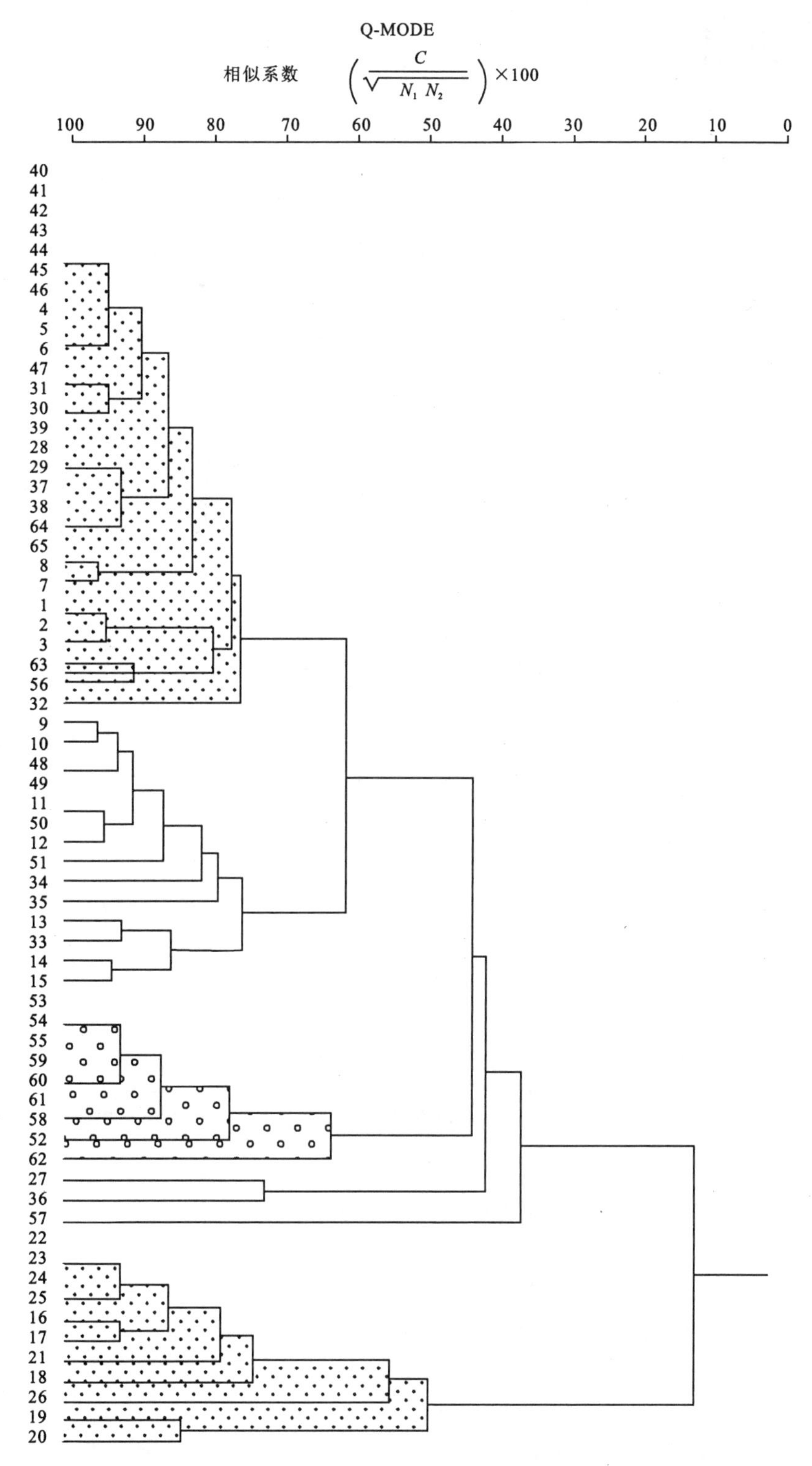

图 16　Q 型枝状图

（根据图 15 所列的 65 个取样点，总共包含 24 个三叶虫种）

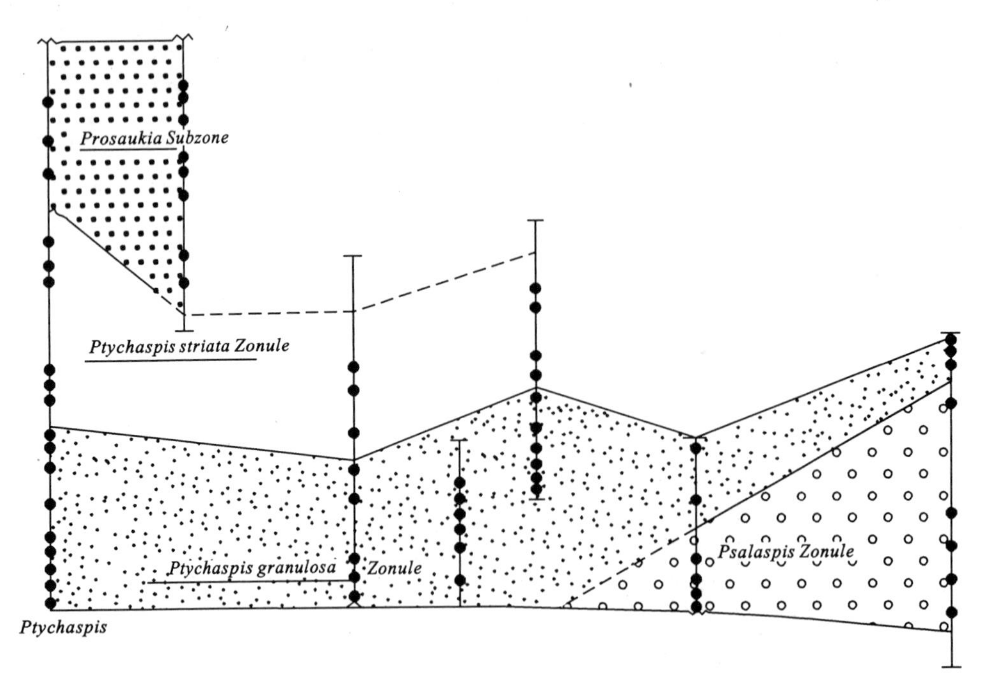

图 17　生物地层单位的划分

（根据图 16，作三叶虫化石带的划分）

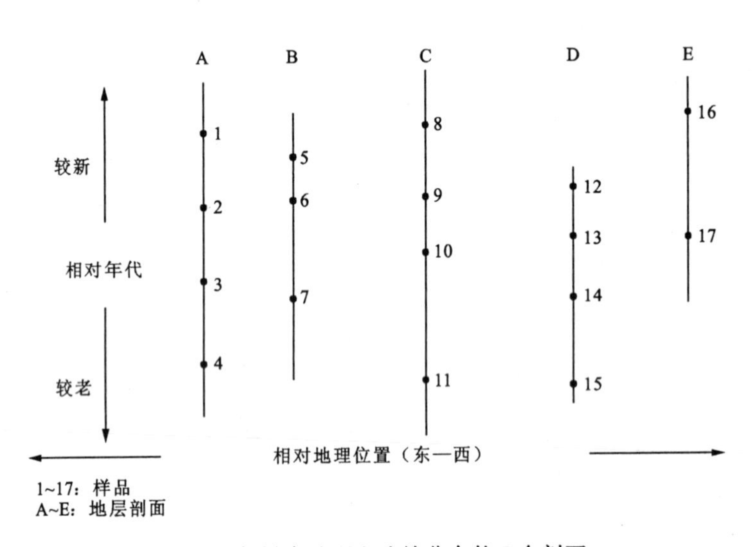

图 18　假设在地理上连续分布的 5 个剖面

2)纵向从垂直柱上确定不连续性

计算每剖面内各样品间的相似系数或差异系数，来确定地层单位的划分(图 21、图 22)。由于图 21 中 A 剖面的样品 2 和样品 3 相似系数很小(0.2)，可以从样品 2 和样品 3 之间分开，划分两个地层单位，并以此方法计算各剖面内各样品间的相似系数，划分地层单位。

在上述两个步骤完成后，可以取得合理的地层划分和对比。但实际上根据相似系数的横向连接点，往往出现交叉。在同一地层单位间的交叉，就需要考虑对比的合理性。为了使得交叉最少，可在纵向样品间引入加权因子，使之减少相似性，增大差异性。

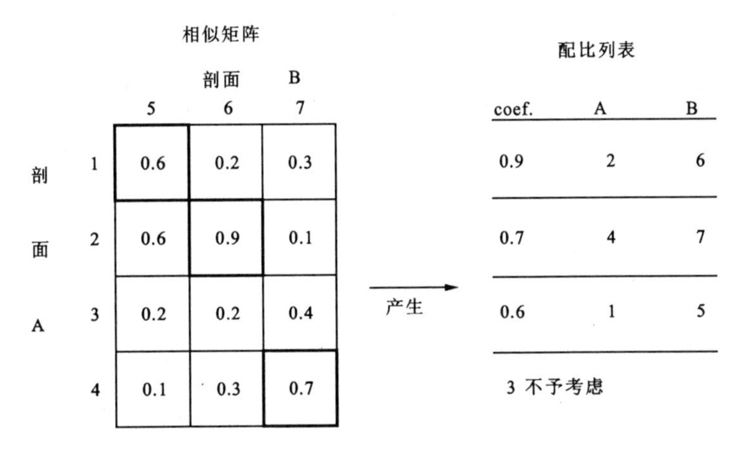

图 19　确定 A 和 B 两剖面间的横向配比关系

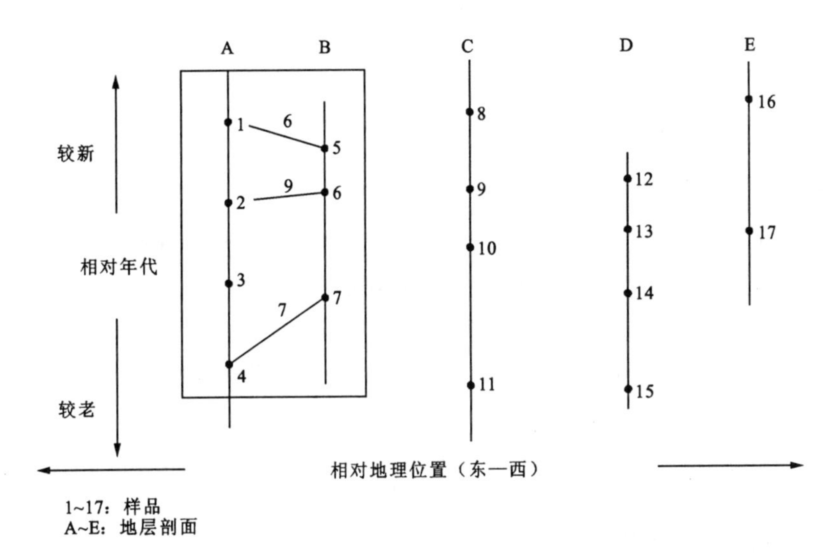

图 20　按相似系数作剖面间的横向对比

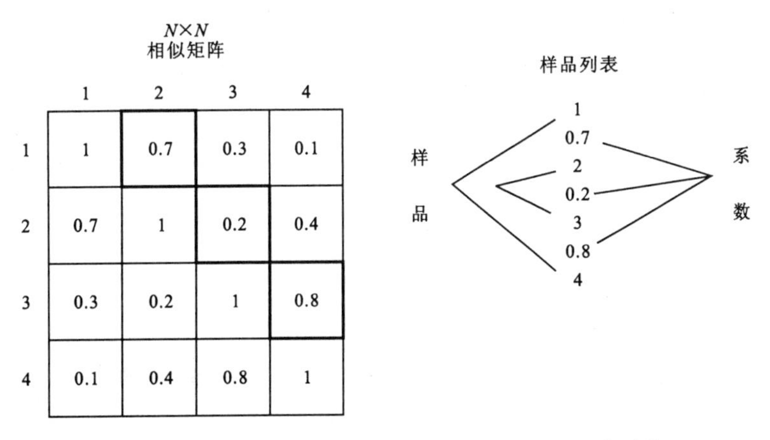

图 21　一个剖面(A 剖面，图 18)内样品间相似系数计算

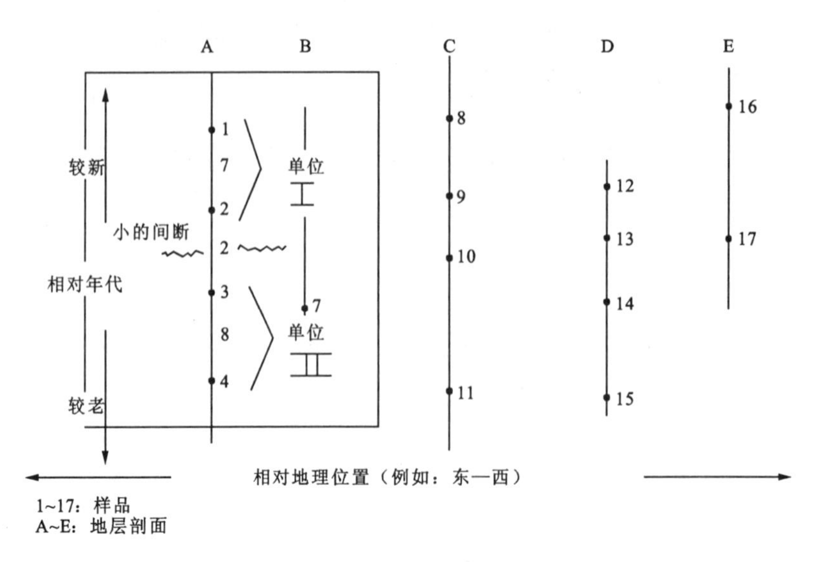

图 22　用图 21 的计算结果划分地层单位

2. 实际例子

Deboo(1965)报道的有关墨西哥海洋沿岸始新世与渐新世 5 个剖面的资料(图 23),共有 62 个样品点,获得 205 个微体化石(浮游和底栖有孔虫及介形虫)。由侧向追溯方法的结果与 Deboo(1965)用其他方法研究获得的结果基本一致(图 24)。图 24 中有些线条交叉,但大都限于同一地层单位。少数连线与地层界线交叉,说明划分对比中还有需进一步探讨的问题。

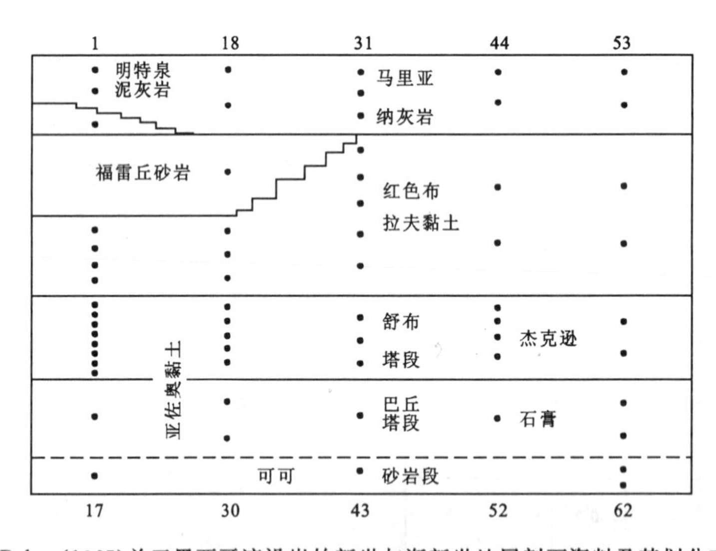

图 23　Deboo(1965)关于墨西哥湾沿岸始新世与渐新世地层剖面资料及其划分对比结论
5 个剖面自西向东:密西西比东部,阿拉巴马的斯德芬斯,小斯塔凡小溪,杰克逊和波杜艾山。每点表示样品位置,上下数字为样品编号顺序(据 Hazel,1970)

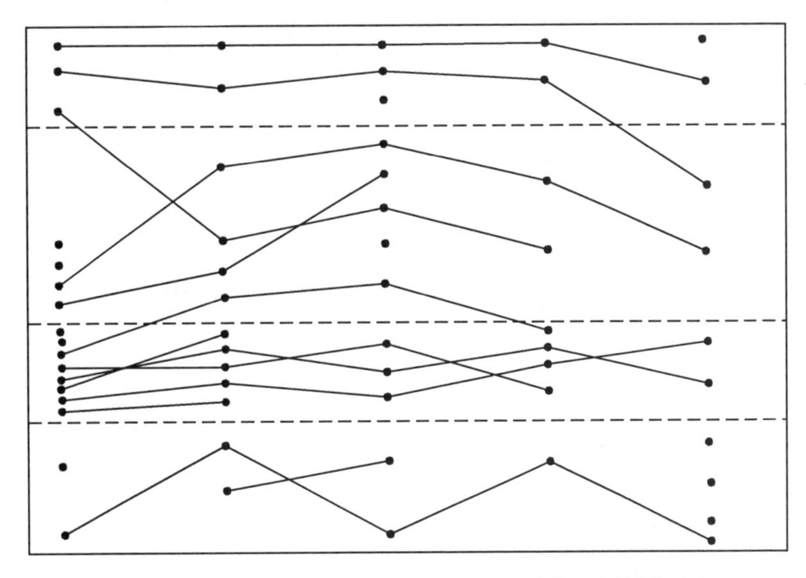

图 24　根据 Deboo(1965)的资料用侧向追溯作地层划分对比
(资料未经加权)(据 Sneath,1975)

五、岩石地层的定量分析

定量方法用于岩石地层的层序分析、地层划分、地质旋回和沉积相等方面已取得许多成果。这里扼要介绍几种简易的方法。

(一)最优分割法划分岩石地层

岩石地层有许多特征指标,如岩性、沉积结构、化学成分、重砂组分等都可以通过不同方法定量化。从岩石地层所取得的样品是有序的,可以按层号把岩石地层的各种特征(例如,各种化学元素的含量)排成矩阵。分割的原则是求分割后的变差值。段内差值小,段间差值大的分割为最优分割。在原始数据矩阵的基础上作变差矩阵:

$$d_{ij} = \sum_{\alpha=i}^{j} \sum_{\beta=1}^{p} [X_{\alpha\beta} - \overline{X}_{\beta}(i,j)]^2 \tag{13}$$

其中:

$$\overline{X}_{\beta}(i,j) = \sum_{\alpha=i}^{j} X_{\alpha\beta}/(j-i+1)$$

然后按分割要求求总变差值 $S_N(K;\alpha_1,\alpha_2,\cdots,\alpha_{k-1})$。$K$ 为分割要求的段数,如二分割 $K=2$。当 S_N 达到最小的分割称最优 K 段分割。总变差值随 K 值增大逐渐减小,当 $K=5$ 以后总变差值趋于平稳。所以,一般要求的分割段数不超过 10。

在研究华南二叠系—三叠系界线时,我们用最优分割法分析化学元素组分的变化。证明在二叠系—三叠系界线附近化学元素变化显著的层位不在二叠系—三叠系界线上,而在长兴组和大冶组内部。如表 8 为安徽怀宁月山剖面,该剖面二叠系—三叠系界线在第 22 层和第 23 层之间,按化学元素组分无分割点,分割点都在长兴组和大冶组内部。

表 8 安徽怀宁月山剖面化学成分含量的最优分割

1	分割点	新分割界线	S
2	13	第$\frac{26层}{25层}$	28.65
3	13 6	第 10 层顶	25.13
4	13 7 6	第 13 层顶	21.76
5	13 7 6 2	第$\frac{3层}{2层}$	18.58
6	13 7 6 2 1	第$\frac{2层}{1层}$	15.40
7	13 9 7 6 2 1	第 17 层顶	12.90
8	13 9 7 6 4 2 1	第 6 层顶	10.58
9	13 12 9 7 6 4 2 1	第$\frac{25层}{24层}$	8.50

(二)马尔可夫链应用于沉积旋回分析

地层中岩石的序列既有确定性的一面也有随机性的一面,就是说随机变量依赖于它过去的历史,它的序列符合时间离散、状态离散的马尔可夫过程。关于马尔可夫过程已有许多专著和论文(如,钱敏等,1979;景毅等,1986;龚一鸣,1983,1987)。其计算步骤简介如下。

1. 马尔可夫链转移概率矩阵

若过程在任意时间 $1<m<n$ 起作用,描述系统在时间 n 的状态的随机变量 X_n,只依赖于时间 m 发生的状态 X_m,这可写为

$$P\{X_n = X | X_m = y\} \; mp_{ij}$$

若以一重马尔可夫过程来说,mP_{ij} 为直接依赖于前一状态的条件概率。若过程是平稳的,即 $mP_{ij} = P_{ij}$,这是描述在地层中从一种状态转移到另一种状态的概率,称为转移概率。以转移概率 P_{ij} 为元素的矩阵称为马尔可夫链的转移概率矩阵,记为 P

$$P = \begin{bmatrix} P_{11} & P_{12} & \cdots & \cdots & P_{1N} \\ P_{21} & P_{22} & \cdots & \cdots & P_{2N} \\ \vdots & \vdots & \vdots & \vdots & \vdots \\ P_{N1} & P_{N2} & \cdots & \cdots & P_{NN} \end{bmatrix} \tag{14}$$

矩阵中每行的和等于 1。

表 9 为假设剖面中 5 种岩性的转移频数和转移概率矩阵。从转移概率矩阵求固定向量,如表 9 的转移概率矩阵自乘 11 次得极限概率矩阵,极限概率矩阵的行向量为固定概率向量:

$$[0.15 \quad 0.40 \quad 0.21 \quad 0.18 \quad 0.06]$$

表明在地层剖面中灰岩占 15%,页岩占 40%,砂岩占 21%,煤层占 18%,泥岩占 6%。

表 9　假设例子的转移概率矩阵计算

转移频数矩阵							转移概率矩阵						
	灰岩	页岩	砂岩	煤层	泥岩	总数		灰岩	页岩	砂岩	煤层	泥岩	总数
灰岩	0	12	0	0	1	13	灰岩	0	0.92	0	0	0.08	1
页岩	9	5	7	12	2	35	页岩	0.26	0.14	0.20	0.34	0.06	1
砂岩	0	8	6	4	1	19	砂岩	0	0.42	0.32	0.21	0.05	1
煤层	3	10	3	0	0	16	煤层	0.19	0.62	0.19	0	0	1
泥岩	1	0	2	0	1	4	泥岩	0.25	0	0.50	0	0.25	1
总数	13	35	18	16	5	87							

2. 用置换分析研究岩层变化规律

若把向上转移概率记为 P_{ip}，把向下转移概率记为 f_{ip}，则上置换矩阵(L)中的元素：

$$l_{ij} = \sum_{k=1}^{s} P_{ik} \cdot P_{kj} / (\sum_{k=1}^{s} P_{ik}^2 \cdot \sum_{k=1}^{s} P_{jk}^2)^{\frac{1}{2}} \tag{15}$$

下置换矩阵(R)中的元素：

$$r_{ij} = \sum_{k=1}^{s} f_{ik} \cdot f_{jk} / (\sum_{k=1}^{s} f_{ik}^2 \cdot \sum_{k=1}^{s} f_{jk}^2)^{\frac{1}{2}} \tag{16}$$

互置换矩阵(C)中的元素：

$$C_{ij} = l_{ij} \times r_{ij} \tag{17}$$

根据 L、R、C 矩阵，可作谱系图，研究岩层变化规律。

3. 用熵分析作熵图分析沉积旋回特征

熵函数被 Hattori(1976)引入分析沉积旋回，他把熵分为后熵 E_i^{Post} 和前熵 E_i^{Pre}。

$$E_i^{\text{Post}} = -\sum P_{ij} \log_2 P_{ij} \tag{18}$$

代表岩石特征向上转移的熵。若 $E_i^{\text{Post}}=0$ 时，则矩阵中心有一个 $P_{ij}=1$，其他项为 0，也就是说状态 i 具有确定的后继状态 j；若 $E_i{}^{\text{Post}}$ 接近于 0，有确定后继状态的可能性很大；若 P_{ij} 均相等，E_i^{Post} 值最大，这时 i 的后继状态最难以预测。

$$E_i^{\text{Pre}} = -\sum f_{ji} \log f_{ji} \tag{19}$$

f_{ij} 为向下转移概率，当 $E_i^{\text{Pre}} > E_i^{\text{Post}} > 0$ 时，i 状态可能在不同的状态后发生。

求出熵值后列表，并作熵图。表 10 为龚一鸣(1987)分析湖南宁远半山剖面时所作的熵值表。在作熵图时为了便于对比，常求最大熵。

$$E_{\max} = -\log_2 [\frac{1}{(M-1)}] \tag{20}$$

其中 M 为状态数。表 10 的 $E_{\max}=3$，再求 $R=E/E_{\max}$。此外还定义了系统熵值：

$$E_{\text{sys}} = -\sum_i \sum_j r_{ij} \log r_{ij} \tag{21}$$

其中 $r_{ij} = Q_{ij} / \sum_i \sum_j Q_{ij}$，湖南半山剖面例子中的 $E_{\text{sys}}=4.5$。

从半山剖面的熵图(图 25)上看出，9 种岩相的熵值都较大，近对称地分布于海侵熵值区和海退熵值区，说明相变频繁。系统熵值既不落入海相区也不落于陆相区，也说明半山剖面为多相态的复杂沉积序列(图 26)。

表 10　熵值表(据龚一鸣，1987，简化)

岩相特征	R^{Post}	R^{Pre}	岩相特征	R^{Post}	R^{Pre}
A	0.71	0.70	E	0.73	0.55
B	0.57	0.63	F	0.58	0.50
C	0.36	0.27	G	0.50	0.64
D	0.62	0.77	H	0.80	0.73
			I	0.42	0.57

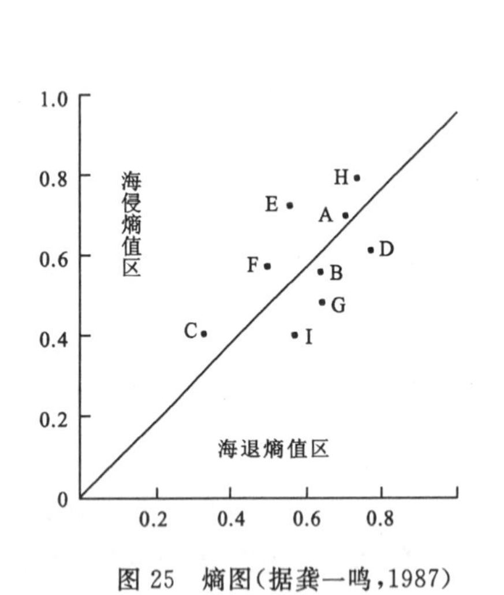

图 25　熵图(据龚一鸣，1987)

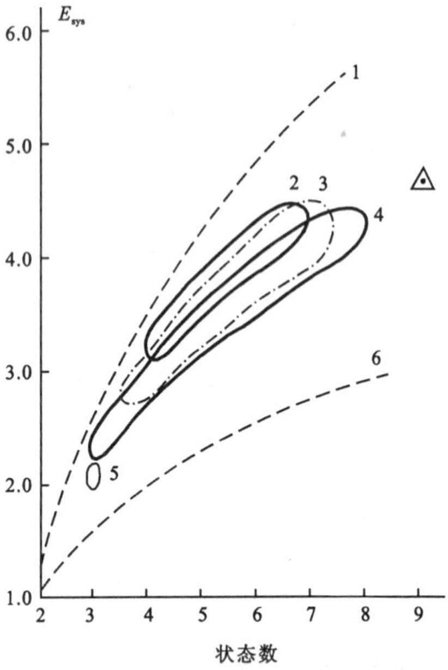

图 26　系统熵与岩相序列沉积环境关系

1. 最大熵；2. 含煤序列熵值区；3. 河流—冲积序列熵值区；4. 浅海序列熵值区；5. 复理石序列熵值区；6. 最小熵

△半山剖面岩相序列熵值

定量地层学的研究不但具有基础理论的意义，而且具有实际应用的价值。近年来商业性的定量对比技术已问世，例如，斯伦贝谢测井公司向石油工业技术市场推出高分辨率地层倾角测井的 GEODIP 和 LOCDIP 对比技术计算机处理程序。另外，井下生物地层快速对比的商业公司也已出现。说明定量地层学有很高的实用意义。

参考文献

龚一鸣. 岩相剖面的定量历史沉积学分析[J]. 地球科学，1987，12:613－620

景毅，王世称，苑清扬. 马尔柯夫过程在地质学中的应用[M]. 北京：地质出版社，1986

徐桂荣,李志明.二态(有—无)聚类分析[J]. 地质科技情报,1982(1):11 - 17

徐桂荣.地层的时间对比[J]. 地质科技,1981a,25:72 - 83

徐桂荣.云南泥盆纪地层对比[J]. 地球科学,1981b(2):9 - 37

Chee than A H,Hazel J E. Binary(Presence - Abscnce)Similarity Coefficients[J]. J. Palaen,1969. 43(5):1 130 - 1 136

Cubitt J M,Reyment R A et al.. Quantitative stratigraphic correlation[M]. John Wiley & Sons Ltd,1982

Dcboo P B. Biostratigraphic correlation of the type Shubuta Member of the Yazoo Clay and Red Bluff Clay with their equivalents in southwestern Alabama: Alabama Geol[M]. Survey Bull,1965,80:84

Edwards L E. Range charts and no - spacc graphs[J]. Computers & Geoscienccs,1978,4(3):247 - 255

Hay W W. Probabilistic stratigraphy[J]. Eclogae Geologicae Helvetiae,1972. 65(2):255 - 266

Hazel J E.. Binary coefficicnts and clustering in biostratigraphy[J]. Geol. Soc. Amcrica Bull.,1970,81(11):3 237 - 3 252

Hazel J E. Use of certain multivariate and other technique in assemblage zonal biostratigraphy: examples utilizing Cambrina, Cretaceous and Tertiary bcnthic invertebrates [M]. In Concepts and methods of biostratigraphy: Dowden, Hutchinson & Ross, Inc., Stroudsburg Pennsylvania,1977:187 - 212

Jeletzky J A. Is it possible to quantify biochronological correlation? [J]. Jour. Paleontology,1965,39(1):135 - 140

Miller F X. The graphic correlation method in biostratigraphy[J]. in Concepts and methods of biostratigraphy: Dowden. Hutchinson & Ross. Inc., Stroudsburg, Pennsylvania,1977:165 - 186

Schwarzacher W. 沉积模型和定量地层学[M]. 徐桂荣译. 北京:地质出版社, 1984

Shaw A B. Time in stratigraphy: McGraw - Hill Book Co., New York,1964,365

Sneath P H A. Quantitative method for lateral tracing of sedimentary units: Computera & Geosciences[J]. 1975,1(3):215 - 220

【原载《现代地层学》(中国地质大学出版社)中的第五章,1987 年】

定量生物地层学与物种进化序列[①]

徐桂荣　龚淑云　王永标　袁　伟[②]

定量生物地层学在20世纪70—80年代飞速发展，提出了一系列研究方法，其中较有效的方法包括概率地层（Hay，1972；徐桂荣等，1989）和在这基础上发展的序列优化和测评法（Agterberg，1985；徐桂荣，1991）。由于化石的保存和采集等因素，生物地层学事件有较多的随机因素。概率地层是有效的手段，用于发现生物地层事件较可靠的顺序。但是这种顺序的可靠程度取决于资料的丰富程度，一般来说有大量资料比贫乏资料的概率分析可靠性要高。但是在生物地层工作中，化石资料常常受到限制。

进化序列系统学研究的物种进化序列（Xu Guirong，1999；徐桂荣等，2000），其确定性较高。把物种进化序列引入定量生物地层学，使两者结合和互相检验，无论在研究生物进化、地层对比和恢复地质历史事件等方面都是十分有用的。

一、成种事件序列

进化序列系统学确定成种事件序列（Xu Guirong，1999；徐桂荣等，2000）的原理和方法简述如下：最亲近物种间的近裔共性来自同一母体；自体近裔性状是从母体经性状变异而来，是新种形成时或形成后产生的。姐妹群是具有共同祖先的单系群，判断姐妹群的原则只能根据近裔共性；近祖共性不能确定姐妹群。根据隔离异域成种的原理，同一个姐妹群中各物种的形成一般是有先后顺序的。但姐妹群中不同种的时间间隔不会相隔太长。最亲近姐妹群中物种成种的间隔不会超过一个物种世代。

理解性状镶嵌分布是进化序列系统学的关键。在姐妹群的一物种中总可以找到一个或几个性状状态比另一物种中的原始；相反，也可以在后一物种中找到一些性状状态比前一种中的原始，这就是镶嵌分布（Hennig，1996）。性状镶嵌的事实早已被生物学家所公认，是生物界普遍存在的事实。

图1(a)表明种Wwe和种Wvm有5个近裔共性组成的一个姐妹群，它们与种Wku之间有4个近裔共性。显然种Wwe和种Wvm之间的亲近度大于它们与种Wku的亲近度。性状AZ和SN在种Wvm中出现状态2和0，在种Wwe中为祖征。同时性状FS在种Wvm中为祖征，在种Wwe出现状态1，这就是性状镶嵌分布。种Wwe与种Wku在性状AZ、WZ和FS之间也呈现镶嵌分布。镶嵌分布提供了物种形成顺序的可靠信息，图1(b)说明种Wwe的形成早于种Wvm。种Wwe与假设的祖先种比较有一个自体近裔性状(1c)，种Wvm与假设的祖先种比较有两个自体近裔性状(2c)。若假设从祖先性状状态到衍生状态每一性状的变化需

① 国家自然科学基金（批准号：49872014）和高数博士点基金（批准号：97014001）资金项目。

② 龚淑云、王永标：中国地质大学（武汉）地球科学学院；袁伟：中国地质大学（武汉）电教中心。

要一单位时间，从祖先种到种 Wwe 需要一个单位时间，而到种 Wvm 需要两单位时间，因此种 Wwe 的形成时间比种 Wvm 早一单位时间。由于性状镶嵌确定物种形成顺序的前提条件是在一个单系群的物种，所以对姐妹群的研究必须先于镶嵌分布的研究，这是确定物种进化序列的主要方法。

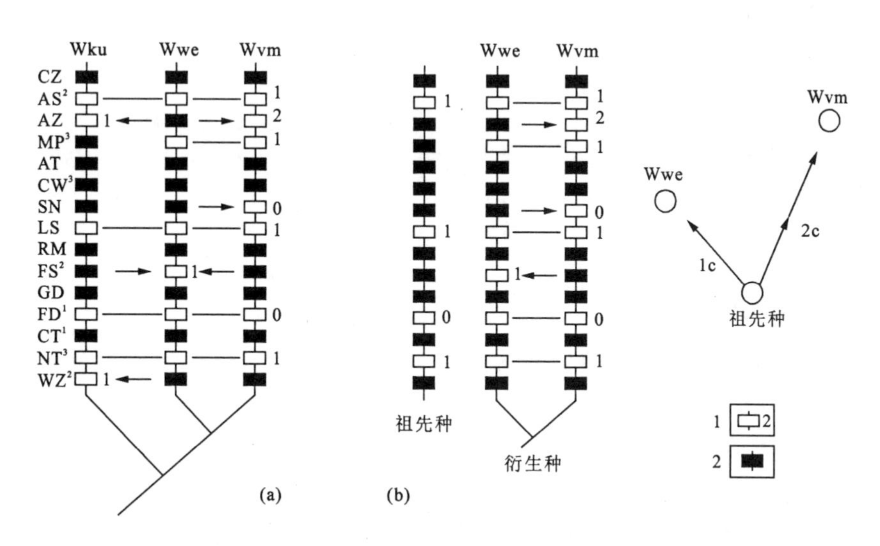

图 1　性状镶嵌分布和物种序列

(a)图解性状镶嵌分布；(b)图解成种顺序。以瓦岗珊瑚类的 3 个化石种之间的性状关系说明镶嵌分布和成种顺序(Wku=*W. kueichowense* Huang，1932；Wwe=*W. wenchengense* Huang，1932；Wvm=*W. virgalense mongoliense* Grabau，1931)。1. 为衍生性状状态。图内的数字为性状状态编号；连接衍生性状状态的横线表示近裔共性。2. 为祖征。粗箭头表示镶嵌关系。1c 代表一个性状的镶嵌；2c 为两个性状的镶嵌。左侧代码和上标为各种性状及性状分级[引自文献(徐桂荣等，2000)有修改]

二、物种消失事件的确定

目前学术界对物种消失事件的研究还无满意的方法。本文讨论两种替代方法。

(1)定量生物地层学的末次事件，可在某种程度上逼近物种消失事件。

生物地层首次出现事件不等于成种事件；末次出现事件不等于物种消失事件。但是一地区许多剖面的生物地层资料，在定量地层学排序过程中可能逼近该地区物种的出现和消失。这主要取决于资料的完整性。如有较多的剖面和较可靠的资料(如化石鉴定正确、采集周到等)，定量生物地层学分析能较可靠地代表工作地区物种出现和消失序列(Xu Guirong，1991)。但地区性物种出现和消失序列与成种和绝灭事件序列是有差别的。能概括世界各区的定量生物地层学分析，才能较好地反映成种和绝灭序列。

(2)以姐妹群母种的生存期来近似地代表该姐妹群物种的生存期。

物种的生存期主要取决于遗传基因和环境条件两方面。在环境条件大体相同的情况下，遗传基因是决定物种生存期长短的主要因素，子代的生存期可能与母种生存期大体相当。我们不知道姐妹群母体的生存期，但在进化序列系统学中我们知道姐妹群的最早和最晚成种事件。姐妹群中最早和最晚成种事件之间的间隔可认为近似地代表母种的中年期。一物种的生存期可经少年、中年和老年 3 个时期。假定每个时期基本相等，如图 2 所示。我们可用次亲近姐妹群的最早成种事件和最亲近姐妹群的最晚成种事件之间的时间间隔，即两个中年期和一个少年期可近似地代表姐妹群母种的生存期。因而最亲近姐妹群的最晚成种事件可代表次亲近姐妹群的最早物种消失事件，除非在成年前夭折。

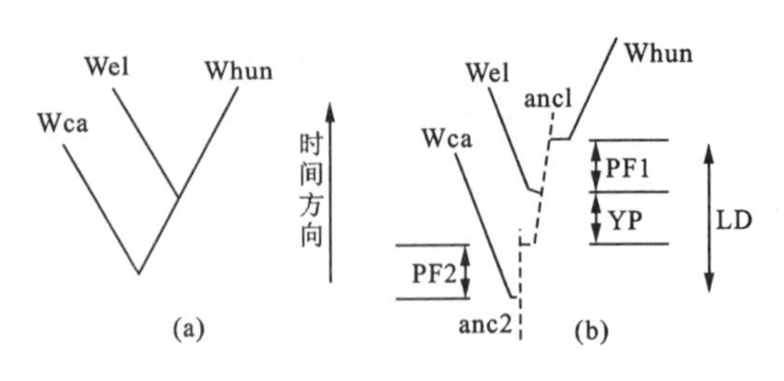

图 2 图解物种的近似生存期

(a)3 个瓦岗珊瑚种（Wca，Wel，Whun；见文献（Xu Guirong et al.，1999），图 3）构成次亲近姐妹群；(b)次亲近姐妹群的最早物种的生存期。间断线代表两假设母种的生存期。“anc1”表示假设的最亲近姐妹群的母种；“anc2”表示次亲近姐妹群的母种（祖母种）。PF1 表示母种的中年期；PF2 表示祖母种的中年期；YP 表示母种的少年期。LD 表示物种 Wca 的近似生存期

三、生物地层学事件顺序

定量生物地层学与一般生物地层学在若干基本概念上有所不同。定量生物地层学以研究生物地层事件的顺序为主要手段。在地层划分和对比中强调生物地层学事件的顺序，在工作精度上比不考虑事件顺序要高。序列对比的原则，主要辨别由于事件间的相对不足延限和超长延限引起的异常顺序。

一般生物地层学以生物带为出发点，生物地层学中有各种不同的生物带，其中以延限带最为常用。生物延限带对比的精确性取决于有关化石的演化速率，延限短地层对比精确度较高，延限长地层对比精确度较差。由于化石在各地保存的延限不同，化石带的对比一般是穿时的。

定量生物地层学对生物地层事件作概率分析的主要出发点是研究事件相对上下关系的概率，并用统计方法来检验事件序列的可信度。主要方法有 3 种：①Hay 法——求频率矩阵的上三角所有元素大于至少等于下三角所有元素（$P_{ij}>=P_{ji}$），并作概率分析（Hay，1972）；这方法后来经 Agterberg 等人（Agterberg，1985）的工作作了改进。②拣分法——在频率矩阵的基础上求事件上下相对关系的定序量（A_i），计算公式为

$$A_i=(N-1)a_i/(N-1-b_i)$$

式中各参数的含义参见文献（Agterberg，1985）或（徐桂荣，1991）。③测评法——测算两两相继事件之间的“距离”，并求“距离”的标准差（Agterberg，1985；徐桂荣等，1991）。这 3 种方法可通过计算机连续依次计算，最后作统计检验。本文以改进了的 Hay 法和拣分法作为基本方法。因为测评法求“距离”的目的主要是归并生物带（Agterberg，1985，1999；徐桂荣等，1991），本文以进化序列系统学的“时间单位”替代“距离”。

四、实例分析

1. 资料选择

我们曾对二叠纪瓦岗珊瑚类的成种序列作出分析（Xu Guirong et al.，1991；徐桂荣等，2000）。对晚二叠世—早三叠世生物地层作过定量分析（徐桂荣等，1991；Xu Guirong，1991）。在这些工作的基础上，进一步整理和收集二叠纪的有关生物地层资料。由于单个剖面的化石资料极为分散，因此采用地区综合资料。地区是按生物区系大体一致为划分根据。对各地区的化石资料进行了选择，选择是按照以下思路进行的：①在 3 个或 3 个以上地区都有产出的化石才采用；②在瓦岗珊瑚类进化序列中删去进化异常物种，包括平行演化、趋同和退化等，已在

早先的文章中讨论到(Xu Guirong et al.,1999;徐桂荣等,2000);③在瓦岗珊瑚类进化序列中,按次亲近姐妹群只选一种作代表;④瓦岗珊瑚类以外的其他化石用产出顺序较可靠,一般公认的较重要化石,如代码为Pas、Tfl和Pfu等化石的序列已有讨论(徐桂荣等,1991),代码为Nes和Prs等化石的重要性是公认的(Jin Yugan et al.,1999)。从70多瓦岗珊瑚类种和约30多待选择的其他化石中,选择出42个生物地层学事件用于研究,列于表1。表中的编号是按照地层层位与瓦岗珊瑚类序列排出的顺序,作为假设标准序列,以便最后检验。经选择的瓦岗珊瑚类大多为次亲近姐妹群,作为试验还包括了一个单种和一个最亲近姐妹群(表2)。各地区的综合资料列于表3。

表1 经过选择的二叠纪瓦岗珊瑚类姐妹群中代表性物种的最早和最晚成种事件与其他代表性化石的首次和末次事件①

编号	种　名	代码	编号	种　名	代码
1	*Pseudotirolites asiaticus* *	PasU	22	*W. songshanense*	WsoU
2	*W. indicum frechi*	WifrU	23	*Neoschwagerina magaritacea* +	NesU
3	*Tapashanites floriformis* ○	TflU	24	*W. indicum frechi*	WifrL
4	*Pseudogastrioceras guizhouense* *	PguU	25	*W. wengchengense*	WweL
5	*Palaeofusulina fusiformis* ○	PfuU	26	*W. minor*	WmikU
6	*L. diphyphylloideun*	LdiU	27	*W. wuxiense*	WwuU
7	*Pseudotirolites asiaticus* **	PasL	28	*W. lui*	WluL
8	*Codonofusiella simplex* ■	CsiU	29	*L. crassicolumellum*	LcrU
9	*L. stereoseptatum*	LatU	30	*L. ditabulatum*	LditU
10	*Tapashanites floriformis* ○○	TflL	31	*W. simplex*	WsiL
11	*Pseudogastrioceras guizhouense* **	PguL	32	*W. pulchrum*	WpuU
12	*Palaeofusulina fusiformis* □□	PfuL	33	*W. pulchrum*	WpuL
13	*W. lui*	WluU	34	*W. minor*	WmikL
14	*W. simplex*	WsiU	35	*W. minurum*	WmiuL
15	*L. stereoseptatum*	LstL	36	*Parafusuloina multiseptata* ∷	PrsU
16	*W. asperum*	WasU	37	*Neoschwagerina simplex* ++	NesL
17	*W. asperum*	WasL	38	*W. songshanense*	WsoL
18	*Codonofusiella simplex* ■■	CsiL	39	*L. ditabulatum*	LditL
19	*L. diphyphylloideum*	LdiL	40	*L. crassicolumellum*	LcrL
20	*W. minurum*	WmiuU	41	*Parafusulina multiseptata* ∷∷	PrsL
21	*W. wengchengense*	WweU	42	*W. wuxiense*	WwuL

①表内种名后附有符号的为瓦岗珊瑚类以外的化石。代码中L是指最早成种事件或首次出现事件;U是指最晚成种事件或末次出现事件。

表 2　经过选择的瓦岗珊瑚类姐妹群成员及其所处的“时间单位”①

代表种	姐妹群成员(“时间单位”)	生存期	修改后的生存期
Wifr(11)	Wir(5),Wda(5.5),Lga(12.5)	7.5	7.5
Ldi(6)	Lli(9),Wno(11.5)	5.5	2
Lst(7)	Lstr(10)最亲近姐妹群	3	3
Wlu(8)	Lmi(4.5),Hae(5.5),Lwu(5.5),Hls(6.5)	3.5	3.5
Wsi(4)	Wra(3.5),Wma(6.5),Wicr(7.5)	4	4
Was(6.5)	Lhum(6),Wgan(6.5)	0.5	5
Wmiu(4.5)	Wmiw(5),Hra(5.5)	1	1
Wwe(5)	Hgu(5.5),Lzh(7)	2	0.5
Wso(2.5)	Wmc(1.5),Wti(5.5)	4	4
Wmik(3)	Wde(4.5),Wvm(5)	2	1
Wwu(4.5)	Hcu(1),Lsa(3)	3.5	3.5
Lcr(4)	Lqi(1),Hlo(1)	3	3
Wpu(3.5)	单种群	?	?
Ldit(1.5)	Lin(2.5),Llu(3),Lsi(4)	2.5	2.5

①括弧内的“时间单位”,是镶嵌性状状态变化的量度[据文献(Xu Guirong et al.,1999)中的,表 4,图 3]。

表 3　8 个地区有关二叠纪瓦岗珊瑚类和代表性化石的生物地层事件①

GXP	GZP	JSP	NWH	SCP	SSH	TTY	XZA
1*	1*	1*	1*	1*	1*	2	14
3°	5□,4●	5□,4●	4●, 5□	5□	4●,5□	6	13
7**	7**	14	2	2	14	19	22
10°°	12□□,11●●	20,22	3°	3° ,4●	16	20	28
20	16	26	7**	7**	2	26	29
35	17	31	8■	8■	7**	30	38
13	2	35,34	10°°	9	11●●,12□□	32,33	40
16	9	38	27	12□□,10°°	20,22	34	2
17	15	27	12□□, 11●●	13	24,21	39	24
21	24	7**	14	14	27	21	31
28, 27	31	8■	24	20	35	23+,25,24	23+
40	14	12□□	42	26	38	35	32,33
25	21	18■■	31	28	42	37++	37++
29	25	11●●	18■■	34,35	13	36■■■■	
26	30	42	23+	11●●	17	14	
34	39	2	37++	30	26	31	
23+	6	24		18□□	30	41■■■■■■■■	
42	23+	23+		24	31		
14	37++	32, 33		31	34		
31	19	37++		39	40		
37++		36		15	9		
		6		21	15		
		19■■■■		25,23+	28		
		41■■■■■■■■		37+	29		
				36■■■■	39		
				41■■■■■■■■	25		

①8 地区:GXP 为广西地区(包括广东);GZP 为贵州地区(包括云南);JSP 为江苏地区(包括浙江和安徽);NWH 为湖南地区(包括湖北西部);SCP 为四川地区;SSH 为陕西地区;XZA 为西藏地区(包括青海);TTY 为其他特提斯地区。编号所代表的化石名称和表内符号的含义见表 1。表内符号作为地层粗略对比的依据。

2. 计算方法

用电脑程序 EQB(The Program of Evolutionary Sequence and Quantitative Biostratigraphy)作资料整理和计算。把剖面资料输入数据矩阵，包括 F 矩阵、T 矩阵和 R 矩阵；进而计算 S 矩阵；并使 S 矩阵的上三角大于等于下三角，得到第一个序列，即由改进了的 Hay 法求得的序列，本文称为 S 序列；接着用拣分法计算 A 矩阵，得到第二个序列，本文称为 A 序列；最后计算距离系数和标准差[具体方法和计算公式参看文献(Agterberg,1985；徐桂荣,1991)]。

3. 计算结果

程序中分别作 4 种不同类型的计算：A 类，8 个地区资料作单纯的定量生物地层计算；B 类，瓦岗珊瑚类次亲近姐妹群最早成种事件序列与生物地层首次事件序列一起，计算首次事件混合序列；C 类，姐妹群的最晚成种事件序列与生物地层末次事件序列一起，计算末次事件混合序列；D 类，最早和最晚成种事件与生物地层首次出现和末次出现事件一起计算首末延限混合序列。其结果列于表 4。

表 4　4 个不同类型和两种序列的计算结果[①]

编号	S序列	A序列	编号	S序列	A序列	编号	S序列	A序列	编号	S序列	A序列	编号	S序列	A序列	编号	S序列	A序列
1	1	1	22	9	28	7	7	7	1	1	1	1	1	1	22	18	27
2	5	5	23	10	34	10	10	10	2	5	5	2	5	5	23	15	24
3	4	4	24	13	30	11	12	12	3	4	4	3	4	4	24	19	35
4	16	3	25	30	24	12	11	11	4	16	3	4	16	3	25	24	28
5	22	7	26	28	42	15	35	17	5	2	2	5	2	2	26	30	15
6	38	2	27	31	6	17	17	18	6	3	8	6	3	7	27	39	25
7	2	22	28	18	18	18	34	35	8	8	16	7	7	8	28	21	30
8	3	10	29	24	40	19	15	28	9	9	9	8	8	10	29	25	38
9	7	12	30	32	31	24	18	24	13	14	13	9	6	12	30	27	34
10	8	16	31	6	25	25	19	19	14	6	14	10	20	6	31	28	29
11	12	8	32	33	29	28	28	15	16	13	6	11	35	16	32	29	21
12	20	20	33	15	15	31	24	34	20	20	22	12	17	13	33	38	31
13	35	14	34	39	33	33	25	25	21	22	20	13	9	11	34	31	33
14	27	38	35	21	32	34	31	38	22	26	26	14	10	14	35	40	32
15	17	13	36	25	19	35	38	31	23	30	27	15	12	9	36	23	42
16	14	35	37	29	21	37	33	33	26	21	30	16	11	20	37	33	40
17	26	27	38	23	23	38	39	42	27	27	21	17	13	22	38	32	23
18	34	11	39	37	39	39	40	40	29	29	29	18	14	17	39	42	39
19	11	26	40	36	37	40	42	39	30	23	23	19	26	26	40	37	36
20	40	17	41	19	36	41	37	37	32	32	32	20	34	19	41	36	37
21	42	9	42	41	41	42	41	41	36	36	36	21	22	18	42	41	41
A						B			C			D					

①表下方 A 为纯定量生物地层序列；B 为首次事件混合序列；C 为末次事件混合序列；D 为首末延限混合序列。

4. 检验

定量生物地层学一般以距离系数和标准差为基础作统计检验，在先前的文章中已有讨论（徐桂荣，1991）。本文因涉及两种不同序列的比较检验，一般的统计检验不能有效地表明序列的对比。本文采用矢秩相关检验（Spearman Rank - Correlation Test）（Hawley，1966）。此方法简便并能说明两序列间的相关程度。求矢秩相关系数（r）和假设检验的 Z 值，计算公式见文献（Hawley，1966）。此方法以矢秩相关系数（r）的中数和标准差作 Z 值假设检验，如果零假设不成立则相关成立。如果 Z 值大于 1.96 或小于 -1.96，为拒绝零假设接受相关假设；大于 1.96 为正相关；小于 -1.96 为负相关。

由于假设标准序列中原来包含“时间单位”为依据的层组（Xu Guirong et al.，1999），所以还必须作族群矢秩相关检验。族群矢秩相关检验首先要计算每层组的中数作为序列比较的基础。A 类族群矢秩相关检验的计算结果表明与假设标准序列的匹配很差；D 类计算结果与假设标准序列的匹配较好，但与 B 类和 C 类计算相类似，所以这里只列出 B 类和 C 类的这种检验结果（表 5）。

表 5　B 类和 C 类的族群矢秩相关检验及其异常①

<table>
<tr><th>标准序列</th><th>S序列</th><th>S异常</th><th>A序列</th><th>A异常</th></tr>
<tr><td>7</td><td>7</td><td rowspan="11">35
34
28

38</td><td>7</td><td rowspan="11">35
34
15,38
25</td></tr>
<tr><td>10,11,12</td><td>10,12,11</td><td>10,12,11</td></tr>
<tr><td>15</td><td>17,15</td><td>#</td></tr>
<tr><td>17,18,19</td><td>18,19</td><td>17,18</td></tr>
<tr><td>24,25</td><td>24,25</td><td rowspan="2">28,24,19</td></tr>
<tr><td>28</td><td>#</td></tr>
<tr><td>31,33</td><td>31,33</td><td>31,33</td></tr>
<tr><td>34,35</td><td>#</td><td>#</td></tr>
<tr><td>37</td><td rowspan="2">39,40,42,37</td><td rowspan="2">40,42,39,37</td></tr>
<tr><td>38,39</td></tr>
<tr><td>40,41,42</td><td>41</td><td>41</td></tr>
<tr><td>B类检验</td><td colspan="2">r=0.958,$z(r)$=2.536</td><td colspan="2">r=0.944,$z(r)$=2.312</td></tr>
</table>

<table>
<tr><th>标准序列</th><th>S序列</th><th>S异常</th><th>A序列</th><th>A异常</th></tr>
<tr><td>1,2</td><td>1</td><td rowspan="14">16

6

23</td><td>1</td><td rowspan="14">16

6

21,23</td></tr>
<tr><td>3,4,5</td><td>5,4,3,2</td><td>5,4,3,2</td></tr>
<tr><td>6</td><td>#</td><td>#</td></tr>
<tr><td>8</td><td>8</td><td>8</td></tr>
<tr><td>9</td><td>9</td><td>9</td></tr>
<tr><td>13</td><td rowspan="2">14,13</td><td>13</td></tr>
<tr><td>14</td><td>14</td></tr>
<tr><td>16</td><td>#</td><td>#</td></tr>
<tr><td>20,21,22</td><td>20,21,22</td><td>22,20</td></tr>
<tr><td>23,26</td><td>26</td><td rowspan="2">27,26</td></tr>
<tr><td>27</td><td>27</td></tr>
<tr><td>29,30</td><td>29,30</td><td>30,29</td></tr>
<tr><td>32</td><td>32</td><td>32</td></tr>
<tr><td>36</td><td>36</td><td>36</td></tr>
<tr><td>C类检验</td><td colspan="2">r=0.988,$z(r)$=3.123</td><td colspan="2">r=0.997,$z(r)$=3.152</td></tr>
</table>

①B类和C类的含义与表3同。有符号#为不能匹配的层组。r为矢铁相关系数；z（r）为假设检验值。

5. 异常事件的确定

通过族群矢秩相关检验能鉴别序列的异常分子，层组间不匹配的为异常事件。表 5 说明，B 类的 S 序列与假设标准序列有 8 个层组可匹配，有 4 个异常；A 序列与假设标准序列有 7 层组可匹配，有 5 个异常；C 类的 S 序列与假设标准序列有 11 层组可匹配，有 3 个异常；A 序列与假设标准序列有 11 层组可匹配，有 4 个异常。

6. 修正假设的标准序列

如何根据这些异常事件来修正假设的标准序列，必须根据不同情况分别对待，因此本文采用以下原则和方法：

（1）假设标准序列中的生物地层事件若发现异常分子，应根据检验结果作调整。如化石种代码 Nes 的末次事件(编号 23)在 C 类 S 序列和 A 序列中都为异常,应调整到与 Lcr 化石末次事件(编号 29)以下或至少相同层位。

(2)姐妹群的最早成种事件比较可靠,但由于在作姐妹群和镶嵌分析时,确定祖征和性状级别可能会存在误差。如果异常较多,说明这类误差较大,需重新作进化序列分析;如只有少量异常,其原因多半由于异常分子的姐妹群关系或地层层位不确定。例如,物种 Lst 的最早成种事件(编号 15)在 S 序列和 A 序列中都低于 Was 的最早成种事件(编号 17),这是姐妹群的问题,因为作为试验,我们把只有最亲近姐妹群关系的 Lst 和 Lstr 两种选入(见表 2),所以它的异常是可以预见的。编号 15 和编号 17 这两个事件可放入同层位。又如物种 Wmik(编号 34)、Wmiu(编号 35)和 Wso(编号 38)成种事件的异常显示在标准序列中的位置偏低。有两个可能原因:①进化序列中的误差,物种 Wmiu(编号 35)的"时间单位"为 4.5(见表 2),理应在序列中的位置较高;②其他两物种的化石常保存在较高的层位,而进化序列显示可出现在较低层位,可能是化石保存不完全的原因。化石 Wlu(编号 28)和 Wwe(编号 25)在 S 序列或 A 序列中稍偏离,但不清楚其原因,可暂时保留。

(3)姐妹群中的最晚成种事件有较大的不确定性,需要以地层资料作检验。如 Was 的最晚事件(编号 16)在 S 序列和 A 序列中都在 Lst 的最晚事件(编号 9)之上,说明在假设标准序列中是不充分延限,应向上调整。最晚事件 6 和事件 21 的异常,表明是超延限异常,这意味着在姐妹群最晚成种事件以前,这些种已夭折。这可能发生在环境异常时期,二叠纪可能有这种情况。事件 6 应与事件 13 和事件 14 放入同一层位。而事件 21 可保持在原来序列中,因为它在 S 序列中没有异常,在 A 序列中偏离也较小。

调整后的首次和末次混合序列及整个序列见表 6。修正后的序列基本保持了瓦岗珊瑚类姐妹群的成种序列,它们之间的族群矢秩相关系数达到 5.5~6.0,是十分密切的相关关系。

表 6 修正后的序列和层序①

时间地层	首次事件修正序列	末次事件修正序列	修正序列		时间顺序
			物种编号	物种代码	
长兴阶		1,2	1,2	PasU*,WifrU	12.5
		3,4,5	3,4,5	TflU*,PguU*,PfuU*	
	7		7	PasL*	
		8	8	CaiU*	
		16	16	WasU	11?
		9	9	LstU	10
	10,11,12		10,11,12	TflL*,PguL*,PfuL*	
吴家坪阶		13,14,6	13,14,6	WluU,WsiU,LdiU	8~7.5
			17,15	WasL,LstL	7~6
			18,19	CsiL*,LdiL	6
茅口阶		20,21,22	20,21,22	WmiuU,WweU,WsoU	5.5~5
	24,25 28,35		24,25	WifrL,WweL	5
		26	28,35,26	WluL,WmiuL,WmikU	4.5
		30,27,29,23	29,30,27,23	LcrU,LditU,WwuU,NesU*	4.5~4
	31,33,38	32	31,32,33,38	WsiL,WpuU,WpuL,WsoL	3.5~3
	34	36	34,36	WmikL,PrsU*	3
栖霞阶	42,40,39,37		37,39,40,42	NesL*,LditL,LcrL,WwuL	1.5~1
	41		41	PrsL*	1

①物种代码有 * 号上标的为瓦岗珊瑚类以外的化石。时间顺序是作为镶嵌性状态变化量度的"时间单位"的顺序(据文献(Xu Guirong et al.,1999)中的,表 4,图 3)。

7. 修改后的瓦岗珊瑚类物种生存期

根据修改后瓦岗珊瑚类各物种所处"时间单位"的位置，可为修正后的物种序列排出时间顺序(表6)。其中事件16(种Was)向上调整后，它的"时间单位"无法确定，11只是估计值。在时间顺序的基础上，由次亲近姐妹群中最早和最晚成种事件所处的"时间单位"可得到母种的生存期(见表2)。在同一次亲近姐妹群中物种的生存期，可认为近似地接近母种。而单种无法确定生存期。

五、结语

定量生物地层学引入物种进化序列，使我们对以下一些问题有更深刻的认识：

(1)生物地层学事件与成种事件是两个不同范畴的概念。虽然大量化石材料的定量研究可在某种程度上逼近成种事件(徐桂荣，1989；Xu Guirong，1991)，但如上述A类计算所表明的，仅作生物地层事件的计算与成种事件的差距是很大的。进化序列与生物地层序列结合后，在以成种序列为基础的假设标准序列引导下，可产生良好的效果。同时通过发现异常事件，使成种序列和生物地层事件序列互相校正。

(2)长期以来，物种消失事件是古生物学中的一个困难问题。将姐妹群的最晚成种事件和生物地层的末次出现事件结合研究，是一个有效的方法。这方法为生物绝灭的研究开创了一个新的途径。物种生存期的确定长期只是估计，该方法的应用能较可靠地估计不同物种的生存期，对进化理论研究有促进作用。

(3)在成种序列和生物地层序列研究中采用姐妹群有明显的优点，可以避免岩相和生物相对生物地层事件序列的影响。

(4)可靠的事件序列和较确切的物种生存期为高精度地层对比和划分提供了有力的依据。新种一旦形成，一般能迅速广泛分布，从理论上说成种事件的穿时量要比一般生物带的穿时量小得多。

致谢 杨遵仪教授对此项研究工作的鼓励和帮助，以及中国地质大学(武汉)地史古生物教研室领导和同事们的多方面支持和帮助，均致谢意。

参考文献

徐桂荣，龚淑云，王永标. 进化序列系统学——以二叠纪瓦岗珊瑚类为例[J]. 地球科学，2000，25(1)：1-10

徐桂荣，肖义越. 定量地层学//吴瑞棠，张守信. 现代地层学[M]. 武汉：中国地质大学出版社，1989

徐桂荣. 用序列优化和测评法探讨生物地层事件的最优分带和对比[J]. 地质科技情报，1991，10(4)：73-81

Agterberg F M. Methods of Ranking Biostratigraphic events[M]. In：Gradstein F M，Agterberg F M，Brower J C et al.. Quantitative Stratigraphy. Holland：D. Reidel Publishing Company，1985

Agterberg F M. Methods of Scaling Biostratigraphic events[M]. In: Gradstein F M, Agterberg F M, Brower J C et al.. Quantitative Stratigraphy. Holland: D. Reidel Publishing Company, 1985

Agterberg F P, Gradstein F M. The RASC method for ranking and scaling of biostratigraphic events[J]. Earth - Science Reviews, 1999, 46: 1 - 25

Hawley W. Spearman rank - correlation test[M]. In: Hawley W. Foundations of Statistics. Saunders College Publishing, Harcourt Brace College Publishers, 1966

Hay W W. Probabilistic stratigraphy[J]. Eclogae. geol. Helv., 1972, 65(2): 255 - 266

Hennig W. Phylogenetic Systimatics[M]. Urbana: Univ. Illinois Press, 1966

Jin Yugan, Shang Qinghau, Wang Xiangdong, et al.. Chronostratigraphic Subdivision and Correlation of the Permian in China[J]. ACTA GEOLOGICA SINICA. Journal of the Geological Society of China, 1999, 73(2): 127 - 138

Xu Guirong, Gong Shuyun, Wang Yongbiao. On evolutionary sequence systematics: taking permian waagenophylloid coral fauna as an example[J]. Journal of China University of Geosciences, 1999, 10(3): 215 - 227

Xu Guirong. Stratigraphical time - correlation and mass extinction event near Permian - Triassic boundary in South China[J]. Journal of China University of Geosciences, 1991, 2(1): 36 - 46

【原载《中国科学(D辑)》,2001年4月,第31卷,第4期】

进化序列系统学

——以二叠纪瓦岗珊瑚类为例

徐桂荣　龚淑云　王永标

进化序列系统学是古生物学中以研究物种间和类别间的系统发育关系为目的的分支学科，包括两项主要任务：①研究物种或类别间的亲缘关系；②确定它们形成的先后序列。Hennig(1966)对“系统发育关系”概念给出的定义是：物种B与物种C来源于同一祖先，而这祖先却不是物种A的祖先，那么物种B与物种C的关系要比物种A的关系近。这个定义只概括了上述第一个任务，而没有包含物种A、B和C形成的先后序列问题。

进化序列系统学与古生物学中形态分类学的根本区别是，后者仅从相似性的简单概念出发，而前者以亲缘程度和进化序列的严格研究为基础。进化序列系统学不仅研究生物间性状的异同，更重要的是生物性状状态之间的生成关系，以及物种发生的先后顺序。

物种形成的序列研究，长期以来主要根据化石记录，但当化石层位关系不确定时，常常缺乏有效的方法。现代科学的发展在研究生物分子和基因学中为进化序列学的发展开创了灿烂的前景，但在古生物学和一般生物学领域内发展进化序列的研究方法仍然有重要意义。因为物种进化序列的研究是生物进化规律研究的基础，无论从生物分子学出发，还是从古生物学或生物学出发都需要有共同的原理和方法。

进化序列系统学是一个复杂的课题，它不仅仅是方法问题，重要的是逻辑理论问题。达尔文是第一位较全面地提出系统分类学说的学者，他的学说以渐变进化理论为基础的。现代生物科学证明，大的进化框架是渐变进化，灾变是进化中的插曲，这是无可争辩的事实；但物种间的进化有渐变和突变，而且以突变最为常见。突变的幅度大小是进化序列系统学关注的问题之一。Simpson(1961)和Mayr(1974)长期主张进化系统学，但缺乏有效的方法。20世纪50—60年代Hennig(1966)的分支系统学，曾在生物科学家中引起广泛的反响，但Mayr(1974)曾指出分支系统学在一些概念上有缺陷，其中主要是忽略进化事实和系统发育。在过去几十年中，生物分类的系统学有许多创见。随着逻辑理论的深化，学者们提出许多改进的方法，其中主要的进展是把数值系统学、分支系统学和进化系统学结合起来，这成为一种趋向(Ashiock，1974；Xu Guirong，1990；徐桂荣，1991)。

一、表型-分支系统学

表型-分支系统学在概念上和方法上吸取了数值系统学、分支系统学和进化系统学三者的优点，摒弃它们的缺点。正如Ashlock(1974)指出的，各种系统学之间的调和只能导致混乱。表型-分支系统学不是各系统学之间的简单调和，而是建立在正确的逻辑理论体系上的。这个体系的要点是：

(1)生物性状和性状状态。生物的性状和性状状态可划分为近祖和衍生两类，近祖性状又因距原始祖先的遥远程度不同而分为原近祖性状和后近祖性状；衍生性状常可分为近裔共性和自体衍生性状。亲缘密切的后代，其衍生性状的相似程度高；近祖共性不能确定亲缘关系，因为具有近祖共性的类群只意味着有共同的祖先，但这祖先在哪一代不能确定，可能很远，也可能很近。只有近裔共性才是亲缘关系的标志。

(2)祖裔关系。祖先性状和后裔性状是相对的概念。某一物种的一个祖先性状在其祖先种中可能是衍生性状，而且，一物种中的近裔共性在另一种中可以是自体近裔性状。

祖裔关系的信息一般来自化石和个体发生的研究。另一个重要的标准是性状的分布，即一广布的性状常是祖先性状。把这三项标准结合起来，就能清楚地确定祖先性状和衍生性状。

(3)单系类群。表型是生物演化的结果，在某种程度上反映亲缘关系，但它不能提供祖裔关系，用表型方法确定的类群一般是混合群，包含有复系和并系类群。表型类似性可由平行演化、趋同、近祖共性和近裔共性所组成。

单系类群只能通过能有效地表现密切亲缘关系的近裔共性来认识，这是分支系统学的基本观点。由于各个生物性状在演化历史上的意义不同，在研究单系类群时不能等量齐观。因此对性状分级在确定单系类群时是重要的，这一点被分支系统学所忽略。在演化意义中具较高等级的性状经常比低等级的性状有更多的信息。

姐妹群是通过加权的近裔共性识别的。由于易变的衍生性状会导致分类的混乱，按性状等级加权是必要的。生物的系统学在每一地质时期应是一致的。姐妹群可以通过研究一时间面的谱系系统来识别。但这里必须强调生物演化一般是立体关系。成种分支一般是多向的，二分支是一个特例。

这些观点是表型-分支系统学的主要观点(Xu Guirong，1990；徐桂荣，1991)，也是进化序列系统学的基本理论，但走到这里只完成了第一步，即只确定种间和姐妹群之间的亲缘关系。第二步证明种间和姐妹群间的演化序列将在下面讨论。

二、进化序列系统学的概念和方法

进化序列的正确表达是生物系统学家梦寐以求的。大类别之间的进化序列，主要根据化石记录。对于物种间的进化序列，单从化石记录只能提供较少的信息。

分支系统学基于姐妹群关系和性状极向，可推测未见记录的化石祖先，也可推测衍生的后代，这是这种系统学的预见性的表现之一。但是物种进化中方向性和随机性是相等的，根据性状极向的推测，失败的几率很高。

1. 一些重要概念

许多分支系统学的概念，在进化系统学中有不同的或深化的含义。

近裔共性 不同物种间的相同衍生性状称为近裔共性。最亲近物种间的近裔共性来自同一母体。

自体近裔性状 区别不同种的近裔性状，或称衍生异征。自体近裔性状是从母体经性状变异而来。

姐妹群 是具有共同祖先的单系群，判断姐妹群的原则只能是近裔共性，近祖共性不能确定姐妹群。根据隔离异域成种的原理，同一个姐妹群中各物种的形成一般是有先后的，但姐妹群中不同种的时间间隔不会太长，最亲近的姐妹种的间隔不会超过一个物种的世代。这是进化系统学的原理之一。

近裔共性与衍生异征的关系 在确定姐妹群时，研究近裔共性与衍生异征的关系十分重要。近裔共性来自同一母体，自体近裔性状是新种形成时出现的，随后的变异会出现更多的衍生异征。如果两物种间的近裔共性产生在衍生异征之前，这两物种应是姐妹群；相反，如果两物种间的近裔共性产生在衍生异征之后，这两物种不是姐妹群，而是性状趋同或平行演化的结果。这是进化系统学的原理之二。

性状极向 一种性状因变异有多种状态，而状态的产生也有先后顺序。性状状态的先后顺序称为性状的极向。确定极向的方法是首先确定性状的近祖状态，近祖状态和其他衍生状态的顺序可根据化石记录、个体发生律来研究。因物种性状状态变化错综复杂，性状极向不能作为物种进化序列的充分根据。

性状镶嵌分布 理解性状镶嵌分布是进化序列系统学的关键。Hennig(1966)在叙述性状镶嵌时指出：在姐妹群中，总可以找出一个或多个性状在一物种中比另一物种中原始，同时可以找出其他一个或多个性状在后一物种中比前一物种中原始，这就是性状的镶嵌分布[图1(a)]。性状镶嵌的事实在生物界是普遍存在的，这早已被生物学家所公认。

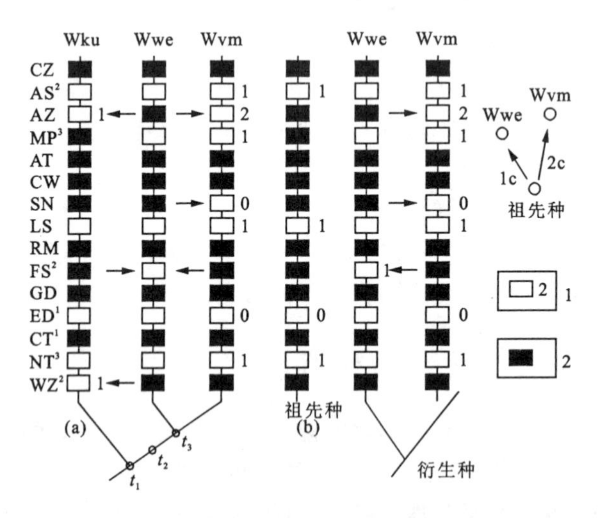

图1 性状镶嵌分布和物种序列

(a)性状镶嵌的图解；(b)已知物种从假设的祖先种分裂的顺序。以瓦岗珊瑚类的3个化石种(Wku=*W. kueichowense* Huang, 1932; Wwe=*W. wenchengense* Huang, 1932; Wvm=*W. virgalense mongoliense* Grabau, 1931)之间的性状关系为例。1.衍生性状状态；2.祖征。箭头表示镶嵌关系。左侧代码为瓦岗珊瑚类的各种性状，其含义见表1，性状的上标代表性状分级。图内的数字为性状状态编号。t_1、t_2、t_3为时间点

图1(a)表明Wwe和Wvm两种有5个近裔共性，组成一个姐妹群，它们与种Wku之间有4个近裔共性。显然种Wwe和种Wvm之间的亲近程度大于与种Wku的亲近度。性状AZ和SN在种Wvm中出现状态2和0，在种Wwe中都为祖征；同时性状FS在种Wvm中为祖征，在种Wwe中出现状态1，这就是性状镶嵌。种Wwe与种Wku在性状AZ和WZ之间也呈现镶嵌的情况。

这种镶嵌带来什么信息呢？Hennig(1966)曾指出：镶嵌分布包含物种在不同时间从共

同祖先演化顺序的可靠资料。Mayr(1974)曾指出:分支分类学家至今未能解决由镶嵌进化引起的困难。虽然当时 Hennig(1966)并没有解决由性状镶嵌推断出生物物种间的进化顺序,但他的这个认识是十分正确的,是超前的贡献。因此,这个理论成为进化序列系统学的基础。

2. 从性状镶嵌确定物种进化序列

姐妹群中物种间性状的镶嵌,是从共同祖先演变而来的结果,即各物种中的衍生异征或自体近裔性状是从祖先种变化而来,衍生异征的多少成为远离祖先种的量度。这是进化系统学的原理之三。

如图 1(b)所示,种 Wwe 与假设的祖先种比较有 1 个自体近裔性状(1c),种 Wvm 与假设的祖先种比较有 2 个自体近裔性状(2c)。

若从种间差异程度考虑,种 Wwe 与种 Wvm 有 3 个性状的距离。若假设从祖先状态到衍生状态每一性状的变化需 1 单位时间,则从祖先种到种 Wwe 需 1 单位时间,从祖先种到种 Wvm 需 2 单位时间,因此,种 Wwe 的形成早于种 Wvm 约 1 单位时间。这样物种间的进化序列就自然确定了。

由性状镶嵌确定物种进化顺序的前提条件是在一个单系群中的物种,所以姐妹群的研究是必须先于性状镶嵌的研究。

3. 进化序列的时间关系

关于姐妹群发生的序列,可能有混淆的时间概念,如 Hennig(1966)所指出的,可以有 3 种时间的选择(图 1a):①与其他姐妹群分离的时间(t_1);②典型性状出现之时(t_2);③姐妹群中所有现生种的最后一个共同祖先(t_3)。

本文以 t_3 作为序列计算的标准。据异地隔离成种的理论,一个新种离开母种发生变异是需要时间的,而且每个物种都有或长或短的生存期,后裔种是在祖先种的生存期间分离形成的,所以后裔种形成序列是相对以最后一个共同祖先的形成时间而言。

4. 性状的异级性

许多学者曾指出生物不同性状在进化重要性和所需时间上是有差异的。有些易变性状突变速度较快,可以几个性状同时变易,有些性状变化较慢。一般来说重要的性状在进化上需要更多的时间。重要的性状在姐妹群的确定中必须优先考虑。性状的重要性必须根据性状在系统发育中的位置来确定。

性状分级后,在计算物种序列时作加权处理。变化缓慢的性状加权代表多个时间单位;变化迅速的性状可代表一个甚至小于一个时间单位。

三、二叠纪瓦岗珊瑚类的进化序列系统学

我们在研究湘西北二叠纪珊瑚礁时(徐桂荣等,1997),详细研究了已发表的瓦岗珊瑚类属种,收集了该类 80 多种的资料,根据湘西北二叠纪珊瑚礁的化石标本描述了 4 个新种(徐桂荣,Sando,1997),其中 71 种描述资料完整,用作进化序列系统分析。

1. 瓦岗珊瑚类的定义和研究沿革

二叠纪瓦岗珊瑚类在特提斯地区(尤其在华南)广泛分布,正式发表的这类珊瑚种已超过80多种,其中60多种发现于华南。该类研究早期可追溯到Hayasaka(1924),他把属*Waagenella* Hayasaka et Yabe,1915,修改命名为*Waagenophyllum*。该属后来被分为4个亚属(Minato et al.,1965):*Waagenophyllum*,*Liangshanophyllum*,*Huayunophyllum*和*Chaoiphyllum*。Minato等(1965)描述这一类的总体特征是"丛状复体,具球鳞板和长鳞板,斜横板和平横板,以及中柱,无三级以上的隔壁"。*Liangshanophyllum*是1949年由Tseng建立的亚属,亚属型为*L. lui* Tseng,1949。按照他的描述该亚属特征为"具比较简单的中柱,强烈分异的中板,宽的横板带,以及有时具有四级隔壁"。1950年Wang建立瓦岗珊瑚科(Waagenophyllidae Wang,1950)。1959年Tseng又建立了另一个亚属*Huayunophyllum*,以*H. aequitabulatum* Tseng,1959为亚属型。该亚属的定义:"树枝状复体,具明显的横板带和鳞板带,再生的假中柱,对隔壁延长并形成中板。"第四个亚属*Chaoiphyllum*是由Minato等(1965)提出的,他们以黄汲清未命名的标本作为全型命名新种*C. chaoi* Minato et Kato,1965,并以此种作为该亚属的属型。他们指出该亚属"具很松散或双叶状的轴部构造,隔壁薄,次级隔壁长达一级隔壁的2/3,有发育良好的球鳞板和大的长鳞板以及斜横板,在近外壁处局部有lonsdaleoid型的鳞板"。

此后,某些学者把*Liangshanophyllum*和*Huayunophyllum*作为独立的属对待,如吴望始、俞昌明等,赵嘉明、俞建章等,王鸿祯等。另一些学者仍沿用为亚属,如Hill,Stevens。

其他相近的属如*Pseudohuangia* Minato et Kato,1965和*Aridophyllum* Zhao,1976,未包括在本文讨论的范围内。

2. 瓦岗珊瑚类的性状分析

瓦岗珊瑚类成年期的共同特征包括复体丛状,有球鳞板和长鳞板,斜横板和平横板,中柱;隔壁两级(一级和次级),无三级隔壁。根据这些共同特征,可以认为它们具有共同的祖先。这些近裔共性把该珊瑚类的所有成员联合成为单系,显然二叠纪瓦岗珊瑚类不是全系,因为它们来自石炭纪的同一珊瑚类。

包括上述共同特征在内的17个性状,用作讨论二叠纪瓦岗珊瑚类的亲缘关系和物种进化序列。每一性状确定几个变化状态,以数字编号(表1)。有4类性状,第一类性状只有两种变化状态,即有—无或发育—不发育(0,1),如长鳞板(ED)、斜横板(CT)、内壁(IW)和朗斯达型鳞板(LD)。第二类性状,以形态变化为主,如中柱(AS)、外壁(WZ)、隔壁特征(FS)。第三类,以有—无或发育—不发育和形态两者结合表达,如中板(MP)、中柱壁(CW)、平横板(NT)。第四类,可以定量或相对定量地表示其性状状态变化,如珊瑚个体大小(CZ)、中柱相对直径(AZ)、轴斜板(AT)、隔壁数目(SN)、一级隔壁(LS)、次级隔壁(RM)、球鳞板(GD)。第一类和第二类性状常常被用作划分属和亚属的基本特征(Minato,1965;Tseng,1949,1959;Wang,1950),例如,简单的中柱被作为亚属*Liangshanophyllum*的主要关键特征。第三类和第四类性状有3~5个变化性状状态,经常用作鉴定种的依据。

本文采用国内普遍承认的4个阶,即栖霞阶、茅口阶、吴家坪阶和长兴阶,对71个化石种(包括湘西北4个新种)(徐桂荣等,1997;徐桂荣和Sando,1997)作原始数据矩阵的整理。

表 1　二叠纪瓦岗珊瑚类性状的代码和变化性状的代号

性状和代码	变化状态和代号
珊瑚个体大小(CZ)	0＝珊瑚个体直径小于 4mm 1＝珊瑚个体直径为 4～7mm 2＝珊瑚个体直径为 7～10mm 3＝珊瑚个体直径为大于 10mm
中柱形态(AS)	0＝中柱很简单或无中柱 1＝中柱简单或不规则 2＝中柱圆且规则 3＝中柱紧密，圆形 4＝中柱蛛网状并呈多角形
中柱相对直径(AZ)	0＝中柱相对直径小于珊瑚个体直径的 1/5 1＝中柱相对直径为珊瑚个体直径的 1/4～1/5 2＝中柱相对直径大于珊瑚个体直径的 1/3
中板(MP)	0＝中板缺 1＝中板存在但不明显 2＝中板明显且常加厚
轴斜板(AT)	0＝轴斜板缺失 1＝横切面上轴斜板出现 1～2 圈 2＝横切面上轴斜板出现 3～4 圈 3＝横切面上轴斜板出现 5～6 圈 4＝横切面上轴斜板出现 7 圈以上
中柱壁(CW)	0＝中柱壁缺失 1＝中柱壁薄 2＝中柱壁厚
隔壁数目(SN)	0＝隔壁数目小于 19×2 1＝隔壁数目为(20～28)×2 2＝隔壁数目为(29～35)×2 3＝隔壁数目多于 36×2
一级隔壁(LS)	0＝一级隔壁远离中柱 1＝一级隔壁延伸近中柱 2＝一级隔壁连接中柱
次级隔壁(RM)	0＝次级隔壁相对长度小于一级隔壁的 1/3 1＝次级隔壁相对长度为一级隔壁的 1/2 2＝次级隔壁相对长度大于一级隔壁的 2/3
隔壁特征(FS)	0＝隔壁薄或近外壁处加厚 1＝隔壁加厚 2＝一级隔壁加厚，二级隔壁薄呈波状 3＝隔壁具侧边
球鳞板(GD)	0＝球鳞板有 1 或 2 排 1＝球鳞板有 3～4 排
长鳞板(ED)	0＝长鳞板不发育 1＝长鳞板发育良好
斜横板(CT)	0＝斜横板不发育 1＝斜横板发育良好
平横板(NT)	0＝平横板缺 1＝平横板很窄 2＝平横板很发育
外壁(WZ)	0＝外壁薄 1＝外壁具加厚
内壁(IW)	0＝无内壁 1＝有内壁
朗氏鳞板(LD)	0＝无朗氏鳞板 1＝局部有朗氏鳞板

3. 近祖性状状态的确定

分布广的性状状态是近祖状态，这是一般公认的习见性标准(徐桂荣等，1997；徐桂荣和Sando，1997；Nelson，1973)，可以通过每一性状在各物种中出现的次数来推断。瓦岗珊瑚类分布较广的各性状状态统计如表 2。各阶中物种的数目为：栖霞阶 15 种、茅口阶 23 种、吴家坪阶 40 种、长兴阶 25 种，累计 103 种。取大于 60％作为广布的近祖性状状态，则有性状状态CZ1、MP1、AT2、CW0、SN1、LS1、RM1、FS0、GD0、ED1、CT1、WZ0、IW0、LD0。

表 2 计算各阶中出现次数最多的性状状态

阶	CZ1	AS1	AZ2	MP1	AT2	CW0	SN1	LS1	RM1	FS0	GD0	ED1	CT1	NT0	WZ0	IW0	LD0
长兴	16	13	11	18	16	16	17	25	16	21	17	19	22	13	20	25	25
吴家坪	28	23	14	23	28	27	26	38	27	30	26	27	24	12	32	35	40
茅口	12	8	13	14	14	13	12	20	12	17	13	14	16	10	17	22	21
栖霞	9	6	6	12	10	12	11	14	8	12	12	5	9	6	14	15	15
总计	65	50	44	67	68	68	66	97	63	80	68	65	71	41	83	97	101
所占比例(%)	63	48	42	64	65	65	63	93	61	77	66	63	68	39	80	93	97

在根据广布性初步确定近祖性状状态的基础上，通过化石记录和个体发生所表明的性状演化来检验这些祖征。

慈利珊瑚礁中个体发生的化石记录说明(徐桂荣和 Sando，1997)，幼体有 6 个原生隔壁，在主隔壁与侧隔壁和侧隔壁与对侧隔壁之间，组成 4 个一级隔壁生长区。每区常插入 3～5 个一级隔壁，而次级隔壁插入在一级隔壁之间。正常发育的个体隔壁数目应为(18～26)×2；而对隔壁和对侧隔壁之间常有 1 个隔壁插入，证明祖先的隔壁数目通常为(20～28)×2 个(SN1)。一般认为中柱是由隔壁延伸到中心演化形成的，其祖征应为 LS2。虽然 LS1 极为广布，但幼体的中板厚，所以中板的近祖性状状态应为 MP2，中板不发育是该类的近裔性状状态。LS 和 MP 这两个性状的近祖状态与统计的广布性不一致。由于二叠纪以前该类已有长期发展，说明广布性原则由于化石时限的限制常有局限性，个体发生研究的检验是十分必要的。

该类珊瑚是以中柱很简单为共同特征，较复杂的中柱是后期的产物，其祖征应为 AS0，中柱也是从小到大演变的，其祖征应为 AZ0，一般珊瑚生长发育依靠平横板抬升，所以平横板发育(NT2)是祖征。

因此该类祖先特征，除丛状复体(包括枝丛状和笙枝丛状)外，可综合如下：其个体横断面直径在 4～7mm(CZ1)，中柱简单(AS0)，中柱直径小(AZ0)，中板发育(MP2)，横切面上轴斜板 3～4 圈(AT2)，无中柱壁(CW0)，隔壁数目为(20～28)×2(SN1)，一级隔壁长度与中柱相连(LS2)，次级隔壁长度约为一级隔壁的 1/2(RM1)，隔壁薄(FS0)，球鳞板 1～2 排(GD0)，长鳞板发育(ED1)，斜板发育(CT1)，平横板发育(NT2)，外壁薄(WZ0)，内壁无(IW0)，无朗氏鳞板(LD0)。

4. 性状的异级分析

以个体发生和化石记录资料作为重要依据确定祖征和衍生性状后，为了从进化系统学的观点确定姐妹群，一个重要的步骤是对各种性状在系统发育中的重要性进行分级，根据性状重要程度作加权处理，可更真实地反映物种间的亲近程度。

本文把长鳞板(ED)、斜横板(CT)、内壁(IW)、朗氏鳞板(LD)作为一级性状，这些性状是鉴定属和亚属的重要特征。中柱形态(AS)、外壁(WZ)、隔壁特征(FS)作为二级性状，这些特征一般在亚属和种内很少变化。中板(MP)、中柱壁(CW)、平横板(NT)作为三级性状,这些性状常用作种的特征。个体大小(CZ)、中柱相对大小(AZ)、轴斜板(AT)、隔壁数目(SN)、主隔壁与中柱关系(LS)、次级隔壁相对长度(RM)、球鳞板(GD)作为四级性状,它们常用作种的特征,但容易发生变化。

一级性状是演化特定阶段出现的特征。早期的鳞板一般是球鳞板,而长鳞板和朗氏鳞板是演化阶段的产物;内壁是横板密集形成的,斜横板是平横板的变形,都是后期的产物。二级性状是稳定的、容易鉴定的特征。其他性状易变,尤其是第四级性状变化频率高,有时同种个体间也可能出现不同的状态,所以它们在确定姐妹群时的置信度较低。

5. 姐妹群分析

本文统计了二叠纪瓦岗珊瑚类 71 种,分 4 个时期研究,总共达 103 种次。这样大量的物种,只有用计算机进行分析。

姐妹群分析是承袭分支系统学的一般方法,但这里强调了性状分级的作用。进化序列计算机程序(EQ 程序),计算物种两两间的近裔共性系数、近祖共性系数、自体衍生性状系数和性状镶嵌系数,并作物种进化序列表和姐妹群枝形图。

在数据矩阵中设定祖征为 0,衍生性状按分级加权分别赋予 2.5、2.0、1.5 和 1.0。由计算机搜索两两物种间的相同衍生性状状态,得到近裔共性系数。由计算机搜索两两物种间的相同祖征,得到近祖共性系数。由计算机搜索两两物种间分别为祖征和衍生的同一性状,得到性状镶嵌系数。由计算机搜索两两物种间分别为不同衍生状态的同一性状,得到自体衍生性状系数。

以各种间的近裔共性作为衡量亲缘关系的亲近度,图 2 为栖霞期瓦岗珊瑚类 15 个种的系统发育关系图。取亲近度大于 4 作为类群划分标准,可分为 A、B、C 和 D 四类,每类中又可再分亚类。从这里可清楚地看到物种间的祖裔关系。例如,Aa 类群中两种之间的亲近度在 10 以上,是最亲近的姐妹群。

姐妹群根据最后一个祖先分裂的时间确定顺序,从图 2 大体可以知道,D 类出现最早,C 类其次,B 类和 A 类最晚出现,但不能知道物种形成的序列,如种 Win 和种 Wifr,哪一种形成较早,在姐妹群分析中无法确定。

图 3 是二叠纪 4 个时期瓦岗珊瑚类 71 种的系统发育枝系图(栖霞期以外的其他 3 个时期的详细系统发育关系图省略)。该图同样从大体上表明,右边的类别形成较早,左边的形成较晚,但很难推测物种形成的序列。

本文的 A、B、C 和 D 四类大致对应于前述 4 属,A 类和 B 类为属 *Waagenophyllum*,C 类包括属 *Liangshanophyllum* 和 *Huayunophyllum*,而 D 类对应属 *Chaoiphyllum*。

6. 进化序列分析

由计算机求镶嵌系数并排序,可得表 3(假定一个四级性状的镶嵌为一个时间单位)。从最早的种到最晚的种的时间差为 14 个时间单位。物种序列中,相同时序的种不一定为姐妹群,只能表明近于同时生成。

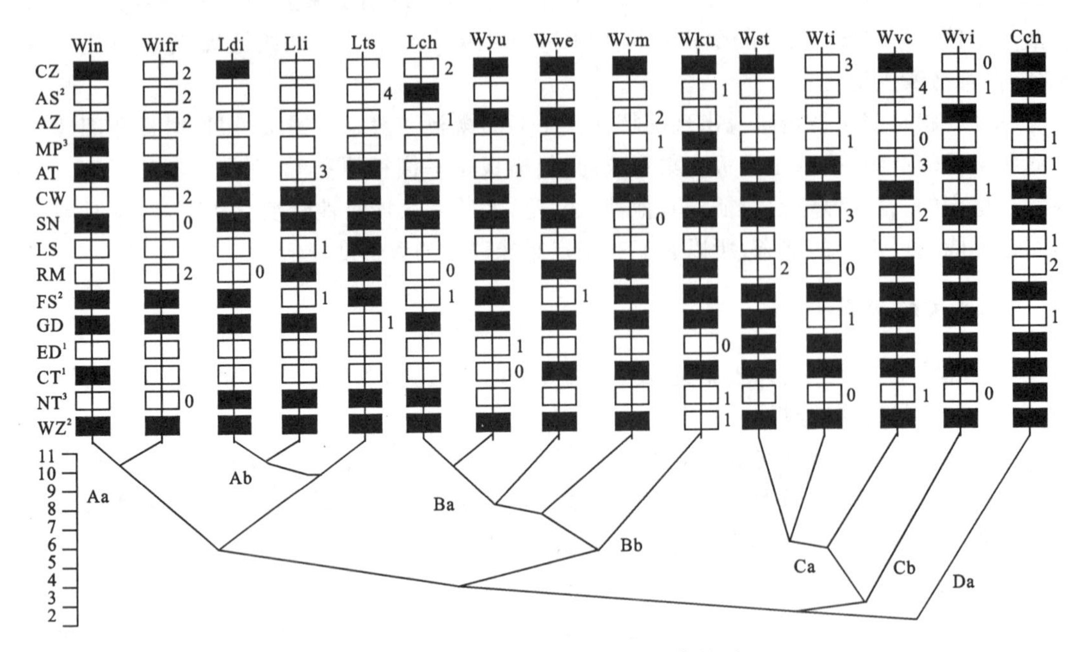

图 2　栖霞期瓦岗珊瑚类系统发育关系

图左下方为亲近度的标尺，作为确定单系类群的依据。下方字母为类群代号。其他图例见图 1，化石种的名称省略

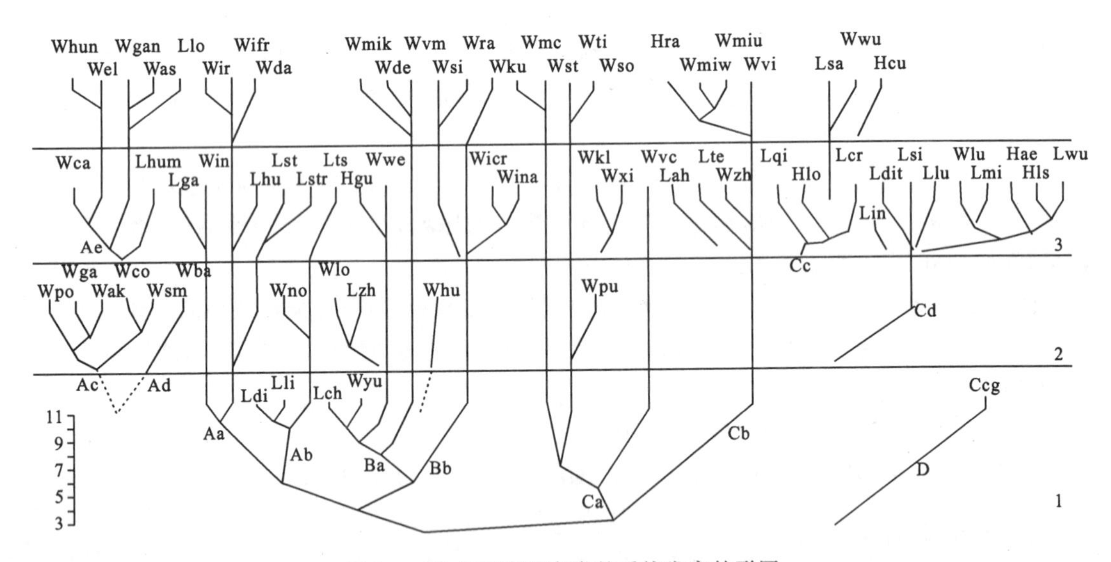

图 3　二叠纪瓦岗珊瑚类的系统发育枝形图

1. 栖霞期；2. 茅口期；3. 吴家坪期；4. 长兴期。左下方的标尺表示亲近度，只适用于栖霞期。种名略，下部字母表示类群划分。虚线表示不确定

表 3　二叠纪瓦岗珊瑚类 71 种间的进化序列

顺序	化石种	顺序	化石种	顺序	化石种
14	Wpo^{Ac}	8	Wlu^{Cd}	4	Lsi^{Cd} Wsi^{Bb} Lcr^{Cc}
12.5	Lga^{Aa}	7.5	Wicr^{Bb}	3.5	Wvc^{Ca} Whu^{Ba} Wpu^{Ca} Wra^{Bb}
11.5	Wno^{Ab}	7	Lzh^{Ba} Lst^{Aa}	3	Wvi^{Cb} Wkl^{Ca} Llu^{Cd} Lsa^{Cc} Wmik^{Ba}
11	Wifr^{Aa} Wco^{Ac}	6.5	Wyu^{Ba} Wba^{Ad} Wca^{Ae} Wgan^{Ae} Wma^{Bb} Hls^{Cd} Was^{Ae}	2.5	Wst^{Ca} Lin^{Cd} Wso^{Ca}
10	Lch$^{Ba'}$ Wga^{Ac} Lstr^{Aa} Whun^{Ae}	6	Lts^{Ab} Ldi^{Ab} Wzh^{Cb} Lhum^{Ae} Wxi^{Ca}	2	Lhu$^{Aa\#}$ Lsh^{Cb} Llo$^{Ae\#}$
9.5	Wlo$^{Ba'}$	5.5	Wti^{Ca} Wsm^{Ac} Lwu^{Cd} Hae^{Cd} Hgu^{Ba} Hra^{Cb} Wda^{Aa}	1.5	Ldit^{Cd} Wmc^{Ca}
9	Lli^{Ab} Wak^{Ac}	5	Win^{Aa} Wvm^{Ba} Wwe^{Ba} Wir^{Aa} Wmiw^{Cb}	1	Lqi^{Cc} Hlo^{Cc} Hcu^{Cc}
8.5	Wel^{Ae}	4.5	Wku^{Bb} Lmi^{Cd} Wde^{Ba} Wmiu^{Cb} Wwu^{Cc}	0	Cch^{D} Lte^{Cb}

注:上标字母为该种在姐妹群中的位置,见图 2、图 3。

从表 3 可看到,从序列 0～4,共 25 种,基本上是 C 类的化石种,混入 4 个 B 类和 2 个 A 类种;在 0～1.5 时间单位内都是 C 类和 D 类种;从序列 8.5～14,13 个种中有 2 个 B 类种,其他都是 A 类种;在 11～14 的间隔内全为 A 类种。因此大体上可以看到从 D 类→C 类→B 类→A 类的顺序。这个顺序与图 2、图 3 姐妹群显示的顺序是一致的。

在 4.5～8 的范围内 C、B、A 三类混杂,其中 6～8 单位内以 A 类为多,16 种中 A 类有 8 种,B 类和 C 类各 4 种;在 4.5～5.5 范围内,17 种中 A 类 4 种、B 类 5 种、C 类 8 种。

C 类的范围除有 1 种在序列单位 8 外,主要从 0 到 6.5。B 类分布主要从 3～7.5,有 2 种较晚,在单位 9.5 和 10。A 类主要从 5～14,但有两种见于单位 2。

四、检验和讨论

发现进化序列偏差的主要方法是与姐妹群分析相互检验,即根据进化系统学的原理二作具体分析。

表 3 与图 3 比较,可以看到一致性和不一致性,它们的不一致性主要是由非进化现象引起的。在姐妹群分析和进化序列分析互相检验中,可揭示许多重要信息。

(1)性状的退化。图 2 中种 Win 和种 Wst 处在姐妹群的顶端,在进化序列中恰处于较早形成阶段,该现象可以是性状退化、幼体延续或性状发育滞后的结果。如种 Win 和种 Wifr 姐妹群中两种的镶嵌性状不明显,种 Win 的一些祖征有可能是由于退化和性状滞后形成的,因此使两种的实际时间间隔拉长。

又如,属于 A 类的种 Llo,在序列中处在很早的位置,而在 Ae 姐妹群的近顶区位置,化石记录见于长兴期,这是一个矛盾,显然是进化序列中的异常。种 Lhu 有类似的情况。它们具有更多的近祖性状[图 4(a)、(b)],可能是性状的退化、幼体延续或性状发育滞后形成的,使两姐妹种的实际时间间隔拉长。因此种 Llo 和 Lhu 所处的时序是不正常的(表 3 中以 # 标示)。这两种具有较多的原始性状,所以被归入属 *Liangshanophyllum*(贵州地质矿产局,1978)。但从姐妹群的观点看应归入属 *Waagenophyllum*。

(2)趋同或平行演化。在图 2 的 C 和 D 两个单系中,各物种出现的顺序除种 Wti 外与表 3 是一致的,而种 Wti 出现很晚,有几种可能性:①若种 Wti 形成在与种 Wst 的最后共同祖先的

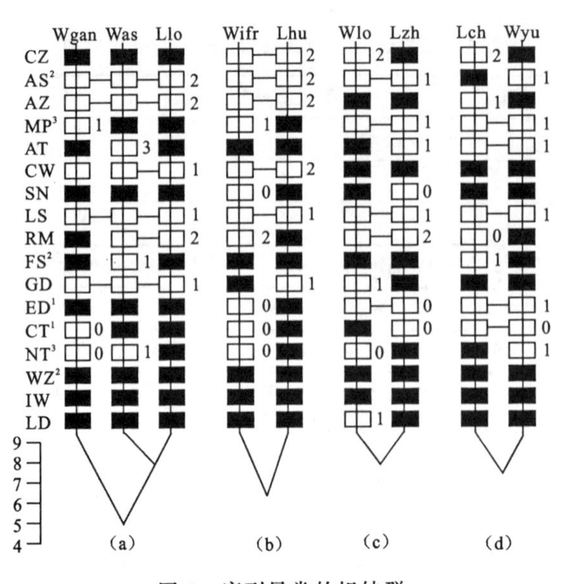

图 4　序列异常的姐妹群

(a)、(b)种 Llo 和种 Lhu 的近祖性状多于其他姐妹种；(c)、(d)种 Wlo，一级性状 LD 出现衍生状态，种 Lch 有更多的衍生性状，因此成为远离祖征的后序种。图例同图 2

生存期之内，属于正常序列；②若形成在与种 Wst 的最后共同祖先的生存期之后，显然是由平行演化或趋同等原因形成的，那么种 Wti 和种 Wst 就不是姐妹群而是复系。

二叠纪延续了 60～50Ma，栖霞期可能延续 10Ma。最晚的种 Wifr 距最早的种 Cch 约为 11 个时间单位，平均每时间单位约为 0.9Ma。据估计物种平均的生存期约为 4Ma。种 Wti 形成在种 Wst 之后约 3 个单位时间，即不到 3Ma，因此是正常序列。

种 Wlo 在姐妹群中有更多的衍生性状，尤其是一级性状 LD 在大部分种中都是祖征（无朗氏鳞板），在该种中出现衍生状态（有朗氏鳞板），这是平行演化的结果[图 4(c)]。同样，种 Lch 比其姐妹种有更多的衍生性状[图 4(d)]，表明这两种中的性状演化快于其他种，是另一种序列异常（表 3 中以^标示）。

(3)物种渐变。种 Win 和种 Wst 在进化序列中处于较早形成阶段，说明种 Wst 是 C 类的近祖物种，种 Win 是 A 类的近祖物种，在渐变中保持了近祖物种的状态。进化序列系统学认为在新种形成中突变分裂是大量的，但渐变方式也存在。

(4)同时段的物种不代表姐妹群。处在相同时段中的物种，说明它们形成的时间接近，不一定代表同一个姐妹群。如种 Lts 和种 Ldi 在同一时段又在同一姐妹群，但种 Win 与姐妹群 Wvm 和 Wwe 虽在同一时段中，却不在同一姐妹群。

(5)多向分裂。分支系统学强调物种形成的每个分支都是二分的，但进化系统学认为物种是多向分裂的，可以是多支的，因为在祖先种的生存期内，可以发生多次突变分裂，不限于二分。如图 2 中 Ldi、Lli 和 Lts 三种实际上是三分支，它们相互之间的亲近度都是 10.5，但由于程序中因成群的先后绘成二分支状。

(6)性状演化速度和检验生物地层事件。性状演化速度一定程度上受环境的控制，环境稳定期和环境剧变期的性状演化速度不同，因此不同时期和不同地理区物种性状演化速度不同。可见进化序列与地质时间的关系是相对的，但这种进化序列的研究在检验生物地层学中的首次出现事件是十分有用的。

物种进化序列表明种 Wpo 处于序列的最高位置，但化石产出于茅口期（Minato，1965）；种 Cch 和种 Lte 处于序列的最低位，化石 Cch 早于栖霞期（Minato，1965），化石 Lte 产于吴家坪期（赵嘉明，1981）。如果以种 Wpo 和种 Cch 的时间间隔为出发点，并假定化石 Wpo 产出的层位是可靠的，其他种的生物地层首次事件应发生在茅口期或更早。

Stevens 等（1987）描述的加利福尼亚化石种 *Waagenophyllum klamathensis* Stevens（图 3 和表 3 中的代号为 Wkl），产于加州 Dekkas 组，该组被对比为吴家坪期。这种特征十分近似于种 Wxi（湘西北吴家坪期种），但它在序列中处在单位 3 的时序，因此在地层上可能比实际产出要早得多，也许在北美 Guadalupian 期（相当于茅口期）已出现。

湘西北的 4 种（徐桂荣等，1997）：*Liangshanophyllum gaoyaense*，*L. shuanglangense*，*Waagenophyllum xiamidongense*，*W. daluokengense*（图 3 和表 3 中的代号分别为 Lga、Lsh、Wxi 和 Wda），前 3 种见于吴家坪期，后一种见于长兴期。在序列中的排列为 Lsh→Wda→Wxi→Lga，它们有可能在茅口期地层中发现，并且种 Wxi 和种 Lga 可能在长兴期发现。

关于进化序列在检验生物地层事件中的应用有待进一步实践，这里的讨论是初步的。

参考文献

贵州地质矿产局. 西南古生物图册贵州分册[M]. 北京：地质出版社，1978

徐桂荣，Sando W J. 湘西北晚二叠世珊瑚礁中的瓦岗珊瑚类[A]//徐桂荣，罗新民，王永标等. 长江中游晚二叠世生物礁的生成模型[M]. 武汉：中国地质大学出版社，1997

徐桂荣，罗新民，王永标等. 长江中游晚二叠世生物礁的生成模型[M]. 武汉：中国地质大学出版社，1997

徐桂荣. 三叠纪小嘴贝类（Rhynchonellids）的表型-分支系统学[J]. 现代地质，1991，5(2)：239－251

赵嘉明. 四川北川、江油及陕西汉中二叠纪珊瑚化石[J]. 中国科学院南京地质古生物研究所所刊，1981(15)：233－274；图版 1～15

Ashlock P D. The use of cladistics[J]. Ann. Rev. Ecol. Syst. ，1974，5：81－99

Hayasaka I. On the fauna of the anthracolithic limestone of Omi－mura in the western part of Echigo[J]. Sci. Rep. Tohoku Univ. ，2nd Set(Geol.)，1924，VIII(1)：1－83；pls. I～VII

Hennig W. Phylogenetic systimatics[M]. Urbana：Univ. Illinois Press，1966

Hill D. Rugosa and Tabulata[J]. Geol. Soc. Amer. and Univ. Kans (Lawrence)，1981，Supplement 1(1～2)：1－762

Mayr E. Cladistic analysis or cladistic classification[J]? Zeitschrift fuer Zoologische Systematik and Evolutions forschung，1974，12(2)：94－128

Minato M，Kato M. Waagenophyiildae[J]. Journal of the Faculty of Science，Hokkaido University，Series IV：Geology and Mineralogy，1965，XII(3，4)：241

Nelson G J. Classification as an expression of phylogenetic relationship[J]. Systematic Zoology，1973，22：344－359

Simpson G G. Principles of animal taxonomy[M]. New York：Columbia Univ. Press，1961

Stevens C H, Miller M M, Nestell M. A new Permian Waagenophylloid coral from the Klamath mountains, California[J]. J Paleontology, 1987, 61(4): 690 - 699

Tseng T C. A new Upper Permian tetracoral, *Huayunophyllum*[J]. Acta Palaeontologica Sinica, 1959, 7(6): 499 - 502

Tseng T C. Note on the *Liangshanophyllum*, a new Subgenus of *Waagenophyllum* from Permian of China[J]. Bulletin of the Geologica Society of China, 1949, 19(1): 97 - 104

Wang H C. A revision of the Zoantharia Rugosa in the light of their minute skeletal structures[J]. Philosoph. Trans. Roy. Soc. London, Set. B, 1950, 234(611): 175 - 246

Xu Guirong. Phenetic - cladistic systematics and geographic patterns of Triassic rhynchonellids. In: Mackinnon, Lee, Campbell(eds.). Brachiopods through Time[C]. Rotterdam: Balkema, 1990: 67 - 79

【原载《地球科学——中国地质大学学报》，2000 年 1 月，第 25 卷，第 1 期】

二叠系—三叠系界线的

事件地层学标志

徐桂荣　丁梅华[①]

传统的二叠系—三叠系界线，是以喜马拉雅山的 *Otoceras* 层的底作为三叠系底界(Diener,1912)。20 世纪 70 年代以来，国际上提出了多种方案(Waterhouse,1973,1976;Kozur,1977;Newell,1978)，我国 80 年代出现了分歧意见(李子舜等,1984;李子舜等,1986)。1986 年在意大利举行"西特提斯南阿尔卑斯的二叠系及二叠系—三叠系界线国际会议"以来，分歧的焦点集中到两种不同意见：①以牙形石 *Hindeodus parvus* 带作为三叠系的底，以代替 *Otoceras* 带，认为 *Otoceras* 带的下部可能属于二叠系(Yin et al.,1988;殷鸿福等,1988);②以 *Otoceras* 菊石带之底为二叠系和三叠系界线，认为 *H. parvus* 带的底与 *Otoceras* 带的底是一致的(Ding,1988;王义刚,1989)。本文从生物学事件的观点出发来讨论二叠系—三叠系界线的定义。

在生物地层学中，有两个重要概念："生物地层学事件"和"生物学事件"必须分清(徐桂荣等,1989)。生物地层学事件是指化石在地层剖面中首次产出和末次产出的层位，由于化石保存、岩相变化、采集条件等因素，某种化石的生物地层学事件不能代表该种产生和绝灭的事件。生物地层学事件严格说是穿时的，在不同剖面中相同种的生物地层学事件不一定代表同时性。生物学事件代表某类生物的产生和绝灭，这种事件可分为全球性和地区性两类。生物物种或其他类别的形成及在全球各地完全消失，称全球性生物学事件；生物物种或其他类别在一个地区出现(迁入或产生)及在该地区消失(迁出或绝灭)，称为地区性生物学事件。分清这两个概念，对于下文的讨论十分重要。

中国学者对于华南二叠系—三叠系界线有一个共同标准：以界线黏土层的上界或底界作为两系的界线(何锦文,1981;Sheng et al.,1984;杨遵仪等,1987;徐桂荣等,1988)。论述这条事件地层界线的代表性作者有 Ding(1988)，主张界线黏土层的顶界是二叠系—三叠系界线的重要标志；殷鸿福等(1988)认为"在华南 *H. parvus* 带和过渡层一致，与二叠系以过渡层之底的界线黏土岩为界""与事件地层界线一致"；Yin et al.(1988)有相同的论述；王义刚等(1989)认为 *Otoceras* 带及其相应层位的底与事件地层界线也基本一致。由此可见，大多数学者都同意事件地层界线是二叠系—三叠系界线的一个重要标志。界线黏土层所反映的事件，包括碳氧同位素异常、铱异常、全球性的海退及泛大陆Ⅱ形成等。但首要的是生物学事件：类群绝灭和新生生物出现改变了整个海生生物面貌，使生态系发生根本变化。大多数学者不约而同地选择并称界线黏土为古、中生代的界线，是因为其上下的海生无脊椎动物面貌从整体上讲根本

① 丁梅华：中国地质大学古生物教研室。

不同。

关于牙形石 *Hindeodus parvus* 的产出层位，在华南各剖面中不完全相同。Sheng et al.(1984)在浙江长兴煤山忠心大队采石场剖面青龙组底部混生第 1 层的上部(第 3 层)发现有？*Otoceras* sp.，但没有发现 *H. parvus*。杨遵仪等(1987)在该剖面过渡层的上部(第 23b 层)发现 *H. parvus*，并认为其下的黑褐色钙质泥岩(第 23a 层)相当于 Sheng et al. 发现？*Otoceras* sp. 的层位。Ding(1988)、Yin et al.(1988)和殷鸿福等(1988)重申这个事实。? *Otoceras* 层距界线为 4cm(杨遵仪等，1987)或 6cm(Sheng et al.，1984)，而产生 *H. parvus* 的层距界线为 11～12cm。

在四川合川盐井溪剖面，*H. parvus* 产出在仅 20cm 厚的深灰色微晶灰岩中，该层直接覆盖在长兴组顶部。在四川广安谢家槽剖面中，*H. parvus* 产出在黄白色钙质黏土层中，该层即为华南常见的界线黏土层，厚仅 28cm。可以认为 *H. parvus* 产出在过渡层的最底部。王义刚等(1989)在色龙西山剖面的 *Otoceras* 下层的底部发现 *H. parvus*。这些事实说明：*H. parvus* 产出的下界在各剖面中不完全一致，总体上说，它首次产出在 Griesbachian 的最底部。

H. parvus 与典型的二叠纪化石，如 *Pseudotirolites* spp.，*Rotodiscoceras* spp.，在各剖面中都未见重叠。同时，*Otoceras* 与典型的二叠纪化石的关系在特提斯区也是清楚的。唯一存疑的是在四川广元上寺剖面的界线黏土层之上发现 cf. *Pseudotirolites*? sp.(杨遵仪等，1987)。张景华等(1984)在广元上寺剖面中发现？*Otoceras* sp.，在该化石之上发现？*Pseudotirolites* sp. 产出在 *Pseudoclaraia wangi* 的层位中；并且在？*Otoceras* sp. 层位之下发现 *Pseudotirolites asiatiaus* 与？*Glyptophiceras* 同时产出。这些疑问号的化石混淆了事实。1987 年 9 月在北京召开的"东特提斯地区二叠纪—三叠纪事件及其洲际对比"会议所发出的材料中，证实上述有疑问号的化石并不存在：*Pseudotirolites* sp. 消失在大隆组顶部；飞仙关组最底部发现 *Hypophiceras* sp. 和 *Glyptophiceras* sp.，其上产出 *H. parvus*。李子舜等(1989)肯定了上述会议的材料，在他们所测的上寺剖面中，*H. parvus* 首次产出在第 30 层，距界线约 3.6m 以上。这些材料说明，无论 *Otoceras* 或 *H. parvus* 与典型的二叠纪化石的关系是明确的。

Shaw 的时间对比法(Shaw，1964)和 Miller(1977)提出的图表法，笔者(徐桂荣，1981，1989)已有介绍。这种方法的应用，在如何确定对比线这个关键问题上有分歧。Shaw 主张通过两剖面共有生物地层学事件的回归分析来确定对比线；Miller 主张把对比线选定在两剖面共有化石的首次产出和末次产出事件之间。徐桂荣认为后一方法是不可取的，因为它事先假定所选定的标准剖面中的化石首次和末次产出事件代表生物学事件，这是没有根据的。同时认为用 Shaw 的方法要增加检验手段(徐桂荣，1981)，尤其是地质检验标准，即要选定一个同时性的标准点作最后检验。界线黏土层在华南代表同时性的标准，是大家公认的事件地层界线，因此是最合适的检验标准。

长兴地区的复合剖面与广元地区的复合剖面之间作 Shaw 法的时间对比得图 1。用计算机作回归分析，以通过标准点作检验，最后确定对比线和对比方程。用这种方法把华南各地的重要剖面复合到长兴煤山剖面上，得到各种化石的复合 *Z* 值(抽象的相对时间值)，大体上这些 *Z* 值代表各种生物在华南的生物学事件(图 2)。在图 2 可看到 *H. parvus*(27)的首次出现早于? *Otoceras*(30),而 *Pseudotirolites* spp. 只限于二叠系。

同样的剖面资料,由于方法不同而得出完全不同的结果。Yin et al.(1988)用图表法对比长兴煤山和上寺剖面,他们把两剖面的界线黏土层作为对比线必须通过的点,同时以 *Gondolella deflecta*、*Pseudotirolites* 和 *Rotodiscoceras* 的下限作为参考点来确定对比线。前一点无疑是正确的,而后一点考虑的根据不够充分。其中,上寺剖面中 *Pseudotirolites* 的上限(98.3m)高出界线黏土层(98.2m),是引起 *Pseudotirolites* 与 *Otoceras* 两化石带在图表分析中重叠的主要症结所在。

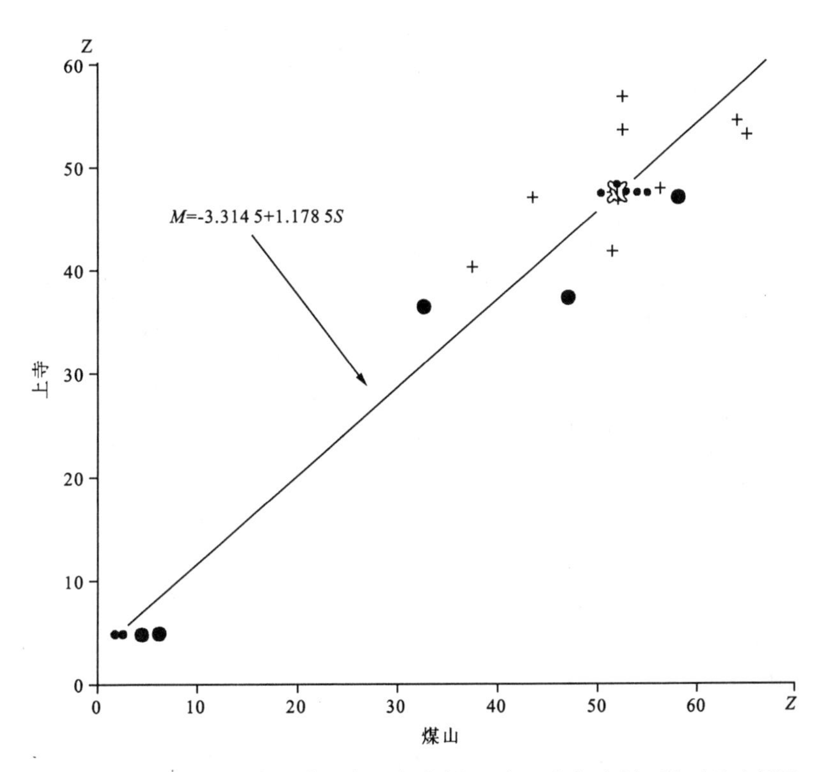

图 1　长兴煤山的复合剖面作为标准复合剖面,与上寺复合剖面的对比坐标图

●为化石首次出现;+为化石末次出现(下同)

关于华南整体复合剖面与克什米尔 Guryul Ravine 剖面的对比见图 3。克什米尔 Guryul Ravine 剖面的资料引用 Sweet(1979)。从表 1 和图 4 中可以看到 *Otoceras woodwardi* 的下限在界线之上(52.24 *Z* 值之上),其下限与 *H. parvus* 的下限一致,没有发现 *Otoceras* 与晚二叠世 *Pseudotirolites* spp. 重叠的现象。

另外,用 Yin et al.(1988,表 1)所列资料,按照我们的方法得图 4 和图 5。在图 4 中舍去生物地层学事件+3、+5 和+7,对比线通过界线点(98.2,44.6)。把上寺剖面的化石资料投影到煤山剖面上,得到煤山复合剖面值(MSCS,表 2)。进一步用 MSCS 值与克什米尔 Guryul Ravine 剖面作时间对比分析(图 5),对比线通过界线点(31.8,44.6),求得复合剖面值(MSCS GR CS,表 2),其结果与图 6 一致(比较图 2、图 6 和图 7)。

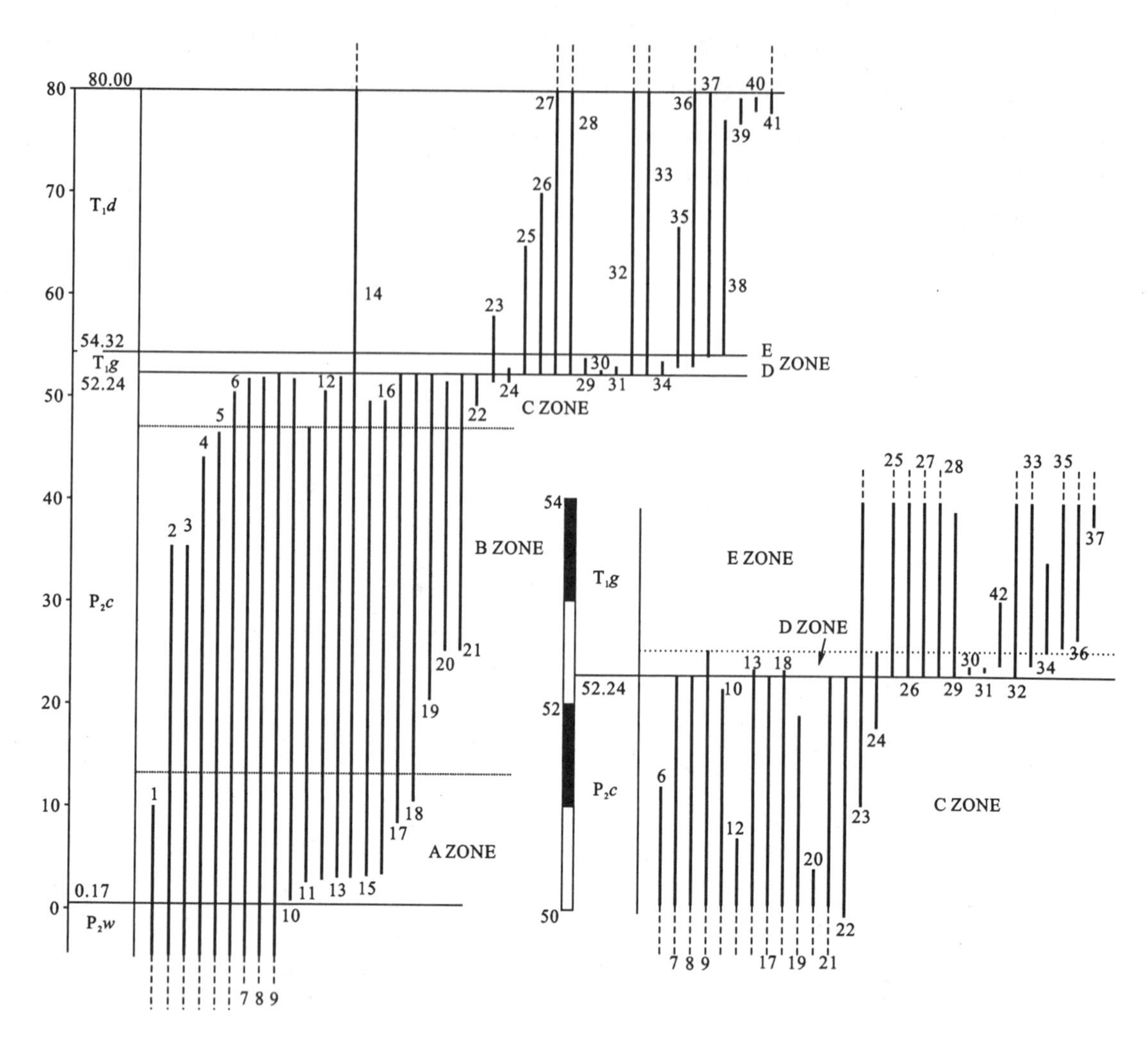

图 2　华南重要生物化石的时限和生物带

1. *Codonofusiella schubertelloides*; 2. *Squamularia indica*; 3. *Haydenella wenganensis*; 4. *Konglingites*; 5. *Squamularia grandis*; 6. *Nanlingella simplex*; 7. *Neogondolella orientalis*; 8. *N. wangi*; 9. *Waagenites barusiensis*; 10. *Palaeofusulina sinensis*; 11. *Tapashanites*; 12. *Neogondolella subcarinata*; 13. *N. deflecta*; 14. *N. carinata*; 15. *Palaeofusulina minima*; 16. *Hunanopecten exilis*; 17. *Neogondolella changxingensis*; 18. *Prelissorhynchia pseudoutah*; 19. *Reichelina changxingensis*; 20. *Peltichia zigzag*; 21. *Pseudotirolites*; 22. *Rotodiscoceras dushanense*; 23. *Crurithyris pusilla*; 24. *C. speciosa*; 25. *Lytophiceras*; 26. *Ophiceras*; 27. *Hindeodus parvus*; 28. *Claraia* spp.; 29. *Lingula subcircularis*; 30. ? *Otoceras*; 31. *Hypophiceras*; 32. *Eumorphotis inaequecostata*; 33. *E. multiformis*; 34. *Isarcicella isarcica*; 35. *Pseudoclaraia wangi*; 36. *Claraia stachei*; 37. *Claraia aurita*; 38. *Prionolobus*; 39. *Flemingites*; 40. *Neospathodus cristagalli*; 41. *N. dieneri*; 42. *Towapteria scythicum*

P_2w=Wujiapingian; P_2c=Changxingian; T_1g=Griesbachian; T_1d=Dienerian

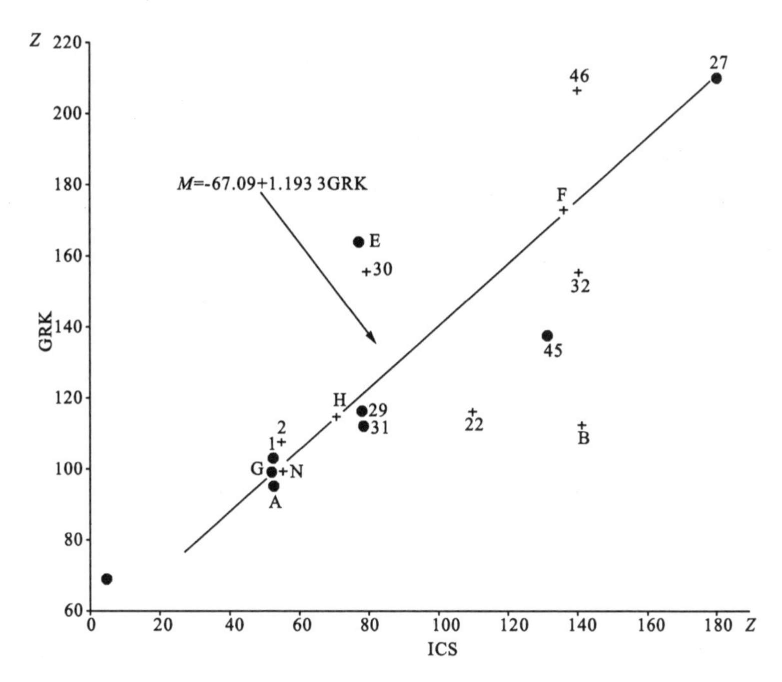

图 3 华南整体复合剖面(ICS)与克什米尔 Guryul Ravine 剖面(GRK)的对比坐标图

表 1 华南整体复合剖面(ICS)和克什米尔 Guryul Ravine 剖面(GRK)的化石资料和对比的结果

代号	种 名	ICS Z 值	GRK*	GRK Z 值**	华南整体 Z 值***
1-2	*Isarcicella isarcica*	52.55～53.41	103～108	55.82～61.79	52.55～61.79
3-4	*Hindeodus typicalis*	——	88～110	37.92～64.17	37.92～64.17
21-22	*Neogondolella carinata*	2.26～109.88	90～116	40.31～71.33	2.26～109.88
23-24	*N. elongata*	——	206～215	178.73～189.47	178.73～189.47
25-26	*N. jubata*	——	208～215	181.12～189.47	181.12～189.47
27-28	*Neospathodus homeri*	182.49～355.07	210～237	183.50～215.72	182.49～355.07
29-30	*N. cristagalli*	77.91～79.92	116～155	71.33～117.87	71.33～117.87
31-32	*N. dieneri*	77.92～141.24	114～155	68.95～117.87	68.95～141.87
33-34	*N. kummeli*	——	114～116	68.95～71.33	68.95～71.33
35-36	*N. triangularis*	145.33～287.59	206～222	178.73～197.82	145.33～287.58
37-38	*N. pakistanensis*	——	138～115	97.59～117.87	97.59～117.87
45-46	*N. waageni*	132.24～141.24	138～206	97.59～178.73	97.59～178.73
71-72	*Neogondolella milleri*	——	204～206	176.34～178.73	176.34～178.73
89-90	*Platyvillosus costatus*	——	149～155	110.71～117.87	110.71～117.87
A-B	*Claraia* spp.	52.24～141.58	98～113	49.85～67.75	49.85～141.58
C-D	*Cyclolobus walkeri*	——	77	24.79	24.79
E-F	*Meekoceras* spp.	77.89～137.68	163～172	127.42～138.16	77.89～138.16
G-H	*Ophiceras* spp.	52.24～70.36	100～116	52.24～71.33	52.24～71.33
K-L	*Otoceras woodwardi*	——	100～105	52.24～58.21	52.24～58.21
M-N	*Productacean brachiopods*	-53.23	-100	-52.24	-53.23

*化石资料据 Sweet(1979)；**以 GRK 为标准把 ICS 的化石资料投影到 GRK；***以 ICS 为标准把 GRK 的化石资料投影到 ICS 标准剖面上。

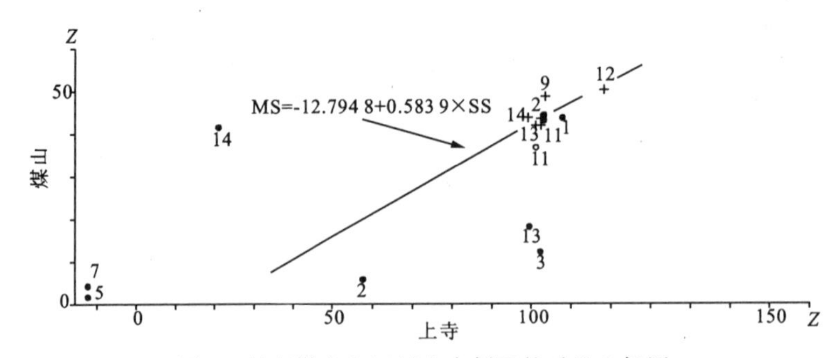

图 4　长兴煤山和四川上寺剖面的对比坐标图

（资料据杨遵仪等，1988，对 *Pseudotirolites* spp. 的上限作了修改）

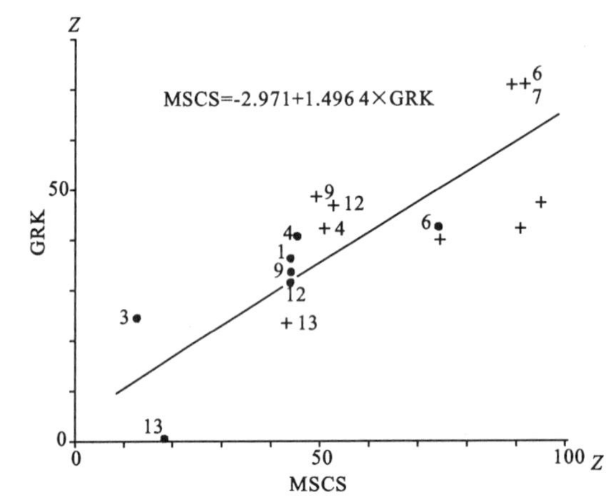

图 5　长兴煤山和四川上寺的复合剖面（MSCS）和克什米尔 Guryul Ravine 剖面（GRK）的对比坐标图

（Guryul Ravine 剖面的化石资料据杨遵仪等，1988）

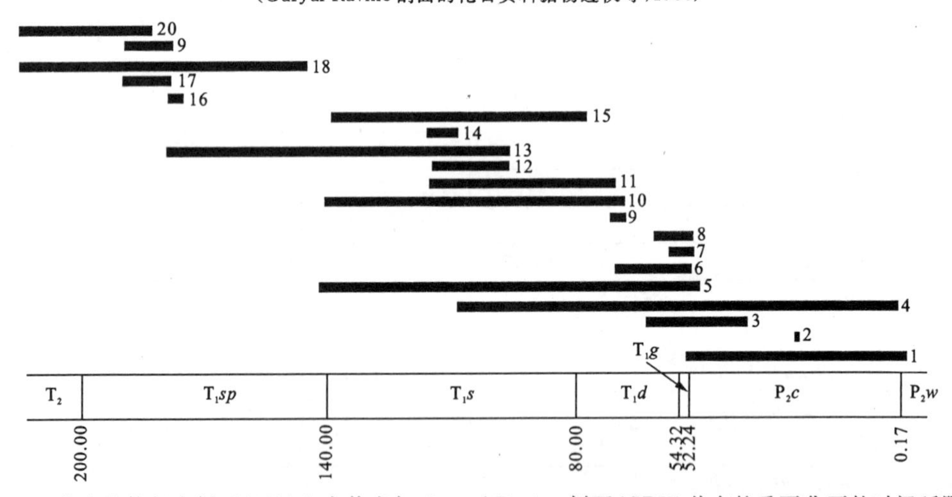

图 6　华南整体复合剖面（ICS）和克什米尔 Guryul Ravine 剖面（GRK）共有的重要化石的时间延限

1. Productacean brachiopods; 2. *Cyclolobus walkeri*; 3. *Hindeodus typicalis*; 4. *Neogondolella carinata*; 5. *Claraia* spp.; 6. *Ophiceras* spp.; 7. *Otoceras woodwardi*; 8. *Isarcicella isarcica*; 9. *Neospathodus kummeli*; 10. *N. dieneri*; 11. *N. cristagalli*; 12. *N. pakistanensis*; 13. *N. waageni*; 14. *Platyvillosus costatus*; 15. *Meekoceras* spp.; 16. *Neogondolella milleri*; 17. *N. elongata*; 18. *Neospathodus triangularis*; 19. *Neogondolella jubata*; 20. *Neospathodus homeri*

P_2w=Wujiapingian; P_2c=Changxingian; T_1g=Griesbachian; T_1d=Dienerian; T_1s=Smithian; T_1sp=Spathian

表 2　长兴煤山和上寺复合剖面(MSCS)和 MSCS－Guryul Ravine 复合剖面(MSCS－GRCS)的重要化石延限

化石名称	MSCS	MSCS GRCS
1. *Hindeodus parvus*	44.70～75.32	44.70～75.32
2. *Gondolella deflecta*	6.10～44.70	6.10～44.70
3. *G. carinata*	13.00～95.11	13.00～95.11
4. *Isarcicella isarcica*	45.54～51.55	45.54～61.37
5. *Hindeodus minutus*	−19.98～90.90	−19.98～90.90
6. *Neospathodus* spp.	75.32～90.96	61.67～105.07
7. *Ellisonia* spp.	−19.98～91.02	−19.98～105.07
8a ？*Otoceras* sp.	44.70	44.70
8b *O. woodwardi*	——	48.36～56.89
9. *Ophiceras* spp.	44.60～50.00	44.60～69.90
10. *Pseudotirolites* spp.	38.88～44.50	38.88～44.50
11. *Rotodiscoceras* spp.	38.00～44.49	38.00～44.49
12. *Claraia* spp.	44.60～52.78	44.60～68.41
13. *Glomospira ovalis*	19.10～43.78	−2.97～43.78
14. *Nodosaria* spp.	−0.76～44.60	−0.76～44.60
15. *Abadehella coniformis*	41.60	−84.82～41.60

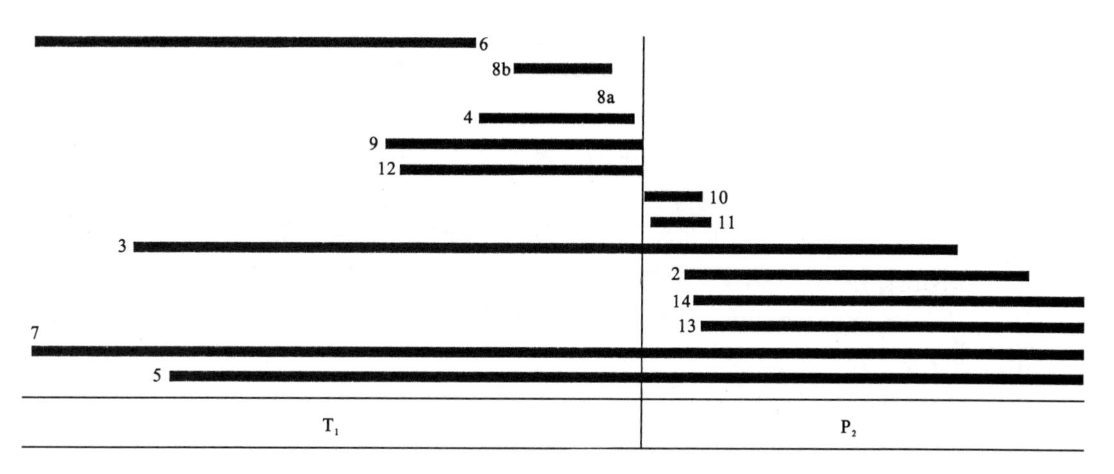

图 7　长兴煤山和上寺复合剖面(MSCS)与克什米尔 Guryul Ravine 剖面共有的重要化石延限
(化石代号见表 2)

讨论

(1)显生宙划分出古生代、中生代和新生代，主要根据生物(尤其是动物)在各时代中的总体面貌不同，这是公认的原则。古、中生代的区分主要根据三叠纪出现的生物面貌与二叠纪明显不同。二叠纪末的类群绝灭中，90%的无脊椎动物属种消失，三叠纪很少有二叠纪类型的分子，使两纪生物群面貌截然不同。

(2)Otoceras 带(喜马拉雅型的)是三叠纪最早期的代表，也即是 Griesbachian 阶的代表(Diener,1912)，这是确定的事实(除加拿大北极区产出的 *Otoceras* 不在本文讨论范围内外)。但在一个具体剖面中，*Otoceras* 的产出层位不一定代表三叠纪的下界。*H. parvus* 的产出也可代表 Griesbachian 阶，但它的上延范围超出 *Otoceras* 带。同理，它在剖面中产出的下限不一定代表三叠纪下界。

(3)生物事件的界线是确定二叠系—三叠系界线的准则。总体上说，二叠纪末的类群绝灭和三叠纪初的新生分子之间是界线的位置，其中少数的二叠纪类型的孑遗应排斥在外。在华南的界线黏土层，既是生物事件的标志，又是非生物事件的标志。

(4)Shaw 的方法证明 *Otoceras* 和 *H. parvus* 在东特提斯区是几乎同时出现的，这个区域性生物学事件是二叠系—三叠系分界的主要标志之一。

参考文献

李子舜，姚建新. 中国耳菊石层的生物地层含义. 国际交流地质学术论文集——为二十七届国际地质大会撰写[M]. 北京：地质出版社，1984

李子舜，詹立培等. 川北陕南二叠系—三叠纪生物地层及事件地层学研究. 地质专报，二，地层，古生物，第 9 号[M]. 北京：地质出版社，1989

王义刚，陈楚震，芮琳等. 论二叠系—三叠系界线定义[J]. 地层学杂志，1989，13(3)

徐桂荣，肖义越. 定量地层学. 吴瑞棠，张守信. 现代地层学[M]. 武汉：中国地质大学出版社，1989

徐桂荣，张克信，黄思骥等. 湖北黄石地区上二叠统和二叠系—三叠系界线事件地层研究[J]. 地球科学，1988，13(5)：

杨遵仪，殷鸿福等. 华南二叠系—三叠系界线地层及动物群. 地质专报(二)，地层古生物，第 6 号[M]. 北京：地质出版社，1987

殷鸿福，张克信，杨逢清. 海相二叠系—三叠系生物地层界线划分的新方案[J]. 地球科学，1988，13(5)：

张景华，戴进业，田树刚. 四川北部广元上寺晚二叠世—早三叠世的牙形石生物地层. 国际交流地质学术论文集——为二十七届国际地质大会撰写[M]. 北京：地质出版社，1984

Ding, Meihua. Permian-Triassic Boundary and Conodonts in South China[J]. Mem. Soc. Geol. It., 1988, 34(1986)

Sheng Jinzhang et al.. Permian-Triassic Boundary in Middle and Eastern Tethys[J]. Jour. Fac., Sci., Hokkaido Univ., 1984, 21(1)

Yin Hongfu et al.. A Proposal to the Biostratigraphic Criterion of Permian/Triassic Boundary. Mem. Soc. Geol. It., 1988, 34(1986)

【原载《地层学杂志》，1991 年 9 月，第 15 卷，第 3 期】

湖北黄石地区上二叠统和二叠系—三叠系界线事件地层研究[①]

徐桂荣　张克信　黄思骥　吴顺宝　毕先梅[②]

湖北黄石地区二叠纪地层的研究已有很长历史。谢家荣(1924)首先提出在大冶石灰岩之下分出保安页岩、炭山湾煤系和阳新灰岩。后经周圣生(1956)和湖北省区测队(1980)等作了大量的系统研究,解决了长兴组与保安页岩的关系,并且肯定了上二叠统划分方案与华南其他地区上二叠统对比的关系。近年来我们对黄石地区的上二叠统和二叠系—三叠系界线地层做了进一步工作,在古生物、岩性、岩相和微球粒分析等方面取得了若干新材料。

一、地层序列

黄石地区的上二叠统和二叠系—三叠系界线地层,以黄石钢厂二门和柯家湾两剖面出露较好。现以二门剖面为代表综合该地区的地层序列(自下而上)如下(图1)。

龙潭组　本区龙潭组可分为3段:下部炭山湾段、中部下窑段和上部保安段。

炭山湾段　为煤系地层,有1～2层可采煤层。主要岩性为钙质页岩夹灰黑色粉砂岩,含腕足类化石:*Asioproductus gratiosus* (Waagen), *Spinomarginifera lopingensis* (Kayser), *S. kueichouensis* Huang, *Edriosteges poyangensis* (Kayser), *Tyloplecta yangtzeensis* (Chao)和植物化石:*Gigantopteris* sp., *Calamites* sp.等。厚度为8～15m。

下窑段　暗灰色或灰黑色中厚层微晶灰岩,有少量燧石团块或沿层理面分布的硅质条带。产䗴类:*Codonofusiella schubertelloides* Sheng, *Reichelina media* K. M. Macley;珊瑚:*Waagenophyllum* sp.;牙形石:*Gondolella leveni* Kozur, *Hindeodus minutus* (Ellison), *Xaniognathus elongatus* Sweet。厚度约为24m。

保安段　黑色或灰黑色薄层硅质岩和硅化碳质伊利石黏土岩,夹泥岩、碳质页岩和蒙脱石黏土岩。化石有菊石、双壳类、腕足类和放射虫,但保存较差。菊石:*pseudogastrioceras* sp.;双壳类:*Aviculopecten* sp., *Etheripecten sichuanensis* Liu;腕足类:*Waagenites barusiensis* (Davidson), *Squamularia nucleola* Grabau, *Crurithyris* sp.等。厚度约14m。

大隆组　灰黑色或黑灰色薄层到中层硅化伊利石黏土岩,夹硅质微亮晶灰岩和碳质页岩,有少数蒙脱石黏土层。产菊石:*pseudotirolites* sp., *pseudogastrioceras* sp.;牙形石:*Gondolella wangi* Zhang, *G. subcarinata* (Sweet);腕足类:*Crurithyris pusilla* Chan, *Cathaysia* sp.;痕迹化石:*Ophiomorpha*? sp., *Pteridinium*? sp.等。厚度约6m。

大冶组第一段　根据岩性特征大冶组可分为5段。第一段以浅灰色薄层—中层白云岩化

---

① 本文属IGCP203项目"中国二叠系—三叠系界线地质事件"研究成果之一。

② 作者均为中国地质大学。

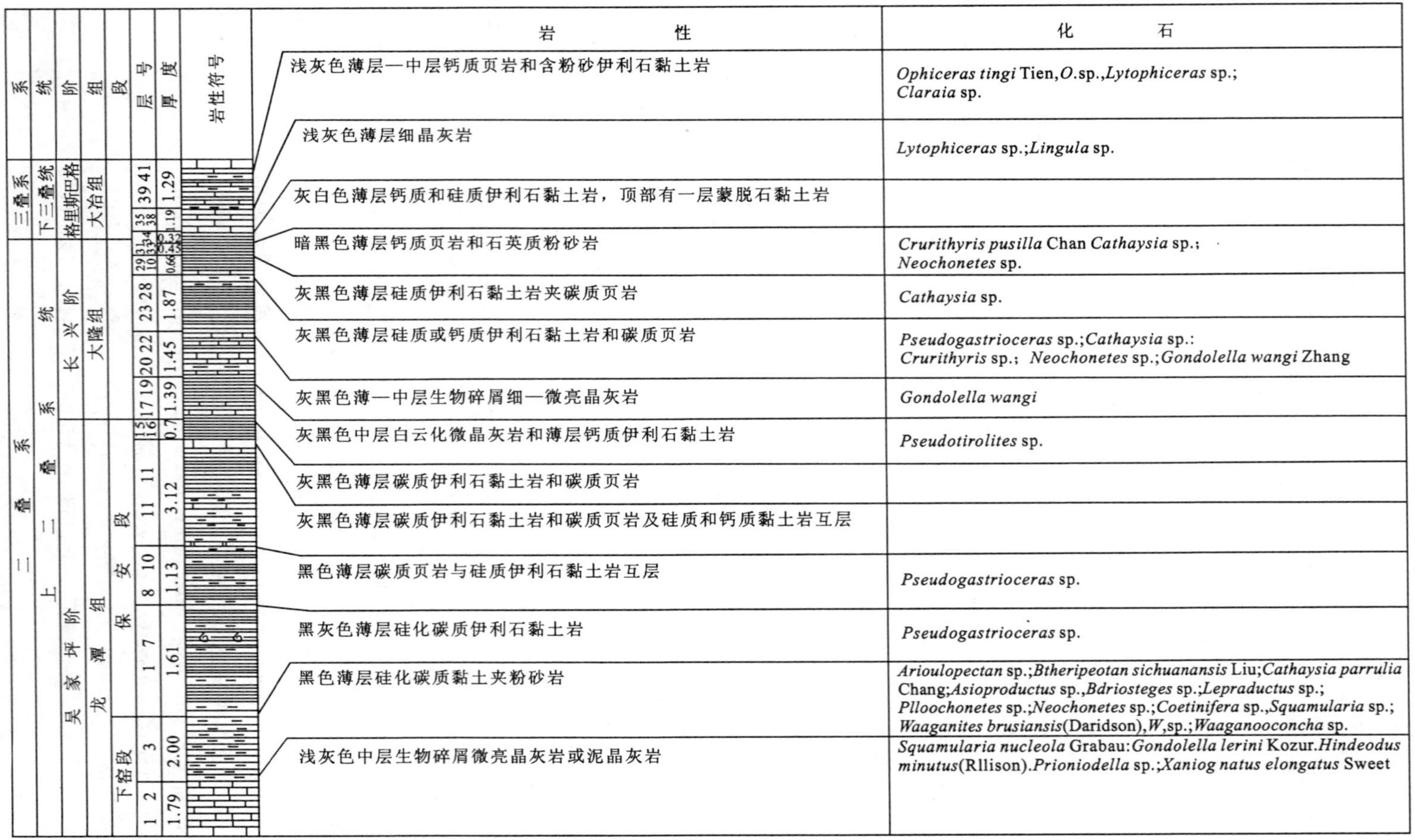

系	统	阶	组	段	层号	厚度
三叠系	下三叠统	格里斯巴格	大冶组		39 41	1.29
					35 38	1.19
二叠系	上二叠统	长兴阶	大隆组		29 31 33 34	0.66 0.45 0.32
					23 28	1.87
					20 22	1.45
					17 19	1.39
		吴家坪阶	龙潭组	保安段	15 16	0.7
					11 11	3.12
					8 10	1.13
					1 7	1.61
				下窑段	3	2.00
					1 2	1.79

岩性	化石
浅灰色薄层—中层钙质页岩和含粉砂伊利石黏土岩	*Ophiceras tingi* Tien,*O.*sp.,*Lytophiceras* sp.; *Claraia* sp.
浅灰色薄层细晶灰岩	*Lytophiceras* sp.;*Lingula* sp.
灰白色薄层钙质和硅质伊利石黏土岩，顶部有一层蒙脱石黏土岩	
暗黑色薄层钙质页岩和石英质粉砂岩	*Crurithyris pusilla* Chan *Cathaysia* sp.; *Neochonetes* sp.
灰黑色薄层硅质伊利石黏土岩夹碳质页岩	*Cathaysia* sp.
灰黑色薄层硅质或钙质伊利石黏土岩和碳质页岩	*Pseudogastrioceras* sp.;*Cathaysia* sp.: *Crurithyris* sp.; *Neochonetes* sp.;*Gondolella wangi* Zhang
灰黑色薄—中层生物碎屑细—微亮晶灰岩	*Gondolella wangi*
灰黑色中层白云化微晶灰岩和薄层钙质伊利石黏土岩	*Pseudotirolites* sp.
灰黑色薄层碳质伊利石黏土岩和碳质页岩	
灰黑色薄层碳质伊利石黏土岩和碳质页岩及硅质和钙质黏土岩互层	
黑色薄层碳质页岩与硅质伊利石黏土岩互层	*Pseudogastrioceras* sp.
黑灰色薄层硅化碳质伊利石黏土岩	*Pseudogastrioceras* sp.
黑色薄层硅化碳质黏土夹粉砂岩	*Arioulopectan* sp.;*Btheripeotan sichuanansis* Liu;*Cathaysia parrulia* Chang;*Asioproductus* sp.,*Bdriosteges* sp.;*Lepraductus* sp.; *Plloochonetes* sp.;*Neochonetes* sp.;*Coetinifera* sp.,*Squamularia* sp.; *Waaganites brusiansis*(Daridson),*W*,sp.;*Waaganooconcha* sp.
浅灰色中层生物碎屑微亮晶灰岩或泥晶灰岩	*Squamularia nucleola* Grabau:*Gondolella lerini* Kozur.*Hindeodus minutus*(Rllison).*Prioniodella* sp.;*Xaniog natus elongatus* Sweet

图 1　湖北黄石冶钢二门上二叠统—下三叠统(大冶组一段)实测地层柱状图

细晶—微晶灰岩为主，夹薄层钙质伊利石或蒙脱石黏土岩和细晶灰岩。产菊石：*Ophiceras tingi* Tien，*O.* sp.，*Lytophiceras* cf. *commune* Spath，*L.* cf. *sukuntala*(Diener)；双壳类：*Claraia* sp.，*C. aurita*(Hauer)，*C. griesbachi*(Bittner)，*Pseudcclaraia wangi*(Patte)；腕足类：*Lingula* sp.，*Waagenites* sp.。

二叠系—三叠系界线及过渡层 本区的二叠系—三叠系界线，传统都以大冶组底部浅灰色薄层白云质或钙质泥岩出现作为三叠系底界。我们主张把界线少许下移，放在灰白色薄层钙质和硅质伊利石黏土岩层(第34层，图1)之下。在冶钢二门，紧接着该黏土层之上发现菊石 *Lytophiceras* sp. 和腕足类 *Lingula* sp.；在柯家湾，在该层之内发现 *Ophiceras* sp.，*Lytophiceras* sp.，这些发现都证明二叠系—三叠系的确切界线应以该层底为界。

在大冶组第一段上部的灰绿色薄层—中层钙质泥岩和泥灰岩互层中，在柯家湾剖面采得 *Pseudoclaraia wangi*、*Claraia griesbachi*、*Ophiceras tingi* 等丰富的化石，没有任何二叠纪残留的生物，在第一段下部与 *Claraia* sp. 和 *Lytophiceras* sp. 共生的还有 *Waagenites* sp. 和 *Crurithyris* sp. 等二叠纪型腕足类，在二门和柯家湾等地都有发现。所以，*Pseudoclaraia wangi* 之下和界线之上的这段地层，我们称为过渡层(殷鸿福，1983)。

二、沉积相和沉积环境分析

(1)下窑段的灰岩岩层厚度常较大，生物碎屑很多，中等破碎的生物碎屑呈多粒度基底模式；含有正常浅海的生物化石珊瑚、苔藓虫、海百合等。因此，属于正常浅海的潮间带至潮下带的沉积相。

(2)保安段的页岩和黏土岩中碳质含量很高，发育水平纹层。镜下观察到含量为1%～2%的硅质放射虫，其切面直径大多近0.1mm，岩石基质也有中等程度硅化。本段中夹有一层厚约0.25m的细晶白云岩(第11层底，图1)。化石稀少且个体都很小，常常仅保存为印痕。这些特点说明碎屑物供给缺乏，水体平静滞留，深度加大，属于下陆坡沉积相。

(3)大隆组除夹有2～3层薄层微晶灰岩外，都是硅化伊利石黏土岩。硅化程度较高，第23层样品单项化学分析表明 SiO_2 含量为64.14%。碳质含量比保安段大为减少，呈微粒状分布的黄铁矿增多。化石除菊石外有小个体的腕足类、有孔虫、海绵骨针和放射虫。总的说来，其沉积相特征接近保安段。

(4)过渡层由细晶灰岩、泥质灰岩与黏土岩层构成韵律性沉积。黄铁矿微粒只见于过渡层下部，碳质限于某些层位，放射虫化石已不见。第34层界线黏土层主要为伊利石黏土岩，该层上部变为蒙脱石黏土岩。在蒙脱石黏土岩中有保存很好的放射状沸石晶簇(图版12)，沸石是火山玻璃的蚀变产物，与蒙脱石黏土岩关系密切。沸石晶簇之所以能很好保存，与相对稳定的沉积环境有关。这些特征说明黄石地区的过渡层是稳定的浅海潮下沉积。

根据上述资料，在晚二叠世至早三叠世最初时期，可知黄石地区处于陆表海近滨至大陆斜坡下部的沉积环境体系中。炭山湾煤系代表近岸滨海沉积；下窑段属于潮间至潮下带的沉积；保安段沉积时期海水加深，反映平静滞留的陆坡下部沉积；大隆组的沉积环境继承保安段的特点，但中间夹有浅海灰岩相沉积，表明海平面有起伏变化；过渡层沉积时期又回复到潮下沉积环境。所以，从炭山湾煤系至大隆组的沉积相代表一个完整的海侵过程，在大隆组的沉积时期海水有变浅的趋向，至早三叠世早期海水又变浅。

三、界线地层中的微球粒

在黄石地区的如下地点及层位发现微球粒：①冶钢二门剖面下窑段顶部至大冶组一段，尤其是大隆组最顶部（第 33 层顶）和界线黏土层（第 34—1 层）中含量最高，约 1kg 重样品中拣得千余颗；②新下陆泽林煤矿副井内的二叠系—三叠系界线黏土岩层；③柯家湾剖面界线黏土岩层。微球粒大小从几微米至几百微米。对微粒的形态、结构和化学成分进行了扫描电镜和能谱分析。根据其化学成分，可分为 3 类。

(1)铁石质微球粒。黑色，呈强磁性，主要化学成分包括 Fe、Ti、Al、Si、Ca 和 K 等（图 2）。铁石质微球粒，约占总微球粒数的 90%。该种微球粒的表面有乳点状凸起、螺旋纹和细孔等结构。微凸起大概是反映融滴在冷凝过程中表面的收缩。螺旋纹可能是融滴在旋转下落过程中与大气中的尘埃或其他微球粒摩擦形成的；细孔（图版 4）代表气体逸出通道，反映冷凝过程中易挥发物质从内部挤出。有许多微球粒的形态呈泪滴状（图版 6）。所有这些特征说明这一类微球粒曾经历一系列物理化学过程，包括融滴下降冷凝过程中的磨蚀、挥发物质气化逃逸和融滴变形等作用。这些特征主要见于火山喷发后熔融火山灰微粒下落的过程中。

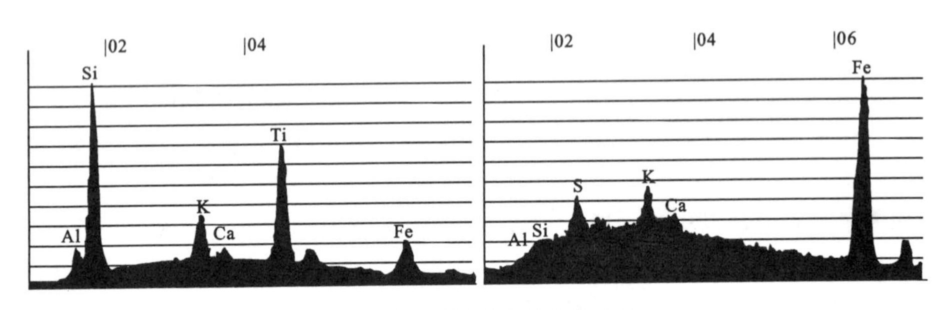

图 2　铁石质微球粒的能谱曲线

(2)硅质微球粒。约占微球粒总数的 5%。黑灰色或灰白色，化学成分主要是 Si（图 3）。表面有许多小坑和不清楚的旋纹。这类球粒类似于发现在西西里 Etna 火山的火山灰中的硅质微球粒。

(3)有机微球粒。约占微球粒总数的 5%。大都呈褐黄色，内部中空，表面具口孔。这类微球粒的外壁为有机质，在酸溶液中不易溶解，可能是孢子或卵囊。

这 3 类微球粒中除第三类外，前两类都与火山喷发事件有关。

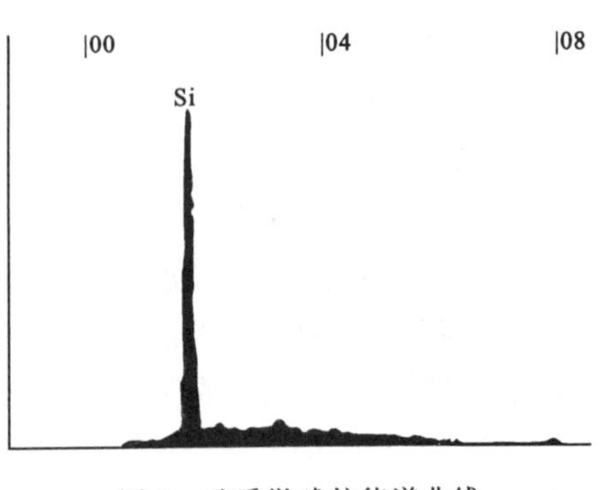

图 3　硅质微球粒能谱曲线

四、二叠纪—三叠纪之交中国南部发生的火山事件在黄石地区的证据

中国南部的火山活动，在强烈喷发形成四川峨眉玄武岩之后，强度虽减弱但并未停止。因此在晚二叠世许多剖面中都可发现火山物质，黄石地区剖面中的火山物质一直延续到界线地层之上。

(1)冶钢二门剖面界线蒙脱石黏土岩层(第34层,图1)中残存玻屑的弓形结构(图版10),孔隙中有晶簇状沸石。同时,在显微镜下和矿物分离下,均见到较自形的高温石英(图版5)。这些都是直接来自火山物质。

(2)在大冶组第一段上部(第39层)的黏土岩中,镜下观察发现残留有帚状的玻璃质微粒集群和少量自形—半自形的短柱状磷灰石晶粒(图版8),其长轴分布和玻璃微粒一致。所含的黑云母已转化为水黑云母。这些物质的排列方向,可能是火山物质的原始沉积纹理。

(3)保安段和大隆组内都夹有若干薄层蒙脱石或伊利石-蒙脱石混层黏土岩。这些黏土岩的成因与火山物质来源有关。

(4)从保安段至大冶组第一段都发现有微球粒,以界线附近的黏土层中数量最多。根据微球粒所显示的特征,可能属于火山物质。

五、结论

黄石地区上二叠统和二叠系—三叠系界线地层的上述资料说明:

(1)上二叠统大隆组与大冶组是连续整合的地层序列。在岩性上是逐渐过渡的,无风化壳的任何证据。

(2)界线黏土层开始至 *Pseudoclaraia wangi* 出现的这一段地层称为过渡层,与华南其他地区的过渡层有相同的特点。

(3)自炭山湾组至大冶组的一段沉积时期内,在黄石地区经历了海侵和海退的过程;海侵高峰可能在保安段和大隆组下部这一沉积时期。

(4)微球粒特征和其他火山物质证明二叠系—三叠系界线附近的华南普遍存在火山事件,在黄石地区也有反映。由于含火山物质的岩层较薄,火山碎屑物质较细,但微球粒较多,说明火山喷发中心是远离黄石地区的。

(5)界线黏土岩中含火山玻屑、沸石、高温石英、火山成因的微球粒等,说明该层黏土岩(厚2～4cm)是一次火山爆发后火山灰降落沉积的产物,是在极短时期内形成的,可视为等时面。从事件地层学的观点看,它是划分两系的最佳标志层。

致谢

杨遵仪教授和殷鸿福教授对本文的工作给予不少帮助和支持。中国地质大学(武汉)电镜室作了电镜摄影及能谱分析;郭琬云同志处理牙形石和微球粒样品;肖诗宇同志清绘图件,一并致谢。

参 考 文 献

谢家荣.湖北东南部地层[J].中国地质学会志,1924,3:91-97

杨遵仪等.华南二叠系—三叠系界线地层及动物群.地质专报[M].北京:地质出版社,1987

殷鸿福.古生代、中生代之交的华南双壳类[J].地质论评,1983,29(4):303-320

周圣生.湖北东南部地质及构造特征[J].地质学报,1956,36(1)

Lefevre et al.. Silicate microspherules intercepted in the plume of Etna Volcano. Nature, 1986,322(28):817-819

图 版 说 明

(微球粒、矿物标本和岩石薄片均保存在中国地质大学(武汉)古生物教研室)

1 石铁质球,×500;球表具撞击小坑;登记号:5942;黄石冶钢二门,大隆组顶部(第33层顶)。

2 石铁质球,×800;大球上融粘两个小球;登记号:5948;产地层位同上。

3 石铁质球,×800;大球上融粘许多小球;登记号:4001;产地同上,界线黏土层(第34—1层)。

4 石铁质球,×1 000,具喷气孔;登记号:6333;黄石柯家湾,界线黏土层(第15层顶)。

5 高温石英,×200;登记号:1105;黄石冶钢二门,大冶组底部(第34—3层)。

6 石铁质球,×550;融滴状;登记号:5938;产地同上;大隆组顶部(第33层顶)。

7 硅质球,×8 000;登记号:5940;产地层位同上。

8 磷灰石,×500;产地同上,大冶组第一段之黏土层。

9 火山玻屑,×1 000;具喷气孔;登记号:1207;产地同上,大冶组底部(第34—3层)。

10 火山玻屑,×650;具喷气孔,近中部含一微球粒;登记号:1206;产地层位同上。

11 水黑云母,10×12.5;登记号:HE3404;黄石冶钢二门,第39层。

12 沸石,10×12.5;呈晶簇状;登记号:HE3402;产地同上,第34层。

【原载《地球科学——中国地质大学学报》,1988年9月,第13卷,第5期】

图 版

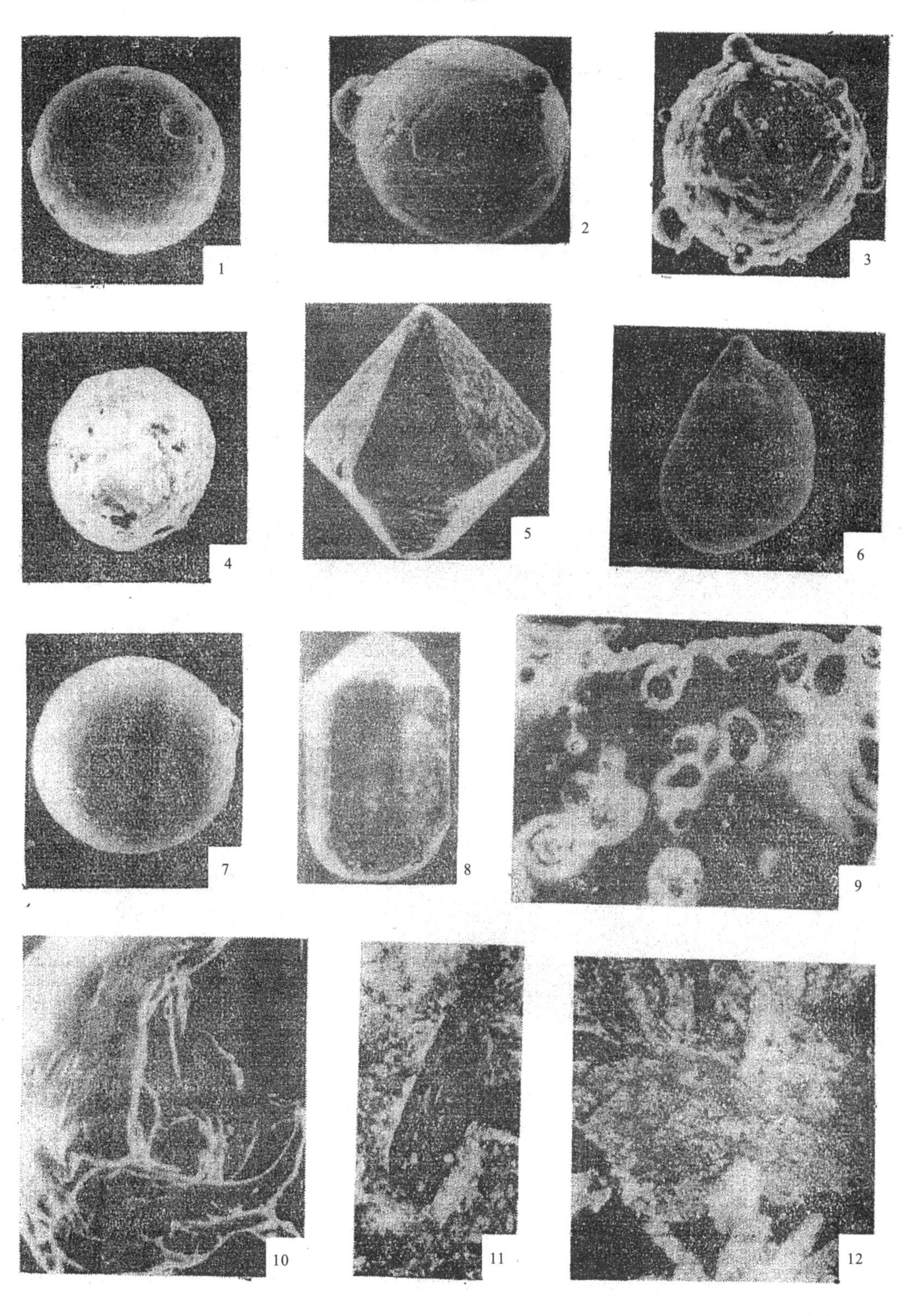

Permo-Triassic Brachiopod Successions and Events in South China

Xu Guirong Richard E. Grant

Introduction

In the last decade, several important reports have been published on the stratigraphy of sections that include the Permo-Triassic boundary in South China (e. g., Hou et al., 1979; Sheng et al., 1984; Yang, Wu & Yang, 1981; Yang et al., 1987; Yin, 1983, 1985; Liao, 1980; Liao & Meng, 1986) and the authors have in press a study of the brachiopods collected from the boundary interval at 32 localities in South China. In the present contribution, we summarize our work with Permo-Triassic brachiopods, outline a zonal scheme based on them, and suggest correlations with sections in other parts of the Tethys region.

A number of schemes of brachiopod zonation have been suggested since 1979 when three Permian faunas were recognized by Hou et al.. in the upper Wujiapingian through Changxingian interval (Table 1) of the Lianxian area of Guangdong Province. One year later, on the basis of a study of brachiopods from the western part of Guizhou Province, Liao described three brachiopod assemblages, two in the Wujiapingian and one in the Changxingian (Table 1). In 1987, Xu (in Yang et al., 1987) reported on a study of brachiopods from 31 sections in South China and in that study set up five assemblage zones in the Wujiapingian through lower Griesbachian interval. In this report, we suggest a new scheme of brachiopod zonation in the same interval (Table 1) and note that the nature of brachiopod faunas in the Changxingian is affected to a great extent by lithofacies.

In our discussion of correlations with ammonoid, conodont, and fusulinid biozones, we use information not only from the 32 sections we have studied ourselves, but also data from localities such as the Jiaozishan Section (Fig. 1, locality A; Yao et al., 1980) and the Huatang Section (Fig. 1, locality C; Liao & Meng, 1986). Additional data for use in correlation of sections in South China have been derived from excellent studies of localities in north Tibet (Jing & Sun, 1981), Transcaucasia (Rostovtsev & Azaryan, 1973), northwest Iran (Teichert, Kummel & Sweet, 1973; Iranian—Japanese Research Group, 1981), the Salt Range of Pakistan (Grant, 1970; Pakistani—Japanese Research Group, 1981、1985), Kashmir (Nakazawa et al., 1975), the Southern Alps (Assereto et al., 1973), East Greenland (Teichert & Kummel, 1976), and northwest Nepal (Waterhouse, 1978).

Table 1 Comparison of Brachiopod Zonations Near the Permo - Triassic Boundary in South China

Sequences		Hou et al. ,1979	Liao,1980	Xu,1987	This chapter	
Series	Stage				clastic lithofacies	limestone lithofacies
Lower Trias	Lower Gries-Bachian			*Crurithyris speciosa-Lingula subcircularis*	*Crurithyris pusilla-Lingula subcircularis* Assemblage Zone	
Upperpermian	Changxingian	*Cathaysia sinuata. Oldhamina minor. Crurithyris pusilla.* & *Hustedia indica*	*Enteletina zigzag** — ** *Cathaysia sulcatifera* assemblage	*Waagenites barusiensis*—*Crurithyris pusilla* Assemblage Zone	*Cathaysia sinuata*—*Waagenites barusiensis* Assemblage Zone	*Spirigerella discusella*—*Acosarina minuta* Assemblage Zone
		*Tschernyschewia geniculata. Enteletina * sinensis. Meekella kueichowensis*		*Enteletina zigzag** — *Neowellerella**** *pseudoutah* Assemblage Zone	*Cathaysia chonetoides*—*Chonetinella substrophomenoides* Assemblage Zone	*Peltichia zigzag*—*Prelissorhynchia triplicatioid* Assemblage Zone
	Wujiapingian	*Edriosteges. Permophricodothyris. Asioproductus. Tyloplecta yangtzeensis*	*Squamularia grandis*—*Orthothetina ruber* assemblage	*Orthothetina ruber*—*Squamularia grandis* Assemblage Zone	*Orthothetina ruber*—*Squamularia grandis* Assemblage Zone	
			Edriosteges poyangensis assemblage	*Squamularia indica*—*Haydenella wenganensis* Assemblage Zone	*Squamularia indica*—*Haydenella wenganensis* Assemblage Zone	

* *Enteletina*=*Peltichia*, ** *Cathaysia sulcatifera*=*C. sinuata*, *** *Neowellerella*=*Prelissorhynchia*.

Lithofacies

There are two primary lithofacies in the Wujiapingian Stage in South China. One is a limestone lithofacies, termed the Wujiaping Formation and the other is a coal-measure lithofacies named the Longtan Formation. The composition of brachiopod faunas is somewhat variable in both formations because limestone or calcareous mudstone beds are commonly intercalated in the Longtan Formation and calcilutite or marly beds occur here and there in the Wujiaping Formation. However, a suitable brachiopod zonation is available that enables correlation of the two formations in South China.

The Changxingian Stage is represented by a variety of sedimentary rock types, of which three are the most typical. The Changxing Formation is dominated by limestone; the Dalong Formation by siliceous rocks; and the Xuanwei(or Yanshi) Formation by arenite. Because brachiopod occurrences are closely related to lithofacies, it is necessary to set up two parallel biozonations, one in the limestone lithofacies, the other in the clastic lithofacies.

Rocks included in the Lower Griesbachian Substage may be divided into two general types. The lower Daye Formation is dominantly carbonate strata, whereas the lower Feixian-

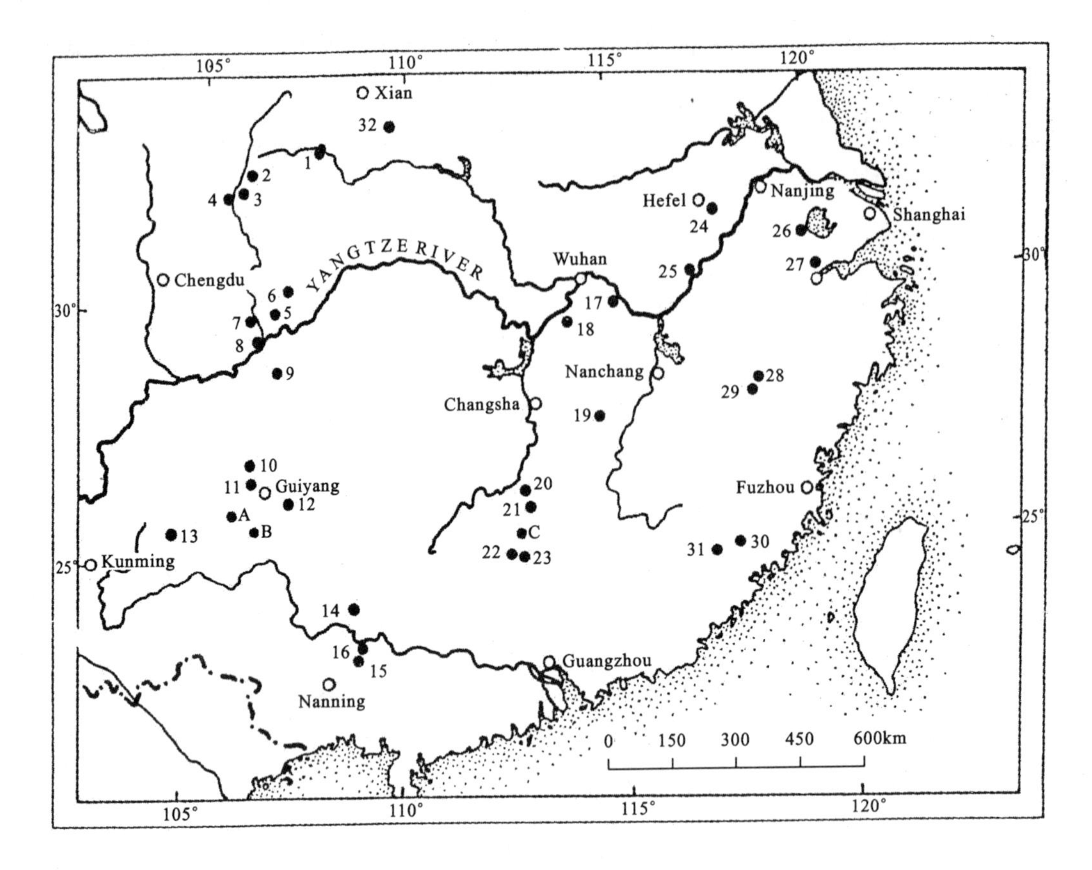

Fig. 1 Location of Permo-Triassic Boundary Sections in South China

1. Kucaoping section, Xixiang County, Shaanxi Province; 2. Mingyuexia section, Guangyuan County, Sichuan Province; 3. Xindianzi section, Guangyuan County, Sichuan Province; 4. Shangsi section, Guangyuan County, Sichuan Province; 5. Xinjiacao section, Guangyuan County, Sichuan Province; 6. Huayingshan section, Linshui County, Sichuan Province; 7. Yanjingxi section, Hechuan County, Sichuan Province; 8. Liangfengya section, Zhongqing City, Sichuan Province; 9. Banzhuyuan section, Nantong County, Sichuan Province; 10. Liuchang section, Qingzhen County, Guizhou Province; 11. Yingpanpo section, Guiyang City, Guizhou Province; 12. Xiaochehe section, Guiyang City, Guizhou Province; 13. Huopu section, Pan County, Guizhou Province; 14. Longtoujiang section, Yishan County, Guangxi Province; 15. Paoshui section, Laibin County, Guangxi Province; 16. Penglaitan section, Laibin County, Guangxi Province; 17. Shatian section, Huangshi City, Hubei Province; 18. Guanyinshan section, Puqi County, Hubei Province; 19. Baimu section, Yichun County, Jiangxi Province; 20. Jueguangsi section, Laiyang County, Hunan Province; 21. Matian section, Yongxi County, Hunan Province; 22. Xiaoyuanchong section, Jiahe County, Hunan Province; 23. Meitian section, Yizhang County, Hunan Province; 24. Majiashan section, Chao County, Anhui Province; 25. Yueshan section, Huaining County, Anhui Province; 26. Meishan section, Changxing County, Zhejiang Province; 27. Huangzhishan section, Wuxing County, Zhejiang Province; 28. Minfa section, Guangfeng County, Jiangxi Province; 29. Xijia section, Shangrao County, Jiangxi Province; 30. Yading section, Zhangping County, Fujian Province; 31. Yanshi section, Longyan County, Fujian Province; 32. Xikou section, Zhenan County, Shanxi Province; A. Jiaozishan section, Anshun City, Guizhou Province; B. Shitouzhai section, Ziyun County, Guizhou Province; C. Huatang section, Chenxian County, Hunan Province.

guan Formation is primarily clastic. Brachiopods are poorly preserved, but are principally of the same types in these two formations.

Brachiopod Zonations

Squamularia indica – Haydenella wenganensis Assemblage Zone (abbreviated S – H Zone)

Brachiopods characteristic of the S – H Zone include *Araxathyris kandevani* Sestini and Glaus, *Spiriferellina orientalis* (Frech), *S. triquetra* Liao, *Squamularia elegantus* (Waagen), *S. indica* (Waagen), *Costispinifera striata* Liao, *Dielasma zhijinense* Liao, *Edriosteges subplicatilis* (Frech), *E. acuminatus* Liao, *Haydenella wenganensis* (Huang), *Orthothetina speciosa* Liao, *Meekella pusilloplicata* Liao, *Liosotella magniplicata* (Huang), *Transennatia gratiosa* (Waagen), *Alatoproductus truncatus* Ching, *Cathaysia uralica* (Moeller), and *Chonetella nasuta putingensis* Liao. The S – H Zone is in the lower part of the Wujiapingian Stage, and *S. indica* and *H. wenganensis* are the most widely distributed brachiopod species in South China. The fauna of the S – H Zone corresponds in large part to the *Edriosteges poyangensis* (Kayser) assemblage of Liao (1980), but the nominal species of that assemblage is abundantly represented throughout the Wujiapingian and ranges into the Changxingian in some areas of South China.

Orthothetina ruber – Squamularia grandis Assemblage Zone (abbreviated O – S Zone)

Liao named this zone on the basis of data from several sections in the western part of Guizhou Province, but it is recognizable throughout South China. The O – S Zone extends from the upper part of the Wujiapingian Stage into the lower part of the lower Changxingian Stage. Significant fossils limited to this zone include: *Araxathyris ogbinensis* Grunt, *A. shuizhutangensis* Chan, *Araxathyris* sp. cf. *A. lata* Grunt, *A. bisculcata* Liao, *A. filina* (Arthaber), *Tschernyschewia geniculata* Chan, *Waagenites deplanata* (Waagen), *Notothyris subnucleolus* Zhang & Ching, *N. minuta* Waagen, *Notothyris* sp. cf. *N. irregularis* Grabau, *Orthothetina deminuta* Chang, *O. provecta* Liao, *O. ruber* (Frech), *Orthothetina* sp. cf. *O. curvata* Ustriski, *Derbyia disalata* Liao, *Enteletina kwangtungensis* Chan, *Leptodus cancerini-formis* Liao, *Oldhamina jiaozishanensis* Liao, *O. interrupta* Chan, *O. lianyangensis* Chan, *Poikilosakos dzhulfensis* Sarytcheva, *Haydenella kiangsiensis* (Kayser), *Costispinifera anshunensis* Liao, *Haydenoides orientalis* Chan, *Marginifera magniplicatus* Huang, *Squamularia grandis* Chao, *Tyloplecta costiferinoides* Fong, *Martinia martini* Waagen, *Spiriferellina octoplica* (Sowerby), *Cathaysia speciosa* Chan, and *C. parvulia* Chang. One of the typical species, *Orthothetina ruber* is widespread in the clastic lithofacies and is particularly abundant in mudstone, siltstone, and calcareous mudstone. *Squamularia grandis*, on the other hand, is commonly found in limestone, cherty limestone, and calcareous mudstone.

In the previous two zones there are a number of common elements, such as *Edriosteges poyangesis*, *Streptorhynchus pelargonatus* (Schlotheim), *S. kayseri* Schlotheim, *Derbyia acutangula* (Huang), *Paraspiriferina alpheus* (Huang), *Punctospirifer oritata* (Schlotheim), *Licharewiella costata* (Waagen), and *Meekella abnormalis* Huang, as well as five species of *Leptodus* and six of *Oldhamina*. Thus the Wujiapingian fauna differs in aspect substantially from that of the Maokouian Stage(Lower Permian).

Cathaysia chonetoides – Chonetinella substrophomenoides Assemblage Zone(abbreviated C – C Zone)

The brachiopod fauna of the C – C Zone is found in clastic facies in the lower Changxingian Stage. By comparison with Wujiapingian faunas and those of Changxingian limestone lithofacies, the C – C Zone fauna is somewhat monotonous. Mostly it is composed of Chonetacea such as *Waagenites*, *Chonetinelia* and *Fanichonetes*, Chonetellidae such as *Cathaysia*, and Meekellidae such as *Orthothetina* and *Perigeyrella*. The following play the important roles in the C – C Zone: *Cathaysia chonetoides* (Chao), *C. spiriferoides* Xu & Grant, *Chonetellina substrophomenoides* (Huang), *Waagenites wongiana* (Chao), *Orthothetina regularis* (Huang), and *Prelissorhynchia pseudoutah* (Huang).

Cathaysia sinuata – Waagenites barusiensis Assemblage Zone(abbreviated C – W Zone)

The brachiopod fauna of the C – W Zone characterizes upper Changxingian clastic lithofacies and is more monotonous than the fauna of the same lithofacies in the lower Changxingian. It consists of *Cathaysia sinuata* Chan, *Waagenites barusiensis* (Davidson), *Crurithyris pusilla* Chan, *Orthothetina regularis* and *Leptodus nobilis* (Waagen). The zone is characterized by the rarity of brachiopods.

Peltichia zigzag – Prelissorhynchia triplicatioid Assemblage Zone(abbreviated P – P Zone)

The brachiopod fauna in the limestone lithofacies of the lower Changxingian is composed of *Peltichia zigzag*, *P. sinensis* (Huang), *P. schizoloides* Xu & Grant, *Prelissorhynchia triplicatioid* Xu & Grant, *P. pseudoutah*, *Araxathyris beipeiensis* Xu & Grant, *Uncinunellina multicostifera* Xu & Grant, *Cyrolexis antearcus* Xu & Grant, *Squamularia formilla* Xu & Grant, and *Spinomarginifera kueichowensis* (Huang). The most important feature of the P – P Zone is that it is the one in which *Peltichia* of the superfamily Enteletacea reaches its greatest abundance. A second major feature of the zone is that members of the order Rhynchonellida are more abundant in it than in faunas of underlying or overlying zones. A third feature is the abundant occurrence of large-sized representatives of genera such as *Dictyoclostus*, *Spinomarginifera*, *Edriosteges*, and *Tyloplecta*.

Spirigerella discusella – Acosarina minuta

Assemblage Zone(abbreviated S – A Zone)

This zone, which characterizes upper Changxingian limestone lithofacies, is distinguished by small specimens of such species as *Acosarina minuta* (Abich), *A. indica* (Waagen), *Crurithyris pusilla* Chan, *Spirigerella discusella* Xu & Grant, *Uncinunellina theobaldi* Waagen, aud *Rugosomarginifera chengyaoyensis* (Huang), and medium-and large-sized representatives of, for example, *Spinomarginifera alphus* (Huang), *Meekella langdaiensis* Liao, and *Perigeyerella altilosina* Xu & Grant.

Crurithyris pusilla Chan – *Lingula subcircularis*

Wirth Assemblage Zone(abbreviated C – L Zone)

Collections of brachiopods from lower Griesbachian rocks include an abundance of *Lingula* and *Crurithyris* as well as specimens of several Permian-or Changxingian-type survivors such as *Waagenites barusiensis*, *Cathaysia sinuata*, *C. orbicularis* Liao, and *Fusichonetes pigmaea* (Liao).

Relationship to Other Biozones

Typical elements of the S – H Zone, *Squamularia indica*, *Haydenella wenganensis*, and *Orthothetina speciosa* occur in the same beds with the fusulinid *Codonofusiella lui* Sheng in the Jiaozishan section(Fig. 1, locality A). The fusuline is an index to the lower subzone of the *Codonofusiella* Zone, which is equivalent to the Wujiapingian Stage. The *Neogondolella liangshanensis* conodont zone(see Table 2), recognized in the Mingyuexia section(Fig. 1, locality 2)is usually regarded as lower Wujiapingian and thus corresponds to the S – H Zone.

Table 2 Ammonoid, Conodont, and Fusulinid Zonations Near the Permo-Triassic Boundary in South China

<table>
<tr><th colspan="2">Sequences</th><th rowspan="2">Ammonoid Zones</th><th rowspan="2">Conodont Zones</th><th rowspan="2" colspan="2">Fusulinid Zones</th></tr>
<tr><th>Series</th><th>Stage</th></tr>
<tr><td>Lower Trias.</td><td>Lower Gries-Bachian</td><td>? Otoceras. Hypophiceras</td><td>Isarcicella? parva</td><td colspan="2"></td></tr>
<tr><td rowspan="4">Upper Permian</td><td rowspan="2">Changxingian</td><td>Rotodiscoceras—Pseudotirolites</td><td>Neogondolella deflecta—N. changxingensis</td><td rowspan="2">Palaeofusulina zone</td><td>Palaeofusulina sinensis—Reichelina changxingensis</td></tr>
<tr><td>Tapashanites—Shevyrevites</td><td>Neogondolella subcarinata—Neogondolella wangi</td><td>Palaeofusulina minima—Nanlingella simplex subzone</td></tr>
<tr><td rowspan="2">Wujiapingian</td><td>Sanyangites Araxoceras—Konglingites</td><td>Neogondolella orientalis</td><td rowspan="2">Codonofusiella zone</td><td>Codonofusiella spp.</td></tr>
<tr><td>Anderssonoceras—Prototoceras</td><td>Neogondolella liangshanensis</td><td>Codonofusiella lui subzone</td></tr>
</table>

* Refer to Yao et al., 1980; Zhao et al., 1981; and Yang et al., 1987. emended.

Squamularia grandis is associated with species of *Codonofusiella* in several sections, such as those at Jiaozishan and Guanyinshan(Fig. 1, localities A and 18). *Orthothetina ruber* is not likely to coexist with *Squamularia grandis*, because the two species are commonly represented in different lithofacies. However, specimens can be preserved in alternate beds in sections in which limestone and mudstone are interbedded. On the basis of stratigraphic position and the fact that its guide fossils mostly occur below those distinctive of the *Neogondolella subcarinata* – *N. wangi* conodont zone and the *Tapashanites* – *Shevyrevites* ammonoid zone, the O – S Zone generally correlates with the *Neogondolella orientalis*, and the *Sanyangites* ammonoid zone. The latter two zones are in the lower part of the Changxingian Stage(Table 2). For example, the ammonoids *Shevyrevites* and *Paratirolites* occur in beds above ones with the brachiopod *Orthothetina ruber* in the Paoshui section(Fig. 1, locality 15), and *Squamularia grandis* occurs in beds below ones yielding the conodont *Neogondolella wangi* in the Huayingshan and Jiaozishan sections(Fig. 1, localities A and 6).

No identifiable ammonoids or fusulinids have been found in the lower Yanshi Formation in the Yanshi section (Fig. 1, locality 31), which is the type section of the C – C Zone. However, a bed in the upper Yanshi Formation about 20m above the C – C Zone has yielded a specimen of the ammonoid *Pseudotirolites*, which is an index to the upper Changxingian(Table 2). Several typical members of the C – C Zone fauna, *Cathaysia chonetoides*, *Prelissorhynchia pseudoutah*, and *Waagenites wongiana* occur in the same beds with the ammonoids *Tapashanites* and *Pseudogastrioceras* and the fusulinid *Palaeofusulina* in the Paoshui Formation of the Meitian section(Fig. 1, locality 23). A rich ammonoid fauna of 17 species, including *Pseudogastrioceras gigantum* Zhao, *Pseudostephanites meishanensis* Yang & Huo, and *Tapashanites* spp., as well as conodonts of the *Neogondolella subcarinata* Zone occur in the same beds with brachiopods of the C – C Zone in the lower Changxingian of the Meishan section(Fig. 1, locality 26). In that section, however, the C – C Zone extends upward into beds with the conodont *Neogondolella changxingensis* Wang & Wang, which is regarded as an upper Changxingian species(Table 2). This implies that the upper boundary of the C – C Zone is above that of the *Neogondolella subcarinata* Zone. In the Paoshui section, some important members of the C – C Zone fauna, such as *Waagenites wongiana* and *Prelissorhynchia pseudoutah* are associated with the upper Changxingian ammonoids *Rotodiscoceras*, *Pseudotirolites*, and *Pleuronodocereas* in the lower part of the Paoshui Formation. This mixture suggests that the top of the C – C Zone is higher than that of the *Shevyrevites* Zone, which occurs only near the base of the Paoshui Formation in the Paoshui section.

The principal fossils of the P – P Zone, such as *Peltichia zigzag*, *Prelissorhynchia triplicatioid*, *P. pseudoutah*, and *Spinomarginifera kueichowensis* occur together with the fusulinid *Palaeofusulina* sp. and the conodonts *Hindeodus typicalis* and *Neogondolella wangi* in the lower part of the Changxing Formation in the Huayingshan section(Fig. 1, locality 6). In the Liangfengya section(Fig. 1, locality 8) *Prelissorhynchia triplicatioid*, *P. pseudoutah*, and *Araxathyris beipeiensis*, important elements of the P – P Zone fauna, are associated with the *fusulinids Nanglingella simplex*(Sheng & Chang)and *Reichelina changxingensis*(Sheng & Chang),which in most sections occur in the lower Changxingian(Table 2). *Peltichia zigzag*, however,is preserved together with the conodont *N. changxingensis* in the upper part of the Changxing Formation. This may imply that the P－P Zone extends into the upper Changxingian,as perhaps does the C－C Zone.

Cathaysia sinuata and *Waagenites barusiensis*,typical of the C－W Zone,occur together with the ammonoid *Pleuronodoceras* and the conodont *Neogondolella changxingensis* in the same bed of the upper Yanshi Formation in the Yanshi section(Fig. 1,locality 31). In the upper part of the Changxing Formation at Meishan(Fig. 1,locality 26),*Crurithyris pusilla* and *Orthothetina regularis*,members of the C－W Zone fauna,occur together in the same beds with the conodont *N. changxingensis*,and in a bed near the top of the Changxing Formation in the Majiashan section(Fig. 1,locality 24),the conodont *N. deflecta* Wang and Wang is associated with *Crurithyris pusilla* and *Waagenites barusiensis*. Moreover, *C. pusilla* and *Cathaysia sinuata* co-occur with the ammonoids *Pleuronodoceras* and *Pseudotirolites* and the conodont *N. defiecta* in the upper part of the Changxing Formation in the Shangsi section (Fig. 1,locality 4). Finally,in the Meitian section(Fig. 1,locality 23),beds that contain the C－W Zone overlie beds that yield the ammonoid *Tapashanites* sp. and the conodont *N. subcarinata*,which are elsewhere associated with brachiopods of the C－C Zone.

In the Huayingshan section(Fig. 1,locality 6)the S－A Zone fauna,including *Acosarina minuta*,*A. indica*,*Rugosomarginifera chengyaoyensis*,*R. sintanensis*(Huang),*Uncinunellina theobaldi*,and *Spirigerella discusella* is represented in the upper Changxing Formation, which also yields the conodonts *Neogondolella deflecta* and *N. changxingensis*. *Rugosomarginifera chengyaoyensis*,*Uncinunellina theobaldi*,and *Spinomarginifera alphus* are also associated with the fusulinid *Palaeofusulina* and the conodonts *N. deflecta* and *N. changxingensis* in the Liangfengya section(Fig. 1,locality 8). In a number of places,for example in the Longtoujiang section(Fig. 1,locality 14),principal members of the S－A Zone fauna,such as *Acosarina minuta* and *Uncinunellina theobaldi*, are mixed in the upper Dalong Formation with elements of the C－W Zone fauna,such as *Waagenites barusiensis* and *Crurithyris pusilla*,and commonly co-occur with the ammonoid *Pseudotirolites*.

As is well known,*Lingula* and *Crurithyris* have long ranges. However,the ranges of *Crurithyris pusilla* and *Lingula subcircularis* overlap only in the lower Griesbachian. Permian-type survivors are typical of the C－L Zone. In the Huayingshan section(Fig. 1,locality 6),*Crurithyris pusilla* is associated with *Lingula subcircularis* and *L. borealis* Bittner in the basal beds of the lower Daye Formation,which also contain *Acosarina minuta*. This brachiopod association co-occurs with the ammonoid *Ophiceras* spp. and the bivalves *Claraia griesbachi*(Bittner)and *Pseudoclaraia wangi*(Patte). Associations like this can be found in many sections,such as Xinjiacao,Yanjingxi,Liangfengya,Yading,Baimu,and Paoshui(Fig. 1,localities 5、7、8、30、19、15,respectively). In several sections the Permian-type survivors are rather abundantly represented in the basal beds of the lower Griesbachian. For example,the basal beds of the Yinkeng Formation in the Meishan section(Fig. 1, locality 26) include many Permian-type brachiopods, such as *Waagenites barusiensis*, *Fusichonetes pigmaea*, *Cathaysia sinuata*, *C. orbicularis* Liao, *Acosarina* sp., and *Araxathyris* sp., which are associated with the ammonoids *Hypophiceras*, *Ophiceras*, and ? *Otoceras*(fide Sheng et al., 1984). At the base of the Yinkeng Formation in the Majiashan section(Fig. 1, locality 24), *Cathaysia orbicularis* and *Waagenites barusiensis* co-occur with *Ophiceras*, and a similar situation can be found in the Shatian, Guanyinshan, and Meitian sections(Fig. 1, localities 17, 18, 23).

In summary, the brachiopod assemblage zones recognized in this report may be correlated with ammonoid, conodont, and fusulinid zones in the upper Permian(Table 2). However, the upper boundaries of the C – C and P – P zones may be somewhat higher than those of the ammonoid and conodont zones in the lower Changxingian. The C – L Zone, in the lower Griesbachian, coincides grossly with the ammonoid zone of *Hypophiceras* and ? *Otoceras*(Table 2).

Correlations with Other Areas in the Tethyan Region

Previously described localities at which upper Permian and lower Griesbachian strata form a continuous succession are virtually all within the Tethyan region. Thus, brachiopod faunas that may be correlated with those of South China are known from North Tibet, Transcaucasia, Northwest Iran, the Salt Range of Pakistan, Kashmir, the Southern Alps, Northwest Nepal, and central East Greenland.

1. North Tibet

A Changxingian brachiopod fauna has been discovered in the Shuanghu area of North Tibet(Long. 86.8 E, Lat. 33.6 N). Jing & Sun(1981) reported *Peltichia zigzag* and *Rugosomarginifera pseudosintanensis*(Huang) from the Reggyorcaka Formation and described additional brachiopods, including *Cathaysia chonetoides*, *Squamularia waageni* Loczy, and *Leptodus* sp. from the lower part of the same formation. In the Tanggula-Qamdo region, the *Peltichia sinensis* – *Squamularia superb* assemblage in the Toba Formation represents the Changxingian(Jing & Sun, 1981). The Tibetan faunas undoubtedly correlate with those of the P – P Zone of South China. Therefore, the lower part of the Reggyorcaka Formation and some part of the Toba Formation may belong in the lower Changxingian Stage.

2. Transcaucasia

In Transcaucasia, the Dzhulfa section was divided into 15 units by Stoyanow(1910; see Ruzhentsev & Sarycheva, 1965; Teichert et al., 1973). Units 1 through 6 contain brachiopods. The fauna of Unit 5, with *Orthis indica* Waagen and *Marginifera spinocostata* (Abich), was named the "zone of *Productus djulfensis* Stoyanow". *Orthotichia indica*(Waagen)(= *Orthis indica*) has also been recorded from various levels in the lower and upper Permian of South China. Liao(1980) reported *Stepanoviella djulfensis*(Stoyanow)(= *Productus djulfensis*) from the upper Longtan and the Changxing Formation in Guizhou Province. When they synthesized information from five Transcaucasian sections (including the ones at Dorasham), Arakelyan, Grunt & Shevyrev (1965, in Ruzhentsev & Sarycheva, 1965) wrote that "horizon 3 with *Bernhardites*" has *Araxathyris araxensis minor* Grunt, and that "horizon 4 with *Paratirolites*" possesses *Enteletes dzhagrensis* Sokolov, *Orthotichia parva* Sokolov, *Orthothetina* sp., *Spinomarginifera pygmaea* Sarycheva, *Haydenella kiangsiensis* (Kayser), *H. minuta* Sarycheva, *Terebratuloidea* sp., *Araxathyris ogbinensis* Grunt, and *A. araxensis minor*. The brachiopod fauna shown by Sarycheva, Sokolov & Grunt in table 9 of Ruzhentsev & Sarycheva (1965) has the same composition as the one mentioned from "horizon 4", 454 specimens collected from the "Induan Stage" at three localities (Dorasham, Ogbin, and Prochie). As Teichert et al. (1973) pointed out, 389 of the 454 specimens recorded from the "Induan" were assigned to one species, *A. a. minor*. Representatives of this subspecies have allegedly been found in the Yinkeng Formation in the Meishan section of South China (Sheng et al., 1984). In several sections in Guizhou Province, specimens of *Araxathyris araxensis* Grunt have been collected from the upper Longtan Formation and the lower Changxing Formation, and in sections in Sichuan Province representatives of the species have been found in the Changxing Formation. *Araxathyris ogbinensis* has been reported from the upper Longtan Formation of west Guizhou Province (Liao, 1980). *Haydenella kiangsiensis* (Kayser) occurs widely from lower to upper Permian in South China, but is best known from the Wujiapingian. Based on the foregoing, the brachiopod fauna of the Dzhulfa section (including the Dorashamian stage) of Transcaucsia can be correlated with those of the O-S and C-C zones of South China.

3. Kuh-e-Ali Bashi, Iran

Teichert et al. (1973) report that they collected 10 brachiopod specimens from the Ali Bashi Formation, at the Kuh-e-Ali Bashi locality in northwest Iran. Those specimens were identified by G. A. Cooper as *Araxathyris araxensis minor* Grunt and *Araxathyris* sp., which, as noted previously, are the main members of the Dorashamian brachiopod fauna.

4. Abadeh region, central Iran

In the Abadeh region of central Iran, the Surmaq, Abadeh, and Hambast formations contain numerous brachiopods The Iranian—Japanese Research Group (1981) considers that the brachiopod fauna of Unit 1, in the Surmaq section, is intimately related to that of the Gnishik and Khachik beds of Transcaucasia. *Squamularia indica* (Waagen), which is represented from horizon R 18 to horizon R 21, and *Edriosteges poyangensis* (Kayser), which is recorded from horizon R 2 and from horizon R 18 to R 21 of Unit 1, are typical elements of the S-H Zone. Therefore, Unit 1 corresponds in part to the lower Wujiapingian of South China.

Twenty-one brachiopod species are represented in Unit 4 of the Abadeh Formation. Of these species, 6 range upward from Unit 1 of the Surmaq Formation and 6 range upward into Unit 6 of the Hambast Formation. The remainder are limited in their occurrence to Unit

4. The Iranian—Japanese Research Group(1981)pointed out that, based on common brachiopod species, Unit 4 can reasonably be compared with the Khachik Formation of Transcaucasia and part of the Nesen Formation of the Elikah Valley in the Alborz Mountains. Seven species from Unit 4[*Phricodothyris asiatica*(Chao), *Tyloplecta yangtzeensis*(Chao), *Spinomarginifera lopingensis*(Kayser), *Orthothetina regularis*(Huang), and *Leptodus nobilis*(Waagen)] are also members of the Wujiapingian brachiopod fauna. If one notes that *P. asiatica* and *T. yangtzeensis* are abundantly represented in the O – S Zone, it is possible that Unit 4 of the Abadeh Formation correlates with the upper Wujiapingian of South China.

The Iranian—Japancse Research Group(1981) concluded on the basis of their fusulinids that Unit 5 of the Abadeh Formation and Unit 6 of the Hambast Formation correlate with the Wujiapingian, and that ammonoids from Unit 7 of the Hambast Formation indicate a comparison with the Dorashamian. Because Unit 6 has yielded specimens of *Tyloplecta yangtzeensis*, *Leptodus nobilis*, *Araxathyris araxensis*, and *A. a. minor*, the Hambast Formation appears to include equivalents of both the O – S and P – P zones.

Twenty-four brachiopod species were recorded from the Nesen Formation by the Iranian—Japanese Research Group. Many of these, such as *Phricodothyris asiatica* and *Tyloplecta yangtzeensis* are typical Wujiapingian forms. Hence the Nesen Formation can undoubtedly be correlated in part with the Wujiapingian of South China.

5. Salt Range, Pakistan

In the Chhidru Formation of the Salt Range and Trans-Indus ranges of Pakistan, brachiopods are poorly preserved and represent long-ranging species; hence the age of the Chhidru brachiopod fauna is difficult to determine. Identifiable specimens were found by Grant(1970) in the topmost bed of the white sandstone member at two localities in the Khisor Range, but most of the species represented have long ranges.

The Pakistani—Japanese Research Group(1981, 1985) recognized that five faunal assemblages, termed K and C1 to C4, can be distinguished in the Chhidru-I section. In their opinion, brachiopods from their zones C1 to C3, which are in Units 2 and 3 of the Chhidru Formation, indicate a correlation with the Wujiapingian and Changxingian of South China. In evaluating this opinion, however, we note that: ①most of the brachiopod species have long ranges [e. g., *Spirigerella derbyi*(Waagen) is recorded in South China from the Maokou to the Wujiaping Formations; *Oldhamina decipiensis* (Koninck) and *Waagenoconcha abichi* Waagen range from the Wujiaping to the Changxing Formation; and most species of *Kiangsiella* and *Marginifera* have long pre-Changxingian ranges in South China]; ②several species, such as *Waagenites deplanata*(Waagen) and *Chonetella nasuta*(Waagen) are members of the brachiopod faunas of the S – H and O – S zones in South China, which we regard as largely or entirely Wujiapingian in age; and ③no brachiopods typical of either the Changxingian or Dorashamian faunas have been reported from the Chhidru Formation. From these considerations, we conclude that brachiopods indicate that faunal assemblages C1 through to C3 of the Chhidru Formation are most likely Wujiapingian. Powerful collateral evidence is provided by the fact that, among fusulinids, only *Codonofusiella* occurs in the Chhidru; *Palaeofusulina* has not been reported. Faunal assemblage C4 includes only seven species, four with a long range, and three that range upward from faunal assemblage C3. It is thus difficult to say what is the age of faunal assemblage C4.

Several brachiopods were collected bv Kummel & Teichert(1970) in the Salt Range and Surghar Range, Pakistan, from beds in the Kathwai Member of the Mianwali Formation that also include *Ophiceras connectens*. These specimens were identifed by G. A. Cooper, who pointed out that they are of Permian type and, because of their fragmentary preservation, might have been reworked from the underlying Chhidru Formation. Several reasonable arguments against the reworking hypothesis were enumerated by Grant(1970). Brachiopods identified from the basal beds of the Kathwai Member by Grant(1970) include *Crurithyris? extima* Grant, *Derbyia?* sp., dielasmatid undet., *Enteletes* sp., *Lingula* sp., *Linoproductus* sp., *Lyttonia* sp., *Martinia* sp., *Ombonia* sp., *Orthothetina* sp. cf. *O. arakeljani* Sokotskaya, *Orthothetina* sp., *Spinomarginifera* sp., *Spirigerella* sp., and *Whitspakia* sp.. A lingulid, identifed by Rowell(1970) as *Lingula* sp. cf. *L. borealis* Bittner, and a specimen of *Orbiculoidea* were recorded by Kummel & Teichert(1970). Numerous specimens of *Crurithyris? extima* Grant occur 5 to 6 ft above the base of the dolomitic unit of the Kathwai Member at Khan Zaman Nala, well into the Triassic *Ophiceras* zone(Grant, 1970), and one specimen of *Spinomarginifera* was collected several inches above the lowest occurrence of the Triassic ammonoid *Ophiceras*. The position and mode of occurrence of the Kathwai brachiopod fauna thus resembles that of the lower Griesbachian C–L Zone of South China. That is common to both faunas are *Crurithyris*, *Lingula*, and Permian-type survivors such as *Spinomarginifera*, *Enteletes*, *Orthothetina* and *Spirigerella* co-occurring with *Ophiceras*. However, typical Changxingian survivors, such as *Cathaysia*, *Waagenites*, and *Prelissorhynchia*, are not known from the Kathwai, and *Lyttonia* and *Linoproductus* have not been found in the C–L Zone of South China.

6. Kashmir

The brachiopod fauna of Division IV or E1 of the lowermost Khunamuh Formation, in the Guryul Ravine section, Kashmir, consists of *Athyris* sp. cf. *A. subexpansa* Waagen, *Dielasma?* sp., dictyoclostid?, *Derbyia* sp., *Linoproductus* sp. cf. *L. lineatus*(Waagen), *Lissochonetes morahensis*(Waagen), *Marginifera himalayensis* Diener, *Neospirifer* sp., *Pustula* sp., *Schellwienella* sp., and *Waagenoconcha purdoni*(Waagen), reported by Nakazawa et al. (1975), and *Chonetes lissarensis* Diener, *Chonetes?* sp. aff. *C. variolata* d'Orbigny, *Spinomarginifera* sp. cf. *S. helica*(Abich), *Waagenoconcha abichi*(Waagen), and *W. gangetica* (Diener), which were described by Diener(1915). This fauna is essentially similar to those of the underlying divisions of the Zewan Formation. *Waagenoconcha abichi*, *W. purdoni*, *Costiferina indica*, and *Linoproductus lineatus* are represented in K through to C3 assemblages of the Chhidru Formation, in the Salt Range of Pakistan, and in central Iran *Spinomarginifera helica* ranges upward from Unit 1 of the Surmaq Formation through Unit 7 of the Hambast Formation. As a whole, the brachiopod fauna of Division IV of the lowermost Khunamuh Formation may be correlated with those of the Chhidru Formation and thus with the Wujiapingian. In bed 52 of unit E2 of the Khunamuh Formation, specimens of *Marginifera himalayensis* Diener and *Pustula* sp. occur together with representatives of the ammonoids *Otoceras woodwardi* and *Glyptophiceras himalayanum* (Nakazawa et al. , 1975). The two Permian-type brachiopods are thus in the same stratigraphic position as the C–L Zone, but in the absence of common species the two intervals can not be compared with each other.

7. Southern Alps, Italy

In the Southern Alps of Italy, a brachiopod fauna that includes *Ombonia*, *Araxathyris*, *Janiceps*, *Comelicania* and rare spiriferaceans and dielasmataceans, occurs in the upper part of the Bellerophon Formation. In the Pusteria Valley (near Sesto), the brachiopod fauna is accompanied by the ammonoid *Paraceltites sextensis* (Diener) (Assereto et al. , 1973). Waterhouse (1976) considered this a Dorashamian fauna, but Assereto et al. (1973) thought it to be pre-Dorashamian in age. Species of *Araxathyris* dominate the brachiopod fauna in the Dorashamian of Transcaucasia; *Ombonia* sp. was described by Grant (1970) from the Kathwai Member of the Mianwali Formation in the Surghar Range, Pakistan; and *Janiceps janiceps* (Stache) has been reported from the Longtan Formation of Guizhou Province, South China, by Liao (1980). Thus, considering only the brachiopod fauna, the uppermost part of the Bellerophon Formation may be correlated with the Wujiapingian and part of the Changxingian. An analogous fauna, with *Crurithyris*, *Martinia*, *Comelicania*, and licharewinids is known from the upper Permian of the Bukk Mountains of Hungary (Schreler, 1963). Assereto et al. (1973) considered the Hungarian fauna to be older than the one they reported from the Southern Alps.

8. East Greenland

The *Martinia* beds, which yield brachiopods and the ammonoid *Cyclolobus*, were considered to be the uppermost beds of the Paleozoic Erathem by Miller & Furnish (1940), and Trümpy (1961) believed that Permian-type brachiopods occur in beds with the ammonoids *Glyptophiceras* and *Otoceras* in the Kap Stosch area of East Greenland. Teichert & Kummel (1976) reported that the "*Martinia* Shale" on the north bank of River Zero (Ekstraelv) contains representatives of *Chonetina noenygaardi*, *Martinia greenlandica*, and *Liosotella hemispherica*. The latter is closely similar to *L. magniplicata*, which ranges from Unit 1 to Unit 4 in the section in the Abadeh region of central Iran. Otherwise, brachiopods from the Kap Stosch region of East Greenland are almost all endemic species and it is difficult to correlate the rocks in which they occur with those of other regions.

9. Northwest Nepal

In Northwest Nepal, Waterhouse(1978) recognized and named a *Marginalosia kalikotei* Zone in the Nisal, Nambo, and Luri members of the Senja Formation. The brachiopod fauna of this zone is comprised of *Marginalosia kalikotei* (Waterhouse), *Megasteges nepalensis* Waterhouse, *Neospirifer ravaniformis* Waterhouse, *Platyconcha grandis* Waterhouse, *Spiriferella oblata* Waterhouse, and *S. rajah*(Salter). The latter two are dominant in the upper part of the zone, in the Luri Sandstone Member. Waterhouse suggests that the following pairs of species are similar: *Rugaria nisalensis* Waterhouse of Nepal and *R. soochowensis*(Chao) (= *Waagenites soochowensis*) of the Lopingian of China; *Marginalosia kalikotei* of Nepal and *M. planata* (Waterhouse) of the Stephens Formation (Vedian) of New Zealand; and *Martiniopsis* sp. aff. *M. inflata* Waagen and the same species from the Chhidru Formation of the Salt Range, Pakistan. Based on these comparisons, Waterhouse (1978) concluded that "this could imply a Djulfian or early Dorashamian age".

Waterhouse(1976) also named an *Aperispirifer nelsonensis* Zone, which he correlated with the Vedian of Transcaucasia and tentatively with the Changxing Formation of South China. However, he did not expound in detail about the zone. In his discussion of the age of the Stephens Limestone of South Island, New Zealand, Waterhouse concluded it should correlate with the Tatarian, based chiefly on a similarity between *Neospirifer nelsonensis* Waterhouse (= *Aperispirifer nelsonensis*) and Greenland shells described as "*Spirifer*" *striato—paradoxus* Toula by Dunbar(1955). Representatives of the Greenland species occur with *Cyclolobus*, which Dunbar (1955) considered Tatarian in age (Waterhouse, 1976). However, according to Stepanov(1973), the Tatarian Stage includes both the Dzhulfian and Dorashamian; and, from consideration of the brachiopod fauna, correlation of the *Aperispirifer nelsonensis* Zone with the Changxingian is questionable.

Brachiopod events

In order to reconstruct the developmental history of organisms and improve the accuracy of correlation in stratigraphy, it is particularly important to study organic evolutionary events. These may be considered at several levels, as indicated in Table 3. Because the present contribution deals only with the stratigraphic significance of events in the evolutionary history of Permo-Triassic brachiopod faunas, reasons for the classification of events shown in Table 3 will be discussed in another place.

Biospheric events (of rank Ⅳ) can be used to mark systemic or erathemic boundaries. For example, the mass extinction of reef-dwelling brachiopods is an important character of the Permo-Triassic boundary interval. Phylogenetic events (of rank Ⅲ), such as extinction of the order Strophomenida or the proliferation of *Lingula*, are natural markers of stadial or biozonal boundaries. These events are described in subsequent paragraphs. Microevolutionary events (of ranks Ⅰ and Ⅱ) in the history of Permo-Triassic brachiopod faunas are beyond the scope of this report, however, and are not discussed.

1. Mass extinction of reef-dwelling brachiopods

Based on huge collections from west Texas, Grant(1971) recognized three ecologic categories of brachiopods: reef dwellers, antireef dwellers, and neutral or ubiquitous forms. Major contributors to the reef framework included the Prorichthofeniidae, Scacchinellidae, and Lyttoniidae, which adopted a coralliform shape or clustered together by means of direct cementation or entanglement of spines to form reefy frameworks of their own. Other reef dwellers, such as the Meekellidae, Orthotetidae, Aulostegidae, and Enteletidae, attached to reef frameworks formed by sponges, bryozoans, or algae and may be termed reef-attaching brachiopods.

Table 3 Different Classifications of Organic Evolutionary Events

<table>
<tr><th>Event Ranks</th><th>Goldschmidt, 1940</th><th>Simpson, 1953</th><th>Stanley, 1979</th><th>Gould, 1985</th><th>Liu, 1985</th><th colspan="2">This paper</th></tr>
<tr><td>Ⅳ</td><td rowspan="2">Macro-evolution: above species</td><td rowspan="2">Macro-evolution: research area of paleontologists</td><td rowspan="2">Macro-evolution: phylogenetic drift; directed speciation; species selection</td><td>Third level: characterized by mass extinction</td><td>Biospheric level: replacement of ecosystem and organic group</td><td rowspan="2">Macroevolution</td><td>Biospheric events: mass extinction, adaptive radiation and replacement of ecosystem</td></tr>
<tr><td>Ⅲ</td><td>Seond level: geologie time; characterized by punctuated equilibria</td><td rowspan="2">Population level: punctuated equilibria</td><td>Phylogenetic events: change above species and speciation</td></tr>
<tr><td>Ⅱ</td><td rowspan="2">Micro-evolution: change within species</td><td rowspan="2">Micro-evolution: research area of biologists</td><td>Micro-evolution: 3. natural selection</td><td>First level: ecologic niche; adaptation to environment</td><td rowspan="2">Microevolution</td><td>Phyletic events: change in population size adaptation migration pseudoextinction</td></tr>
<tr><td>Ⅰ</td><td>1. genetic drift
2. mutation pressure</td><td></td><td>Molecular level: mutation, gene recombination</td><td>Molecular events: genetic mutation</td></tr>
</table>

In South China, reefs or bioherms extend to the uppermost part of the Changxingian and are widely distributed on the Upper Yangtze Platform. Localities with Changxingian reefs or bioherms include Longdongchuan, Zhenan County, Shaanxi Province; Lichuan, Hubei Province; Huayingshan(Fig. 1, locality 6), Huatang(Fig. 1, locality C), Shitouzhai(Fig. 1, locality B), and Xiangbo, Longlin County, Guangxi Province.

Changxingian reef-dwelling brachiopods of South China are closely similar, at least at the family level, to those of west Texas. Forms such as *Richthofenia* or ? *Richthofenia*, with coralliform shells, *Meekella* and *Perigeyerella*, with a higher interarea, and *Araxathyris*,

Peltichia, *Enteletes*, *Notothyris*, and *Rostranteris*, which attached by the pedicle, are found in Changxingian reefs. At localities such as the ones at Huatang (Fig. 1, locality C) and in the Longdongchuan region, they are rather numerous. *Oldhamina* and *Leptodus*, with oyster-shaped shells, lived in reefs or their shells piled up to form bioherms. Most Changxingian reefs, however, were built up by sponges and algae, hence brachiopods living in them are only reef-attaching organisms.

At the Permo-Triassic boundary, Permian-type reefs, and thus reef-dwelling brachiopods, were completely extinguished in South China—perhaps all over the world. Specimens of *Richthofenia*, the last of the superfamily Richthofeniacea, have been found in the upper part of the Huatang Formation (Liao & Meng, 1986), and questionable representatives of the same genus have been collected from the upper Longdongchuan Formation. Considering that the Family Prorichthofeniidae died out at a time corresponding to the end of deposition of the Word Formation, these occurrences mark extinction of the Superfamily Richthofeniacea. The last occurrence of the Scacchinellidae may be below the highest occurrence of the Prorichthofeniidae, but two families, the Aulostegidae and Tschernyschewiidae, which are closely related to the former, made attachment by means of entangling spines and are represented in the Changxingian, for example in the Huatang reef.

Large, oyster-shaped shells of lyttoniacean brachiopods such as *Oldhamina* and *Leptodus*, existed as reef-attaching dwellers in Changxingian reefs, for example at Shitouzhai (Fig. 1, locality B) and in the Huatang region (Fig. 1, locality C). However, several good specimens of *Lyttonia* have also been reported from the dolomite unit of the Kathwai Member of the Mianwali Formation at Narmia Spring, Pakistan, which is considered to be equivalent to the C – L brachiopod zone and thus probably Triassic. Also, specimens of *Bactrynium*, a survivor of the Lyttoniacea, have been recorded from the Rhaetic Stage (latest Triassic) from Austria. These survivors of the superfamily were obviously not reef dwellers, for all specimens of *Lyttonia* are well below the median size of shells representing other species at lower stratigraphic levels (Grant, 1970), and the Rhaetic shells of *Bactrynium* were attached by the ventral apex, lacked an interarea, and were thus to a large extent different from the large, oyster-shaped reef dwellers.

Coincident with extinction of reef-dwelling brachiopods, the overwhelming majority of the suborders Strophomenidina and Productidina also died out. Only a few representatives of these groups have been discovered in the lower Griesbachian of the Tethyan region.

Mass extinction of reef-dwelling brachiopods marked a great change in the megaecosystem at the biospheric level. This implies that conditions in the marine environment fluctuated greatly and rapidly near the boundary between the Paleozoic and Mesozoic and that reef-building and reef-attaching organisms could not adapt to these variations and largely died out. As is well known, all types of reefs require certain stable conditions in the marine environment: normal, shallow water; stable, warm temperature; ample illumination; and sufficient sources of nourishment. Thus we may deduce that conditions greatly worsened for reef dwellers at the beginning of the Triassic and did not improve, at least through the Griesbachian. We still do not know what caused the fluctuating and worsening conditions, but it is nevertheless important to point out that virtual extinction of reef dwellers at the end of the Changxingian was a major evolutionary event that greatly altered the megaecosystem.

2. Extinction of the Strophomenida

The cohort of Permian-type brachiopods that survived into the early Triassic is composed principally of species representing the order Strophomenida. About 50% of the surviving genera in South China are attributed to the superfamilies Chonetacea (*Chonetinella*, *Fanichonetes*, *Fusichonetes*, *Waagenites*), Productacea (*Cathaysia*, *Rugosomarginifera*), and Enteletacea (*Acosarina*). Except for members of the Strophomenida and Orthida, brachiopod genera represented in the lower Griesbachian have a long range and are really not Permian-type survivors. *Crurithyris*, for example ranges from Devonian to upper Griesbachian, and *Prelissorhynchia* (of the Wellerellacea) and *Paraspirferina* (of the Spiriferininacea) are Mesozoic pioneers.

On the basis of their study of the Meishan section (Fig. 1, locality 26) Sheng et al. (1984) divided the "transitional beds" of South China, in which Permian-type and Griesbachian faunas are mixed together, into three beds. Permian-type brachiopods were collected, in effect, only from beds 1 and 2, and the top of the latter was placed about 20cm above the Permo-Triassic boundary. Only *Prelissorhynchia* was recorded from mixed bed 3. According to Yin (1983), who was the first to define them, the transitional beds are restricted to the lower Griesbachian; therefore, Sheng's bed 3 is not included in the transitional beds. In the Majiashan section (Fig. 1, locality 24), *Waagenites barusiensis* and *Cathaysia triquetra* were discovered about 15cm above the boundary, in association with the ammonoid *Ophiceras*. *Fusichonetes pigmata* occurs about 90cm above the boundary in the Guanyinshan section (Fig. 1, locality 18), and is found together with *Pseudoclaraia wangi* and *Cathaysia* spp. about 1m above the boundary in the Shatian section (Fig. 1, locality 17). Thus, Permian-type brachiopods are mostly confined to the lower Griesbachian, despite co-occurrence in the Guanyinshan section with *Pseudoclaraia wangi*, which is considered as an important upper Griesbachian bivalve but occurs in the lower Griesbachian at some places in South China.

In the Kathwai Member of the Salt Range, Pakistan, Permian-type brachiopods are represented by *Lyttonia*; *Derbyia*? *Ombonia*, and *Orthothetina* of the superfamily Davidsoniacea; and *Spinomarginifera* and *Linoproductus* of the Productacea. No representative of the Chonetacea has been described (Grant, 1970), so the aspect of the fauna differs from that of South China. Extinction of the fauna is limited to the dolomitic unit, however, so the event took place in the early Griesbachian.

3. Proliferation of Lingula

In the Griesbachian, lingulids spread widely throughout the world. In addition to South

China and Pakistan, species of *Lingula* have been reported from the Southern Alps, Italy, Greenland, Hungary, Japan, Australia, and Iran.

In the Southern Alps, specimens of *Lingula tenuissima* Bronn have been collected from the Mazzin Member of the Werfen Formation(Assereto et al. ,1973). The fauna it characterizes, termed the *Lingula* – *Neoschizodus* assemblage, includes *Bellerophon vaceki* Bittner, which occurs with *Claraia griesbachi* above the bed containing *Otoceras woodwardi* at Shalshal Cliff in the Himalaya. *Lingula* sp. cf. *L. borealis* Bittner occurs at the same stratigraphic level as *Claraia clarai* in the Siusi Member of the Werfen Formation(Broglio Loriga, Neri & Posenato, 1980).

In Hungary, *Lingula tenuissima* occurs with *Costatoria costata* in Campil strata at Mecsek Mountain (Haas et al. , 1988); and *L. borealis* has been reported from the lower *Ophiceras* bed in East Greenland(Spath, 1935).

In Iran, *Lingwa* sp. is recorded from the lower part of the Elikah Formation, beneath a dolomite yielding the bivalve *Claraia*, which is associated with the conodonts *Hindeodus typicalis* and *Isarcicella isarcica* (Hirsch & Sussli, 1973).

In Japan, *Lingula* is associated with the upper Scythian ammonoids *Columbites* and *Subcolumbites* in the Kitakami Massif(Murata, 1973). In the Maizuro Zone, *Lingula* sp. cf. *L. borealis* occurs in strata probably of early Scythian age(Bando, 1964), and *Lingula* is also represented in the Griesbachian (Broglio Loriga et al. ,1980).

In Australia, *Lingula* is present in the Perth, Canning, and Bonaparte Gulf basins. In the Perth Basin, the genus is represented about 1 100ft above the Permo-Triassic boundary, where it occurs with *Claraia stachei* and *C. perthensis* of the lower Scythian. In the Canning and Bonaparte Gulf basins, *Lingula* is associated with the plant microfossil *Kraeuselisporites saeptatus*, which is considered to be Griesbachian-Dienerian in age(Gorter, 1978).

In Siberia, *Lingula borealis* has been collected from the Induan Stage; and in western North America, Newell & Kummel(1942) report that a *Lingula* Zone overlies the basal siltstone of the Dinwoody Formation in western Wyoming, or rests on the Phosphoria Formation in the western part of the Owl Creek and Wind River Mountains. In the southeastern part of the Wind River Mountains this zone is overlapped by a *Claraia* Zone, in which rare *L. borealis* occurs. *L. borealis* is accompanied by *Ophiceras* and the brachiopods *Spiriferina mansfieldi* Girty and *Mentzelia* sp. ? in the *Lingula* Zone.

Near the top of the Changxingian of South China, species of *Lingula* are represented in places that were a short distance away from oldlands, for example in west Guizhou near the Kangdian oldland; in the Changxing area near the Cathaysia oldland; and in the Yichun area near the Jiangnan oldland. In such places, the lingulids are commonly preserved in fine-clastic rocks. These facts suggest that, as with living *Lingula*, Permo-Triassic species lived in the littoral zone. Thus, to a certain extent, one may safely deduce that the wide distribution of *Lingula* in the lower Griesbachian indicates that shallow water dominated in many regions.

References

As. sereto R, Bosellini A, Fantini Sestini N, et al.. The Permian—Triassic boundary in the Southern Alps(Italy)[J]. Canadian Soc. Petrol. Geol. Mem, 1973, 2: 99 - 176

Bando Y. The Triassic stratigraphy and ammonite fauna of Japan[J]. Sci. Rep. Tohoku Univ., ser. 2(Geol.), 36(1): 1 - 137

Broglio Loriga C, Neri C, Posenato R. La "*Lingula Zone*" delle Scitico (Triassico Inferiore) [J]. Stratigrafia Paleoecologia. Annali dell' Universita Di Ferrara, sez. 9, 1980, 6(6): 91 -130

Diener C. The Anthracolithic fauna of Kashmir, Kanaur and Spiti[J]. Geol. Surv. India Mem.. Palaeont. Indica. n. s., 1915, 5(2): 135

Dunbar C O. Permian brachiopod faunas of central east Greenland[J]. Medd. om Gronland, 1955, 110(3): 1 - 169

Goldschmidt R. The Material Basis of Evolution[M]. New Haven: Yale Univ. Press, 1940

Gorter J D. Triassic environments in the Canning Basin, Western Australia[J]. BMR Jour. Austral. Geol. Geophys., 1978, 3(1): 25 - 33

Gould S J. The paradox of the first tier: an agenda for paleobiology[J]. Paleobiology, 1985, 11(1): 2 - 12

Grant R E. Brachiopods from Permian—Triassic boundary beds and age of Chhidru Formation, West Pakistan[M]. In: Stratigraphic Boundary Problems: Permian and Triassic of West Pakistan, Eds. B. Kummel & C. Teichert. (Dept. Geol., Univ. Kansas, Spec. Pub. 4) Lawrence, Kansas: Univ. Kansas Press, 1970

Grant R E. Brachiopods in the Permian reef environment of West Texas[C]. Proc. N. Am. Paleont. Convention, 1969: 1 444 - 81

Haas J, Góczán F, Oravecz Scheffer A, et al.. Permian—Triassic boundary in Hungary [J]. Mem. Soc. Geol. Ital., 1988, 34(1986): 221 - 41

Hirsch F, Sussli P. Lower Triassic conodonts from the lower Elikah Formation, central Alborz Mountains(northern Iran). Eclog. Geol. Helv., 1973, 66: 525 - 35

Hou H F, Zhan L P, Chen B W, et al.. The Coal-Bearing Strata and Fossils of Late Permianfrom Guantung[M]. Beijing: Geol. Publ. House, 1979

Iranian—Japanese Research Group. The Permian and the Lower Triassic systems in Abadeh region, central Iran[J]. Mem. Fac. Sci. Kyoto Univ., ser. Geol. Mineral., 1981, 47(2): 62 - 133

Jing Y G, Sun D L. Palaeozoic brachiopodsfrom Tibet. Tibet Palaeontology, Part Ⅲ[M]. Beijing: Science Press, 1981

Kummel B, Teichert C. Stratigraphy and Paleontology of the Permian—Triassic boundary beds, Salt Range and Trans-Indus ranges, West Pakistan[M]. In Stratigraphic Boundary Problems: Permian and Triassic of West Pakistan, Eds. B. Kummel & C. Teichert. (Dept. Geol., Univ. Kansas, Spec. Pub. 4.) Lawrence, Kansas: Univ. Kansas Press, 1970

Liao Z T. Upper Permian Brachiopods from western Guizhou[M]. In Stratigraphy and Palaeontology of Upper Permian Coalbearing Formation in Western Guizhou and Easiern Yunnan, Ed. Inst. Geol. Palaeont. , Academica Sinica. Beijing: Science Press, 1980

Liao Z T, Meng F Y. Late Changxingian brachiopods from Huatang of Chenxian County, South Hunan[J]. Mem. Nanjing Inst. Geol. Palaeont. , Acad. Sinica, 1986, 22: 71 - 94

Liu D Y. From mass extinction to mass replacement—aconcurrent discussion on time-space levels of evolution and systems geology[J]. Acta Palaeont. Sinica, 1985, 26(3): 354 - 366

Miller A K, Furnish W M. *Cyclolobus* from the Permian of eastern Greenland[J]. Medd. om Gronland, 1940, 112(5): 1 - 8

Murata M. Triassic fossils from Kitakami Massif, northeast Japan(Part 2). Pelecypods and brachiopods of the Osawa and Fukkosi formations[J]. Sci. Reports Tohoku Univ. , Ser. 2 (Geol). , 1973, 6: 267 - 276

Nakazawa K, Kapoor H M, Ishii K, et al.. The Upper Permian and the Lower Triassic in Kashmir, India[J]. Mem. Fac. Sci. Kyoto Univ. , Ser. Geol. Mineral. , 1973, 47(2): 106

Newell N D, Kummel B. Lower Eo-Triassic stratigraphy, western Wyoming and southeast Idaho[J]. Geol. Soc. Am. Bull. , 1942, 53: 94 - 937

Pakistani—Japanese Research Group. Stratigraphy and correlation of the marine Permian and Lower Triassic in the Surghar Range and the Salt Range, Pakistan[M]. Kyoto: Kyoto Univ, 1981

Pakistani—Japanese Research Group. Permian and Triassic systems in the Salt Range and Surghar Range, Pakistan[M]. In: The Tethys—Her Paleogeography and Paleobiogeography from Paleozoic to Mesozoic. Eds. K. Nakazawa & J. M. Dickins. Tokyo: Tokai Univ. Press, 1985

Rostovtsev K O, Azaryan N R. The Permian—Triassic boundary in Transcaucasia[J]. Canadian Soc. Petrol. Geol. Mem, 1973: 289 - 99

Rowell J A. Lingula from the basal Triassic Kathwai Member, Mianwali Formation, Salt Range and Surghar Range, West Pakistan[M]. In Stratigraphic Boundary Problems: Permian and Triassic of West Pakistan, Eds. B. Kummel & C. Teichert. (Dept. Geol. , Univ. Kansas, Spec. Pub. 4) Lawrence, Kansas: Univ. Kansas Press, 1970

Ruzhentsev V E, Sarycheva T G. Development and change of marine organisms at the Paleozoic—Mesozoic boundary[J]. Akad. Nauk USSR, Trudy Paleont. Inst, 1965, 108: 431

Schreter Z. Die Brachiopoden aus dem oberen Perm des Bükkgebirges in Nordungarn[J]. Geologica Hungarica, 1963, 28: 79 - 160

Sheng J Z, Chen C Z, Wang Y G, et al.. Permian—Triassic boundary in middle and eastern Tethys[J]. J. Fac. Sci, Hokkaido Univ. , Ser. Ⅳ, 1984, 21(1): 133 - 181

Sheng J Z, Chen C, Wang Y, et al.. On the "*Otoceras*" beds and the Permian-Triassic boundary in the suburbs of Nanjing[J]. J. Stratigr. , 1982, 6(1): 1 - 8

Simpson G G. The Major Features of Evolution[M]. New York: Columbia Univ. Press,

1953

Spath L F. Additions to the Eo-Triassic fauna of East Greenland[J]. Medd. om Gronland,1935,98(2): 1-120

Stanley S M. Macroevolution—Pattern and Process[M]. San Francisco: W. H. Freeman and Co,1979

Stepanov D L. The Permian System in the USSR[J]. Canadian Soc. Petrol. Geol. Mem, 1973,2:120-36

Teichert C,Kummel B. Permian—Triassic boundary in the Kap Stosch area,East Greenland[J]. Medd. Om Gronland,1976,197(5):1-54

Teichert C,Kummel B,Sweet W C. Permian—Triassic strata,Kuh-e-Ali Bashi,northwestern Iran[J]. Bull. Mus. Comp. Zool. ,1973,145(8):359-472

Trümpy R. Triassic of East Greenland[M]. In Geology of the Arctic,Ed. G. O. Raasch. Toronto:Univ. Toronto Press,1961

Waterhouse J B. World correlations for Permian marine faunas[J]. Univ. Queensland, Dept. Geol. ,Papers,1976,7(2):232

Waterhouse J B. Permian Brachiopoda and Moliusca from North-west Nepal[J]. Palaeontogr. ,Ser. A,1978,160:176

Yang Z Y,Wu S B,Yang F Q. Permian—Triassic boundary in the marine regimes of South China[G]. Selected Papers and Abstracts of Papers Presented at the Fifth International Symposium,1981:7-71

Yang Z Y,Yin H F,Wu S B,et al.. Permian—Triassic Boundary Stratigraphy and Fauna of South China[M]. Beijing:Geol. Publ. House,1987

Yao Z J,Xu J T,Zheng Z G,et al.. Late Permian biostratigraphy and Permian—Triassic boundary problems in west Guizhou and east Yunnan[M]. In Stratigraphy and Paleontology of Upper Permian Coal-bearing Formation in Western Guizhou and Eastern Yunnan,Ed. , Inst. Geol. and Paleont. ,Acad. Sinica. Beijing:Sci. Press,1980

Yin H F. Bivalves near the Permian—Triassic boundary in South China[J]. Journal of Paleontogy,1985,59(3):572-600

Yin H F. On the transitional bed and the Permian—Triassic boundary in South China [J]. Newsl. Stratigr. ,1985,15(1):13-27

Zhao J K,Sheng J C,Yao Z J,et al.. The Changhsingian and Permian—Triassic Boundary of South China[J]. Bull. Nanjing Inst. Geol. Palaeont. ,Acad. Sinica,1981,2:1-95

【From:In Permo—Triassic events in the eastern Tethys;Stratigraphy,classification,and relations with the Western Tethys. Cambridge Vniv. Press,Cambridge,1992】

Event Stratigraphy at the Permian—Triassic Boundary

Xu Guirong Dickins J M[①] Ding Meihua[②]

Abstract

There are several different views on the definition of the Permian—Triassic boundary. This paper examines a scheme based on event stratigraphy. The Tethys is the only region which has a potentially continuous sequence of marine deposits from the Changxingian to Griesbachian. The upper Changxingian in South China and other places, however, all displays a regression sequence. The boundary rocks mark regression culmination in general. Evidence indicates that marine climate became warmer in the Late Permian and the greatest fluctuation of sea temperatures is shown at the Permian—Triassic boundary based on oxygen isotope analyses(Fig. 1). Stratigraphical and paleontological data indicate that the strongest orogeny happened at the end of the Permian.

A great change in the paleoecosystem is evident from the Changxingian to the Griesbachian. Various ecological patterns with high diversity are found in the Changxingian, but in contrast, the early Griesbachian was monotonous. *Lingula* and *Claraia* spread widely throughout the world in early Griesbachian, hinting that only one biogeographical realm existed at that time, when marine benthonic invertebrates lived around continental shelves(Fig. 2). The carbon isotope anomaly across the Permian—Triassic boundary documents that the early Griesbachian ocean was a strangelove ocean(Fig. 3).

Distinguishing the concept of biostratigraphical events from biological events is very important in event stratigraphy. The paper shows *Otoceras* and *Hindeodus parvus* were newcomers almost at the same time in early Griesbachian and no overlap existed between the *Otoceras* zone and the typical Permian fossils, *Pseudotirolites* spp. , using Shaw's method(Figs. 6～7). The first occurrence of either *Otoceras* or *Hindeodus purvus* fossils represents the Griesbachian but does not mark out the Permian—Triassic boundary. Biological events are the most important marks for distinguishing Permian and Triassic. The Permian—Triassic boundary should be drawn between newcomers in the early Griesbachian and the extinction at the end of the Changxingian. A series of geological events reported here were found at the boundary.

---

① Dickins J M: AGSO Canberra, A. C. T. Australia.

② Ding Meihua: China University of Geosciences, Wuhan, Hubei.

Introduction

The definition of the base of the Triassic was proposed by Griesbach(1880)and Diener (1912) who took the Himalayan *Otoceras* beds as the base of the Triassic. This traditional definition has been generally accepted by geologists since that time. Several different view-points, however, have been suggested in the last couple of decades. Waterhouse(1973) proposed that the Permian—Triassic boundary should be taken at the boundary between the Dienerian and the Smithian. Several years later he changed his opinion and chose the boundary between the Griesbachian and the Dienerian(1976). The Griesbachian/Dienerian boundary was proposed by Newell(1978,1988)based on his study of ammonoid variation. Kozur maintained that the Permian—Triassic boundary should be drawn as passing through the middle of the Griesbachian between *Otoceras woodwardi* zone and *Ophiceras connectens* zone(Kozur H,1977). Li Z and Yao J(1984)held the same opinion as Kozur. They took the upper limit of ? *Otoceras* or *Hypophiceras* bed as a reasonable boundary between the Permian and the Triassic. Yin H et al. (1988)proposed that the first occurrence of *Hindeodus parvus* should be considered as the base of the Triassic and regarded the lower *Otoceras* bed as Permian.

Theories and methods of event stratigrphy are the best way to solve divergence of views on the Permian—Triassic boundary. For this purpose the paper discusses key biologic and important geologic events.

The Regression Culminating at the Permian—Triassic Boundary

A distinctive worldwide regression at the Permian—Triassic boundary has been well documented. Newell N D(1962,1967a,1967b,1973)put forward the idea of worldwide regression, when it was generally believed that transgression and regression were not synchronous in different parts of the world. Now the idea has become an accepted view-point of plate tectonic theory. Furthermore, research on seismic stratigraphy indicated that worldwide transgression and regression appeared to be a basic feature of world development(Vail et al., 1977). Based on strong evidence Dickins J M(1983,1987a)confirmed worldwide regression at the end of Permian and considered that the regression culminated at the Permian—Triassic boundary.

The latest Permian stage(the Changxingian or Dorashamian)has been known with marine deposits only in the Tethyan region. Also, sections which are marine and have a potential continuous sequence from the Changxingian to Griesbachian are distributed only in the Tethyan region, for example, in South China, the Himalaya Mts., Kashmir, Salt Range of Pakistan, Julfa River Valley of Iran and Dzhulfa River area of the former Soviet Union.

Sedimentary characteristics of the upper Changxingian in general show regression. Components of fine clastics and clay increase, especially the boundary clay bed commonly occurring atop of the Changxingian, irrespective of whether the rock unit is the Changxing Formation or the Dalong Formation in South China. The boundary clay bed directly overlies reef limestone or dolomite of back-reef facies, as in the Shitouzhai section of Ziyun County, Guizhou Province, silicalite and siliciclastic rocks with several intercalated clay beds as seen at Yegangermen section of Huangshi City, Hubei Province (Xu Guirong et al., 1988), or carbonate rocks as at Meishan section of Changxing County, Zhejiang Province (Sheng Jinzhang et al., 1984; Yang Zunyi et al., 1987). The Lower Griesbachian represents a transgressive sequence forming a striking contrast to the Upper Changxingian. The boundary clay bed marks a regression culmination.

Similar characters of the regression can be seen in other regions of the Tethys. Shale increases in E Member of the Khunamuh Formation after D Member of the Zewan Formation with thick-bedded sandy limestone (Nakazawa et al., 1980), reflecting the effect of regression. The regression at the Permian—Triassic is confirmed in Abadeh region of Iran (Iranian—Japanese Research Group, 1981; Inazumi and Bando, 1981) because of the high content of insoluble residue and the reduction of boron as well as lithium content. Furthermore, a paraconformity may exist between Unit 7 of the Hambast Fm. and the Lower Triassic (Iranian—Japanese Research Group, 1981). A washed plane is present between the Alibashi Fm. and the Elikah Fm. at Kuh-e-Ali section, Iran (Nakazawa et al., 1975). The Permian—Triassic boundary may pass through the basal part of the Dolomite Unit of the Kathwai Member of the Mianwali Formation in Salt Range, Pakistan, and may be located between the lower part of the Dolomite Unit composed of sandy dolomite and dolomitic sandstone and the middle part with massive dolomite. The "white sandstone" at the top of the underlying Chhidru Formation and dolomitic sandstone of the lower part of the Dolomite Unit might represent the regression culmination. Sweet (1979) deemed that a gap existed between Permian and Triassic at Chhidru section.

Rapid Marine Climatic Change Near the Permian—Triassic Boundary

Glaciation records have been widely found in the Upper Carboniferous and the lowest stage of the Permian (the Asselian) in Gondwana. Probably a cold fluctuation in Gondwana climate occurred at Mid-Permian but glacial activity is not proved (Dickins, 1985, 1989). After the Mid-Permian, the climate became steadily warmer until at the boundary of Permian and Triassic, and the warm conditions continued into the Lower Triassic. The occurrence of widespread red beds, desert conditions and evaporites in the Late Permian shows that the overall climate of the world became warmer. In Antarctica, for example, warm conditions are indicated by the occurrence of a rich swamp reptilian fauna (the *Lystrosaurus* fauna) associated with red beds (Dickins, 1977, 1983a).

The widespread Cathaysian flora indicates that eastern Asia was located in a warm part of the world in the Permian (Li Xingxue and Yao Zhaoqi, 1983). In the Late Permian, the

Cathaysian flora continued to spread northward and formed a mixed flora, with the Angara flora, and the northern boundary of mixed flora reached to 44 degree of the present Northern Latitude(Hu Yufan, 1985). At the southern margin of the Junggar basin in North Xinjiang, bituminous shale, oil shale, carbonaceous shale or coal seam are distributed from the Yining region, western Xinjiang, via Urümqi City, Bogda Mountain, Jiangjun Temple, to Santang Lake, eastern Xinjiang. This, therefore, suggests that the climate in general became warmer, though the south margin of the mixed flora extended to 41 degree of the present Northern Latitude.

Evidence indicates that the Yangtze platform was under tropical or subtropical climate during the late Late Permian. Abundant benthic creatures lived in the Yangtze sea, and especially reef which was formed by calcisponges, corals and algae.

Oxygen isotope analysis provides the second important evidence. A simplified experimental formula was suggested by Shackleton (1974) to calculate temperature of oceanic water using oxygen isotope($\delta^{18}O$) value:

$$t(℃)=16.9-4.38[\delta_c+0.10(\delta_c)^2]$$

In the formula, δ_c is the concentration of $\delta^{18}O$ in the carbonate compounds. Using this formula to estimate paleotemperature, we obtained anomalously high values of temperature on Yangtze platform during the late Late Permian and the early Early Triassic. Because the calculation using the formula does not coincide with geological records, we doubt adaptability of the formula for old rocks. Therefore, we designed another simplified formula:

$$t(℃)=11-2(\delta_c)$$

which is based on the following reasoning: ①Reefs were developed in South China during the Upper Permian, therefore, the average temperature is assumed to be about 25℃ at ocean surface according to uniformitarianism; ②An experiment on the relationship between temperatures and $\delta^{18}O$(measuring $\delta^{18}O$ exchanged between water and carbonate by heat treatment) showed that $\delta^{18}O$ concentration which decreased 1(‰) when temperatures rose 4～4.5℃ might vary in different geological periods, for example, the Permian might be lower than in the Recent. The purpose behind the simplified formula is to estimate relative fluctuation of temperatures during the late Late Permian and the early Early Triassic. Table 1 shows the measured concentrations of $\delta^{18}O$ and temperatures calculated by the formula, in four sections: Meishan of Changxing County, Zhejiang Province; Xiancuo, Jiangxi Province; Yegangermen of Huangshi City, Hubei Province; and Shangsi of Guangyuan County, Sichuan Province. We have reached these conclusions: ①The average temperature(24.36℃) of the Yangtze sea during the late Late Permian and the early Early Triassic is assumed as being near that of the Recent tropic sea; ②The temperature by the end of the Changxingian was very high, more than 5℃ higher than the average(Fig. 1); ③The temperature decreased rapidly down more than 10℃ on the average at the beginning of the Griesbachian(Fig. 1); ④The great fluctuation of water temperatures might be an important cause for biotic crisis.

Table 1 Variations of $\delta^{18}O$ Concentration(pdb ‰)and Temperature Near the Permian—Triassic Boundary in South China

Stratum thickness* (m)	Meishan		Xiancuo		Yegang - Ermen		Shangsi	
	$\delta^{18}O$	℃	$\delta^{18}O$	℃	$\delta^{18}O$	℃	$\delta^{18}O$	℃
8. 5～8. 0			−5. 22	21. 44				
8. 0～7. 5			−5. 47	21. 94				
7. 0～6. 5							−5. 48	21. 96
6. 0～5. 5					−8. 22	27. 44		
5. 5～5. 0			−7. 42	25. 84				
5. 0～4. 5							−6. 12	23. 23
3. 0～2. 5			−7. 40	25. 90			−7. 75	26. 50
2. 0～1. 5	−8. 30	27. 60	−5. 19	21. 38	−3. 95	18. 90		
1. 5～1. 0	−5. 60	22. 20						
1. 0～0. 5			−5. 99	22. 98			−7. 79	26. 58
0. 5～0. 0	−7. 70	26. 40	−2. 34	15. 68	−3. 84	18. 68		
					−3. 81	18. 67		
0. 0～0. 3	−8. 00	27. 90			−12. 55	36. 10	−7. 76	26. 52
	−7. 20	25. 40						
	28. 58	−5. 20	21. 40			−9. 50	29. 10	−7. 79
0. 3～0. 5					−7. 31	24. 62	−7. 77	26. 54
							−5. 60	22. 20
0. 5～1. 0	−9. 60	30. 20			−9. 27	29. 54	−7. 22	25. 44
	−5. 30	21. 60					−6. 27	23. 54
1. 0～1. 5	−5. 70	22. 40	−1. 75	14. 50				
1. 5～2. 0							−6. 27	27. 14
2. 0～2. 5	−5. 30	21. 60					−3. 73	18. 46
2. 5～3. 0					−7. 09	25. 18		
3. 0～3. 5			−5. 49	21. 98	−10. 87	32. 74		
3. 5～4. 0			−7. 66	26. 32				

* Intervals of accumulated thickness in where samples collected.

* * The average temperature is 24. 36℃.

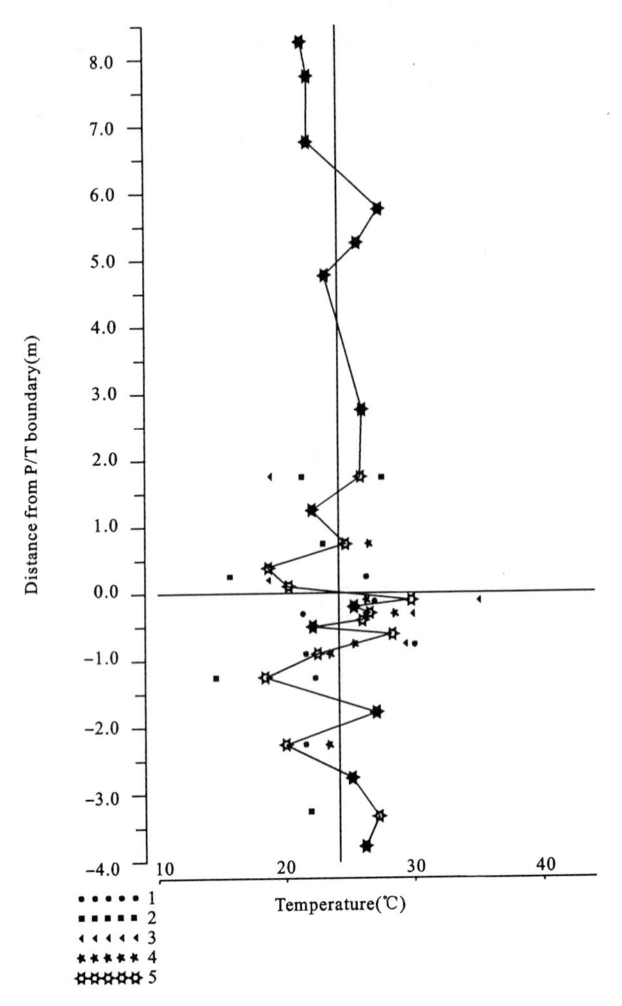

Fig. 1 Temperature Variations in South China Sea from the End of the Changxingian to the Early Griesbachian

(The data of $\delta^{18}O$ based on China University of Geosciences)

1. Meishan section of Changxing County, Zhejiang Province; 2. Xiancuo section of Jiangxi Province; 3. Yegangermensection of Huangshi City, Hubei Province; 4. Shangsi section of Guangyuan County, Sichuan Province; 5. Average temperature near the Permian—Triassic boundary in South China

Orogenic and Volcanic Activity at the End of the Permian

Strong Upper Paleozoic orogenic and volcanic activity has long been known(see Stille, 1936). The precise timing and nature of this activity have, however, been rather obscure. In North America, for example, although such activity is apparent, the features have been poorly linked to paleontological dating. In Europe the Upper Permian(two fold subdivision based on the type area in the Urals and the Russian Platform) and Triassic orogenic activity has been allocated to the later Hercynian or the earlier Alpine Orogenies.

On the basis of improved geological data and more reliable and precise palaeontological dating it is now possible to distinguish an orogenic phase intervening between the Hercynian and Alpine which has been called the Hunter-Bowen(Indosinian)Orogenic Folding Phase beginning in the mid Permian and culminating at the Permian—Triassic Boundary, leading to increased relief on the surface of the earth(Dickins, 1988a). During the early Triassic in contrast a major world transgression occurred. Although strong compressional folding and faulting, accompanied by an especially strong and widespread acidic volcanic activity took place periodically throughout the Late Permian and Triassic, the activity associated with the boundary seems to have had some special features. Yin et al. (1989)and Clark et al. (1986) have described the volcanic activity associated with the boundary beds in China and its likely effect on biological change. Such widespread volcanic activity would have a deleterious effect on the environment similar to that suggested by Officer et al. (1987)for the Cretaceous—Tertiary boundary.

Although no angular discordance is recorded at the Permian—Triassic boundary, the boundary sequences seem to be especially marked by strong oscillatory, vertical movements. In eastern Australia these sequences are marked by strong folding and thrusting and an angular discontinuity at the top of the Newcastle Coal Measures(Dickins, 1985, 1987b). In Japan, the Triassic is separated from the Permian by an angular unconformity(Kimvra, Yoshida and Toyohara, 1975). In Italy the boundary sequences show a number of apparently local hiatuses reflecting strong vertical oscillatory changes of sea level(Italian Research Group-IGCP Project, No. 203, 1986). Similarly, in the Salt Range of Pakistan and in Kashmir, strong oscillatory movements without any distinct angular discordance mark the boundary sequences(Pakistani—Japanese Research Group, 1985; Nakazawa and Kapoor, 1981).

The nature of these movements has been interpreted in different ways. In China it has been common to interpret this activity as the movement of plates coming together, with final welding at the Permain—Triassic boundary, probably, associated with the formation of Pangaea. This view is held by the two Chinese authors of this paper, the other author, however, feels that the continuing character of the orogenesis and the volcanic activity are difficult to associate with the movement of plates and the formation of a Pangaea. This is a matter which calls for further investigation.

On tectonic evolution of Asia, most of Chinese geologists have general consensus. At the end of the Early Paleozoic and the early Late Paleozoic five plates were separated from each other. Li Chunyu et al. (1984)deemed that the convergent movement of the plates in the late Paleozoic led to "the Late Palaeozoic(Variscan) folding, subduction and finally collision of plates. These five plates joined together to form a combined landmass which may be called the Palaeo-Eurasia Plate. Nevertheless, the South China—Southeast Asian Plate was not entirely welded together with the northern part of Asia. "(Li Chunyu et al. , 1986), Zhang Wenyou et al. (1986)expressed the same opinion as Li, saying that "The principal phase of the Hercynian cycle took place between the Early and the Late Permian, it represents the geosynclinal facies of the Kuergan Formation covered unconformably by the Biyoule—Baouzi

Group. The Tianshan - Hinggan geosyncline closed later, then the Tarim—Sinokorean block joined the Siberian continent to form a single land area". At the same time they believed that the Kunlun—Qinling geosyncline was folded at the fourth phase of the Hercynian cycle by the end of the Permian(except the Western Qinling), bringing about the combination of the Yangtze and the Qinghai—Tibet fault block regions with the Sinokorean and the Tarim fault block regions respectively(Zhang Wenyou et al. ,1986). When he discussed the tectonic characteristics of China, Huang Jiqing(1984) similarly concluded that "The Tethys-Himalayan Region was divided near the northern margin by the Longmu Co—Yushu and Jinshajiang—Changning—Shuangjiang Suture zone, which separated Gondwana from Eurasia in Paleozoic times, but became a suture zone by collision of the northward drifting Gondwana in Late Permian"(Huang Jiqing, 1984).

In the light of paleomagnetic analyses a number of geologists have different viewpoints on the tectonic evolution of Asia. McElhinny M W et al. (1981), for example, considered that the Sino—Korean and Yangtze blocks of China were widely separated from Siberia in the Permian. Zhang Zhengkun(1984), Bai Yunhong et al. (1985), Lin Jinlu(1985), and Lin Jinlu et al. (1985), expressed a similar opinion as that of McElhinny et al.. Because their conclusions are based on much the same samples for their palaeomagnetic analyses, there was nothing strange about this same viewpoint. According to geological data from China, the Sinokorean and Yangtze blocks were separated from Siberia indeed(Xu Guirong and Yang Weiping 1988)in the Early Permian, but they combined by the end of the Permian.

Stratigraphical and paleontological data strongly indicate that the widest orogenesis happened and most of continents converged together or nearly together before the end of the Permian. The paleogeographical picture shows us that in that time the Tethys may possibly have encircled the world(Dickins et al. , in press). Therefore, these orogeneses result in a series of events such as the great change of bioecosystem between the late Late Permian and the early Early Triassic, decrease of diversity by the end of the Permian, and the wide spreading of several shallow benthonic invertebrate animals around the worldwide Tehtys, all of which will be discussed as follows.

The Great Change of the Paleoecosystem

Paleoecosystem is concisely defined as an integral system built up by a variety of paleocommunities which with geological environments are interrelated within a certain geographical area and geological time. A great change in paleoecosystem is evident between the end of the Changxingian and the beginning of Griesbachian as follows:

1. Changes in Ecological Patterns

Various ecological patterns with high diversity are found in the Changxingian, for exampie, in South China. It is common knowledge that a large scale extinction occurred at the end of the Permian and before this various taxa of marine invertebrates formed a wide range of benthonic communities, as a typical example, brachiopods in the Changxingian can be divided according to ecological communities (Xu Guirong and Grant R E, in press): ① biohermal dwellers; ②calcareous substratum dwellers; ③antibiohermal dwellers; ④ubiquitous dwellers. In these ecological communities, especially amongst biohermal dwellers, brachiopods with specialized habits, for example, coralloid *Richthofenia* anchored by rhizoid spines, *Meekella* and *Perigeyerella* with high cardinal area inserted into substratum, largesized *Oldhamina* and *Leptodus*, are all regarded as a special feature for the Late Permian.

On the other hand, monotonous ecological patterns are an important feature in the Early Griesbachian, when brachiopod communities consist of *Lingula* and Permian-type survivors only(Xu Guirong and Grant R E, in press). The Permian-type brachiopod survivors occur at several localities in the Tethys where sediments were deposited from the late Changxingian to the early Griesbachian as mentioned above. Lingulids, however, spread widely throughout the world: South China, Pakistan, Iran, Italy's, South Alps, Hungray, Greenland, Japan, Australia, Siberia, and North America(Fig. 2). Taking into account that bivalves, such as the genus *Claraia*, in the early Griesbachian also spread widely all over the world, we come to the conclusion that only a single biogeographical realm existed in that time, when marine benthonic invertebrates lived around the worldwide Tethys.

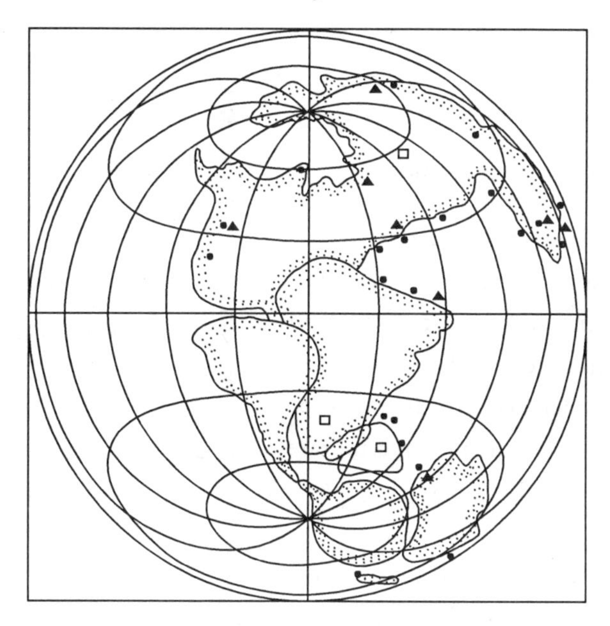

Fig. 2 Distributions of *Lingula*(▲) and *Claraia*(●) in the early Griesbachian and terrigenous therapsids(□) in the Late Permian
The base map after Briggs J C(1987)

2. Changes in Lithologic Facies

The Changxing stage in South China has a variety of lithologic facies, with three main types: limestone, silicalite, and arenite. Limestone is characteristic for the Changxing Formation which contains massive bedded limestone or chert-limestone or limy dolomite in different places or consists of reef or bioherm round the margin of the Yangtze Platform. The representative of silicalite is called the Dalong Formation which is composed of grey or black thin bedded silicalite and intercalated siliceous tuffite. Arenites occurring mostly near old landmasses are called the Xuanwei Formation which comprises terrigenous sediments or marine arenites (Yang Zunyi et al., 1987).

Equivalents of the Griesbachian in South China include two kinds of rocks: limestone and arenite. The lower Lower Daye Formation and the lower Lower Qinglong Formation, contain limestone, mainly consisting of thin-bedded limestone and calcareous mudstone; and the Xikou or the Kayitou or the lower Feixianguan formations contain clastics. Essentially no massive limestone, no silicalite, and no reef-limestone exist in the Griesbachian of South China.

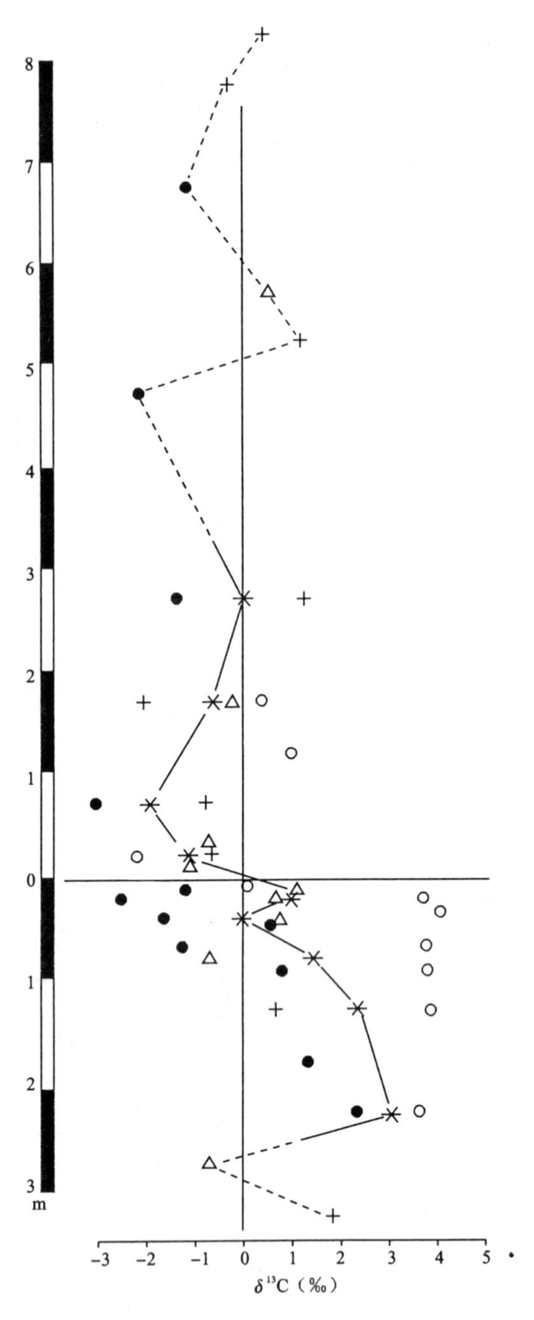

Fig. 3 Variations of Carbon Isotope Value (pdb‰) Acrossthe Permian—Triassic Boundary

For keys see Fig. 1

The data of $\delta^{18}C$ supplied by China University of Geosciences

3. Changes in Other Ecological Markers

Biomass was reduced rapidly from the late Late Permian to the early Griesbachian, because of the large scale extinction at the end of the Changxingian and because the early Griesbachian biota were much less developed than before, especially algae and marine benthonic invertebrates which were reduced in various taxa, except bivalves.

The absence of reef and bioherm in the early Griesbachian indicates that the biotas were less developed than in the Changxingian. Of course, the disappearance of specialized organism after the end of the Changxingian is another evidence of biotic reduction.

Carbon isotope anomalies across the Permo-Triassic are based on 4 Permo-Triassic boundary sections (Fig. 3, Tab. 2). An analogous negative anomaly was discovered at the Cretaceous—Tertiary boundary(Brennecke J C and Anderson T F,1977).

Table 2 Variations of $\delta^{18}C$ Value(pdb‰) Across the Permian—Triassic Boundary in Four Sections of South China

Stratum Thickness(m)	Meishan	Xiancuo	Yegeng - Ermen	Shangsi
8. 5～8. 0		0. 28		
8. 0～7. 5		−0. 36		
7. 0～6. 5				−1. 09
6. 0～5. 5			0. 50	
5. 5～5. 0		1. 13		
5. 0～4. 5				−2. 12
3. 0～2. 5		1. 24		−1. 32
2. 0～1. 5	0. 40	−1. 99	−1. 5	
1. 5～1. 0	1. 00			
1. 0～0. 5		−0. 76		−2. 99
0. 5～0. 0	−2. 10	−0. 67	−0. 64	
			−1. 06	
	0. 10		1. 11	−1. 12
0. 0～0. 3	3. 80			
	4. 10		0. 74	−2. 45
0. 3～0. 5			0. 78	−1. 51
				0. 66
0. 5～1. 0	3. 80		−0. 59	−1. 15
	3. 90			0. 89
1. 0～1. 5	3. 90	0. 66		
1. 5～2. 0				1. 39
2. 0～2. 5	3. 70			2. 39
2. 5～3. 0			−0. 69	
3. 0～3. 5		1. 77	−0. 45	
3. 5～4. 0		1. 89		

Biological Events Near the Permian—Triassic Boundary

The concept of a biological event is defined as an event affecting organisms in their phylogenetic history, such as speciation, extinction, geographical migration and so on. A biostratigraphical event is restricted by conditions of geological preservation, lithologic facies, and artificial factors such as collection and identification; therefore, a biological event is different from a biostratigraphic event in that the latter includes the process of an organism living in geological history becoming a fossil. Biostratigraphic events principally contain the first or last fossil occurrence in stratigraphic sections, and the same stratigraphic event in different sections do not always represent a simultaneous event in chronology. In general there are two kinds of biological events: global and regional event. If a new taxon formed and then spread worldwide or a taxon vanished from the world, that is a global event. If a taxon immigrated to a region where it was a newcomer or if a taxon disappeared in a region, it is a regional event. These concepts are very significant for the following discussion.

1. The First Occurrence of *Hindeodus parvus*

Because the conodont *Hindeodus parvus* was regarded as a good time-marker for the basal Triassic(Ding M, 1988; Yin H et al., 1988) it is important to review the first occurrence of *Hindeodus parvus* in different places. In the Meishan section of Changxing County, Zhejiang Province the species appeared at the upper part of the transitional beds(bed 23b in Yang et al., 1987; bed 27 in Ding M, 1988) where it is 7～15cm above the top of the boundary clay bed(the top bed of the Changxingian). *Hindeodus parvus* occurred in a dark micrite, 20cm thick, which directly overlies the top bed of the Changxing Formation in the Yanjingxi section of Hechuan County, Sichuan Province. The first occurrence of the fossil in the Xiejiacao section of Guangan County, Sichuan Province is in a yellowish white calcareous claystone, 28cm thick, which is usually regarded as the boundary clay bed. Therefore, in these sections the first occurrences lie at rather short distances above the boundary clay bed. But in other sections it lies at a much longer distance, for example, about 5m above the Permo - Triassic Boundary in the Shangsi section of Guangyuan County, Sichuan Province, and more than 30m above the boundary in the Puqi Guanyinqiao section, Hubei Province.

2. Stratigraphic Relationships Between the Conodont *Hindeodus parvus*, the Ammonoid *Ophiceras* spp. and Other Forms

The genus *Otoceras* with question mark was reported in the section of Zhongxin Dadui quarry(Meishan), Changxing, Zhejiang Province(Sheng et al., 1984). It appeared at the upper part of Mixed bed 1, at basal bed(bed 3) of the Lower Chinglung Formation, not associated with *H. parvus*. The bed of ? *Otoceras* is considered to correspond wish the underlying bed (bed 23a) of the bed(bed 23b) containing *H. parvus*(Yang Z Y et al., 1987). Nakazawa et al.

(1980)and Matsuda T(1981)put *H. parvus* at the upper part of unit E2 of the Khunamuh Formation as a conodont zone at Guryul Ravine, Kashmir, that is the *H. parvus* zone occurred at the upper *Otoceras* zone according to their fossil lists(Text—Fig. 1 in Nakazawa et al., 1980; Fig. 2 in Matsuda, 1981). However, *H. parvus* was found at the bottom bed of the lower *Otoceras* bed in Western Hill section of Selong, Nyalam County, South Tibet where the *Otoceras* zone was divided into two beds: the overlying *O. woodwardi* and the underlying *O. latilobatum*(Wang Y et al., 1989).

The stratigraphic relationship between *Otoceras* spp. or *H. parvus* at the lower Griesbachian and typical Permian fossils, such as *Pseudotirolites* or *Rotodiscoceras* at the upper Changxingian is clear in almost all sections where rocks pass from the Changxingian to the Griesbachian. Yang Z Y et al., (1987, p. 3) reported that cf. *Pseudotirolites*? sp. occurred in the bed overlying the boundary clay bed; even more, Zheng J et al., (1984) listed the fossil of ? *Pseudotirolites* sp. at the bed overlying the ? *Otoceras* bed with *Pseudoclaraia wangi*. These question-marked fossils are doubtful, and are no longer listed in the Shangsi section (An excursion Guide to the Permian—Triassic boundary section in Shangsi, Guangyuan, Sichuan Province) during the final conference on Permian—Triassic events of east Tethys region and their intercontinental correlations, Beijing, 1987 (refer to Li Z et al., 1989).

3. Reconstruction of Biological Events by Shaw's Method

There is a key problem: how to determine a correlation curve when using Shaw's time correlation method? (Shaw A B, 1964) or Miller's graphic method(Miller F X, 1977). There are two ways to determine a correlation curve: ①It is obtained by regression analysis as Shaw proposed; ②Miller suggested a correlation line by choosing the first occurrences of common fossils confined to the left side of the line and the last occurrences to the right. The latter method has a presupposition requiring that the first and last occurrences of fossils in a standard reference should represent biologic events. We consider that ranges of fossils in a Composite Standard Reference Section (CSRS) which was synthesized from a series of sections might come close to biological ranges, but the CSRS is obtained at the end not in advance. The former method is adopted in the paper, using in addition statistical and geological tests to correct the results(Xu G R, 1989). The upper stratification plane of clay rock of the Permian—Triassic Boundary is elected as a criterion-point to test time correlations in South China, to be discussed below.

Yin H et al. (1988) suggested that the lower *Otoceras* beds may be Permian, based on the result of graphic correlation. In their fossil data of the Shangsi section(Yin et al., 1988; Tab. 1) the upper limit of *Pseudotirolites* sp. is higher than the boundary clay rock(98.2m) by about 10cm which is shown to be incorrect. This factor predetermined *Otoceras* overlapping partly with *Pseudotirolites* zone and they did not use the regression analysis to draw the correlation curve and did not make any test.

New correlation curves are shown in Figs. 4 and 5 after regression analyses using the same data listed in their Tab. 1(Yin et al. ,1988), but the upper limit of *Pseudotirolites* is corrected. When calculating the regression curve between the Shangsi and the Meishan sections we use the upper bedding plane of the boundary clay bed as the criterion point(98. 2,44. 6)to do test and upper limits of fossils 3,5,and 7 are given up so as to make the regression curve pass through the criterion point. The Meishan section is referred to as Reference Section and fossil values of the Shangsi section are projected to the Meishan section calculated by correlation equation shown in Fig. 4,then the composite section is set up,with its fossil values(MSCS) shown in Tab. 3,Fig. 5 presents correlation equation between the Guryul Ravine section (GR), Kashmir, and the Meishan composite section (MSCS),the criterion point for testing is chosen at point 31. 8 and 44. 6 in coordinate, and composite section values projected the fossil values of the GR to the MSCS are shown in Tab. 3(MSCS-GR CS).

Results computed from correlation equations of the MSCS and the MSCS-GR CS tell us that:① the first occurrence of *H. parvus* and *Otoceras* in composite sections of MSCS and MSCS-GR CS are almost at the same time(actually *H. parvus* is a little higher than ? *Otoceras* in the Meishan section); ②no overlap exists between the *Otoceras* zone and typical Permian fossils, *Pseudotirolites* spp.. These results coincide with those of the composite section in the basis of about 40 sections in South China. Ranges of important fossils of the integral composite section are shown in Fig. 6(Xu G R,1991).

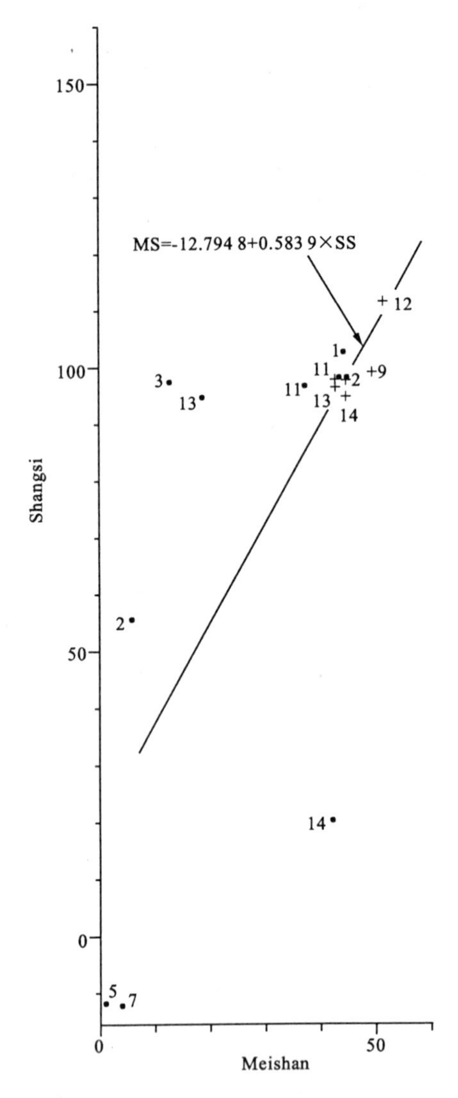

Fig. 4 Correlation Graph Between the Meishan Section of Changxing County, Zhejiang Province, and Shangsi Section of Guangyuan County, Sichuan Province

Using the same data as Yin et al. (1988) except the upper limit of *Pseudotirolitis* spp. ;

Scale in meter

Table 3　Fossil Range in Meishan—Shangsi Composite Section and MSCS - Guryul Ravine Composite Section

Fossil name	MSCS	MSCS - GR CS
1. *Hindeodus parvus*	44.70～75.32	44.70～75.32
2. *Neogondolella deflecta*	6.10～44.70	6.10～44.70
3. *Neogondolella carinata*	13.00～95.11	13.00～95.11
4. *Isarcicella isarcica*	45.54～51.55	45.54～61.37
5. *Hindeodus minutus*	−19.98～90.90	−19.98～90.90
6. *Neospathodus* spp.	75.32～90.96	61.67～105.07
7. *Ellisonia* spp.	−19.98～91.02	−19.98～105.07
8a. ? *Otoceras* sp.	44.70	44.70
8b. *Otoceras woodwardi*	—	48.36～56.89
9. *Ophiceras* spp.	44.60～50.00	44.60～69.90
10. *Pseudotirolites* spp.	38.88～44.50	38.88～44.50
11. *Rotodiscoceras* spp.	38.00～44.49	38.00～44.49
12. *Claraia* spp.	44.60～52.78	44.60～68.41
13. *Glomospira ovalis*	19.10～43.78	−2.97～43.78
14. *Nodosaria* spp.	−0.76～44.60	−0.76～44.60
15. *Abadehella conformis*	41.60	−84.82～41.60

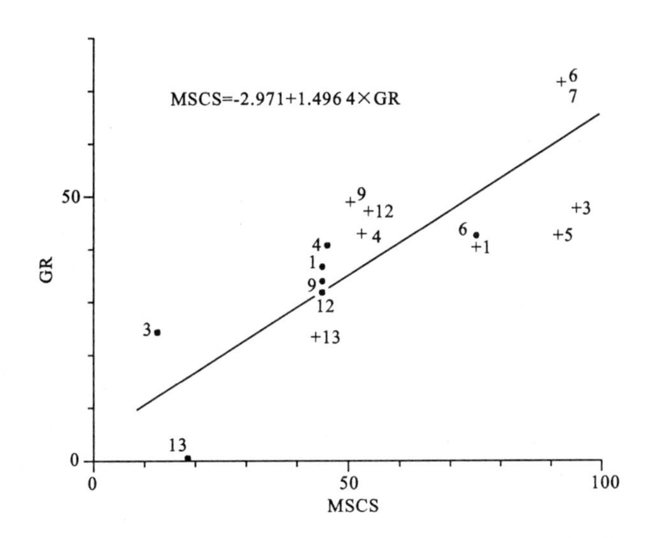

Fig. 5　Correlation Graph Between the Composite Section Made by Projecting the Shangsi Section to the Meishan Section(MSCS) and Guryul Ravine Section, Kashmir (GR) Data of Guryul Ravine Section Based on Yin et al. (1988, Tab. 1)

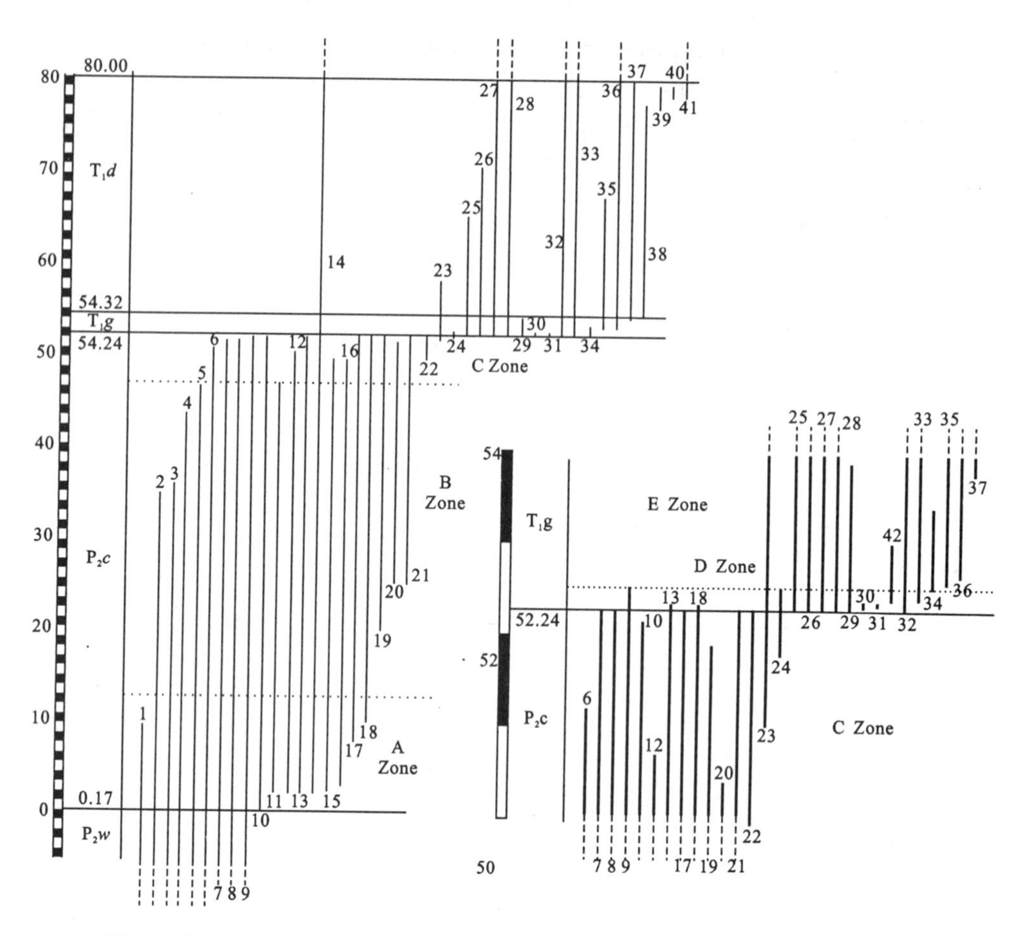

Fig. 6 Diagram Showing Biozonation of the Changxingian and the Griesbachian (magnified at lower right side)

1. *Codonofusiella schubertelloides*; 2. *Squamularia indica*; 3. *Haydenella wenganensis*; 4. *Konglingites*; 5. *Squamularia grandis*; 6. *Nanlingella simplex*; 7. *Neogondolella orientalis*; 8. *N. wangi*; 9. *Waagenites barusiensis*; 10. *Palaeofusulina sinensis*; 11. *Tapashanites*; 12. *Neogondolella subcarinata*; 13. *N. deflecta*; 14. *N. carinata*; 15. *Palaeofusulina minima*; 16. *Hunanopecten exilis*; 17. *Neogondolella changxingensis*; 18. *Prelissorhynchia pseudoutah*; 19. *Reichelina changxingensis*; 20. *Peltichia zigzag*; 21. *Pseudotirolites*; 22. *Rotodiscoceras dushanense*; 23. *Crurithyris pusilla*; 24. *C. speciosa*; 25. *Lytophiceras*; 26. *Ophiceras*; 27. *Hindeodus parvus*; 28. *Claraia* spp.; 29. *Lingula subcircularis*; 30. ? *Otoceras*; 31. *Hypophiceras*; 32. *Eumorphotis inaequicostata*; 33. *E. multiformis*; 34. *Isarcicella isarcica*; 35. *Pseudoclaraia wangi*; 36. *Claraia stachei*; 37. *C. aurita*; 38. *Prionolobus*; 39. *Flemingites*; 40. *Neospathodus cristagalli*; 41. *N. dieneri*; 42. *Towapteria scythicum*

P_2w. Wujiapingian; P_2c. Changxingian; T_1g. Griesbachian; T_1d. Dienerian

Markers of Event Stratigraphy at The Permian—Triassic Boundary

A series of biological and geological events happened at the Permian—Triassic boundary, for example, the well known extinction, the great change in ecosystem, the maximum scale regression of ocean, fluctuation of ocean temperature, and widespread orogeny. Two significant markers at the Permian—Triassic boundary, biological and petrological markers, are discussed as follows.

1. Biological Markers

As by general consensus divisions of the Phanerozoic stratigraphical column are based on the different order of appearances of organisms, biological markers are the most important ones for distinguishing Permian and Triassic. *Otoceras*, *H. parvus*, *Claraia*, *Eumorphotis*, *Ophiceras*, *Glyptophiceras*, *Hypophiceras* and others constitute the new comers of the early Griesbachian fauna. The appearance of this fauna is completely different from the late Changxingian fauna, because 90% Permian-type biotas were extinguished at the end of the Changxingian(Xu G R, in press). The first occurrence of any of these fossils may represent the Griesbachian of the Triassic but they can not mark out the P/T boundary. Markers of the boundary are biological events of these newcomers and the extinction event.

2. Petrological Markers

In South China most sections with sequences from the Changxingian to the Griesbachian have a clay bed which is a marker for several geological events. Iridium anomaly (Xu D et al., 1985), great fluctuation of ocean temperatures, carbon isotopic anomaly happened at the boundary clay bed. In other places of the Tethys region petrological markers are not evident in the regression sequences. Iridium anomaly and carbon and oxygen isotopic anomalies can also be referred to as petrological markers.

3. Biological and Petrological Markers Coincide with Each Other

The early Griesbachian newcomers are never found downward in the Permian and the typical Permian biotas do not exist in the early Griesbachian in any sections. This fact is confirmed by using Shaw's method(Figs. 6, 7). A series of geological events reported were found at the stratigraphical boundary between the extinction at the end of the Changxingian and the early Griesbachian newcomers.

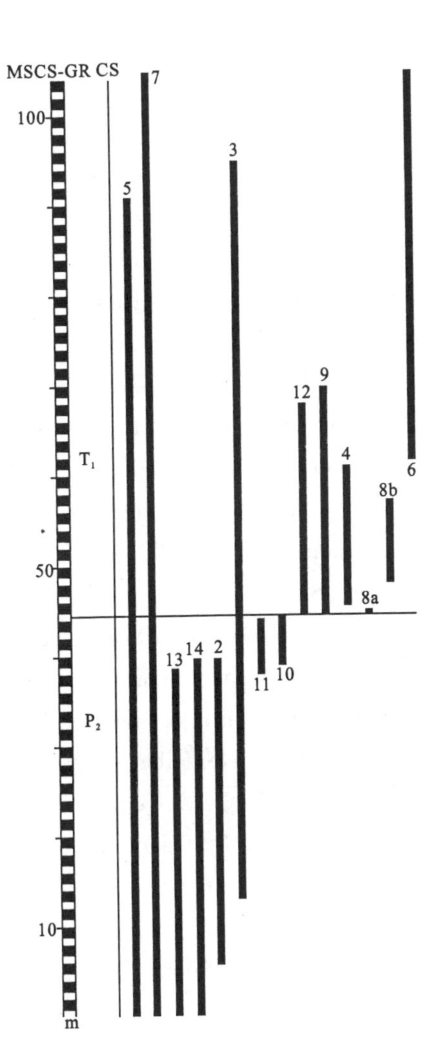

Fig. 7 Range of Important Fossils in Meishan - Shangsi Composite Section (MSCS) and MSCS-Guryul Ravine Composite Section (MSCS-GR CS)

For codes of fossils refer to Table 3

References

Bai Yunhong,Chen Guoliang,Sun Qingge,et al.. Late Palaeozoic Polar Wander Path for the Tarim Block and Tectonic Significance[J]. Seismology and Geology,1985(1):71 – 80

Briggs J C. Biogeography and plate tectonics. Developments in Palaeontology and Stratigraphy[M]. Elsevier,1987

Dickins J M. Permian Gondwana climate[J]. Chayanica Geologica,1977,3(1):11 – 22

Dickins J M. Permian to Triassic changes in life[J]. Mem. Ass. Australas,Palaeontols, 1983,1:297 – 303

Dickins J M. Late Palaeozoic and Early Mesozoic"Orogeny"in eastern Australia[J]. Advances in the Study of the Sydney Basin,Proc. 19 th Symp. ,Dept. Geol. ,Univ. Newcastle, 1985:8 – 9

Dickins J M. The world significance of the Hunter-Bowen(Indosinian)Mid-Permian to Triassic Folding phase[J]. Memorie Societa Geologica Italiana,1986,34:345 – 352

Dickins J M. Permian—Triassic orogenic,palaeoclimatic and eustatic events and their implications for biotic alternation[J]. In:Permo-Triassic Events in the Eastern Tethys—Stratigraphy,Classification,and Relations with Western Tethys(Eds. Sweet W C,Yang Zunyi,Dickins J M and Yin Hongfu). Cambridge:Cambridge University Press,1992

Dickins J M,Choi D R,Yeates A N. Past Distribution of oceans and continents[M]. In New Concepts of Global Tectonics,Texas Tech. Univ. ,Texas,U. S. A. (in press),1992

Diener C. The Trias of the Himalayas[J]. Mem. Geol. Surv. India,1912,36(3):176

Ding Meihua. Permian—Triassic Boundary and conodonts in South China[J]. Mem. Soc. Geol. Italiana,1988,34:263 – 268

Griesbach C L. Palaeontological notes on the Lower Trias of the Himalayas[J]. Rec. Geol. Surv. India,1980,13(2):94 – 113

Hsu K J. Environmental changes in times of biotic crisis[M]. In:Patterns and Processes in the History of life. (eds. D. M. Raup and D. Jablonski). Dahlem Konferenzen 1986,Springer-Verlag Berlin,Heidelberg,1986

Hsa K I,He Q,McKenzie J,et al.. Mass mortality and its environmental and evolutionary consequences[J]. Science,1982,216:249 – 256

Hu Yufan. Characteristics of the Permian floras in the western part of China[J]. Regional Geology of China,1985,12:99 – 108(in Chinese)

Huang Jiqing(Huang T K). New researches on the tectonic characteristics of China[J]. Bulletin of the Chinese Academy of Geological Sciences,1984,10:5 – 18. (in Chinese with English abstract)

Inazumi A,Bando Y. Geochemical study of the paleoenvironment during the time from the Late Permian to the Early Triassic in the Abadeh region,central Iran[J]. Mem. Fac. Educ. Kagawa Univ. ,Ⅱ,1981,31(10):39 – 55

Iranian—Japanese Research Group. The Permian and the Lower Triassic system of Abadeh region,central Iran[J]. Mem. Sci. ,Kyoto Univ. ,Ser. Gcol. and Mineral. ,1981,47(2):

62－133

Kozur H. Die Faunenanderungen nahe der Perm/Trias and Trias/Jura-Grenze und ihre mŏglichen Ursachen;Teil I,Die Lage der Perm/Trias Grenze and Anderung der Faunen and Floren in Perm/Trias-Grenzbereich[J]. Freiberg. Forsch. C. ,1977,326:73－86

Li Chunyu et al.. Tectonic evolution of Asia[J]. Bulletin of the Chinese Academy of Geological Sciences. 1984,10:3－11

Li Xingxue,Yao Zhaoqi. Carboniferous and Permian floral provinces in East Asia[M]. In:Palaeobiogeographic Provinces of China. Beijing:Science Press,1983(in Chinese)

Li Zishun,Yao Jianxin. Biostratigraphic implications of *Otoceras* Beds in China[M]. Scientific Papers on Geology for International Exchange—Prepared for the 27th International Geological Congress. Beijing:Geol. Pub. House,1984(in Chinese)

Li Zishun,Zhan Lipei et al.. Study on the Permian—Triassic biostratigraphy and event stratigraphy of northern Sichuan and southern Shaanxi[J]. Geological Memoirs,1989,2(9):435(in Chinese with English abstract)

Lin Jinlu. APW paths for the North and South China blocks[J]. Seismology and Geology,1985,7(1):81－83

Lin J L,Fuller M,Zhang W Y. Preliminary phanerozoic polar wander paths for the North and South China blocks[J]. Nature,1985,313:444

McElhinny M W,Embleton B J,Ma X H et al.. Fragmentation of Asia in the Permian [J]. Nature,1981,293:212－216

Miller F X. The graphic correlation method in biostratigraphy[J]. In: Concepts and methods of Biostratigraphy(Eds. ,Kauffman E G and Hazel J E). Dowden, Hutchinson & Ross. ,Stroudsberg

Nakazawa K,Kapoor H M,Ishii K,et al.. The Upper Permian and the Lower Triassic in Kashmir,India[J]. Mem. Fac. Sci. Kyoto Univ. ,Ser. Geol. Min. ,1975,42(1):1－106

Nakazaala K,Bando Y,Matsuda T. The *Otoceras woodwardi* zone and the time-gap at the Permian—Triassic boundary in East Asia[J]. Geol. Palaeont. Southeast Asia,1980,21:75 -90

Newell N D. Palaeontological gaps and geochronology[J]. J. Palaeont,1962,36:592－610

Newell N D. Revolutions in the history of life[J]. In:Uniformity and Simplicity(Ed. Albritton C C). Spec. Pap. Geol. Soc. Am. ,1967,89:63－91

Newell N D. Paraconformities[M]. In:Essays in Palaeontology and Stratigraphy,R. C. Moore Commemorative Volume(Teichert C & Yochelson E L),Kansas: Spec. Pub. Geol. Univ,1967.

Newell N D. The very last moment of the Palaeozoic Era[J]. In:The Permian and Triassic Systems and their mutual boundary(Eds. Logan A & Hills L V). Mem. Can. Soc. Petrol. Geol. ,1973,2:1－10

Newell N D. The search for a Palaeozoic—Mesozoic boundary stratotype[M]. Schriftenreihe der Erdwissenschaftlichen Kommissionen. Osterr. Akad. Wiss,1978:9－19

Newell N. D. The Palaeozoic/Mesozoic Erathem boundary[J]. Mem. Soc. Geol. It. ,1988, 34:303 - 311

Shackleton N J. Attainment of isotopic equilibrium between ocean water and the benthonic Foraminifera genus Uvigerina[M]. C. N. R. S. ,Collogue Internationaux,219,Paris, 1974

Shaw A B. Time in stratigraphy[M]. McGraw—Hill Book Co. ,New York,San Francisco,Toronto,London,1964

Sheng Jinzhang,Chen Chuzhen,Wang Yigang,et al.. Permian—Triassic boundary in Middle and Eastern Tethys[J]. Jour. Fac. Sci. ,Hokkaido Univ. ,Set. 4,1984,21(1):133 - 181

Sweet W C. Graphic correlation of Permian—Triassic rocks in Kashmir,Pakistan and Iran[J]. Geologica et Palaeontologica,1979,13:239 - 248

Vail P R,Mitchum R M,Jr Todd T G,et al.. Seismic stratigraphy and global changes in sea level[J]. In:Seismic stratigraphy—applications to hydrocarbon exploration(Eds. Payton G E). Mem. Amer. Assoc. Petrol. Geol. ,1977,26:49 - 212

Wang Yigang,Chen Chuzhen,Rui Lin,et al.. On the definition of Permian—Triassic boundary[J]. Jour. of Stratigraphy,13(3):205 - 212(in Chinese)

Waterhouse J B. The Permian—Triassic boundary in New Zealand and New Caledonia and its relationship to world climate changes and extinction of Permian life[J]. Can. Soc. Petrol. Geol. Mem. 2,1973

Waterhouse J B. World correlations for marine Permian faunas [J]. University of Queensland Papers,Depart. Geol. 1976,7(2)

Windley B F. The evolving continents[M]. New York:Wiley,1977

Xu D Y,Ma S L,Chai Z F,et al.. Abundance variation of iridium and trace elements at Permian/Triassic boundary at Shangsi in China[J]. Nature,1985,314:154 - 156

Xu G R. Stratigraphyical time-correlation and mass extinction event near Permian—Triassic boundary in South China[J]. Journal of China University of Geosciences,1991,2(1): 36 - 46(in Chinese)

Xu G R,Xiao,N Y. Quantitative Stratigraphy[M]. In:Modern Stratigraphy. (Eds. Wu R T & Zhang Q X). Wu han:China University of Geosciences Press,1990. (in Chinese)

Xu G R,Zhang K X,Huang S J,et al.. On the Upper Permian and event stratigraphy of Permo-Triassic boundary in Huangsi,Hubei Province[J]. Earth Science,1988,13(5):521 - 527(in Chinese)

Xu G R,Yang W P. Permian biogeography[M]. In:Yin H F,et al.. Palaeobiogeography of China. Wuhan:China University of Geosciences Press,1988(in Chinese)

Xu G R,Grant R E. Permian—Triassic brachiopod successions and events in South China [M]. In:Permo—Triassic Events in the Eastern Testys—Striatigraphy,Classification,and Relations with Western Tethys(Eds. Sweet W C,Yang Zunyi,Dickins J M and Yin Hongfu). Cambridge:Cambridge University Press,1992

Yang Z Y,Yin H F,Wu S B,et al.. Permian—Triassic boundaty stratigraphy and fauna of South China[J]. Memoirs,1987,2(6):379. (In Chinese with English abstract)

Yin H F,Yang F Q,Zhang K X,et al.. A proposal to the biostratigraphic criterion of Permian/Triassic boundary[J]. Mem. Soc. Geol. It. ,1988,34:329 - 344,9ff. ,tab. 1.

Zhang J H,Dai J Y,Tian S G. Biostratigraphy of Late Permian and Early Triassic conodonts in Shangsi,Guangyuan County,Sichuan,China[M]. Scientific Papers on Geology for International Exchange—Prepared for the 27th International Geological Congress,(1). 163 - 176,2 pls. Beijing:Geological Publishing House,1984(in Chinese)

Zhang W Y,et al.. Marine and continental geotectonics of China and its environs[M]. Beijing:Science Press,1986. (in Chinese)

【From:Stratigraphy and Paleontology of China,1993,2:111 - 126】

Stratigraphical Time

——Correlation and Mass Extinction Event Near Permian—Triassic Boundary in South China

Xu Guirong

Materials

40 Permo-Triassic sections in South China mostly measured by ourselves in the last decade are analyzed in the paper. These sections have been described in the monograph"Permian—Triassic Boundary Stratigraphy and Fauna of South China"(Yang Zunyi et al. ,1987)apart from a number of sections still in manuscript. Furthermore, the paper has synthesized several other sections depicted by Sheng Jinzhang et al. (1984)and Yao Zhaoji et al. (1982). A total number of 362 invertebrate fossil species, including cephalopods, conodonts, fusulinids, nonfusulinid foraminifers, brachiopods and bivalves, from these sections are used in statistical analysis.

Methodology

The method using in the paper was suggested by Shaw A B(1964), but several improvements have been made by the author(Xu Guirong, 1981, 1989). While using Shaw's method to study time correlation of strata the following concepts and steps are adopted in this paper:

(1)Biostratigraphic events two events can be determined for each fossil species in a section, a first occurrence-event and a last occurrence-event. A first occurrence-event is indicated by the accumulative total thickness of lower stratification plane of a stratum in which a fossil species first appears; a last occurrence-event is indicated by the accumulative total thickness of upper stratification plane of the stratum in which the fossil species is last appearance.

(2) Which biostratigraphic events should be chosen in the calculation of correlation curve? Shaw A B(1964, Appendices A)proposed that the points representing fossil species with the longest range should be studied first. It is reasonable to interpret the position at which fossil species with longest range occurred in sections is closer to biologic event(cf. Xu, 1989, about distinction between biologic and biostratigraphic event) than short range. Most of fossil species, especially the index fossils, have short range in stratigraphic sections; however, index fossils are rather important in stratigraphic correlation. Thus suggested studying

index fossils first when Shaw's method is used for stratigraphic correlation(Xu,1981). Theoretically, every common event, whether it is a long or short range index or general fossil, should be considered in the calculation of correlation-curve. A few events, in practice, would be eliminated from the calculation of correlation-curve if they deviated far from the tendency of correlation-curve.

(3) How to determine a correlation-curve? There are two ways to determine a correlation-curve: ①By regession analysis(Shaw,1964;Xu,1981、1990); ②Miller F X(1977) suggested a method as "an examination of the plot will show that the bases are confined to the left side of the graph while the tops are confined to the right"(p. 171). This method has a presupposition as he pointed "If the tops and bases we established for the fossils in the Standard Reference Section(SRS) are correct, i. e. , at the maximum of their total stratigraphic range.... ". This presupposition actually has not been proved yet, and is hardly tenable. We cannot determine which fossil species and in which section they have maximum stratigraphic range when we choose SRS. A section in which fossil species all display the maximum total stratigraphic range does not exist. Range of fossil species in a Composite Standard Reference Section (CSRS) synthesized from a series of sections might be considered to be maximum ranges, but the CSRS is obtained at the end of the work not in advance. This paper considers that the former way is better than the latter in determining correlation-curve. In order to get an accurate correlation-curve by regression analysis, the paper proposes to decide a key-plane in advance which must be accurately a common time plane between two correlating sections and requiring the correlation-curve pass through it. The upper stratification plane of the clay rock at the Permian—Triassic boundary, for instance, which has been proved to be a common time plane in South China(Yang Zunyi, et al. ,1987), is selected as a key-plane in this paper.

(4) How to make an integral composite section? There are two ways to compose an integral composite section: ① A section was first selected as a SRS from a pair of section, and then a composite section was made by injecting the data from another section into the SRS. This composite section was regarded as a temporary CSRS, and continually, second composite section was formed by injecting the data from third section into the secondary temporary CSRS, and so on, the last composite section was the Integral Composite Section(ICS). As a series of composite sections was formed errors propagated from one composite section to another and expanded into a large one. ②Every section directly projects to a SRS and an ICS is formed at last. This way can reduce the errors produced by a series of transitional composite standard sections. The paper adopts the latter by following two steps: According to paleogeographic and sedimentary characters, the South China region is subdivided into five areas. Each of the areas includes several sections and forms only one composite section; this is the first step. The geographical areas are as the following. (A) Changxing area: The Meishan section of Changxing County is selected as a standard one and the other sections, including Huangzhishan of Wuxing County, Mashishan of Wuxian County, and E, D, C of Meishan(Sheng et al. , 1984), are directly projected into the Meishan section to form a composite section; (B) Puqi

area: The Guanyinshan section of Puqi County is regarded as a SRS and the others, including Shatian of Huangshi City, and Chaoxian of Anhui Province are respectively projected to the SRS. (C) Shangsi area: The Changjianggou section of Guangyuan County is taken as a standard section, while the others including Mingyuexis of Xindianzi of Guangyuan County, Sichuan Province, are all merged into the standard section to form a composite section. (D) Huayingshan area: The Huayingshan section of Linshui County serves as a standard one and the others including Liangfengya of Zhongqing City, and Yanjing of Hechuan County, Sichuan Province, are as correlative sections to form a composite section. (E) Anshun area: The Jiaozishan section of Anshun City is regarded as a standard section and the others including Zhongyun of Qinglong County, are respectively projected into the standard section.

The second step is to take the Meishan composite section as a CSRS and the other four composite sections are respectively and directly projected into the CSRS to form an Integral Composite Section finally.

Properties of Correlation-Curve

A common biostratigraphic event in a pair of sections usually is not an isochron because of the different environment conditions in which the fossil were preserved. The common events in a pair of correlated sections randomly scatter on a Cartesian coordinates and can form various pictures, but often in two patterns as follows. ① The stair-shaped pattern is one of the commonest patterns (Fig. 1). The reason for this is that every section may have some diastems (Dunbar C O and Rodgers J, 1955), therefore the sedimentation time relationship from microcosmic is always a step function (Schwarzacher W, 1975). The figure of events between Guryul Ravine of Kashmir and Chhidru of Pakistan could be regarded as a step function (Sweet W C, 1979, Fig. 2). The scattered pattern of common events between Changjianggou section of Shangsi and Xindianzi section of Guangyuan County, as showing in Fig. 1, is another example of stair-shaped pattern. Shaw (1964) pointed out that it was a sedimental break if events scattered showed as a dog-leg curve on coordinates. If no other geological evidence, for example, missing biozones in normal sequence or existing unconformable markers, could be found, in my opinion, a dog-leg line showed by a few of events scattered on coordinates did not indicate missing strata, but virturally a diastem only. ②Inter-

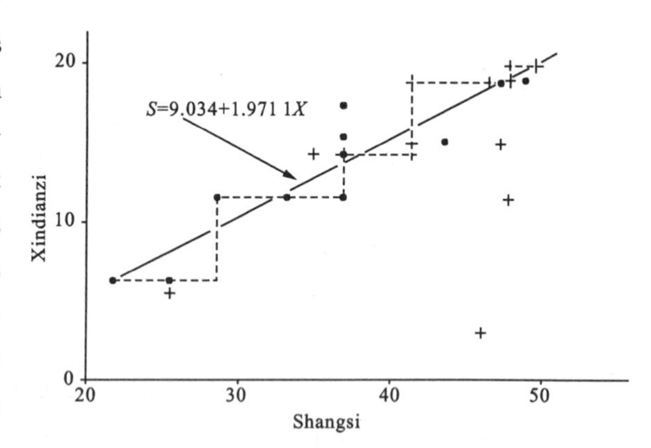

Fig. 1 Diagram Showing the Stair-shaped Pattern and Time-correlation Between the Shangsi Sechon (*S*) and the Xindianzi Section (*X*) of Guangyuan County, Sichuan Province. Scale: meter

secting pattern is a significant pattern and occurs especially when an important organism evolution happens, as the situation at the P/T boundary. Events scattered near the P/T boundary in Fig. 2 of Sweet(1979) actually shows the intersecting pattern.

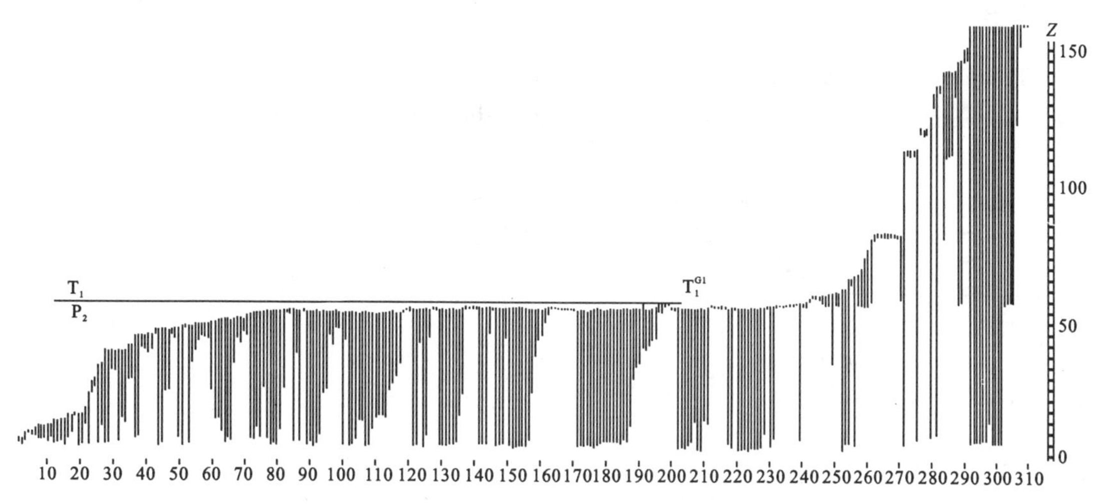

Fig. 2 Diagram showing time ranges of about 310 invertebrate fossil species collected in South China scaled by Z values.

Biostratigraphical Zonation and Time Correlation

In order to save space, calculation processes forming composite sections of the 5 areas mentioned above are not presented in this paper. On the basis of the ranges of fossil species an ICS is finally established. The Meishan composite section is regarded as a CSRS in calculation processes. Four correlation formulae between the CSRS and the composite section of each area are: ① $M = -0.967 + 0.9397P$, between the composite section of Puqi area (P) and the CSRS(M); ② $M = -3.3145 + 1.1785S$, between the composite section of Shangsi area (S) and the CSRS(M); ③ $M = -15.7859 + 0.5273H$, between the composite section of Huayingshan area (H) and the CSRS(M); ④ $M = -0.5344 + 0.608A$, between the composite section of Anshun area (A) and the CSRS(M). One of four correlation curves, as an example, is shown in Fig. 3. The Z values as a standard time unit in the ICS have been calculated based on the four correlation formulae. It is reasonable to

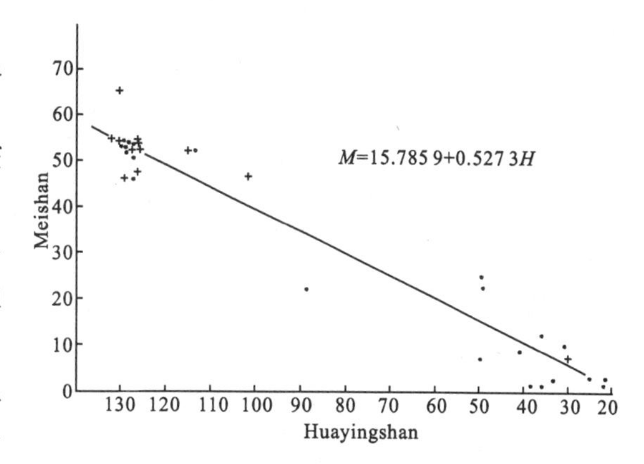

Fig. 3 Time-correlation Graph Between Composite Sections of Changxing (Meishan) Area (M), as the CSRS, and Huayingshan Area(H). The Data Resources Stated in the Paper

believe that the ranges of fossil species represented by Z values can be accepted as the reliable ranges which are closer to the durations of the species living in South China. Based on Z values, the zonation and time correlation of strata near the P/T boundary are discussed as follows.

1. Biozonation

Table 1 shows biozones of several invertebrate groups in the Upper Permian and Lower Triassic sequence and their Z values. Comparing Table 1 with Table 2 of Yang Zunyi et al.

Table 1 Correlations Among Biozonations of Upper Permian and Lower Triassic in South China

<table>
<tr><th>Age</th><th>Stage</th><th>Ammonoid zone and ZV*</th><th>Conodont zone and ZV*</th><th>Bivalve zone and ZV*</th><th>Brachiopod zone and ZV*</th><th>Fusulinid zone and ZV*</th></tr>
<tr><td rowspan="4">Early Triassic</td><td>Spathian
140.00Z</td><td>Subcolunbites
141.22—145.31</td><td>Neospathodus homeri
182.49—355.07
N. anhuinensis
178.35—355.07
N. collinsoni
154.01—199.37</td><td>Eumorphotis inaequicostata
52.52——</td><td></td><td rowspan="4"></td></tr>
<tr><td>Smithian
80.00Z</td><td rowspan="2">Owenites
105.94—108.59
Flemingites
76.92—79.92
Prionolobus
54.32—77.84</td><td rowspan="2">N. waageni
132.24—141.24
N. cristagalli
77.91—79.92
N. dieneri
77.92—141.24</td><td rowspan="3">E. multiformis—
52.38——
Claraia aurita—
53.75—80.23
C. stachei
52.64—141.58
Pseudoclaraia wangi
52.56—66.78
Towapteria scythicum
52.38—53.13</td><td rowspan="3">Crurithyris pusilla—
51.01—58.10
Lingula subeircularis
52.28—53.92</td></tr>
<tr><td>Dienerian
54.32Z</td></tr>
<tr><td>Griesbachian
52.24Z</td><td>Ophiceras—
52.24—70.36
Lytophiceras
52.24—64.78
Hypophiceras
52.30—52.37
? Otoceras
52.30—52.37</td><td>Gondolella carinata
2.26—109.88
Isarcicella isarcica
52.51—53.41
Hindeodus parvus
52.24—120.96</td></tr>
<tr><td rowspan="2">Late Permian</td><td>Changxingian
0.17Z</td><td>Rotodiscoceras dushanense
49.03—52.24
Pseudotirolites
25.17—52.24
Tapashanites
2.26—47.18</td><td>Neogondolella deflecta—
2.26—52.34
N. changxingensis
7.91—52.24
N. subcarinata
2.26—50.70
N. elongatus
——52.24</td><td>Hunanopecten exilis
2.87—49.26</td><td>Waagenites barusiensis—
——52.54
Crurithyris speciosa
51.78—52.48
Peltichia zigzag—
25.17—51.41
Prelissorhynchia pseudoutah
10.11—52.37</td><td>Palaeofusulina sinensis—
0.70—52.16
Reichelina changhsingensis
20.04—51.88
Palaeofusulina minima—
2.47—49.48
Nanlingella simplex
——51.21</td></tr>
<tr><td>Wujiapingian</td><td>Konglingites
——44.10</td><td>N. orientalis
——52.24</td><td></td><td>Squamularia grandis
——44.50
S. indica—
——35.29
Haydenella wenganensis
——35.83</td><td>Codonofusiella schubertelloides
——9.84</td></tr>
</table>

* ZV=Z value of the standard composite section.

(1987, p. 306 — 307), one can point out the similarities and differences between them. The principal biozonations here are characterized by the Z values which represent the accuracy of time scale. Because the paper is specially dealing with the stratigraphy near the P/T boundary, the biozonations of the Upper Permian Changxingian and the Lower Triassic Griesbachian are discussed in the following.

Table 2 Relative Extinction Rate (Er) and Species Life Duration (D) by Z Value in the Integral Composite Section of South China

Z value	No. of dead spp.	E_r	Z value	No. of dead spp.	E_r	Z value	No. of dead spp.	E_r
58.51—60.00	2	1.33	49.01—49.50	3	6.00	31.01—32.00	1	0.50
58.01—58.50	8	16.00	48.01—49.00	1	1.00	30.51—31.00	1	2.00
57.51—58.00	1	2.00	47.51—48.00	1	2.00	25.51—30.50	1	0.20
57.01—57.50	1	2.00	47.01—47.50	8	16.00	25.01—25.50	2	4.00
56.51—57.00	3	6.00	46.51—47.00	1	2.00	24.01—25.00	1	1.00
55.51—56.50	2	2.00	45.51—46.50	4	4.00	16.01—24.00	1	0.13
55.01—55.50	1	2.00	45.01—45.50	5	10.00	14.51—16.00	1	0.67
54.51—55.00	1	2.00	44.51—45.00	1	2.00	12.51—14.50	1	0.50
54.01—54.50	2	4.00	44.01—44.50	4	8.00	11.51—12.50	6	6.00
53.51—54.00	2	4.00	43.51—44.00	1	2.00	10.51—11.50	2	4.00
53.01—53.50	6	12.00	43.01—43.50	3	6.00	10.01—10.50	1	2.00
52.51—53.00	17	34.00	41.51—43.00	3	1.20	8.01—10.00	3	1.50
52.01—52.50	84	168.00	39.51—41.50	6	3.00	7.01—8.00	6	6.00
51.51—52.00	22	44.00	38.01—39.50	1	0.67	6.01—7.00	1	1.00
51.01—51.50	32	64.00	37.51—38.00	1	2.00	5.51—6.00	2	4.00
50.51—51.00	5	10.00	36.01—37.50	1	0.67	3.51—5.50	1	0.50
50.01—50.50	8	16.00	35.51—36.00	3	6.00	0.00—3.50	2	0.57
49.51—50.00	1	2.00	32.01—35.50	4	1.14	$\overline{E}_r$=9.40 per Z		

D	No. of sp.	D	No. of sp.	D	No. of sp.	D	No. of sp.	D	No. of sp.	D	No. of sp.
0.5Z	23	10 Z	2	19Z	1	28 Z	1	35Z	1	45Z	5
1Z	19	11 Z	5	20Z	2	29 Z	2	36Z	2	46Z	1
2Z	13	12 Z	3	21Z	1	30 Z	2	37Z	0	47Z	2
3Z	5	13 Z	3	22Z	0	31 Z	4	38Z	1	48Z	2
4Z	10	14 Z	4	23Z	2	32 Z	3	39Z	2	49Z	5
5Z	2	15 Z	5	24Z	1	33 Z	0	40Z	3	50Z	17
6Z	12	16 Z	1	25Z	0	34 Z	0	41Z	2	51Z	10
7Z	3	17 Z	0	26Z	2	d_2=26.6		42Z	5	52Z	2
8Z	4	18 Z	0	27Z	4			43Z	2	53Z	1
9Z	2	d_1=4.6						44Z	4	d_1=48.9	

Notes: 1. $\overline{E}_r$=the average value of relative extinction rates; 2. d_1, d_2, d_3 are average values of species duration in each group; 3. $\overline{D}$=20.6, the total average value of species duration; 4. δ=19.95, the variance of the sample.

Time ranges of several Ammonoid species or genera are restricted to the Changxingian. For example, *Changhsinggoceras*, *Penglaites*, *Pseudogastrioceras jiangxiensis*, *Pseudoste-*

phanites nodosus, *Sinoceltites curvatus*, *Tapashanites floriformis*, *T. robustus*, and *Xenodiscus* all occur in the middle of the Changxingian; while others, *Chaotianoceras*, *Hunanoceras*, *Neotianoceras*, *Pleurono-doceras guangdeense*, *Pseudotirolites acutus*, *P. asiaticus*, *P. uniformis*, and *Rotodiscoceras dushanensis*, mark the Late Changxingian. Except the fossils their ranges extended from the Wujiapingian to Early Changxingian, such as *Mingyuexiaceras changxingensis*, *Parametacoceras*, *Pseudogastrioceras gigantus*, *Pseudostephanites meishanensis*, *Sinoceltites opimus*, and *S. sichuanensis*, almost all of the creatures existed in Late Changxingian vanished at or by the end of the Changxingian, and only a genus *Pseudogastrioceras* survived into the earliest part of the Griesbachian. The first occurrences of several conodonts, such as *Ellisonia teicherti*, *Neogondonella changxingensis*, *Prioniodella*, *Xaniognathus*, and *Neogondonella antecerocarinata*, mark the beginning of the Changxingian. A large number of Changxingian Conodonts(Table 1), which are extinguished at the end of the Changxingian, but still had a few of survivors ascend to the Early Triassic. Brachiopods are also abundant in the Changxingian. These species, *Edriosteges poyangensis*, *E. tumitus*, *Haydenella elongata*, *H. orientalis*, *Marginifera typica*, *Neochonetes zhongyingensis*, and *Paraspiriferina alpheus* are often found in the Lower Changxingian. While in the Middle Changxingian the brachiopods frequently occurring are *Lunoglossa puqiensis*, *Martinia huananensis*, *Oldhamina squamosa*, *Perigeyerella costellata*, and *Squamularia grandis* etc.. Furthermore, the Upper Changxingian is marked by the brachiopods *Hustedia indica*, *Marginifera morrisi*, *Neoplicatifera costata*, *N. multispinosa*, and *Oldhamina decipiens*. Most of the Changxingian brachiopods perished at the end of that epoch, only a few of them survived to the Early Griesbachian. Typical representatives of fusulinids in the Changxingian are genera *Palaeofusulina* and *Reichelina*. A few species of the genus *Codonofusiells* ranged into the Changxingian and are limited in the early time. There were still abundant species surviving in the late time of the epoch, such as, *Palaeofusulina fusiformis*, *P. mutabilis*, *P. nana*, *P. typica* and *P. wangi*. However, by the end of the Changxingian, fusulinids completely died out.

In brief summary, the fauna of the Changxingian can be divided into three biozones. The first zone A is characterized by the occurrences of *Palaeofusulina sinensis*, *Tapashanites*, *Neogondolella subcarinata*, *N. deflecta*, *N. carinata*, *Palaeofusulina minima*, *Hunanopecten exilis*, *Neogondolella Changxingensis*, and *Prelissorhynchia pseudoutah*, and the last occurrence of *Codonofusiella schubertelloides*, which represents the Lower Changxingian. The second zone B is defined in the extent of the occurrence of *Reichelina changhsingensis*, *Peltichia zigzag*, and *Pseudotirolites*, and ended with the disappearance of *Squamularia indica*, *Haydenella wenganensis*, *Konglingites*, *Squamularia grandis*, and *Tapashanites*. The B zone marks the Upper Changxingian. At the top of the Changxingian, the C zone possesses *Rotodiscoceras dushanense* and *Crurithyris pusilla*. Almost all Permian invertebrate fossils disappeared rapidly except a few suvivors which lived astride P/T boundary(Fig. 4). The Lower Griesbachian is characterized by the first occurrence of ammonoids *Ophiceras*, *Lytophiceras*, *Hypophiceras*, and ? *Otoceras*; conodots *Hindeodus parvus*, and bivalves *Claraia* and *Eu-*

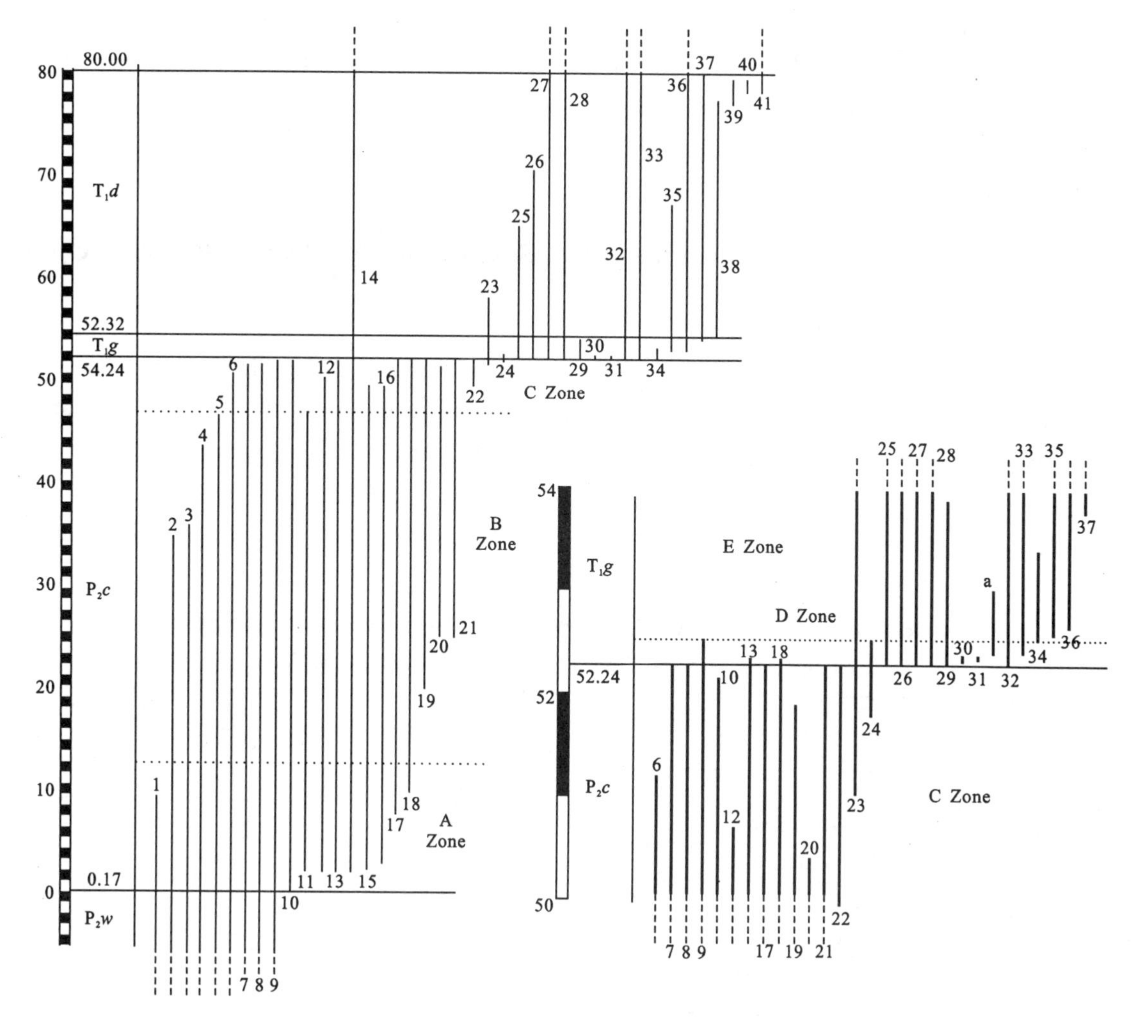

Fig. 4 Diagram Showing Biozonation of the Changxingian(P_2c) and the Griesbachian(T_1g) (Magnified at Lower Right Side)

1. *Codoncn fusiella schubertelloides*; 2. *Squamularia indica*; 3. *Haydenella wenganensis*; 4. *Konglingites*; 5. *Squamularia granis*; 6. *Nanlingella simplex*; 7. *Neogondolella orientalis*; 8. *N. elongatus*; 9. *Waagenites barusiensis*; 10. *Palaeofusulina sinensis*; 11. *Tapashanites*; 12. *Neogondolella subcarinata*; 13. *N. deflecta*; 14. *N. carinata*; 15. *Palaeofusulina minima*; 16. *Hunanopecten exilis*; 17. *Neogondolella changxingensis*; 18. *Prelissorhynchia pseudoutah*; 19. *Reichelina changhsingensis*; 20. *Pelitichia zigzag*; 21. *Pseudotirolites*; 22. *Rotodiscoceras dushanense*; 23. *Crurithyris pusilla*; 24. *C. speciosa*; 25. *Lytophiceras*; 26. *Ophiceras*; 27. *Hindeodus parvus*; 28. *Claraia* spp.; 29. *Lingula subcircularis*; 30. ? *Otoceras*; 31. *Hypophiceras*; 32. *Eumorphotis inaequecostata*; 33. *E. multiformis*; 34. *Isarcicella isarcica*; 35. *Pseudoclaraia wangi*; 36. *Claraia stachei*; 37. *C. aurita*; 38. *Prionolobus*; 39. *Flemingites*; 40. *Neospathodus oristagalli*; 41. *N. dieneri*; a. *Towapteria scythicum*. P_2w=Wujiapingian; P_2c=Changxingian; T_1g=Griesbachian; T_1d=Dienerian.

morphotis inaequicostata, of which the genera ? *Otoceras and Hypophiceras* are only restricted in the lower part of the stage, called D zone. The first occurrences of conodont *Isarcicella isarcica* and bivalve *Pseudoclaraia wangi* represent the commencement of the Upper Griesbachian. By the end of the Late Griesbachian, the conodont *Isarcicella isarcica*, bivalve *Towapteria scythicum*, and brachiopod *Lingula subcircularis* faded away, which are grouped into E zone(Fig. 4).

2. Time Correlation Between the ICS of South China and Guryul Ravine Section of Kashmir

The data of biostratigraphic events from the Guryul Ravine section in Kashmir are quoted from Sweet W C(1988, Table 2). The common events between the two sections are listed in Table 3 and the correlation curve is shown in Fig. 5. By the correlation curve of projecting the data of Guryul Ravine section into the ICS of South China we gain Z values shown in Table 3. Consequently, time correlations of the strata between these two places can be exactly

Table 3 Data and Result of Correlation Between the Integral Composite Section of South China(ICS) and the Guryul Ravine Section(GRK) of Kashmir

Event	Species	ICS *Z* value	GRK*	*Z* values in GRK	*Z* values in total range
1—2	*Isarcicella isarcica* (Huckriede)	52.55—53.41	103—108	55.82—61.79	52.55—61.79
3—4	*Hindeodus typicalis* (Sweet)	————	88—110	37.92—64.17	37.92—64.17
21—22	*Neogondolella carinata* (Clark)	2.26—109.88	90—116	40.31—71.33	2.26—109.88
23—24	*Neogondolella elongata* Sweet	————	206—215	178.73—189.47	178.73—189.47
25—26	*Neogondolella jubata* Sweet	————	208—215	181.12—189.47	181.12—189.47
27—28	*Neospathodus homeri* (Bender)	182.49—355.07	210—237	183.50—215.72	182.49—355.07
29—30	*Neospathodus cristagalli* (Huckriede)	77.91—79.92	116—155	71.33—117.87	71.33—117.87
31—32	*Neospathodus dieneri* Sweet	77.92—141.24	114—155	68.95—117.87	68.95—141.87
33—34	*Neospathodus kummeli* Sweet	————	114—116	68.95—71.33	68.95—71.33
35—36	*Neospathodus triangularis* (Bender)	145.33—287.59	206—222	178.73—197.82	145.33—287.58
37—38	*Neospathodus pakistanensis* Sweet	————	138—155	97.59—117.87	97.59—117.87
45—46	*Neospathodus waageni* Sweet	132.24—141.24	138—206	97.59—178.73	97.59—178.73
71—72	*Neogondolella milleri* (Müller)	————	204—206	176.34—178.73	176.34—178.73
89—90	*Platyvillosus costatus* (Staesche)	————	149—155	110.71—117.87	110.71—117.87
A—B	*Claraia* spp.	52.24—141.58	98—113	49.85—67.75	49.85—141.58
C—D	*Cyclolobus walkeri* (Diener)	————	77	24.79	24.79
E—F	*Meekoceras* spp.	77.89—137.68	163—172	127.42—138.16	77.89—138.16
G—H	*Ophiceras* spp.	52.24—70.36	100—116	52.24—71.33	52.24—71.33
K—L	*Otoceras woodwardi* (GRIESBACH)	————	100—105	52.24—58.21	52.24—58.21
M—N	Productacean brachiopods	—53.23	—100	—52.24	—53.24

* The data are quoted from Sweet(1988, Table 2).

carried out and the following conclusions are obtained. ①The first occurrences of *Otoceras woodwardi and Ophiceras* represent the Early Griesbachian in Guryul Ravine. In South China this is marked by ? *Otoceras* and *Hypophiceras* as well as the first occurrences of *Ophiceras*, *Lytopiceras*, and *Hindeodus parvus*; ②The conodont *Isarcicella isarcica* occurring in the Late Griesbachian is of the same feature in the both places; ③The Dienerian is characterized by the conodonts *Neospathodus dieneri*, *N. cristagalli*, and *N. kummeli* and several ammonoids; ④ *Neospathodus pakistanensis* and *N. waageni* are the guide fossils of the Smithian; ⑤ In the Spathian the conodont *Neospathodus homeri* occurs in both places. From these facts the present author believes that the biozonation of South China can be used as an index sequence to be correlated with Guryul Ravine, Kashmir and other places of Tethys.

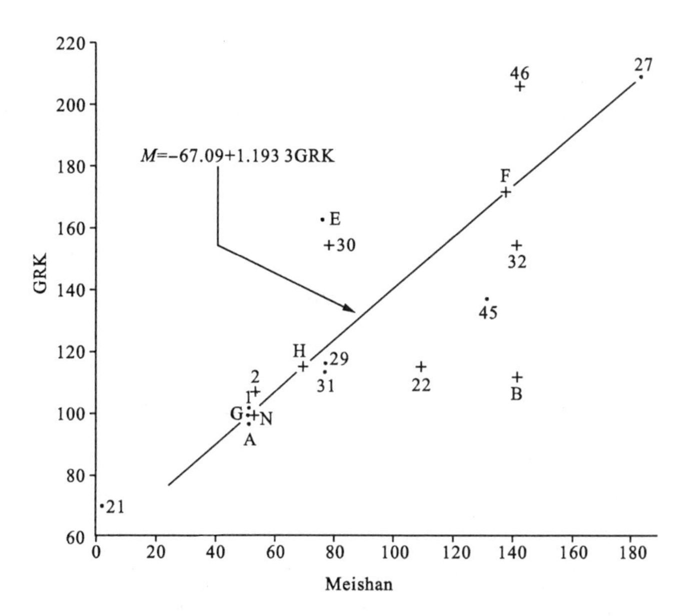

Fig. 5 Time-correlation Graph Between the ICS of South China and the Guryul Ravine Section (GRK) of Kashmir

[The data of Guryul Ravine section are quoted from Sweet(1988, Table 2)]

Mass Extinction Event at The Ene of The Permian in South China

The author expounded his views on the characteristics of mass extinction event at the end of the Permian (Yang Zunyi and Xu Guirong, 1984; Xu Guirong, 1989), that are: ①The rate of extinction is rather high; ②High-ranking taxa, including a number of classes and orders, perished; ③The extinction was widespread over the planet; ④The change of ecologic system from the Late Changxingian to the Early Griesbachian is quite distinct; ⑤In a rather short duration the extinction happened. In light of the ICS Z values of South China (see Fig. 2), this paper attempts to discuss especially the following problems.

1. How to Estimate the Rate of Extinction at the End of Permian in South China?

There are two approaches to estimate the rate of the extinction at the end of Permian based on the invertebrate fossils collected from South China. The rate of extinction represented by the percentage of the extincted organisms in the Changxingian is called the pure rate of extinction(E_p). A total of 248 invertebrate fossil species were recorded from the Changxingian, of which 223 species vanished by the end of the period and only 25 species survived to the Early Griesbachian; therefore, $E_p=90\%$. Another method is to calculate the relative rate of extinction(E_r) by the equation:

$$E_r=N/Z$$

where N represents the number of the extinct species and Z is the Z value of the ICS in an interval of the extinct species counted. Table 2 shows E_r calculated at the intervals of 0. 5 Z value. The E_r is rather high in the interval between 52. 01Z and 52. 50Z, E_r = 168 per Z. Furthermore, 51 extinct species are concentrated in the interval between 52. 19Z and 52. 24Z, so E_r=1 020 per Z. However, in normal intervals the E_r values are usually less than 10 per Z. It is clear that the relative rate of extinction at the end of Permian is a hundred times as high as that of a normal extinction.

2. Were They Normal or Premature Ending?

It is important to know whether the mass extinction at the end of the Permian happened gradually or suddenly. If most of the species died normally, the extinction would be a gradually happening event; otherwise, if the considerable member of them were premature ending they would have been subjected to a sudden change of the environment to force them died out.

The normal living duration of the invertebrates in the Changxingian was approximately 20Z at average level in the terms of statistical analysis(Table 2). According to the duration of the species in the Changxingian, three intervals can be recognized(Table 2) and the average duration of each interval is also shown in Table 2. About 57% of the species belong to the interval in which their durations are short, only about 4. 6Z of the average duration. Almost all the species with short durations occur near the P/T boundary(see Fig. 2). It is reasonable to believe that the shorter duration species were premature ending.

3. Did the Mass Extinction at the End of the Permian Happen in a Short Span or in a Long Interval?

As shown in the Fig. 2 the lines representing the ranges of fossil species are truncated near or at the P/T boundary. The point at which the high relative rates of extinction occurred is at 51Z (Table 2) and the end where 90% Permian invertebrate species died out is at 52. 24Z. Apparently, the mass extinction concentrates in an interval of about 1. 24Z.

The author of this paper estimated that the time length of the Changxingian is about 5. 6Ma on the basis of the geochronologic dating made by Prins Ben(1988). The Z-value length of the Changxingian in South China is about 52Z, therefore, one Z approximately represents 0. 173Ma. According to such an estimate, the duration of the mass extinction at the end of the Permian is about 0. 215Ma.

Another estimate can be gotten from the observation on the deadlines of higher taxa in fossil record. The latest representatives of trilobites, *Pseudophillipsia* sp. and *Xiphosurus* sp., are respectively collected from the bottom of the claystone, which is about 2cm thick at the top of the Changxing Formation in the Liangfengya section, and from the silicalite stratum, which is about 4cm below the top boundary of the Tiefoshan Formation in Shangsi section, Sichuan Province. In a thin bed of limestone at the top of the Changxing Formation in Huayingshan section, several specimens of rugose corals which were identified as *Paracaninia sinensis* were found. The limestone is 42cm apart from the top of the Permian. In the Liangfengya section a rugose coral species, *Lophophyllidium pendulum*, was collected from a thin-bedded limestone 48cm from the P/T boundary. The class Trilobita, the subclass Tetracoralla, and the order Fusulinina became completely extinct at or a little bit earlier before the end of the Permian. In order to assess the extinction duration of these high taxa, the average rate of sedimentation of the section yielding these taxa has been calculated. For example, the average rate of sedimentation of the Changxing Formation in Huayingshan section is 23. 03m/Ma(here the total thickness being 128. 97m), and the average rate in Liangfengya section is 10. 16m/Ma(the total thickness being 56. 91m). Therefore, the Tetracoralla died out in about 0. 018Ma in Huayingshan and in about 0. 049Ma in Liangfengya by the end of the Permian. Comparing these two estimates, one would wonder why the first value of the duration of mass extinction(0. 215Ma) is almost ten times as high as the second estimate. A rigid condition is required when making the first estimate, that is 90% species vanished in a certian short time interval; therefore, it is a rare probability event. In consideration of the average relative rate of extinction being 9. 4 per Z(see Table 2), the probability(P) that 51 species died out in 0. 05Z is very small according to Poisson estimation. This does not imply that 0. 018 or 0. 215 Ma is the shortest possible period in which the mass extinction happened at the end of the Permian. Because the preservation of the fossils played an important role in showing realities of the duration in which the extinction happened, therefore, it is necessary to consider the effect of fossil preservation. The event requiring a number of fossils preserved in a stratum with limited thickness is a small probability event. Provided that the mean number of the fossils preserved in one meter was 50 species, the probability that 50 species were preserved in stratum of 0. 2m thick would be about 1.4927×10^{-19}. For these reasons the paper infers that the duration of the mass extinction happened at the end of the Permian might be shorter than first estimate of 0. 215Ma, and close to the second estimate of 0. 018Ma.

Based on these characteristics mentioned above, the paper concludes that the mass extinction happened at the end of the Permian is a catastrophic event.

Acknowledgments

The materials used in this paper, including sections measured in field work and fossils identified in the laboratory, were obtained through the cooperation of my colleagues, Professor Yin Hongfu and Wu Shunbao, Yang Fengqing, Ding Meihua and others. Thanks them for the permission for using the materials. I am grateful to Professor Yang Zunyi who supported me to complete the paper and to Professor David Raup M. who encouraged me to study the mass extinction of the P/T boundary.

References

Dunbar C O, Rodgers J. Principles of Stratigraphy[M]. New York: Wiley, 1975

Miller F X. The Graphic Correlation Method in Biostratigraphy[M]. In: Kauffman E G and Hazel J E. Concepts and Methods of Biostratigraphy, Dowden, Hutchinson and Ross, Stroudsburg, 1977: 165 - 186

Prins B. Is There a Relation between the Variations in Length of the Main Phanerozoic Biocycles and Sealevel? [G]The Third International Conference on Global Bioevents——Abrupt Changes in the Global Biota(Abstract). Printed by the University of Colorado: 30, 1988

Schwarzacher W. Sedimentation Models and Quantitative Stratigraphy [M]. Oxford: Elsevier Scientific Company, 1975

Sheng J Z, Chen C Z, Wang Y G, et al.. Permian—Triassic Boundary in Middle and Eastern Tethys[J]. Jour. Fac. Sci., Hokkaido Univ., Ser IV, 1984, 21(1): 133 - 181

Shaw A B. Time in Stratigraphy[M]. New York: Mc, Graw Hill, 1964

Sweet W C. Graphic Correlation of Permian—Triassic Rocks in Kashmir[J]. Pakistan and Iran: Geologica et Palaeontologica, 1979, 13: 239 - 248

Xu G R. Stratigraphic Correlation of Devonian in Yunan Province[J]. Earth Science——Journal of Wuhan College of Geology, 1981: 9 - 37(in Chinese)

Xu G R, Xiao N Y. Quantitative Stratigraphy[M]. In: Wu R T, Chang S X(Eds.), Modern Stratigraphy. Wuhan: China University of Geosciences Press, 1989(in Chinese)

Yang Z Y. Advances of Research on the Permian—Triassic Boundary in China[J]. Mem. Soc. Geol. It., 1988(34): 268 - 276

Yang Z Y, Xu G R. Biostratigraphy[M]. Wuhan College of Geology, 1984: 164(in Chinese)

Yang Z Y, Yin H F, Wu S B, et al.. Permian—Triassic Boundary Stratigraphy and Fauna of South China[M]. Beijing: Geological Publishing House, 1987: 37, 379(in chinese with English surnmary)

Yao Z, Xu J, Zheng Z, et al.. Upper Permian Biostratigraphy and Problems Concerning the Permian—Triassic Boundary, Westren Guizhou and Eastern Yunnan[M]. In: Stratigraphy and Palaeontology of the Late Permian Coal Measures of Western Guizhou and Eastern Yunnan. Beijing:Science Press,1980(in Chinese)

Yin H F,Yang F Q,Zhang K X,et al.. A Proposal to the Biostratigraphic Criterion of Permian/Triassic Boundary[J]. Mem. Soc. Geol. It. ,1988(34):329－344

【From:Journal of china University of Geosciences,19 91,2(1):36－46】

海平面变化与水深变化和沉积速率的关系

徐桂荣

地质历史上海平面变化的研究是近年来地学界的一个热门话题，主要因为现代海平面变化是威胁当今人类生存环境的重要因素之一，地质历史上海平面变化的研究也许可以作为现代海平面研究的借鉴，并且地质历史上海平面变化的研究与地学中许多学科有关，如板块构造学、沉积岩石学、地层学、古生物学和石油地质学等。自从 Vail 等(1977)从地震地层学角度研究全球海平面变化的文章发表后，这方面的研究有突破性进展，在概念和方法上都有一系列新成果。地震地层学可以较好地确定一级和二级长期的海平面变化，但较小尺度的沉积序列，如确定三级和四级甚至更短的变化就存在一定的困难。正如 Vail 等(1977)所指出的：详细的测井或露头剖面上的较小尺度的沉积序列“在地震剖面上去识别是太小了”。而且由地震地层学所确定的一级、二级海平面变化还需要根据生物地层学作出修改。从生物地层学角度研究海平面变化的杰出代表是 Cisne 等(1978，1984，1988)，他自 1978 年以来发表了一系列文章，论述生物群落的测深和海平面变化的定量研究。地震地层学、生物地层学、海洋学和沉积学等多学科的结合为海平面变化的研究拓展了新的前景。

一、海侵、海退和海平面变化

许多学术论文中常把海侵和海退概念与海平面变化概念混为一谈，Grabau(1924)较早认识到它们的区别。海侵、海退和海平面变化的概念都是相对的，Vail(1977)把海平面相对变化定义为海平面相对于陆表的明显上升和下降，而海侵和海退是海岸线相对于陆表的移动。在海平面相对上升的情况下，陆源物质供给的多少或沉积物的堆积速度不同，海岸线的移动会显示不同的方向。如在主要是陆源物质沉积的地区，当较少的陆源物质供给时表现为海侵，若有大量陆源物质供给时表现为海退，当陆源物质的供给与海平面上升相平衡时表现为海岸线稳定(Vail，1977)，在碳酸盐岩地区沉积物的生成速度的快慢会出现类似的结果。地层学中鉴别一级或二级海平面上升的标志是海岸线附近海相沉积层的上超，上超层位向陆推进为海侵，向海后退为海退。在没有不整合和上超层位的较连续海相沉积层中如何确认小规模的海侵、海退和次级海平面变化，这需要做生物地层学和沉积学的深入工作。

二、海平面变化与水深变化的关系

Cisne 等(1984，1988)从地壳均衡的观点出发，提出了陆表海海平面变化与水深变化和沉积速率的数学表达式。首先，他们定义海平面变化的量度是相对于陆壳厚度而言。海平面所处的位置，如位于陆表的高处其陆壳厚度必大，相反陆壳的厚度必小，这是地壳均衡论的一般推论。

设在时间 t_0 时，海平面 $L(0)=0$，其对应的陆壳厚度为 $H(0)$；经时间 $\Delta t=t_1-t_0$，海平面上升到 $L(1)=\Delta L$，现在海平面对应的陆壳厚度为 $H(1)$，如图1所示。考虑在时间 t_0 时两个截面积为 $1m^2$ 假设柱，一个长度为 $H(0)$ 的柱在陆表海中海平面在 t_0 时所处的位置，另一个长度为 $H(1)$ 的柱在陆上。因这两柱在时间 t_0 时处于均衡状态，以 $H(1)$ 的长度计它们的重量相等：

$$\rho_c g H(1)=\rho_c g H(0)+\rho_M g[H(1)-H(0)-\Delta L] \quad (1)$$

式中：ρ_c 为陆壳密度，ρ_M 是地幔的密度，g 为重力加速度。整理式(1)得：

$$\rho_M \Delta L=(\rho_M-\rho_c)[H(1)-H(0)] \quad (2)$$

这代表经时间 Δt 后，海平面上升与陆壳厚度的关系式。

现在进一步考虑处于陆表海中相当于 $H(1)$ 高度的任一柱子，在 $t=t_0$ 时这个柱子与 $H(0)$ 处于均衡状态，因此有：

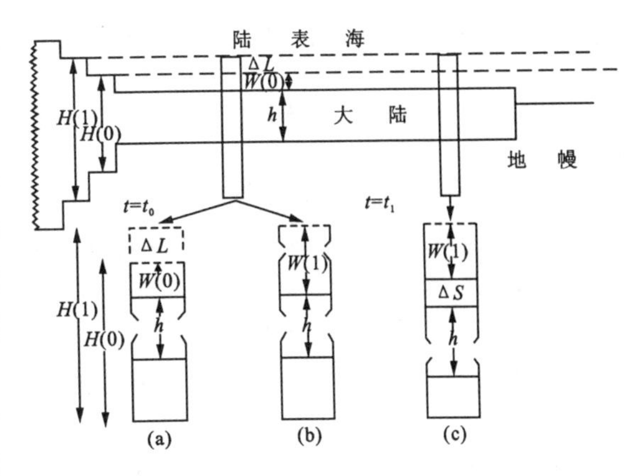

图1 陆表海横切面示意图

W 代表水深；ΔS 为沉积物的数量；h 为陆壳厚度；ΔL 为海平面从时间 $t_0 \to t_1$ 的变化增量；$H(0)$ 为 t_0 时海平面所处的陆壳厚度；$H(1)$ 为 t_1 时海平面所处的陆壳厚度。海平面的变化以它与陆壳厚度的关系为定义。(a) $t=t_0$ 时，海平面处于陆壳厚度为 $H(0)$ 的位置。(b) $t=t_1$ 时，海平面上升到陆壳厚度为 $H(1)$ 的位置。上述两种情况都假定无沉积作用发生。(c)在接受沉积的情况下，$t=t_1$ 时，沉积了 ΔS 的沉积物，且海平面上升到陆壳厚度为 $H(1)$ 的位置[据 Cisne(1984)修改]

$$(\rho_M-\rho_c)H(0)=(\rho_M-\rho_W)W(0)+(\rho_M-\rho_c)h \quad (3)$$

式中：$W(0)$ 是水深；h 是陆表海下面的陆壳厚度；ρ_W 为水的密度。当 $t=t_1$ 时，海平面上升 ΔL，其均衡的关系为：

$$(\rho_M-\rho_c)H(1)=(\rho_M-\rho_W)W(1)+(\rho_M-\rho_c)h \quad (4)$$

式中：$W(1)$ 为 $t=t_1$ 时的水深。假设陆壳厚度变化可忽略不计，以式(4)减式(3)后代入式(2)，消去陆壳的重量得：

$$\rho_M \Delta L=(\rho_M-\rho_W)[W(1)-W(0)] \quad (5)$$

如时间 Δt 接近零，式(5)变为海平面变化率与水深变化率 $\Delta W=W(1)-W(0)$ 的关系式：

$$dL/dt=[(\rho_M-\rho_W)/\rho_M]dW/dt \quad (6)$$

因此海平面变化率与水深变化率为线性关系，这个关系式的条件是：①海底没有接受任何沉积物；②陆壳厚度变化可忽略不计；③海平面和水深的变化十分缓慢，始终处于均衡状态。

三、海平面变化与水深变化和沉积速率的关系

假设时间 $t_0 \to t_1$，随着海平面上升 ΔL，堆积的沉积物数量为 ΔS，其均衡关系为：

$$(\rho_M-\rho_c)H(1)=(\rho_M-\rho_W)W(1)+(\rho_M-\rho_S)\Delta S+(\rho_M-\rho_c)h \quad (7)$$

式中：ρ_S 为沉积体的密度。假设陆壳厚度可忽略不计，以式(7)减式(3)，代入式(2)，得：

$$\rho_M \Delta L-(\rho_M-\rho_W)\Delta W-(\rho_M-\rho_S)\Delta S=0 \quad (8)$$

若时间 Δt 接近零，式(8)变为海平面变化率与水深变化率和沉积速率变化的基本关系式：

$$dL/dt=[(\rho_M-\rho_W)/\rho_M]dW/dt+[(\rho_M-\rho_S)/\rho_M]dS/dt \quad (9)$$

这个关系式在下列条件下是有效的：①海平面变化与沉积作用足够缓慢，使之能保持均衡状态；②陆壳厚度变化可以忽略不计；③沉积物的固结作用很快且压实作用可以忽略不计。

四、海平面变化与水深和沉积速率关系的讨论

从式(9)可知海平面变化是水深变化和沉积速率变化的总和。若沉积速率为零，$dS/dt=0$，则式(9)变为式(6)；若沉积速率不变，$dS/dt=A$（A 为常数），则海平面变化与水深的变化仍然是线性关系：

$$dL/dt=A+[(\rho_M-\rho_W)/\rho_M]dW/dt \tag{10}$$

若水深变化率为零，$dW/dt=0$，则海平面变化与沉积速率成比例变化：

$$dL/dt=[(\rho_M-\rho_W)/\rho_M]dS/dt \tag{11}$$

若 $dS/dt\gg dW/dt$，则式(9)接近式(11)；在式(10)中如 $A>dL/dt$ 时，可出现 dW/dt 负增长的情况。若水深变化率为常量 B，则海平面变化与沉积速率的变化也是线性关系：

$$dL/dt=B+[(\rho_M-\rho_W)/\rho_M]dS/dt \tag{12}$$

进一步考虑，如果海平面稳定，$dL/dt=0$，水深变化与沉积速率成反比，即 $dS/dt=-dW/dt$，随沉积厚度增大，水深变浅。若海平面变化率为负值，即海平面下降，在沉积速率为正值的条件下水深变浅，除非沉积速率为负，即发生海底剥蚀，且剥蚀速率大于海平面下降，在这条件下水深才能加深或稳定。

从上述讨论中我们可得出以下结论：

(1)在海底没有接受沉积或沉积速率不变（限于 $A<dL/dt$）的条件下，水深的测定可以反映海平面的变化，即海水变深，说明海平面相对上升，海水变浅说明海平面相对下降，但海平面变化的幅度不能以深度代替，还必须考虑它们之间的关系系数，如式(10)。

(2)水深变浅既可发生在海平面下降时，也可发生在海平面保持稳定时，甚至可能发生在海平面上升时。

(3)在沉积物堆积迅速，其速率大于水深变化时，水深变化有不同的结果，海平面虽上升但水深不变，如式(11)；在式(12)的条件下，B 可以是正值或负值，在 B 是负值时，海平面上升的同时出现水深变浅的情况。

近年来有一些研究海平面变化的论文，以测深代替海平面的变化，以深度代替海平面变化的幅度，在没有证明沉积速率不变且 $A<dL/dt$ 的前提下，这种方法是不科学的。在地质历史上，在大多数沉积盆地中沉积速率是经常变化的。所以有必要讨论测定地层记录中海平面变化的较科学的方法，这个问题将另撰文作进一步的讨论。

参考文献

Cisne J L, Gildner R F, Rabe B D. Epeiric sedimentation and sea level, synthetic ecostratigraphy[J]. Lethaia, 1984, 17:267 - 288

Cisne J L, Gildner R F. Measurement of sea-level change in epeiric seas: The middle Ordovician transgression in the North Midcontinentt. Sea - Level Changes-An Integrated Approach[M]. SEPM, Special Publicatoin. 1988

Cisne J L, Rabe B D. Coenocorrelation: gradient analysis of fossil communities and its applications in stratigraphy[J]. Lethaia, 1978, 11: 341 - 363

Grabau A W. Principles of Stratigraphy[M]. New York: D. G. , 1924, Series 1

Vail P R, Mitchum Jr R M, Thompson S. Seismic Stratigraphy and Global Changes of Sea Level[J], Part Ⅱ: Global Cycles of Relative Changes of Sea Level. In: Payton, C E(ed.), Seimic stratigraphy - applications to hydrocarbon exploration. A A P G Memoir, 1977, 26: 50 - 61、63 - 81、83 - 97

【原载《地质科技情报》,1992 年 9 月,第 11 卷,第 3 期】

用序列优化和测评法探讨生物地层事件的最优分带和对比

徐桂荣

华南二叠系—三叠系界线附近的生物地层事件的层序、分带和对比等问题的讨论在近10年内已有一系列论文和专著(李子舜等,1989;杨遵仪等,1987;姚兆奇等,1980;Sheng et al.,1984)。已有40多个剖面在这些论文和专著中发表。因为在每个剖面中所观察到的生物地层顺序都不尽相同,所以在分带和对比等问题的某些方面不同作者持有不同意见是可以理解的。本文的目的是通过应用序列优化和测评方法来探讨现有资料条件下的最优分带和对比方案。30个剖面中的44个生物地层事件作为资料基础(原资料从略)。

一、生物地层事件的序列优化和测评法简介

1. 序列优化法

序列优化法有多种(徐桂荣等,1989),但其中有两种方法为近来的一些学者所强调(Agterberg,1985a,1985b,1985c,1985d),即修改后的Hay方法和拣分法(presorting option)。

Hay的方法(徐桂荣等,1989)把每对事件之间的关系用概率表示,故较易被理解。首先列出生物地层事件的相对上下关系的频率矩阵(p_{ij}见表1)。Hay方法的主要原则是要求频率矩阵的所有上三角元素都大于或等于下三角元素($p_{ij} \geqslant p_{ji}$)。满足了这个条件的序列是优化序列。但由于资料不全等原因,序列中的上、下各对事件关系不能完全符合概率要求(徐桂荣等,1989),各事件都有一定的上下浮动范围。假设要求事件上下关系的概率置信水平为75%,各事件可能浮动范围见表2。

拣分法(Agterberg,1985a)是求事件相对关系的定序量A_i,由下列公式计算:

$$A_i=(N-1)a_i(N-1-b_i)^{-1}$$

式中:a_i是A矩阵中每行的总计,A矩阵的元素;a_{ij}是按以下方法从S矩阵($s_{ij}=f_{ji}+t_{ij}$,见表1)中算出:若$s_{ij}>s_{ji}$,则$a_{ij}=1$;若$s_{ij}=s_{ji}\neq 0$,则$a_{ij}=0.5$;若$s_{ij}=s_{ji}=0$,则$a_{ij}=0$;若$s_{ij}<s_{ji}$,则$a_{ij}=0$。而b_i是S矩阵中第i行,当$s_{ij}=s_{ji}=0$时的零值总数。公式中的N是事件的总数。a_{ij}、b_i、A_i的计算结果见表2(为了节省篇幅,A矩阵被省略)。由定序量所确定的序列是另一个优化序列,用这个方法得到的序列与由Hay方法得到的序列多少有些不同。

表 1　用 Hay 方法和分拣法对表 2 的资料进行序列优化（用 Hay 法时置信水平取 $1-P>0.75$）

Hay 法序列	化石范围	a_i	b_i	A_i	拣分法序列	化石符号	化石名称
1	/	12	31	51.60	(1)	39L	*Flemingites* spp.
2	/	21	21	41.05	(2)	38	*Prionolobus* spp.
3	0～9	29	10	37.79	(6)	25U	*Lytophiceras* spp.
4	0～10	34	5	38.47	(5)	26U	*Ophiceras* spp.
5	0～9	28	12	38.84	(4)	32U	*Eumorphotis inaequicostata*
6	0～12	24.5	13	35.12	(8)	33U	*Eumorphotis multiformis*
7	8～9	26	12	36.06	(7)	37L	*Claraia aurita*
8	0～27	22	19	39.42	(3)	34	*Isarcicella isarcica*
9	7～15	28.5	8	35.81	(9)	36L	*Claraia stachei*
10	7～11	31	3	33.33	(10)	35U	*Pseudoclaraia wangi*
11	10～16	30	3	32.25	(11)	28L	*Claraia griesbachi*
12	10～15	20	10	26.06	(14)	33L	*Eumorphotis multiformis*
13	7～21	21	13	30.10	(2)	32L	*Eumorphotis inaequicostata*
14	0～21	13	21	25.41	(16)	29U	*Lingula subcircularis*
15	12～23	24	3	25.80	(15)	27U	*Hindeodus parvus*
16	11～27	10.5	21	20.52	(20)	29L	*Lingula subcircularis*
17	7～27	20.5	11	27.55	13	aU	*Towapteria scythicum*
18	4～19	18.5	9	23.40	(19)	25L	*Lytophiceras* spp.
19	18～21	21.5	4	23.71	(18)	26L	*Ophiceras* spp.
20	18～22	22.5	4	24.81	(17)	35L	*Pseudoclaraia wangi*
21	19～29	12	15	18.43	(23)	24U	*Crurithyris speciosa*
22	20～28	14.5	11	19.48	(22)	aL	*Towapteria scythicum*
23	15～26	19	3	20.43	(21)	27L	*Hindeodus parvus*
24	/					31	*Hipophiceras* spp.
25	/					30	? *Otoceras* sp.
26	18～28	17	4	18.47	(24)	23U	*Crurithyris pusilla*
27	16～36	15	3	16.13	(25)	14U	*Neogandolella carinata*
28	26～38	11	4	12.13	(28)	21U	*Pseudotirolites* spp.
29	26～36	15	1	15.36	(26)	17U	*Neogondolella changxingensis*
30	26～36	6.5	10	8.47	(31)	bU	*Pseudogastrioceras* spp.
31	20～	8.5	10	11.08	(29)	9U	*Waagenites barusiensis*
32	28～36	5	22	10.24	(30)	22U	*Rotodiscoceras* spp.
33	～36	7	21	13.68	(27)	16U	*Hunanopecten exilis*
34	26～	4	16	6.37	(34)	18U	*Prelissorhynchia pseudoutah*
35	32～	4	21	7.82	(32)	22L	*Rotodiscoceras* spp.
36	33～38	5	10	6.52	(33)	21L	*Pseudotirolites* spp.
37	26～	3	18	5.16	(35)	18L	*Prelissorhynchia pseudoutah*
38	33～39	3	13	4.30	(36)	11U	*Tapashanites* spp.
39	38～40	3	12	4.16	(37)	11L	*Tapashanites* spp.
40	39～	2	10	3.20	(39)	4U	*Nonglingites* spp.
41	33～	2	20	3.74	(38)	16L	*Hunanopecten exillis*
42	26～					10U	*Palaeofusulina* spp.
43	29～					5U	*Squamularia grandis*
44	/					2U	*Squamularia indica*

说明：/表示没有足够的资料进行定序。

表 2　Hay 法的 P 矩阵* 和优化序列 Ⅰ (只列出一小部分)

23	22	21	20	19	18	17	16	15	14	序列1
2.5/3		1.5/3		1/1			1/1	1.5/3	★	14
6/6	1/2	1.5/3	3/5	2/2	1.5/3	1/2	1.5/3	★	1.5/3	15
1.5/3		1.5/3		1/1			★	1.5/3	0/1	16
1/1	4/4	1/2	2.5/4	0.5/1	1/2	★		1/2		17
1/2	2.5/4		5.5/6	6.5/8	★	1/2		1.5/3		18
2/3	3.5/4	4/4	5/7	★	1.5/8	0.5/1	0/1	0/2	0/1	19
2/2	3.5/4	2/2	★	2/7	0.5/6	1.5/4		2/5		20
2/3	1/1	★	0/2	0/4		1/2	1.5/3	1.5/3	1.5/3	21
4/5	★	0/1	0.5/4	0.5/4	1.5/4	0/4		1/2		22
★	1/5	1/3	0/2	1/3	1/2	0/1	1.5/3	0/6	0.5/3	23

注：* $p_{ij}=(f_{ij}+t_{ij})/r_{ij}$，$p_{ij}$ 为频率矩阵元素；f_{ij} 为剖面中 i 事件在 j 事件之上的频数；t_{ij} 为剖面中 i 与 j 事件同层出现的频数；r_{ij} 是剖面中的事件总数。

2. 生物地层事件序列的测评法

在确定了最优序列后，测算相继事件之间相对的时间"距离"的方法是测评法（Agterberg，1985b）。事件 i 和 j 之间的加权距离 d_{ij}，是按下列公式求得：$d_{ij}=S/W$
式中 S 和 W 分别为：

$$S = w_{ij}z_{ij} + \sum_{k\neq i,j} w_{ij\cdot k}(z_{ij} - z_{jk})$$

$$W = w_{ij} + \sum_{k\neq i,j} w_{ij\cdot k}$$

其中加权值 w_{ij} 和 $w_{ij\cdot k}$ 分别为：

$$w_{ij}=(r_{ij}e^{-z_{ij}^2})/[2\pi p_{ij}(1-p_{ij})]$$

和

$$w_{ij\cdot k}=(w_{ik}\cdot w_{jk})/(w_{ik}+w_{jk})$$

而 z_{ij} 可通过正态分布函数把事件相对上下关系频率（p_{ij}）转换而得（任何统计书中都有正态分布函数数值表）。

在作事件序列测评中，本文同时对由上述两种定序方法所取得的事件序列（序列Ⅰ是由 *Hay* 方法所确定，而序列Ⅱ是由拣分法求得）分别测算距离，以便进一步比较这两个序列的优劣。在计算相继事件之间的距离时，两两相继事件上下关系的频数（f_{ij}）的最小门限为 $k_0=3$，而与 w_{ij} 有关的首项频数的 $k_0=1$，从而使更多的相继事件能计算出距离。其计算的输出见表 3。

相继事件距离的标准差 $s_{(x)}$ 是下式的正值平方根：

$$s_{(\bar{x})}^2 = W^{-1}(N^* - 1)^{-1}\sum_{i=1}^{N^*} w_i(x_i - \bar{x})^2$$

式中：x_i 是事件上下关系频率（p_{ij}）的 z 值（z_{ij}）及 z 值的差 $z_{ik}-z_{jk}$（$k\neq i,j$），这里 i 和 $j=i+1$ 是相继的行，即 $x_1=z_{ij}$；而 x_2 到 $x_{(N^*-1)}=z_{ik}-z_{jk}$，这里 k 是从 1 到（N^*-1）；w_i 是加权值，$w_i=w_{ij}$，而 w_2 到 $w_{(N^*-1)}=w_{ij\cdot k}$，$k$ 从 1 到（N^*-1），且 $k\neq i,j$，一般来说，$N^*=N-1$，但在实践中，因为资料不足和其他原因（Agterberg，1985c），N^* 常小于（$N-1$）；$\bar{x}$是距离 d_{ij} 的平均值。

表 3　序列Ⅰ和序列Ⅱ中相继事件之间的距离

序列Ⅰ事件对	d	s	累计距离	总和(S)和加权(W)	N*	序列Ⅱ事件对	d	s	累计距离	总和(S)和加权(W)	N*
3—4	0.208	0.088	0.208	1.771(8.501)	16	8—5					
4—5	0.445	0.168	0.653	4.372(9.823)	10	5—4	0.445	0.168	0.445	4.372(9.823)	10
5—6	0.558	0.176	1.211	4.721(8.468)	8	4—3	0.208	0.088	0.653	1.771(8.501)	16
6—7	0.669	0.153	1.880	7.202(10.764)	13	3—7	0.776	0.234	1.429	4.155(5.354)	7
7—9	0.744	0.130	2.624	8.838(11.203)	14	7—6	0.669	0.153	2.098	7.282(10.764)	13
9—10	0.519	0.094	3.143	0.252(19.741)	19	6—9	0.357	0.110	2.455	4.841(13.547)	13
10—11	0.273	0.072	3.416	6.795(24.894)	23	9—10	0.519	0.094	2.974	10.252(19.741)	19
11—12	0.534	0.079	3.950	3.470(6.501)	17	10—11	0.273	0.072	3.247	6.795(24.894)	23
12—13	0.409	0.154	4.359	4.817(11.786)	11	11—13	0.428	0.081	3.675	4.116(9.628)	21
13—14	0.522	0.226	4.881	1.757(3.368)	4	13—17	0.476	0.115	4.151	2.477(5.199)	6
14—15	0.204	0.115	5.085	1.187(5.819)	6	17—12	0.212	0.087	4.364	2.240(10.515)	10
15—17	0.572	0.144	5.657	5.017(8.766)	10	12—15	0.493	0.111	4.857	5.382(10.926)	13
17—18	0.288	0.097	5.945	3.521(12.217)	11	15—14	0.204	0.115	5.061	1.187(5.819)	6
18—19	0.166	0.096	6.111	4.438(26.733)	15	14—19	0.591	0.328	5.652	1.617(2.738)	4
19—20	0.465	0.097	6.576	10.676(22.968)	17	19—18	0.166	0.096	5.818	4.438(26.733)	15
20—21	0.492	0.165	7.068	3.468(7.045)	8	18—23	0.511	0.166	6.329	6.971(13.646)	13
21—22	0.358	0.106	7.426	2.269(6.335)	8	23—22	0.652	0.140	6.981	5.502(8.443)	10
22—23	0.652	0.140	8.078	5.502(8.443)	10	22—21	0.358	0.106	7.339	2.269(6.335)	8
23—26	0.667	0.079	8.745	6.174(9.261)	17	21—26	0.421	0.086	7.760	6.553(15.557)	16
26—27	0.623	0.127	9.368	6.943(11.149)	16	26—27	0.623	0.127	8.383	6.943(11.149)	16
27—28	0.499	0.117	9.867	6.905(13.832)	12	27—29	0.606	0.126	8.989	4.549(7.508)	14
28—29	0.026	0.026	9.893	0.361(41.948)	17	29—33	0.978	0.122	9.967	2.694(2.755)	6
29—30	0.232	0.059	10.125	5.517(23.739)	17	33—28	0.004	0.054	9.971	0.003(0.619)	5
30—31	0.455	0.132	10.580	6.820(14.976)	17	28—31	0.567	0.228	10.538	4.007(7.068)	11
31—36	0.417	0.134	10.997	4.463(10.697)	11	31—30	0.455	0.132	10.993	6.820(14.976)	17
36—38	0.465	0.125	11.462	3.633(7.817)	12	30—36	0.392	0.157	11.385	7.867(20.092)	17
38—39	0.132	0.119	11.594	0.818(6.213)	13	36—38	0.309	0.162	11.694	1.918(6.207)	10
39—40	0.546	0.244	12.140	1.545(2.828)	7	38—39	0.132	0.119	11.826	0.818(6.213)	13
40—41	0.893	0.213	13.033	2.324(2.602)	4	39—40	0.546	0.244	12.372	1.545(2.828)	7

注：经过加权，方法见文中说明，A* 为样品大小；N* ＝N－1，N 为事件总数。

3. 两序列的比较检验

根据序列中每对相继事件之间的距离可作成聚类图。比较两个序列的聚类图[图 1(a)、(b)]，从图上可以看到，这两个序列可分为相当的 6 组，每一组中基本上有相同的事件，虽然每组中事件的顺序不完全相同。

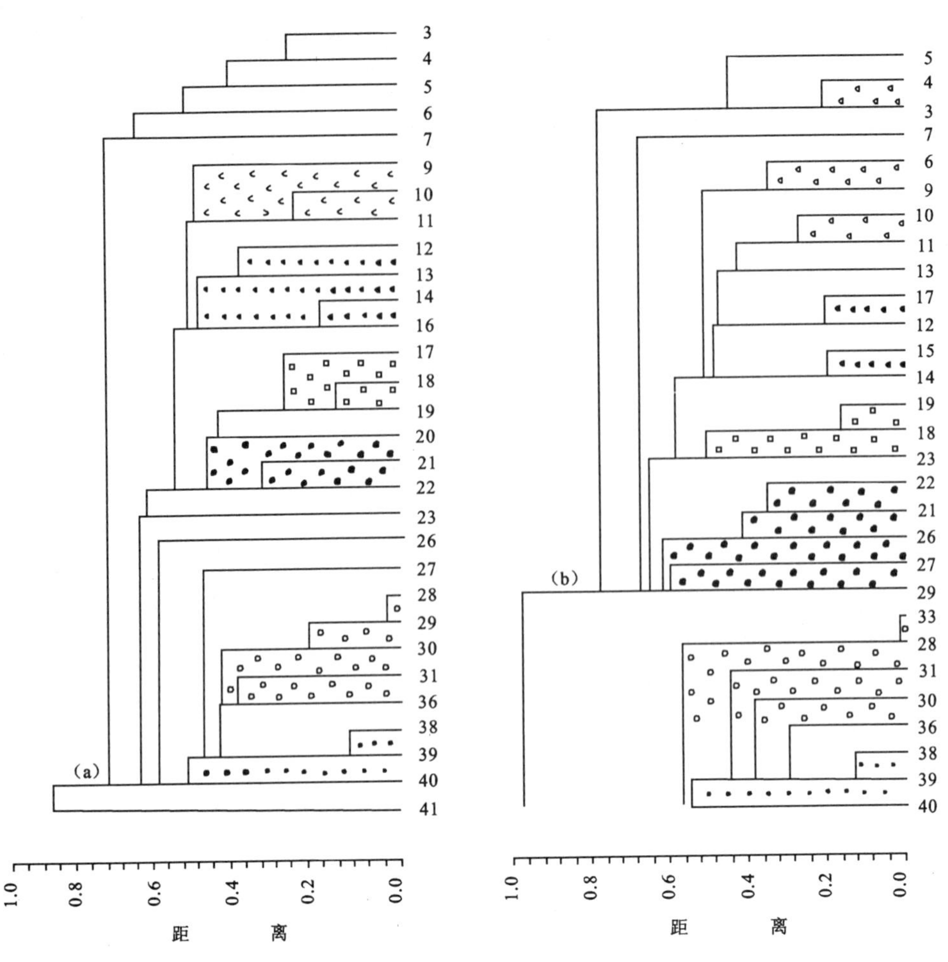

图1　由测评法构成的优化序列聚类图

(a)由 Hay 方法形成的优化序列Ⅰ;(b)由拣分法取得的优化序列Ⅱ

(资料取自华南二叠系—三叠系界线地层的30个剖面)

可通过方差分析来检验这两个序列是否属于同一个总体。首先计算每个序列的"二次距离"差(即相邻事件的累计距离差的差)(Gradstein,1985a),因为"二次距离"差更能揭示相继事件之间的密切程度。"二次距离"差是从累计距离(见表3)计算,两序列相继事件之间的"二次距离"差的计算结果见表4。第一个序列(Ⅰ)的方差,$s_{(1)}^2=0.560$;序列Ⅱ的方差,$s_{(2)}^2=0.771$。方差检验值 $F=s_{(2)}^2/s_{(1)}^2=1.377$,取信度 $a=0.05$,则 $F_{a/2}=1.87$,因 $F<F_{a/2}$,故接受零假设,这两序列属于同一总体。

二、根据序列优化法和测评法作生物带划分和对比

1. 生物带划分

图1和表4所划分的生物带是根据以下两个原则来确定的:①在定序后的两个序列中有共同的生物地层事件聚合为一组;②较短的相继事件首先聚合。根据聚合的6个组可划分并命名6个生物带和两个亚带(表4)。

表 4　5个剖面之间生物带对比的正态性和 t 及 u 检验

阶	生物带	序列	正态性检验				
		I II	4 I　4 II	26 I　26 II	6 I　6 II	31 I　31 II	24 I　24 II
格里斯巴阶	F	3(8) 4(5) 5(4) 6(3) 7(7) 8(6)		3 4 2.727** 2.737 -10 -4.867** -3.405 6 6.832** 4.438*	6 -10 -3.195* -2.421 7 2.007* 2.571	3 4 5.529** 5.581** $t1$=0.758　$u1$=6.436 $t2$=1.771　$u2$=7.789	3 4 -3.000** 3.010** 11 -0.679 -0.231
	E	9(9) 10(10) 11(11)			9 -3.160* -3.036 -4 8.319** 7.217** -19 -8.598** -7.612** 11 -5.855** 3.522*	$t1$=0.277,$u1$=3.383 $t2$=0.771,$u2$=0.178	
	D	12(13) 13(17) 14(12) 15(15) 16(14) 17(20) 18(19) 19(18) 20(16)	15	19 -4.435** -4.349* 20 -1.956 15 -4.484** -2.267	20 -5.786** -12 4.333** -1.330 17 -0.296 3.401* -21 0.266 -2.767	18 -1.815 -3.852*	$t1$=0.102,$u1$=-0.604 $t2$=-0.301,$u2$=-1.130 18 -2.363 -2.737 19 2.468* 2.274 -26 -1.512 0.123 -31 ? ?
	C	21(23) 22(22) 23(21) 24 25	-27 -5.573** -5.580** -8 ? ? 23 -3.645** -1.301 -10 8.368** 11.374** -20 0.116	23 -2.326 -0.041 -26 1.160 1.374 -31 -2.522 -4.327 25 -29 0.919 -4.614* 30 -0.989 -3.553*			$t1$=0.165,$u2$=1.184 $t2$=0.274,$u2$=1.975
长兴阶	B2 B1	26(26) 27(27) 28(29) 29(33) 30(28) 31(31) 32(30) 33(36) 34(34) 35 36	30 -3.807 -9.841** 28 -0.864 -1.189 -26 2.278* 3.440* 29 -0.844 1.167 32 36 -0.639 -2.087	32 -42 27 2.983** 6.053**	26 0.158 2.357 31 -3.047* -4.933** 27 1.737 2.761 29 34	$t1$=0.244,$u1$=1.178; 28 -6.721** -13.679** -21 5.099** 5.674** 27 -1.775 -0.438 29 -0.293 1.398 30 0.640 -1.612 36 -1.289 -1.239 31	$t2$=0.205,$u2$=-1.309 28 0.008 -0.797 36 -2.002 -1.806 30 2.887** 1.771 -40 -1.122 -41
	A	37(37) 38(38) 39(39) 40(41) 41(40) 42 43 44	38 -0.333 -0.177 39 -1.146 -1.991 -33 2.430 -31 43 $t1$=0.017,$u1$=0.193 $t2$=0.084,$u2$=0.582	39 -1.680 -2.897 40 -35 $t1$=0.362,$u1$=2.119 $t2$=0.496,$u2$=2.468	43 $t1$=0.299,$u1$=4.500 $t2$=0.372,$u2$=2.072	$t1$=0.299,$u1$=2.123 $t2$=0.248,$u2$=1.969	$t1$=0.133,$u1$=-0.490 $t2$=0.959,$u2$=2.510

说明：① * 事件超出它本身位置 95%概率的“二次距离”差，* * 超出 99%；②5 条剖面之间对比的每个生物带的 t 和 u 检验结果列在右侧的黑线方框内；③每条剖面的 t 和 u 检验结果列 s 在下方的点线方框内。

生物带 A　该带的典型代表是菊石 *Tapashanites*，而同时的化石有菊石类 *Konlingites* 和腕足类 *Prelissorhynchia pseudoutah*、*Squamularia grandis*，以及双壳类 *Hunannopecten exilis*。该带限于长兴阶下部。

生物带 B　有两个菊石类属 *Pseudotirolites*、*Rotodisooceras* 代表长兴阶上部。因为其典型代表在该带近顶部常常缺失，故该带可分为两个亚带：下亚带 B1，主要包含腕足类 *Prelissorhynchia pseudoutah*，双壳类 *Hunnanopecten exilis* 等；而上亚带 B2，只具有时间长的化石，

如腕足类 *Crurithyris pusilla*、*Waagenites barusiensis* 和牙形石类 *Neogondolella Carinata*、*N. changxingensis*。

生物带 C 牙形石类 *Hindeodus parvus* 的首次出现和菊石类属 *Hypophiceras* 和? *Otoceras* 指示三叠纪的开始。因为有一些长兴期的残存分子，尤其是腕足类，如 *Crurithyris speciosa*、*Waagenites* sp.，该带代表三叠系底部并被称为过渡层(Yang et al.,1987)。

生物带 D 该带出现有 Griesbach 阶的中部，包含早三叠世的典型化石，如菊石类 *Lytophiceras*、*Ophiceras* 和双壳类 *Pseudoclaraia wangi*、*Eumorphotis multiformis*、*E. inaequicostata*。有丰富的 *Lingula* 在该带保存，尤其是 *L. Suboircularis* 最多。牙形石类 *Hindeodus parvus* 在此带以后消失。

生物带 E 双壳类 *Claraia griesbachi*、*C. stachei* 的首次出现和 *Pseudoclaraia wangi* 的末次出现都发生在该带。

生物带 F 该带以菊石类 *Lytophiceras*、*Ophiceras* 和双壳类 *Eumorphotis multiphormis*、*E. inaequicostata* 的末次出现为特征，故它代表 Griesbach 阶的上部。

2. 剖面间的对比和正态性检验

5 个剖面间的对比见表 4。生物带的对比是基于以下理由：①在具体的剖面对比中，每个带的典型化石代表应放在第一位考虑；②如果不同带的事件混杂在一起，则应以典型事件数量多或生物地层价值高为依据；③在剖面对比后用正态性检验来发现每个剖面中的异常事件，并讨论其异常的原因。

为了发现剖面对比中的异常事件，在正态性检验之前可先用两个简单方法作一般的了解。

(1)图表法：通过把具体剖面的观察顺序与优化序列作图表的线性拟合(Gradstein,1985a)来发现异常事件。如果一个事件远离回归线，则该事件为异常事件。

(2)步测法：测定一个异常事件偏离优化序列的程度(Gradstein,1985a)。如果在所观察的顺序中一个事件与另一个事件混杂或偏离，那么这个异常事件的偏离量是由这个事件离开它在优化序列中原来位置而跨越其他事件的步数来计算，与其他事件混杂计 0.5，而跨越一个其他事件则计 1。

正态性的检验是决定在具体剖面中一个异常事件偏离它在优化序列中它自身位置的概率(Agterberg,1985d)。其原理是：假设已计算出的优化序列的“二次距离”差属于正态分布，如果在具体剖面中的一个事件的“二次距离”差指示该事件超出正态分布的概率值的 99%以外，该事件为严重异常，把该事件标出两个星号；如果超出 95%以外或 99%以内，该事件为异常事件，标出一个星号。

对于标准正态分布的概率值，可以从任何一本统计书的正态分布函数表中查出。“二次距离”差按最小值到最大值排列后的中间 60%数值的标准差，应被估计和假设为代表一个截切的正态分布的标准差(Agterberg,1985d)。如果正态分布的每边有 20%被截去，则截切正态分布和正态分布标准差比值为 0.463。具有 95%和 99%概率的临界值 x_1 和 x_2，由下列公式求出：

$$x_1=\sigma/0.463\times(\pm1.969)+\bar{x}$$

$$x_2=\sigma/0.463\times(\pm2.576)+\bar{x}$$

根据这两个公式计算出序列 Ⅰ 和序列 Ⅱ 的“二次距离”差的临界值：①序列 Ⅰ 中，1.871 6 和 −2.869 6是 95%概率的临界值；2.616 7 和 −3.614 7 是 99%概率的临界值；②2.779 8 和

—3.747 6是序列Ⅱ的95%概率的临界值；3.805 6和—4.773 6是99%概率的临界值。

5个剖面之间的生物带对比的正态性检验见表4。在5个剖面中A带出现于3个剖面中，在30个剖面中A带出现在15个剖面中；B带出现在28个剖面中，在各剖面带中都有一至两个异常事件存在，例如剖面31中事件28和事件21有两个星号，因为在这个带中，C带缺失且有事件21混入B带(表4)；典型的过渡层C带，在30个剖面中只出现在11个剖面中，且常与D带混杂，因此比B带有更多的异常事件；D带几乎出现在所有剖面中；而在一半以上的剖面中可以发现E带和F带。

3. 剖面对比的检验

在通过正态性检验发现异常事件后，自然地会考虑到一个问题：这些异常事件对于生物带的对比是否有影响，影响的程度有多大？这个问题可以通过t检验和u检验来考察。序列Ⅰ和序列Ⅱ的“二次距离”差的期望值和方差是一个近似正态分布的总体的参数，并且为作检验而假设：列于表4的5个剖面中，每个剖面的“二次距离”差是这个总体的一部分。t检验的公式是：

$$t=[(\bar{x}-E)/s]\cdot\sqrt{n}$$

而u检验的公式是：

$$t=[(\bar{x}-E)/\sigma]\cdot\sqrt{n}$$

式中：$\bar{x}$和s分别代表某一剖面的平均值和标准差，而E和σ分别代表总体的期望和标准差。各个剖面和每个生物带对比的t和u检验的结果列于表4。符号t_1和u_1分别为由序列Ⅰ代表的总体t和u检验；而t_2和u_2分别为由序列Ⅱ代表的总体的t和u检验。设t和u检验的信度a，如这类检验通常所要求的等于0.05。t检验的结果说明，各个剖面和生物带的“二次距离”差都处于由序列Ⅰ或序列Ⅱ为代表的总体范围内，因为$t<t_{a=0.05}$，例如，B带的$t_1=0.244$和$t_2=0.205$均小于t_a(B带属于序列Ⅰ的“二次距离”差的个数$n=19$，$t_a=2.101$；而序列Ⅱ的“二次距离”差的个数$n=18$，$t_a=2.110$)。u检验接受了1个剖面和3个生物带的检验假设，因为置信限$u_a=0.05$，为1.96；但剖面26、剖面6、剖面31和生物带E、F的$u>u_a$，例如剖面26的$u_1=2.119$，$u_2=2.072$，都大于u_a，因而假设检验被拒绝。说明剖面26、剖面6、剖面31的精度尚差，与生物带E、F的对比还不是很理想。

三、讨论和结论

用序列优化法和测评法所建立的生物带及其对比的结果与其他方法相比有一定的优越性，但为了要改进这一方法并取得更精确的对比，需要考虑以下问题：

(1)在应用序列优化法和测评法时，不仅对资料有数量的要求(至少有5个剖面和10个事件)，而且还要求资料有足够的精度。影响生物带对比精确性的主要因素是事件在一层或一个生物带中的混杂。为了避免事件的混杂，要求提高剖面测量的精度，如作厘米级的测量，力求不使事件混杂。

(2)两种序列优化的方法，即Hay方法和拣分法，从前面的比较中很难说一种方法优于另一种。Hay方法易清楚理解，而拣分法易被程序化。若同时应用这两种方法并比较其结果，容易发现数据矩阵和定序量计算中的错误，从而避免在测评计算中的错误。

(3)对测评法，如果在计算距离时出现负值，那么序列需要重新排列(Agterberg,1985d)。但如果定序法应用得当，如本文所证明的，距离量的负值不会出现。

(4)根据由测评法计算出的距离进行生物带的划分比其他方法更为客观。用 Shaw 的方法(Xu Guirong,1991)，基本上得到了相同的生物带划分方案，并且 Shaw 的方法可以应用于资料只有两三条剖面的条件下。但是用测评法建立生物带的优点是可以选择出现频率高的事件作为一个带的标志，并且可把距离短的或常同期出现的事件归入一个生物带。

因为由测评法获得的分带具有上述优点，故生物带在具体剖面中容易被识别。根据 30 个剖面的对比得到了生物地层上十分有意义的结论：

(1)生物带 B、C、D 在华南分布广泛并能正确对比，如本文用检验所证明的。

(2)典型的二叠纪化石没有混入到早三叠世。

(3)牙形石类 *Hindeodus parvus* 的首次出现是早三叠世开始的标志，由于它出现的频率高，在华南比？*Otoceras* 和 *Hypophioeras* 更为重要，但有时这个牙形石的首次出现会与生物带 D 的分子混杂，如在剖面 26。因此需要参考其他典型分子来确定界线。

参考文献

李子舜等. 川北陕南二叠纪—三叠纪生物地层及事件地层学研究[M]. 北京：地质出版社，1989

徐桂荣，肖义越. 定量地层学. 见：现代地层学[M]. 武汉：中国地质大学出版社，1989

杨遵仪等. 华南二叠纪—三叠系界线地层及动物群[M]. 北京：地质出版社，1987

姚兆奇等. 黔西滇东晚二叠世生物地层和二叠纪与三叠纪之间的界线问题. 见：黔西滇东晚二叠世含煤地层和生物群[M]. 北京：科学出版社，1980

Agterberg F M. Methods of Ranking Biostratigraphic Events[J]. Quantitative Stratigraphy,1985b:161 - 194

Agterberg F M. Methods of scaling Biostratigraphic Events[J]. Quantitative Stratigraphy,1985c:195 - 241

Agterberg F M. Normality Testing and Comparison of RASC to Unitary Associations Method[J]. Quantitative,Stratigraphy,1985d:195 - 241

Agterberg F M. Quantitative stratigraphic Correlation Techniques - IGGP Project 148 [J]. Quantitative Stratigraphy,1985a:3 - 16

Gradstein F M. Ranking and Scaling in Exploration Micropaleontology[J]. Quantitative Stratigraphy,1985a:195 - 241

Sheng J Z et al.. Permian - Triassic Boundary in Middle and Eastern Tethys[J]. Jour. Fac. ,Sci. ,Hokkaido Univ. ,Ser. Ⅳ 1984,1(1):133 - 181

Xu Guirong. Stratigraphical Time - Correlation and Mass Extinction Event Near Permian - Triassic Boundary in South China[J]. Journal of China University of Geosciences,1991,2(1):36 -46

【原载《地质科技情报》，1991 年 12 月，第 10 卷，第 4 期】

太古宙岩石中石油残余的发现说明什么?

徐桂荣

近来《美国石油地质学家协会志》和《自然》杂志报道,在澳洲西北部的皮巴拉(Pibara)克拉通(古陆核)和非洲南部的卡普瓦尔(Kaapvaal)克拉通的太古宙砂岩中,以及加拿大苏必利尔(Superior)克拉通的早元古代早期休伦超群(Huronian Supergroup)中普遍保存沥青结核。研究发现石油普遍保存在各地古老岩层的流体包裹体中。

一、取样

为了保证岩石未被表面风化作用氧化和现代生物的污染,研究的样品取自钻孔岩芯,采集深部的成熟石英砂岩。岩石形成的时间范围,从近24.5亿年[加拿大马廷纳达组(Matinenda Formation)]到近30亿年[澳洲西北部的拉拉洛克组(Lalla Rookh Formation)],大多数岩石变质作用的变质相温度不超过200～300℃。各地的这种砂岩沉积在不同环境中,但都与富有机质的泥岩密切共生,这种泥岩在变质过成熟前可能是烃的母岩。

二、研究方法

为了在鉴定中不损伤流体包裹体中的石油,采用以下方法。包含沥青结核的标本作双磨光厚切面,以透射光和紫外-荧光显微镜作鉴定。又用反向散射电子和阴极发光扫描电镜测定流体包裹体赋存矿物的结晶序列。对共生的放射性矿物作年代测定。

三、包体中的成分

加拿大的标本中包含多种发荧光包裹体,并有最大的个体。最复杂的包裹体有4个流体相:一不发荧光的流体外围,包围一发荧光的流体,其内部又有不发荧光的流体泡包含一活动气泡。内部不发荧光的流体和气泡在26～29℃为均匀液体,在－114～－101℃之间冻结。在－65～－57℃融化,是CO_2的特性。外部不发荧光的流体在－37～－45℃之间冻结,在约0℃融化,说明是水。发荧光的流体是石油,选最大包裹体,作傅里叶变换红外光谱学分析,说明存在脂族烃,发荧光主要是由芳香族分子的诱导。该流体包裹体内CO_2、石油和水的共生,显然不是变质以前的记录,而是变质后的保存。

非洲南部标本和澳洲最老岩石中的包裹体,也有类似的情况。

四、石油迁移的年代

少数富石油的流体包裹体,是由共轴石英增生体包封碎屑石英粒而偶然陷入的;但大多数富石油的流体包裹体,出现在熔合的微裂隙中的碎屑石英粒之内,这种充填的碎屑石英粒是次生石英,其光性与周围石英一致。粒间物质是石英胶结,与基质颗粒在晶形上是连续的。变质的绢云母,不包含在熔合的微裂隙中或石英共轴增生体内,证明微裂隙的封闭出现在变质作用之前或变质作用之时。

具石油的流体包裹体被共轴石英增生体捞获,是在压力溶液提供丰富的氧化硅作胶结的时期,这种事件一般出现在中度埋藏深度(1～3km),是在成岩作用的很早期。微裂隙中物质的进入大概更早,这些微裂隙结构大约在小于 1km 埋深和压实时开始形成。在埋藏最大深度和变质作用高峰时,原生孔隙消失,这可能代表包裹体进入孔隙的最晚时间。各种标本的分析说明,石油迁移出现在深埋和强烈变质之前,估计在 18.5 亿年前,在元古宙早期。非洲南部的黑礁岩标本中,微裂隙中包含次生铀,石油陷入的时间能精确估计。放射性年代测定证明,铀矿物和烃的进入在 23.8 亿年前。

五、意义

首先,太古宙流体包裹体中保存石油的发现,扩展了流体烃的已知地质范围。肯定了生物成因干酪根由热成熟形成的烃,在太古宙沉积盆地中是广泛存在的。传统观点认为流体烃保存的可能最早界限在早元古代最晚期。该观点是基于这样的假设:在太古宙无适当的富有机质来源的岩石,即使有的话,变质作用和变形作用会破坏任何存在的石油。然而,在太古宙沉积岩中有机碳含量的调查清楚地证明,在考虑变质去碳作用之后,许多太古宙泥岩中干酪根的水平是高的,足够产生一定数量的热成熟的烃。上述 30 亿年前石油的残迹,证明沉积后变质作用不能破坏油田的全部痕迹。

其次,在太古宙岩石中,经过达到葡萄石-绿纤石程度(200～300℃)的区域变质,流体烃的保存似乎是不合理的。在正常情况下,在 200℃左右温度石油流体很快变为焦沥青和甲烷。但这只适用于低压下的开放系统,因循环的液体和催化物可与油藏中或网孔中的石油相互作用。而在高压封闭系统中基质呈惰性,引起烃破坏的作用力很弱,允许石油残存在高温下相当长的时间。例如,长链烃曾保存在泥盆纪热液脉石英内的流体包体内,那里短期的温度曾达到 300～450℃。这些研究提供了有力的证据,说明时间不再作为控制石油保存的必要参数,并且石油稳定的温度上限比通常设想的要高。

最后,烃的产生和迁移在太古宙和早元古代早期盆地中是广泛的。该事实说明,全球有机碳的埋藏在地球历史的早期已很普遍。碳同位素质量平衡的测定,说明太古宙埋藏的所有碳中至少有 12%是有机成因的。有机碳埋藏的数量取决于生物产量和保存两者的结合。虽然在太古宙水下环境通常贫氧,有机物的需气矿化作用会削减。但有丰富的证据有力地证明,在太古宙的微生物以其他的代谢方式(如硫化作用、还原作用等)促进沉积有机碎屑的循环。因此微生物对沉积有机物的分解,使干酪根高达这样的水平,足以成功地把烃从母岩中逐出。在太古宙的水体中营养水平也是足够的,因为暴露大陆提供磷酸盐,并且固氮蓝藻细菌可能已存在。太古宙烃的记录意味着地球生物出现后不久水生环境生物已迅速繁盛。

【原载《地球》,1999 年 4 月】